Springer-Verlag Berlin Heidelberg GmbH

Physics and Astronomy

Horst Rollnik

Quantentheorie 2

Quantisierung und Symmetrien physikalischer Systeme
Relativistische Quantentheorie

Mit 77 Abbildungen

Springer

Professor Dr. Dr. h.c. Horst Rollnik
Universität Bonn
Physikalisches Institut
Nußallee 12
53115 Bonn, Deutschland

Die Deutsche Bibliothek – CIP-Einheitsaufnahme:
Rollnik, Horst: Quantentheorie / Horst Rollnik. –
Berlin ; Heidelberg ; New York ; Hongkong ; London ; Mailand ; Paris ; Tokio : Springer
(Springer-Lehrbuch)
2. Quantisierung und Symmetrien physikalischer Systeme – Relativistische Quantentheorie. – 2003
ISBN 978-3-540-43717-8   ISBN 978-3-642-55805-4 (eBook)
DOI 10.1007/978-3-642-55805-4

ISBN 978-3-540-43717-8

Datenkonvertierung: Fa. Le-TeX, Leipzig
Einbandgestaltung: *design & production* GmbH, Heidelberg

Gedruckt auf säurefreiem Papier   SPIN: 10879786   56/3141/ba - 5 4 3 2 1 0

Vorwort

Auch dieser 2. Band der Quantentheorie beruht auf Vorlesungen, die ich
für Generationen von jungen Physikern an der Universität Bonn gehalten
habe. Dementsprechend ist er ebenso wenig wie der erste Band ein Kom-
pendium der Quantenmechanik. Sein Anliegen ist es nicht, in irgendeinem
Sinne „vollständig" zu sein, was bei einem Gebiet wie der Quantenmechanik
ohnehin unmöglich ist. Vielmehr geht es mir darum, die innere Struktur und
Folgerichtigkeit der Quantenmechanik so deutlich wie möglich herauszuar-
beiten.

Daher beginnt das Buch im ersten Kapitel mit einer straffen Zusammenfassung der im ersten Band gelegten Grundlagen. Neben Begriffen wie
Zustand, Observable, Meßwert und Erwartungswert spielt der Begriff der
Symmetrie-Transformation eine fundamentale Rolle. Mit Hilfe von Symme-
trieüberlegungen kann man die Existenz der wichtigsten Observablen Ort,
Impuls und Energie und ihre Kommutatoreigenschaften begründen; sowohl
für die nichtrelativistische wie die relativistische Quantentheorie.

Wie man Schlüsse aus der so allgemein begründeten Quantenmechanik
ziehen kann, stellen die beiden folgenden Kapitel dar. Kapitel 2 beginnt mit
dem scheinbar so einfachen Beispiel des harmonischen Oszillator. Jedoch wird
man mit seiner Hilfe zu einem Verfahren für die Quantisierung geführt, das
man in der gesamten Quantentheorie verwenden kann. Wir illustrieren dies
an den Molekülschwingungen, der Quantentheorie der Photonen und an der
Theorie der schwingenden Saite, die neuerdings in der Stringtheorie wieder
große Aufmerksamkeit gefunden hat.

Das dritte Kapitel behandelt ein zweites Paradigma der Quantisierung,
nämlich die Quantentheorie des Drehimpulses. Diese Theorie beruht auf den
Eigenschaften der Drehgruppe, die zunächst genauer dargestellt wird. Dabei
spielt die Nichtvertauschbarkeit der Drehungen eine wichtige Rolle, die zu den
in vielen Zusammenhängen wichtigen Drehimpuls-Kommutatoren führt. Man
muß außerdem das nichttriviale Verhalten bei Drehungen um 360° beachten,
das der eigentliche Grund für die Existenz des Spins ist.

Das vierte Kapitel verwendet die gewonnenen Einsichten für die Theorie der gebundenen Zustände eines Teilchens. Dabei werden insbesondere
verborgene Symmetrien erläutert, die in verschiedener Weise zu „höheren"
Symmetriegruppen führen. Das für konkrete Rechnungen wichtige Verfahren

der Schrödingerschen Störungstheorie und deren Anwendungen auf Wechselwirkungen mit äußeren elektromagnetischen Feldern schließt dieses Kapitel ab.

Wegen der großen Bedeutung des Spins ist ihm ein eigenes Kapitel 5 gewidmet. Zunächst werden die besonderen Eigenschaften des Spins $\frac{1}{2}$ erläutert, insbesondere wird die Clifford-Algebra eingeführt. Wie man den Wert des g-Faktors – $g_s = 2$ – auch in der nichtrelativistischen Theorie begründen und dabei die Idee der „minimalen elektromagnetischen Wechselwirkung" einführen kann, ist eine nichttriviale Anwendung dieser Algebra. Die Kopplung von Spin und Bahndrehimpuls gibt den Anlaß, die Addition von Drehimpulsen allgemein zu behandeln. Dabei werden die wichtigen Begriffe „Produktraum" und „Ausreduktion" eingeübt. Ein technisch aufwendiges, aber oft notwendiges Hilfsmittel sind die sphärischen Tensoren, denen ein eigenes Unterkapitel gewidmet ist.

Schließlich wird in diesem Kapitel gezeigt, in welcher völlig anderen Weise sich der Drehimpuls bei den Zuständen im Kontinuum, bei den Streuzuständen zeigt. Die Partialwellen-Entwicklung mit und ohne Spin ist das Resultat, das für die Analyse von Experimenten eine hervorragende Rolle spielt.

Physikalisch nicht unterscheidbare Teilchen bringen in der Quantentheorie neue Gesetze zur Wirksamkeit. Das Verhalten beim Vertauschen von zwei oder mehreren ununterscheidbaren Teilchen läßt zunächst viele Möglichkeiten zu, die erst durch die Forderungen der speziellen Relativitätstheorie auf zwei Teilchenarten eingeschränkt wird. Das knapp gefaßte 6.Kapitel begründet die Argumente dafür und gibt die Gründe für die statistischen Verteilungen von Fermionen und Bosonen. Für detaillierte Anwendungen muß auf die weiterführende Literatur verwiesen werden.

Das letzte ausführliche Kapitel ist der relativistischen Quantentheorie gewidmet. Diese Theorie hatte in den 30-ger Jahren des vorigen Jahrhunderts eine sehr abwechslungsreiche Geschichte. Obwohl wir heute das endgültige Ergebnis kennen, ist es aus pädagogischen und wissenschaftshistorischen Gründen geboten, ihre Entwicklung im Einzelnen darzustellen. Dabei lernt der Leser die Motivation für die Grundbegriffe der relativistischen Quantentheorie Schritt für Schritt kennen.

Auf die vielfältige Unterstützung, die dieses Buch möglich machte, habe ich schon im ersten Band hingewiesen. Den damals ausgesprochenen Dank kann ich nur wiederholen. Vor allem möchte ich den Herren Dr. Manfred Kremer, John von Neumann Institut für Computing in Jülich, und Dr. Walter Pfeil, Physikalisches Institut der Universität Bonn, für ihre kritische Durchsicht des Manuskripts und für vielfältige Anregungen sehr herzlich danken.

Das Lektorat des Springer-Verlages hat mich in sympathischer und effektiver Weise unterstützt, und der Firma LeTeX, Leipzig, bin ich für die technische Bearbeitung, insbesondere von schwierigen Abbildungen verpflichtet.

Vor allem möchte ich meiner Frau danken. Sie hat es lange Zeit wieder einmal ertragen, mich nur „von hinten" zu sehen, während ich mit dem Buchprojekt verheiratet zu sein schien. Daher widme ich ihr dieses Buch.

Bonn im Herbst 2002   Horst Rollnik

Hinweis

Die zugrunde liegenden Vorlesungen wurden natürlich durch Übungen
ergänzt. Diese konnten in diesem Buch nicht aufgenommen werden. Daher
sei auf folgende Lehrbücher verwiesen, die mit reichlichen Vorschlägen für
Übungsaufgaben ausgestattet sind.

- Franz Schwabl
  Quantenmechanik
  Springer-Verlag Berlin Heidelberg 1993
  und
  Quantenmechanik für Fortgeschrittene
  Springer-Verlag Berlin Heidelberg 1997
- Wolfgang Nolting
  Grundkurs Theoretische Physik, Quantenmechanik 2 Teile
  Zimmermann-Neufang Verlag, Ulmen 1993
- Walter Greiner
  Quantenmechanik: Einführung. Ein Lehr-und Übungsbuch
  Harry Deutsch Verlag, Thun 1992
  und
  Quantentheorie: Spezielle Kapitel. Ein Lehr- und Übungsbuch
  Harry Deutsch Verlag, Thun 1993

Ferner sei für die Leser, die gern ihren PC verwenden, auf folgende Bücher
hingewiesen

- Siegmund Brandt und Hans Dieter Dahmen
  Quantenmechanik auf dem Personalcomputer
  Springer-Verlag Berlin Heidelberg 1993
  und
  The Picture Book of Quantum Mechanics
  Springer-Verlag Berlin Heidelberg 2001
- Marko Horbatsch
  Quantum Mechanics using Maple
  Springer-Verlag Berlin Heidelberg 1995
- James S. Feagin
  Methoden der Quantenmechanik mit Mathematica
  Springer-Verlag Berlin Heidelberg 1995

Inhaltsverzeichnis

1 Zusammenfassung der Grundlagen

Zur Einleitung in den zweiten Band dieser Einführung in die Quantenmechanik stellen wir ihre allgemeinen Grundlagen in kompakter Weise dar. Damit wollen wir einmal dem fortgeschrittenen Leser dieses Bandes den Rückgriff auf den ersten Band ersparen. Vor allem aber wollen wir die Gelegenheit nutzen, um die begrifflichen Grundlagen der Quantenmechanik und ihre Grundgesetze in einer Form darzustellen, die ihre logische Fundierung und Stringenz besonders deutlich macht. Dies gelingt dadurch, daß wir für alle Einzelheiten, in denen man sich beim ersten Studium der Quantenmechanik leicht verirren kann, auf den ersten Band und insbesondere auf das dortige 3. Kapitel verweisen können.

1.1 Zustände, Observable und Meßwerte

In der klassischen Physik werden die verschiedenen Zustände eines physikalischen Systems dadurch festgelegt, daß man die Werte der beobachtbaren Größen dieses Systems angibt. Dabei wird stillschweigend angenommen, daß die Observablen wohl definierte Werte besitzen. Dies ist ohne Schaden möglich, weil die **Observablen**[1] grundsätzlich sämtliche Zahlenwerte in einem kontinuierlichen Bereich annehmen können. In der Quantenmechanik ist dies jedoch im Allgemeinen nicht möglich, da jetzt die physikalischen Größen auch „gequantelt" sein können. Daher steht die begriffliche Unterscheidung zwischen

Zuständen, Observablen und Meßwerten

am Beginn einer Beschreibung der Grundlagen der Quantenmechanik und ihres mathematischen Formalismus.

Physikalische Zustände werden in der Quantenmechanik durch Vektoren in einem Hilbertraum beschrieben, so daß die Gesamtheit der Zustände auf einen Hilbertraum abgebildet wird

- {Physikalische Zustände} $\longrightarrow$ Hilbertraum $\mathcal{H}$

---

[1]Diesen Terminus technicus werden wir durchwegs für die beobachtbaren Größen verwenden. Was mit ihnen jeweils gemeint ist, hängt vom betrachteten System ab. Wir werden gleich konkreter werden.

Der Kürze halber werden wir den Begriff Zustand und Hilbertraumvektor oft synonym verwenden. Die Vektoren des Hilbertraumes bezeichnen wir durch **kets**, die durch eine Halb-Klammer mit einem griechischen Symbol

$$|\psi\rangle, |\varphi\rangle \dots$$

oder durch eine inhaltliche Angabe wie

$$|\text{Elektron am Orte } \boldsymbol{r} \,\rangle \equiv |\boldsymbol{r}\,\rangle$$

gekennzeichnet werden. Damit können wir das **erste Axiom der Quantenmechanik** beschreiben. Es hat seine physikalische Basis im **Superpositionsprinzip**, das durch Interferenzexperimente z.B. mit Elektronen- oder Neutronenstrahlen im Detail begründet ist:

Mit zwei Zuständen $|\psi_1\rangle$ und $|\psi_2\rangle$ ist auch jede Linearkombination

$$a_1|\psi_1\rangle + a_2|\psi_2\rangle$$

ein erlaubter Zustand.

Das zweite Axiom der Quantenmechanik macht eine allgemeine Aussage über die **Observablen:**

- Observable werden durch hermitesche Operatoren beschrieben

oder in einer mathematischen Notation:

Der Observablen $\mathcal{A}$ wird der hermitesche Operator A zugeordnet.

$$\mathcal{A} \longrightarrow A \quad \text{mit} \quad A^\dagger = A$$

Die wichtigsten Observablen sind die Komponenten von Ort und Impuls und die Energie, denen die Operatoren

$$Q_j, P_k \text{ und } H$$

zugeordnet sind, wobei $j, k = 1, 2, 3$ die drei Raumkomponenten kennzeichnen und die Bezeichnung H auf **Hamilton-Operator** hinweist.

Welche Meßwerte eine bestimmte Observable tatsächlich haben kann, läßt sich aus der Forderung nach der Reproduzierbarkeit von Messungen begründen, die unmittelbar hintereinander ausgeführt werden.

- Meßwerte einer Observablen $\mathcal{A}$ sind die Eigenwerte des zugeordneten Operators A

Diese Folgerung wurde im Band 1, Abschnitt 3.5.3 begründet. Für die möglichen Meßwerte a_n muß also gelten

$$A|a_n\rangle = a_n|a_n\rangle \tag{1.1.1}$$

wobei $|a_n\rangle$ den Hilbertraumvektor bezeichnet, in dem sich das System nach der Messung von a_n befindet.

Will man zwei Observable $\mathcal{A}$ und $\mathcal{B}$ gleichzeitig messen, so ist dies in der Quantenmechanik nur möglich, wenn es Zustände gibt, die gleichzeitig Eigenzustände von A und B sind

$$A|a_n, b_m\rangle = a_n|a_n, b_m\rangle; \quad B|a_n, b_m\rangle = b_m|a_n, b_m\rangle$$

Dazu ist es im allgemeinen notwendig, daß die beiden Operatoren kommutieren, daß ihr **Kommutator** verschwindet:

- Gleichzeitige Messungen von A und B sind möglich, wenn

$$[A, B] := A B - B A = 0 \tag{1.1.2}$$

gilt.

Diese Bedingung überträgt sich auf mehrere Operatoren

$$A_1, \ldots A_N$$

Dabei ist es physikalisch und mathematisch wichtig, daß es

- Vollständige Systeme von vertauschbaren Observablen

gibt, deren Eigenzustände – bis auf einen Faktor – eindeutig festgelegt sind. Der Nachweis der Existenz solcher Systeme ist nicht so sehr ein mathematisches wie ein physikalisches Problem. Im Laufe der historischen Entwicklung der mikroskopischen Physik hat sich dieses System immer wieder durch die „Entdeckung neuer Quantenzahlen" erweitert.

So konnte man zunächst mit den drei Ortsoperatoren $\boldsymbol{Q}$ als vollständiges System auskommen, oder äquivalent mit den Impulsoperatoren. Nach der Entdeckung des Spins $\boldsymbol{S}$ mußte man eine Komponente des Spins hinzunehmen, also etwa mit $\boldsymbol{Q}, S_3$ arbeiten. Inzwischen sind noch viele „innere"Quantenzahlen hinzugekommen, wie Ladung, Isospin, Strangeness etc hinzugekommen. Sie werden an gegebener Stelle erläutert werden.

1.2 Erwartungswerte, Wahrscheinlichkeitsamplituden und statistische Operatoren

Im allgemeinen – aber nicht immer – kann man in der Quantenmechanik über den Ausgang von Messungen nur statistische Voraussagen machen. Wenn man an vielen Systemen, die sich in dem Zustand $|\psi\rangle$ befinden, die Observable A mißt, erhält man i.allg. eine „Statistik" von Meßergebnissen, wobei die

$$\text{die Meßwerte } a_n \text{ mit den Häufigkeiten } w_n$$

auftreten mögen. Diese Größen w_n definieren **Wahrscheinlichkeiten**. Mit ihrer Hilfe wird der

- Erwartungswert der Observablen A im Zustand $|\psi\rangle$

als Mittelwert definiert

$$Erw_\psi(A) := \sum_n w_n\, a_n$$

Das dritte Axiom der Quantenmechanik stellt fest: Dieser Erwartungswert wird durch

$$Erw_\psi(A) = \langle\psi|A|\psi\rangle \tag{1.2.1}$$

bestimmt, wobei das hermitesche Skalarprodukt des Hilbertraumes

$$\langle\psi|\varphi\rangle = \langle\varphi|\psi\rangle^*$$

benutzt und

$$|\varphi\rangle = A|\psi\rangle$$

gesetzt wurde. Speziell gilt

$$\langle a_n|a_m\rangle = 0 \quad\text{für}\quad n \neq m$$

da die Eigenvektoren eines hermiteschen Operators zu verschiedenen Eigenwerten orthogonal sind. In der Regel normiert man diese Zustände gemäß

$$\langle a_n|a_n\rangle = 1$$

so daß man insgesamt ein Orthonormalsystem hat

$$\langle a_n|a_m\rangle = \delta_{nm} \tag{1.2.2}$$

Nehmen wir – für den Augenblick – an, daß A selbst ein vollständiges Eigenvektorsystem besitzt, dann kann man jeden Vektor entwickeln

$$|\psi\rangle = \sum_n |a_n\rangle c_n \tag{1.2.3}$$

wobei die Koeffizienten wegen der Orthonormierung durch

$$c_n = \langle a_n|\psi\rangle$$

gegeben werden. Mit dieser Entwicklung kann man $\langle\psi|A|\psi\rangle$ berechnen und findet für den Erwartungswert

$$\langle\psi|A|\psi\rangle = \sum_n |c_n|^2 a_n$$

so daß die Wahrscheinlichkeiten durch

$$w_n = |c_n|^2 = |\langle a_n|\psi\rangle|^2 \tag{1.2.4}$$

gegeben werden. In Verallgemeinerung dieser Formel bestimmt

$$|\langle\varphi|\psi\rangle|^2$$

die Wahrscheinlichkeit bei einer Messung den Zustandes φ zu finden, wenn vorher der Zustand ψ präpariert worden ist. Daher bezeichnet man

- $\langle\varphi|\psi\rangle$ als **Wahrscheinlichkeitsamplitude**

Mit dieser Interpretation hat die Orthogonalität (1.2.2) eine wichtige physikalische Bedeutung: Wenn ein Meßwert a_n vorliegt, verschwindet die Wahrscheinlichkeit für die Messung von $a_m \neq a_n$; a_m liegt mit Sicherheit nicht vor. Dies illustriert die Tatsache, daß es in der Quantenmechanik nicht nur statistische sondern auch eindeutige Aussagen gibt.

Wenn man nach der Messung der Observablen A an einer Gesamtheit von Systemen diejenigen Systeme aussortiert, bei denen der spezielle Wert a_n gemessen wurde, so liegt in dieser Teilgesamtheit der Zustand

$$|a_n\rangle$$

vor. Tut man dies nicht, so hat man ein **statistisches Gemisch**, das durch den

- **statistischen Operator**

$$\varrho = \sum_n w_n |a_n\rangle\langle a_n| \tag{1.2.5}$$

beschrieben werden kann. Dabei ist

$$P_{a_n} := |a_n\rangle\langle a_n|$$

ein **Projektionsoperator** mit den Eigenschaften

$$P_{a_n}^\dagger = P_{a_n}; \quad P_{a_n}^2 = P_{a_n}$$

Der statistische Operator ϱ selbst, der auch als **Dichtematrix** bekannt ist,[2] kann wie folgt gekennzeichnet werden:

ϱ ist ein hermitescher, positiver Operator mit der Spur $Sp(\varrho) = 1$.

Seine Bedeutung liegt darin, daß er die Erwartungswerte seines statistischen Gemisches nach der Formel

$$Erw(A) = \sum_n w_n a_n = Sp(\varrho\, A) \tag{1.2.6}$$

zu bestimmen gestattet. Setzt man hier $A = 1$, so folgt

$$Sp(\varrho) = \sum_n w_n = 1,$$

da die Summe über alle Wahrscheinlichkeiten gleich 1 ist.

---

[2]Denn oft rechnen die Physiker mit seinen Matrixelementen.

1.3 Symmetrietransformationen und unitäre Operatoren

Für die weitere Formulierung der Grundlagen der Quantenmechanik spielen Symmetrieoperationen eine zentrale Rolle, d.h. Operationen die die physikalischen Eigenschaften eines Systems ungeändert lassen. Die ihnen zugeordneten Transformationen im Hilbertraum der Zustände müssen Wahrscheinlichkeitsaussagen ungeändert lassen. Wir bezeichnen generisch eine Symmetrietransformation mit T, so daß zwei Zustände gemäß

$$|\psi\rangle \longrightarrow |\psi\rangle' = T|\psi\rangle; \quad |\varphi\rangle \longrightarrow |\varphi\rangle' = T|\varphi\rangle \tag{1.3.1}$$

transformiert werden. Dann muß gelten

$$|\langle\varphi'|\psi'\rangle|^2 = |\langle\varphi|\psi\rangle|^2.$$

E.P.Wigner hat bewiesen, daß es zwei Lösungsklassen dieser Gleichung gibt.

$$(i) \quad \langle\varphi'|\psi'\rangle = \langle\varphi|\psi\rangle$$

$$(ii) \quad \langle\varphi'|\psi'\rangle = \langle\varphi|\psi\rangle^*$$

Im ersten Falle muß der Symmetrieoperator T die Bedingung

$$\langle\varphi|\psi\rangle = \langle T\varphi|T\psi\rangle = \langle\varphi|T^\dagger T|\psi\rangle$$

erfüllen. Dies soll für sämtliche Zustandspaare gelten, so daß man auf

$$T^\dagger T = \mathbf{1} \quad \text{oder} \quad T^\dagger = T^{-1}$$

geführt wird. Solche Operatoren heißen **unitär**, sie werden im folgenden eine entscheidende Rolle spielen.

Die zweite Lösungsklasse definiert **antiunitäre Operatoren**. Sie können nur bei diskreten Symmetrietransformationen auftreten und spielen in der Physik für die Operation der **Bewegungsumkehr** eine Rolle, wo die Zeitkoordinate gespiegelt wird

$$t \longrightarrow -t$$

Insbesondere hier müssen wir auf den ersten Band verweisen und speziell auf den Abschnitt 3.14.

Physikalisch kommt es nur auf die Erwartungswerte

$$\langle\psi|A|\psi\rangle$$

an. Daher kann man statt der Zustände auch die Observablen einer Symmetrietransformation unterwerfen. Man setzt

$$\langle\psi|A'|\psi\rangle := \langle\psi'|A|\psi'\rangle$$

und findet

$$A' = T^\dagger A T = T^{-1} A T \tag{1.3.2}$$

Dies bedeutet

• Unter einer Symmetrietransformation wird eine Observable einer unitären Ähnlichkeitstransformation unterworfen.

Als letzte allgemeine Eigenschaft von unitären Symmetrietransformationen T muß erwähnt werden, daß sich jedes T in der Form

$$T = e^{-i A} \quad \text{mit} \quad A^\dagger = A$$

schreiben läßt, wobei A ein hermitescher Operator ist. Dieser stellt physikalisch eine Observable dar, und wir werden sehen, daß er eine Erhaltungsgröße beschreibt.

1.4 Zeitliche Translationsinvarianz und die Bewegungsgleichungen der Quantenmechanik

Solange man keine kosmologischen Zeiträume betrachtet, ist für physikalische Prozesse kein Zeitpunkt vor einem anderen ausgezeichnet. Man kann eine zeitliche Translation

$$t \longrightarrow t' = t + \tau$$

vornehmen, ohne daß sich die physikalischen Gesetze ändern. Es gilt eine

Zeitliche Translationsinvarianz

Diese Translationen werden in der Quantenmechanik durch unitäre Operatoren

$$U(\tau)$$

beschrieben, die man auch in der Form

$$U(\tau) = e^{-i A(\tau)}$$

schreiben kann. Führt man zwei Translationen mit den Zeiten τ_1 und τ_2 hintereinander aus, so erhält man eine Translation mit der Gesamtzeit $\tau_1 + \tau_2$ und es gilt

$$U(\tau_1 + \tau_2) = U(\tau_1)\, U(\tau_2)$$

Daraus folgt: $A(\tau)$ muß linear von τ abhängen

$$A(\tau) = X_0\, \tau$$

wobei X_0 ein hermitescher Operator ist, der von τ unabhängig ist: Durch $U(\tau)$ wird zunächst von der Zeit t nach $t + \tau$ verschoben. Die zeitliche Translationsinvarianz fordert aber auch, daß die zeitliche Verschiebung für alle Werte von t die gleiche Form hat. Daher darf X_0 auch nicht von t abhängen

$$\frac{d}{dt} X_0 = 0$$

Damit stellt X_0 eine Observable dar, die aufgrund der zeitlichen Translationsinvarianz einem Erhaltungssatz genügt. Da in der klassischen Mechanik der Energiesatz eine Folge dieser Invarianz ist, definiert man

- Energieoperator $H := \hbar X_0$

Dabei wurde der Faktor $\hbar$ aus Dimensionsgründen eingefügt, denn

$$\frac{1}{\hbar} H t$$

ist dimensionslos. Ersetzt man τ durch t, betrachtet also

$$U(t) = e^{-(i/\hbar)H t} \tag{1.4.1}$$

so verschiebt dieser Operator ein quantenmechanisches System von der Zeit $t = 0$ nach t; er beschreibt somit die **Zeitabhängigkeit in der Quantenmechanik**. Im allgemeinen können sowohl die Zustände als auch die Observablen von der Zeit abhängen

$$|\psi(t)\rangle \quad ; \quad A(t)$$

Da es aber wieder nur auf den Erwartungswert

$$Erw_{\psi(t)}(A(t)) = \langle\psi(t)|A(t)|\psi(t)\rangle$$

ankommt, kann man die t-Abhängigkeit

- entweder ganz auf $|\psi_S(t)\rangle$: **Schrödingerbild**
- oder ganz auf $A_H(t)$: **Heisenberg-Bild**
- oder auf beide werfen: **Wechselwirkungsbild**.

Im Schrödingerbild wird die Zeitabhängigkeit der Zustände durch die Bewegungsgleichung gegeben:

$$|\psi_S(t)\rangle = e^{-(i/\hbar)H t} |\psi_S(0)\rangle$$

und die Operatoren A_S sind zeitunabhängig.

Differenziert man nach der Zeit, so folgt die (zeitabhängige) **Schrödingergleichung**

$$i\hbar\frac{d}{dt} |\psi_S(t)\rangle = H |\psi_S(t)\rangle \tag{1.4.2}$$

Dies ist eine gewöhnliche Differentialgleichung erster Ordnung für den Hilbertraumvektor $|\psi_S(t)\rangle$. Trotz ihrer formal einfachen Struktur enthält sie sämtliche Komplikationen, die von der Schrödingergleichung in der Ortsdarstellung

$$i\hbar\frac{d}{dt}\psi(\boldsymbol{r},t) = H\left(\boldsymbol{r},\frac{\hbar}{i}\boldsymbol{\nabla}\right) \psi(\boldsymbol{r},t) \tag{1.4.3}$$

aus dem 2. Kapitel des ersten Bandes bekannt sind.

Im Heisenbergbild gilt andererseits:

Die Zustände $|\psi_H\rangle$ sind zeitunabhängig,
aber die Operatoren $A_H(t)$ haben die folgende Zeitabhängigkeit

$$A_H(t) = e^{(i/\hbar)H t} \, A_H(0) \, e^{-(i/\hbar)H t} \tag{1.4.4}$$

Durch Differenzieren folgt die **Heisenbergsche Bewegungsgleichung** für die Operatoren

$$\frac{d}{dt} A_H(t) = \frac{i}{\hbar} [H, A_H(t)] \tag{1.4.5}$$

Aus dieser Gleichung ergibt sich speziell: Falls A_H mit H kommutiert, also

$$[H, A_H(t)] = 0$$

gilt, ist A_H zeitunabhängig, erfüllt also einen Erhaltungssatz.

1.5 Räumliche Translationen, Galilei-Transformationen und die speziellen Axiome der nichtrelativistischen Quantenmechanik

Solange man den physikalischen Raum durch einen 3-dimensionalen euklidischen Raum beschreiben kann, ist kein Raumpunkt vor einem anderen ausgezeichnet. Man kann räumliche Translationen

$$r \longrightarrow r' = r + a$$

vornehmen, ohne daß sich die physikalischen Aussagen ändern:

Räumliche Translationsinvarianz

In der Quantenmechanik werden diese Translationen durch unitäre Operatoren $U(a)$ beschrieben, die stetig von a abhängen. Wegen der Unitarität gilt

$$U(a) = e^{-iB(a)}$$

mit hermiteschem $B(a)$. Wie bei den zeitlichen Translationen gilt die Multiplikationseigenschaft

$$U(a + b) = U(a)U(b)$$

und kann man wieder zeigen:

$B(a)$ hängt linear von a ab.

oder in Formeln

$$B(a) = \sum_j a_j X_j =: a \cdot X$$

Die **Verträglichkeit von räumlichen und zeitlichen Translationen** fordert, daß es keinen Unterschied macht, ob man erst zeitlich und dann räumlich verschiebt oder umgekehrt. Daher muß gelten

$$U(a)\, U(t) = U(t)\, U(a)$$

oder

$$e^{-i\boldsymbol{a}\cdot\boldsymbol{X}}e^{-(i/\hbar)Ht} = e^{-(i/\hbar)Ht}e^{-i\boldsymbol{a}\cdot\boldsymbol{X}}$$

Dies muß für alle t und $\boldsymbol{a}$, also auch für sehr kleine Werte gelten. Nach einer Taylorentwicklung erhält man

$$1 - \frac{1}{\hbar}(\boldsymbol{a}\cdot\boldsymbol{X})H = 1 - \frac{1}{\hbar}H(\boldsymbol{a}\cdot\boldsymbol{X})$$

Daher muß

$$[H, \boldsymbol{a}\cdot\boldsymbol{X}] = 0$$

gelten und damit auch, da man die Komponenten a_j beliebig wählen kann,

$$[H, \boldsymbol{X}] = 0$$

Also folgt – im Heisenbergbild –

$$\frac{d}{dt}\boldsymbol{X} = 0$$

Die 3 hermiteschen Operatoren $\boldsymbol{X}$ beschreiben zeitlich konstante Observable, erfüllen also Erhaltungssätze. Daher definiert man den

- **Impulsoperator $\boldsymbol{P} := \hbar\boldsymbol{X}$**

Die Translationen werden also durch

$$U(\boldsymbol{a}) = e^{-\frac{i}{\hbar}\boldsymbol{P}\cdot\boldsymbol{a}} \tag{1.5.1}$$

beschrieben. Verwendet man die Vertauschbarkeit der Translationen

$$U(\boldsymbol{a} + \boldsymbol{b}) = U(\boldsymbol{b} + \boldsymbol{a})$$

und daher

$$U(\boldsymbol{a})\,U(\boldsymbol{b}) = U(\boldsymbol{b})\,U(\boldsymbol{a})$$

so wird man auf die Vertauschbarkeit der Impulsoperatoren geführt

$$[P_j, P_k] = 0$$

Daher kann man die Impulskomponenten in den drei räumlichen Richtungen gleichzeitig messen.

Die bisherigen Überlegungen waren so allgemein, daß sie auch in der relativistischen Quantenmechanik gelten. Jetzt spezialisieren wir uns auf die **nichtrelativistische Quantenmechanik**. Dies geschieht durch eine Annahme, die auf den ersten Blick fast trivial richtig erscheint:

Wir nehmen an, daß es eine Observable „Ort" gibt, die durch einen Ortsoperator $\boldsymbol{Q}$ beschrieben werden kann und die sich bei räumlichen Translationen gemäß

$$\boldsymbol{Q}' = \boldsymbol{Q} + \boldsymbol{a}$$

verhält. Verbindet man diese Forderung mit der Transformationsformel für Translationen

$$Q' = U^{-1}(a)\, Q\, U(a)$$

oder

$$Q' = e^{i/\hbar P \cdot a}\, Q\, e^{-i/\hbar P \cdot a}$$

so folgt für kleine a

$$\frac{i}{\hbar}[(P \cdot a),\, Q] = a$$

Da man a in alle Richtungen zeigen lassen kann, muß gelten

$$[P_j, Q_k] = \frac{\hbar}{i}\, \delta_{jk} \tag{1.5.2}$$

Dies sind die **kanonischen Vertauschungsrelationen** der Quantenmechanik.

Oben hatten wir bereits bewiesen, daß die Impulsoperatoren vertauschbar sind. Gilt dies und damit die gleichzeitige Meßbarkeit auch für die drei Komponenten des Ortsoperators ? Ein Versuch, diese – als selbstverständlich empfundene – Eigenschaft aus den bisherigen Voraussetzungen abzuleiten, scheitert. In der Tat haben wir eine wichtige Eigenschaft der nichtrelativistischen Mechanik noch nicht berücksichtigt, nämlich die Invarianz beim Übergang zu Beobachtern, die sich mit konstanter Geschwindigkeit gegen das betrachtete System bewegen. Diese **Galilei-Invarianz** bedeutet, daß die Grundgesetze gegenüber den Transformationen

$$Q' = Q + v\,t \tag{1.5.3}$$

und

$$P' = P + m\,v \tag{1.5.4}$$

ungeändert bleiben, wobei v den Geschwindigkeitsvektor bezeichnet, der den Bewegungszustand des Beobachters kennzeichnet, und m die Masse des betrachteten Systems ist. Quantenmechanisch kann die Transformation (1.5.3) der Ortsoperatoren durch

$$e^{-(i/\hbar)P \cdot v\,t}$$

beschrieben werden, da man sie als räumliche Translation um den Vektor $v\,t$ auffassen kann. Unter diesem unitären Operator ändern sich die Impulse nicht. Man findet andererseits mit Hilfe der kanonischen Vertauschungsrelationen (1.5.2), daß die Impulstransformation (1.5.4) durch den Operator

$$e^{(i/\hbar)m\, Q \cdot v}$$

erzeugt werden kann. Wendet man diesen Operator an, um den Übergang zu zwei verschiedenen Geschwindigkeiten v_1 und v_2 und ihre Kommutativität zu beschreiben, so wird man schließlich auf die Vertauschbarkeit

$$[Q_j, Q_k] = 0 \tag{1.5.5}$$

geführt. Die gleichzeitige Meßbarkeit der Ortskoordinaten hat also ihren Ursprung in der Galilei-Invarianz.

Die vorstehenden Betrachtungen gelten nur für das Verhalten des gesamten betrachteten Systems. Wenn es nur aus einem Teilchen besteht, kann man die aufgetretenen Größen Q und P als Ort und Impuls dieses Teilchens interpretieren. Wenn das System aber aus mehreren Teilchen besteht, so handelt es sich dabei um die Koordinaten des Schwerpunktes und den Gesamtimpulses:

$$Q = \frac{1}{M} \sum_{n=1}^{N} m_n \, Q_n$$

wobei M die Gesamtmasse bezeichnet, und

$$P = \sum_{n=1}^{N} P_n$$

Nur für diese „Gesamtgrößen" begründen die vorstehenden Argumente die Gültigkeit der Vertauschungsrelationen.

1.6 Das Korrespondenzprinzip

Um Aussagen über das Verhalten einzelner Teilchen in einem System machen zu können, bedarf es daher weiterer Grundannahmen der Quantenmechanik. In den Entwicklungsjahren der Quantentheorie gab es darüber intensive Diskussionen, die Niels Bohr unter dem Begriff „Korrespondenzprinzip" zusammenfaßte. Eine wichtige Rolle spielte dabei das Argument, daß die Quantenphysik für genügend große Systeme „Kontakt" mit der klassischen Physik haben muß, etwa in dem Sinne, daß für große Quantenzahlen sich die klassischen Gesetze ergeben sollten. Insbesondere müssen in der Quantenmechanik die makroskopisch bekannten Observablen für einzelne Teilchen ebenfalls auftreten. Natürlich können und müssen sie neue Eigenschaften haben, um die Quantenstrukturen erfassen zu können.

Die neuen Eigenschaften kann man präzis dadurch beschreiben, daß man die Vertauschungsrelationen von Ort und Impuls auch für die einzelnen Teilchen fordert. Genauer postuliert die nichtrelativistische Quantenmechanik, daß die Kommutatoren (1.5.2) auch für jedes Teilchen getrennt gelten und die Orte und Impulse verschiedener Teilchen kommutieren. Explizit fordert man

$$[Q_j^n, Q_k^m] = 0 \qquad\qquad [P_j^n, P_k^m] = 0 \qquad\qquad (1.6.1)$$

$$[P_j^n, Q_k^m] = \frac{\hbar}{i}\, \delta_{jk}\, \delta_{nm} \qquad\qquad (1.6.2)$$

wobei die oberen Indizes die verschiedenen Teilchen nummerieren

$$n, m = 1, 2, \ldots, N$$

und die unteren Indizes wie bisher die 3 Komponenten von Ort und Impuls bezeichnen.

Dirac hat die Gültigkeit dieser Forderungen mit dem Hinweis auf die kanonischen Poisson-Klammern $\{p_j^n, q_k^m\}_{\text{Poisson}}$ der klassischen Mechanik begründet und allgemein die Übersetzungsregel

$$\{a, b\}_{\text{Poisson}} = \frac{i}{\hbar}[A, B] \qquad\qquad (1.6.3)$$

vorgeschlagen, wobei a bzw. b klassische Observable bezeichnen und A bzw. B die korrespondierenden Quantengrößen sind.

Dieser Idee folgend kann man über die „kinematischen" Bedingungen (1.6.1)und (1.6.2) hinaus auch Übersetzungsvorschriften für die Dynamik eines Systems formulieren. Dazu geht man davon aus, daß in der klassischen Mechanik jede Observable durch eine Funktion

$$F(p_1, q_1, \ldots, p_N, q_N)$$

beschrieben werden kann. Das Korrespondenzprinzip läßt sich damit in folgender expliziter Form ausdrücken:[3]

Jeder Observablen $F(p_1, q_1, \ldots, p_N, q_N)$ eines physikalischen Systems wird in der Quantenmechanik ein Operator

$$F(P_1, Q_1, \ldots, P_N, Q_N) \qquad\qquad (1.6.4)$$

zugeordnet.

Bei dieser Vorschrift können allerdings Mehrdeutigkeiten auftreten, wenn Produkte von Impuls- und Ortsoperatoren auftreten. Dann muß man geeignete Symmetrisierungen vornehmen.[4] Speziell kann man dieses Prinzip auf die Energie, also die Hamiltonfunktion, anwenden. Man erhält dadurch den Hamiltonoperator, der nach (1.4.1) die Dynamik eines Systems festlegt.

In den einzelnen Kapiteln dieses zweiten Bandes werden wir zeigen, wie die Quanteneigenschaften der wichtigsten physikalischen Systeme sich zwanglos

---

[3]Vgl. dazu den Abschnitt 2.4 des ersten Bandes.

[4]Als Beispiel werden wir den Lenz-Runge Operator auf Seite 169 kennenlernen.

aus den dargestellten Prinzipien, insbesondere aus den kanonischen Vertauschungsrelationen ableiten lassen. Dazu beginnen wir mit der Theorie des harmonischen Oszillators und demonstrieren, wie sich sein Energiespektrum und seine Eigenvektoren allein aus den Vertauschungsrelationen begründen lassen. Diese Tatsache erlaubt weitgehende Verallgemeinerungen, die schließlich auch zur Quantisierung des elektromagnetischen Feldes und den Grundlagen der String-Theorie führen. Als zweites großes Anwendungsfeld wird sich die Auswertung der Drehsymmetrie erweisen, die zu den Quanteneigenschaften des Drehimpulses und speziell des Spins führt.

Danach werden wir Systeme mit mehreren identischen Teilchen behandeln und uns schließlich der Frage zuwenden, in welcher Weise man die Prinzipien der Quantenmechanik mit denen der Relativitätstheorie verbinden kann.

2 Quantisierung des harmonischen Oszillators

In diesem Kapitel behandeln wir die Quanteneigenschaften des eindimensionalen harmonischen Oszillators, also eines sehr einfachen physikalischen Systems: Ein Teilchen bewegt sich auf einer Geraden unter dem Einfluß einer elastischen Kraft. Das damit verbundene Problem hat auch mathematisch in mehrfacher Hinsicht sehr einfache Eigenschaften. Gerade daher ist die Quantentheorie des harmonischen Oszillators zu einem Paradigma für die Quantisierung vieler, sehr verschiedenartiger physikalischer Systeme geworden.

Darunter fallen zunächst alle Systeme, die **Gleichgewichtslagen** besitzen und um diese Lagen „schwingen", z.B. zweiatomige Moleküle. Wir werden die Struktur der dabei entstehenden Schwingungsspektren behandeln. Eine naheliegende Verallgemeinerung ist die Erweiterung auf Systeme mit mehreren Freiheitsgraden, die durch harmonische Kräfte gekoppelt sind. Etwas überraschend mag es sein, daß auch die Quantentheorie des elektromagnetischen Feldes letzten Endes auf die Quantisierung des harmonischen Oszillators zurückgeführt werden kann und daß mit seiner Hilfe die theoretische Beschreibung von **Lichtquanten oder Photonen** möglich wird. Die Gründe dafür werden wir im Abschnitt 2.9 erläutern.

Daß man mit den Methoden dieses Kapitels die Quanteneigenschaften einer **schwingenden Saite** behandeln kann, mag dem Leser sofort einleuchten. Nachdem die Saite lange Zeit in der Physik nur eine Nebenrolle gespielt hat, erhielt sie in den letzten Jahren im Rahmen der **Stringtheorie der Elementarteilchen** eine besondere Bedeutung. Danach sind die elementarsten Bausteine der Materie keine Punktteilchen sondern „Fäden" von sehr kleiner Länge, die im internationalen Sprachgebrauch „Strings" heißen. Die verschiedenen Quantenanregungen dieser Strings führen zu den bis in letzter Zeit als fundamental angesehenen Teilchen, wie den Photonen, den Gravitonen, den Gluonen, den Quarks etc. Sämtliche Teilchen werden so als Anregungen eines Strings oder eines Superstrings gedeutet, und es mag eine wirklich **vereinheitlichte Theorie der Physik** erreichbar sein.

Für die Quantentheorie selbst liegt die Bedeutung der in den nächsten drei Abschnitten entwickelten Methoden darin, daß sie die fundamentale Rolle der kanonischen Vertauschungsrelationen illustrieren. Allein unter Benutzung dieser Vertauschungsrelationen kann die Quantisierung des harmonischen Oszillators durchgeführt werden. Daher steht eine Analyse dieser Kommutatoren am Anfang..

2.1 Die Leiteroperatoren

Wir beginnen mit einer Umformung der kanonischen Vertauschungsrelationen in die wohl einfachst mögliche Form. Diese einfache Rechnung kann allgemein durchgeführt werden. Sie ist nicht auf den harmonischen Oszillator beschränkt und hat eine grundsätzliche Bedeutung. Anschließend wenden wir sie auf den Oszillator an.

2.1.1 Die einfachste Form der kanonischen Kommutatoren

Wir gehen von der kanonischen Vertauschungsrelation für den Ortsoperator Q und den Impulsoperator P aus, also von

$$[P, Q] = \frac{\hbar}{i}\, \mathbf{1} \tag{2.1.1}$$

Wir beschränken uns zunächst auf einen festen Zeitpunkt t, so daß wir t als Parameter nicht explizit aufschreiben müssen. Die Relation (2.1.1) gilt für jede Zeit t. Die Kommutatoren für Q und P selbst verschwinden trivialerweise

$$[Q, Q] = 0; \quad [P, P] = 0 \tag{2.1.2}$$

Durch Einführung des nicht-hermiteschen Operators

$$A := \alpha\, Q + i\beta\, P \quad \text{mit } \alpha, \beta \in \mathbf{R} \tag{2.1.3}$$

und des dazu hermitesch konjugierten Operators

$$A^\dagger = \alpha\, Q - i\beta\, P \tag{2.1.4}$$

kann man die angekündigte einfache Form des Kommutators von A und $A^\dagger$ finden, die der Vertauschungsrelation (2.1.1) äquivalent ist. Aus

$$\begin{aligned}
AA^\dagger &= \alpha^2 Q^2 + \beta^2 P^2 + i\alpha\beta(PQ - QP) \\
A^\dagger A &= \alpha^2 Q^2 + \beta^2 P^2 - i\alpha\beta(PQ - QP)
\end{aligned} \tag{2.1.5}$$

folgt nämlich

$$[A, A^\dagger] = AA^\dagger - A^\dagger A = i\, 2\alpha\beta\, [P, Q] = 2\alpha\beta\, \hbar\, \mathbf{1} \tag{2.1.6}$$

Diese Formel erhält die einfachst mögliche Gestalt, wenn man

$$2\alpha\beta = \hbar^{-1} \tag{2.1.7}$$

setzt, so daß (2.1.1) zu

$$\boxed{[A, A^\dagger] = \mathbf{1}} \tag{2.1.8}$$

führt. Wiederum verschwinden die anderen Kommutatoren

$$\boxed{[A, A] = 0; \;[A^\dagger, A^\dagger] = 0} \tag{2.1.9}$$

2.1.2 Endgültige Form der Leiteroperatoren, der Besetzungszahloperator

Wenden wir uns nun speziell dem harmonischen Oszillator zu. Ein Teilchen mit der Masse m bewege sich unter dem Einfluß der Kraft $-k\,x$, wie es das Hookesche Gesetz fordert, nach dem die rücktreibende Kraft proportional zur Auslenkung x aus der Gleichgewichtslage ist. Der Proportionalitätsfaktor k wird durch die Steifigkeit der „Feder" bestimmt und wird auch als Kraftkonstante oder Federkonstante bezeichnet. Das Teilchen erfährt dabei eine potentielle Energie, die in der klassischen Mechanik durch

$$V(x) = \frac{k}{2}\,x^2 \tag{2.1.10}$$

gegeben ist. Der Faktor k und die Masse m des Teilchens bestimmen die **Schwingungsfrequenz** ω des Oszillators gemäß

$$\omega = \sqrt{\frac{k}{m}} \quad \text{oder} \quad k = m\omega^2 \tag{2.1.11}$$

Übersetzt man diesen Ausdruck in die Quantenmechanik, so erhält man den Hamiltonoperator des harmonischen Oszillators[1]

$$H = \frac{1}{2m}\,P^2 + \frac{m\omega^2}{2}\,Q^2 \tag{2.1.12}$$

Diesen Operator formen wir mit Hilfe von A und $A^\dagger$ um. Dazu addieren wir die beiden Gleichungen in (2.1.5), und erkennen die Möglichkeit, H durch $AA^\dagger$ und $A^\dagger A$ auszudrücken

$$AA^\dagger + A^\dagger A = 2\beta^2 P^2 + 2\alpha^2 Q^2 \tag{2.1.13}$$

Wegen (2.1.7) ist nur noch einer der Parameter α und β frei wählbar; damit können wir die Summe nur bis auf einen Faktor γ mit H identifizieren

$$H = \gamma(AA^\dagger + A^\dagger A) \tag{2.1.14}$$

Mit

$$2\alpha^2\gamma = \frac{m\omega^2}{2} \qquad 2\beta^2\gamma = \frac{1}{2m}$$

ergibt sich

$$\left(\frac{\alpha}{\beta}\right)^2 = (m\omega)^2$$

---

[1]Es sei daran erinnert, daß man nach dem Korrespondenzprinzip in der Form der Regel (1.6.4) die quantenmechanische Ausdrücke für Observable aus den klassischen Formeln durch Ersetzen der klassischen Variablen (q,p) durch die Operatoren (Q,P) erhält. In unserem Falle muß man von der klassischen Energie $\frac{p^2}{2m} + \frac{m\omega^2}{2}\,q^2$ ausgehen.

Wählt man die positive Wurzel

$$\frac{\alpha}{\beta} = m\omega$$

so folgt wegen (2.1.7)

$$\alpha = \sqrt{\frac{m\omega}{2\hbar}} \qquad \beta = \sqrt{\frac{1}{2\hbar m\omega}}$$

und

$$\gamma = \frac{\hbar\omega}{2}$$

Man nennt A und $A^\dagger$ **Leiteroperatoren**; die Gründe dafür werden wir im Abschnitt 2.2 erkennen. Insgesamt haben wir erhalten

Die Leiteroperatoren lauten

$$A = \sqrt{\frac{m\omega}{2\hbar}}\,Q + i\,\sqrt{\frac{1}{2\hbar m\omega}}\,P$$

$$A^\dagger = \sqrt{\frac{m\omega}{2\hbar}}\,Q - i\,\sqrt{\frac{1}{2\hbar m\omega}}\,P$$

(2.1.15)

und der Hamiltonoperator hat die Form

$$H = \frac{\hbar\omega}{2}\,(AA^\dagger + A^\dagger A) \tag{2.1.16}$$

A läßt sich auch in der Form

$$A = \sqrt{\frac{m\omega}{2\hbar}}\,(Q + i\,\frac{1}{m\omega}\,P) \tag{2.1.17}$$

schreiben.

Um die Faktoren in dieser Gleichung zu verstehen, sind Dimensionsbetrachtungen nützlich: Der Vorfaktor $\sqrt{m\omega/(2\hbar)}$ hat die Dimension 1/Länge. Dies folgt aus

$$\sqrt{\frac{\text{Masse} \times \text{Frequenz}}{\text{Energie} \times \text{Sekunde}}} = \sqrt{\frac{\text{Masse}}{\text{Masse} \times \text{Geschwindigkeit}^2 \times \text{Sekunde}^2}}$$

$$= \frac{1}{\text{Länge}}$$

Daher ist der erste Term in (2.1.17) dimensionslos. Der Faktor $1/m\omega$ im zweiten Summanden macht aus dem Impuls eine Größe der Dimension cm, so daß auch der zweite Term die Dimension 1 hat. Insgesamt ergibt sich also ein dimensionsloser Ausdruck für A. Diese Tatsache kann man auch direkt aus der Vertauschungsrelation (2.1.8) ablesen: A und $A^\dagger$ haben die gleiche Dimension und müssen wegen (2.1.8) dimensionslos sein.

Unter Benutzung von (2.1.8) in der Form

$$AA^\dagger = A^\dagger A + 1$$

folgt aus (2.1.16)

$$H = \hbar\omega \left(A^\dagger A + \frac{1}{2} 1 \right) \tag{2.1.18}$$

Führt man an dieser Stelle den dimensionslosen Operator

$$N := A^\dagger A \tag{2.1.19}$$

ein, so ergibt sich

$$\boxed{H = \hbar\omega \left(N + \tfrac{1}{2} 1 \right)} \tag{2.1.20}$$

Für die weitere Entwicklung kommt dem Operator N eine entscheidende Bedeutung zu. Er ist wichtiger als der Hamiltonoperator H, mit dem er ja in einfacher Weise zusammen hängt. Aus Gründen, die später deutlich werden, wird er **Besetzungszahloperator** genannt. Im übernächsten Abschnitt werden wir mit Hilfe von (2.1.8) und (2.1.20) die Eigenwerte und Eigenzustände von N und damit von H rein algebraisch bestimmen.

2.1.3 Der innere Grund für die Existenz der Leiteroperatoren, die U(1) Invarianz

Es ist nützlich sich den inneren Grund für die Eigenschaften der Leiteroperatoren klar zu machen. Er ist schon in der klassischen Mechanik zu erkennen und beruht darauf, daß die Hamiltonfunktion des harmonischen Oszillators ein quadratischer Ausdruck in den Orts- **und** Impulskoordinaten x und p ist. Im einfachsten Falle – wenn wir die Masse und die Frequenz gleich Eins setzen – lautet die Hamiltonfunktion

$$H_{\text{Klass}} = \frac{1}{2}(p^2 + x^2), \tag{2.1.21}$$

was in der Tat der einfachste quadratischer Ausdruck in x **und** p ist. Er läßt sich in Faktoren zerlegen

$$H_{\text{Klass}} = \frac{1}{2}(p - i\,x)(p + i\,x) = a^* a \tag{2.1.22}$$

wobei wir a durch

$$a := \frac{1}{\sqrt{2}}(p + i\,x)$$

definiert haben. Damit haben wir den Ursprung der Definition von A erkannt. Wegen des Operatorcharakters von A ist die Faktorzerlegung in der Quantenmechanik etwas komplizierter. Man erhält zusätzlich ein additives $\frac{1}{2}$

$$H = \frac{1}{2}(P^2 + Q^2) = A^\dagger A + \frac{1}{2} 1$$

Diese Faktorzerlegung läßt sich auch in der Differentialgleichung für den Oszillator direkt anwenden[2] und wird bei der Diskussion der Schwingungen eines Oszillators oft verwendet:

$$\frac{d^2\,x(t)}{dt^2} + \omega^2\,x(t) = 0 \tag{2.1.23}$$

Analog zu (2.1.22) läßt sich der auftretende Differentialoperator zerlegen

$$\boxed{\frac{d^2}{dt^2} + \omega^2 = \left(\frac{d}{dt} - i\,\omega\right)\left(\frac{d}{dt} + i\,\omega\right)} \tag{2.1.24}$$

Daher erhält man Lösungen von (2.1.23), wenn man eine der folgenden Differentialgleichungen 1. Ordnung löst

$$\left(\frac{d}{dt} - i\,\omega\right)x(t) = 0 \quad \text{und} \quad \left(\frac{d}{dt} + i\,\omega\right)x(t) = 0 \tag{2.1.25}$$

Die Lösungen dieser Gleichungen erkennt man sofort

$$x(t) = x_0\,\exp(i\,\omega\,t) \quad \text{bzw.} \quad x(t) = x_0\,\exp(-i\,\omega\,t) \tag{2.1.26}$$

Wir werden im Abschnitt 2.5 sehen, daß auch in der Quantenmechanik analoge Formeln für die Zeitabhängigkeit gelten.

Abschließend sei auf eine Symmetrieeigenschaft von (2.1.21) hingewiesen, die darauf beruht, daß im (x,p) Phasenraum H_{Klass} das Quadrat einer „Länge" darstellt. Daher ändert H_{Klass} sich nicht, wenn man im (x,p)-Raum eine orthogonale Tranformation vornimmt.

$$\begin{aligned} x' &= \cos(\alpha)\,x + \sin(\alpha)\,p \\ p' &= -\sin(\alpha)\,x + \cos(\alpha)\,p \end{aligned} \tag{2.1.27}$$

Es gilt also

$$H_{\text{Klass}}(p',x') = H_{\text{Klass}}(x,p)$$

Für die Größen a und a^* lauten die entsprechenden Symmetrietransformationen

$$a' = e^{i\,\alpha}\,a \quad \text{und} \quad a'^* = e^{-i\,\alpha}\,a^* \tag{2.1.28}$$

Die analoge Symmetrie gilt auch in der Quantenmechanik, da

$$N = A^\dagger\,A$$

sich offensichtlich unter

$$A' = e^{i\,\alpha}\,A \quad \text{und} \quad A'^\dagger = e^{-i\,\alpha}\,A^\dagger \tag{2.1.29}$$

nicht ändert.

---

[2]Um mit vertrauten Formeln zu arbeiten, haben wir im folgenden die Frequenz ω wieder explizit eingeführt

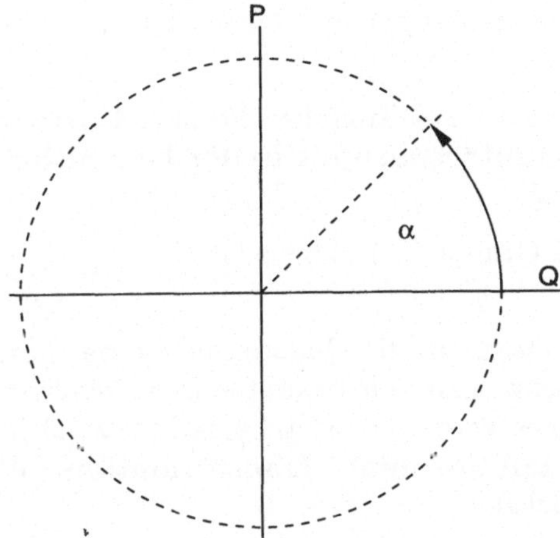

Abb. 2.1. Rotation im Phasenraum

Nach dem allgemeinen Symmetrie-Theorem der Quantenmechanik, vgl. Abschnitt 1.2 auf Seite 6, muß diese Symmetrieoperation durch einen unitären Operator erzeugt werden können. Es muß also einen unitären Operator $U(\alpha)$ geben, der A in A' überführt:[3]

$$A' = U(\alpha)^{\dagger} A U(\alpha) \tag{2.1.30}$$

$U(\alpha)$ läßt sich als Exponentialfunktion eines hermiteschen Operators ausdrücken

$$U(\alpha) = e^{i\,X(\alpha)} \tag{2.1.31}$$

Nach (2.1.29) wird U für $\alpha = 0$ trivial

$$U(0) = \mathbf{1}, \quad X(0) = 0 \tag{2.1.32}$$

Wichtig ist, daß die Transformationen (2.1.30) eine **Gruppe** bilden: Führt man zwei Transformationen hinter einander aus, so erhält man wieder eine Transformation dieser Art. Man kann dies aus (2.1.29) ablesen und durch die Formel

$$U(\alpha)\,U(\beta) = U(\alpha + \beta) \tag{2.1.33}$$

explizit ausdrücken. Insbesondere folgt die Existenz eines inversen Elements

$$U(-\alpha) = U^{-1}(\alpha) \tag{2.1.34}$$

Geometrisch versteht man den Gruppencharakter sofort, wenn man auf die (x,p)-Form der Transformationen zurück geht. Offenbar beschreibt (2.1.27) eine Drehung um den Winkel α, siehe Abbildung 2.1. Wir sind damit der **Drehgruppe in der** (q,p) **Ebene** begegnet, die in der mathematischen und physikalischen Literatur als

---

[3]Da A' stetig von α abhängt, kommen antiunitäre Operatoren nicht in Frage.

$$O(2) = \text{Orthogonale Gruppe in 2 Dimensionen}$$

bezeichnet wird.

Wenn man andererseits die komplexe Form (2.1.29) zugrunde legt, so muß man die Gruppe als **unitäre Gruppe in der Dimension d $=$ 1** bezeichnen, wofür die Abkürzung

$$U(1) = \text{Unitäre Gruppe in 1 Dimension}$$

üblich ist.

Eine wichtige Einsicht in die Quantentheorie des harmonischen Oszillators erhält man, wenn man den Operator $U(\alpha)$ explizit konstruiert. Dazu gibt es ein allgemeines Verfahren: Man betrachtet zunächst kleine Werte des Parameters α, sog. **infinitesimale Transformation**. Wegen (2.1.32) kann man wie folgt entwickeln

$$X(\alpha) = \alpha\, Y + \cdots \quad \text{und} \quad U(\alpha) = \mathbf{1} + i\,\alpha\, Y + \cdots \tag{2.1.35}$$

Wendet man diese Näherungen auf (2.1.30) an, so erhält man

$$A' \approx (1 - i\,\alpha\, Y)\, A\,(1 + i\,\alpha\, Y) \approx A + i\,\alpha\,(A\,Y - Y\,A) \tag{2.1.36}$$

Es gilt also

$$A' = A + i\,\alpha\,[A, Y] + \cdots \tag{2.1.37}$$

Die infinitesimale Transformationen wird also durch den Kommutator von Y mit A bestimmt. Daher nennt man Y die **infinitesimale Erzeugende** oder den **infinitesimalen Generator** der Gruppe. Bisher haben wir noch keine Eigenschaft der Gruppe $U(1)$ verwendet. Dies geschieht jetzt, wenn wir auch Gleichung (2.1.29) nach α entwickeln

$$A' = A + i\,\alpha\, A + \cdots \tag{2.1.38}$$

Vergleicht man die beiden letzten Formeln, so folgt

$$[A, Y] = A \tag{2.1.39}$$

Dies ist eine Bedingungsgleichung für Y, die wir mit Hilfe von

$$[N, A] = -A$$

lösen können, einer Beziehung, welche im nächsten Abschnitt in Gleichung (2.2.4) bewiesen wird. Daher folgt bis auf eine additive c-Zahl[4]

$$Y = N$$

---

[4]Zunächst kann man nur schließen, daß $Y = N$ eine Lösung von (2.1.39) ist. Wenn es aber eine andere Lösung, z.B. $Y = Z$, gäbe, müßte die Differenz $N - Z$ mit dem Operator A und auch mit $A^{\dagger}$ vertauschen. Im nächsten Abschnitt auf Seite 27 werden wir zeigen, daß $A^{\dagger}$ sämtliche Zustände des Hilbertraumes des harmonischen Oszillators erzeugen kann. Daher kann $Y - N$ nur ein Vielfaches des Einsoperators sein.

Damit hat sich der **Besetzungszahloperator** N als der **infinitesimale Generator der Gruppe** $U(1)$ erwiesen. Für $X(\alpha)$ gilt demnach in linearer Näherung $X(\alpha) \approx \alpha\,N$. Tatsächlich ist dieses Ergebnis exakt gültig. Denn wegen (2.1.33) hängt $X(\alpha)$ linear von α ab, so daß $X(\alpha) = -\alpha\,N$ gilt und damit der unitäre Operator $U(\alpha)$ ohne Näherung die Form

$$U(\alpha) = e^{-i\,\alpha\,N} \tag{2.1.40}$$

hat.

Die gewonnenen Ergebnisse haben in der heutigen Physik verschiedenartige und außerordentlich wichtige Anwendungen gefunden. Dies beruht darauf, daß Transformationen der Form (2.1.29) und Operatoren mit den Eigenschaften von N in vielen Bereichen der theoretischen Physik auftreten. Wir nennen einige Beispiele

- Teilchenzahl
- Elektrische Ladung
- Baryonenzahl
- Leptonenzahl
- Strangeness

  $\vdots$

In allen diesen Fällen sind die Größen „quantisiert“: Sie nehmen diskrete Werte an, die in der Regel ganzzahlig sind.[5] Für den Besetzungszahloperator N werden wir dies im nächsten Abschnitt beweisen, vgl. (2.2.14). Damit haben wir ein Paradigma für das **Verständnis von Quantenzahlen**.

2.2 Algebraische Lösung des Eigenwertproblems für den Oszillator

Wir nehmen jetzt die Existenz eines Eigenvektors $|\,E_0\rangle$ von H zum Energiewert E_0 an[6]

$$H\,|\,E_0\rangle = E_0\,|\,E_0\rangle. \tag{2.2.1}$$

Für den Eigenwert E_0 wissen wir zunächst nur, daß er wegen der Hermitizität von H eine reelle Zahl sein muß. Aus (2.1.20) folgt eine Eigenwertgleichung für den Besetzungszahloperator N

$$N\,|\,E_0\rangle = n_0\,|\,E_0\rangle \qquad \text{mit} \qquad n_0 = \frac{E_0}{\hbar\omega} - \frac{1}{2} \tag{2.2.2}$$

---

[5]Es können – nach Multiplikation mit einer rationalen Zahl – auch gebrochene Quantenzahlen auftreten, wie bei den Ladungen der Quarks

[6]Diese mathematische Existenz-Annahme ist notwendig, weil H ein rein kontinuierliches Spektrum haben könnte, für das Eigenvektoren im streng mathematischen Sinne nicht existieren. Wir werden die Existenzfrage im Abschnitt 2.3 im Einzelnen diskutieren.

oder

$$N \,|\, n_0 \rangle = n_0 \,|\, n_0 \rangle, \tag{2.2.3}$$

wobei wir die naheliegende Notation

$$|\, n_0 \rangle \equiv |\, E_0 \rangle$$

eingeführt haben. Entscheidend für die folgenden Überlegungen ist, daß auch

$$A \,|\, n_0 \rangle \quad \text{und} \quad A^\dagger \,|\, n_0 \rangle$$

Eigenvektoren von N (und somit von H) sind. Dies ist eine Konsequenz der folgenden Kommutatoren von N mit den Leiteroperatoren. Nach den Regeln über den Kommutator eines Produktes und (2.1.8) [7] findet man

$$\begin{aligned}
[N, A] &= [A^\dagger A, A] \\
&= [A^\dagger, A]A + A^\dagger [A, A] \\
&= -A
\end{aligned}$$

$$\text{also} \quad [N, A] = -A \tag{2.2.4}$$

und analog erhält man[8]

$$[N, A^\dagger] = A^\dagger \tag{2.2.5}$$

Aus diesen Kommutatoren folgt

$$\begin{aligned}
N(A \,|\, n_0 \rangle) &= ([N, A] + AN) \,|\, n_0 \rangle \\
&= ([N, A] + An_0) \,|\, n_0 \rangle \\
&= (n_0 - 1)(A \,|\, n_0 \rangle) \tag{2.2.6}
\end{aligned}$$

$$\begin{aligned}
N(A^\dagger \,|\, n_0 \rangle) &= ([N, A^\dagger] + A^\dagger N) \,|\, n_0 \rangle \\
&= ([N, A^\dagger] + A^\dagger n_0) \,|\, n_0 \rangle \\
&= (n_0 + 1)(A^\dagger \,|\, n_0 \rangle) \tag{2.2.7}
\end{aligned}$$

Dies bedeutet, daß der Hilbertraumvektor $A \,|\, n_0 \rangle$ Eigenvektor von N zum Eigenwert $(n_0 - 1)$ und $A^\dagger \,|\, n_0 \rangle$ Eigenvektor von N zum Eigenwert $(n_0 + 1)$ ist:

$$\begin{aligned}
A \,|\, n_0 \rangle &\sim |\, n_0 - 1 \rangle \\
A^\dagger \,|\, n_0 \rangle &\sim |\, n_0 + 1 \rangle
\end{aligned} \tag{2.2.8}$$

Diese Ergebnisse werden im Abbildung 2.2 illustriert: Die Anwendung des Operators $A^\dagger$ auf einen Eigenvektor von N erhöht den Eigenwert um 1, wo hingegen die Anwendung des Operators A ihn um 1 erniedrigt. Der Betrag der Differenz zweier Eigenwerte ist also immer ganzzahlig. $A^\dagger$ bezeichnet man als **Aufsteigeoperator**, während man A **Absteigeoperator** nennt. Abbildung 2.2 begründet auch den Ausdruck „Leiteroperatoren".

---

[7]Zur Erinnerung: $[AB, C] = [A, C]B + A[B, C]$ und $[A, BC] = [A, B]C + B[A, C]$.

[8]Dieses Resultat folgt auch durch Anwenden der hermiteschen Konjugation auf (2.2.4):
$([N, A])^\dagger = -[N^\dagger, A^\dagger] = -[N, A^\dagger] = -A^\dagger$.

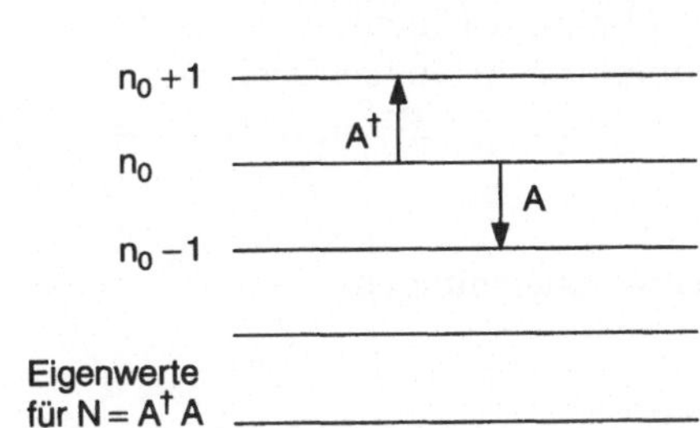

Abb. 2.2. Wirkung der Leiteroperatoren A und $A^\dagger$

Wendet man die Operatoren mehrfach an, so folgt

$$A^n \, |\, n_0 \rangle \sim |\, n_0 - n \rangle$$
$$(A^\dagger)^n \, |\, n_0 \rangle \sim |\, n_0 + n \rangle$$

Im ersten Fall wird der Eigenwert von N schrittweise verkleinert. Dieser „Absteigeprozeß" muß jedoch einmal abbrechen, denn N ist ein **positiver Operator**, d.h. ein Operator, dessen Erwartungswert bezüglich eines beliebigen Zustandes nicht negativ ist

$$\langle \psi \,|\, N \,|\, \psi \rangle \geq 0 \qquad (2.2.9)$$

Dies läßt sich wie folgt beweisen:

$$\langle \psi \,|\, N \,|\, \psi \rangle = \langle \psi \,|\, A^\dagger A \,|\, \psi \rangle$$
$$\langle A\psi \,|\, A\psi \rangle = \| A \,|\, \psi \rangle \|^2 \geq 0.$$

Insbesondere müssen die Eigenwerte von N positiv sein, und daher muß die Bedingung

$$n_0 - n \geq 0 \qquad (2.2.10)$$

gelten. Für genügend großes n wird diese Bedingung verletzt. Dies kann nur dadurch verhindert werden, daß daß ein Hilbertraumvektor $|\, 0 \rangle$ existiert muß mit der Eigenschaft

$$A \,|\, 0 \rangle = 0_{\mathcal{H}}. \qquad (2.2.11)$$

wobei wir das Nullelement des Hilbertraumes mit $0_{\mathcal{H}}$ bezeichnet haben, um es von dem Hilbertraumvektor $|\, 0 \rangle$ klar zu unterscheiden. Wenn es einen solchen Zustand nicht gäbe, würde man durch sukzessive Anwendung von A gemäß (2.2.9) zu Eigenvektoren von N mit negativen Eigenwerten gelangen. Man braucht in (2.2.9) nur $n > n_0$ zu wählen, um einen Widerspruch zu (2.2.10) zu erreichen.

Aufgrund der Definition von N folgt aus (2.2.11)

$$N \,|\, 0 \rangle = 0_{\mathcal{H}}. \qquad (2.2.12)$$

Der Vektor $|0\rangle$ gehört also zum Eigenwert 0 des Operators N. Wendet man auf ihn den Aufsteigeoperator $A^\dagger$ an, so erzeugt man gemäß (2.2.8) nach und nach Eigenvektoren von N zu den Eigenwerten $n = 1, 2, 3, \ldots$

$$(A^\dagger)^n |0\rangle \sim |n\rangle \tag{2.2.13}$$

so daß für N die Eigenwertgleichungen

$$N|n\rangle = n|n\rangle \tag{2.2.14}$$

gelten. Zur Bestimmung des in (2.2.13) auftretenden Proportionalitätsfaktors setzen wir

$$A^\dagger |n-1\rangle = c_n |n\rangle \qquad \text{mit } n = 1, 2, 3, \ldots \tag{2.2.15}$$

Wie üblich normieren wir die Zustände auf „Eins" gemäß

$$\langle n-1 | n-1 \rangle = 1 = \langle n | n \rangle \tag{2.2.16}$$

woraus folgt

$$|c_n|^2 = \| c_n |n\rangle \|^2 = \| A^\dagger |n-1\rangle \|^2 =$$
$$\langle n-1 | AA^\dagger | n-1 \rangle = \langle n-1 | (A^\dagger A + 1) | n-1 \rangle$$
$$= \langle n-1 | (N+1) | n-1 \rangle = n-1+1 = n$$

Den offenen Phasenfaktor in c_n setzen wir so fest, daß gilt

$$c_n = \sqrt{n}$$

Insgesamt haben wir also erhalten

$$A^\dagger |n-1\rangle = \sqrt{n} |n\rangle \tag{2.2.17}$$

oder

$$\boxed{A^\dagger |n\rangle = \sqrt{n+1} |n+1\rangle \qquad \text{mit } n = 0, 1, 2, \ldots} \tag{2.2.18}$$

Wenden wir andererseits A auf beide Seiten von (2.2.17) an, so ergibt sich

$$A\sqrt{n} |n\rangle = AA^\dagger |n-1\rangle$$
$$= (A^\dagger A + 1) |n-1\rangle$$
$$= ((n-1) + 1) |n-1\rangle$$
$$= n |n-1\rangle$$

Die (2.2.18) entsprechenden Gleichungen für A lauten also – wenn wir noch (2.2.11) hinzunehmen –

$$\boxed{\begin{aligned} A|n\rangle &= \sqrt{n} |n-1\rangle \qquad \text{mit } n = 1, 2, 3, \ldots \\ A|0\rangle &= 0_{\mathcal{H}} \end{aligned}} \tag{2.2.19}$$

Wir können (2.2.17) auch schreiben als

$$| n \rangle = \frac{1}{\sqrt{n}} A^\dagger | n - 1 \rangle$$

$$= \frac{1}{\sqrt{n}\sqrt{n-1}} A^{\dagger 2} | n - 2 \rangle = \ldots$$

und nach weiteren Iterationen

$$\boxed{| n \rangle = \frac{1}{\sqrt{n!}} (A^\dagger)^n | 0 \rangle} \qquad (2.2.20)$$

Da nach (2.2.16) $\langle 0 | 0 \rangle = 1$ gilt, sind somit Orthonormalitätsbedingungen für die Vektoren (2.2.20)

$$\langle n | m \rangle = \delta_{nm} \qquad (2.2.21)$$

erfüllt. Die $| n \rangle$ stellen also die normierten Eigenvektoren des Besetzungszahloperators dar und damit auch die Eigenvektoren des Hamiltonoperators für den harmonischen Oszillator. Denn mit (2.1.20) folgt

$$\boxed{H | n \rangle = \hbar\omega(n + \tfrac{1}{2}) | n \rangle} \qquad (2.2.22)$$

was bedeutet, daß die Energiewerte des harmonischen Oszillators durch

$$\boxed{E_n = \hbar\omega(n + \tfrac{1}{2}) \qquad \text{mit } n = 0, 1, 2, \ldots} \qquad (2.2.23)$$

gegeben sind. Dieses wichtige Ergebnis ist im Abbildung 2.3 veranschaulicht.[9]
  Der Eigenwert n des Operators N gibt an, welcher Zustand des harmonischen Oszillators vorliegt oder „besetzt" ist. Dadurch ist die Bezeichnung Besetzungszahloperator für N motiviert. Der Grund für diese Bezeichnung wird später noch etwas deutlicher werden (vgl. die Abschnitte 2.8 und 2.9).
  Die Energieeigenwerte E_n sind halbzahlige Vielfache von $\hbar\omega$ und ihre Differenzen sind ganze Vielfache von $\hbar\omega$

$$\Delta E_n := E_n - E_{n-1} = \hbar\omega \qquad (2.2.24)$$

Der kleinste Energiewert E_0 ist von Null verschieden:

$$E_0 = \frac{1}{2}\hbar\omega \qquad (2.2.25)$$

Diese nicht verschwindende **Nullpunktenergie** beschreibt einen einfachen, aber wichtigen quantenphysikalischen Sachverhalt:

---

[9]Wir haben bereits im 1.Band das entsprechende Ergebnis für den dreidimensionalen Oszillator in der Form

$$E_{n,l} = \hbar\omega \left(2n + l + \frac{3}{2} \right)$$

erhalten, wobei n und l ganze Zahlen sind, vgl. Gleichung (2.10.47) im dortigen Abschnitt 2.10. Der tiefste Energiewert $E_{0,0} = 3/2$ berücksichtigt die 3 Dimensionen!

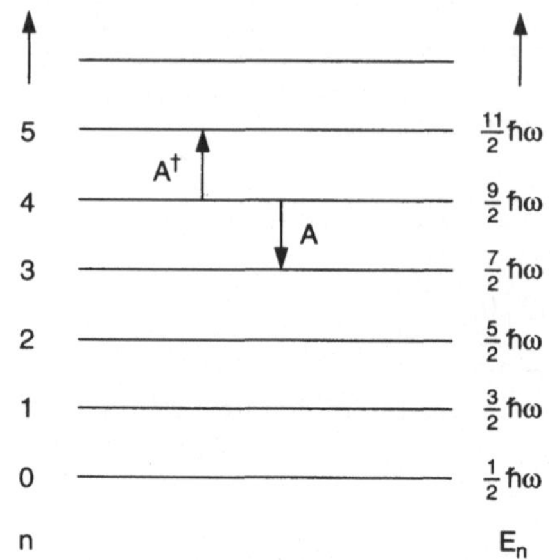

Abb. 2.3. Spektrum von N und $H = \dfrac{1}{2m}\,P^2 + \dfrac{m\omega^2}{2}\,Q^2$

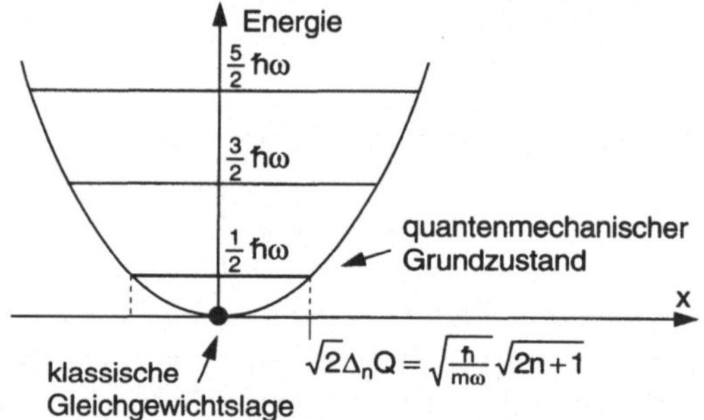

Abb. 2.4. Zur Nullpunktsenergie des Oszillators

Während in der klassischen Mechanik für den tiefsten Energiezustand
des harmonischen Oszillators $p = q = 0$ und damit $E = 0$ gilt,
verbietet in der Quantenmechanik die Unschärferelation das gleichzeitige Verschwinden von Ort und Impuls. Ein quantenmechanischer
Oszillator kann somit nicht ruhen, auch im tiefsten Energiezustand
muß er Nullpunktsschwingungen ausführen, die der Grund für die
Nullpunktsenergie (2.2.25) sind.

Im Abbildung 2.4 ist dies dargestellt: Klassisch hat das Teilchen im tiefsten Zustand bei $x = 0$ seine Ruhelage, quantentheoretisch schwingt es im
Grundzustand mit der Energie $1/2\,\hbar\omega$, was zu einer Streuung ΔQ führt, die
im Abschnitt 2.4 berechnet werden wird.

Wir möchten nachdrücklich auf die Bedeutung der Formel (2.2.20) für
die Eigenzustände hinweisen: Sie besagt, daß jeder Eigenzustand $|n\rangle$ des
Oszillators aus dem Grundzustand $|0\rangle$ durch mehrfaches Anwenden von $A^\dagger$

erzeugt werden kann. Damit läßt sich jeder Zustand $|\psi\rangle$ des Hilbertraumes aus $|0\rangle$ durch[10]

$$|\psi\rangle = \sum_n a_n |n\rangle = \sum_n \frac{1}{\sqrt{n!}} (A^\dagger)^n |0\rangle \qquad (2.2.26)$$

gewinnen.

Der Grundzustand $|0\rangle$ erhält dadurch eine zentrale Rolle. Hinweis auf die Quantenfeldtheorie

Diese Rolle wird noch augenfälliger, wenn man den Operator N umdeutet als **Teilchenzahloperator**. Da seine Eigenwerte ganze Zahlen – einschließlich der 0 – sind, kann N als ein Operator gedeutet werden, der bei einem System mit mehreren Teilchen die Anzahl der Teilchen zählt, die in einem speziellen Zustand enthalten sind. Im Abschnitt 2.9 werden wir dies für die Photonen im einzelnen begründen.

In dieser Deutung ist $|0\rangle$ ein „Zustand ohne Teilchen", den man als **Vakuum** bezeichnet. Der Operator $A^\dagger$ erzeugt aus dem Vakuum den Zustand $|1\rangle$, der ein Teilchen enthält. Daher wirkt $A^\dagger$ als **Erzeugungsoperator**. Entsprechend entfernt A ein Teilchen, A ist ein **Vernichtungsoperator**. Im „Laborjargon" der Physiker benutzt man immer häufiger die Worte

Vakuum, Erzeugungs- und Vernichtungsoperator

wenn man von den Objekten $|0\rangle$, $A^\dagger$ und A spricht.

2.3 Mathematische Existenzfragen, Zusammenhang mit der wellenmechanischen Formulierung

Im letzten Abschnitt haben wir gezeigt, daß die Energiewerte des harmonischen Oszillators die Form $E_n = \hbar\omega(n + 1/2)$ mit ganzzahligem n haben und daß die Eigenzustände $|n\rangle$ aus dem „Grundzustand", dem Zustand tiefster Energie, gemäß (2.2.20) gewonnen werden können. Dies wurde allerdings unter der Voraussetzung begründet, daß es überhaupt einen Eigenzustand von H bzw. N gibt. Die hiermit aufgeworfene Existenzfrage kann auf mehrere Weisen erörtert werden.

2.3.1 Formaler Standpunkt

Wir betrachten die Vektoren

$$|0\rangle, |1\rangle, \ldots, |n\rangle, \ldots$$

---

[10]Vgl. dazu auch die Bemerkungen im Abschnitt 2.3.1.

als formale Objekte, die der Orthonormalitätsbedingung (2.2.21) genügen, und definieren einen Hilbertraum $\mathcal{H}$ durch die Menge aller formalen Linearkombinationen

$$\mathcal{H} = \left\{ \sum_n a_n \, |\, n\rangle \, , \, a_n \in \mathbf{C} \, , \, \sum_n |a_n|^2 < \infty \right\} \tag{2.3.1}$$

Dieser Raum ist dem Folgenraum l_2 aus dem Abschnitt 3.5.1 des 1.Bandes isomorph, woraus sich sofort ergibt, daß er tatsächlich alle Eigenschaften eines Hilbertraumes besitzt. Ein beliebiges Element $|\,\psi\rangle$ von (2.3.1) kann durch die Komponenten

$$\psi_n = \langle n \, | \, \psi \rangle \tag{2.3.2}$$

ausgedrückt werden. Da die Eigenvektoren von N die Basis bilden, spricht man auch von der **Besetzungszahldarstellung**. Die Operatoren sind in dieser Darstellung unendliche Matrizen

$$A_{nm} := \langle n \, | \, A \, | \, m \rangle \tag{2.3.3}$$

wobei die Indizes n und m von 0 bis ∞ laufen.

2.3.2 Konstruktiver Standpunkt (Hermitesche Polynome)

Ausgangspunkt ist hier ein konkreter Hilbertraum, nämlich $\mathcal{L}_2(\mathbf{R})$, der Raum aller komplexwertigen, meßbaren Funktionen $\psi(x)$ über $\mathbf{R}$, die quadrat integrierbar sind (im Sinne des Lebesgue-Integrals):

$$\mathcal{H} = \left\{ \psi : \mathbf{R} \to \mathbf{C} \quad \text{mit} \int\limits_{-\infty}^{+\infty} |\psi(x)|^2 dx < \infty \right\} . \tag{2.3.4}$$

Wir fassen die Elemente dieses Raumes als Funktionen in der Ortsdarstellung

$$\psi(x) := \langle x \, | \, \psi \rangle$$

auf und setzen gemäß Abschnitt 3.10 des ersten Bandes

$$Q \, \psi(x) = x \, \psi(x)$$
$$P \, \psi(x) = \frac{\hbar}{i} \frac{d}{dx} \, \psi(x)$$

Weiter fragen wir in diesem Raum nach der Existenz von Funktionen $\psi_n(x)$, die wir als Ortsdarstellung $\psi_n(x) = \langle x \, | \, n \rangle$ der Vektoren $|\,n\rangle$, also von (2.2.20) ansehen können. Nach (2.2.11) und (2.1.15) muß es dazu eine differenzierbare, quadratintegrable Funktion $\psi_0(x)$ geben, die die Differentialgleichung

$$\left(\sqrt{\frac{m\omega}{2\hbar}} \, x + \sqrt{\frac{\hbar}{2m\omega}} \frac{d}{dx} \right) \psi_0(x) = 0 \tag{2.3.5}$$

erfüllt. Diese Gleichung kann – etwa durch Separation der Variablen – gelöst werden und führt zu

$$\psi_0(x) = N_0\, e^{-(m\omega/2\hbar)\,x^2} \tag{2.3.6}$$

Zur Erinnerung: Man trennt in (2.3.5) ψ_0 und x

$$\frac{d\,\psi_0(x)}{\psi_0(x)} = -\frac{m\,\omega}{\hbar}\,x\,dx$$

woraus durch Integration folgt

$$\ln\psi_0(x) = -\frac{m\,\omega}{2\,\hbar}\,x^2 + C$$

Die Integrationskonstante C wird dann als $\ln N_0$ gewählt

Die Funktion ψ_0 ist, wie gefordert, quadratintegrabel. Die Normierungsbedingung

$$\int_{-\infty}^{+\infty} |\psi_0(x)|^2\, dx = 1$$

ergibt

$$N_0 = \left(\frac{m\omega}{\pi\hbar}\right)^{1/4} \tag{2.3.7}$$

Entsprechend (2.2.20) können nun die Eigenfunktionen $\psi_n(x)$ mit Hilfe von (2.1.15) aus $\psi_0(x)$ konstruiert werden

$$\psi_n(x) = \frac{1}{\sqrt{n!}} \left(\sqrt{\frac{m\omega}{2\hbar}}\,x - \sqrt{\frac{\hbar}{2m\omega}}\,\frac{d}{dx}\right)^n \psi_0(x) \tag{2.3.8}$$

Die auftretenden Differentiationen lassen sich im Prinzip elementar durchführen, wie man an der Gestalt von $\psi_0(x)$ in (2.3.6) erkennt. Man erhält Ergebnisse der Form

$$\psi_n(x) = (\text{Polynom n-ten Grades in } x)\, e^{-(m\omega/2\hbar)\,x^2} \tag{2.3.9}$$

Nach geeigneter Normierung sind die hier auftretenden Polynome mit den Hermiteschen Polynomen identisch.

Im einzelnen erkennt man dies durch folgende Rechnungen:

Nach der Substitution

$$\zeta := \sqrt{\frac{m\omega}{\hbar}}\,x$$

ergibt sich

$$\psi_0(\zeta) = N_0\, e^{-\frac{\zeta^2}{2}}$$

$$\psi_n(\zeta) = \frac{1}{\sqrt{n!}}\,\frac{1}{\sqrt{2^n}} \left(\zeta - \frac{d}{d\zeta}\right)^n \psi_0(\zeta)$$

Nun gilt für beliebige Funktionen $f(\zeta)$

$$\left(\zeta - \frac{d}{d\zeta}\right) f(\zeta) = -e^{\frac{\zeta^2}{2}} \frac{d}{d\zeta} \left(e^{-\frac{\zeta^2}{2}} f(\zeta)\right)$$

wie man durch Ausschreiben der rechten Seite nachprüfen kann. Durch Iteration folgt

$$\left(\zeta - \frac{d}{d\zeta}\right)^n f(\zeta) = (-1)^n e^{\frac{\zeta^2}{2}} \frac{d^n}{d\zeta^n} \left(e^{-\frac{\zeta^2}{2}} f(\zeta)\right)$$

Setzt man hier $f(\zeta) = e^{-\zeta^2/2}$, so findet man für die Funktionen $\psi_n(\zeta)$

$$\psi_n(\zeta) = N_0 \frac{(-1)^n}{\sqrt{n!\,2^n}} e^{\frac{\zeta^2}{2}} \frac{d^n}{d\zeta^n} e^{-\zeta^2}$$

Dieses Ergebnis kann man mit Hilfe der **Hermiteschen Polynome** , die durch

$$H_n(\zeta) := (-1)^n e^{\zeta^2} \frac{d^n}{d\zeta^n} e^{-\zeta^2}$$

definiert werden können, in der Form (2.3.9) geschrieben werden

$$\psi_n(\zeta) = N_0 \frac{1}{\sqrt{n!\,2^n}} H_n(\zeta) e^{-\frac{\zeta^2}{2}}$$

Nach Einsetzen des Wertes für N_0 aus (2.3.7) und der Rücksubstitution von x erhält man schließlich

$$\boxed{\psi_n(x) = \left(\frac{m\omega}{\pi\hbar}\right)^{1/4} \frac{1}{\sqrt{n!\,2^n}} e^{-(m\omega/2\hbar)\,x^2} H_n\left(\sqrt{\frac{m\omega}{\hbar}}\,x\right)} \qquad (2.3.10)$$

Zu den zuletzt durchgeführten Rechnungen vgl. auch den Abschnitt 2.10.4 des ersten Bandes.

2.3.3 Vergleich beider Standpunkte

Die zuletzt dargelegte konstruktive Methode hat den Vorteil, daß mit ihr das Eigenwertproblem des harmonischen Oszillators durch explizit angebbare Funktionen gelöst und so auf die Existenzfrage eine einfache Antwort gegeben wird.

Sowohl bei der Behandlung praktischer Probleme als auch bei weitgehenden Verallgemeinerungen benötigt man jedoch nur die algebraischen Beziehungen aus dem Abschnitt 2.2, und es reicht der Formalismus des formalen Standpunkts aus. Vor allem kann man ihn auch dann verwenden, wenn eine Ortsdarstellung physikalisch nicht sinnvoll ist. Daher gehören die im Abschnitt 2.2 eingeführten abstrakten Begriffe und die dort „eingerahmten" Formeln zum Grundbestand des quantenmechanischen Wissens.

Wie weit sie tragen, wird besonders bei der Quantentheorie des Lichts deutlich werden, wo die Abstraktionen des formalen Standpunktes eine wichtige Rolle spielen.

2.4 Ort und Impuls in der Besetzungszahldarstellung

Für konkrete Rechnungen ist die Formel (2.2.20) oft zu unhandlich.Die Kenntnis der Wirkungsweise von A und $A^\dagger$ auf die Zustände $|n\rangle$ bietet ein besseres Hilfsmittel. Mit (2.2.18) und (2.2.19)

$$A^\dagger\,|n\rangle = \sqrt{n+1}\,|n+1\rangle$$
$$A\,|n\rangle = \sqrt{n}\,|n-1\rangle$$

können wir nämlich für die Matrixelemente dieser beiden Operatoren

$$A_{mn} := \langle m\,|\,A\,|\,n\rangle = \sqrt{n}\,\delta_{m,n-1} \tag{2.4.1}$$
$$A^\dagger_{mn} := \langle m\,|\,A^\dagger\,|\,n\rangle = \sqrt{n+1}\,\delta_{m,n+1} \tag{2.4.2}$$

folgern und die dadurch definierten unendlich dimensionalen Matrizen

$$(A_{mn}) = \begin{pmatrix} 0 & \sqrt{1} & 0 & 0 & \cdots \\ & 0 & \sqrt{2} & 0 & \\ & & 0 & \sqrt{3} & \\ & & & 0 & \ddots \\ & & & & \ddots \end{pmatrix} \tag{2.4.3}$$

$$(A^\dagger_{mn}) = \begin{pmatrix} 0 & & & \\ \sqrt{1} & 0 & & \\ 0 & \sqrt{2} & 0 & \\ 0 & 0 & \sqrt{3} & 0 \\ \vdots & & & \ddots & \ddots \end{pmatrix} \tag{2.4.4}$$

aufschreiben. Die Matrix A besitzt nur unmittelbar oberhalb der Hauptdiagonalen nichtverschwindende Matrixelemente, die durch $\sqrt{n}$ gegeben werden, wobei n die entsprechende Spalte bezeichnet. Entsprechend sind die Matrixelemente von $A^\dagger$ nur unmittelbar unterhalb der Hauptdiagonalen von Null verschieden. Letzteres ergibt es sich auch durch Anwendung der Regeln zur Bildung der hermitesch konjugierten Matrix.

Diese Ergebnisse erlauben es sofort, die Operatoren P und Q in der Besetzungszahldarstellung zu berechnen. Durch Auflösen von (2.1.15) nach P und Q kann man diese Operatoren durch die Leiteroperatoren ausdrücken

$$Q = \sqrt{\frac{\hbar}{2m\omega}}\,(A + A^\dagger) \tag{2.4.5}$$

$$P = \frac{1}{i}\,\sqrt{\frac{\hbar m\omega}{2}}\,(A - A^\dagger) \tag{2.4.6}$$

Es ergibt sich mit (2.4.1) und (2.4.2)

$$Q_{mn} = \sqrt{\frac{\hbar}{2m\omega}}\,(\sqrt{n}\,\delta_{m,n-1} + \sqrt{n+1}\,\delta_{m,n+1}) \tag{2.4.7}$$

$$P_{mn} = \frac{1}{i} \sqrt{\frac{\hbar m \omega}{2}} \left(\sqrt{n}\, \delta_{m,n-1} - \sqrt{n+1}\, \delta_{m,n+1} \right) \tag{2.4.8}$$

oder ausgeschrieben

$$(Q_{mn}) = \sqrt{\frac{\hbar}{2m\omega}}
\begin{pmatrix}
0 & \sqrt{1} & 0 & & 0 \\
\sqrt{1} & 0 & \sqrt{2} & & \\
0 & \sqrt{2} & 0 & \sqrt{3} & \\
 & & \sqrt{3} & 0 & \\
0 & & & & \ddots
\end{pmatrix} \tag{2.4.9}$$

$$(P_{mn}) = \frac{1}{i} \sqrt{\frac{\hbar m \omega}{2}}
\begin{pmatrix}
0 & \sqrt{1} & 0 & & 0 \\
-\sqrt{1} & 0 & \sqrt{2} & & \\
0 & -\sqrt{2} & 0 & \sqrt{3} & \\
\vdots & & -\sqrt{3} & 0 & \\
0 & & & & \ddots
\end{pmatrix} \tag{2.4.10}$$

Historisch stand die **Matrix** (Q_{mn}) **am Anfang der Quantenmechanik** und begründete die früher oft verwendete Bezeichnung **„Matrizenmechanik"**: Heisenberg „erriet" ihre Form 1925 bei der Untersuchung von Intensitätsregeln für die elektromagnetischen Übergänge zwischen Oszillatorzuständen.

Sie tritt im Original in der Form

$$a^2 (n, n-1) = \frac{n\, h}{\pi m \omega} \tag{2.4.11}$$

auf.[11]

Wichtige Folgerungen aus diesen Matrix-Formeln ergeben sich für die Erwartungswerte und Streuungen für P und Q.[12] Nach (2.4.7) verschwinden die Erwartungswerte von Ort und Impuls für die Eigenzustände $|n\rangle$

$$\langle n\,|\,Q\,|\,n\rangle = 0 \tag{2.4.12}$$
$$\langle n\,|\,P\,|\,n\rangle = 0 \tag{2.4.13}$$

Diese verschwindenden Erwartungswerte haben eine klassische Entsprechung: Durch zeitliche Mittelung über eine Schwingungsdauer erhält man, wenn man (2.1.26) verwendet

$$\overline{q_{\text{Klass}}(t)} = \overline{p_{\text{Klass}}(t)} = 0 \tag{2.4.14}$$

---

[11]W. Heisenberg, Z.f.Physik 33 (1925) 879, nach Gleichung (20).

Dabei hängt $a(n, n-1)$ mit den Matrixelementen von Q durch $\langle n\,|\,Q\,|\,n-1\rangle = 1/2\, a(n, n-1)$ zusammen. Eine erläuternde Darstellung der Heisenbergschen Arbeit wird im Exkurs, Abschnitt 2.6 auf den Seiten 39 ff. gegeben.

[12]Es sei an die allgemeine Formel für die Streuung einer Observablen A im Zustand ψ erinnert:
$(\Delta_\psi A)^2 = \langle \psi | (A^2 - \langle \psi | A | \psi \rangle^2) | \psi \rangle.$

Man beachte aber, daß die quantenmechanischen Ergebnisse die Mittelung über viele Messungen betreffen, die auch zu gleicher Zeit vorgenommen werden können. Wir sind also der Gleichheit

Scharmittelwert = Zeitmittelwert

begegnet.

Für die Streuungen bleiben nicht verschwindende Ausdrücke

$$
(\Delta_n Q)^2 = \langle n\,|\,Q^2\,|\,n\rangle = \frac{\hbar}{2m\omega}\,\langle n\,|\,(A + A^\dagger)^2\,|\,n\rangle
$$

$$
= \frac{\hbar}{2m\omega}\,\langle n\,|\,A^2 + (A^\dagger)^2 + AA^\dagger + A^\dagger A\,|\,n\rangle
$$

$$
= \frac{\hbar}{2m\omega}\,\langle n\,|\,2A^\dagger A + AA^\dagger - A^\dagger A\,|\,n\rangle
$$

$$
= \frac{\hbar}{2m\omega}\,\langle n\,|\,2N + 1\,|\,n\rangle = \frac{\hbar}{2m\omega}\,(2\,n + 1)
$$

wobei $\langle n|A^2|n\rangle = 0$, $\langle n|A^{\dagger 2}|n\rangle = 0$ und $[A, A^\dagger] = 1$ verwendet wurde. Analog für den Impuls

$$
(\Delta_n P)^2 = \langle n\,|\,P^2\,|\,n\rangle = -\frac{\hbar m\omega}{2}\,\langle n\,|\,(A - A^\dagger)^2\,|\,n\rangle
$$

$$
= -\frac{\hbar m\omega}{2}\,\langle n\,|\,A^2 + (A^\dagger)^2 - AA^\dagger - A^\dagger A\,|\,n\rangle
$$

$$
= \frac{\hbar m\omega}{2}\,\langle n\,|\,2N + 1\,|\,n\rangle = \frac{\hbar m\omega}{2}\,(2\,n + 1)
$$

Daher gilt für die Streuungen selbst

$$
\Delta_n Q = \sqrt{\frac{\hbar}{2m\omega}}\,\sqrt{2n+1} = \sqrt{\frac{E_n}{m\omega^2}}
\tag{2.4.15}
$$

und

$$
\Delta_n P = \sqrt{\frac{\hbar m\omega}{2}}\,\sqrt{2n+1} = \sqrt{mE_n}
\tag{2.4.16}
$$

und das Produkt der Unschärfen hat den Wert

$$
\Delta_n Q\,\Delta_n P = \frac{\hbar}{2}\,(2n + 1)
\tag{2.4.17}
$$

Für den Grundzustand $n = 0$ erhält man

$$
\Delta_0 Q\,\Delta_0 P = \frac{\hbar}{2}
$$

Dies ist der kleinstmögliche Wert, den die Unschärfe-Relation zwischen Ort und Impuls erlaubt, vgl. Abschnitt 1.9 des ersten Bandes. Die Streuung von Q kann, wie in der Abbildung 2.4 auf Seite 28 angedeutet, am Parabelpotential veranschaulicht werden. Die Schwingungsamplitude q_{Klass} eines klassischen harmonischen Oszillators der Energie $\hbar\omega(n + \frac{1}{2})$ wird nämlich durch

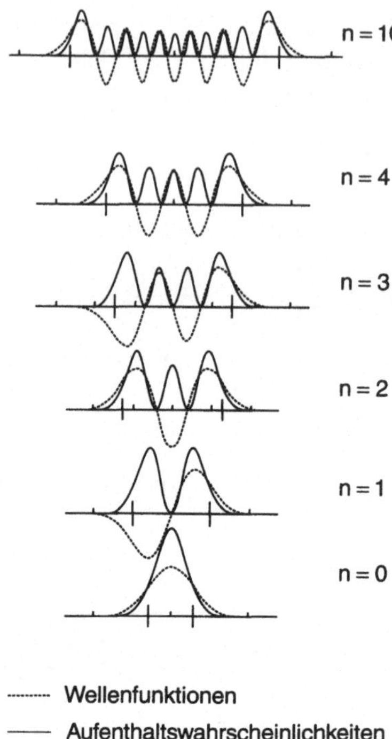

Abb. 2.5. Wellenfunktionen und Aufenthaltswahrscheinlichkeiten für den harmonischen Oszillator

$$q_{\text{Klass}} = \sqrt{\frac{2E}{m\omega^2}} = \sqrt{\frac{2\hbar\omega(n+1/2)}{m\omega^2}}$$

$$= \sqrt{\frac{\hbar}{m\omega}}\,\sqrt{2n+1} = \sqrt{2}\,\Delta_n Q \qquad\qquad (2.4.18)^{13}$$

gegeben. Die genaue räumliche Beschreibung für den quantenmechanischen harmonischen Oszillator liefern die Wellenfunktionen $\psi_n(x)$ bzw. die Wahrscheinlichkeitsdichten $|\psi_n(x)|^2$. In der Abbildung 2.5 sind sie für verschiedene Werte von n reproduziert. Für den Grundzustand liegt das Maximum der Aufenthaltswahrscheinlichkeit bei $x = 0$; mit wachsender Anregung bilden sich aber immer stärker zwei Maxima heraus, die am „Rande" des Oszillators bei den klassischen Umkehrpunkten liegen.

---

[13] An den Umkehrpunkten der Schwingungen verschwindet die kinetische Energie, so daß E durch die potentielle Energie $V(q_{\text{Klass}})$ gegeben wird. Mit (2.1.10) folgt (2.4.18).

2.5 Zeitliches Verhalten des harmonischen Oszillators im Heisenbergbild

Wir betrachten jetzt die Operatoren als Funktionen der Zeit

$$A(t), \; P(t), \; Q(t)$$

d.h. wir benutzen das Heisenbergbild, vgl. Abschnitt 1.4 auf Seite 8 (Wir unterdrücken im folgenden den Index H). Nach der Heisenbergschen Bewegungsgleichung für Operatoren (1.4.5) gilt

$$\frac{d}{dt} A(t) = \frac{i}{\hbar} [H, A(t)] \tag{2.5.1}$$

und mit (2.1.20) und (2.2.4)

$$\begin{aligned}
[H, A(t)] &= \hbar\omega \left[(N + \frac{1}{2} \mathbf{1}), A(t) \right] \\
&= \hbar\omega [N, A(t)] \\
&= -\hbar\omega A(t)
\end{aligned}$$

Man beachte in diesem Zusammenhang, daß H und N zeitunabhängig sind, also die Beziehung $N = A^\dagger(t) A(t)$ für jeden beliebigen Zeitpunkt t gilt. Auch die Vertauschungsrelation (2.1.1) ist für jedes t richtig und damit ebenso die Gleichungen (2.1.8) und (2.2.4).

Aus (2.5.1) erhalten wir nach obigen Umformungen

$$\frac{d}{dt} A(t) = -i\omega A(t) \tag{2.5.2}$$

und als Lösung dieser Gleichung

$$A(t) = A(0) \, e^{-i\omega t} \tag{2.5.3}$$

wobei die „Integrationskonstante" $A(0)$ den Operatorcharakter von $A(t)$ bestimmt und durch

$$[A(0), A^\dagger(0)] = \mathbf{1}$$

festgelegt wird. Mit (2.5.3) gilt außerdem

$$A^\dagger(t) = A^\dagger(0) \, e^{i\omega t} \tag{2.5.4}$$

was sofort erkennen läßt, daß der Kommutator von $A(t)$ und $A^\dagger(t)$ zeitunabhängig ist.

Der Ortsoperator ergibt sich mit (2.4.5) zu

$$Q(t) = \sqrt{\frac{\hbar}{2m\omega}} \left(A(0) \, e^{-i\omega t} + A^\dagger(0) \, e^{i\omega t} \right) \tag{2.5.5}$$

der Impulsoperator mit (2.4.6) zu

$$P(t) = \frac{1}{i} \sqrt{\frac{\hbar m\omega}{2}} \left(A(0) \, e^{-i\omega t} + A^\dagger(0) \, e^{i\omega t} \right) \tag{2.5.6}$$

Die Gleichungen für $A(t)$, $Q(t)$, $P(t)$ haben in der klassischen Mechanik dieselbe Form, vgl. dazu die Formeln in (2.1.25). Sie bringen zum Ausdruck, daß ein harmonischer Oszillator mit einer festen Frequenz ω schwingt.

Aufgrund dieser Tatsache kann man verstehen, warum nur die Matrixelemente $Q_{n,n+1}$ und $Q_{n-1,n}$ von Null verschieden sein können, wie dies die Formel (2.4.9) aussagt. Denn allgemein gilt nach (1.4.4) und

$$U(t) = e^{-i/\hbar\, H\, t}$$

für die Matrixelemente

$$\begin{aligned}
\langle m \,|\, Q(t) \,|\, n \rangle &= \langle m \,|\, U^{-1}(t)\, Q(0)\, U(t) \,|\, n \rangle \\
&= e^{\frac{i}{\hbar}(E_m - E_n)\, t}\, \langle m \,|\, Q(0) \,|\, n \rangle
\end{aligned} \tag{2.5.7}$$

woraus sich die Bedingung

$$\langle m \,|\, Q \,|\, n \rangle = 0 \qquad \text{für } m \neq n \pm 1$$

ergibt, da nur eine einzige Frequenz

$$\omega = \frac{E_{n+1} - E_n}{\hbar} = \frac{E_n - E_{n-1}}{\hbar} \tag{2.5.8}$$

auftritt.

Drückt man über (2.5.5) und (2.5.6) $A(0)$ und $A^\dagger(0)$ durch $Q(0)$ und $P(0)$ aus, so findet man

$$Q(t) = Q(0)\, \cos \omega t + \frac{1}{m\omega}\, P(0)\, \sin \omega t \tag{2.5.9}$$

$$P(t) = P(0)\, \cos \omega t - m\omega\, Q(0)\, \sin \omega t \tag{2.5.10}$$

und speziell

$$\left. \frac{d}{dt}\, Q(t) \right|_{t=0} = \frac{P(0)}{m} \tag{2.5.11}$$

Auch diese Gleichungen entsprechen formal vollständig denen aus der klassischen Mechanik. Im Gegensatz zu dieser lassen sich hier jedoch keine Anfangswerte $Q(0)$ und $P(0)$ willkürlich vorgeben. Insbesondere kann man nicht $P(0) = 0$ setzen, da dies dem kanonischen Kommutator (2.1.1) widersprechen würde.

Diese Analogie zwischen klassischer Mechanik und Quantenmechanik wurde bereits im 1. Band ausführlich dargestellt. Dort wurde auch gezeigt, wie die eigentlichen quantenmechanischen Züge wirksam werden. Auf den Abschnitt 3.11.3 des 3. Kapitels sei daher ausdrücklich hingewiesen.

2.6 Exkurs: Die Entdeckung
der kanonischen Vertauschungsrelationen

Anhand des harmonischen Oszillators hat W. Heisenberg 1925 die kanonischen Vertauschungsrelationen entdeckt. Der folgende Anschnitt gibt eine kurze Darstellung dieses wichtigen historischen Ereignisses.

Die Situation der Quantentheorie am Anfang der 20er Jahre des vorigen Jahrhunderts war vollständig unbefriedigend. Obwohl von Sommerfeld und anderen erweitert, verlor das Bohrsche Atommodell immer mehr an Überzeugungskraft. Seit 1918, dem Erscheinungsjahr von Bohrs fundamentaler Arbeit „Die Quantentheorie der Linienspektren", gab es durchaus Fortschritte in der Behandlung quantenphysikalischer Probleme. Das Vorgehen war jedoch durch „systematisches Raten" im Rahmen des von Bohr (allerdings nur vage) formulierten Korrespondenzprinzips bestimmt. Daher war das allgemeine Unbehagen unter den Physikern groß.

Dies sei zunächst mit einem Zitat aus dem Vortrag von Max Planck belegt, den er aus Anlaß des ihm 1920 verliehenen Nobelpreises gehalten hat. 20 Jahre nach seiner Entdeckung der Quantenformel $E = h\nu$ stellte er fest:

> **Max Planck in der Nobelpreis-Rede am 2. Juni 1920**
> Freilich ist mit der Einführung des Wirkungsquantums noch keine wirkliche Quantentheorie geschaffen. Ja vielleicht ist der Weg, den die Forschung bis dahin noch zurückzulegen hat, nicht weniger weit als der von der Entdeckung der Lichtgeschwindigkeit durch Olaf Römer bis zur Begründung der Maxwellschen Lichttheorie. Die Schwierigkeiten, welche sich der Einführung des Wirkungsquantums in die wohl bewährte klassische Theorie ... entgegengestellt haben sich im Laufe der Jahre eher gesteigert als verringert und wenn auch die ungestüm vordrängende Forschung über einige derselben einstweilen zur Tagesordnung übergegangen ist, so berühren die zurückgelassenen ... Lücken den gewissenhaften Systematiker um so peinlicher.(1)[14]

Dies war deutlich, aber noch zurückhaltend. Wolfgang Pauli drückte seine Stimmung viel drastischer aus.

> **Zitat Pauli:**
> „Die Physik ist momentan wieder einmal sehr verfahren. Für mich ist sie jedenfalls viel zu schwierig und ich wollte, ich wäre Filmkomiker oder so etwas und hätte nie etwas von Physik gehört."(2)

Es fehlte eine selbstkonsistente Theorie der Quantenerscheinungen. Obwohl die Bohrsche Annahme der Stationarität der Bahnen schon ein Widerspruch zur klassischen Elektrodynamik war, hielt man immer noch an klassischen Begriffen fest, wie z.B. dem der „Bahnkurve". So war das Wasserstoffatom

---

[14]Die Ziffern in runden Klammern beziehen sich auf die Literaturhinweise von Seite 46.

eine ebene Scheibe. Quantenphysikalische Erscheinungen waren „Abweichungen" von der als Grundlage genommenen klassischen Mechanik.

Aber Planck hatte Unrecht! Es dauerte nur 5 Jahre bis die Grundlagen für eine Systematische Quantentheorie gelegt wurden.

1925 war das Jahr der Wende in der Quantentheorie.

Denn in diesem Jahre machte Werner Heisenberg im Alter von 24 Jahren den entscheidenden neuen Ansatz. (Heisenberg befand sich damals auf Helgoland, um seinen Heuschnupfen auszukurieren). Dazu ein Zitat aus einem Brief an Wolfgang Pauli, vom 9. Juli

Heisenberg im Juli 1925

...meine Meinung über die Mechanik wird von Tag zu Tag seit Helgoland radikaler ... Es ist wirklich meine Überzeugung, daß eine Interpretation der Rydbergformel im Sinne von Kreis und Ellipsenbahnen in klassischer Geometrie nicht den geringsten physikalischen Sinn hat und meine ganzen kümmerlichen Bestrebungen gehen dahin, den Begriff der Bahnen, die man doch nicht beobachten kann, restlos umzubringen und geeignet zu ersetzen.(3)

Wie Heisenberg dies in seiner Helgoländer Arbeit tat, beschreibt Steven Weinberg wie folgt.

Steven Weinberg's Kommentar:

Doch gibt es schließlich die ‚Magier', die anscheinend nicht logisch vorgehen, sondern alle Zwischenschritte überspringen und so zu einer neuen Erkenntnis über die Natur gelangen. ... Planck war ein ‚Magier' als er im Jahre 1900 seine Theorie der Wärmestrahlung erdachte, und Einstein trat in der Rolle eines ‚Magiers' auf, als 1905 die Idee des Photons vortrug. ... Was ‚Weise' schreiben, ist zumeist schwer zu verstehen, doch was ‚Magier' schreiben, ist oft unverständlich. Heisenbergs Abhandlung von 1925 war reine ‚Magie'.

Damit ist der Stil von Heisenbergs Publikation treffend beschrieben. Im folgenden versuche ich dennoch, dem Leser die Grundlagen der Arbeit zu erläutern, was natürlich nicht allzu schwer ist, wenn man die Quantenmechanik schon kennt.

Die Erfindung der quantenmechanischen Matrixmultiplikation

Am Beispiel des eindimensionalen Oszillators stellt Heisenberg der klassischen Sicht seine quantentheoretische Sicht gegenüber und zwar in Form von Übersetzungsvorschriften. In der klassischen Mechanik wird die Bewegung des Oszillators durch die Funktion der Auslenkungskoordinate $q(t)$ beschrieben. Es ist ein kontinuierlicher Bereich von Energien E möglich. Um den Kontakt zur Quantentheorie zu erleichtern, notieren wir die Energie als E_n, wobei n zunächst kontinuierlich variiert. Die zugehörige Bewegung des Oszillators sei $q(n, t)$. Heisenberg beschränkt sich auf Oszillatoren mit periodischer

Zeitabhängigkeit. ω sei die Grundfrequenz, dann läßt sich $q(n,t)$ in folgender Weise als Fourierreihe darstellen

$$q(n,t) = \sum_{\alpha=-\infty}^{\infty} Q_\alpha(n)e^{-i\alpha\omega_0 t}$$

Der diskrete Index $\alpha = 0, 1, 2, \ldots$ numeriert die verschiedenen Grund- und Oberfrequenzen.

Heisenberg bemerkt nun, daß es quantentheoretisch keine Entsprechung für die Bahnfunktion $q(n,t)$ gibt

$$q(n,t) \quad \longleftrightarrow \quad \text{keine quantentheoretische Entsprechung}$$

Denn die Quantentheorie soll nur Begriffe aufnehmen, die – wenigstens indirekt – beobachtbare Phänomene beschreibt. Meßbar sind in der Atomphysik nur die Übergangsfrequenzen

$$\omega(n,m) = \frac{1}{\hbar}\left(E_n - E_m\right) \qquad \text{und}$$

die Betragsquadrate der Übergangsamplituden

$$A(n,m)\, e^{-i\omega(n,m)t}$$

Die Übergangsfrequenzen $\omega(n,m)$ wurden schon in der Bohrschen Theorie mit den Frequenzen $\alpha\,\omega_n$ in folgender Weise in Beziehung gesetzt:

$$\alpha\,\omega_n \quad \longleftrightarrow \quad \omega(n, n-\alpha)$$

Entsprechend ordnet Heisenberg den Fourieramplituden $Q_\alpha(n)$ Größen

$$Q(n, n-\alpha)$$

zu, die die Übergangsamplituden $A(n, n-\alpha)$ bestimmen sollen:

$$Q_\alpha(n) \quad \longleftrightarrow \quad Q(n, n-\alpha)$$

Analog werden Zuordnungen für die kanonischen Impulse eingeführt:

$$p(n,t) \longleftrightarrow \text{keine Korrespondenz}$$
$$P_\alpha(n) \longleftrightarrow P(n, n-\alpha)$$

Heisenberg untersucht nun die Frage, welcher quantenmechanische Ausdruck einem Produkt wie $p(n,t) \cdot q(n,t)$ zuzuordnen ist. In der klassischen Beschreibung tritt auf

$$p(n,t) \cdot q(n,t) = \sum_\alpha \sum_\beta P_\alpha(n)Q_\beta(n)e^{i(\alpha+\beta)\omega_n t}$$

$$= \sum_\gamma \sum_{\alpha=1}^{\gamma} P_\alpha(n)Q_{\gamma-\alpha}(n)e^{i\gamma\omega_n t}$$

$$= \sum_\gamma C_\gamma(n)e^{i\gamma\omega_n t}$$

Den Koeffizienten $C_\gamma(n)$ kann man dann nach Heisenberg „als die einfachste und natürlichste Annahme" die Koeffizienten $C(n, n - \gamma)$ zuordnen

$$C_\gamma(n) = \sum_{\alpha=1}^{\gamma} P_\alpha(n)Q_{\alpha-\gamma}(n) \longleftrightarrow C(n, n - \gamma)$$

$$= \sum_{\alpha=1}^{\gamma} P(n, n - \alpha)Q(n - \alpha, n - \gamma) \qquad (2.6.1)$$

Diese Zuordnung ist keineswegs frei von Willkür, so hätte man bei strenger Beachtung der Zuordnungsvorschriften erhalten

$$Q(n, n - \gamma + \alpha) \quad \text{statt} \quad Q(n - \alpha, n - \gamma)$$

Das Heisenbergsche Multiplikationsgesetz (2.6.1) ist, wenn man $m = n - \alpha$ und $k = n - \gamma$ setzt, nichts anderes als die Multiplikationsregel für Matrizen. Das hatte Heisenberg aber nicht erkannt, da damals den Physikern der Matrizenkalkül noch nicht so präsent war wie heute.

Zitat Born:

...ich begann über Heisenberg's symbolische Multiplikation nachzudenken und war bald darauf so darin vertieft, daß ich den ganzen Tag daran dachte und in der Nacht kaum schlafen konnte. Denn ich fühlte, daß etwas ganz Fundamentales dahinter steckte ...eines morgens dann sah ich Licht: Heisenberg's symbolische Multiplikation war nichts anderes als der Matrix-Kalkül, der mir seit meinen Studientagen aus den Vorlesungen von Rosanes in Breslau wohlbekannt war. (4)

Der Weg zur kanonischen Vertauschungsrelation

In der Bohrschen Theorie wurde das Problem der Bestimmung der Amplituden, Frequenzen und Energien in zwei Schritten gelöst:

a) Integration der Bewegungsgleichung

$$\dot{q} = \frac{\partial H}{\partial p} \qquad \dot{p} = -\frac{\partial H}{\partial q}$$

b) Bestimmung der Integrationskonstanten aus der Bohr-Sommerfeldschen Quantenbedingung, nach der das Wirkungsintegral im Phasenraum ein ganzes Vielfaches von $h = 2\pi\hbar$ sein muß

$$\int pdq = n \cdot h$$

Die letzte Bedingung kann man in einer allgemeineren Form schreiben

$$\frac{d}{dn} \int pdq = h$$

Damit läßt man eine additive Konstante zu.

Will man diesen Formalismus in eine Quantenmechanik übertragen, dann muß man beachten, daß – im Gegensatz zur klassischen Betrachtungsweise – n nicht mehr kontinuierlich ist. Infolgedessen muß der Differentialquotient in einen Differenzenquotienten übergehen:

$$\alpha \frac{dF(n)}{dn} = \alpha \lim_{\alpha \to 0} \frac{F(n+\alpha) - F(n)}{\alpha} \quad \longleftrightarrow \quad F(n+\alpha) - F(n)$$

Wir nehmen wieder an, daß die Bewegung periodisch ist und die Bewegungsgleichung somit von einer Fouriersumme

$$q(n,t) = \sum_{\alpha} Q_{\alpha}(n)e^{i\alpha\omega_n t}$$

gelöst wird. Der dazu gehörige Impuls lautet

$$p(n,t) = \sum_{\beta} P_{\beta}(n)e^{i\beta\omega_n t}$$

Die Anwendung des Phasenintegrals

$$\frac{d}{dn} \int p\,dq = \frac{d}{dn} \int_0^T p\,\dot{q}\,dt = h$$

führt zu

$$h = \alpha \frac{d}{dn} \sum_{\alpha,\beta} P_{\beta}(n)Q_{\alpha}(n) \cdot (i\omega_n) \cdot \int_0^{T_n} dt\,e^{i(\alpha+\beta)\omega_n t}$$

Das Integral geht über eine ganze Periode und verschwindet für $\alpha + \beta \neq 0$; d.h.

$$\int_0^{T_n} e^{i(\alpha+\beta)\omega_n t}\,dt = T_n \delta_{\alpha-\beta}$$

daraus ergibt sich mit $\omega_n \cdot T_n = 2\pi$

$$\frac{\hbar}{i} = \frac{h}{2\pi i} = \alpha \sum_{\alpha} \frac{d}{dn}(P_{-\alpha}(n)Q_{\alpha}(n))$$

In dieser Beziehung kommen nur noch Größen vor, die in die Quantenmechanik übertragbar sind

$$P_{-\alpha}(n)Q_{\alpha}(n) \longleftrightarrow P(n-\alpha,n)Q(n,n-\alpha)$$

$$\frac{\hbar}{i} = \alpha \sum_{\alpha-\infty}^{\infty} \frac{d}{dn} P_{-\alpha}(n)Q_{\alpha}(n) \longleftrightarrow \sum_{\alpha=-\infty}^{\infty} (P(n,n+\alpha)Q(n+\alpha,n)$$

$$- Q(n,n-\alpha)P(n-\alpha,n))$$

Die Summation über α geht von $-\infty$ bis $+\infty$. Deshalb kann man $k = n + \alpha$ und $k' = n - \alpha$ unter der Summe gleichsetzen, so daß sich schließlich ergibt

$$\frac{\hbar}{i} = \sum_{k=-\infty}^{\infty} (P(n,k)\,Q(k,n) - Q(n,k)\,P(k,n)]$$

Wenn man hier die Matrixmultiplikation verwendet, erhält man

$$[P,Q](n,n) = \frac{\hbar}{i}$$

Das ist die Vertauschungsregel für Ort und Impuls, allerdings nur für die Diagonalelsmente ($m = n$).

Sind diese Beziehungen richtig, die doch mit einem gehörigen Maß an Willkür zustandegekommen waren?

Zitat Heisenberg:

... Es war auch deutlich zu spüren, daß mit dieser Zusatzbedingung ein zentraler Punkt der Theorie formuliert war, daß von da ab keine Freiheit mehr blieb. Dann aber bemerkte ich, das es ja keine Gewähr dafür gäbe, daß ein solches entstehendes math. Schema überhaupt widerspruchsfrei durchgeführt werden könnte. Insbesondere war es völlig ungewiß, ob in diesem Schema der Erhaltungssatz der Energie noch gelte ... eines Abends war ich soweit, daß ich daran gehen konnte, die einzelnen Werte in der Energietabelle[15] ... zu bestimmen. Als sich bei den ersten Termen wirklich der Energiesatz bestätigte, geriet ich in eine gewisse Erregung, so daß ich bei den folgenden Rechnungen immer wieder Rechenfehler machte. Daher wurde es fast 3 Uhr nachts, bis das endgültige Ergebnis der Rechnung vor mir lag. Der Energiesatz hatte sich in allen Gliedern als gültig erwiesen – und da dies ja von selbst, sozusagen ohne jeden Zwang herausgekommen war – so konnte ich an der math. Widerspruchsfreiheit und Geschlossenheit der damit angedeuteten Quantenmechanik nicht mehr zweifeln.(5)

Heisenberg war sich nun sicher, daß Bewegungsgleichung und seine Zusatzbedingung alles bestimmten.

Die Vertauschungsrelation wurde – wie gesagt – von Heisenberg nur für die Diagonalelemente gezeigt. Welchen Wert die anderen Elemente haben, blieb noch offen.

Zitat Born:

... Was ist mit den anderen Elementen $m \neq n$? Hier begann meine eigene konstruktive Arbeit. ... Bald überzeugte ich mich davon, daß der einzige sinnvolle Wert der Nichtdiagonalelemente null sein müßte und ich schrieb die seltsame Gleichung

---

[15]Der Herausgeber von (5) fügt die Bemerkung „sc. Matrix" an.

$$p \cdot q - q \cdot p = \frac{h}{2\pi i} \qquad (2.6.2)$$

nieder. Aber dies war nur geraten, und meine Versuche, es zu beweisen, schlugen fehl.(6)

An anderer Stelle wird er zitiert mit

Ich werde niemals die innere Erregung vergessen, die ich empfand, als es mir gelungen war, Heisenberg's Ideen über die Quantenbedingungen in die mysteriöse Gleichung (2.6.2) zu kondensieren.

Die allgemeine Form des Kommutators fand Dirac 1925 unabhängig von Born und verband sie mit den Eigenschaften der Poissonklammern, wie im Abschnitt 3.9.2 des ersten Bandes dargestellt. Allerdings ist es historisch nicht wahr, daß Dirac die Vertauschungsrelation aus den Poissonklammern abgeleitet hat. Vielmehr war es umgekehrt, vgl.(8): Nachdem Dirac erkannt hatte, daß Heisenbergs Formel auf einen Kommutator führt, suchte er nach einem Objekt in der Klassischen Mechanik, das das typische Minuszeichen enthält.

P.A.M. Dirac – Ravenna 1977:
It was during one of the Sunday walks in October, 1925, when I was thinking very much about this $pq - qp$, that I thought about Poisson brackets. I remembered something which I had read up previously, in advanced books on dynamics about these strange quantities, Poisson brackets, and from what I could remember, there seemed to be a close similarity between a Poisson bracket of two quantities, p and q, and the commutator. ...
I did not remember very well, what a Poisson bracket was ... and had only some vague recollections. But there were exciting possibilities there ... and it became imperative for me to brush up my knowledge of Poisson brackets and in particular to find out just what is the definition of a Poisson bracket. ... The textbooks which I had at home were all too elementary to mention them. There was nothing I could do, because it was a Sunday evening then and the libraries were closed. ... The next morning I hurried along to one of the libraries as soon as it was open, and I looked up Poisson brackets in Whittakers Analytical Dynamics, and I found that they were just what I needed. They proved the perfect analogy to the commutator.

Welche Bedeutung Heisenbergs Arbeit mit dem Titel: „Quantentheoretische Umdeutung kinematischer und mechanischer Beziehungen" damals hatte, zeigt ein abschließendes Zitat Wolfgang Paulis:

W.Pauli – Oktober 1924
Die Heisenbergsche Mechanik hat mir wieder Lebensfreude und Hoffnung gegeben. Die Lösung des Rätsels bringt sie zwar nicht, aber ich glaube, daß es jetzt möglich ist, vorwärts zukommen.(7)

Drei Monate später publizierte Pauli vor E.Schrödinger den ersten quanten-mechnischen Beweis(9) für die Rydberg Formel des Wasserstoffspektrums, den wir im Abschnitt 4.1.3 ausführlich darstellen werden.

Zitate:

(1) Max Planck, Wegen zur Physikalischen Erkenntnis, Seite 108, Verlag von S. Hirzel in Leipzig 1944.

(2) Wolfgang Pauli, Zitat aus Thomas S.Kuhn: „The Structure of Scientific Revolutions", Seite 84.

(3) aus B.L. van der Waerden: „Sources of Quantum Mechanics", Seite 27.

(4) ebenda, Seite 37

(5) Werner Heisenberg : „Der Teil und das Ganze", Seite 89.

(6) vgl. Referenz (4)

(7) vgl. Referenz (4)

(8) P.A.M. Dirac, Reflections of an Exciting Era, in Varenna Lectures 1977: History of 20th Century Physics, p.122 ff.

(9) W. Pauli, Über das Wasserstoffspektrum vom Standpunkt der neuen Quantenmechnanik, Zeitschrift für Physik, **36**, 336, eingegangen am 17. Januar 1926.

2.7 Geladener Oszillator im elektrischen Feld, Anwendung auf Molekülspektren

Im folgenden Abschnitt wollen wir die Theorie des eindimensionalen Oszilla-tors noch etwas weiterentwickeln, um die physikalische Bedeutung der Matri-xelemente der Orts- und Impulsoperatoren zu illustrieren. Dazu betrachten wir wieder Teilchen, das sich eindimensional in einem harmonischen Potential bewegt. Diesmal es mit der Ladung e geladen sein und zusätzlich aufgrund seiner Ladung unter dem Einfluß von elektrischen Kräften stehen, die etwa vom Feld einer elektromagnetischen Welle erzeugt werden.

Wir setzen voraus, daß die räumliche Variation dieses Feldes für atomare Objekte zu vernachlässigen ist. Dies ist etwa der Fall bei einer Lichtwelle des sichtbaren oder infraroten Spektralgebietes. Hier ist die Wellenlänge λ (Größenordnung $1\,\mu = 10^{-4}$ cm im Infrarotbereich und 500 nm $= 5 \cdot 10^{-5}$ cm im Bereich des sichtbaren Lichts) bedeutend größer als die atomaren Dimensionen (Größenordnung 10^{-8} cm).

Sendet man eine solche Welle auf das im harmonischen Kraftfeld befind-liche Teilchen der Ladung e, so wirkt zusätzlich eine elektrische Kraft

$$F(t) = eE(t),$$

deren Zeitabhängigkeit durch

$$E(t) = E_0\, e^{i\omega_0 t} \tag{2.7.1}$$

gegeben sei. (Zur Unterscheidung von der Oszillatorfrequenz ω benutzen wir hier die Bezeichnung ω_0.) Die komplexe Wahl der Zeitabhängigkeit für das elektrische Feld mag befremden, denn Felder sind reelle Größen. Tatsächlich wird dies in den meisten Lehrbüchern als „Krücke" getan, um den Formalismus der Quantenelektrodynamik zu vermeiden. Wir werden jedoch im Abschnitt 2.9.3 begründen, daß durch (2.7.1) eigentlich das Matrixelement

$$\langle 0|E(t)|\hbar\,\omega_0\rangle \tag{2.7.2}$$

für die Absorbtion eines Photons der Energie $\hbar\,\omega_0$ beschrieben wird.[16] Dabei ist E der „Operator der elektrischen Feldstärke" und ω_0 wird als positive Größe vorausgesetzt.

Bezeichnen wir die eindimensionale Ortskoordinate wieder mit Q, dann ergibt sich der zugehörige Hamiltonoperator H' aus

$$F = -\frac{dH'}{dQ}$$

durch Integration und lautet – nach einer naheliegenden Wahl der Integrationskonstanten –

$$H' = -eQE(t) = -eQE_0\,e^{-i\omega_0 t} \tag{2.7.3}$$

Im Abschnitt 4.3 werden wir diese einfachen Schlüsse auf den dreidimensionalen Raum verallgemeinern, was kompliziertere Überlegungen erfordert.

Die durch H' beschriebene Störung kann Übergänge zwischen den Energieniveaus des harmonischen Oszillators bewirken. Zu ihrer Berechnung wenden wir Fermis Goldene Regel an, die im Abschnitt 3.13.3 des 1.Bandes abgeleitet wurde. Diese Regel gibt für die Übergangswahrscheinlichkeit pro Zeiteinheit vom Oszillatorzustand $|n\rangle$ zum Zustand $|m\rangle$ durch Absorption von Licht der Frequenz

$$\hbar\omega_0 = E_m - E_n$$

den folgenden Ausdruck

$$\dot{w}_{n\to m} = \frac{2\pi}{\hbar}\,|\langle m\,|\,H'(0)\,|\,n\rangle|^2\,\rho(\hbar\omega_0) \tag{2.7.4}$$

Hier bezeichnet $\rho(\hbar\omega_0)$ die Dichte der Photonenzustände, die im jetzigen Zusammenhang unwesentlich ist. Nach (2.7.3) gilt

$$\langle m\,|\,H'(0)\,|\,n\rangle = -E_0\,\langle m\,|\,e\,Q\,|\,n\rangle \tag{2.7.5}$$

Hier tritt das elektrische Dipolmoment auf, das analog zu seiner klassischen Definition durch den quantenmechanischen Operator

$$D := e\,Q,$$

gegeben wird. Dessen Matrixelemente

$$D_{mn} = \langle m\,|\,D\,|\,n\rangle = e\,Q_{mn}$$

---

[16]Diese Aussage ist in der Gleichung (2.9.46) enthalten.

bestimmen also die Intensität der Absorption

$$\dot{w}_{n\to m} \; \alpha \; |D_{mn}|^2 = e^2 \, |Q_{mn}|^2$$

Dieses Ergebnis macht die physikalische Bedeutung der Matrixelemente des Ortsoperators deutlich. Unsere über die Q_{mn} gewonnene Aussage (2.4.7) liefert nämlich sofort folgende Oszillator-Auswahlregel:

Die Übergangswahrscheinlichkeiten verschwinden

$$\dot{w}_{n\to m} = 0 \qquad \text{für } \Delta n := m - n \neq \pm 1 \tag{2.7.6}$$

Daher werden durch ein elektrisches Feld Übergänge nur zwischen benachbarten Niveaus des harmonischen Oszillators bewirkt, wie dies in der Abbildung 2.6 dargestellt ist. Nur Licht der Frequenz

$$\omega = \omega_0 \tag{2.7.7}$$

wird absorbiert oder emittiert, obwohl nach dem Energiespektrum des Oszillators auch Vielfache von ω möglich wären. Dies ist ein Spezialfall für die allgemeine Auswahlregel für elektrische Dipolübergänge, die kurz als **E 1**-Übergänge bezeichnet werden, vgl. Abschnitt 5.3.4.

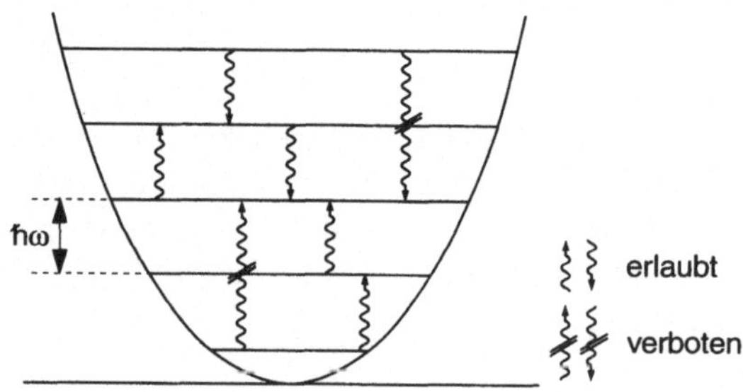

Abb. 2.6. Oszillator-Auswahlregel

Trotz der Beschränkung auf eine Raumdimension ist eine konkrete Anwendung und Überprüfung der durchgeführten Überlegungen möglich. Denn bei zweiatomigen Molekülen – wie HCl, HF, HBr, HJ und CO – treten lineare Schwingungen der beiden Atome relativ zu einander auf, die in erster Näherung durch ein harmonisches Potential bestimmt werden. Daher kann unser Modell die Absorptionsspektren solcher Moleküle beschreiben. So stellt man bei ihrer Bestrahlung mit Licht des infraroten Spektralgebietes eine intensive Absorption bei einer speziellen Frequenz fest. Bei genauer Beobachtung ergibt sich etwa für HCl eine Struktur wie sie in der Abbildung 2.7 a) dargestellt ist: die Absorptionsbande hat ein Maximum bei etwa $3,5\,\mu$. Exaktere Messungen lassen Absorptionen auch noch bei Vielfachen der $3,5\,\mu$ entsprechenden Frequenz erkennen, die Intensitäten sind jedoch um Faktoren 10 bis 1000 schwächer, vgl. Abbildung 2.7 b).

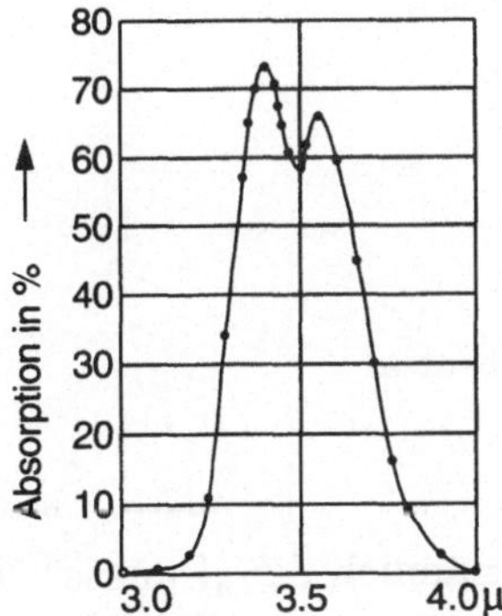

a) Hauptabsorptionsbande des HCl
im nahen Ultrarot

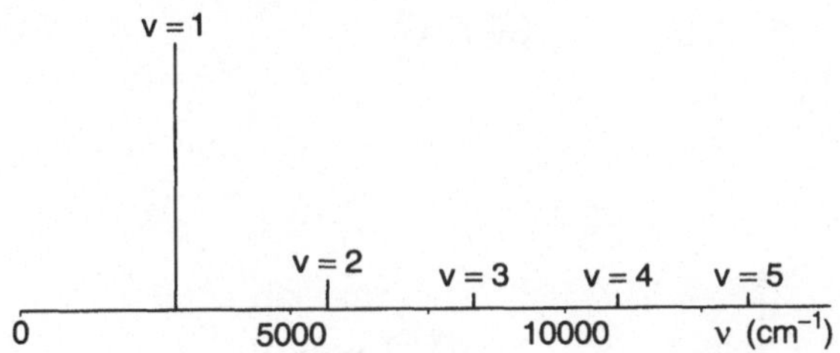

b) Grobstruktur des Ultrarotspektrums des HCl (schematisch)

Abb. 2.7. Ultrarotspektrum von HCl

Wir können diesen Sachverhalt mit den oben gewonnenen Kenntnissen folgendermaßen deuten:

In den zweiatomigen Molekülen führen die beiden Atome Schwingungen um eine Gleichgewichtslage aus, die durch ein kompliziertes Wechselspiel der Coulombkräfte zwischen Elektronen und Atomkernen bestimmt wird. Auch ohne diese genau zu kennen, kann man über das wirkende Potential Aussagen machen. Es ist vom Abstand x der beiden Atomschwerpunkte abhängig und kann damit durch eine Potentialfunktion $V(x)$ beschrieben werden. Der Gleichgewichtspunkt wird dabei durch

$$\left.\frac{dV(x)}{dx}\right|_{x=x_0} = 0 \tag{2.7.8}$$

gegeben, vgl. Abbildung 2.8. Für kleine Abweichungen $(x - x_0)$ von der Gleichgewichtslage kann man eine Taylor-Entwicklung anwenden

$$V(x) = V(x_0) + \frac{1}{2}\,V''(x_0)(x - x_0)^2 + \dots . \tag{2.7.9}$$

Das lineare Glied verschwindet wegen (2.7.8). Durch eine naheliegende Eichung kann man zudem

$$V(x_0) = 0 \qquad\qquad (2.7.10)$$

erreichen und mit

$$k := V''(x_0)$$
$$Q := x - x_0 \qquad\qquad (2.7.11)$$

erhalten wir genau das harmonische Potential

$$V(Q) = \frac{k}{2}\, Q^2 \qquad\qquad (2.7.12)$$

wenn wir die Terme höherer Ordnung, nämlich die „Punkte" in (2.7.9) vernachlässigen. Abbildung 2.8 illustriert den einfachen Inhalt von (2.7.12).

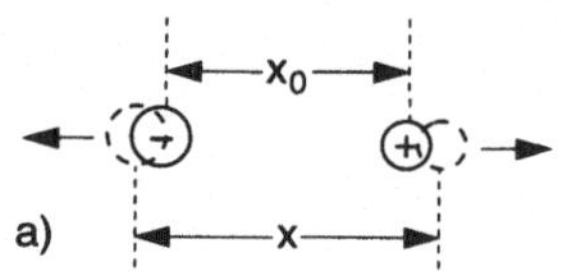

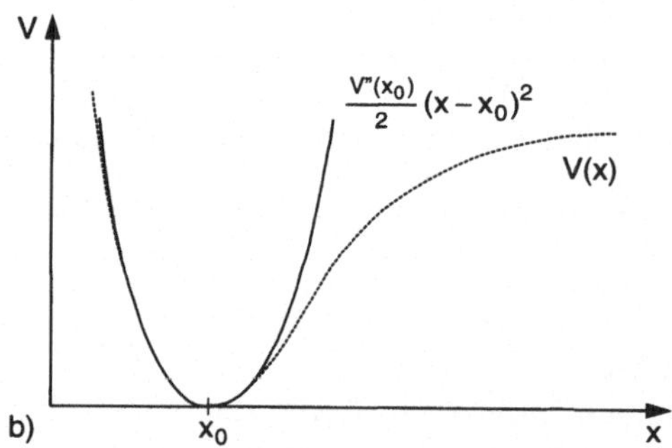

Abb. 2.8. Schwingungen eines zweiatomigen Moleküls

Solange die benutzte Näherung gilt, sind die oben durchgeführten Betrachtungen anwendbar, und aus der beobachteten Absorptionsfigur kann so
die Kraftkonstante berechnet werden. Für HCl ergibt sich z.B. [17]

$$k_{\mathrm{HCl}} = 4,8 \cdot 10^5 \,\frac{\mathrm{dyn}}{\mathrm{cm}}$$

Der Abstand x_0 in der Gleichgewichtslage hat den Wert

$$(x_0)_{\mathrm{HCl}} = 1,29 \cdot 10^{-8}\mathrm{cm},$$

---

[17]Vgl. z.B. Gerhard Herzberg, Molekülspektren und Molekülstruktur I, S.62,
Verlag von Theodor Steinkopf, Dresden und Berlin 1939.

Die durch die Schwingungen im Grundzustand bewirkte Ortsunschärfe läßt
sich gemäß (2.4.15) berechnen

$$\triangle_0 Q = \sqrt{\frac{\hbar}{2m\,\omega}} = \sqrt{\frac{\hbar}{2}}\sqrt{\frac{1}{m\,k}} = \sqrt{\frac{\hbar}{2}}\sqrt{\frac{1}{M_H\,k}}$$

wobei die reduzierte Masse m durch die Masse des Wasserstoffatoms appro-
ximiert werden kann:

$$\frac{1}{m} = \frac{1}{M_H} + \frac{1}{M_{Cl}} \approx \frac{1}{M_H}$$

Mit $\hbar = 10^{-27}$ erg s und $M_H = 1,67 \cdot 10^{24}$ g beträgt der Zahlenwert

$$\triangle_0 Q = 7,5 \cdot 10^{-10} \text{cm}.$$

Die Schwingungsamplituden sind also um zwei Größenordnungen kleiner als
der Atomabstand.

Die Absorptionsstellen bei höheren Frequenzen in der Abbildung 2.7 be-
ruhen auf Abweichungen vom harmonischen Potential, wie sie auch in der
Abbildung 2.8 angedeutet sind, und die wir durch Weglassen der Terme
höherer Ordnung in der Taylorentwicklung unberücksichtigt gelassen haben.
Außerdem zeigt die genaue Form der Absorptionsbande in der Abbildung 2.7,
daß unsere Theorie auch aus einem anderen Grunde noch unvollständig ist.
In der Tat haben wir die physikalisch wichtige Möglichkeit der Rotation des
Moleküls um eine Achse senkrecht zur Verbindungslinie der beiden Atome
nicht in Betracht gezogen. Diesen Sachverhalt können wir in unsere Überlegungen erst einbeziehen, wenn wir die Quantentheorie des Drehimpulses
behandelt haben.

Unser Modell hat jedoch die wichtige Voraussage geliefert, daß Ultra-
rotspektren nur dann auftreten können, wenn das betrachtete Molekül ein
Dipolmoment besitzt. Liegen homöopolare Bindungen vor, wie es z.B. bei
H_2, O_2, N_2, so tritt auch keine Ultrarotabsorption auf.

Nachdem wir den eindimensionalen Oszillator so ausführlich behandelt
haben, beginnen wir im nächsten Abschnitt mit der Verallgemeinerung auf
mehrere Freiheitsgrade.

2.8 Verallgemeinerung auf mehrere Freiheitsgrade

Zunächst bleiben wir bei mechanischen Bewegungen und betrachten ein System mit N Freiheitsgraden, dessen Koordinaten wir – um Symbole zu sparen
– mit

$$x_1, x_2, \ldots, x_N$$

bezeichnen. Das Potential wird dementsprechend durch eine Funktion

$$V(x_1, x_2, \ldots, x_N) \tag{2.8.1}$$

beschrieben. Dabei ist es für das Folgende zunächst unerheblich, ob diese Koordinaten als Ortsoperatoren oder als c-Zahlen aufgefaßt werden. Zur Veranschaulichung und leichteren Sprechweise werden wir zunächst letzteres tun.

Als wichtige Voraussetzung nehmen wir an, daß das Potential eine Gleichgewichtslage erlaubt. Es soll also eine Konfiguration $(\overset{o}{x}_1, \overset{o}{x}_2, \ldots, \overset{o}{x}_N)$ existieren, für die die Kräfte in jedem Freiheitsgrad verschwinden

$$\frac{\partial V(x_m)}{\partial x_j}\bigg|_{x_m=\overset{o}{x}_m} = 0 \tag{2.8.2}$$

Durch Umeichung können wir wieder

$$V(\overset{o}{x}_1, \overset{o}{x}_2, \ldots, \overset{o}{x}_N) = 0 \tag{2.8.3}$$

erreichen und somit – nach Taylorentwicklung und Vernachlässigung der Glieder höherer Ordnung – schreiben

$$V(x_1, x_2, \ldots, x_N) = \frac{1}{2} \sum_{i,j=1}^{n} \frac{\partial^2 V(x_m)}{\partial x_i \partial x_j}\bigg|_{x_m=\overset{o}{x}_m} (x_i - \overset{o}{x}_i)(x_j - \overset{o}{x}_j) \tag{2.8.4}$$

Die zweifachen partiellen Ableitungen lassen sich zu einer symmetrischen $N \times N$-Matrix zusammenfassen

$$k_{ij} := \frac{\partial^2 V(x_m)}{\partial x_i \partial x_j}\bigg|_{x_m=\overset{o}{x}_m} \tag{2.8.5}$$

und so erhalten wir mit

$$Q_j := x_j - \overset{o}{x}_j \tag{2.8.6}$$

unter Berücksichtigung der kinetischen Energie den Gesamthamiltonoperator

$$H = \sum_{j=1}^{N} \frac{1}{2m_j} P_j^2 + \sum_{i,j=1}^{N} \frac{1}{2} k_{ij} Q_i Q_j \tag{2.8.7}$$

Durch die im zweiten Summanden auftretenden Produkte $Q_i Q_j$ mit $i \neq j$ sind die verschiedenen Freiheitsgrade miteinander gekoppelt. Dies läßt sich aus der zu (2.8.7) gehörigen Bewegungsgleichung[18]

$$\frac{d}{dt} P_j = -\frac{\partial H}{\partial Q_i} = \sum_i k_{ij} Q_i \tag{2.8.8}$$

ablesen: Durch die Terme mit $i \neq j$ wird die Kopplung des j-ten Freiheitsgrades mit allen übrigen beschrieben.

Die potentielle Energie in (2.8.7) ist eine allgemeine quadratische Form. In der linearen Algebra wird bewiesen, daß sich eine solche quadratische Form durch eine geeignete orthogonale Transformation

---

[18]Hier wie in den folgenden Rechnungen laufen die Summationsindizes immer von 1 bis N, wenn keine besonderen Angaben gemacht werden.

$$\widehat{Q}_n = \sum_{j=1}^{N} a_{nj} Q_j \qquad (2.8.9)$$

auf eine Normalform, in der nur noch Diagonalglieder auftreten, d.h. auf die Form

$$\sum_{n=1}^{N} \widehat{k}_n \widehat{Q}_n^2 \qquad (2.8.10)$$

bringen läßt. Um solche „Hauptachsen-Transformationen" für den gesamten Hamiltonoperator anwenden zu können, müssen wir gleichzeitig beide Terme des Hamiltonoperators (2.8.7), die kinetische Energie und die potentielle Energie auf Diagonalform bringen. Außerdem müssen auch die kanonischen Vertauschungsrelationen (1.6.1) und (1.6.2), die wir in der Form

$$[\widehat{P}_m, \widehat{P}_n] = 0 \quad [\widehat{Q}_m, \widehat{Q}_n] = 0 \qquad (2.8.11)$$

$$[\widehat{P}_m, \widehat{Q}_n] = \frac{\hbar}{i}\, \delta_{mn} \qquad (2.8.12)$$

schreiben, ihre Form behalten. Dieses Ziel erreichen wir in zwei Schritten:

- Im ersten Schritt vereinfachen wir die kinetische Energie durch die Substitutionen

$$P'_j := \frac{1}{\sqrt{m_j}}\, P_j \qquad (2.8.13)$$
$$Q'_j := \sqrt{m_j}\, Q_j$$

Sie erhält die kartesische Form

$$T = \frac{1}{2} \sum_j P_j'^2 \qquad (2.8.14)$$

Aus der potentiellen Energie wird

$$V = \frac{1}{2} \sum_{i,j} \frac{k_{ij}}{\sqrt{m_i m_j}}\, Q'_i Q'_j \qquad (2.8.15)$$

$$\qquad (2.8.16)$$

$$:= \frac{1}{2} \sum_{i,j} k'_{ij}\, Q'_i Q'_j \qquad (2.8.17)$$

und die Vertauschungsrelationen (2.8.11) etc. bleiben ungeändert.

- Im zweiten Schritt wird auf die Q'_i und P'_i simultan die gleiche orthogonale Transformation angewandt, d.h.

$$\widehat{Q}_n = \sum_j t_{nj}\, Q'_j \quad \widehat{P}_n = \sum_j t_{nj}\, P'_j \qquad (2.8.18)$$

mit

$$\sum_n t_{nj}\, t_{nk} = \delta_{jk}$$

Da die kinetische Energie (2.8.14) schon eine Diagonalform hat, bleibt sie invariant und lautet in den neuen Koordinaten

$$T = \frac{1}{2} \sum_n \widehat{P}_n^2$$

Aber auch die Vertauschungsrelationen bleiben erhalten. Es ergibt sich z.B.

$$[\widehat{P}_m, \widehat{Q}_n] = \sum_{j,k} t_{mj} t_{nk} [P_j', Q_k']$$

$$= \frac{\hbar}{i} \sum_{j,k} t_{mj} t_{nk} \delta_{jk} = \frac{\hbar}{i} \delta_{mn}$$

Analog verifiziert man die Vertauschbarkeit der Orts- und der Impulsoperatoren untereinander.

Wie oben erwähnt, ist es möglich, die orthogonale Transformation speziell so zu wählen, daß auch die potentielle Energie Diagonalgestalt erhält

$$V = \frac{1}{2} \sum_n \widehat{k}_n \widehat{Q}_n^2. \tag{2.8.19}$$

Damit ist unsere Aufgabe formal gelöst.

Die neuen Koordinaten

$$\widehat{Q}_1, \widehat{Q}_2, \ldots \widehat{Q}_N$$

heißen **Normalkoordinaten**; mit ihnen nehmen die Bewegungsgleichungen eine besonders einfache Form an, denn die zu (2.8.8) analoge Gleichung lautet

$$\widehat{P} = -\frac{\partial H}{\partial \widehat{Q}_n} = \widehat{k}_n \, \widehat{Q}_n \tag{2.8.20}$$

Daher sind in den Normalkoordinaten die verschiedenen Freiheitsgrade von einander entkoppelt.

Ob es sich jedoch tatsächlich um die Überlagerung von harmonischen Potentialen handelt, entscheiden die Vorzeichen der Koeffizienten $\widehat{k}_n$. Man muß grundsätzlich vier Fälle unterscheiden.

- Sämtliche $\widehat{k}_n$ sind positiv. Dann liegt für jeden Freiheitsgrad ein stabiles Gleichgewicht vor. Abbildung 2.9 zeigt die entsprechende Potentialfunktion für zwei Freiheitsgrade. Bei kleinen Auslenkungen – nach welcher Richtung auch immer – wird ein Teilchen stets auf die Gleichgewichtslage zurückgedrängt. Diese Situation liegt vor, wenn die ursprüngliche Matrix

$$(k_{ij}) = \quad \text{positiv definit}$$

  ist.

- Es gibt sowohl positive wie negative Koeffizienten $\widehat{k}_n$. Ein Beispiel zeigt Abbildung 2.10. In diesem Falle ist das Gleichgewicht nur für die positiven $\widehat{k}_n$ stabil. Da die verschiedenen $\widehat{Q}_n$ entkoppelt sind, könnte man für sie

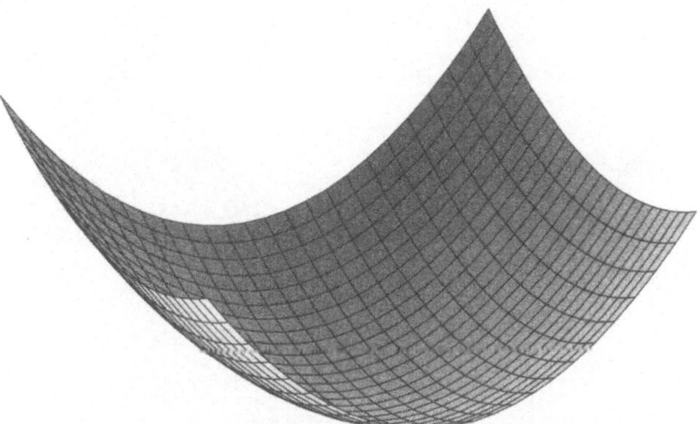

Abb. 2.9. Potential mit stabiler Gleichgewichtslage

zwar grundsätzlich Stabilität haben. Aber eine leichte Störung, die von den höheren Termen der Taylorentwicklung stammen, kann Kopplungen zwischen den verschiedenen Normalkoordinaten erzeugen und das Gesamtsystem instabil machen.

Abb. 2.10. Indefinite Potentialfunktion

- Einige der $\widehat{k}_n$ verschwinden, wie es Abbildung 2.11 illustriert. In den entsprechenden Koordinaten verschwinden die Kräfte; Man sagt: es liegen **Nullmoden** vor, denn die zugehörigen Oszillatorfrequenzen verschwinden. Diese so einfach erscheinenden Freiheitsgrade stellen in der Vielteilchenphysik und der Feldtheorie oft unangenehme Probleme.
- Sämtliche $\widehat{k}_n$ sind negativ. In diesem Falle liegt totale Instabilität vor.

Im Folgenden betrachten wir nur den ersten Fall, so daß wir

$$\widehat{k}_j := \omega_j^2. \tag{2.8.21}$$

setzen können. Schließlich führen wir noch

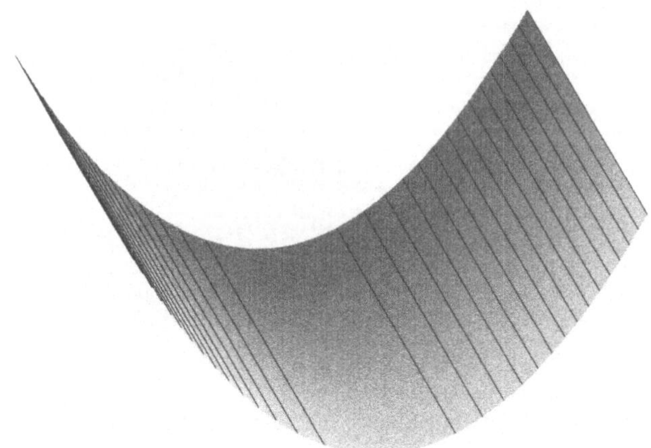

Abb. 2.11. Potentialfunktion mit Nullmoden

$$\frac{1}{\sqrt{M_j}}\,\breve{P}_j := \widehat{P}_j$$

$$\sqrt{M_j}\,\breve{Q}_j := \widehat{Q}_j$$

ein, um mit Termen bekannter Form arbeiten zu können, wobei M_j die Einheit einer Masse haben soll, sonst aber frei gewählt werden kann. So erhalten wir insgesamt

$$H = \sum_{j=1}^{N} \left(\frac{1}{2M_j}\,\breve{P}_j^2 + \frac{1}{2}\,M_j\omega_j^2\breve{Q}_j^2 \right). \tag{2.8.22}$$

Quantentheoretisch kann (2.8.22) als Hamiltonoperator für N ungekoppelte eindimensionale harmonische Oszillatoren aufgefaßt und durch natürliche Verallgemeinerung der für den eindimensionalen harmonischen Oszillator eingeführten Methode behandelt werden. Denn die Gleichung läßt sich auch schreiben als

$$H = \sum_{j=1}^{N} H_j \tag{2.8.23}$$

wobei[19]

$$H_j := \frac{1}{2M_j}\,P_j^2 + \frac{1}{2}\,M_j\omega_j^2 Q_j^2 \tag{2.8.24}$$

nur von den Operatoren eines Oszillators abhängt und die Operatoren verschiedener Oszillatoren kommutieren

$$[P_j, Q_k] = 0 \qquad \text{für } j \neq k. \tag{2.8.25}$$

---

[19]Wir bezeichnen von dieser Stelle an die gewonnenen Normalkoordinaten wieder mit den alten Symbolen P_j, Q_j.

Zur Konstruktion der Eigenvektoren von H führen wir die Leiteroperatoren A_j ein

$$A_j := \sqrt{\frac{M_j\omega_j}{2\hbar}}\,(Q_j + i\,\frac{1}{M_j\omega_j}\,P_j). \tag{2.8.26}$$

Sie erfüllen

$$[A_j, A_k^\dagger] = \delta_{jk}\mathbf{1}, \tag{2.8.27}$$

und H_j läßt sich in der Form

$$H_j = \hbar\omega_j\,(A_j^\dagger A_j + \frac{1}{2})$$

$$= \hbar\omega_j\,(N_j + \frac{1}{2}) \tag{2.8.28}$$

schreiben mit

$$N_j := A_j^\dagger A_j. \tag{2.8.29}$$

Wie im Abschnitt 2.2 kann man zeigen, daß ein Vektor $|0\rangle$ existiert mit

$$A_j|0\rangle = 0_{\mathcal{H}} \qquad \text{für alle } j. \tag{2.8.30}$$

Andernfalls gäbe es Eigenvektoren von $H = \sum_j H_j$ und

$$N := \sum_j N_j \tag{2.8.31}$$

zu negativen Eigenwerten im Widerspruch zur Positivität von N und H. Von diesem Grundzustand $|0\rangle$ ausgehend, lassen sich durch sukzessives Anwenden der Aufsteige-Operatoren $A_j^\dagger$ die Eigenvektoren von H konstruieren

$$|n_1, n_2, \ldots, n_N\rangle = \frac{1}{\sqrt{n_1!, n_2!, \ldots, n_N!}}(A_1^\dagger)^{n_1}(A_2^\dagger)^{n_2}\ldots(A_N^\dagger)^{n_N}\,|0\rangle. \tag{2.8.32}$$

Der Wurzelvorfaktor garantiert die Normierung

$$\langle n_1, \ldots, n_N\,|\,n_1', \ldots, n_N'\rangle = \delta_{n_1 n_1'}, \ldots, \delta_{n_N n_N'}. \tag{2.8.33}$$

Der Vektor (2.8.32) gehört zum Eigenwert n_j von $N_j = A_j^\dagger A_j$. Daher gilt

$$H_j\,|n_1, n_2, \ldots, n_N\rangle = \hbar\omega_j\left(n_j + \frac{1}{2}\right)\,|n_1, n_2, \ldots, n_N\rangle, \tag{2.8.34}$$

$$H\,|n_1, n_2, \ldots, n_N\rangle = \sum_j^N \hbar\omega_j\left(n_j + \frac{1}{2}\right)\,|n_1, n_2, \ldots, n_N\rangle. \tag{2.8.35}$$

Es wird also diejenige physikalische Situation beschrieben, in der vom j-ten Oszillator der n_j-te Energiezustand eingenommen wird. Dies ist in der Abbildung 2.12 für 4 Freiheitsgrade illustriert. Alle Betrachtungen in den Abschnitten 2.3 bis 2.5 lassen sich in einer dem bisherigen Vorgehen entspre-

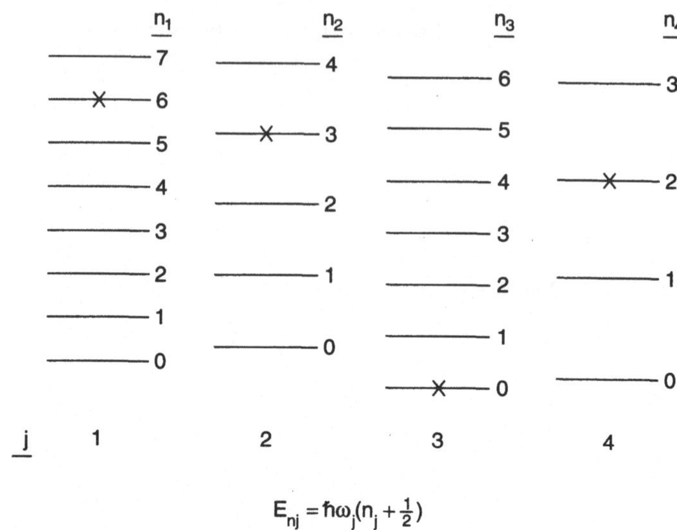

Abb. 2.12. Der Zustand $|n_1, n_2, n_3, n_4\rangle = |6, 3, 0, 2\rangle$

chenden Weise auf N Freiheitsgrade bzw. N ungekoppelte lineare harmonische Oszillatoren übertragen.

Bei wichtigen physikalischen Problemen sind noch weiter gehende Verallgemeinerungen erforderlich. So ergibt sich bisweilen die Notwendigkeit, abzählbar unendlich viele Oszillatoren zu betrachten, wobei dieser Fall von dem oben beschriebenen zunächst dadurch abweicht, daß die Besetzungszahlen jetzt eine Folge

$$n_1, n_2, n_3, \ldots \tag{2.8.36}$$

natürlicher Zahlen bilden, von denen eine beliebige, aber jeweils endliche Anzahl nicht verschwindet. Ein wichtiger Unterschied zwischen endlichen und unendlichem N liegt darin, daß für endliches N wie für $N = 1$ bewiesen werden kann, daß die Kommutatoren (2.8.11) und (2.8.27) die Operatoren P_j, Q_j und A_j bis auf unitäre Äquivalenz eindeutig festlegen. Ist N dagegen unendlich, dann gibt es mehrere **inäquivalente Darstellungen** der Vertauschungsrelationen, d.h. Darstellungen der Kommutatoren, die in Hilberträumen mit verschiedener Strukturen realisiert sind und sich insbesondere nicht durch unitäre Transformationen mit einander verbinden lassen.

In einer weiteren formalen Verallgemeinerung werden „kontinuierlich viele" Oszillatoren behandelt. Hier ist dann jeder reellen Zahl α ein Oszillator mit den Operatoren $P(\alpha), Q(\alpha)$ und den Größen $m(\alpha), \omega(\alpha)$ zugeordnet. Der Gesamthamiltonoperator erhält die Form

$$H = \int_{\mathbf{R}} d\alpha \left[\frac{1}{2m(\alpha)} P(\alpha)^2 + \frac{1}{2} m(\alpha)\omega(\alpha)^2 Q(\alpha)^2 \right], \tag{2.8.37}$$

und es gilt

$$[P(\alpha), Q(\alpha')] = \frac{\hbar}{i}\,\delta(\alpha - \alpha')\mathbf{1} \qquad (2.8.38)$$

mit der Delta-Funktion auf der rechten Seite der verallgemeinerten kanonischen Vertauschungsrelationen. Bei der Quantisierung des elektromagnetischen Feldes tritt dieser Fall ein.

2.9 Quantentheorie des elektromagnetischen Feldes

Obwohl die Entdeckung der Quantenstruktur des Lichts am Anfang der Quantentheorie stand, wurde die Quantisierung des elektromagnetischen Feldes, die **Quantenelektrodynamik**, erst entwickelt, nachdem man die Quantenmechanik des Elektrons vollständig ausgearbeitet hatte. Der folgende Abschnitt wird eine kurzgefaßte Einführung in die Theorie der Lichtquanten geben, dessen Hauptziel die **systematische Begründung der Planckschen Formel** $h\nu$ **und des Konzeptes des Photons** ist. Ausgangspunkt wird dabei die Feststellung sein, die James Jeans schon im vorigen Jahrhundert in der klassischen Elektrodynamik gemacht hat, daß die freien elektromagnetischen Felder als Überlagerung von harmonischen Oszillatoren beschrieben werden können. Damit können wir direkt die in den vorangegangenen Abschnitten dargestellte Quantentheorie des Oszillators für die Quantisierung der elektromagnetischen Wellen anwenden.

Um dies ohne größeren formalen Aufwand durchführen zu können, wählen wir eine spezielle Eichung der elektromagnetischen Potentiale und verzichten auf eine Lorentz-kovariante Form, die bei einer Weiterführung der Theorie wichtig ist. Für die allgemeine Theorie müssen wir auf die Lehrbücher der Quantenfeldtheorie verweisen.[20]

2.9.1 Das Strahlungsfeld als Überlagerung von Oszillatoren

Wir beginnen mir der Begründung des **Jeanschen Satzes**.

Dazu lösen wir zuerst die homogenen Maxwellschen Gleichungen[21]

---

[20]Vgl. z.B.

- Bjorken/Drell, Relativistische Quantenfeldtheorie, Bibliographisches Institut, Mannheim, 1965.
- O.Nachtmann, Elementarteilchenphysik - Phänomene und Konzepte, Vieweg Verlag 1986.
- S.Weinberg, The Quantum Theory of Fields, 2 Volumes, Cambridge University Press 1999

[21]Wir verwenden die Einheiten des rationalisierten cgs-Systems, wo es keine Faktoren 4π gibt. Dann tritt die Lichtgeschwindigkeit c als einzige Konstante auf und ihre Bedeutung als fundamentale Naturkonstante wird explizit.

$$\text{rot } \boldsymbol{E} = -\frac{1}{c}\frac{\partial}{\partial t}\boldsymbol{B} \quad \text{und } \text{div } \boldsymbol{B} = 0$$

mit Hilfe der Potentiale Φ und $\boldsymbol{A}$

$$\boldsymbol{E} = -\text{grad }\Phi - \frac{1}{c}\dot{\boldsymbol{A}} \tag{2.9.1}$$

$$\boldsymbol{B} = \text{rot }\boldsymbol{A} \tag{2.9.2}$$

und verwenden die Strahlungseichung

$$\Phi = 0 \quad \text{und} \quad \text{div }\boldsymbol{A} = 0 \tag{2.9.3}$$

Damit folgt aus den übrigen Maxwellschen Gleichungen – ohne Ladungen und Ströme –

$$\text{div }\boldsymbol{E} = 0 \quad \text{und} \quad \text{rot }\boldsymbol{B} = \frac{1}{c}\dot{\boldsymbol{E}}$$

die Wellengleichung für das Vektorpotential

$$\Box\boldsymbol{A}(\boldsymbol{r},t) = 0 \tag{2.9.4}$$

wobei der Wellenoperator – wie üblich – durch

$$\Box = \frac{1}{c^2}\frac{\partial^2}{\partial t^2} - \Delta.$$

eingeführt wurde. Wie im ersten Kapitel des 1. Bandes wenden wir eine dreidimensionale Fouriertransformation auf die Wellengleichung an. Mit dem Ansatz

$$\boldsymbol{A}(\boldsymbol{r},t) = \frac{1}{(2\pi)^{3/2}}\int e^{i\boldsymbol{k}\boldsymbol{r}}\boldsymbol{A}(\boldsymbol{k},t)\,d^3k \tag{2.9.5}$$

ergibt sich aus (2.9.4)

$$\ddot{\boldsymbol{A}}(\boldsymbol{k},t) + \omega^2(k)\boldsymbol{A}(\boldsymbol{k},t) = 0 \tag{2.9.6}$$

mit

$$\omega(k) = c|\boldsymbol{k}|. \tag{2.9.7}$$

Die Divergenzfreiheit von $\boldsymbol{A}$ führt außerdem zu der algebraischen Gleichung

$$\boldsymbol{k}\cdot\boldsymbol{A}(\boldsymbol{r},t) = 0. \tag{2.9.8}$$

$\boldsymbol{A}(\boldsymbol{k},t)$ muß also zu jedem Zeitpunkt t senkrecht auf $\boldsymbol{k}$ stehen. Wenn wir daher zwei Vektoren $\boldsymbol{\varepsilon}_1(\boldsymbol{k})$, $\boldsymbol{\varepsilon}_2(\boldsymbol{k})$ für jedes $\boldsymbol{k}$ wählen mit

$$\boldsymbol{\varepsilon}_\lambda(\boldsymbol{k})\cdot\boldsymbol{k} = 0 \qquad \lambda = 1,2 \tag{2.9.9}$$

$$\boldsymbol{\varepsilon}_\lambda(\boldsymbol{k})\cdot\boldsymbol{\varepsilon}_{\lambda'}(\boldsymbol{k}) = \delta_{\lambda\lambda'} \tag{2.9.10}$$

kann $\boldsymbol{A}(\boldsymbol{k},t)$ als Summe

$$\boldsymbol{A}(\boldsymbol{k},t) = \sum_{\lambda=1}^{2}\boldsymbol{\varepsilon}_\lambda(\boldsymbol{k})A_\lambda(\boldsymbol{k},t). \tag{2.9.11}$$

dargestellt werden. Die Vektoren $\boldsymbol{\varepsilon}_\lambda$ bestimmen die Richtungen des elektrischen und magnetischen Feldes und werden **Polarisationsvektoren** genannt. Aufgrund der Gleichung (2.9.6) müssen die Koeffizientenfunktionen die folgenden gewöhnlichen Differentialgleichungen erfüllen

$$\ddot{A}_\lambda(\boldsymbol{k},t) + \omega^2(k)A_\lambda(\boldsymbol{k},t) = 0 \quad \lambda = 1,2. \tag{2.9.12}$$

Wir erhalten somit für jeden Vektor $\boldsymbol{k}$ jeweils zwei Funktionen $A_\lambda(\boldsymbol{k},t)$, die der Differentialgleichung eines harmonischen Oszillators mit der Frequenz $\omega(k)$ genügen. Damit haben wir den **Jeanschen Satz** bewiesen:

Das freie elektromagnetische Feld kann man als Überlagerung von harmonischen Oszillatoren beschreiben

Es liegt daher nahe, $A_\lambda(\boldsymbol{k},t)$ für festes $\boldsymbol{k}$ und λ mit der Koordinate Q eines Oszillators zu identifizieren

$$A_\lambda(\boldsymbol{k},t) \leftrightarrow Q_\lambda(\boldsymbol{k},t), \tag{2.9.13}$$

wobei der genaue Zusammenhang noch begründet werden wird. Allerdings muß man bedenken, daß die $A_\lambda(\boldsymbol{k},t)$ keine reellen Funktionen sind. Weil das Vektorpotential im Ortsraum reell ist, folgt für die Fouriertranformierte $\boldsymbol{A}(\boldsymbol{k},t)$ nur

$$\boldsymbol{A}^*(\boldsymbol{k},t) = \boldsymbol{A}(-\boldsymbol{k},t). \tag{2.9.14}$$

Zum Beweis wenden wir auf (2.9.5) das Fouriersche Umkehrtheorem an and finden

$$\boldsymbol{A}(\boldsymbol{k},t) = \frac{1}{(2\pi)^{3/2}} \int e^{-i\boldsymbol{k}\boldsymbol{r}} \boldsymbol{A}(\boldsymbol{r},t)\,d^3r, \tag{2.9.15}$$

woraus Gleichung (2.9.14) durch Anwenden einer komplexen Konjugation folgt. Es liegen also komplexwertige kanonische Variable vor.

Um die Korrespondenz (2.9.13) genauer zu begründen, betrachten wir die elektromagnetische Feldenergie, die wir – wie sämtliche Energien – mit H bezeichnen wollen. Nach der klassischen Elektrodynamik wird sie gegeben durch

$$H = \frac{1}{2} \int (\boldsymbol{E}^2 + \boldsymbol{B}^2)\,d^3r,$$

was sich wegen (2.9.1), (2.9.2) und $\Phi = 0$ in folgender Weise durch das Vektorpotential ausdrücken läßt

$$H = \frac{1}{2} \int \left[\frac{1}{c^2}\dot{\boldsymbol{A}}(\boldsymbol{r},t)^2 + (\mathrm{rot}\boldsymbol{A}(\boldsymbol{r},t))^2 \right] d^3r. \tag{2.9.16}$$

Wegen der Vollständigkeitsrelation

$$\int |f(\boldsymbol{r},t)|^2\,d^3r = \int |\tilde{f}(\boldsymbol{k},t)|^2\,d^3k$$

für die Fouriertransformation (vgl. Anhang A aus dem 1.Band) folgt

$$H = \frac{1}{2} \int \left[\frac{1}{c^2} |\dot{A}(r,t)|^2 + |k \times A(k,t)|^2 \right] d^3k$$

$$= \frac{1}{2c^2} \int \left[|\dot{A}(k,t)|^2 + \omega^2(k) |A(k,t)|^2 \right] d^3k$$

unter Benutzung von (2.9.8) und (2.9.7) im letzten Schritt. Wegen (2.9.11) und der Orthonormalität der Polarisationsvektoren gilt darüber hinaus

$$|A(k,t)|^2 = \sum_{\lambda=1}^{2} |A_\lambda(k,t)|^2,$$

also

$$H = \int \sum_{\lambda=1}^{2} \left[\frac{1}{2c^2} |\dot{A}_\lambda(k,t)|^2 + \frac{\omega(k)^2}{2c^2} |A_\lambda(k,t)|^2 \right] d^3k \tag{2.9.17}$$

Dieser Ausdruck nimmt mit den Definitionen

$$Q_\lambda(k,t) := \frac{1}{c} A_\lambda(k,t) \tag{2.9.18}$$

$$P_\lambda(k,t) := \frac{1}{c} \dot{A}_\lambda(k,t) = -E_\lambda(k,t) \tag{2.9.19}$$

die Form an

$$H = \int \sum_{\lambda=1}^{2} \left[\frac{1}{2} |P_\lambda(k,t)|^2 + \frac{1}{2} \omega(k)^2 |Q_\lambda(k,t)|^2 \right] d^3k \tag{2.9.20}$$

die eine Summe der Energien von „kontinuierlich vielen" harmonischen Oszillatoren ist, die jeweils durch einen Wellenzahlvektor k und eine Polarisationsrichtung λ des Feldes gekennzeichnet werden können und formal die Masse $M = 1$ (ohne Dimension!) besitzen. Die kanonisch konjugierten Größen sind (bis auf einen gemeinsamen Normierungsfaktor) die Fouriertransformationen des Vektorpotential $A_\lambda(k,t)$ und seiner zeitlichen Ableitung $\dot{A}_\lambda(k,t)$, die nach (2.9.1) mit der elektrischen Feldstärke direkt verbunden ist.

Die kanonischen Variablen des elektromagnetischen Feldes sind (in der Strahlungseichung) das Vektorpotential

$$A \longleftrightarrow \text{Ort}$$

und die elektrische Feldstärke

$$E \longleftrightarrow \text{kanonischer Impuls}$$

Man kann diesen Zusammenhang auch mit Hilfe des Lagrangeformalismus begründen, worauf wir aber hier nicht näher eingehen können.[22]

---

[22]Vgl. dazu z.B. Bjorken/Drell, Relativistische Quantenfeldtheorie, Kapitel 14, Bibliographisches Institut, Mannheim, 1965.

2.9.2 Formale Quantisierung des elektromagnetischen Feldes

Mit dem Ergebnis (2.9.20) über die Feldenergie kann die Quantisierung des Strahlungsfeldes nach den im Abschnitt 2.8 gefundenen Regeln, insbesondere mit den kanonischen Vertauschungsrelationen in der Form (2.8.38) durchgeführt werden. Da $P_\lambda(\boldsymbol{k}, t)$ und $Q_\lambda(\boldsymbol{k}, t)$ wegen (2.9.18) und (2.9.14) keine hermiteschen Größen sind, muß man die Kommutatoren in einer komplexen Form verwenden. Die Vertauschbarkeit der P's und Q's untereinander bleibt dabei erhalten

$$[P_\lambda(\boldsymbol{k}, t), P_{\lambda'}(\boldsymbol{k}', t)] = 0 \quad [Q_\lambda(\boldsymbol{k}, t), Q_{\lambda'}(\boldsymbol{k}', t)] = 0 \tag{2.9.21}$$

aber im entscheidenden nichtverschwindenden Kommutator treten die hermitesch konjugierten Impulse $P_\lambda^\dagger$ auf

$$\left[P_\lambda^\dagger(\boldsymbol{k}, t), Q_{\lambda'}(\boldsymbol{k}', t)\right] = \frac{\hbar}{i}\delta_{\lambda\lambda'}\,\delta^3(\boldsymbol{k} - \boldsymbol{k}') \tag{2.9.22}$$

Man kann das Auftreten von $P^\dagger$ z.B. in folgender Weise motivieren: Man betrachte zwei Paare von hermiteschen Operatoren Q_i und P_i und bilde die nicht-hermiteschen Operatoren

$$P := \frac{1}{\sqrt{2}}(P_1 + i\,P_2) \quad Q := \frac{1}{\sqrt{2}}(Q_1 + i\,Q_2)$$

Dann folgt aus den üblichen Vertauschungsrealtionen für die P_i und Q_i

$$[P^\dagger, Q] = \frac{\hbar}{i}$$

während der Kommutator $[P, Q]$ verschwindet.

Die Gleichungen (2.9.21) und (2.9.22) lassen sich leicht in den Ortsraum zurücktransformieren und man erkennt, daß durch die geforderten Beziehungen $\boldsymbol{A}$ und damit auch $\boldsymbol{E}$ und $\boldsymbol{B}$ Operatorcharakter erhalten.

Aufgrund der physikalischen Bedeutung der kanonischen Observablen $P_\lambda(\boldsymbol{k}, t)$ und $Q_\lambda(\boldsymbol{k}, t)$ nach (2.9.18) und (2.9.19) folgt aus diesen Relationen zunächst, daß die elektrischen und magnetischen Feldstärken am gleichen Raum Punkt nicht gleichzeitig genau gemessen werden können.[23,24] Uns interessieren aber vor allem die möglichen Meßwerte der Energie. Um sie zu

---

[23]Wegen der auftretenden δ-Funktionen kann man allerdings die allgemeine Formel der Unschärferelationen aus dem Abschnitt 2.5.3 des ersten Bandes erst nach räumlichen Mittelungen anwenden. Wir können hier, wie fast alle Lehrbuch-Autoren, nur auf die „klassische" Arbeit von N. Bohr und L. Rosenfeld, Kon.dansk.vid.Selsk.Mat.Fys.Medd XII,No.8(1933) hinweisen, in der die Meßbarkeit der elektrischen und magnetischen Felder schon 1933 im Einzelnen analysiert wurde.

[24]Zwar folgt aus (2.9.18), (2.9.19) und (2.9.22) zunächst eine Unschärferelation für die elektrische Feldstärke und das Vektorpotential. Durch Bilden der Rotation gibt es aber auch Bedingungen für die magnetische Feldstärke $\boldsymbol{B} = \boldsymbol{\nabla} \times \boldsymbol{A}$.

bestimmen, führen wir gemäß dem bisherigen Vorgehen Leiteroperatoren ein

$$a_\lambda(\boldsymbol{k},t) := \sqrt{\frac{\omega(k)}{2\hbar}}\left(Q_\lambda(\boldsymbol{k},t) + \frac{i}{\omega(k)}\,P_\lambda(\boldsymbol{k},t)\right) \tag{2.9.23}$$

und

$$a_\lambda^\dagger(\boldsymbol{k},t) = \sqrt{\frac{\omega(k)}{2\hbar}}\left(Q_\lambda^\dagger(\boldsymbol{k},t) - \frac{i}{\omega(k)}\,P_\lambda^\dagger(\boldsymbol{k},t)\right) \tag{2.9.24}$$

$$= \sqrt{\frac{\omega(k)}{2\hbar}}\left(Q_\lambda(-\boldsymbol{k},t) - \frac{i}{\omega(k)}\,P_\lambda(-\boldsymbol{k},t)\right)$$

und finden

$$\left[a_\lambda(\boldsymbol{k},t), a_{\lambda'}^\dagger(\boldsymbol{k}',t)\right] = \delta_{\lambda\lambda'}\delta^3(\boldsymbol{k}-\boldsymbol{k}'). \tag{2.9.25}$$

Diese Behauptung kann man mit der folgenden Rechnung verifizieren. Sie sieht zwar etwas kompliziert aus, entspricht aber den Rechnungen, die wir im Abschnitt 2.1.1 zur Bestimmung des Kommutators von A mit $A^\dagger$ durchgeführt hatten.

$$\left[a_\lambda(\boldsymbol{k},t), a_{\lambda'}^\dagger(\boldsymbol{k}',t)\right]$$

$$= \frac{\sqrt{\omega(k)\omega(k')}}{2\hbar}\left[Q_\lambda(\boldsymbol{k},t) + \frac{i}{\omega(k)}\,P_\lambda(\boldsymbol{k},t), Q_{\lambda'}(-\boldsymbol{k}',t) - \frac{i}{\omega(k')}\,P_{\lambda'}(-\boldsymbol{k},t)\right]$$

$$= \frac{i}{2\hbar}\sqrt{\frac{\omega(k')}{\omega(k)}}\,[P_\lambda(\boldsymbol{k},t), Q_{\lambda'}(-\boldsymbol{k}',t)] + \frac{i}{2\hbar}\sqrt{\frac{\omega(k)}{\omega(k')}}\,[P_{\lambda'}(-\boldsymbol{k},t), Q_\lambda(\boldsymbol{k},t)]$$

$$= \frac{i}{2\hbar}\sqrt{\frac{\omega(k')}{\omega(k)}}\left[P_\lambda^\dagger(-\boldsymbol{k},t), Q_{\lambda'}(-\boldsymbol{k}',t)\right] + \frac{i}{2\hbar}\sqrt{\frac{\omega(k)}{\omega(k')}}\left[P_{\lambda'}^\dagger(\boldsymbol{k},t), Q_\lambda(\boldsymbol{k},t)\right]$$

$$= \frac{i}{2\hbar}\sqrt{\frac{\omega(k')}{\omega(k)}}\frac{\hbar}{i}\delta_{\lambda\lambda'}\delta^3(-\boldsymbol{k}+\boldsymbol{k}') + \frac{i}{2\hbar}\sqrt{\frac{\omega(k)}{\omega(k')}}\frac{\hbar}{i}\delta_{\lambda'\lambda}\delta^3(\boldsymbol{k}'-\boldsymbol{k})$$

$$= \delta_{\lambda\lambda'}\delta^3(\boldsymbol{k}'-\boldsymbol{k})$$

Andererseits erhält der Hamiltonoperator – vgl. (2.9.20) – die Form

$$H = \tfrac{1}{2}\int \hbar\omega(k)\sum_{\lambda=1}^{2}\left(a_\lambda^\dagger(\boldsymbol{k},t)a_\lambda(\boldsymbol{k},t) + (a_\lambda(\boldsymbol{k},t)a_\lambda^\dagger(\boldsymbol{k},t))\right)d^3k$$

$$= \tfrac{1}{2}\int \hbar\omega(k)\left(\sum_{\lambda=1}^{2}(2a_\lambda^\dagger(\boldsymbol{k},t)a_\lambda(\boldsymbol{k},t) + \delta^3(\boldsymbol{0}))\right)d^3k, \tag{2.9.26}$$

wobei im letzten Schritt die Vertauschungsrelation (2.9.25) verwendet wurde, was zum Auftreten der undefinierten Deltafunktion für die Wellenzahl $\boldsymbol{k}=0$ führt. Wir schreiben dieses Resultat in der Form

$$H = \int \hbar\omega(k)\sum_{\lambda=1}^{2}a_\lambda^\dagger(\boldsymbol{k},t)a_\lambda(\boldsymbol{k},t)\,d^3k + E_0 \tag{2.9.27}$$

mit

$$E_0 = \frac{1}{2}\,\delta^3(\mathbf{0})\int \hbar\omega(k)d^3k. \tag{2.9.28}$$

Wie beim einfachen Oszillator tritt eine Nullpunktsenergie auf, aber sie ist jetzt eine unendliche Größe. Denn jetzt tragen unendlich viele Oszillatoren mit ihrer Nullpunktenergie $1/2\,\hbar\,\omega$ bei.

Damit wird ein grundsätzliches mathematisches Problem der Quantenelektrodynamik angezeigt, das auf der unendlichen Anzahl der Freiheitsgrade des Feldes beruht. Physikalisch ist die hier auftretende Unendlichkeit jedoch „harmlos": Da physikalisch nur Energiedifferenzen wirksam werden, können wir H umdefinieren und die Energie **renormieren** durch die Subtraktion von E_0

$$H_{\mathrm{renorm}} := H - E_0,$$

Damit ist der **renormierte Energieoperator**

$$H_{\mathrm{renorm}} = \int \hbar\omega(k)\sum_{\lambda=1}^{2} a_\lambda^\dagger(\mathbf{k},t)a_\lambda(\mathbf{k},t)d^3k. \tag{2.9.29}$$

wohldefiniert und die Eigenzustände dieses Operators können nach dem Vorbild des einfachen Oszillators konstruiert werden.

Vorher müssen wir jedoch die Zeitabhängigkeit der Operatoren diskutieren. Da wir von der klassischen Elektrodynamik ausgegangen sind, verwenden wir – stillschweigend – das Heisenbergbild. Daher gilt für die Zeitabhängigkeit von $a_\lambda(\mathbf{k},t)$ die Heisenbergschen Bewegungsgleichung

$$\frac{d}{dt}\,a_\lambda(\mathbf{k},t) = \frac{i}{\hbar}[H_{\mathrm{renorm}},a_\lambda(\mathbf{k},t)]$$
$$= i\,\omega(k)\,a_\lambda(\mathbf{k},t),$$

wobei (2.9.25) benutzt wurde. Daraus folgt

$$a_\lambda(\mathbf{k},t) = e^{-i\omega(k)t}a_\lambda(\mathbf{k}),$$
$$a_\lambda^\dagger(\mathbf{k},t) = e^{i\omega(k)t}a_\lambda^\dagger(\mathbf{k}),$$

wenn man

$$a_\lambda(\mathbf{k},t=0) =: a_\lambda(\mathbf{k})$$
$$a_\lambda^\dagger(\mathbf{k},t=0) =: a_\lambda^\dagger(\mathbf{k})$$

setzt. Offenbar gilt

$$a_\lambda^\dagger(\mathbf{k},t)\,a_\lambda(\mathbf{k},t) = a_\lambda^\dagger(\mathbf{k})\,a_\lambda(\mathbf{k})$$

Daher werden die zu betrachtenden Observablen nur von den zeitunabhängigen Leiteroperatoren $a_\lambda(\mathbf{k})$ abhängen, mit denen wir im folgenden vor allem arbeiten werden.

Wir beginnen mit der Konstruktion der Eigenzustände von H_{renorm}. Dazu gehen wir – wie im Abschnitt 2.2 – von einem Zustand $|0\rangle$ mit der Eigenschaft

$$a_\lambda(\boldsymbol{k}, t)\, |0\rangle = 0_{\mathcal{H}}, \tag{2.9.30}$$

aus, für den die renormierte Energie verschwindet

$$H_{\text{renorm}}\, |0\rangle = 0_{\mathcal{H}}. \tag{2.9.31}$$

Führen wir analog zum Besetzungszahloperator N den Operator $\mathcal{N}$ ein

$$\mathcal{N} := \int \sum_{\lambda=1}^{2} a_\lambda^\dagger(\boldsymbol{k}, t) a_\lambda(\boldsymbol{k}, t)\, d^3 k \tag{2.9.32}$$

ein, so hat auch er einen verschwindenden Eigenwert für den Zustand $|0\rangle$

$$\mathcal{N}\, |0\rangle = 0_{\mathcal{H}}. \tag{2.9.33}$$

Für den ersten angeregten Zustand

$$|\boldsymbol{k}, \lambda\rangle := a_\lambda^\dagger(\boldsymbol{k})\, |0\rangle \tag{2.9.34}$$

folgt

$$\begin{aligned}
\mathcal{N}|\boldsymbol{k}, \lambda\rangle &= \left(\int \sum_{\lambda'} a_{\lambda'}^\dagger(\boldsymbol{k}') a_{\lambda'}(\boldsymbol{k}')\, d^3 k' \right) a_\lambda^\dagger(\boldsymbol{k})\, |0\rangle \\
&= \int \sum_{\lambda'} a_{\lambda'}^\dagger(\boldsymbol{k}') \left[a_{\lambda'}(\boldsymbol{k}'), a_\lambda^\dagger(\boldsymbol{k}) \right] |0\rangle\, d^3 k' \\
&= \int \sum_{\lambda'} a_{\lambda'}^\dagger(\boldsymbol{k}') \delta_{\lambda'\lambda} \delta^3(\boldsymbol{k}' - \boldsymbol{k})\, |0\rangle\, d^3 k' \\
&= a_\lambda^\dagger(\boldsymbol{k})\, |0\rangle.
\end{aligned}$$

wobei im zweiten Schritt (2.9.30) benutzt wurde. Demnach gilt

$$\mathcal{N}\, |\boldsymbol{k}, \lambda\rangle = |\boldsymbol{k}, \lambda\rangle \tag{2.9.35}$$

und analog folgt für die Energie

$$H_{\text{renorm}}\, |\boldsymbol{k}, \lambda\rangle = \hbar\omega(k)\, |\boldsymbol{k}, \lambda\rangle. \tag{2.9.36}$$

Betrachten wir noch einen zweifach angeregten Zustand

$$|\boldsymbol{k}_1, \lambda_1; \boldsymbol{k}_2, \lambda_2\rangle = a_{\lambda_1}^\dagger(\boldsymbol{k}_1)\, a_{\lambda_2}^\dagger(\boldsymbol{k}_2)|0\rangle \tag{2.9.37}$$

so finden wir mit analoger, aber etwas längerer Rechnung

$$\mathcal{N}|\boldsymbol{k}_1, \lambda_1; \boldsymbol{k}_2, \lambda_2\rangle = 2\, |\boldsymbol{k}_1, \lambda_1; \boldsymbol{k}_2, \lambda_2\rangle \tag{2.9.38}$$

und

$$H_{\text{renorm}}\, |\boldsymbol{k}_1, \lambda_1; \boldsymbol{k}_2, \lambda_2\rangle = (\hbar\omega(k_1) + \hbar\omega(k_2))\, |\boldsymbol{k}_1, \lambda_1; \boldsymbol{k}_2, \lambda_2\rangle \tag{2.9.39}$$

2.9.3 Die Photonen

Diese Ergebnisse deuten wir folgt:

- Der Operator $\mathcal{N}$ beschreibt die Anzahl der Photonen, er ist der **Photonenzahloperator**. In ihm kommt der Teilchencharakter der Lichtquanten am deutlichsten zum Ausdruck. Er hat nur ganzzahlige Meßwerte.
- H_{renorm} beschreibt die Energie der Photonen.
- $|\,0\rangle$ ist der Zustand mit der niedrigsten Energie, er beschreibt einen Zustand ohne Lichtquanten und ist daher das **Vakuum**, genauer: das **Photonenvakuum**.
- $|\,\boldsymbol{k},\lambda\rangle$ beschreibt einen Zustand mit einem Photon (Eigenwert $n=1$ von $\mathcal{N}$) und mit der Energie

$$\hbar\omega(\boldsymbol{k})$$

Dadurch haben wir die **Plancksche Beziehung** $E = \hbar\omega = h\,\nu$ nunmehr auch für die Lichtwellen aus den kanonischen Vertauschungsrelationen (2.9.21) abgeleitet.

- Der Operator $a_\lambda^\dagger(\boldsymbol{k})$ erzeugt ein Photon der Energie $\hbar\omega$ und heißt daher auch **Erzeugungsoperator**.
- Der Operator $a_\lambda(\boldsymbol{k})$ vernichtet ein Photon der Energie $\hbar\omega$ und heißt daher auch **Vernichtungsoperator**. Speziell annulliert $a_\lambda(\boldsymbol{k})$ den Vakuumzustand.

Photonen stellen nicht nur „Energieportionen" dar, sondern besitzen als Teilchen auch definierte Impulse. Dies ergibt sich zwanglos, wenn man den **Feldimpuls** betrachtet, der in der Maxwellschen Theorie durch den integrierten **Poyntingschen Vektor**

$$\boldsymbol{G} = \frac{1}{c} \int (\boldsymbol{E} \times \boldsymbol{B})\, d^3 r \tag{2.9.40}$$

gegeben wird. Aufgrund von (2.9.22) oder (2.9.25) wird er zu einem Operator, der analog zur Energie in

$$\boldsymbol{G} = \int \hbar\boldsymbol{k} \sum_{\lambda=1}^{2} a_\lambda^\dagger(\boldsymbol{k}) a_\lambda(\boldsymbol{k})\, d^3 k \tag{2.9.41}$$

umgeformt werden kann. Das Vakuum hat danach einen verschwindenden Impuls

$$\boldsymbol{G}\,|\,0\rangle = 0_{\mathcal{H}}$$

wie es sein soll und für ein Photon folgt

$$\boldsymbol{G}\,|\,\boldsymbol{k},\lambda\rangle = \hbar\boldsymbol{k}\,|\,\boldsymbol{k},\lambda\rangle. \tag{2.9.42}$$

Danach können wir zusammenfassen:

> Aufgrund der kanonischen Vertauschungsrelationen werden Photonen durch Zustände
>
> $$|\boldsymbol{k}, \varepsilon_\lambda\rangle = a_\lambda^\dagger(\boldsymbol{k})\,|0\rangle$$
>
> gegeben, die die Energie $\hbar\omega(\boldsymbol{k})$, den Impuls $\hbar\,\boldsymbol{k}$ und die Polarisation ε_λ besitzen.

Zum Abschluß soll noch der explizite Zusammenhang des Vektorpotentials $\boldsymbol{A}(\boldsymbol{r}, t)$ mit $a_\lambda(\boldsymbol{k}, t)$ und $a_\lambda^\dagger(\boldsymbol{k}, t)$ angegeben werden. Aus (2.9.18) und (2.9.23) ergibt sich

$$\frac{1}{c}\,A_\lambda(\boldsymbol{k}, t) = Q_\lambda(\boldsymbol{k}, t) = \sqrt{\frac{\hbar}{2\omega(k)}}\,(a_\lambda(\boldsymbol{k}, t) + a_\lambda^\dagger(-\boldsymbol{k}, t)), \qquad (2.9.43)$$

und wir erhalten aus (2.9.5) und (2.9.11)

$$A(\boldsymbol{r}, t) = c\,\sqrt{\frac{\hbar}{2(2\pi)^3}} \int \frac{1}{\sqrt{\omega(k)}} \qquad (2.9.44)$$

$$\times \sum_{\lambda=1}^{2} \varepsilon_\lambda \left(a_\lambda(\boldsymbol{k}, t)e^{i\boldsymbol{kr}} + a_\lambda^\dagger(-\boldsymbol{k}, t)e^{i\boldsymbol{kr}}\right) d^3k$$

Im zweiten Summanden können wir $-\boldsymbol{k}$ durch $\boldsymbol{k}$ ersetzen, denn es wird über den ganzen Raum integriert. Verwenden wir noch die Zeitabhängigkeiten von $a_\lambda(\boldsymbol{k}, t)$ und $a_\lambda^\dagger(-\boldsymbol{k}, t)$, so folgt schließlich aus (2.9.44) für das Vektorpotential

$$\boldsymbol{A}(\boldsymbol{r}, t) = c\,\sqrt{\frac{\hbar}{2(2\pi)^3}} \int \frac{1}{\sqrt{\omega(k)}} \qquad (2.9.45)$$

$$\times \sum_{\lambda=1}^{2} \varepsilon_\lambda \left(a_\lambda(\boldsymbol{k})e^{i(\boldsymbol{k}\,\boldsymbol{r}-\omega(k)\,t)} + a_\lambda^\dagger(\boldsymbol{k})e^{-i(\boldsymbol{k}\,\boldsymbol{r}-\omega(k)\,t)}\right) d^3k$$

Aus dieser Darstellung des Vektorpotentials durch die Erzeugungs- und Vernichtungsoperatoren folgen wichtige Formeln für die Matrixelemente von $\boldsymbol{A}$, aber auch für die der elektrischen und magnetischen Feldstärke. So verschwinden die Vakuum-Erwartungswerte

$$\langle 0\,|\,\boldsymbol{A}(\boldsymbol{r}, t)\,|\,0\rangle = 0$$
$$\langle 0\,|\,\boldsymbol{E}(\boldsymbol{r}, t)\,|\,0\rangle = 0 \quad \langle 0\,|\,\boldsymbol{B}(\boldsymbol{r}, t)\,|\,0\rangle = 0$$

aufgrund von (2.9.30), wie man es natürlich erwartet. Aber auch für die Zustände mit einem Photon verschwinden die Erwartungswerte

$$\langle \boldsymbol{k}, \lambda\,|\,\boldsymbol{A}(\boldsymbol{r}, t)\,|\,\boldsymbol{k}, \lambda\rangle = 0$$

und als Konsequenz

$$\langle \boldsymbol{k}, \lambda\,|\,\boldsymbol{E}(\boldsymbol{r}, t)\,|\,\boldsymbol{k}, \lambda\rangle = 0$$
$$\langle \boldsymbol{k}, \lambda\,|\,\boldsymbol{B}(\boldsymbol{r}, t)\,|\,\boldsymbol{k}, \lambda\rangle = 0.$$

Darüber hinaus verschwinden die Erwartungswerte der Feldstärken für sämtliche Zustände mit einer definierten Photonenzahl.

Diese Behauptung läßt sich aus den Vertauschungsrelationen des Photonenzahloperators mit den Vernichtungs- und Erzeugungsoperatoren ableiten, die aus (2.9.25) folgen

$$[\mathcal{N}, a_\lambda(\boldsymbol{k})] = -a_\lambda(\boldsymbol{k}); [\mathcal{N}, a_\lambda^\dagger(\boldsymbol{k})] = a_\lambda^\dagger(\boldsymbol{k})$$

und direkte Verallgemeinerungen des Kommutators des Besetzungszahloperators mit den Leiteroperatoren aus Abschnitt 2.2 sind. Nimmt man hiervon die Erwartungswerte mit Eigenzuständen $|\psi_n\rangle$ von $\mathcal{N}$, etwa zum Eigenwert n, so folgt

$$\langle\psi_n|a_\lambda(\boldsymbol{k})|\psi_n\rangle = -\langle\psi_n|[\mathcal{N}, a_\lambda(\boldsymbol{k})]|\psi_n\rangle$$
$$= -(n - n)\langle\psi_n|a_\lambda(\boldsymbol{k})|\psi_n\rangle = 0$$

Analog verschwinden die Erwartungswerte des Erzeugungsoperators. Da das Vektorpotential und die Feldstärken sich als Linearkombinationen von a und $a^\dagger$ schreiben lassen, ist die Behauptung bewiesen.

Hinter diesen Resultaten steht eine **Unschärferelation zwischen Feldern und Photonenzahl**: Ist die Zahl der Photonen bestimmt, so sind es die Feldstärken nicht und umgekehrt. [25]

Im Gegensatz zu den Erwartungswerten sind die folgenden Matrixelemente von Null verschieden

$$\langle 0 | \boldsymbol{A}(\boldsymbol{r}, t) | \boldsymbol{k}, \lambda\rangle = \boldsymbol{\varepsilon}_\lambda e^{i(\boldsymbol{k}\boldsymbol{r} - \omega(k)t)} \tag{2.9.46}$$

$$\langle \boldsymbol{k}, \lambda | \boldsymbol{A}(\boldsymbol{r}, t) | 0\rangle = \boldsymbol{\varepsilon}_\lambda e^{-i(\boldsymbol{k}\boldsymbol{r} - \omega(k)t)} \tag{2.9.47}$$

Durch Differenzieren nach der Zeit erhält man nach (2.9.1) die Matrixelemente der elektrischen Feldstärke

$$\langle 0 | \boldsymbol{E}(\boldsymbol{r}, t) | \boldsymbol{k}, \lambda\rangle = i\frac{\omega}{c}\boldsymbol{\varepsilon}_\lambda e^{i(\boldsymbol{k}\boldsymbol{r} - \omega(k)t)} \tag{2.9.48}$$

$$\langle \boldsymbol{k}, \lambda | \boldsymbol{E}(\boldsymbol{r}, t) | 0\rangle = -i\frac{\omega}{c}\boldsymbol{\varepsilon}_\lambda e^{-i(\boldsymbol{k}\boldsymbol{r} - \omega(k)t)} \tag{2.9.49}$$

Das Matrixelement (2.9.48) tritt bei der Beschreibung der Absorption eines Photons und (2.9.49) bei der Emission eines Photons auf, worauf wir im Abschnitt 2.7 im Zusammenhang mit der Gleichung (2.7.2) hingewiesen haben.

Wieder haben diese Ergebnisse ihren Ursprung in den Gleichungen des einfachen Oszillators aus Abschnitt 2.4

$$\langle 0 | A | 0\rangle = 0 = \langle n | A | n\rangle,$$
$$\langle 0 | A^\dagger | 0\rangle = 0 = \langle n | A^\dagger | n\rangle$$

bzw.

---

[25]Man kann allerdings nicht einfach das allgemeine Unschärfetheorem aus dem 1. Band auf den Kommutator $[\mathcal{N}, a_\lambda(\boldsymbol{k})]$ anwenden. Genauer muß man die Teilchenzahl mit der Phase der Feldstärken vergleichen.

$$\langle 0\,|\,A\,|\,1\rangle = 1,\,, \ \langle n\,|\,A\,|\,n+1\rangle = \sqrt{n+1},$$
$$\langle 1\,|\,A^\dagger\,|\,0\rangle = 1\,, \ \langle n+1\,|\,A^\dagger\,|\,n\rangle = \sqrt{n+1}$$

für die Matrixelemente der Leiteroperatoren A und $A^\dagger$ in der Besetzungszahldarstellung.

Die vorstehende Skizze der Quantentheorie des elektromagnetischen Feldes mußte sich auf die Felder ohne Wechselwirkungen beschränken. Insbesondere wurden ihre Wirkungen auf geladene Teilchen und umgekehrt die Erzeugung von Feldern durch solche Teilchen nicht systematisch berücksichtigt. Daher waren die erhaltenen Ergebnisse relativ einfach zu gewinnen. Die „wirklichen" Probleme der Quantenelektrodynamik entstehen erst mit den Wechselwirkungen. Für ihre Behandlung muß auf die spezielle Literatur verwiesen werden, insbesondere auf die Literaturangaben am Beginn dieses Abschnitts auf Seite 59.

2.10 Schwingende Saiten und Strings

Ganze Zahlen spielten in den Naturwissenschaften vom Beginn des wissenschaftlichen Denkens an eine wichtige Rolle. Am bekanntesten ist der zum Teil noch mystische Umgang der Pythagoräer mit ganzen Zahlen, die im 6. Jahrhundert v.Chr. z.B. in der Musiktheorie die ganzzahligen Verhältnisse zwischen Obertönen und Grundton genau kannten. Daher mag es dem Leser aufgefallen sein, daß die Theorie der schwingenden Saite nur eine Nebenrolle in den Lehr-Curricula der theoretischen Physik spielt. Dies ist leicht zu verstehen: **Massenpunkte** sind die wichtigsten Objekte der klassischen Punktmechanik. Punktförmige Teilchen bilden die Grundlage unseres atomistischen Verständnisses der Natur. Dabei spielen schwingende Saiten nur eine sekundäre Rolle.

Vor etwa 30 Jahren haben theoretische Physiker dieses Konzept grundsätzlich infrage gestellt und verfechten die Hypothese, daß die fundamentalen Bausteine der Natur Fäden von mikroskopischer Ausdehnung sind, die inzwischen weltweit als „**Strings**" bekannt geworden sind. Die Motivation dafür beruhte vor allem auf grundsätzlichen Schwierigkeiten, die bei Versuchen auftraten, eine Quantentheorie der Gravitation zu formulieren. Die chronischen Unendlichkeiten von Quantenfeldtheorien sind hier mit den üblichen Methoden der Renomierungstheorien nicht zu beseitigen.

Der innere Grund dafür liegt im Auftreten einer fundamentalen Länge, die Max Planck 1899 entdeckt hat und die heute seinen Namen trägt. Diese **Plancksche Länge** ist sehr klein und wird durch die Newtonsche Gravitationskonstante G_N nach der Formel

$$l_{\text{Planck}} = \sqrt{\frac{\hbar \cdot G_N}{c^3}} \approx 10^{-33}\ \text{cm} \tag{2.10.1}$$

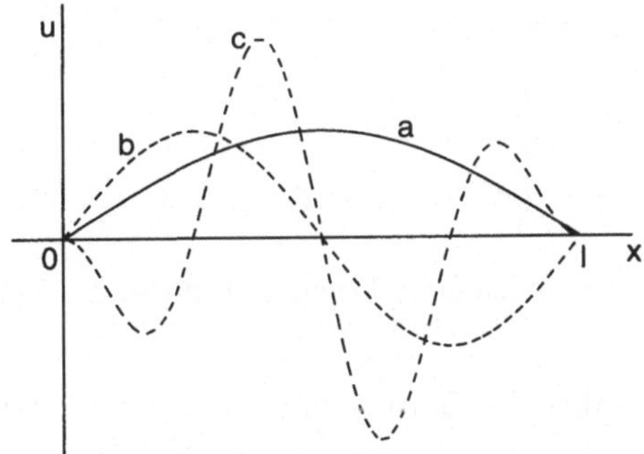

Abb. 2.13. Ebene transversale Schwingungen einer Saite

gegeben. Daher wird den Strings eine Ausdehnung von dieser Größenordnung gegeben und es gibt keine Hoffnung, sie jemals mit irdischen Methoden sichtbar zu machen. Weitere Hinweise auf die Bedeutung der Planckschen Länge findet man auf Seite 331.

Für die theoretischen Physiker war und ist die Idee der Strings eine Herausforderung, nämlich eine Theorie der Strings, insbesondere eine Quantentheorie der Strings zu entwickeln. Dazu mußte man sich an die Theorie der Saitenschwingungen und ihre Quantisierung erinnern. Natürlich wird man wieder auf Oszillatoren geführt. Daher füge ich eine kurze Einführung in die Theorie der Strings ein, muß mich aber auch hier auf ihre Bewegungsformen ohne Wechselwirkungen beschränken.

2.10.1 Die verschiedenen Formen von Strings

Der einfachste String besteht aus einem elastischen Faden, dessen Enden fest eingespannt sind, und dessen Bewegung senkrecht zu der Verbindungslinie erfolgt. Um die Situation noch weiter zu vereinfachen nehmen wir zunächst an, daß die transversalen Schwingungen in einer Ebene erfolgen. Dann können wir die Lage des Strings in einem zweidimensionalen Diagramm illustrieren. Abbildung 2.13 zeigt mehrere Stringzustände, wobei (a) eine Grundschwingung, (b) eine Oberschwingung und (c) eine beliebige erlaubte Saitenform gibt. Formal kann man die Beispiele durch eine Funktion

$$u(x,t) \tag{2.10.2}$$

beschreiben, die die vertikale Elongation angibt und wobei die longitudinale Orts-Koordinate x auf den Bereich

$$0 \leq x \leq l \tag{2.10.3}$$

beschränkt ist. l bezeichnet die Länge des Strings in der „Null-Lage". Die Zeit t kann natürlich über den ganzen Bereich

$$-\infty < t < +\infty \tag{2.10.4}$$

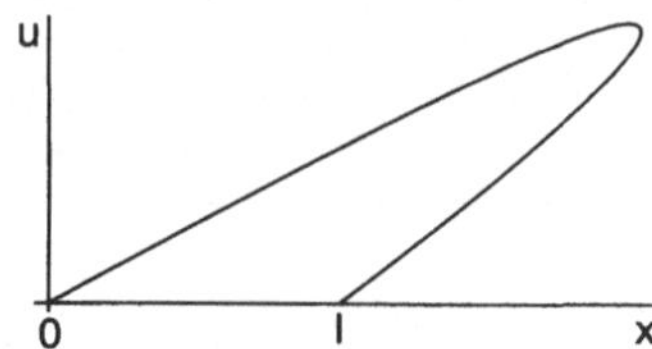

Abb. 2.14. Auch eine Schwingungsform des D-Strings

variieren. Die Endpunkte der Saite sollen fixiert sein. Daher fordern wir

$$u(0,t) = 0 \quad \text{und} \quad u(l,t) = 0 \tag{2.10.5}$$

für alle Zeiten t. Diese Bedingung ist als **Dirichletsche Randbedingung** bekannt. Die allgemeinste Form von $u(x,t)$ läßt sich wegen der Vollständigkeit der trigonometrischen Funktionen als Fourierreihe aufschreiben:

$$u(x,t) = \sum_{n=1}^{\infty} q_n(t) \sin\left(\pi n \frac{x}{l}\right) \tag{2.10.6}$$

wobei die zunächst noch möglichen Cosinus-Funktionen nicht auftreten dürfen, damit die Randbedingungen (2.10.5) erfüllt werden. Die damit beschriebenen Strings wollen wir „**Dirichlet-Strings**" oder kurz „D-Strings" nennen.

Zwischenbemerkung
Allerdings können wir mit diesen Formeln nicht die allgemeinste Form eines Dirichlet-Strings beschreiben. Ein Beispiel für ihr Versagen wird in der Abbildung 2.14 dargestellt. $u(x,t)$ kann nämlich keine Bewegung der Punkte des Strings in longitudinaler Richtung erfassen. Um auch diese zu beschreiben, dürfen wir die räumliche Parametrisierung des Strings nicht durch seine x-Koordinate durchführen, sondern müssen x ebenso wie $y = u(x,t)$ als abhängige Funktionen eines anderen Parameters, etwa σ, betrachten. In der mathematischen Beschreibung von Raumkurven ist dies der übliche Weg. Wenn wir ihm folgen, können wir zugleich dreidimensionale Bewegungen des Strings zulassen und beschreiben ihn durch 3-dimensionale Vektoren

$$\boldsymbol{r}(\sigma,t) \tag{2.10.7}$$

σ sei wiederum auf das Intervall

$$0 \leq \sigma \leq l \tag{2.10.8}$$

beschränkt. Damit kann $\boldsymbol{r}(\sigma,t)$ jeden Punkt des $\mathbf{R}^3$ erreichen, muß aber für sämtliche Zeiten die Dirichlet'sche Randbedingung

$$\boldsymbol{r}(\sigma = 0,t) = \boldsymbol{r}_A \quad \text{und} \quad \boldsymbol{r}(\sigma = l,t) = \boldsymbol{r}_B \tag{2.10.9}$$

erfüllen, wobei $\boldsymbol{r}_A$ und $\boldsymbol{r}_B$ feste, zeitlich konstante Vektoren sind. Der String-Zustand des Bildes 2.14 wird z.B. durch

$$r(\sigma, t) = \left[\cos\left(\pi\,\frac{\sigma}{l}\right) + 1{,}3\,\sin\left(\pi\,\frac{\sigma}{l}\right),\, \sin\left(\pi\,\frac{\sigma}{l}\right),\, 0\right]$$

beschrieben.

Auch in dieser verallgemeinerten Form hat der String noch nicht die Eigenschaften, die man zur Beschreibung von Objekten der Elementarteilchentheorie benötigt. Denn bisher sind die Strings mit ihren Endpunkten im Raume fixiert und können sich nicht richtig bewegen. Daher ist es wichtig, daß man die Dirichletschen Randbedingungen durch Bedingungen ersetzen kann, die die Ableitungen von $u(x,t)$ enthalten.[26] Geometrisch müssen die Tangenten an den Endpunkten eines Strings horizontal liegen. In Formeln: Die Differentialquotienten

$$\left|\frac{\partial u(x,t)}{\partial x}\right|_{x=0} = 0 \quad \text{und} \quad \left|\frac{\partial u(x,t)}{\partial x}\right|_{x=l} = 0 \tag{2.10.10}$$

müssen an den Enden des Strings verschwinden. Diese Bedingungen sind als **Neumannsche Randbedingungen** bekannt. Sie beschreiben Schwingungen einer Saite, wo die Enden lose „flattern". Solche Strings werden wir als „**Neumann-Strings**" oder kurz „N-Strings" nennen. Wir werden bei der Besprechung der Dynamik die Bedingungen (2.10.10) genauer begründen. An dieser Stelle zeigen wir in der Abbildung 2.15 wie sich ein String mit offenen Enden als Ganzer bewegen kann. Diese Abbildung enthält Momentaufnahmen eines bewegten Strings, der bei $u(x, t_1 = 0) = 0$ beginnt und durch Schwingungen, bei denen die Endpunkte horizontal bleiben, sich in 5 Zeitschritten nach $u(x, t_5) = 1$ bewegt.[27] (Die Aufnahmen beginnen links oben, laufen nach unten und dann nach oben rechts, um rechts unten zu enden).

Sowohl die D-Strings wie die N-Strings sind **offene Strings**. Es ist aber auch möglich, daß Anfangs- und Endpunkt eines Strings zusammenfallen, so daß für ale Zeiten gilt

$$u(x = 0, t) = u(x = l, t) \tag{2.10.11}$$

Dadurch wird man auf **geschlossene Strings** geführt. Abbildung 2.16 zeigt einen solchen String in der Ebene und Abbildung 2.17 im 3-dimensionalen Raum. Offensichtlich können sich solche Strings frei in der Ebene oder im Raume bewegen. Sie sind daher als Objekte für die Physik willkommen.

Damit haben wir in den offenen N-Strings und den geschlossenen Strings zwei Typen kennen gelernt, die sich als Kandidaten für die fundamentalen Bausteine der Materie eignen. 1996 ist es einem jungen amerikanischen Physiker eingefallen, daß auch den D-Strings in einer modifizierten Form eine Bedeutung für die Stringtheorie zukommen kann. Man wähle eine Ebene

---

[26]Wir kehren zu den einfacheren Strings zurück, die durch $u(x,t)$ beschrieben werden können.

[27]Diese Bilder sind Augenblicksaufnahmen einer mit Maple erstellten Animation, die die Bewegung des Strings eindrucksvoll zeigt.

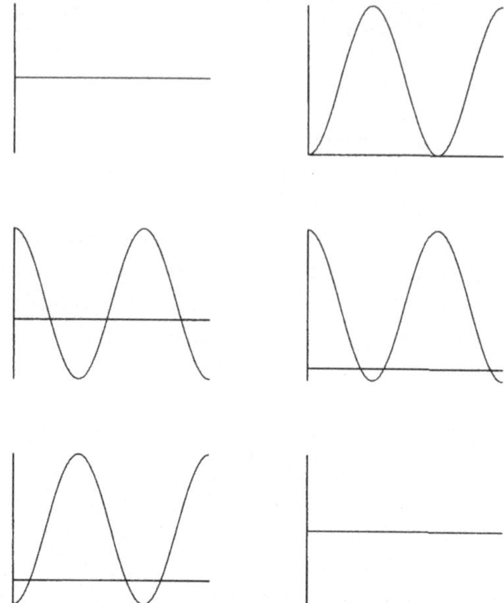

Abb. 2.15. Bewegung eines offenen N-Strings

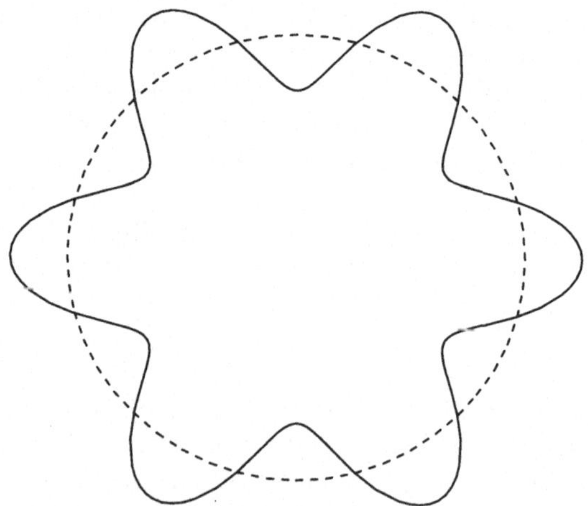

Abb. 2.16. Ein geschlossener String in der Ebene

im $\mathbf{R}^3$ und fordere, daß sich die beiden Enden eines offenen Strings nur auf dieser Ebene bewegen können. Dann gilt eine Art von Dirichlet Bedingung. Die gewählte Ebene spielt eine besondere Rolle. Sie hat den Namen „D-Brane"erhalten. Dieses Kunstwort ist aus dem ersten Buchstaben von Dirichlet und der zweiten Hälfte des Wortes „membrane" gebildet worden. Bei der Wortwahl ist daran gedacht, daß sich die gewählte Ebene auch als dynamisch veränderliche Membran verhalten kann. Die derzeitigen Spekulationen

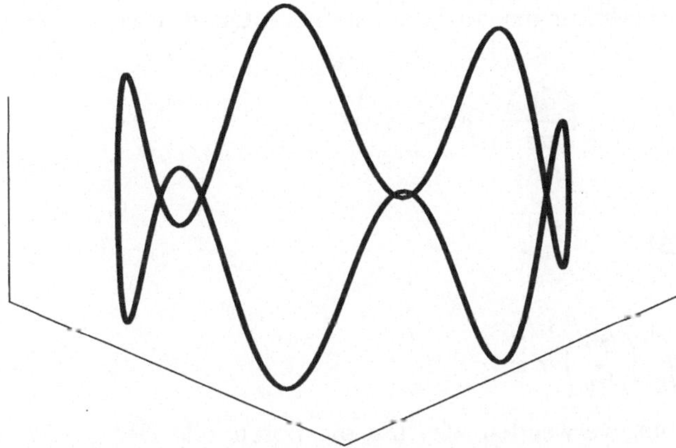

Abb. 2.17. Ein 3-dimensionaler geschlossener String

betrachten unseren 3-dimensionalen Raum als eine 3d D-Brane, während sich in einer vierten Raumdimension, die nicht die Zeit ist(!), neuartige Physik abspielt.

Nach diesem Ausblick machen wir uns daran, die Dynamik von Strings zu untersuchen.

2.10.2 Klassische Dynamik der Strings

Wir betrachten die Strings als mechanische Systeme. Ihre Dynamik wird dem entsprechend durch ihre Trägheitseigenschaften und den im String wirkenden Kräften bestimmt. In bezug auf die ersten nehmen wir an, daß die Strings mit einer konstanten Massendichte ϱ belegt sind. Damit wird seine kinetische Energie durch

$$T = \frac{1}{2}\varrho \int_0^l \left(\frac{\partial u(x,t)}{\partial t} \right)^2 dx \qquad (2.10.12)$$

gegeben. Die inneren Kräfte in den Strings bestehen aus Spannungen, die von der Länge L abhängen werden. Wir nennen die zugehörige potentielle Energie

$$U(L)$$

Die Länge L kann man geometrisch berechnen

$$L := \int_0^l \sqrt{dx^2 + (du(x,t))^2} = \int_0^l \sqrt{1 + \left(\frac{(\partial u(x,t))}{\partial x} \right)^2}\, dx \qquad (2.10.13)$$

Für konstante Strings – also für $u(x,t)$ unabhängig von x – findet man

$$L = l$$

Für kleine Auslenkungen du kann man die Quadratwurzel entwickeln und findet

$$L = \int_0^l \left(1 + \frac{1}{2}\left(\frac{\partial u}{\partial x}\right)^2 dx + \dots\right) \tag{2.10.14}$$

so daß

$$L = l + \Delta l$$

mit

$$\Delta l \approx \frac{1}{2}\int_0^l \left(\frac{\partial u}{\partial x}\right)^2 dx \tag{2.10.15}$$

Dieses Ergebnis verwenden wir, um die potentielle Energie in der gleichen Näherung zu entwickeln

$$U(L) = U(l + \Delta l) \approx U(l) + \frac{dU}{dL}\bigg|_{L=l} \Delta l \tag{2.10.16}$$

Wir eichen das Potential so, daß $U(l) = 0$ gilt, und setzen

$$\sigma_s := \frac{dU}{dL}\bigg|_{L=l} \tag{2.10.17}$$

Die Konstante σ_s wird „Steifigkeit" oder „Spannungs-Konstante", im Physiker Jargon einfach „tension" genannt. Sie wird durch Spannung-Kräfte bestimmt, die im String herrschen. So jedenfalls für eine makroskopische Saite. Für die Strings als Elementarobjekte wird σ_s zunächst als neue Naturkonstante eingeführt.

Insgesamt haben wir für die potentielle Energie erhalten.

$$U = \frac{\sigma_s}{2}\int_0^l \left(\frac{\partial u}{\partial x}\right)^2 dx \tag{2.10.18}$$

Aus T und U können wir die Energie eines Strings bestimmen. Sie lautet

$$H_{\text{Klassisch}} = T + U = \int_0^l \left(\frac{\varrho}{2}\left(\frac{\partial u(x,t)}{\partial t}\right)^2 + \frac{\sigma_s}{2}\left(\frac{\partial u}{\partial x}\right)^2\right) dx \tag{2.10.19}$$

Die Analogie dieses Ergebnisses zu der Energie des elektromagnetischen Feldes in Gleichung (2.9.16) ist offensichtlich. Als Unterschied tritt dort rot $\boldsymbol{A}$ auf, wo hier der einfache Gradient von u steht.

An dieser Stelle könnten wir die Quantisierung der Strings wie in der Elektrodynamik im Abschnitt 2.9.2 durchführen und Korrespondenzen wie auf Seite 61 und 62 aufstellen. Um mit den Eigenschaften der Strings vertrauter zu werden, empfiehlt es sich aber, die klassische Theorie der Strings noch etwas weiter darzustellen. Wie in der Mechanik üblich beginnen wir mit der Lagrangefunktion, die wir aus T und U bilden

$$L = T - U = \int_0^l \mathcal{L}\, dx \tag{2.10.20}$$

wobei wir die „Lagrangedichte" eingeführt haben, die wegen (2.10.12) und (2.10.18) die Form

$$\mathcal{L}(x,t) = \frac{\varrho}{2}\left(\frac{\partial u(x,t)}{\partial t}\right)^2 - \frac{\sigma_s}{2}\left(\frac{\partial u(x,t)}{\partial x}\right)^2 \qquad (2.10.21)$$

hat. Daraus bilden wir den kanonischen Impuls durch Ableiten nach

$$\dot{u} := \frac{\partial u}{\partial t}$$

also

$$p(x,t) := \frac{\partial \mathcal{L}}{\partial \dot{u}} = \varrho\, \dot{u}(x,t) \qquad (2.10.22)$$

Dies ist natürlich die Verallgemeinerung von „Impuls = Masse × Geschwindigkeit"; nur haben wir jetzt eine Impulsdichte erhalten. Die dynamischen Gleichungen für Strings erhalten wir aus dem **Prinzip der kleinsten Wirkung**. Zu seiner Formulierung bilden wir das Wirkungsintegral

$$S[u(x,t)] := \int_{t_1}^{t_2} dt \int_0^l dx\, \mathcal{L}(x,t) \qquad (2.10.23)$$

Dabei haben wir durch die Notation angedeutet, daß S vom gesamten Verlauf der Funktion $u(x,t)$ abhängt, also ein Funktional von $u(x,t)$ ist. Das Prinzip der kleinsten Wirkung fordert: Die Variation von S muß verschwinden

$$\delta S := S[u + \delta u] - S[u] = 0 \qquad (2.10.24)$$

wobei die Nebenbedingungen

$$\delta u(x,t_1) = \delta u(x,t_2) = 0 \qquad (2.10.25)$$

gelten sollen, also die Variation von $u(x,t)$ für Anfangs- und Endzeit für jedes $x \in [0,l]$ verschwinden müssen. Führt man diese Variation durch, so wird man auf die folgende „Wellengleichung der Strings" geführt

$$\frac{1}{c_s^2}\frac{\partial^2 u(x,t)}{\partial t^2} - \frac{\partial^2 u(x,t)}{\partial x^2} = 0 \qquad (2.10.26)$$

wobei die Stringgeschwindigkeit durch

$$c_s := \sqrt{\frac{\sigma_s}{\varrho}} \qquad (2.10.27)$$

gegeben wird. Den folgenden Beweis von (2.10.26) kann der Leser überspringen, wenn er nur an den Folgerungen aus der Wellengleichung und der Quantisierung des Strings interessiert ist.

Begründung der Wellengleichung
Zur Berechnung von δS beginnen wir den Variationen der in $\mathcal{L}$ auftretenden Ableitungen.

$$\delta \left(\frac{\partial u}{\partial x} \right)^2 = 2 \frac{\partial u}{\partial x} \frac{\partial}{\partial x} \delta u = 2 \left[-\frac{\partial^2}{\partial x^2} \delta u + \frac{\partial u}{\partial x} \left(\frac{\partial u}{\partial x} \delta u \right) \right]$$

Im letzten Schritt haben wir die –übliche– Umformung durchgeführt, die eine partielle Integration einleitet. Analog erhält man für die partielle Integration bezüglich t

$$\delta \left(\frac{\partial u}{\partial t} \right)^2 = 2 \frac{\partial u}{\partial t} \frac{\partial}{\partial t} \delta u = 2 \left[-\frac{\partial^2}{\partial t^2} \delta u + \frac{\partial u}{\partial t} \left(\frac{\partial u}{\partial t} \delta u \right) \right]$$

Mit Hilfe dieser Vorbereitungen erhält man für die Variation der Wirkung

$$\delta S = \int_{t_1}^{t_2} dt \int_0^l dx \left[-\varrho \frac{\partial^2 u(x,t)}{\partial t^2} + \sigma_s \frac{\partial^2 u(x,t)}{\partial x^2} \right] + \quad \text{Randterme}$$

Es treten zwei Arten von Randtermen auf:

- Randterme von der Zeitintegration

$$\text{Rand}_{\text{Zeit}} = \varrho \int_0^l \frac{\partial u(x,t)}{\partial t} \delta u(x,t) \Big|_{t_1}^{t_2} dx$$

  wo also die Differenz des auftretenden Integranden für die Zeiten $t = t_2$ und $t = t_1$ genommen werden muß. Wegen der Bedingungen (2.10.25) verschwinden beide Terme automatisch

$$\text{Rand}_{\text{Zeit}} = 0$$

- Anders ist es mit den räumlichen Randtermen

$$\text{Rand}_{\text{Raum}} = -\sigma_s \int_0^l \frac{\partial u(x,t)}{\partial x} \delta u(x,t) \Big|_0^l dt$$

  Fordert man für die Variationen

$$\delta u(0,t) \quad \text{und} \quad \delta u(l,t)$$

  keine Beschränkungen, so müssen die Ableitungen verschwinden

$$\frac{\partial u(x,t)}{\partial x} \Big|_{x=0} = \frac{\partial u(x,t)}{\partial x} \Big|_{x=l} = 0$$

  und man wird auf die Randbedingungen der frei schwingenden N-Strings geführt.

  Wenn man aber die Saitenenden fest einpannt, bedeutet dies

$$\delta u(0,t) = \delta u(l,t) = 0$$

  so daß der räumliche Randterm nicht auftritt. Man hat damit Dirichlet Randbedingungen eingeführt.

- Die vorstehenden Überlegungen sind nur für offene Strings notwendig. Bei den geschlossenen Strings treten räumliche Randterme wegen der Bedingung (2.10.11) nicht auf.

2.10.3 Lösungen der Wellengleichung für Strings

Mit Hilfe des Wellenoperators

$$\Box := \frac{1}{c_s^2}\frac{\partial^2}{\partial t^2} - \frac{\partial^2}{\partial x^2} \tag{2.10.28}$$

hat die Wellengleichung die Form

$$\Box\, u(x,t) = 0$$

Für eine Raumdimension kann man leicht allgemeine Lösungen dieser partiellen Differentialgleichung konstruieren, weil sich der Wellenoperator faktorisieren läßt[28]

$$\Box = \left(\frac{1}{c_s}\frac{\partial}{\partial t} - \frac{\partial}{\partial x}\right)\left(\frac{1}{c_s}\frac{\partial}{\partial t} + \frac{\partial}{\partial x}\right)$$

Daher erhält man Lösungen der Wellengleichung, wenn man

$$\left(\frac{1}{c_s}\frac{\partial}{\partial t} + \frac{\partial}{\partial x}\right)u(x,t) = 0$$

oder

$$\left(\frac{1}{c_s}\frac{\partial}{\partial t} - \frac{\partial}{\partial x}\right)u(x,t)$$

löst. Die allgemeinen Lösungen dieser Differentialgleichungen 1.Ordnung kann man direkt aufschreiben. Im ersten Fall lautet die Lösung

$$u_R(x,t) = f(x - c_s\, t) \tag{2.10.29}$$

und im zweiten Fall

$$u_L(x,t) = g(x + c_s\, t) \tag{2.10.30}$$

Dabei sind $f(\xi)$ und $g(\xi)$ beliebige differenzierbare Funktionen. Den Beweis für diese Feststellungen kann man durch Einsetzen leicht führen.

Der Index R bei der ersten Lösung soll darauf hinweisen, daß sie eine mit wachsendem t nach „Rechts" laufende Bewegung des Strings beschreibt, denn ein fester Wert von $f(\xi)$ bewegt sich gemäß

$$x = c_s\, t + \text{const}$$

also zu wachsendem Werten von x. Entsprechendes gilt für u_L. Sie beschreibt einen nach „Links" laufenden String. Beide Bewegungsformen können aber nur für geschlossene Strings realisiert werden, denn z.B. die Dirichlet Bedingung

$$u(0,t) = 0$$

führt für (2.10.29) zu $f = 0$. Für offene Strings muß man daher die allgemeine Lösung

---

[28]Man denke an die Faktorisierung in Gleichung (2.1.24).

$$u(x,t) = f(x - c_s\,t) + g(x + c_s\,t) \tag{2.10.31}$$

heranziehen. Wie es allgemeine Sätze über partielle Differentialgleichungen aussagen, treten für $u(x,t)$ zwei willkürliche Funktionen auf; sie sind Verallgemeinerungen von Integrationskonstanten. Erst durch Anfangs- oder Randbedingungen werden sie festgelegt. Genauer kann man dies mit Hilfe von Fourierreihen studieren, wie wir sie schon in (2.10.6) für D-Strings aufgeschrieben haben. Wir verallgemeinern die dort gegebene Reihe zu

$$u(x,t) = \sum_{n=-\infty}^{+\infty} q_n(t)\,e^{i\,n\,\pi\,x/l} \tag{2.10.32}$$

Man beachte: Die Summe läuft über sämtliche positive oder negative ganze Zahlen $n \in Z$. Alternativ formuliert: Sowohl sinus-Funktionen als auch cosinus-Funktionen treten auf. In dieser Reihe haben wir noch nichts über Randbedingungen voraus gesetzt. Die Wellengleichung bestimmt die Zeitabhängigkeit der Fourierkoeffizienten. Denn wendet man $\Box$ auf (2.10.32) an, so folgen (gewöhnliche) Differentialgleichungen für die $q_n(t)$

$$\frac{d^2 q_n(t)}{d\,t^2} + \left(\frac{n\,\pi\,c_s}{l}\right)^2 q_n(t) = 0 \tag{2.10.33}$$

Dies sind Gleichungen für Oszillatoren mit den Kreisfrequenzen

$$\omega_n := \frac{n\,\pi\,c_s}{l} \tag{2.10.34}$$

und werden durch

$$q_n(t) = A_n\,e^{-(i\,n\,\pi/l)\,c_s\,t} + B_n\,e^{(i\,n\,\pi/l)\,c_s\,t}$$

gelöst. Dabei betrachten wir zunächst nur Oszillatoren mit $n \neq 0$. Der Fall $n = 0$ erfordert eine besondere Behandlung. Damit lautet die Fourierreihe für eine allgemeine Bewegung eines Strings

$$u(x,t) = \sum_{n=-\infty}^{+\infty} \left[A_n\,e^{(i\,n\,\pi/l)\,(x - c_s\,t)} + B_n\,e^{(i\,n\,\pi/l)\,(x + c_s\,t)} \right] \tag{2.10.35}$$

Die A_n und B_n sind konstante Koeffizienten. Da u eine reelle Funktion ist, müssen sie die Realitäts-Bedingungen

$$A_{-n} = A_n^* \quad \text{und} \quad B_{-n} = B_n^* \tag{2.10.36}$$

erfüllen. Ihre Bedeutung folgen aus den in dieser Reihe auftretenden Exponential-Funktionen

- $A_n \longleftrightarrow$ nach Rechts laufende Strings
- $B_n \longleftrightarrow$ nach Links laufende Strings

Die Bedingungen (2.10.36) lassen es zu, daß nur A_n's oder nur B_n's von Null verschieden sind. Wir wissen aber schon, daß dies nur für geschlossene Strings der Fall ist. Hier muß aber eine Periodizitäts-Bedingung gelten

$$u(x + l, t) = u(x, t) \qquad (2.10.37)$$

die wir schon in (2.10.11) für $x = 0$ genannt haben. Um dies in der Reihe (2.10.32) zu garantieren, dürfen nur geradzahlige n auftreten, also müssen

$$A_{2n+1} = 0 \quad \text{und} \quad B_{2n+1} = 0$$

verschwinden.

Jetzt betrachten wir die „**Nullmoden**", also den Fall $n = 0$, wo die Oszillator-Frequenzen verschwinden. Aus

$$\frac{d^2 q_0(t)}{d t^2} = 0$$

folgt eine „Trägheitsbewegung"

$$q_0(t) = x_0 + v_0\, t \qquad (2.10.38)$$

Der String als Ganzer oder genauer sein Schwerpunkt bewegt sich mit konstanter Geschwindigkeit. Den „Schwerpunkt eines Strings" wird man durch

$$U_S(t) := \frac{1}{l} \int_0^l u(x, t)\, d x \qquad (2.10.39)$$

definieren und aus (2.10.32)

$$U_S(t) = q_0(t) = x_0 + v_0\, t$$

erhalten. Für D-Strings gibt es wegen der festen Endpunkte eine solche Bewegung nicht, und in der Tat tritt in (2.10.6) $n = 0$ nicht auf.

Wir spezialisieren jetzt die Fourierentwicklung auf Neumann-Strings. Damit die Ableitungen an den Endpunkten verschwinden, also (2.10.10) erfüllt ist, muß für die Koeffizienten q_n in (2.10.32) gelten

$$q_{-n}(t) = q_n(t)$$

Dann erhält man

$$u(x, t) = q_0 + 2 \sum_{n=1}^{\infty} q_n \cos\left(n\,\pi\frac{x}{l}\right) \qquad (2.10.40)$$

woraus man die Gültigkeit der Neumannschen Bedingungen direkt abliest. Die Bedingung für die q_n hat zur Folge, daß für Koeffizienten der zeitlichen Abhängigkeit

$$B_{-n} = A_n$$

gelten muß. Dies bedeutet insbesondere, daß im N-String sowohl Rechts- wie Links-laufende Moden auftreten, womit die im Zusammenhang mit (2.10.31) gemachte Bemerkung auch für die offenen Strings mit N-Bedingungen begründet ist.

Analog zu $u(x,t)$ können wir den kanonischen Impuls $p(x,t)$ durch

$$p(x,t) = p_0(t) + 2 \sum_{n=1}^{\infty} p_n(t) \cos\left(n\pi\frac{x}{l}\right) \tag{2.10.41}$$

darstellen. Mit Hilfe dieser Reihen lassen sich auch die Energie des Strings, also die Hamiltonfunktion (2.10.19) durch die q_n und p_n ausdrücken. Man erhält mit Hilfe der Orthogonalitätrelationen der cos-Funktionen[29] für die klassische Hamiltonfunktion der Strings

$$H_{\text{Klassisch}} = \frac{l}{2\varrho}\, p_0^2 + \sum_{n=1}^{\infty} \left(\frac{l}{2\varrho}\, p_n^2 + \frac{\varrho}{2\,l}\, \omega_n^2\, q_n^2\right) \tag{2.10.42}$$

Mit Ausnahme des ersten Summanden stellt jeder Term dieser Reihe einen harmonischen Oszillator dar. Durch Vergleich mit dem kanonischen Ausdruck

$$\frac{1}{2m}\, p^2 + \frac{m\omega^2}{2}\, q^2$$

erkennt man, daß es sich um Oszillatoren mit der Masse ϱ/l und den Frequenzen ω_n handelt.

Mit diesem Ergebnis haben wir die Grundlage für die Quantisierung der Strings erhalten.

---

[29]An einige Details sei erinnert:

Aus den Orthogonalitäts Bedingungen

$$\int_0^l \cos\left(n\pi\frac{x}{l}\right) \cos\left(m\pi\frac{x}{l}\right) = \frac{l}{2}\, \delta_{nm}$$

folgt

$$p_n(t) = \frac{1}{l} \int_0^l \cos\left(n\pi\frac{x}{l}\right) p(x,t)\, dx$$

Drückt man in der kinetischen Energie einen der Impulse $p(x,t)$ durch die Fourierreihe aus

$$\int_0^l p(x,t)^2\, dx = p_0(t) \int_0^l p(x,t)\, dx + 2 \sum_{n=1}^{\infty} p_n(t) \int_0^l p(x,t) \cos\left(n\pi\frac{x}{l}\right) dx$$

und wendet die Umkehrformel an, so folgt für die kinetische Energie

$$T = \frac{l}{2\varrho} \left(p_0^2 + \sum_{n=1}^{\infty} p(t)^2\right)$$

Analog rechnet man die potentielle Energie um.

2.10.4 Quantentheorie der freien Strings

Mit den Vorbereitungen des vorigen Abschnitts können wir die Quantisierung der Strings mit dem Verfahren vom Abschnitt 2.8 leicht durchführen.

Wir ersetzen die klassischen Größen q_n und p_n durch Operatoren Q_n und P_n, so daß wir auf den Hamiltonoperator

$$H = \frac{l}{2\varrho} P_0^2 + \sum_{n=1}^{\infty} \left(\frac{l}{2\varrho} P_n^2 + \frac{\varrho}{2l} \omega_n^2 Q_n^2 \right) \qquad (2.10.43)$$

geführt werden. Für die Operatoren Q_n und P_n fordern wir die kanonischen Vertauschungsrealtionen –vgl. z.B. (1.6.1), (1.6.2) oder (2.8.12), (2.8.11)– und definieren Vernichtungs- und Erzeugungs-Operatoren wie üblich

$$A_n := \sqrt{\frac{\varrho\,\omega_n}{2\,l\,\hbar}} \left(Q_n + i\,\frac{l}{\varrho\,\omega_n} P_n \right) \qquad (2.10.44)$$

$$A_n^\dagger := \sqrt{\frac{\varrho\,\omega_n}{2\,l\,\hbar}} \left(Q_n - i\,\frac{l}{\varrho\,\omega_n} P_n \right) \qquad (2.10.45)$$

Die Vertauschungsrelationen kann aus man (2.8.27) entnehmen und für den Hamiltonoperator folgt

$$H = \frac{l}{2\,\varrho} P_0^2 + \sum_{n=1}^{\infty} \frac{\hbar\,\omega_n}{2} (A_n^\dagger A_n + A_n A_n^\dagger) \qquad (2.10.46)$$

Durch Umordnen der Operatoren im zweiten Term erhält man

$$H = \frac{l}{2\,\varrho} P_0^2 + \sum_{n=1}^{\infty} \hbar\,\omega_n A_n^\dagger A_n + E_0 \qquad (2.10.47)$$

wobei

$$E_0 := \frac{1}{2} \sum_{n=1}^{\infty} \hbar\,\omega_n \qquad (2.10.48)$$

Wieder definiert man einen Grundzustand durch

$$A_n |0\rangle = 0 \quad \text{für} \quad n = 1, 2, 3, \dots \qquad (2.10.49)$$

Er beschreibt einen inneren Ruhezustand des Strings. Mit $A_n^\dagger$ erzeugt man eine Schwingung des Strings mit der Frequenz ω_n

$$|1, n\rangle := A_n^\dagger |0\rangle \qquad (2.10.50)$$

Die Bezeichnung soll andeuten, daß der Oszillator n einfach angeregt ist. Komplizierte Zustände sind

$$|1, n; 1, m\rangle := A_n^\dagger A_m^\dagger |0\rangle$$

der je eine Stringanregung mit den Frequenzen ω_m und ω_n enthält.

$$|2, n\rangle := \frac{1}{\sqrt{2}} (A_n^\dagger)^2 |0\rangle$$

beschreibt eine zweifache Anregung mit der gleichen Frequenz ω_n. Dies läßt sich auf allgemeine Zustände verallgemeinern. Die entsprechenden Formeln kann man aus (2.8.32) entnehmen.

Allerdings müssen wir auch den ersten Summanden in der Energie (2.10.47), also

$$\frac{l}{2\,\varrho}\,P_0^2$$

berücksichtigen. Dieser ist die kinetische Energie des String-Schwerpunktes und kann jeden (positiven) Wert annehmen. Denn der Impuls P_0 hat ein kontinuierliches Spektrum

$$-\infty < k < \infty$$

Zur Eigenschaft (2.10.50) des Grundzustands müssen wir noch

$$P_0\,|0;k\rangle = \hbar\,k\,|0,k\rangle \tag{2.10.51}$$

hinzufügen. Dieser Zustand beschreibt einen String, dessen interner Zustand nicht angeregt ist und der sich mit dem Impuls $\hbar\,k$ bewegt. In bezug auf die Observable $u(x,t)$ wird er intern durch eine Gauß-Funktion beschrieben werden. Auch für die angeregten Zustände muß man jeweils den Impuls des Schwerpunktes mit angeben, also mit den Hilbertraum Zuständen

$$|1,n,k\rangle \quad |1,n;1,m;k\rangle \quad |2,n;k\rangle \text{ etc.}$$

arbeiten. Die Energien dieser Zustände bedürfen noch einer Analyse. Der Grundzustand $|2,n;k\rangle$ hat die Energie

$$\frac{l}{2\,\varrho}\,\hbar^2\,k^2 + E_0$$

E_0 ist eine unendliche Summe und divergiert, zumal $\omega_n \sim n$ mit n linear wächst. Man kann ihm zwar durch eine trickhafte Prozedur einen endlichen Wert zuschreiben,[30] hier subtrahieren wir E_0, so daß alle Energien endlich werden.

Die Proportionalität von ω_n mit n – Formel (2.10.34) – verdient jedoch eine genauere Betrachtung. Daraus folgt daß der erste angeregte Zustand der Strings mit dem Index n linear anwächst

$$E_n^{[0]} = \text{const} \cdot n \tag{2.10.52}$$

Ein solches Verhalten spielt in der Elementarteilchenphysik eine wichtige Rolle. Dort muß man die Energie, die nicht Lorentz-invariant ist, durch das Quadrat der Masse eines Systems ersetzen

---

[30]Man kann

$$\sum_{n=1}^{\infty} n = -1/12$$

begründen.

$$m^2 = \text{const} \cdot n \tag{2.10.53}$$

Diese Regel ist als **Regge-Verhalten** bekannt. In der Teilchenphysik spielt n die Rolle eines Drehimpulses. In der Tat kann man durch Verallgemeinerung der Bewegung des Strings auf mehr Dimensionen begründen, daß der Drehimpuls eines String durch n gegeben wird. Diese Deutung des Reggeverhaltens war ein erster Erfolg der Stringtheorie in der Hadronenphysik.

Diese Überlegungen lassen sich auf geschlossene Strings übertragen. Neu ist dabei, daß sich die Anzahl der möglichen Anregungen verdoppelt. Denn für die sich nach rechts bewegenden Strings, beschrieben durch u_R aus (2.10.29), und die sich nach links bewegenden Strings, beschrieben durch u_L aus (2.10.30), müssen wir getrennte Leiteroperatoren einführen

$$A_{R,n} \quad \text{und} \quad A_{L,n}$$

und finden für den Hamiltonoperator anstelle von (2.10.47)

$$H = \frac{l}{2\varrho} P_0^2 + \sum_{n=1}^{\infty} \hbar\,\omega_n \left(A_{R,n}^{\dagger} A_{R,n} + A_{L,n}^{\dagger} A_{L,n} \right) + E_0 \tag{2.10.54}$$

Mit den Erzeugungsoperatoren kann man Rechts- und Links-Anregungen erzeugen, z.B. die Zustände

$$A_{R,n}^{\dagger} |0\rangle \quad A_{L,n}^{\dagger} A_{R,n}^{\dagger} |0\rangle \quad A_{R,n}^{\dagger} A_{L,n}^{\dagger} |0\rangle$$

Auf diese Weise finden die Bewegungsmoden der Strings, die wir im einleitenden Abschnitt 2.10.1 beschrieben haben, ihre quantenmechanische Realisierung. Damit sind freilich nur die ersten Schritte getan. Für die Einführung von Wechselwirkungen, die Übertragung auf höhere Dimensionen und die Analyse der Verträglichkeit mit den Prinzipien der Relativitätstheorie muß auf die Monographien zur Stringtheorie verwiesen werden. [31]

---

[31] Als erste Einführung in den Formalismus eignet sich das Buch von
Michio Kaku, Introduction to Superstrings, Springer Verlag 1988
In großem Detail stellt das zweibändige Werk
Joseph Polchinski, String Theory 2 Volumes, Cambridge University Press 1998
die Theorie der Strings dar. Für einen breiten Leserkreis ohne mathematische und physikalische Vorkenntnisse gibt
Brian Greene, Das elegante Universum, Siedler Verlag 2000 eine faszinierende Einführung.

3 Quantentheorie des Drehimpulses I

Der dreidimensionale Raum, in dem sich die Vorgänge der Physik abspielen, kennt keine ausgezeichnete Richtung. Vielmehr ist er um jeden heraus gegriffenen Punkt isotrop; er ist drehinvariant. Dementsprechend besitzen die meisten physikalischen Mikrosysteme – Atome, Kerne, Nukleonen etc., aber auch Quarks, Gluonen oder Strings – eine drehsymmetrische Struktur in bezug auf einen Mittelpunkt. Daher ist es auch für die Quantenphysik von zentraler Bedeutung, die Konsequenzen der „Drehinvarianz" im Detail zu untersuchen. Nach den Erfahrungen mit der Analyse der Translationsinvarianz im Kapitel 3 des ersten Bandes, die im Abschnitt 1.5 zusammengefaßt sind, können wir – wie in der klassischen Mechanik – erwarten, einerseits Erhaltungsätze für die Größen begründen zu können, die mit Drehungen verbunden sind, und andererseits auf neue quantenmechanischen Eigenschaften dieser Größen geführt zu werden.

Aus der räumlichen Translationsinvarianz ergab sich, daß der Impuls P der infinitesimale Generator von Verschiebungen und zeitlich konstant ist, und daß zwischen P und dem Ortsoperator Q die kanonischen Vertauschungsrelationen gelten müssen

$$[P_j, Q_k] = \frac{\hbar}{i} \delta_{jk} \tag{3.0.1}$$

Analog erwarten wir, bei der quantenmechanischen Untersuchung der Drehungen auf den Vektor-Operator für den „Drehimpuls" zu stoßen.

3.1 Elementare Definition des Drehimpulses und Berechnung seiner Kommutatoren

Wir erinnern zunächst an die elementare Definition des Drehimpulses als Drehmoment des Impulses

$$Q \times P \tag{3.1.1}$$

Da die Komponenten von Q und P nicht mehr vertauschen, werden auch die Komponenten des Drehimpulses untereinander nicht mehr kommutieren. In der Tat folgen aus (3.0.1) Vertauschungsrelationen zwischen den verschiedenen Komponenten des Drehimpulses. Um das Ergebnis zu formulieren, ist es praktisch, für den quantenmechanischen Drehimpuls den folgenden dimensionslosen Vektoroperator zu benutzen

$$L := \frac{1}{\hbar} \, Q \times P \tag{3.1.2}$$

Dann gilt für den Kommutator der ersten und zweiten Komponente von L

$$[L_1, L_2] = iL_3 \tag{3.1.3}$$

Wir geben einen expliziten elementaren Beweis:

Nach der Definition (3.1.2) ist zunächst

$$\hbar \, L_1 = Q_2 \, P_3 - Q_3 \, P_2 \quad \text{und} \quad \hbar \, L_2 = Q_3 \, P_1 - Q_1 \, P_3$$

und daraus ergibt sich

$$\hbar^2 \, [L_1, L_2] = [(Q_2 \, P_3 - Q_3 \, P_2), (Q_3 \, P_1 - Q_1 \, P_3)]$$

Nach Ausführen der Multiplikationen hat man

$$[Q_2 \, P_3, (Q_3 \, P_1 - Q_1 \, P_3)] - [Q_3 \, P_2, (Q_3 \, P_1 - Q_1 \, P_3)]$$

Mit Hilfe der Produktregel für Kommutatoren – Fußnote auf Seite 24 – folgt

$$[Q_2, (Q_3 \, P_1 - Q_1 \, P_3)] \, P_3 + Q_2 \, [P_3, (Q_3 \, P_1 - Q_1 \, P_3)]$$
$$-[Q_3, (Q_3 \, P_1 - Q_1 \, P_3)] \, P_2 + Q_3 \, [P_2, (Q_3 \, P_1 - Q_1 \, P_3)]$$

Dieser Ausdruck vereinfacht sich aufgrund der Vertauschbarkeit der P's und Q's für unterschiedliche Raumrichtungen. So verschwindet der erste und vierte Kommutator. Vom zweiten und dritten Kommutator bleibt jeweils nur ein Term übrig

$$Q_2[P_3, Q_3 \, P_1] + [Q_3, Q_1 \, P_3], P2$$

und damit erhält man

$$Q_2 \, \underbrace{[P_3, Q_3]}_{\hbar/i} \, P_1 + Q_1 \, \underbrace{[Q_3, P_3]}_{-\hbar/i} \, P_2$$

und

$$\frac{\hbar}{i} \, (P_1 \, Q_2 - Q_1 \, P_2) = i \, \hbar (Q \times P)_3 = i \, \hbar^2 \, L_3$$

Fügt man schließlich die Faktoren von $\hbar$ ein, so hat man

$$\hbar^2 \, [L_1, L_2] = i \, \hbar (Q \times P)_3 = i \, \hbar^2 \, L_3$$

womit der Kommutator (3.1.3) bewiesen ist.

Durch zyklische Permutation erhält man die Kommutatoren für die anderen Komponenten. Berücksichtigt man die Antisymmetrie des Kommutators, so kann man allgemein schreiben

$$[L_j, L_k] = i\varepsilon_{jkl}L_l \qquad (3.1.4)$$

wobei ε_{jkl} den total antisymmetrischen Tensor bezeichnet:

$$\varepsilon_{jkl} = \pm 1 \qquad (3.1.5)$$

je nachdem ob j, k, l eine gerade oder ungerade Permutation von $1, 2, 3$ ist. Wenn zwei oder mehr Indizes gleich sind, verschwinden die Komponenten des ε-Tensors. Häufig schreibt man diese Beziehungen auch in der Form

$$\boldsymbol{L} \times \boldsymbol{L} = i\boldsymbol{L} \qquad (3.1.6)$$

Die Identität der beiden Gleichungen erkennt man, indem man Komponenten einsetzt. So ist zum Beispiel

$$(\boldsymbol{L} \times \boldsymbol{L})_3 = L_1 L_2 - L_2 L_1 = [L_1, L_2] = iL_3$$

Man beachte daß in (3.1.6) das Vektorprodukt zweier gleicher Vektoren nicht verschwindet, da ihre Komponenten nicht vertauschen.

Eine wichtige grundlegende Entdeckung bei der Entwicklung der Atomphysik war, daß es in der Mikrophysik neben dem durch (3.1.2) definierten Drehimpuls eine neue Art von Drehimpuls, einen „inneren" Drehimpuls, den „Spin" gibt. Daher wird es unsere erste Aufgabe sein, eine allgemeingültige Definition für den Drehimpuls zu begründen, und mit ihrer Hilfe zu klären, welche Arten von Drehimpuls es überhaupt geben kann. Zunächst unterscheiden wir den „elementaren" Drehimpuls (3.1.2) durch einen speziellen Namen: Wir nennen (3.1.2) den **Bahndrehimpuls**.

Für die Entwicklung der allgemeinen Theorie des Drehimpulses beginnen wir mit einer allgemeinen Analyse der Isotropie des Raumes und der darauf beruhenden Drehinvarianz.[1]

3.2 Eigenschaften der Drehungen

Um Drehungen im physikalischen Raum zu beschreiben, wählen wir im affinen 3-dimensionalen Raum einen Punkt als „Ursprung" und betrachten

---

[1] Wegen der großen physikalischen und mathematischen Bedeutung des Drehimpulses sei auf folgende spezielle Literatur hingewiesen:

A.R. Edmonds, Drehimpulse in der Quantenmechanik, Bibiographisches Institut, Mannheim 1964,

L.C. Biedenharn and J.D.Louck, Angular Momentum in Quantum Physics in Encyclopedia of Mathematics, Volume 8, Addison-Wesley Publishing Company 1981.

Albert Messiah, Quantum Mechanics, Volume 2, Chapter 13 ,Noth Holland Publishing Company, Amsterdam 1962.

alle Transformationen, die diesen Punkt fest lassen und die Abstände aller anderen Punkte vom Ursprung nicht ändern. Außerdem müssen sich alle diese Transformationen stetig aus der „Identität" erzeugen lassen. Diese Drehungen können durch orthogonale Transformationen im $\mathbf{R}^3$ realisiert werden. Es gibt jedoch noch eine größere Klasse von Transformationen, die diese Eigenschaften haben.

3.2.1 Orthogonale Transformationen

Wir betrachten zunächst Abbildungen des euklidischen Raumes $\mathbf{R}^3$

$$r \mapsto r'$$

unter denen die Längen der Vektoren sich nicht ändern

$$r'^2 = r^2 \tag{3.2.1}$$

Wie im Abschnitt 3.5.1 des 1. Bandes zeigt man, daß eine solche Transformation linear sein muß und daher schreiben wir

$$r' = R\,r \tag{3.2.2}$$

Wenn wir ein rechtwinkliges Koordinatensystem einführen, so daß für den Ortsvektor

$$r = \sum_{j=1}^{3} x_j e_j = \begin{pmatrix} x_1 \\ x_2 \\ x_3 \end{pmatrix} \tag{3.2.3}$$

gilt, kann der Drehung R eine Matrix zugeordnet werden durch

$$x'_j = \sum_{k=1}^{3} R_{jk} x_k \quad \text{mit } R_{jk} \in \mathbf{R} \tag{3.2.4}$$

Dabei müssen die Matrixelemente R_{jk} reelle Zahlen sein, da die Vektoren reell sind. Aus der Invarianz der Länge (3.2.1) folgt für die Matrix R

$$r'^2 = (Rr) \cdot (Rr) = r \cdot R^T R\,r$$

wobei wir die transponierte Matrix durch R^T eingeführt haben. Da dies für alle Vektoren r gilt, muß die folgende Matrixgleichung gelten

$$R^T R = 1 \tag{3.2.5}$$

oder

$$R^T = R^{-1} \tag{3.2.6}$$

In Komponenten geschrieben lautet die erste Form der Bedingung

$$\sum_{k=1}^{3} R_{kj} R_{kl} = \delta_{jl} \tag{3.2.7}$$

Diese Gleichungen bedeuten, daß die Quadratsumme der Elemente jeder Zeile von R_{jk} gleich 1 ist und verschiedene Zeilen zueinander orthogonal sind. Daher sind sie als **Orthogonalitätsbedingungen** bekannt.

Aus einer Gleichung der Form (3.2.5) kann man eine Bedingung für die Determinante von R ableiten, wenn man auf beiden Seiten die Determinante bildet und den Multiplikations-Satz für Determinanten anwendet

$$(\det R^T)(\det R) = (\det R)^2 = 1$$

wobei außerdem $\det (R^T) = \det (R)$ berücksichtigt wurde. Durch Lösen dieser Gleichung erhält man

$$\det R = \pm 1 \tag{3.2.8}$$

Diese Bedingung beruht allein auf der Orthogonalität von R. Damit R eine Drehung darstellen kann, muß R stetig aus der Eins-Matrix erzeugt werden können. Für letztere hat die Determinante den Wert 1, und man kann den Wert -1 stetig nicht erreichen. Daher muß für die Determinante einer Drehmatrix gelten

$$\det R = 1 \tag{3.2.9}$$

Durch die Forderung des stetigen Zusammenhangs mit der identischen Abbildung haben wir die Spiegelung von der Form

$$\boldsymbol{r}\,' = -\boldsymbol{r}$$

ausgeschlossen, die durch die Matrix

$$R = -\mathbf{1}$$

beschrieben wird, und auch die Orthogonalitätsbedingungen erfüllt.

Drehungen können wir somit als lineare, reelle Transformationen beschreiben, die folgenden Bedingungen genügen:

$$\boxed{\begin{aligned} R^T R &= \mathbf{1} \\ \det R &= 1 \end{aligned}} \tag{3.2.10}$$

Führt man zwei Drehungen hintereinander aus, so erhält man wieder eine Drehung. Diese – anschaulich triviale – Eigenschaft wird im Begriff der **Gruppe** präzis formalisiert, dem wir bereits im Zusammenhang mit den Transformationen (2.1.29) begegnet sind. Man betrachtet die Menge aller Transformationen mit den Eigenschaften (3.2.10) und definiert eine Multiplikation zweier Drehungen durch das Hintereinander-Ausführen, was der Multiplikation der zugeordneten Matrizen korrespondiert

$$R_1 R_2\,.$$

Für die Gruppeneigenschaft ist notwendig, daß die Bedingungen (3.2.10) auch für das Produkt gelten, wenn sie für R_1 und R_2 vorausgesetzt werden. Mit den Regeln über den Umgang mit Matrizen kann man dies formal leicht verifizieren:

$$(R_1 R_2)^T R_1 R_2 = R_2^T R_1^T R_1 R_2 = R_2^T \mathbf{1} R_2 =$$
$$R_2^T R_2 = \mathbf{1}$$

und

$$\det(R_1 R_2) = \det(R_1)\det(R_2) = 1$$

Außerdem muß in einer Gruppe ein neutrales Element existieren, was durch „keine" Drehung, die Identität bzw. die Eins-Matrix gegeben wird. Schließlich muß es zu jedem R ein inverses Element geben, was durch „Rückdrehung" bzw. die reziproke Matrix R^{-1} garantiert ist.[2] Die damit definierte **Drehgruppe** wird

$\underline{S}$pezielle $\underline{O}$rthogonale Gruppe in $\underline{3}$ Dimensionen, kurz   **SO(3)**

genannt, wobei der Begriff „speziell" auf die Bedingung (3.2.9) hinweist.
Die Matrix von R besitzt 9 reelle Elemente. Die Gleichungen (3.2.7) liefern insgesamt sechs einschränkende Bedingungen. Jede Drehung R im dreidimensionalen Raum wird also durch 3 reelle Parameter gekennzeichnet.

Der **Eulersche Satz** gibt eine Interpretation der drei freien Parameter[3]: Danach kann jedes Element der Gruppe $SO(3)$ als Drehung um eine Achse $\boldsymbol{n}$ mit einem Winkel θ dargestellt werden

$$R_{\boldsymbol{n}}(\theta)$$

$\boldsymbol{n}$ ist dabei ein Einheitsvektor. Da seine Länge fest ist, besitzt er noch zwei freie Parameter, die die Richtung der Drehachse festlegen. Der Drehwinkel θ um $\boldsymbol{n}$ als Drehachse ist der dritte freie Parameter von $R_{\boldsymbol{n}}(\theta)$.
Vielfach schreibt man abkürzend

$$\boldsymbol{\theta} := \theta\, \boldsymbol{n}$$
$$R(\boldsymbol{\theta}) := R_{\boldsymbol{n}}(\theta) \tag{3.2.11}$$

$\boldsymbol{\theta}$ ist also ein Vektor, dessen Richtung die Drehachse festlegt, und dessen Länge den Drehwinkel angibt. In der Abbildung 3.1 wird dies dargestellt. Betrachten wir speziell eine Drehung um die 3-Achse: $R_3(\theta)$ transformiert einen Punkt $P(x_1, x_2, x_3)$ in den Punkt $P'(x_1', x_2', x_3')$, wie es die Abbildung 3.2 zeigt. Für die Komponenten von P' gelten dann die bekannten Beziehungen

$$x_1' = x_1 \cos\theta - x_2 \sin\theta$$
$$x_2' = x_1 \sin\theta + x_2 \cos\theta \tag{3.2.12}$$
$$x_3' = x_3$$

---

[2]Die Existenz von R^{-1} wird durch $R^{-1} = R^T$ garantiert, da jede Matrix transponiert werden kann.

[3]Für einen Beweis siehe

H.Goldstein, Klassische Mechanik, Akademische Verlagsgesellschaft, Frankfurt am Main 1963, Kapitel 4.6

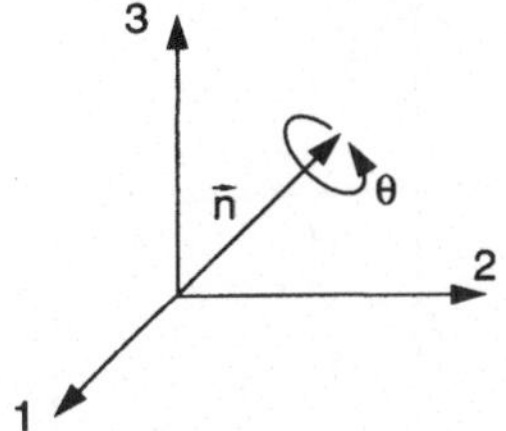

Abb. 3.1. Drehung um eine allgemeine Achse

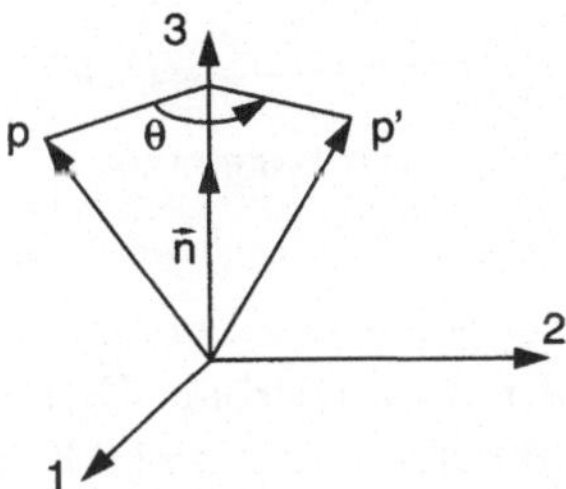

Abb. 3.2. Drehung um die 3-Achse

Die Matrix $R_3(\theta)$ hat somit die Form:

$$R_3(\theta) = \begin{pmatrix} \cos\theta & -\sin\theta & 0 \\ \sin\theta & \cos\theta & 0 \\ 0 & 0 & 1 \end{pmatrix} \tag{3.2.13}$$

3.2.2 Eine unerwartete Eigenschaft der Drehung um 360°

Dreht man einen Körper um einen Winkel von 360°, so wird er in seine ursprüngliche Lage zurückgebracht. Formal läßt sich diese Tatsache mit Gleichung (3.2.12) verifizieren. Danach geht die Drehmatrix für $\theta = 2\pi$ in die Eins-Matrix über

$$R_3(\theta = 2\pi) = \mathbf{1}$$

Dennoch entspricht eine solche Drehung nicht unter allen Umständen dem Übergang zum ursprünglichen Zustand. Dies hat P.M.Dirac um 1940 durch eine geniale Konstruktion illustriert.

Um ihren Hintergrund zu verstehen, muß man sich daran erinnern, daß für eine genaue Kennzeichnung einer Drehung ein Bezugssystem angegeben werden muß, Dazu können etwa die drei Achsen eines Koordinatensystems dienen oder wie sie z.B. in Abbildung 3.3 durch die Begrenzungsstäbe eines „großen" Würfels gegeben werden. Zur Festlegung des Bezugssystems eines Körpers, des „kleinen" Würfels, im Innern verbinde man beide Würfel durch Fäden, wie es ebenfalls in der Abbildung angegeben ist. Dreht man jetzt den inneren Würfel um 360°, so werden die Fäden hoffnungslos verkneult. Man kann sie

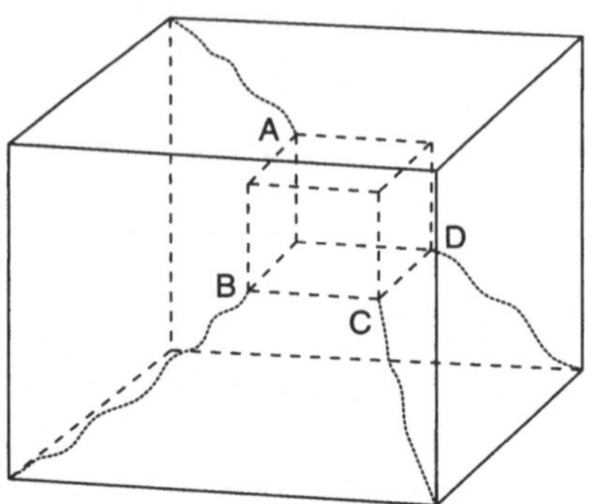

Abb. 3.3. Illustration der relativen Lage eines Körpers zu seiner Umgebung

auf keine Weise entwirren. Dreht man aber um weitere 360°, also insgesamt um 720°, so wird die Situation entwirrbar. Dies wird in der Abbildung 3.4 illustriert, wo die beiden Würfel durch zwei Kugeln ersetzt wurde. Die 9 Teilbilder zeigen wie man vom Anfangszustand – Teilbild 1 – zunächst durch eine Drehung um 360° zum Teilbild 2 gelangt. Dann drehe man die Fäden, wie es in der Abfolge der Teilbilder 3 bis 8 gezeigt ist. Dabei wird die Lage der inneren Kugel nicht verändert. Man stellt fest, daß Teilbild 8 mit dem ursprünglichen Zustand in Teilbild 9 identisch ist, so daß tatsächlich die Drehung um 720° die gleiche Wirkung wie die Identität hat.

Man beachte: Dreht man nur um 360°, so kann man den Entwirrprozeß nicht durchführen, da man die Fäden zweimal – in der Folge der Teilbilder 4 bis 6 und der Teilbilder 7 bis 9 – entschlingen muß. Eine Drehung um 360° führt daher nicht zum Ausgangspunkt zurück. Eine weitergehende Analyse zeigt, daß man mindestens drei Fäden benötigt, um den beschriebenen Fall zu erreichen. Benutzt man nur zwei Fäden, so kann man auch eine Drehung um 360° entwirren.[4]

3.2.3 Die Gruppe $SU(2)$

Das Ergebnis des vorangegangenen Abschnittes kann man kurz wie folgt kennzeichnen: Eine Drehung um 360° kann mindestens zwei verschiedene Ergebnisse bringen. Entweder erhält man die Identität, nämlich bei Verwendung von zwei Fäden, oder beim Arbeiten mit drei oder mehr Fäden

---

[4]Für Einzelheiten sei auf das schon genannte Buch von Biedenharn und Louck, Angular Momentum in Quantum Physics, S. 10–14 und dort auf Note 1, S. 25 hingewiesen. Die Abbildung 3.4 ist aus dem Buch von
Ch.W. Misner, K.S. Thorne and J.A. Wheeler, Gravitation, W.H.Freeman and Company, San Francisco 1973, S. 1149
entnommen. Eine noch anschaulichere Darstellung findet man in einer Serie von Photos auf den Seiten 12/13 von
J. Snygg, Clifford Algebra, Oxford University Press 1997.

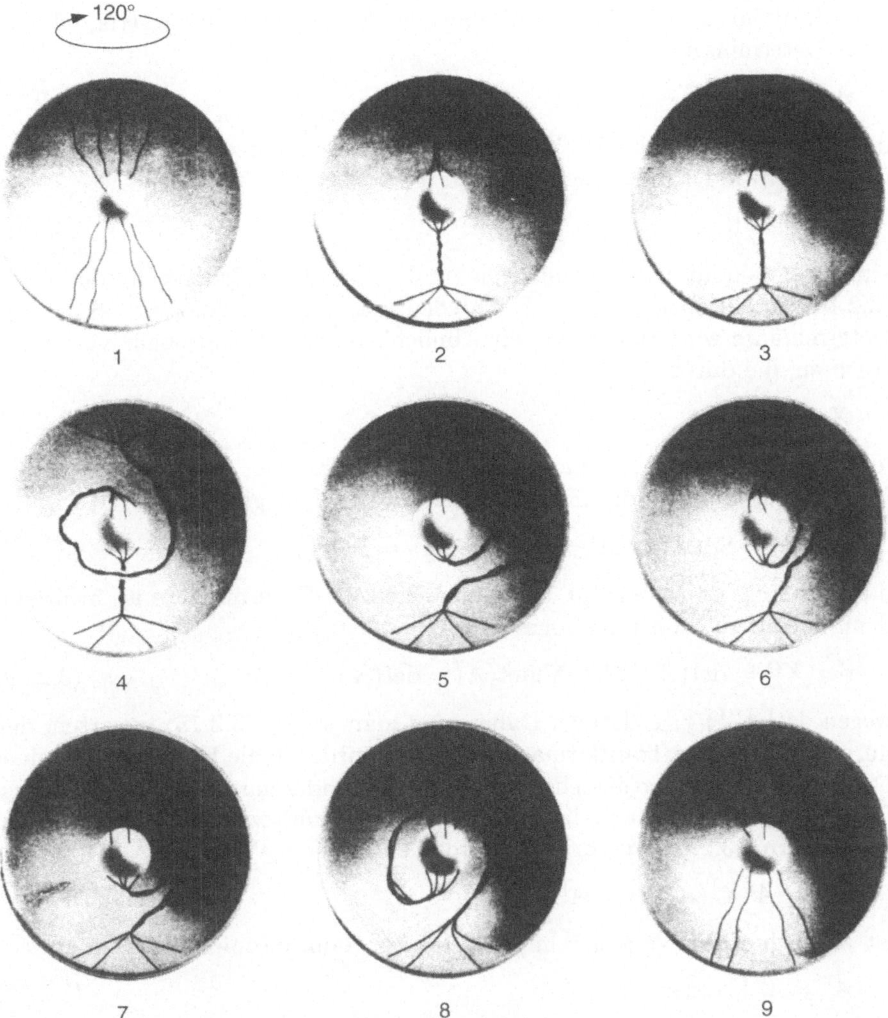

Abb. 3.4. Beispiel für ein System, das erst nach einer Drehung von 720° wieder in sich selbst übergeht

wird man auf ein anderes komplizierteres Ergebnis geführt. Wir werden jetzt eine mathematische Konstruktion entwickeln, die – in Verschärfung dieses Resultats – für jede Drehung zu zwei verschiedenen Transformationen führt. Dazu bilden wir aus den Komponenten x_1, x_2, x_3 des Vektors r die folgende komplexwertige hermitesche 2×2 - Matrix X

$$X := \begin{pmatrix} x_3 & x_1 - ix_2 \\ x_1 + ix_2 & -x_3 \end{pmatrix} \tag{3.2.14}$$

Das Motiv für diese Wahl ist, daß eine der „Invarianten" der Matrix, nämlich seine Determinante

$$\det(X) = -x_3^2 - x_1^2 - x_2^2 = -r^{\,2} \tag{3.2.15}$$

das Quadrat der Länge des Vektors r – bis auf ein Vorzeichen – gibt. Außerdem verschwindet die andere Invariante der Matrix, ihre Spur

$$\mathrm{Sp}(X) = 0 \tag{3.2.16}$$

Umgekehrt kann jede hermitesche und spurenfreie Matrix in der Form (3.2.14) geschrieben werden. Die Bedeutung der Invarianz von Spur und Determinante wird klar, wenn wir Ähnlichkeitstransformationen[5] von X betrachten, die durch

$$X' = A^{-1}XA \tag{3.2.17}$$

definiert sind, wobei A eine beliebige komplexwertige, invertierbare 2×2 - Matrix ist. Aufgrund der Eigenschaften für die Spur gilt

$$\mathrm{Sp}(X') = \mathrm{Sp}(A^{-1}XA) = \mathrm{Sp}(AA^{-1}X) = \mathrm{Sp}(X) \tag{3.2.18}$$

d.h. die Spur ist in der Tat invariant. Auch die Determinante ist invariant, denn nach dem Multiplikationssatz folgt

$$\det(X') = \det(A^{-1})\det(X)\det(A) = \det(X) \tag{3.2.19}$$

wegen $\det(A^{-1}) = 1/\det(A)$. Daher mag man wegen (3.2.15) erwarten, daß durch (3.2.17) eine Transformation gegeben wird, die die Eigenschaften einer Drehung hat. Dies ist jedoch noch nicht vollständig garantiert, da die transformierte Matrix X' auch die Eigenschaft der Hermitezität besitzen muß, um in der Form (3.2.14) geschrieben werden zu können. Wegen

$$X'^\dagger = A^\dagger X^\dagger (A^{-1})^\dagger = A^\dagger X (A^{-1})^\dagger$$

ist X' nach einem Vergleich mit (3.2.17) nur dann hermitesch, wenn gilt

$$A^\dagger = A^{-1} \quad \text{oder} \quad A^\dagger A = \mathbf{1} \tag{3.2.20}$$

Dies bedeutet: A muß eine unitäre Matrix sein. Damit können wir die Ausgangsgleichung (3.2.17) auch in der Form

$$X' = A^\dagger XA \tag{3.2.21}$$

schreiben. Mit einer kleinen Zwischenüberlegung, die wir im folgenden Unterabschnitt darstellen werden, kann man zeigen, daß man sich bei der Transformation (3.2.21) auf Matrizen A beschränken kann, für die zusätzlich zur Unitarität die Determinante gleich 1 ist

$$\det(A) = 1 \tag{3.2.22}$$

---

[5]Wir erinnern daran, daß in der Quantenmechanik die Symmetrie-Transformation von Observablen durch Ähnlichkeitstransformationen beschrieben wird, vgl. (1.3.2) in der Einleitung.

Die Gesamtheit dieser Matrizen bildet wieder eine Gruppe, die Gruppe der

Speziellen Unitären Matrizen in 2 Dimensionen   SU(2)

Zusammengefaßt haben wir das Ergebnis:

> Eine Tranformation der Form (3.2.21) beschreibt eine Drehung, falls
> A eine 2-dimensionale unitäre Matrix mit der Determinante 1, d.h.
> ein Element der Gruppe SU(2) ist.

Aus der Formel (3.2.21) liest man das zu Beginn dieses Abschnittes angekündigte Ergebnis ab:

> Jede Drehung kann durch zwei $SU(2)$-Matrizen, nämlich durch A und
> $-A$ dargestellt werden.

Insbesondere entsprechen der dreidimensionalen Eins-Matrix $R = \mathbf{1}_3$ sowohl
die zweidimensionale Eins-Matrix $A = \mathbf{1}_2$ als auch $A = -\mathbf{1}_2$. Mit anderen
Worten

> Durch Gleichung (3.2.21) wird eine zweideutige Abbildung der Grup-
> pe $SO(3)$ auf die Gruppe $SU(2)$ erzeugt.

Nach der vollständigen Durchführung der Quantisierung des Drehimpulses
werden wir eine explizite Formel für die $SU(2)$-Matrix angeben können, die
der Drehmatrix $R(\boldsymbol{\theta})$ zugeordnet ist, und dabei auch die Rolle der Winkel 2π
und 4π erkennen.

Die Faktorisierung der unitären Gruppe

Die Transformationsmatrix A muß nach (3.2.20) zunächst nur der Bedingung der Unitarität genügen. Wenn zwei Matrizen A_1 und A_2 unitär sind,
gilt dies auch für das Produkt $A_1 A_2$, denn

$$(A_1 A_2)^\dagger = A_2^\dagger A_1^\dagger = A_2^{-1} A_1^{-1} = (A_1 A_2)^{-1}$$

Mit A ist auch A^{-1} unitär, und die Einsmatrix spielt die Rolle des Einsele-
ments. Daher hat die Gesamtheit dieser Matrizen alle Gruppeneigenschaften;
sie bildet die Gruppe der

Unitären Matrizen in 2 Dimensionen   U(2)

Betrachtet man jetzt die Determinanten dieser Matrizen, so folgt aus (3.2.20)
– wieder nach dem Multiplikationsatz –

$$\det{(A)}^\star \det{(A)} = |\det{(A)}|^2 = 1$$

so daß die Determinante als komplexe Zahl den Betrag Eins haben muß

$$\det{(A)} = e^{i\alpha} \tag{3.2.23}$$

Definiert man eine neue Matrix A' durch

$$A' = e^{-i\alpha} A$$

so ist auch A' unitär, hat aber die Determinate 1

$$\det (A') = 1$$

Damit läßt sich jede unitäre Matrix zerlegen gemäß

$$A = e^{i\alpha} \mathbf{1}_2 \cdot A' \qquad (3.2.24)$$

also in ein Produkt einer Matrix, die proportional zur Einheitsmatrix ist

$$e^{i\alpha} \mathbf{1}_2 \qquad (3.2.25)$$

und einer Matrix mit der Determinate 1. Die Matrizen der Form (3.2.25) haben wieder die Eigenschaft der Unitarität. Da sie proportional der Einsmatrix sind, kann man sie umkehrbar eindeutig auf die komplexen Zahlen der Form

$$e^{i\alpha}$$

abbilden. Diese „Phasen" können als unitäre eindimensionale Matrizen angesehen werden. Ihre Gesamtheit hat wieder die Gruppeneigenschaften, daher bezeichnet man sie als die

Unitäre Gruppe in 1 Dimension   U(1)

Den Inhalt der Gleichung (3.2.24) kann man damit als „Faktorisierungssatz" formulieren.

Die Gruppe $U(2)$ läßt sich gemäß

$$U(2) = U(1) \otimes SU(2)$$

als Produkt der Gruppen $U(1)$ und $SU(2)$ schreiben.

Die durchgeführte Argumentation ist so allgemein – und einfach, daß sie sich ohne Änderungen auf N-dimensionale unitäre Matrizen übertragen läßt. Mit einer sich selbst erklärenden Verallgemeinerung der Notation gilt

$$U(N) = U(1) \otimes SU(N)$$

In der Elementarteilchenphysik spielen insbesondere die Gruppen $SU(3)$ als „Farb"- bzw. „Flavour"-Gruppe und $SU(5)$ als Gruppe der „Großen Vereinigung der Wechselwirkungen" eine Rolle.

Kehren wir zur Transformation der „Orts"-Matrix X zurück, so zeigt Gleichung (3.2.21), daß für Matrizen A aus der Gruppe $U(1)$ gilt $X' = X$. Daher können wir bei der Analyse dieser Transformationen die $U(1)$-Unterguppe von $U(2)$ außer Betracht lassen, so daß man sich für Drehungen – wie oben behauptet – auf die Gruppe $SU(2)$ beschränken kann.

3.2.4 Die Generatoren der Drehgruppe

Nach der Analyse der allgemeinen Eigenschaften der Drehgruppe wenden wir uns jetzt unserer Hauptaufgabe zu, dem Studium der mit der Drehgruppe verbundenen Observablen und ihrer quantenmechanischen Eigenschaften. Dies geschieht mit Hilfe ihrer infinitesimalen Erzeugenden. Um sie zu konstruieren, entwickeln wir $R(\boldsymbol{\theta})$ nach kleinen Winkeln $\boldsymbol{\theta}$

$$R(\boldsymbol{\theta}) = 1 - i\boldsymbol{\theta} \cdot \boldsymbol{D} + O(\theta^2) \tag{3.2.26}$$

Die hier auftretende Größe $\boldsymbol{D}$ gibt nach Definition die Erzeugenden von $R(\boldsymbol{\theta})$. Da $R(\boldsymbol{\theta})$ eine 3×3-Matrix ist, muß auch $\boldsymbol{\theta} \cdot \boldsymbol{D}$ eine 3×3-Matrix sein. $\boldsymbol{D}$ ist somit ein „Vektor", dessen Komponenten 3×3-Matrizen sind

$$\boldsymbol{D} = \begin{pmatrix} D_1 \\ D_2 \\ D_3 \end{pmatrix}$$

Da weiterhin $R(\boldsymbol{\theta})$ eine reelle Matrix ist, müssen die Matrizen D_1, D_2, D_3 rein imaginär sein. $R(\boldsymbol{\theta})$ ist orthogonal und damit auch unitär. Somit sind die Komponenten von $\boldsymbol{D}$ hermitesch

$$D_j^\dagger = D_j \tag{3.2.27}$$

Diese Eigenschaft – die Erzeugenden von unitären Gruppen sind hermitesch – haben wir schon in Kapitel 3 von Band 1 bewiesen. Wir werden sie an den expliziten Formeln, die wir gleich ableiten werden, nachprüfen.

Man kann die Matrixelemente von D_j aus der expliziten Formel für $R(\boldsymbol{\theta})$ berechnen. Zunächst gilt

$$D_j = \boldsymbol{D} \cdot \boldsymbol{e}_j$$

wobei $\boldsymbol{e}_j$ die 3 orthogonalen Einheitsvektoren sind. Man erhält also die Matrix D_j, indem man um die j-Achse dreht. Zum Beispiel muß man für D_3 um die 3-Achse drehen

$$R_3(\theta) = 1 - i\theta D_3 + O(\theta^2) \tag{3.2.28}$$

Für kleine Winkel θ gilt in 1.Näherung

$$\sin\theta \approx \theta$$
$$\cos\theta \approx 1$$

Hier können wir Gleichung (3.2.13) anwenden und finden in dieser Näherung

$$R_3(\theta) = \begin{pmatrix} 1 & -\theta & 0 \\ \theta & 1 & 0 \\ 0 & 0 & 1 \end{pmatrix} = 1 - i\theta \begin{pmatrix} 0 & -i & 0 \\ +i & 0 & 0 \\ 0 & 0 & 0 \end{pmatrix}$$

Der Vergleich mit (3.2.28) führt zu

$$D_3 = \begin{pmatrix} 0 & -i & 0 \\ +i & 0 & 0 \\ 0 & 0 & 0 \end{pmatrix} \tag{3.2.29}$$

Entsprechend erhält man

$$
D_1 = \begin{pmatrix} 0 & 0 & 0 \\ 0 & 0 & -i \\ 0 & +i & 0 \end{pmatrix}
\tag{3.2.30}
$$

$$
D_2 = \begin{pmatrix} 0 & 0 & +i \\ 0 & 0 & 0 \\ -i & 0 & 0 \end{pmatrix}
\tag{3.2.31}
$$

Aus diesen Formeln liest man explizit ab, daß die drei D_j-Matrizen hermitesch sind, wie nach Formel (3.2.27) angekündigt. Die Komponenten der Matrizen (3.2.29), (3.2.30) und (3.2.31) kann man mit Hilfe des ε-Tensors (3.1.5) zusammenfassen

$$
(D_j)_{kl} = (-i)\,\varepsilon_{jkl}
\tag{3.2.32}
$$

Mit dieser Gleichung können wir eine für viele Rechnungen nützliche Beziehung ableiten.
Wendet man (3.2.26) auf r an, bildet also

$$
R(\boldsymbol{\theta})r = r - i\theta(\boldsymbol{n}\cdot\boldsymbol{D})r + O(\boldsymbol{\theta}^2)
$$

so findet man durch Rechnung mit Komponenten

$$
\begin{aligned}
x_l' = \sum_k R_{lk}x_k &= x_l - i\theta \sum_k (\boldsymbol{nD})_{lk}x_k + O(\boldsymbol{\theta}^2) \\
&= x_l - i\theta \sum_{j,k} (n_j D_j)_{lk}x_k + O(\boldsymbol{\theta}^2) \\
&= x_l - i\theta \sum_{j,k} (-i)\varepsilon_{jlk}n_j x_k + O(\boldsymbol{\theta}^2) \\
&= x_l + \theta \sum_{j,k} \varepsilon_{jkl}n_j x_k + O(\boldsymbol{\theta}^2) \\
&= x_l + \theta(\boldsymbol{n}\times\boldsymbol{r})_l + O(\boldsymbol{\theta}^2)
\end{aligned}
$$

Wir erhalten also

$$
R(\boldsymbol{\theta})r = r + (\boldsymbol{\theta}\times\boldsymbol{r}) + O(\boldsymbol{\theta}^2)
\tag{3.2.33}
$$

Umgekehrt kann man diese Gleichung aus geometrischen Überlegungen ableiten und zur Begründung von (3.2.32) benutzen.
Aus (3.2.32) bzw. (3.2.29), (3.2.30) und (3.2.31) findet man durch explizite Multiplikation der Matrizen

$$
D_1 D_2 = \begin{pmatrix} 0 & 0 & 0 \\ -1 & 0 & 0 \\ 0 & 0 & 0 \end{pmatrix}
$$

und

$$D_2 D_1 = \begin{pmatrix} 0 & -1 & 0 \\ 0 & 0 & 0 \\ 0 & 0 & 0 \end{pmatrix}$$

Trotz ihrer einfachen Form sind diese Ergebnisse nicht weiter nützlich. Bildet man aber ihre Differenz, so findet man eine Matrix, die proportional zu D_3 ist:

$$D_1 D_2 - D_2 D_1 = [D_1, D_2] = i D_3 \tag{3.2.34}$$

Die Komponenten von $\boldsymbol{D}$ besitzen also die gleichen Vertauschungseigenschaften wie die Komponenten des Drehimpulses nach (3.1.3). Dies ist eine bemerkenswerte Tatsache, denn bei den D_k handelt es sich um Matrizen, während die L_k Operatoren im Hilbertraum, in der Ortsdarstellung z.B. Differentialoperatoren, sind. Wegen dieser „Isomorphie" [6] kann man alle Relationen, die sich auf die Kommutatoren beziehen, übernehmen. Wie in (3.1.4) folgt allgemein

$$[D_k, D_l] = i \varepsilon_{klm} D_m \tag{3.2.35}$$

Nach dieser Gleichung ist die Menge der Linearkombinationen

$$a_1 D_1 + a_2 D_2 + a_3 D_3$$

der D_j-s in bezug auf die Kommutatorbildung „abgeschlossen": Der Kommutator zweier Linearkombinationen ist wieder eine solche Linearkombination. Diese Eigenschaft kennzeichnet eine **Liesche Algebra**, welcher Begriff bereits im Abschnitt 3.7.5 des ersten Bandes eingeführt wurde. Dort wurde auch bewiesen, daß die Generatoren jeder kontinuierlichen Gruppe eine solche Algebra bilden müssen.

Qualitativ bedeutet (3.2.34) und (3.2.35), daß Drehungen im allgemeinen nicht vertauschbar sind und damit das Resultat von zwei hintereinander ausgeführten Drehungen von ihrer Reihenfolge abhängt

$$R(\boldsymbol{\theta}_1) R(\boldsymbol{\theta}_2) \neq R(\boldsymbol{\theta}_2) R(\boldsymbol{\theta}_1) \tag{3.2.36}$$

Gruppen mit dieser Eigenschaft bezeichnet man als **nichtabelsche Gruppen**. Dadurch unterscheidet sich die Drehgruppe grundsätzlich von der Gruppe der Translationen. Es ist daher instruktiv sich den geometrischen Ursprung der Nichtvertauschbarkeit klarzumachen.

Zunächst kann man durch Hintereinander-Ausführen von einfachen speziellen Drehungen die Abhängigkeit von der Reihenfolge illustrieren. Dazu betrachte man Drehungen um 90°

$$D_1 \left(\frac{\pi}{2} \right) D_2 \left(\frac{\pi}{2} \right) \quad \text{und} \quad D_2 \left(\frac{\pi}{2} \right) D_1 \left(\frac{\pi}{2} \right)$$

---

[6]Genau genommen handelt es sich um eine „Homomorphie", die wir später diskutieren werden.

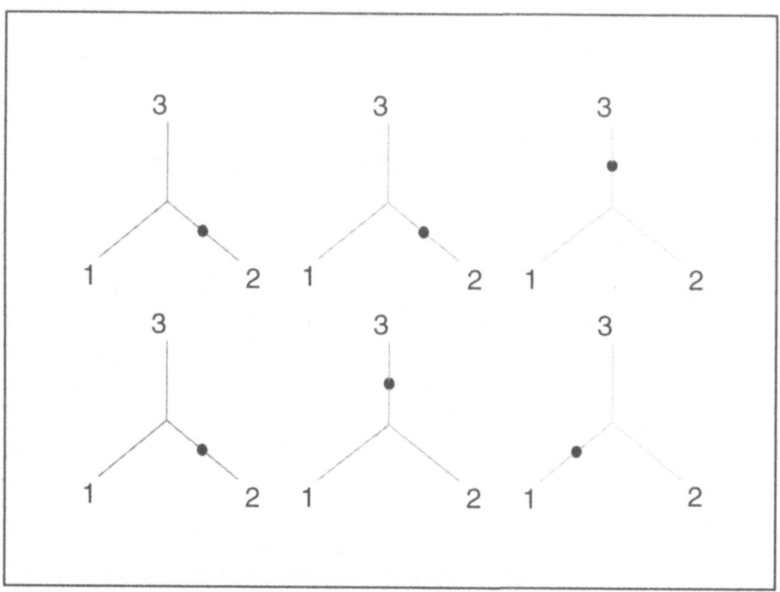

Abb. 3.5. Zur Nichtvertauschbarkeit von Drehungen

Führt man diese Drehungen an einem Vektor aus, der in der 2-Achse liegt, so erhält man einerseits die Kette

$$D_1\left(\frac{\pi}{2}\right) D_2\left(\frac{\pi}{2}\right) e_2 = D_1\left(\frac{\pi}{2}\right) e_2 = e_3$$

die in der oberen Zeile von Abbildung 3.5 dargestellt ist. Andererseits erhält man

$$D_2\left(\frac{\pi}{2}\right) D_1\left(\frac{\pi}{2}\right) e_2 = D_2\left(\frac{\pi}{2}\right) e_3 = e_1$$

wie es die untere Zeile der Abbildung zeigt. Die Endresultate e_3 bzw. e_1 sind deutlich verschieden.

Über dieses spezielle Argument für die nicht-abelsche Natur der Drehgruppe hinaus kann man auch die Kommutatoren der D_j geometrisch begründen. Allerdings sind Drehungen für kleine Drehwinkel vertauschbar. Denn aus

$$R(\boldsymbol{\theta}_1)\boldsymbol{r} = \boldsymbol{r} + (\boldsymbol{\theta}_1 \times \boldsymbol{r}) + O(\boldsymbol{\theta}_1{}^2)$$
$$R(\boldsymbol{\theta}_2)\boldsymbol{r} = \boldsymbol{r} + (\boldsymbol{\theta}_2 \times \boldsymbol{r}) + O(\boldsymbol{\theta}_2{}^2)$$

folgt

$$R(\boldsymbol{\theta}_1)R(\boldsymbol{\theta}_2)\boldsymbol{r} = \boldsymbol{r} + (\boldsymbol{\theta}_2 \times \boldsymbol{r}) + (\boldsymbol{\theta}_1 \times \boldsymbol{r}) + O(\boldsymbol{\theta}^2)$$
$$R(\boldsymbol{\theta}_2)R(\boldsymbol{\theta}_1)\boldsymbol{r} = \boldsymbol{r} + (\boldsymbol{\theta}_1 \times \boldsymbol{r}) + (\boldsymbol{\theta}_2 \times \boldsymbol{r}) + O(\boldsymbol{\theta}^2)$$

so daß gilt

$$R(\boldsymbol{\theta}_1)R(\boldsymbol{\theta}_2)\boldsymbol{r} = R(\boldsymbol{\theta}_2)R(\boldsymbol{\theta}_1)\boldsymbol{r} + O(\boldsymbol{\theta}^2)$$

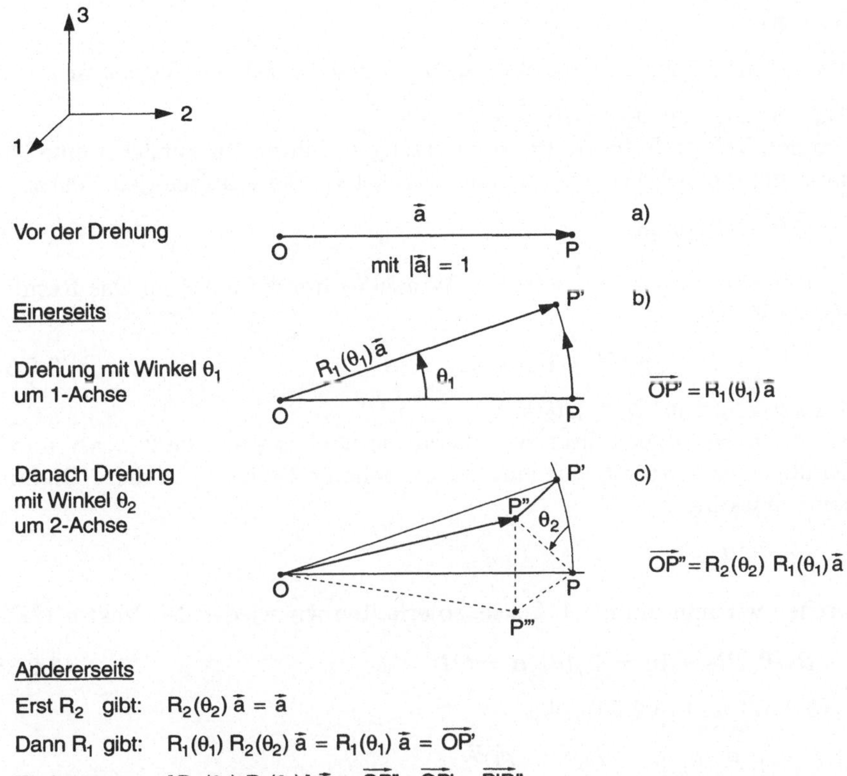

Abb. 3.6. Zur Berechnung von $[L_1, L_2]a$

wenn man nur lineare Terme in θ betrachtet. Berücksichtigt man jedoch auch Terme zweiter Ordnung in den Winkeln, so gilt diese Vertauschbarkeit nicht mehr.

Zum Beweis[7] betrachten wir die Drehungen $R_1(\theta_1)$ und $R_2(\theta_2)$ um die 1-Achse bzw. die 2-Achse mit den Winkeln $\boldsymbol{\theta}_1$ bzw. $\boldsymbol{\theta}_2$ und untersuchen die Produkte

$$R_2(\theta_2)\,R_1(\theta_1) \quad \text{und} \quad R_1(\theta_1)\,R_2(\theta_2)$$

mit Hilfe der Abbildung 3.6.[8] Vor der Drehung sei ein Vektor $a := \overrightarrow{OP}$ gegeben, der in die Richtung der 2-Achse zeigt und die Länge 1 habe, also mit dem Einheitsvektor der 2-Achse identisch ist:

---

[7]Der ungeduldige Leser kann diesen länglichen Beweis überschlagen und gleich zu den „endlichen Drehungen" auf Seite 106 übergehen.

[8]Die Größen der Vektoren in diesem Bild sind sehr verzerrt dargestellt, um das Wesentliche deutlich zu machen. Die Strecke $\overrightarrow{PP'}$ ist als infinitesimale Größe um mehr als eine Größenordnung kleiner als a.

$$a = e_2$$

Wir wenden die beiden Produkte nach einander auf diesen Vektor an.

- Auswertung von $R_2(\theta_2)R_1(\theta_1)$:
  Um den Vektor $R_2(\theta_2)R_1(\theta_1)a$ zu erzeugen, führen wir zunächst eine Drehung um die 1-Achse aus mit dem Winkel θ_1 und erhalten den Vektor

  $$\overrightarrow{OP'} = R_1(\theta_1)a$$

  Danach drehen wir $\overrightarrow{OP'}$ mit dem Winkel θ_2 um die 2-Achse. Das Resultat ist der Vektor

  $$\overrightarrow{OP''} = R_2(\theta_2)\overrightarrow{OP'} = R_2(\theta_2)R_1(\theta_1)a \tag{3.2.37}$$

- Auswertung von $R_1(\theta_1)R_2(\theta_2)$:
  Für $R_1(\theta_1)R_2(\theta_2)a$ führen wir zuerst die Drehung um die 2-Achse durch. Da aber der Vektor a nur eine 2-Komponente besitzt, hat diese Drehung keine Wirkung

  $$R_2(\theta_2)a = a$$

Drehen wir nun um die 1-Achse, so erhalten wir wieder den Vektor $\overrightarrow{OP'}$

$$R_1(\theta_1)R_2(\theta_2)a = R_1(\theta_1)a = \overrightarrow{OP'} \tag{3.2.38}$$

Aus (3.2.37) und (3.2.38) folgt

$$\begin{aligned}
[R_2(\theta_2), R_1(\theta_1)]a &= \overrightarrow{OP''} - \overrightarrow{OP'} \\
&= \overrightarrow{P'P''}
\end{aligned} \tag{3.2.39}$$

Die unterschiedliche Reihenfolge der Drehungen ergibt somit den nicht verschwindenden Vektor $\overrightarrow{P'P''}$, womit ihre Nichtvertauschbarkeit grundsätzlich erwiesen ist.

Um die Kommutatorrelation zwischen D_1 und D_2 auch quantitativ zu erhalten, müssen wir $\overrightarrow{P'P''}$ berechnen, vgl. dazu die Abbildung 3.7. Dies ist ein Vektor, dessen Länge von 2. Ordnung in den Drehwinkeln ist. Zunächst hat der Vektor $\overrightarrow{PP'}$ die Länge

$$|\overrightarrow{PP'}| = \theta_1$$

denn der Punkt P' ist aus dem Punkt P durch Drehung des Einheitsvektors um den infinitesimalen Winkel θ_1 entstanden. Der Punkt P'' entsteht andererseits aus P' durch Drehung des Vektors $\overrightarrow{PP'}$ um die 2-Achse mit dem Winkel θ_2. Daher wird die Länge des Vektors $\overrightarrow{P'P''}$ durch das Produkt

$$|\overrightarrow{P'P''}| = |\overrightarrow{PP'}|\theta_2 = \theta_1\theta_2$$

gegeben. Diesen Vektor kann man aber auch durch eine Drehung um die 3-Achse erzeugen. Dazu führt man wie in den Abbildungen die Projektion

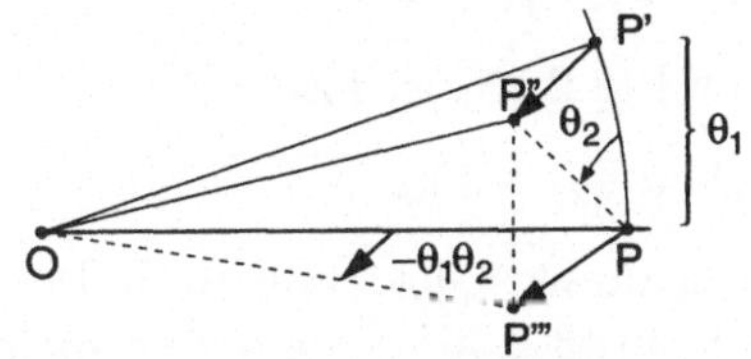

Abb. 3.7. Begründung von $[L_1, L_2] = i\,L_3$

$\overrightarrow{PP'''}$ des Vektors $\overrightarrow{P'P''}$ auf die 1-2-Ebene ein, wobei P' auf P und P'' auf P''' abgebildet wird. Es gilt im Rahmen der betrachteten Näherung

$$\overrightarrow{P'P''} = \overrightarrow{PP'''} \tag{3.2.40}$$

und damit

$$|\overrightarrow{PP'''}| = \theta_1\theta_2 \tag{3.2.41}$$

Der Punkt P''' läßt sich schließlich aus dem Punkt P durch eine Drehung um die 3-Achse erzeugen und es gilt für $\overrightarrow{OP'''}$

$$\overrightarrow{OP'''} = R_3(\theta_3)a \tag{3.2.42}$$

Demnach hat $\overrightarrow{PP'''}$ die Länge

$$|\overrightarrow{PP'''}| = \theta_3 \tag{3.2.43}$$

Wegen (3.2.41) folgt somit

$$\theta_3 = -\theta_1\theta_2 \tag{3.2.44}$$

(Die Überführung von Vektor a in den Vektor $\overrightarrow{OP'''}$ um den Winkel θ_3 ist eine Drehung im mathematisch negativen Sinne. Daher das negative Vorzeichen!).

Fassen wir die Ergebnisse (3.2.40) bis (3.2.44) zusammen, so erhalten wir

$$\overrightarrow{P'P''} \;=\; \overrightarrow{PP'''} = \overrightarrow{OP'''} - \overrightarrow{OP}$$

$$= R_3(-\theta_1\theta_2)\boldsymbol{a} - \boldsymbol{a}. \qquad (3.2.45)$$

Das Ergebnis aus (3.2.39) und (3.2.45) ist also

$$[R_2(\theta_2), R_1(\theta_1)]\boldsymbol{a} = (R_3(-\theta_1\theta_2) - 1)\boldsymbol{a} \qquad (3.2.46)$$

Entwickelt man beide Seiten dieser Gleichung nach Potenzen der Winkel,
so werden – nach der Definition (3.2.26) – die ersten nicht verschwindenden
Terme durch

$$(-i)^2\theta_1\theta_2[D_2, D_1]\boldsymbol{a} = (+i)\theta_1\theta_2 D_3\boldsymbol{a}$$

gegeben. Beide Seiten sind von der gleichen quadratischen Ordnung $\theta_1\theta_2$ in
den Winkeln und wir erhalten die Kommutatorrelation

$$[D_1, D_2] = iD_3$$

die wir jetzt geometrisch begründet haben.

Erzeugung endlicher Drehungen

Bisher wurden nur infinitesimale Drehungen betrachtet. Den Übergang zu
Drehungen um einen endlichen Winkel kann man nach dem allgemeinen
Verfahren von Kapitel 3 aus Band 1 durchführen. Wir wiederholen die we-
sentlichen Schritte: Wir betrachten eine feste Drehachse und stellen den
Drehwinkel θ als Summe „sehr vieler, sehr kleiner" Winkel dar

$$\theta = N\,\frac{\theta}{N} = \frac{\theta}{N} + \frac{\theta}{N} + \ldots + \frac{\theta}{N}$$

Die Drehung um θ kann man somit durch N Drehungen um den Winkel θ/N
erzeugen, in Formeln gilt

$$R(\theta) = R\left(\frac{\theta}{N} + \frac{\theta}{N} + \ldots + \frac{\theta}{N}\right) = R^N\left(\frac{\theta}{N}\right).$$

Für genügend große N kann die Näherung

$$R\left(\frac{\theta}{N}\right) = \left(1 - iD\left(\frac{\theta}{N}\right)\right) \quad \text{mit } D = \boldsymbol{n} \cdot \boldsymbol{D}$$

angewendet werden und man erhält

$$R(\theta) = \lim_{N\to\infty} R^N\left(\frac{\theta}{N}\right)$$

$$= \lim_{N\to\infty} \left(1 - iD\,\frac{\theta}{N}\right)^N \qquad (3.2.47)$$

Da die Exponentialfunktion die Darstellung

$$\lim_{n \to \infty} \left(1 + \frac{a}{n}\right)^n = e^a$$

hat, ergibt sich schließlich die folgende wichtige **Formel für endliche Drehungen**

$$\boxed{R(\boldsymbol{\theta}) = e^{-i\boldsymbol{\theta} \cdot \boldsymbol{D}}} \tag{3.2.48}$$

Diese Exponentialform wird für allgemeine Überlegungen immer wieder verwendet werden. Zur konkreten Beschreibung einer Drehung um einen endlichen Winkel ist sie weniger geeignet. Man kann sie aber durch Entwicklung der e−Funktion in eine praktische Form bringen. Dazu führen wir die folgende antisymmetrische Matrix

$$N = i\boldsymbol{n} \cdot \boldsymbol{D} = \begin{pmatrix} 0 & n_3 & -n_2 \\ -n_3 & 0 & n_1 \\ n_2 & -n_1 & 0 \end{pmatrix} \tag{3.2.49}$$

ein, wobei $\boldsymbol{n}$ der in (3.2.11) verwendete Einheitsvektor ist. Man kann nachrechnen, daß

$$N^3 = -N \tag{3.2.50}$$

gilt. Damit kann man die Exponentialreihe auswerten und erhält

$$R_{\boldsymbol{n}}(\theta) = 1 + N \sin\theta + N^2(1 - \cos\theta) \tag{3.2.51}$$

Wendet man diese Matrixgleichung auf den Vektor $\boldsymbol{r}$ an, so folgt

$$R_{\boldsymbol{n}}(\theta)\boldsymbol{r} = \boldsymbol{r}\cos\theta + \boldsymbol{n}(\boldsymbol{n} \cdot \boldsymbol{r})(1 - \cos\theta) + \boldsymbol{n} \times \boldsymbol{r}\sin\theta$$

Aus dieser Formel ist ersichtlich, daß $R_{\boldsymbol{n}}(\theta)$ tatsächlich den Vektor $\boldsymbol{n}$ als Drehachse besitzt, daß also $\boldsymbol{n}$ invariant ist

$$R_{\boldsymbol{n}}(\theta)\boldsymbol{n} = \boldsymbol{n}$$

Geometrisch wird die Formel durch die Abbildung 3.1 illustriert.

3.3 Allgemeine Definition des Drehimpulsoperators

Die bisherigen Überlegungen haben sich auf die Eigenschaften der Drehgruppe selbst bezogen und gelten für sämtliche physikalischen Theorien, die den isotropen 3-dimensionalen Raum zugrundelegen. Sie haben etwa ihre Anwendung in der klassischen Theorie des starren Körpers.[9] Jetzt müssen wir den Bezug zur Quantenmechanik herstellen und die Konsequenzen für die Quantentheorie des Drehimpulses ausarbeiten.

---

[9]Dies wird in dem schon zitierten Lehrbuch von H.Goldstein, Klassische Mechanik besonders deutlich.

Ausgangspunkt dafür ist das im Abschnitt 1.2 dargestellte Wignersche Theorem. Danach werden kontinuierlichen Symmetrietransformationen – somit auch den Drehungen R – unitäre Operatoren $U(R)$ im Hilbertraum der physikalischen Zustände zugeordnet.

$$R \longmapsto U(R) \tag{3.3.1}$$

Die Eigenschaften der Drehgruppe müssen sich auf die zugeordneten Transformationen $U(R)$ übertragen. Die Wirkung von zwei nacheinander ausgeführten Drehungen R_1 und R_2 muß sich im Produkt der entsprechenden unitären Operatoren wiederfinden. Formal bedeutet dies: Die Abbildung (3.3.1) muß die Bedingung

$$R_1 R_2 \longmapsto U(R_1 R_2) = U(R_1) U(R_2) \tag{3.3.2}$$

erfüllen. Diese Forderung garantiert speziell die Relationen

$$U(\mathbf{1}) = \mathbf{1} \tag{3.3.3}$$
$$U(R^{-1}) = U^{-1}(R) \tag{3.3.4}$$

Im mathematischen Sprachgebrauch bedeutet dies: Die Gruppe $SO(3)$ wird auf die Menge der zugeordneten $U(R)$ **homomorph** abgebildet. Diese Bezeichnung weist darauf hin, daß die algebraischen Eigenschaften der R und der $U(R)$ gleich sind. Im Unterschied zu dem verwandten Begriff der **Isomorphie** braucht die Abbildung nicht umkehrbar eindeutig zu sein. Verschiedenen Drehungen können die gleichen unitären Operatoren zugeordnet sein. Man sagt

Die Menge aller $U(R)$ bildet eine **Darstellung der Gruppe** $SO(3)$ im Hilbertraum der Zustände.

Über R hängt $U(R)$ von dem Drehvektor $\boldsymbol{\theta}$ ab. Wir schreiben abkürzend

$$U(\boldsymbol{\theta}) := U(R(\boldsymbol{\theta})) \tag{3.3.5}$$

Unser Ziel ist die Darstellung der Generatoren der Drehgruppe im Hilbertraum der Zustände. Für ihre Definition entwickeln wir $U(\boldsymbol{\theta})$ für kleine $\boldsymbol{\theta}$

$$U(\boldsymbol{\theta}) = \mathbf{1} - i\boldsymbol{\theta} \cdot \boldsymbol{J} + O(\theta^2) \tag{3.3.6}$$

Die drei in $\boldsymbol{J}$ zusammengefaßten Operatoren sind die infinitesimalen Generatoren der durch die $U(\boldsymbol{\theta})$ definierten Gruppe. Dafür kann man auch kurz schreiben

$$\boldsymbol{J} = \begin{pmatrix} J_1 \\ J_2 \\ J_3 \end{pmatrix} := i \left. \frac{\partial U(\boldsymbol{\theta})}{\partial \boldsymbol{\theta}} \right|_{\boldsymbol{\theta}=0} \tag{3.3.7}$$

Da $U(\theta)$ unitär ist, muß $\boldsymbol{J}$ hermitesch sein.

$$\boldsymbol{J}^{\dagger} = \boldsymbol{J} \tag{3.3.8}$$

Die für uns wichtigste Konsequenz aus der Darstellungseigenschaft (3.3.2) ist, daß die Darsteller der Generatoren den gleichen Vertauschungsrelationen genügen müssen wie die Generatoren selbst. Für die J-Operatoren gelten somit die gleichen Kommutatorgesetze wie für die D-Matrizen, z.B.

$$[J_1, J_2] = iJ_3 \qquad\qquad (3.3.9)$$

Wegen der grundsätzlichen Bedeutung dieser Folgerung begründen wir sie ausführlich

Beweis von (3.3.9) :

$$R(\boldsymbol{\theta}_1) \quad \longmapsto \quad U(R(\boldsymbol{\theta}_1))$$
$$R(\boldsymbol{\theta}_2) \quad \longmapsto \quad U(R(\boldsymbol{\theta}_2))$$

Nach (3.3.2) folgt

$$[R(\boldsymbol{\theta}_1), R(\boldsymbol{\theta}_2)] \quad \longmapsto \quad [U(R(\boldsymbol{\theta}_1)), U(R(\boldsymbol{\theta}_2))] \qquad (3.3.10)$$

Wählt man nun für $R(\boldsymbol{\theta}_1)$ speziell eine Drehung um die 1-Achse mit infinitesimalem Winkel θ_1 und für $R(\boldsymbol{\theta}_2)$ eine Drehung um die 2-Achse mit infinitesimalem Winkel θ_2 so erhält man

$$[\mathbf{1} - i\theta_1 D_1, \mathbf{1} - i\theta_2 D_2] \quad \longmapsto \quad [\mathbf{1} - i\theta_1 J_1, \mathbf{1} - i\theta_2 J_2]$$

Da der $\mathbf{1}$-Operator mit allem vertauscht, folgt daß wie bei den Rechnungen im letzten Abschnitt erst die quadratischen Terme einen Beitrag geben

$$(-i)^2 \theta_1 \theta_2 [D_1, D_2] \quad \longmapsto \quad (-i)^2 \theta_1 \theta_2 [J_1, J_2]$$

also

$$[D_1, D_2] \quad \longmapsto \quad [J_1, J_2] \qquad\qquad (3.3.11)$$

Andererseits gilt für eine infinitesimale Drehung um die 3-Achse

$$(\mathbf{1} - i\theta_3 D_3) \quad \longmapsto \quad (\mathbf{1} - i\theta_3 J_3)$$

bzw.

$$D_3 \quad \longmapsto \quad J_3$$

Wir erhalten also zwei Korrespondenzen

$$[D_1, D_2] \quad \longmapsto \quad [J_1, J_2]$$
$$D_3 \quad \longmapsto \quad J_3$$

Da aber

$$[D_1, D_2] = iD_3$$

folgt auch

$$[J_1, J_2] = iJ_3$$

wie in (3.3.9) behauptet.

Wie schon angekündigt definieren wir jetzt allgemein die **quantenme-chanischen Drehimpulsoperatoren** mit Hilfe der infinitesimalen Dreh-Generatoren im Hilbertraum durch

$$\text{Drehimpulsoperator} := \hbar \boldsymbol{J} \tag{3.3.12}$$

Zu Beginn dieses Kapitels haben wir in (3.1.2) den Operator

$$\boldsymbol{Q} \times \boldsymbol{P} = \hbar \boldsymbol{L}$$

definiert und bemerkt, daß er Vertauschungsrelationen der Form (3.3.9) genügt. In Abschnitt 3.5 werden wir überdies beweisen, daß $\boldsymbol{L}$ eine spezielle Form eines Generators ist, in der die für ihn eingeführte Bezeichnung **Bahndrehimpuls (orbital angular momentum)** explizit zum Ausdruck kommt. Im Unterschied dazu reservieren wir die Bezeichnung $\boldsymbol{J}$ für den **allgemeinen Drehimpuls.** (Wie wir später sehen werden, setzt sich der allgemeine Drehimpuls aus dem Bahndrehimpuls $\boldsymbol{L}$ und dem Spin $\boldsymbol{S}$ additiv zusammen.)

Wegen der Homomorphie können wir den Kommutator (3.3.9) analog zu (3.2.35) verallgemeinern

$$[J_k, J_l] = i\varepsilon_{klm} J_m \tag{3.3.13}$$

bzw. in vektorieller Kurzform

$$\boldsymbol{J} \times \boldsymbol{J} = i\boldsymbol{J} \tag{3.3.14}$$

Den Übergang von (3.3.6) zu einer endlichen Drehung können wir entsprechend zu (3.2.47) und (3.2.48) durchführen

$$U(\boldsymbol{\theta}) = e^{-i\boldsymbol{\theta}\cdot\boldsymbol{J}} \tag{3.3.15}$$

Aus den Vertauschungsrelationen (3.3.13) folgt nach allgemeinen Regeln der Quantenmechanik, daß die verschiedenen Komponenten des Drehimpulses nicht gleichzeitig meßbar sind. Um die Eigenschaften des Drehimpulses genauer zu studieren, empfiehlt es sich, das Verhalten allgemeiner Observabler unter Drehungen auszuwerten. Dabei werden wir uns zunächst auf vektorartige und skalare Größen beschränken. Allgemeine Tensoren werden wir im Abschnitt 5.3 behandeln.

3.3.1 Verhalten von Vektor-Observablen unter Drehungen

[10] Nach Abschnitt 1.2 werden physikalische Observable durch Symmetrieoperationen allgemein einer Ähnlichkeitstransformation unterworfen

$$U^{-1}(\boldsymbol{\theta}) A U(\boldsymbol{\theta}) = A' \tag{3.3.16}$$

Zunächst betrachten wir speziell Vektoroperatoren $\boldsymbol{V}$, die sich unter Drehungen analog zum Ortsvektor $\boldsymbol{r}$ verhalten, also gemäß (3.2.2)

---

[10]Beim ersten Lesen kann man diesen Unterabschnitt überschlagen und gleich zur Seite 108 übergehen.

$$V' = R(\boldsymbol{\theta})\,V \tag{3.3.17}$$

Dies bedeutet

$$U^{-1}(\boldsymbol{\theta})\,V\,U(\boldsymbol{\theta}) = R(\boldsymbol{\theta})\,V \tag{3.3.18}$$

oder in Komponenten geschrieben, vgl. (3.2.4)

$$V'_j = U^{-1}(\boldsymbol{\theta})V_j\,U(\boldsymbol{\theta}) = \sum_k R_{jk}(\boldsymbol{\theta})\,V_k = \sum_k V_k\,R_{jk}^{-1}(\boldsymbol{\theta}) \tag{3.3.19}$$

Aus diesen allgemeinen, längst bekannten Regeln, erhalten wir neuartige Transformationsformeln, die für die Quantenmechanik eine zentrale Rolle spielen, wenn wir zu infinitesimalen Drehungen übergehen

$$\begin{aligned} U^{-1}(\boldsymbol{\theta})\,V\,U(\boldsymbol{\theta}) &= (1 + i\boldsymbol{\theta}\boldsymbol{J})\,V\,(1 - i\boldsymbol{\theta}\boldsymbol{J}) \\ &= V + i[(\boldsymbol{\theta}\cdot\boldsymbol{J}),V] + O(\boldsymbol{\theta}^2) \end{aligned}$$

Nach (3.2.33) gilt andererseits

$$R(\boldsymbol{\theta})V = V + (\boldsymbol{\theta}\times V) + O(\boldsymbol{\theta}^2).$$

Es ergibt sich

$$[(\boldsymbol{\theta}\cdot\boldsymbol{J}),V] = (-i)\boldsymbol{\theta}\times V \tag{3.3.20}$$

bzw. in Komponenten

$$\theta_k[J_k,V_l] = (-i)\varepsilon_{lkm}\theta_k V_m$$

Da diese Beziehung für alle Drehwinkel θ_k gelten muß, erhalten wir

$$[J_k,V_l] = i\varepsilon_{klm}V_m \tag{3.3.21}$$

(Beachte: Beim Übergang zur letzten Gleichung haben wir beim ε_{klm}-Tensor zwei Indizes vertauscht.)

(3.3.21) ist eine Folge allein des Vektorcharakters von V, daher gelten diese Vertauschungsrelationen für jeden beliebigen Vektoroperator, insbesondere für Q, P und L. Umgekehrt kann man auch von (3.3.21) auf (3.3.20) bzw. (3.3.18) schließen. Es gilt somit folgendes Kriterium:

> Drei Operatoren V_1, V_2, V_3 bilden einen Vektoroperator V genau dann, wenn sie die Vertauschungsrelation (3.3.21) erfüllen.

Auch der Drehimpuls J selbst ist ein Vektoroperator. Dies drückt sich formal darin aus, daß (3.3.21) in die Vertauschungsrelationen der einzelnen Drehimpulskomponenten untereinander (3.3.13) übergeht, wenn man V durch J ersetzt. Man kann sich also merken: die Regel (3.3.21) ist eine Verallgemeinerung der Vertauschungsrelationen für den Drehimpuls. Dem entsprechend kann man sie auch in der Form

$$\boldsymbol{J}\times V = i\,V \tag{3.3.22}$$

schreiben.

3.3.2 Verhalten von skalaren Observablen unter Drehungen

Nach Definition ändert sich eine skalare Größe S unter einer Drehung nicht; sie ist invariant unter räumlichen Drehungen

$$U^{-1}(\boldsymbol{\theta})\,S\,U(\boldsymbol{\theta}) = S \qquad (3.3.23)$$

Beidseitige Multiplikation von links mit $U(\boldsymbol{\theta})$ ergibt

$$S\,U(\boldsymbol{\theta}) = U(\boldsymbol{\theta})\,S$$

oder

$$[U(\boldsymbol{\theta}), S] = 0 \qquad (3.3.24)$$

Für eine infinitesimale Drehung um die k-Achse folgt

$$[\mathbf{1} - i\theta\,J_k, S] = 0$$

Da diese Gleichung wieder für alle infinitesimalen Winkel gelten soll, erhält man

$$[J_k, S] = 0 \qquad (3.3.25)$$

Der Drehimpulsoperator kommutiert also mit jedem skalaren Operator.

Daraus kann man ohne Rechnung einfache, aber wichtige Schlüsse ziehen: Da die Operatoren $\boldsymbol{Q}$ und $\boldsymbol{P}$ Vektoren sind, sind $\boldsymbol{Q}^2$ und $\boldsymbol{P}^2$ skalare Operatoren. Daher sind sie mit $\boldsymbol{J}$ vertauschbar

$$[J_k, \boldsymbol{Q}^2] = 0 \qquad (3.3.26)$$
$$[J_k, \boldsymbol{P}^2] = 0 \qquad (3.3.27)$$

Sofern im Hamiltonoperator keine spezielle Richtung ausgezeichnet ist, ist auch H ein skalarer Operator, und es gilt

$$[J_k, H] = 0 \qquad (3.3.28)$$

H ist – wegen $H = \frac{1}{2m}\,P^2 + V$ – ein Skalar, wenn das Potential V drehinvariant ist. Abschnitt 4.1 beschäftigt sich speziell mit den Folgerungen daraus.

Wie wir gezeigt haben, ist $\boldsymbol{J}$ ein Vektoroperator. Demnach ist $\boldsymbol{J}^2$ ein skalarer Operator und es gilt

$$[J_k, \boldsymbol{J}^2] = 0 \qquad (3.3.29)$$

Jede Komponente des Drehimpulses kommutiert also mit dem Quadrat des Drehimpulses. Man kann diese Kommutatorrelation auch rechnerisch aus (3.3.13) ableiten:

$$[J_k, \boldsymbol{J}^2] = \sum_l [J_k, J_l J_l]$$

$$= \sum_l ([J_k, J_l] J_l + J_l [J_k, J_l])$$

$$= \sum_{ml} (i\varepsilon_{klm} J_m J_l + i\varepsilon_{klm} J_l J_m)$$

$$= \sum_{ml} i\varepsilon_{klm} (J_m J_l + J_l J_m) = 0$$

Der letzte Ausdruck verschwindet, weil die Überschiebung eines symmetrischen mit einem antisymmetrischen Tensor verschwindet. (Der ε_{klm}-Tensor ist total antisymmetrisch und $(J_m J_l + J_l J_m)$ ist offensichtlich symmetrisch). Aus (3.3.24) folgt

$$[U(\theta), \boldsymbol{J}^2] = 0$$

d.h., $\boldsymbol{J}^2$ kommutiert mit allen Drehoperatoren. Diese Eigenschaft gibt Anlaß an die folgende Definition zu erinnern[11]

> Eine Funktion $f(J_k)$ der Generatoren einer Gruppe, die mit allen Gruppenelementen vertauscht, heißt **Casimir-Operator**.

In unserem Falle erfüllt $\boldsymbol{J}^2$ die Bedingung der Definition. Man kann zeigen, daß für die Drehgruppe jeder andere Casimir-Operator eine Funktion von $\boldsymbol{J}^2$ ist: $f(\boldsymbol{J}^2)$.[12] Daher sagt man auch

> $\boldsymbol{J}^2$ ist der Casimir-Operator der Drehgruppe.

Die besondere Rolle der Casimiroperatoren für die Quanteneigenschaften des Drehimpulses werden wir im nächsten Abschnitt illustrieren.

Zu dem hier verwendeten Sprachgebrauch sei auf folgendes hingewiesen:

Man muß zwischen der räumlichen Drehgruppe $SO(3)$ selbst und deren Darstellungen unterscheiden. Bezüglich $SO(3)$ selbst sind die Größen D_1, D_2, D_3 aus (3.2.29) bis (3.2.31) die Erzeugenden. Daher ist

$$\boldsymbol{D}^2 = D_1^2 + D_2^2 + D_3^2$$

der Casimir-Operator der Drehgruppe. In jedem Hilbertraum von physikalischen Zuständen, für die räumliche Drehungen definiert sind, gibt es Operatoren J_k, die die D_k's darstellen. Die J_k's erzeugen eine Lie-Gruppe von (unitären) Operatoren. Bezüglich dieser Lie-Gruppe stellt $\boldsymbol{J}^2$ den Casimir-Operator dar.

---

[11]Vgl. Band 1, Abschnitt 3.12

[12]Beweis: $[f(J_1, J_2, J_3), J_k] = 0$, $k = 1, 2, 3 \Leftrightarrow f$ ist eine drehinvariante Funktion von $\boldsymbol{J} \Rightarrow f(J_1, \ldots) = F(\boldsymbol{J}^2)$, da $\boldsymbol{J}^2$ die einzige drehinvariante Größe ist, die man aus $\boldsymbol{J}$ konstruieren kann.

3.4 Allgemeine Lösung des Eigenwertproblems für den Drehimpuls

Die Meßwerte einer Observablen werden durch ihre Eigenwerte gegeben. Um die möglichen quantenphysikalischen Werte des Drehimpulses zu bestimmen, müssen wir daher die Eigenwerte von $\boldsymbol{J}$ berechnen. Ähnlich wie im Kapitel 3, Abschnitt 3.9 des ersten Bandes für Ort und Impuls gelingt dies allein aufgrund der Vertauschungsrelationen. Da die verschiedenen Komponenten von $\boldsymbol{J}$ nicht vertauschen, müssen wir zunächst das Eigenwertproblem genau formulieren.

3.4.1 Formulierung des Eigenwertproblems

Wir suchen Eigenwerte und Eigenvektoren der Operatoren

$$J_1, J_2, J_3$$

wobei wir zunächst andere Operatoren, wie Energie und Impuls nicht betrachten. Da die Komponenten des allgemeinen Drehimpuls nicht kommutieren, existieren — bis auf Ausnahmefälle — keine simultanen Eigenvektoren dieser drei Operatoren. Daher scheint man sich auf den ersten Blick darauf beschränken zu müssen, das Eigenwertproblem nur für einen der drei Operatoren, z.B. J_3 zu lösen. Wegen der Existenz des Casimir-Operators $\boldsymbol{J}^2$ würde eine solche Beschränkung zu unvollständigen Ergebnissen führen: Da $\boldsymbol{J}^2$ mit allen drei J_k kommutiert, gilt

$$[\boldsymbol{J}^2, J_3] = 0$$

und es existieren simultane Eigenvektoren von $\boldsymbol{J}^2$ und J_3. Wir bezeichnen sie vorläufig mit $|\,a, m\rangle$, so daß gilt

$$\boldsymbol{J}^2 \,|\,a, m\rangle = a\,|\,a, m\rangle \tag{3.4.1}$$

$$J_3 \,|\,a, m\rangle = m\,|\,a, m\rangle \tag{3.4.2}$$

Da es neben $\boldsymbol{J}^2$ — und den Funktionen von $\boldsymbol{J}^2$ — keine weiteren Operatoren, die Funktionen von J_1, J_2 und J_3 sind, gibt, die mit J_3 vertauschen, bilden

$$\boldsymbol{J}^2 \quad \text{und} \quad J_3$$

ein vollständiges System vertauschbarer Operatoren. Wir betonen noch einmal, daß dies nur der Fall ist, weil wir uns in diesem Abschnitt allein auf die Drehimpulsoperatoren beschränken. Wegen dieser Vollständigkeit sind die Eigenvektoren bis auf Phasenfaktoren eindeutig festgelegt, wenn wir noch durch

$$\langle a', m' \,|\, a, m\rangle = \delta_{a'a}\delta_{m'm} \tag{3.4.3}$$

eine Normierung einführen. Für $a' \neq a$ bzw. $m' \neq m$ müssen die Skalarprodukte verschwinden, da Eigenzustände von hermiteschen Operatoren zu verschiedenen Eigenwerten orthogonal sind.

Die Eigenwerte a und m sind zunächst beliebige reelle Zahlen. Da a aber ein Eigenwert des „Quadrates" $\boldsymbol{J}^2$ ist, muß es eine positive Zahl sein

$$a \geq 0 \qquad (3.4.4)$$

Formal folgt dies, wenn man im Erwartungswert

$$a = \langle a, m \,|\, \boldsymbol{J}^2 \,|\, a, m \rangle$$

die Hermitezität von $\boldsymbol{J}$ verwendet

$$a = \langle \boldsymbol{J}a,\, m | \boldsymbol{J} \,|\, a, m \rangle = ||\boldsymbol{J}|a,\, m\rangle||^2 \geq 0$$

Daher könnte man $a = j^2$ mit reellem j setzen. Die weitere Rechnung wird aber zeigen, daß die Ergebnisse übersichtlicher werden, wenn man setzt

$$a = j(j+1) \quad \text{mit } j \geq 0 \qquad (3.4.5)$$

Dies ist immer möglich, denn betrachtet man (3.4.5) als quadratische Gleichung für j, so findet man die Wurzeln

$$j_1 = -\frac{1}{2} + \sqrt{\frac{1}{4} + a} \quad \text{und} \quad j_2 = -\frac{1}{2} - \sqrt{\frac{1}{4} + a}$$

Wählt man jetzt die erste Lösung j_1, so sind die beiden Bedingungen aus (3.4.5) erfüllt. Damit können wir das Eigenwertproblem für den Drehimpuls wie folgt formulieren. Wir schreiben für die Eigenvektoren

$$|j, m\rangle := |a, m\rangle$$

Diese Hilbertraum Vektoren müssen gleichzeitig die Eigenwertgleichungen

$$\boldsymbol{J}^2 \,|\, j, m\rangle = j(j+1) \,|\, j, m\rangle \qquad (3.4.6)$$
$$\boldsymbol{J}_3 \,|\, j, m\rangle = m \,|\, j, m\rangle \qquad (3.4.7)$$

erfüllen.

3.4.2 Leiteroperatoren und die Eigenwerte

Zur Lösung dieses simultanen Eigenwertproblems (3.4.6)und (3.4.7) definieren wir die Operatoren

$$J_+ := J_1 + iJ_2 \qquad (3.4.8)$$
$$J_- := J_1 - iJ_2 \qquad (3.4.9)$$

die den Leiteroperatoren bei der Quantisierung des harmonischen Oszillators aus (2.1.15)

$$A \sim Q + i\,P \quad \text{und} \quad A^\dagger \sim Q - i\,P$$

nachgebildet sind. Als Casimir-Operator vertauscht $\boldsymbol{J}^2$ auch mit $J_\pm$

$$[\boldsymbol{J}^2, J_\pm] = 0 \qquad (3.4.10)$$

Für J_3 dagegen gilt

$$[J_3, J_\pm] = [J_3, J_1] \pm i[J_3, J_2]$$
$$= iJ_2 \pm J_1 = \pm J_\pm$$

also

$$[J_3, J_+] = +J_+ \tag{3.4.11}$$

und

$$[J_3, J_-] = -J_- \tag{3.4.12}$$

Relationen dieser Form traten auch in der Theorie des harmonischen Oszillators auf. Wir könnten die dortige Argumentation weitgehend übernehmen. Wegen der Bedeutung der Quantisierung des Drehimpulses führen wir die Rechnungen direkt ohne Bezug auf den harmonischen Oszillator durch. Wendet man (3.4.11) auf den Eigenzustand $|j, m\rangle$ an, so folgt

$$[J_3, J_+]|j, m\rangle = J_3 J_+ |j, m\rangle - J_+ J_3 |j, m\rangle$$
$$= J_3 \left(J_+ |j, m\rangle\right) - J_+ m |j, m\rangle = J_+ |j, m\rangle$$

Auflösen nach dem Zustand $J_3 J_+ |j, m\rangle$ ergibt

$$J_3 \left(J_+ |j, m\rangle\right) = (m + 1) \left(J_+ |j, m\rangle\right)$$

$J_+ |j, m\rangle$ ist also Eigenvektor von J_3 zu dem um 1 größeren Eigenwert $m + 1$. Daher wirkt J_+ als Aufsteige-Operator bezüglich der Eigenwerte von J_3. Andererseits läßt er j wegen (3.4.10) ungeändert, also muß wegen der vorausgesetzten Vollständigkeit von $\boldsymbol{J}^2$ und J_3 gelten

$$J_+ |j, m\rangle = \alpha_+(j, m) |j, m + 1\rangle \tag{3.4.13}$$

wobei der Faktor $\alpha_+(j, m)$ später bestimmt werden wird. Entsprechend folgt: J_- ist ein Absteige-Operator und es gilt

$$J_- |j, m\rangle = \alpha_-(j, m) |j, m - 1\rangle \tag{3.4.14}$$

Durch wiederholte Anwendung von J_+ und J_- scheint man beliebig große bzw. beliebig kleine Eigenwerte von J_3 erzeugen zu können. Aber die (triviale) Ungleichung

$$J_3^2 \leq J_1^2 + J_2^2 + J_3^2 = \boldsymbol{J}^2$$

zeigt, daß bei festem j der Eigenwert von J_3 beschränkt sein muß. Daher muß der Aufsteige- bzw. Absteige-Prozeß für bestimmte Werte von m abbrechen, d.h. die Faktoren $\alpha_\pm(j, m)$ müssen verschwinden. Wir werden zeigen, daß dies tatsächlich eintritt. Zunächst ist j auf den folgenden Bereich beschränkt

$$-j \leq m \leq j \tag{3.4.15}$$

Beweis:

Die Leiteroperatoren sind nach ihren Definitionen zueinander hermitesch konjugiert

$$(J_+)^\dagger = J_- \quad ; \quad (J_-)^\dagger = J_+ \tag{3.4.16}$$

Wegen der positiven Definitheit der Norm erhält man

$$||J_\pm \,|\, j,m\rangle||^2 = \langle j,m \,|\, J_\mp J_\pm \,|\, j,m\rangle \geq 0 \tag{3.4.17}$$

Die Produkte aus J_+ und J_- können wir umformen

$$\begin{aligned}
J_+ J_- &= (J_1 + iJ_2)(J_1 - iJ_2) \\
&= J_1^2 + J_2^2 - i[J_1, J_2] \\
&= J_1^2 + J_2^2 + J_3 \\
&= \boldsymbol{J}^2 - J_3(J_3 - 1)
\end{aligned}$$

und analog

$$J_- J_+ = \boldsymbol{J}^2 - J_3(J_3 + 1) \tag{3.4.18}$$

Durch Anwendung auf die Eigenvektoren folgt

$$J_\pm J_\mp \,|\, j,m\rangle = [j(j+1) - m(m \mp 1)] \,|\, j,m\rangle \tag{3.4.19}$$

Fassen wir (3.4.17) und (3.4.19) zusammen, so erhalten wir

$$||J_\pm \,|\, j,m\rangle||^2 = [j(j+1) - m(m \pm 1)]\langle j,m \,|\, j,m\rangle \geq 0 \tag{3.4.20}$$

Daraus folgt schließlich

$$j(j+1) \geq m(m \pm 1)$$

Für $m = +j$ und $m = -j$ werden die Grenzen dieser Ungleichung erreicht. Sonst muß m zwischen diesen Werten liegen, womit (3.4.15) bewiesen ist.

Aus (3.4.20) folgt, daß die rechten Seiten der Gleichungen verschwinden, falls m die Werte $+j$ bzw. $-j$ annimmt

$$||J_+ \,|\, j,j\rangle|| = 0 \quad \text{bzw.} \quad ||J_- \,|\, j,-j\rangle|| = 0$$

Daraus schließen wir wieder wegen der positiven Definitheit der Norm

$$J_+ \,|\, j,j\rangle = 0 \qquad \text{bzw.} \qquad J_- \,|\, j,-j\rangle = 0 \tag{3.4.21}$$

Umgekehrt ergibt sich aus (3.4.20) folgendes **Lemma**:

Aus

$$|j,m\rangle \neq 0 \quad \text{und} \quad J_+ \,|\, j,m\rangle = 0 \qquad \text{bzw.} \quad J_- \,|\, j,m\rangle = 0$$

folgt

$$m = j \quad \text{bzw.} \ m = -j.$$

Bevor wir zeigen, daß es tatsächlich Hilbertraumvektoren mit diesen Eigenschaften geben muß, leiten wir aus den gewonnenen Ergebnissen die möglichen Drehimpuls-Eigenwerte ab:

Danach muß es eine Kette von Eigenwerten m von J_3 zwischen $-j$ und $+j$ geben, die nach (3.4.13) und (3.4.14) jeweils den Abstand 1 haben

$$m = -j, -j+1, -j+2, \ldots, j-2, j-1, j$$

Die Gesamtzahl dieser Eigenwerte und der zugehörigen Zustände beträgt

$$2j+1$$

und muß eine natürliche Zahl n_0 sein

$$n_0 = 1, 2, 3, \ldots$$

Daher muß $2j+1 = n_0$ sein und j die Form

$$j = \frac{n_0 - 1}{2}$$

haben. Diese Gleichung drückt die entscheidende Quanteneigenschaft des Drehimpulses aus. Die **Drehimpulsquantenzahl** j kann nur die Werte

$$\boxed{j = 0, \tfrac{1}{2}, 1, \tfrac{3}{2}, 2, \ldots} \qquad (3.4.22)$$

haben; in Worten: Die Drehimpulsquantenzahl j darf nur ganzzahlige und halbzahlige Werte annehmen und die Meßwerte des Drehimpulsoperators $\hbar J_3$ können nur ganz- und halbzahlige Vielfache von $\hbar$ sein. Zu einem festen Wert von j gibt es die Eigenvektoren

$$\boxed{|j, -j\rangle, |j, -j+1\rangle, \ldots, |j, j-1\rangle, |j, j\rangle} \qquad (3.4.23)$$

und die Eigenwerte m von J_3 sind durch

$$\boxed{m = -j, -j+1, \ldots, j-1, j} \qquad (3.4.24)$$

gegeben. Die zugehörigen $(2j+1)$ Eigenvektoren spannen einen $(2j+1)$-dimensionalen Raum auf, den wir mit

$$\vartheta_j = \left\{ \sum_{m=-j}^{+j} a_m \, |j, m\rangle \,\Big|\, a_m \in \mathbf{C} \right\} \qquad (3.4.25)$$

bezeichnen wollen.

Es bleibt den Beweis nach zutragen, daß es die Vektoren $|j, \pm j\rangle$ tatsächlich gibt.

Dazu gehen wir von einem beliebigen Eigenvektor $|j, m\rangle$ aus und berechnen durch sukzessive Anwendung von J_- die Kette

$$J_- \, |j, m\rangle \sim |j, m - 1\rangle$$

$$(J_-)^2 \, |j, m\rangle \sim |j, m - 2\rangle$$

$$\vdots \qquad \vdots$$

$$(J_-)^n \, |j, m\rangle \sim |j, m - n\rangle$$

von Eigenvektoren, deren m-Werte eine absteigende Folge von $m - 1$ bis $m - n$ bildet. Es muß eine natürliche Zahl n_0 geben, so daß diese Kette abbricht, also

$$J_-^{\,n_0 - 1} \, |j, m\rangle \neq 0 \quad (a)$$

$$\text{und } J_-^{\,n_0} \, |j, m\rangle = 0 \quad (b)$$

gilt; denn wäre dies nicht der Fall, so könnte man durch die Wahl

$$n_0 > j - m$$

einen Widerspruch zu $m > -j$ erzeugen. Nach dem obigen Lemma folgt aus (a) und (b)

$$m - n_0 + 1 = -j$$

Der Zustand (a) gehört daher zum Eigenwert $m - (n_0 - 1) = -j$ von J_3 und wir haben die Existenz von

$$|j, -j\rangle$$

bewiesen. Man beachte, daß j immer noch eine beliebige positive reelle Zahl sein kann. Wendet man jetzt auf diesen Vektor den Aufsteige-Operator J_+ mehrfach an, so erhält man eine Kette von Vektoren mit aufsteigenden Eigenwerten von J_3

$$J_+ \, |j, -j\rangle \sim |j, -j + 1\rangle$$

$$(J_+)^2 \, |j, -j\rangle \sim |j, -j + 2\rangle$$

$$\vdots \qquad \vdots$$

$$(J_+)^n \, |j, -j\rangle \sim |j, -j + n\rangle$$

Diese Kette muß wieder abbrechen, um die Bedingung $m \leq j$ nicht zu verletzen. Es existiert daher eine natürliche Zahl n_0' mit

$$J_+^{\,n_0'} \, |j, -j\rangle = 0$$

Nach dem Lemma gehört

$$J_+^{\,n_0' - 1} \, |j, -j\rangle \neq 0$$

zum Eigenwert $+j$ also

$$-j + n_0' - 1 = +j$$

oder

$$j = \frac{n_0' - 1}{2}$$

womit die Existenz von $|j, \pm j\rangle$ bewiesen und noch einmal die Halbzahligkeit von j begründet ist.

3.4.3 Folgerungen und Beispiele

Es bleibt noch die Aufgabe, die Faktoren $\alpha_\pm(j,m)$ in den Gleichungen (3.4.13) und (3.4.14) zu bestimmen. Diese folgen aus (3.4.20) und der Normierung (3.4.3), die wir jetzt in der Form

$$\langle j',m'\,|\,j,m\rangle = \delta_{j'j}\delta_{m'm} \tag{3.4.26}$$

schreiben. Denn damit erhalten wir

$$|\alpha_\pm|^2\,\langle j,m\pm 1\,|\,j,m\pm 1\rangle = [j(j+1)-m(m\pm 1)]\langle j,m\,|\,j,m\rangle$$

also

$$\alpha_\pm{}^2 = j(j+1)-m(m\pm 1)$$

Die willkürlichen Phasen wählen wir so, daß die $\alpha_\pm$ positive reelle Zahlen sind, also

$$\alpha_\pm = +\sqrt{j(j+1)-m(m\pm 1)} \tag{3.4.27}$$

Damit lautet die vollständige Form der Wirkungsweise der Leiteroperatoren

$$\boxed{J_\pm|j,m\rangle = \sqrt{j(j+1)-m(m\pm 1)}\,|j,m\pm 1\rangle} \tag{3.4.28}$$

Um die physikalische Bedeutung dieser Ergebnisse voll zu erfassen, sind folgende Bemerkungen wichtig:

Bei den bisherigen Überlegungen haben wir immer J_3 ausgezeichnet. Im Prinzip können wir aber mit der gleichen Berechtigung und mit den gleichen Argumenten auch die Operatoren J_1 und J_2 anstelle von J_3 betrachten. Wir müssen die gleichen Ergebnisse erhalten: d.h. auch die Eigenwerte von J_1 und J_2 sind ganze bzw. halbganze Zahlen.

Man kann sogar noch allgemeiner argumentieren und eine beliebige Richtung $\boldsymbol{n}$ auszeichnen. Wir betrachten dann die Projektion von $\boldsymbol{J}$ auf diese Richtung, also $\boldsymbol{n}\cdot\boldsymbol{J}$. Es wird also J_3 durch die Komponente $\boldsymbol{n}\cdot\boldsymbol{J}$ des Drehimpulsoperators ersetzt. Auch hier müssen wir wieder die gleichen Ergebnisse erhalten. Allgemein können wir unser Resultat wie folgt formulieren (wobei wir jetzt den Faktor $\hbar$ berücksichtigen)

Die möglichen Meßwerte der Komponente des Drehimpulses $\hbar\,\boldsymbol{n}\cdot\boldsymbol{J}$ in einer beliebigen – aber fest gewählten – Richtung $\boldsymbol{n}$ sind halbe oder ganze Vielfache von $\hbar$:

$$\hbar\,m \quad \text{mit } m = 0, \pm\frac{1}{2}, \pm 1, \pm\frac{3}{2}, \ldots$$

Die Meßwerte des Absolutbetrages des Drehimpulses

$$|\hbar\boldsymbol{J}| := \hbar\sqrt{\boldsymbol{J}^2}$$

sind durch

$$\hbar\sqrt{j(j+1)} \quad \text{mit } j = 0, \frac{1}{2}, 1, \frac{3}{2}, \ldots$$

gegeben. Bei festem j kann m die Werte

$$m = -j, -j+1, \ldots, j-1, j$$

annehmen.

Dadurch erhält man bei festem j genau $(2j+1)$ orthogonale Eigenvektoren zu $\hbar\, \boldsymbol{n} \cdot \boldsymbol{J}$, die den Raum ϑ_j aufspannen.

Physikalisch wird die Richtung, hinsichtlich der der Drehimpuls quantisiert wird, durch die experimentelle Anordnung zur Messung des Drehimpulses bestimmt. Häufig benutzt man dabei ein externes makroskopisches Magnetfeld $\boldsymbol{B}$, wie etwa beim Zeeman-Effekt. Aus diesem Grunde hat man in der historischen Entwicklung m die **magnetische Quantenzahl** genannt. Heute bezeichnet man m sinnvoller als **Richtungsquantenzahl**. Bei der Analyse von Streuprozessen wird oft die Impulsrichtung als Quantisierungsrichtung verwendet. m wird dann **Helizität** genannt.

Die vorstehenden Ergebnisse sollen am **Drehimpuls $j = 1$** illustriert werden.

Die möglichen Werte für m sind

$$m = -1, 0, +1$$

Aus

$$J_3 \,|\, j, m\rangle = m \,|\, j, m\rangle$$

folgt zunächst für die Matrixelemente von J_3

$$(J_3)_{m'm} := \langle j, m' \,|\, J_3 \,|\, j, m\rangle = m \,\langle j, m' \,|\, j, m\rangle = m\,\delta_{m'm}$$

Mit Hilfe der Leiteroperatoren J_+ können wir die Matrixelemente von J_1 und J_2 bestimmen, wenn man die Umkehrung der Definitionen (3.4.8) und (3.4.9) benutzt

$$J_1 = \frac{1}{2}(J_+ + J_-); \; J_2 = \frac{1}{2i}(J_+ - J_-) \tag{3.4.29}$$

Es folgt

$$\langle 1, m' \,|\, J_1 \,|\, 1, m\rangle = \frac{1}{2}\left[\langle 1, m' \,|\, J_+ \,|\, 1, m\rangle + \langle 1, m' \,|\, J_- \,|\, 1, m\rangle\right]$$

$$= \frac{1}{2}\sqrt{2 - m(m+1)}\,\delta_{m'm+1} + \frac{1}{2}\sqrt{2 - m(m-1)}\,\delta_{m'm-1}$$

$$\langle 1, m' \,|\, J_2 \,|\, 1, m\rangle = \frac{1}{2i}\left[\langle 1, m' \,|\, J_+ \,|\, 1, m\rangle - \langle 1, m' \,|\, J_- \,|\, 1, m\rangle\right]$$

$$= \frac{1}{2i}\sqrt{2 - m(m+1)}\,\delta_{m'm+1} - \frac{1}{2i}\sqrt{2 - m(m-1)}\,\delta_{m'm-1}$$

Diese etwas kompliziert aussehenden Formeln kann man übersichtlich schreiben, wenn man die Eigenzustände $|1, m\rangle$, als Basisvektoren benutzt

$$|1, 1\rangle = \begin{pmatrix} 1 \\ 0 \\ 0 \end{pmatrix} ; |1, 0\rangle = \begin{pmatrix} 0 \\ 1 \\ 0 \end{pmatrix} ; |1, -1\rangle = \begin{pmatrix} 0 \\ 0 \\ 1 \end{pmatrix}$$

In Bezug auf diese Basis lautet J_3 in der Matrix-Schreibweise

$$J_3 = \begin{pmatrix} 1 & 0 & 0 \\ 0 & 0 & 0 \\ 0 & 0 & -1 \end{pmatrix}$$

Für J_1 und J_2 lauten die Matrizen

$$J_1 = \frac{1}{\sqrt{2}} \begin{pmatrix} 0 & 1 & 0 \\ 1 & 0 & 1 \\ 0 & 1 & 0 \end{pmatrix} ; J_2 = \frac{1}{\sqrt{2}} \begin{pmatrix} 0 & i & 0 \\ -i & 0 & -i \\ 0 & i & 0 \end{pmatrix}$$

Durch Lösen der Säkulargleichungen

$$\det(J_1 - \lambda) = 0 \quad \text{bzw,} \quad \det(J_2 - \lambda) = 0$$

kann man sich davon überzeugen, daß auch diese Matrizen die Eigenwerte

$$-1, 0, +1$$

besitzen. Außerdem besteht ein Zusammenhang der obigen Matrizen mit den Matrizen D_k, die durch (3.2.29) bis (3.2.31) definiert wurden. Führt man eine orthogonale Transformation durch, die D_3 auf Diagonalform bringt, dann werden D_1 und D_2 mit J_1 bzw. J_2 identisch.

3.4.4 Die Unschärferelationen für den Drehimpuls

Bezüglich der Eigenzustände $|j, m\rangle$ von J_3 sind die Drehimpulswerte für J_1 und J_2 nicht bestimmt. Allerdings verschwinden die Erwartungswerte

$$\langle j, m \mid J_1 \mid j, m\rangle = \langle j, m \mid J_2 \mid j, m\rangle = 0 \tag{3.4.30}$$

wenn man J_1 und J_2 nach (3.4.28) durch die Leiteroperatoren darstellt, deren Diagonalelemente verschwinden

$$\langle j, m \mid J_\pm \mid j, m\rangle \sim \langle j, m \mid j, m \pm 1\rangle = 0$$

Die Streuungen von J_1 und J_2 verschwinden hingegen nicht, wie es auch zu erwarten ist, denn andernfalls wären J_1, J_2 und J_3 simultan bestimmbar.

Es gibt zwei Möglichkeiten, dies zu zeigen.

i) Wir gehen vom allgemeinen Unschärfe-Theorem aus. Angewandt auf die Drehimpulskomponenten besagt es[13]

---

[13]In seiner allgemeinen Form lautet es

$$\Delta(A)\,\Delta(B) \geq \frac{1}{2} \langle |[A, B]| \rangle$$

vgl. Abschnitt 3.5.3 vom Band 1.

$$\Delta J_1 \, \Delta J_2 \geq |\langle j,m \,|\, \tfrac{1}{2}[J_1, J_2] \,|\, j,m \rangle|$$

$$\geq |\langle j,m \,|\, \tfrac{1}{2} i J_3 \,|\, j,m \rangle| = \frac{|m|}{2} \tag{3.4.31}$$

Diese Unschärferelation für die Drehimpulskomponenten kann nur erfüllt werden, wenn die Streuungen von J_1 und J_2 nicht verschwinden.

ii) Man kann die Streuungen von J_1 und J_2 auch direkt berechnen.

Nach Definition der Streuung gilt

$$(\Delta J_i)^2 = \langle j,m \,|\, J_i^{\,2} \,|\, j,m \rangle - (\langle j,m \,|\, J_i \,|\, j,m \rangle)^2$$

Nach (3.4.30) verschwindet der zweite Term für $i = 1,2$. Für $(J_{1,2})^2$ erhält man

$$J_1^{\,2} = \frac{1}{4} \left(J_+ + J_-\right)^2 = \frac{1}{4} \left(J_+^{\,2} + J_-^{\,2} + J_+ J_- + J_- J_+\right)$$

$$J_2^{\,2} = -\frac{1}{4} \left(J_+ - J_-\right)^2 = -\frac{1}{4} \left(J_+^{\,2} + J_-^{\,2} - J_+ J_- - J_- J_+\right)$$

J_+^2 und J_-^2 brauchen wir nicht zu berücksichtigen, da

$$\langle j,m \,|\, J_\pm^2 \,|\, j,m \rangle \sim \langle j,m \,|\, j, m \pm 2 \rangle = 0$$

Andererseits folgt aus (3.4.18)

$$J_+ J_- + J_- J_+ = 2(\boldsymbol{J}^2 - J_3^2)$$

so daß wir insgesamt erhalten

$$(\Delta J_1)^2 = (\Delta J_2)^2 = \frac{1}{2} \langle j,m \,|\, \boldsymbol{J}^2 - J_3^2 \,|\, j,m \rangle$$

$$= \frac{1}{2} \left[j(j+1 - m^2) \right]$$

Die Streuungen der „orthogonalen" Komponenten haben also den gleichen Wert

$$(\Delta J_1) = (\Delta J_2) = \sqrt{\frac{j(j+1) - m^2}{2}} \tag{3.4.32}$$

der durch Quantenzahlen j, m eindeutig festgelegt wird. Für das Produkt der Unschärfen erhält man

$$\Delta J_1 \cdot \Delta J_2 = \frac{j(j+1) - m^2}{2}$$

was wegen $j \geq m$ mit der Aussage (3.4.31) des Unschärfetheorems kompatibel ist.

Die Aussage von (3.4.32) kann man verwenden, um die Quantelung des Drehimpulses in einem halbklassischen „Vektormodell" zu veranschaulichen:

Man stelle – wie im Abbildung 3.8 – den Drehimpuls durch einen Vektor der

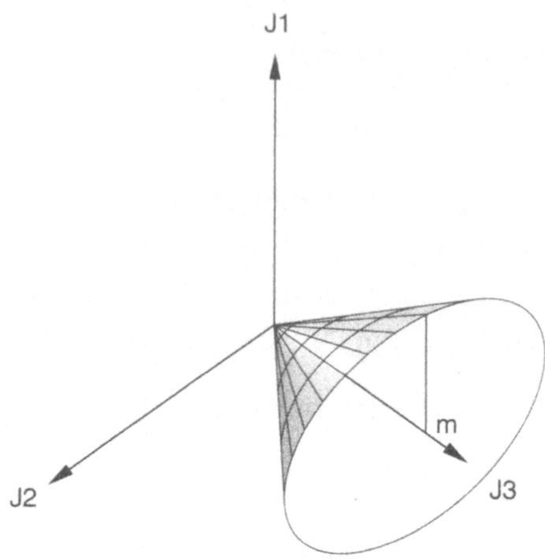

Abb. 3.8. Vektormodell für die Drehimpulsquantisierung

Länge $\sqrt{(j(j+1))}$ dar, dessen 3-Komponente den Wert m hat und der um die 3-Achse „rasch" rotiert. Dadurch wird der verschwindende Erwartungswert von J_1 und J_2 simuliert. Der rotierende Vektor formt einen Kegel, dessen Grundkreis einen Radius hat, der geometrisch – vgl. Abbildung 3.9 – durch

$$R = \sqrt{j(j+1) - m^2} = \sqrt{2}\Delta J_1 = \sqrt{2}\Delta J_2 \qquad (3.4.33)$$

gegeben wird. Bis auf den Faktor $\sqrt{2}$ (der uns bei Streuungen schon häufig begegnet ist) stimmt dieser Radius mit der Streuung von J_1 und J_2 überein.

Am Beispiel von $j = 3/2$ sei das Vektormodell vollständig illustriert. Die Spitze des klassischen Drehimpulsvektors liegt auf einer Kugel vom Radius

$$\sqrt{j(j+1)} = \sqrt{\frac{15}{4}}$$

Die 3-Komponente kann die Werte

$$m = -\frac{3}{2}, -\frac{1}{2}, +\frac{1}{2}, +\frac{3}{2}$$

annehmen. Sie legen die Kreise fest, auf denen der J-Vektor rotiert. vgl. Abbildung 3.10. Die Komponente von $\boldsymbol{J}$ in 3-Richtung hat ihren größten

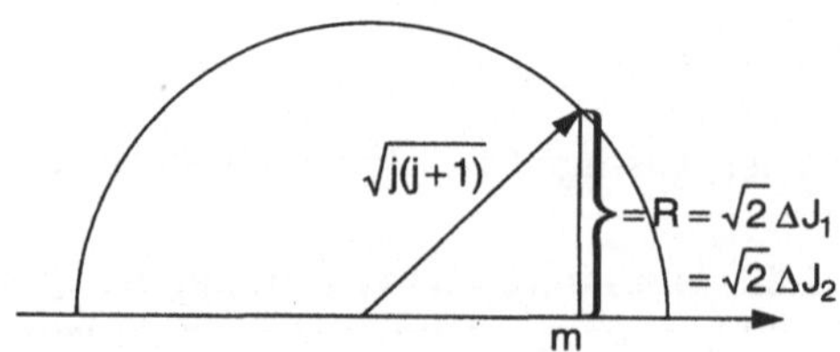

Abb. 3.9. Streuung des Drehimpulses

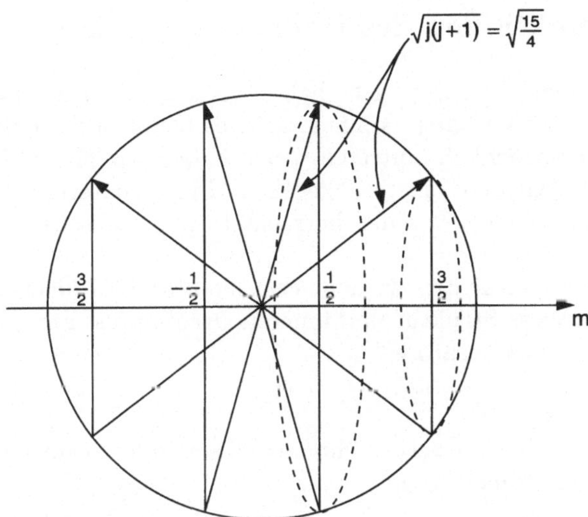

Abb. 3.10. Vollständiges Vektormodell für $j = 3/2$

Wert im Zustand $|j, j\rangle$, also für $m = j$. Trotzdem verschwinden ΔJ_1 und ΔJ_2 nicht, sondern es gilt

$$\Delta J_1 = \Delta J_2 = \sqrt{\frac{j}{2}}$$

Dieses wichtige Ergebnis läßt sich auch am Abbildung 3.10 ablesen:

Selbst für $m = j = 3/2$ zeigt der Drehimpulsoperator nicht in die 3-Richtung.

Wieder fordert dies schon das Unschärfeprinzip, denn würde J_3 exakt in die 3-Richtung zeigen, so wären $\Delta J_1 = \Delta J_2 = 0$. Damit wäre $\boldsymbol{J}$ aber eindeutig bestimmt, insbesondere auch seine Komponenten J_1 und J_2.
Der Öffnungswinkel der Kegel wird durch das Verhältnis von ΔJ_1 und der Länge von $\boldsymbol{J}$, also durch die „relative Streuung"

$$\frac{\Delta J_1}{\sqrt{(j(j+1)}} \tag{3.4.34}$$

gegeben. Für $m = j$ hat sie den Wert

$$\sqrt{\frac{1}{2(j+1}}$$

Der Öffnungswinkel strebt also mit wachsendem j gegen Null; für große Drehimpulswerte nähert man sich den klassischen Verhältnissen immer stärker an.

3.5 Eigenfunktionen des Bahndrehimpulses

Die vorstehenden Überlegungen haben gezeigt, welche Eigenwerte die Drehimpulsoperatoren haben können, aber es bleibt offen, welche Werte der Quantenzahl j tatsächlich auftreten. Auch haben wir für die Eigenzustände nur abstrakte Vektoren $|j, m\rangle$ angegeben. Für konkretere Aussagen über den Drehimpuls müssen wir das betrachtete physikalische System genauer spezifizieren.

Natürlicherweise betrachten wir zunächst ein einzelnes nicht-relativistisches Teilchen ohne innere Struktur und inneren Drehimpuls. Für ein solches Teilchen bilden die Ortsoperatoren

$$Q_1, Q_2, Q_3$$

ein vollständiges System vertauschbarer Observabler. Daher stellen die Eigenvektoren dieser Operatoren

$$|x_1, x_2, x_3\rangle \equiv |\boldsymbol{r}\rangle$$

eine vollständige Basis dar und wir können jeden Zustand des Teilchens in der Ortsdarstellung durch eine „Wellenfunktion"

$$\psi(\boldsymbol{r}) := \langle \boldsymbol{r} \, | \psi \rangle \tag{3.5.1}$$

beschreiben.

Um die Ergebnisse der vorhergehenden Abschnitte zu übertragen, müssen wir als erstes die Wirkung der Drehimpulsoperatoren $\boldsymbol{J}$ im Raum der Wellenfunktionen bestimmen. Dazu müssen wir den Effekt einer infinitesimalen Drehung auf $\psi(\boldsymbol{r})$ berechnen. Wir werden beweisen, daß eine solche Drehung durch den Bahndrehimpuls

$$\boldsymbol{L} = \frac{1}{\hbar}(\boldsymbol{Q} \times \boldsymbol{P}) = \boldsymbol{r} \times \frac{1}{i}\boldsymbol{\nabla} \tag{3.5.2}$$

erzeugt wird. Aus dem Verhalten von $\psi(\boldsymbol{r})$ unter Drehungen wird sich ferner ergeben, daß die Drehimpulsquantenzahl j nur ganzzahlige Werte annehmen kann, die wir in Zukunft mit l, und deren Eigenvektoren mit

$$|l, m\rangle$$

bezeichnen werden.

3.5.1 Drehungen in der Ortsdarstellung

Wir müssen untersuchen, wie sich $\psi(\boldsymbol{r})$ unter einer Drehung R transformiert. Dazu benötigen wir – nach der Definition (3.5.1) – die Wirkung des der Drehung zugeordneten unitären Operators auf die Ortseigenzustände

$$U(R)|\boldsymbol{r}\rangle$$

Sie wird durch das Transformationsverhalten eines Vektoroperators (3.3.18)

$$U^{-1}(R)\,\boldsymbol{Q}\,U(R) = R\,\boldsymbol{Q} \tag{3.5.3}$$

bestimmt. Auf der rechten Seite steht der mit R transformierte Ortsoperator; in Komponenten

$$(R\,\boldsymbol{Q})_j = \sum_k R_{jk}Q_k$$

Gleichung (3.5.3) kann man durch Multiplikation mit $U(R)$ auch in der Form

$$\boldsymbol{Q}\,U(R) = U(R)\,R\,\boldsymbol{Q}$$

schreiben. Daraus folgt

$$\boldsymbol{Q}\,(U(R)\,|\,\boldsymbol{r}\rangle) = U(R)\,R\,\boldsymbol{Q}|\,\boldsymbol{r}\,\rangle$$

Wegen

$$\boldsymbol{Q}|\,\boldsymbol{r}\,\rangle = \boldsymbol{r}|\,\boldsymbol{r}\,\rangle$$

ergibt sich schließlich

$$\boldsymbol{Q}\,(U(R)\,|\,\boldsymbol{r}\,\rangle) = R\,\boldsymbol{r}\,(U(R)\,|\,\boldsymbol{r}\,\rangle) \tag{3.5.4}$$

Danach gehört $U(R)\,|\,\boldsymbol{r}\,\rangle$ zum Eigenwert $R\,\boldsymbol{r}$ von $\boldsymbol{Q}$. Wir setzen die noch offenen Phasenfaktoren derart fest, daß gilt

$$U(R)\,|\,\boldsymbol{r}\,\rangle = |\,R\boldsymbol{r}\,\rangle. \tag{3.5.5}$$

Dieses Ergebnis wenden wir auf die Funktion $\psi(\boldsymbol{r})$ an. Die „gedrehte" Wellenfunktion wird definiert durch

$$\begin{aligned}
|\,\psi'\rangle &:= U(R)\,|\,\psi\rangle \\
\psi'(\boldsymbol{r}) &:= \langle\,\boldsymbol{r}\,|\,\psi'\rangle = \langle\,\boldsymbol{r}\,|\,U(R)\psi\rangle
\end{aligned} \tag{3.5.6}$$

Dafür schreibt man auch kurz

$$\psi'(\boldsymbol{r}) := U(R)\psi(\boldsymbol{r})$$

Aus (3.5.6) und (3.5.5) folgt[14]

$$\begin{aligned}
\psi'(\boldsymbol{r}) &= \langle\,\boldsymbol{r}\,|\,U(R)\,|\,\psi\rangle \\
&= \langle\,U(R)^{-1}\,|\,\boldsymbol{r}\rangle\,|\,\psi\rangle \\
&= \langle\,R^{-1}\boldsymbol{r}\,|\,\psi\rangle
\end{aligned}$$

Wir erhalten also

$$\psi'(\boldsymbol{r}) = \psi(R^{-1}\boldsymbol{r}) \tag{3.5.7}$$

---

[14]Die zweite Zeile der folgenden Gleichung sieht zwar etwas merkwürdig aus, entspricht aber den Regeln für das Skalarprodukt eines Hilbertraumes. Dies sieht man explizit, wenn man $|\varphi\rangle := |\boldsymbol{r}\rangle$ setzt. Dann lauten die ersten zwei Zeilen

$$\langle\,\varphi\,|\,U(R)\,\psi\,\rangle = \langle\,U(R)^{-1}\,\varphi|\,\psi\,\rangle$$

Die Wellenfunktion des gedrehten Zustandes kann man also dadurch erhalten, daß man die ursprüngliche Wellenfunktion in einem entgegengesetzt gedrehten Koordinatensystem betrachtet. Abbildung 3.11 veranschaulicht dieses Ergebnis.

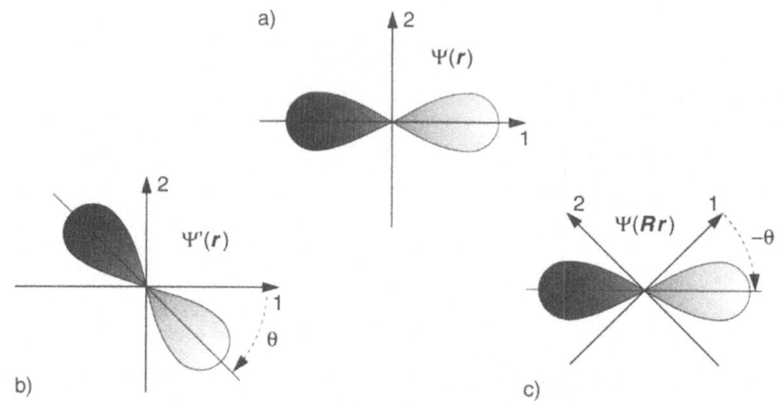

Abb. 3.11. Drehung einer Wellenfunktion

Um die Form des Drehimpulses in der Ortsdarstellung abzuleiten, wenden wir (3.5.7) auf eine infinitesimale Drehung an. Zunächst folgt aus (3.2.33)

$$\psi'(\boldsymbol{r}) = \psi(R^{-1}\boldsymbol{r}) = \psi(\boldsymbol{r} - \boldsymbol{\theta} \times \boldsymbol{r})$$

Entwickeln wir nach Taylor,[15] so erhalten wir

$$\psi'(\boldsymbol{r}) = \psi(\boldsymbol{r}) - (\boldsymbol{\theta} \times \boldsymbol{r}) \cdot \boldsymbol{\nabla}\psi(\boldsymbol{r}) \tag{3.5.8}$$

Andererseits gilt nach der allgemeinen Entwicklungsformel (vgl. 3.3.6), wenn wir $\boldsymbol{J}$ entsprechend der vereinbarten Notation durch $\boldsymbol{L}$ ersetzen

$$\psi'(\boldsymbol{r}) = (1 - i\boldsymbol{\theta} \cdot \boldsymbol{L})\psi(\boldsymbol{r})$$

Ein Vergleich beider Gleichungen führt schließlich zu der erwarteten Formel für den Bahndrehimpuls in der Ortsdarstellung

$$\boldsymbol{L}\,\psi(r) = (\boldsymbol{r} \times \frac{1}{i}\,\boldsymbol{\nabla})\psi(r) \tag{3.5.9}$$

Dieser Ausdruck ist nichts anderes als $\frac{1}{\hbar}\boldsymbol{Q} \times \boldsymbol{P}$ in der Ortsdarstellung, wo der Impulsoperator durch $\frac{\hbar}{i}\boldsymbol{\nabla}$ gegeben wird.

Eine beliebige endliche Drehung einer Wellenfunktion kann durch Übertragung der allgemeinen Exponentialformel (3.3.15) beschrieben werden:

$$U(\boldsymbol{\theta})\psi(\boldsymbol{r}) = e^{-i\boldsymbol{\theta}\boldsymbol{L}}\psi(\boldsymbol{r}) \tag{3.5.10}$$

---

[15]Man ersetze in $\psi(\boldsymbol{r} + \boldsymbol{a}) = \psi(\boldsymbol{r}) + \boldsymbol{a} \cdot \boldsymbol{\nabla}\psi(\boldsymbol{r})$ den Vektor $\boldsymbol{a}$ durch $-\boldsymbol{\theta} \times \boldsymbol{r}$.

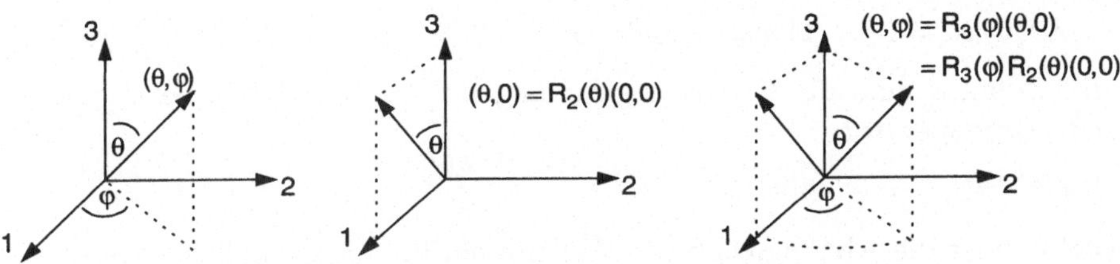

Abb. 3.12. Zur Definition der Polarkoordinaten

Mit Hilfe dieser Formel kann man die Winkelabhängigkeit von $\psi(\boldsymbol{r})$ explizit darstellen. Dazu erzeugt man den variablen Ortsvektor $\boldsymbol{r}$ aus einem fest gewählten Vektor, etwa aus dem Vektor $r\boldsymbol{e}_3$, durch eine geeignete Drehung R. ($\boldsymbol{e}_3$ bezeichnet den Einheitsvektor in der 3-Richtung)

$$\boldsymbol{r} = R\,(r\boldsymbol{e}_3)$$

Kennzeichnet man die Richtung von $\boldsymbol{r}$ durch die üblichen sphärischen Polarkoordinaten θ und φ, so kann man $\boldsymbol{r}$ – wie Abbildung 3.12 zeigt – dadurch gewinnen, daß man zunächst um die 2-Achse mit dem Winkel θ kippt und anschließend um die 3-Achse um den Winkel φ dreht, also

$$\boldsymbol{r} = R_3(\theta)R_2(\varphi)\,r\boldsymbol{e}_3$$

Für die zugehörigen unitären Transformationen im Hilbertraum muß man

$$U_3(\varphi) = e^{-iL_3\varphi} \quad ; \quad U_2(\theta) = e^{-iL_2\theta}$$

verwenden. Schreiben wir für einen Ortseigenzustand

$$|\boldsymbol{r}\rangle = |\,r,\theta,\varphi\rangle \tag{3.5.11}$$

so können wir seine Winkelabhängigkeit durch

$$|\boldsymbol{r}\rangle = e^{-iL_3\varphi}e^{-iL_2\theta}\,|\,r,0,0\rangle \tag{3.5.12}$$

ausdrücken. Für die Wellenfunktion in Polarkoordinaten

$$\psi(\boldsymbol{r}) = \psi(r,\theta,\varphi) = \langle r,\theta,\varphi\,|\,\psi\rangle \tag{3.5.13}$$

folgt damit

$$\psi(r,\theta,\varphi) = \langle r,0,0\,|e^{iL_2\theta}e^{iL_3\varphi}\,|\psi\rangle \tag{3.5.14}$$

Man beachte: Bei der letzten Gleichung haben sich die Vorzeichen und die Reihenfolge der Drehoperatoren im Vergleich zu (3.5.12) umgekehrt, da man sie vom bra-Vektor auf den ket-Vektor überwälzen muß.

Durch diese Gleichung haben wir die angekündigte explizite Form der Winkelabhängigkeit erreicht, aber nur mit Hilfe einer „exponentiellen Anwendung" von Bahndrehimpulsoperatoren auf die Wellenfunktion. In der Praxis bereitet die Auswertung der e-Funktionen Schwierigkeiten. Auswertbar ist (3.5.14) überhaupt nur für Zustände, die simultane Eigenvektoren von $\boldsymbol{L}^2$ und L_3 sind. $|\psi_{lm}\rangle$ seien solche Zustände, so daß

$$\boldsymbol{L}^2|\psi_{lm}\rangle = l\,(l+1)|\psi_{lm}\rangle \quad \text{und} \quad L_3|\psi_{lm}\rangle = m|\psi_{lm}\rangle \tag{3.5.15}$$

gilt. Benutzt man die Eigenwertgleichung für L_3 in (3.5.14), so ergibt der erste Drehoperator

$$e^{iL_3\varphi}|\psi_{lm}\rangle = e^{im\varphi}|\psi_{lm}\rangle$$

Dadurch ist die Abhängigkeit der Wellenfunktion von φ explizit gegeben

$$\psi_{lm}(r,\theta,\varphi) = e^{im\varphi}\langle r,0,0\,|e^{iL_2\theta}|\psi_{lm}\rangle = e^{im\varphi}\psi_{lm}(r,\theta,\varphi=0) \tag{3.5.16}$$

Aus diesem einfachen Ergebnis kann eine wichtige Folgerung für die möglichen Werte von m und l gezogen werden.
Nach Definition der Polarwinkel beschreiben

$$\varphi = 0 \quad \text{und} \quad \varphi = 2\,\pi$$

den gleichen Raumpunkt. Damit gilt auch

$$|r,\theta,\varphi\rangle = |r,\theta,\varphi+2\,\pi\rangle$$

und schließlich

$$\psi(r,\theta,\varphi+2\,\pi) = \psi(r,\theta,\varphi) \tag{3.5.17}$$

Wendet man diese Bedingung auf (3.5.14) an, so folgt

$$e^{2\pi i m} = 1 \tag{3.5.18}$$

Diese Forderung kann aber nur für ganzzahlige Werte von m erfüllt werden

$$m = 0, \pm 1, \pm 2, \ldots$$

Da nach der allgemeinen Theorie (Abschnitt 6.3) zu jedem l die Zustände mit $m = \pm l$ existieren, kann auch l nur ganzzahlig sein

$$l = 0, 1, 2, \ldots$$

Damit haben wir bewiesen

Die Meßwerte der Bahndrehimpulse sind ganzzahlige Vielfache von $\hbar$.

Im nächsten Abschnitt werden wir Eigenfunktionen des Bahndrehimpulses vollständig berechnen.

3.5.2 Definition und Eigenschaften der Kugelflächenfunktionen

In diesem Abschnitt berechnen wir explizite Ausdrücke für die Eigenzustände

$$|\,l,m\rangle$$

des Bahndrehimpulses, genauer von $\boldsymbol{L}^2$ und L_3, die zu den schon bestimmten Eigenwerten

$$l = 0, 1, 2 \ldots$$

$$m = -l, -l+1, \ldots, l-1, l$$

gehören. Dazu verwenden wir die Ortsdarstellung und sphärische Polarkoordinaten, wie sie in (3.5.13) eingeführt wurden. Da die L_j Generatoren der Drehungen um den Punkt $\boldsymbol{r} = \boldsymbol{0}$ sind, ändern sie den Betrag r des Ortsvektors nicht. Daher können wir uns auf die Zustände beschränken, für die $\boldsymbol{r}$ auf der Oberfläche der Einheitskugel liegt: $|\boldsymbol{r}| = 1$. Wir benötigen nur die Zustände

$$|\theta, \varphi\rangle := |r = 1, \theta, \varphi\rangle$$

Die Ortsdarstellung von $|l, m\rangle$ wird damit durch

$$Y_{l,m}(\theta, \varphi) := \langle \theta\,\varphi \,|\, l, m\rangle \tag{3.5.19}$$

gegeben. Die so definierten Funktionen heißen **Kugelflächenfunktionen**. Ihre Abhängigkeit vom Azimutwinkel φ haben wir bereits in (3.5.16) bestimmt. Mit der jetzigen Notation gilt

$$Y_{l,m}(\theta, \varphi) = e^{im\varphi} Y_{l,m}(\theta, 0) \tag{3.5.20}$$

und

$$Y_{l,m}(\theta, 0) = \langle 0, 0 | e^{i\theta L_2} | l, m\rangle \tag{3.5.21}$$

Für die Berechnung der θ-Abhängigkeit der Kugelflächenfunktionen benutzen wir – dem allgemeinen Verfahren von Abschnitt 6.3 folgend – die Leiteroperatoren, die wir jetzt mit

$$L_+ = L_1 + i\,L_2 \quad ; \quad L_- = L_1 - i\,L_2$$

bezeichnen. Schon im Abschnitt 2.4.3 des ersten Bandes haben wir die Form der Drehimpulsoperatoren in Polarkoordinaten berechnet

$$L_3 = \frac{1}{i}\frac{\partial}{\partial\varphi} \tag{3.5.22}$$

$$L_1 = -\frac{1}{i}\left(\sin\varphi\,\frac{\partial}{\partial\theta} + \cot\theta\cos\varphi\,\frac{\partial}{\partial\varphi}\right) \tag{3.5.23}$$

$$L_2 = \frac{1}{i}\left(\cos\varphi\,\frac{\partial}{\partial\theta} - \cot\theta\sin\varphi\,\frac{\partial}{\partial\varphi}\right) \tag{3.5.24}$$

Daraus lassen sich die Leiteroperatoren $L_\pm$ in Polarkoordinaten bestimmen.

$$L_\pm = e^{\pm i\varphi}\left(\pm\frac{\partial}{\partial\theta} + i\cot\theta\,\frac{\partial}{\partial\varphi}\right) \tag{3.5.25}$$

Mit Hilfe dieser Ausdrücke werden die Eigenwertgleichungen für den Bahndrehimpuls zu einem System von partiellen Differentialgleichungen.

Als Nebenschritt zur Einübung des Verfahrens leiten wir die φ-Abhängigkeit (3.5.16) nochmals ab. Dazu lösen wir die Eigenwertgleichung für L_3 direkt.

$$L_3 Y_{l,m}(\theta, \varphi) = m Y_{l,m}(\theta, \varphi)$$

wird jetzt zur Differentialgleichung

$$\frac{\partial}{\partial\varphi}Y_{l,m}(\theta,\varphi) = imY_{l,m}(\theta,\varphi)$$

die bekannte Lösungen hat

$$Y_{l,m}(\theta,\varphi) = e^{im\varphi}Y_{l,m}(\theta,0)$$

Aufgrund der einfachen φ-Abhängigkeit wirken die Leiteroperatoren auf die Kugelflächenfunktionen wie folgt

$$L_{\pm}Y_{l,m} = e^{\pm i\varphi}\left(\pm\frac{\partial}{\partial\theta} - m\cot\theta\right)Y_{l,m} \tag{3.5.26}$$

Mit ihrer Hilfe werden wir die θ-Abhängigkeit berechnen, wobei wir einen festen Wert von l voraussetzen. Wir benutzen, daß der Absteigeoperator L_- den Zustand mit kleinsten m-Wert, also $m = -l$ annihiliert

$$L_-Y_{l,-l} = 0 \tag{3.5.27}$$

Hier setzen wir (3.5.26) ein

$$e^{-i\varphi}\left(-\frac{\partial}{\partial\theta} + l\cot\theta\right)Y_{l,-l}(\theta,0) = 0$$

Da $e^{-i\varphi}$ ein nicht verschwindender Phasenfaktor ist, können wir folgern

$$\frac{d}{d\theta}Y_{l,-l}(\theta,0) = l\cot\theta\,Y_{l,-l}(\theta,0)$$

Zur Lösung dieser Gleichung trennen wir die Variablen

$$\frac{dY_{l,-l}(\theta,0)}{Y_{l,-l}(\theta,0)} = l\cot\theta d\theta$$

Beidseitiges Integrieren führt zu

$$\ln Y_{l,-l}(\theta,0) = l\int\cot\theta d\theta + C = l\int\frac{d\sin\theta}{\sin\theta} + C = l\ln(\sin\theta) + C$$

Für $Y_{l,-l}(\theta,0)$ erhalten wir also

$$Y_{l,-l}(\theta,0) = N(\sin\theta)^l \tag{3.5.28}$$

wobei N eine noch zu bestimmende Normierungskonstante ist. Führen wir die φ-Abhängigkeit wieder ein

$$Y_{l,-l}(\theta,\varphi) = N\,e^{-il\varphi}(\sin\theta)^l \tag{3.5.29}$$

so haben wir die Eigenfunktion für $m = -l$ bestimmt. Die Eigenfunktionen für die anderen m-Werte können wir durch sukzessive Anwendung des Aufsteigeoperators gewinnen

$$Y_{l,m}(\theta,\varphi) \sim (L_+)^{l+m}Y_{l,-l}(\theta,\varphi) \tag{3.5.30}$$

Im Prinzip ist das Problem damit gelöst. Die noch offene Normierungskonstante folgt aus $\langle lm|lm \rangle = 1$. Diese Bedingung werden wir im Abschnitt 3.5.3 auswerten. Dort erhalten wir

$$N = \frac{1}{2^l\, l!} \left[\frac{(2l+1)!}{4\pi} \right]^{1/2} \tag{3.5.31}$$

Dieser Normierungsfaktor gilt für alle m-Werte, da die Wirkung der Leiteroperatoren nach (3.4.28) oder in der jetzigen Bezeichnungsweise

$$L_\perp Y_{l,m} = \sqrt{l(l+1) - m(m \pm 1)}\; Y_{l,m\pm 1}$$

die Normierung nicht ändert. Ohne die Rechnung im Detail durchzuführen, sei das Resultat der Auswertung von (3.5.30) angegeben. Man erhält für die Kugelflächenfunktionen $Y_{l,m}(\theta,\varphi)$:

$$Y_{l,m}(\theta,\varphi) = \tag{3.5.32}$$

$$\frac{(-1)^{l+m}}{2^l\, l!} \left[\frac{2l+1}{4\pi} \frac{(l-m)!}{(l+m)!} \right]^{1/2} (\sin\theta)^m \left(\frac{\partial}{\partial \cos\theta} \right)^{l+m} (\sin\theta)^{2l} e^{im\varphi}$$

Die hier auftretenden Ableitungen lassen sich als Differentiationen nach $x :=$ $\cos\theta$ schreiben und man wird auf die Legendre-Polynome

$$P_l = \frac{1}{2^l\, l!} \frac{d^l}{dx^l}(x^2 - 1)^l \tag{3.5.33}$$

und ihre Ableitungen, die zugeordneten Legendreschen Funktionen

$$P_l^m(x) = \frac{(1 - x^2)^{m/2}}{2^l\, l!} \frac{d^{l+m}}{dx^{l+m}} (x^2 - 1)^l \tag{3.5.34}$$

geführt. Mit Hilfe dieser Funktionen lauten die Formeln für die Kugelflächenfunktionen

$$\boxed{\; Y_{l,m}(\theta,\varphi) = (-1)^m \left[\frac{2l+1}{4\pi} \frac{(l-m)!}{(l+m)!} \right]^{1/2} P_l^m(\cos\theta) e^{im\varphi} \;} \tag{3.5.35}$$

Eine Symmetrie Eigenschaft

Für den expliziten Umgang mit den Kugelflächenfunktionen ist folgende Symmetrie Eigenschaft nützlich, die nicht sofort aus (3.5.35) ablesbar ist

$$Y_{l,m}(\theta,\varphi) = (-1)^m Y_{l,-m}^\star(\theta,\varphi) \tag{3.5.36}$$

Der Beweis kann durch vollständige Induktion geführt werden.

i) Für $m = 0$ ist die Symmetrie nach (3.5.35) erfüllt.

ii) Die Gleichung (3.5.36) gelte für alle $m' \leq m$. Aus (3.5.25) folgt durch Übergang zum konjugiert Komplexen[16]

---

[16]Man beachte den Unterschied zum hermitesch Konjugierten, wo nach (3.4.16) $L_+ = L_-^\dagger$ gilt.

$$L_+ = -L_-^*$$

und daher ergibt sich aus der Induktionsannahme (3.5.36)

$$L_+ Y_{l,m}(\theta,\varphi) = (-1)^{m+1} L_-^* Y_{l,-m}^\star(\theta,\varphi)$$

Wegen der Eigenschaften der Leiteroperatoren (3.4.13) und (3.4.14) gilt

$$L_+ Y_{l,m}(\theta,\varphi) = \alpha_+(l,m)\, Y_{l,m+1}(\theta,\varphi)$$
$$L_- Y_{l,-m}(\theta,\varphi) = \alpha_-(l,-m)\, Y_{l,-(m+1)}(\theta,\varphi)$$

wobei nach (3.4.27)

$$\alpha_+(l,m) = \sqrt{l(l+1) - m(m+1)} = \alpha_-(l,-m)$$

ist. Somit folgt

$$Y_{l,m+1}(\theta,\varphi) = (-1)^{m+1} Y_{l,-(m+1)}^\star(\theta,\varphi)$$

Damit haben wir bewiesen, daß (3.5.36) für $m+1$ richtig ist, wenn die Gleichung für m gilt.

Kugelflächenfunktionen für kleine l-Werte

Um mit den Kugelflächenfunktionen vertraut zu werden, empfiehlt es sich, sie für kleine Werte von l explizit auszurechnen. In der Tabelle 3.1 sind die $Y_{l,m}$ für die Drehimpulsquantenzahlen $l = 0, 1, 2$ zusammengestellt.
Für $l = 1$ wollen wir die dazu führenden Rechnungen nach dem oben allgemein angegebenen Verfahren explizit durchführen:
Für den tiefsten Wert $m = -1$ wird $Y_{1,-1}(\theta,\varphi)$ durch (3.5.29) und (3.5.31) gegeben

$$Y_{1,-1}(\theta,\varphi) = \sqrt{\frac{3}{8\pi}}\, \sin\theta \cdot e^{-i\varphi}$$

$Y_{1,+1}(\theta,\varphi)$ erhält man aus der Symmetrie Eigenschaft (3.5.36)

$$Y_{1,+1}(\theta,\varphi) = -\sqrt{\frac{3}{8\pi}}\, \sin\theta \cdot e^{+i\varphi}$$

Für die Berechnung von $Y_{1,0}(\theta,\varphi)$ wenden wir den Leiteroperator L_+ auf $Y_{1,-1}(\theta,\varphi)$ an

$$L_+ Y_{1,-1}(\theta,\varphi) = \sqrt{1(1+1) - (-1)(-1+1)}\, Y_{1,0}(\theta,\varphi)$$

bzw.

$$\begin{aligned}
Y_{1,0}(\theta,\varphi) &= \frac{1}{\sqrt{2}} L_+ Y_{1,-1}(\theta,\varphi) \\
&= \frac{1}{\sqrt{2}} \frac{1}{2} \sqrt{\frac{3}{2\pi}} \cdot e^{i\varphi} \left[\frac{\partial}{\partial\theta} + i\cot\theta\, \frac{\partial}{\partial\varphi} \right] \sin\theta\, e^{-i\varphi} \\
&= \frac{1}{2} \sqrt{\frac{3}{4\pi}} e^{i\varphi} \left[\cos\theta\, e^{-i\varphi} + \cot\theta \sin\theta\, e^{-i\varphi} \right]
\end{aligned}$$

Quantenzahl l	$Y_{l,m}(\theta,\varphi)$	Bezeichnung
l=0	$Y_{0,0}(\theta,\varphi) = \dfrac{1}{\sqrt{4\pi}}$	s-Zustand
l=1	$Y_{1,0}(\theta,\varphi) = \sqrt{\dfrac{3}{4\pi}}\cos\theta$ $Y_{1,\pm1}(\theta,\varphi) = \mp\sqrt{\dfrac{3}{8\pi}}\sin\theta e^{\pm i\varphi}$	p-Zustände
l=2	$Y_{2,0}(\theta,\varphi) = \dfrac{1}{2}\sqrt{\dfrac{5}{4\pi}}\,(3\cos^2\theta - 1)$ $Y_{2,\pm1}(\theta,\varphi) = \mp\sqrt{\dfrac{15}{8\pi}}\sin\theta\cos\theta e^{\pm i\varphi}$ $Y_{2,\pm2}(\theta,\varphi) = \dfrac{1}{4}\sqrt{\dfrac{15}{2\pi}}\sin^2\theta e^{\pm 2i\varphi}$	d-Zustände

Tabelle 3.1. Beispiele von Kugelflächenfunktionen

$$= \frac{1}{2}\sqrt{\frac{3}{4\pi}}\,[\cos\theta + \cos\theta]$$

$$= \sqrt{\frac{3}{4\pi}}\cos\theta$$

Nach dem gleichen Muster lassen sich die Kugelflächenfunktionen aller höheren Werte von l schrittweise berechnen. Die in der dritten Spalte der Tabelle eingeführten Bezeichnungen entstammen den frühen Tagen der Atomphysik, um Eigenschaften der mit den Zuständen verbundenen Spektren – jedenfalls für die Werte $l = 0$ bis $l = 3$ – zu kennzeichnen. Diese Buchstaben werden auch heute noch durchgängig verwendet. Ihre ursprüngliche Bedeutung zeigt die folgende Zusammenstellung:

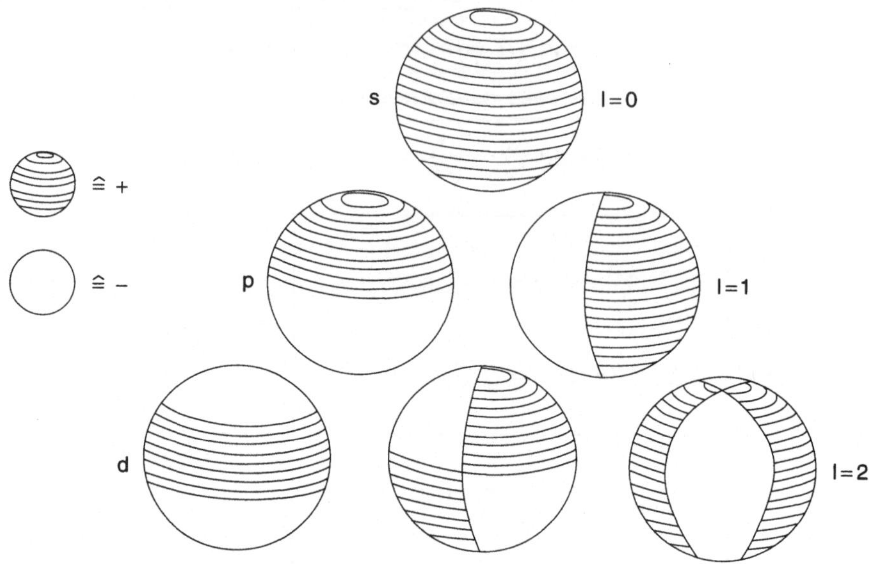

Abb. 3.13. Vorzeichen von $Re[Y_{l,m}(\theta,\varphi)]$ für $l = 0, 1, 2$. Die schraffierten Bereiche sind positiv, die weißen negativ.

$l = 0$	s - Zustand	sharp
$l = 1$	p - Zustände	principal
$l = 2$	d - Zustände	diffuse
$l = 3$	f - Zustände	fundamental
$l = 4$	g - Zustände	
$\vdots$	$\vdots$	

Für höhere Quantenzahlen – von g ab – folgen die Buchstaben der alphabetischen Reihenfolge.

Einen qualitativen Eindruck der Kugelflächenfunktionen aus Tabelle 3.1 sollen Abbildung 3.13 und 3.14 vermitteln. Abbildung 3.13 zeigt die Vorzeichen von $Re(Y_{l,m}(\theta,\varphi))$ auf der Oberfläche der Einheitskugel. Für den Imaginärteil der Kugelflächenfunktionen gelten die gleichen Graphen, bis auf eine azimutale Winkelverschiebung von $90°$. $Y_{l,m}(\theta,\varphi)$ und $Y_{l,-m}(\theta,\varphi)$ unterscheiden sich im Realteil nur durch das Vorzeichen, die Imaginärteile sind gleich. Die positiven und negativen Gebiete werden durch die Knotenlinien getrennt. Auf

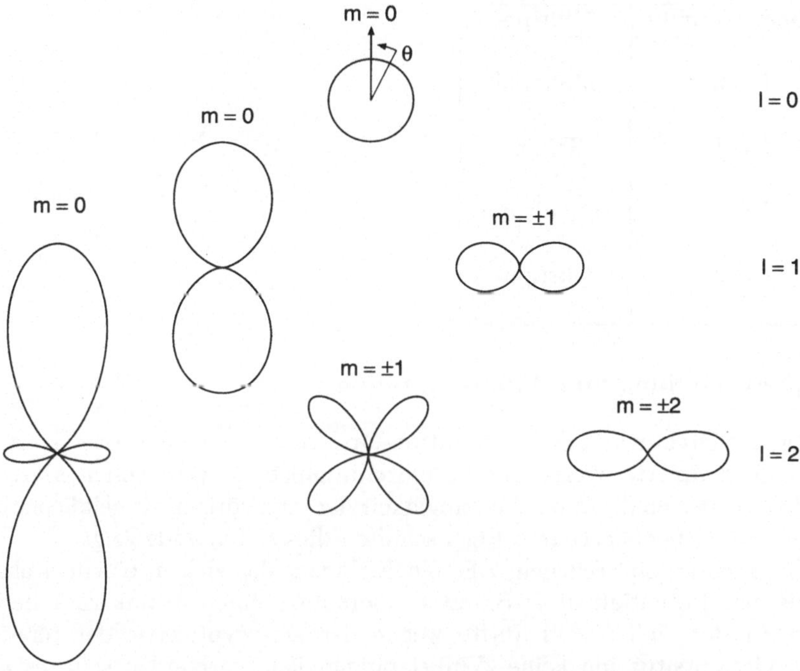

Abb. 3.14. Polardiagramme für einige $|Y_{l,m}(\theta,\varphi)|^2$

ihnen verschwinden die Wellenfunktionen der Bahndrehimpulse. Die Quantenzahl l gibt die Anzahl der Knoten an.

Abbildung 3.14 zeigt einige Polardiagramme für $|Y_{l,m}(\theta,\varphi)|^2$. Da die Absolutquadrate keine φ-Abhängigkeit besitzen, ist nur die θ-Abhängigkeit aufgetragen. Während der s-Zustand eine vollkommen isotrope Gestalt hat, wird die Richtungsabhängigkeit mit wachsendem l immer ausgeprägter:

Der Bahndrehimpuls eines quantenmechanischen Zustandes bestimmt dessen Winkelabhängigkeit

Diese Tatsache ist der klassischen Mechanik völlig fremd. Winkelverteilung und Drehimpuls haben dort nichts mit einander zu tun. Anders ist es in der klassischen Feldtheorie. In der Elektrodynamik treten typische Winkelverteilungen bei den Feldern für die verschiedenen Multipole – Dipol, Quadrupol, etc. – auf. Sie entsprechen genau den Winkelverteilungen der Kugelflächenfunktionen. Vergleicht man Abbildung 3.14 mit den Feldlinien der Multipole, so wird folgende Entsprechung deutlich:

Bahndrehimpuls	Multipol
$l = 0$	Monopol
$l = 1$	Dipol
$l = 2$	Quadrupol
$l = 3$	Oktupol

Winkelverteilung von Atomzuständen

Wegen der Drehinvarianz des Hamilton-Operators besitzen – freie(!) – Atomzustände definierte Werte des Bahndrehimpulses l. Wir wollen klären, in welcher Form sich die Winkelabhängigkeit der zugehörigen Kugelflächenfunktionen in den beobachtbaren Eigenschaften dieser Zustände zeigt.

Wir betrachten ein Teilchen, z.B. ein Elektron, das sich in einem drehsymmetrischen Potentialfeld (z.B. im Coulombfeld eines Atomkerns) bewegt. Auch für den Fall $l \neq 0$ dürfte wegen der Drehsymmetrie der physikalischen Gesamtsituation keine Winkelabhängigkeit vorhanden sein; es ist ja keine besondere Richtung ausgezeichnet. Daher können die verschiedenen m-Zustände nicht unterschieden werden. Dies ist der Fall, wenn jeder der möglichen m-Zustände mit der gleichen Wahrscheinlichkeit auftritt. Daher ist die Aufenthaltswahrscheinlichkeit des Elektrons durch

$$\sum_{m=-l}^{+l} |Y_{l,m}(\theta, \varphi)|^2 \tag{3.5.37}$$

gegeben. Wir erwarten, daß diese Summe winkelunabhängig ist.
Prüfen wir dies für $l = 1$! Für die Funktionen aus Tabelle 3.1 gilt

$$\sum_{m=-1}^{+1} |Y_{1,m}(\theta, \varphi)|^2 = \frac{3}{8\pi} \sin^2 \theta + \frac{3}{4\pi} \cos^2 \theta + \frac{3}{8\pi} \sin^2 \theta$$

$$= \frac{3}{4\pi} (\sin^2 \theta + \cos^2 \theta) = \frac{3}{4\pi}$$

Für den Fall $l = 1$ stimmen also unsere Überlegungen.
Natürlich muß dies allgemein gelten. In der Tat folgt die Winkelunabhängigkeit von $\sum_{m=-l}^{+l} |Y_{l,m}(\theta, \varphi)|^2$ aus der Unitarität der Drehoperatoren $U(R)$.

Zur Begründung greifen wir auf (3.5.20) und (3.5.21) zurück, welche Gleichung wir abgekürzt in der Form

$$Y_{l,m}(\theta, \varphi) = \langle 0,0 \,|\, e^{i\theta L_2} e^{i\varphi L_3} \,|\, l,m \rangle =: \langle 0,0|U(\theta, \varphi)|l,m \rangle$$

verwenden. Wir betrachten nur den Teil des gesamten Zustandsraumes, der die Quantenzahl l trägt. In ihm bilden die Zustände $|l, m\rangle$ ein vollständiges Vektorsystem und es gilt die Vollständigkeitsrelation

$$\sum_{m=-l}^{+l} |l, m\rangle\langle l, m| = 1$$

Es folgt

$$Y_{l,m}(\theta, \varphi) = \sum_{m'=-l}^{+l} \langle 0, 0 | l, m'\rangle\langle l, m' | U | l, m\rangle$$

und wir erhalten

$$\sum_{m=-l}^{+l} |Y_{l,m}(\theta, \varphi)|^2$$

$$= \sum_m \sum_{m'} \sum_{m''} \langle 0, 0 | l, m'\rangle^\star \langle l, m' | U | l, m\rangle^\star \langle 0, 0 | l, m''\rangle\langle l, m'' | U | l, m\rangle$$

$$= \sum_{m'} \sum_{m''} \langle 0, 0 | l, m''\rangle\langle l, m' | 0, 0\rangle \sum_m \langle l, m'' | U | l, m\rangle\langle l, m | U^\dagger | l, m'\rangle$$

$$= \sum_{m'} \sum_{m''} \langle 0, 0 | l, m''\rangle\langle l, m' | 0, 0\rangle\langle l, m'' | UU^\dagger | l, m'\rangle$$

$$= \sum_{m'} \sum_{m''} \langle 0, 0 | l, m''\rangle\langle l, m' | 0, 0\rangle\delta_{m''m}$$

$$= \sum_m |\langle 0, 0 | l, m\rangle|^2$$

Da der letzte Ausdruck winkelunabhängig ist, ist die Behauptung damit bewiesen.

Ohne Rechnung kann man das Resultat wie folgt verstehen: Der Vektor

$$\begin{pmatrix} Y_{l,l}(\theta, \varphi) \\ \vdots \\ Y_{l,-l}(\theta, \varphi) \end{pmatrix}$$

entsteht aus

$$\begin{pmatrix} Y_{l,l}(0, 0) \\ \vdots \\ Y_{l,-l}(0, 0) \end{pmatrix}$$

durch eine unitäre Transformation. Daher sind die Längen der beiden Vektoren gleich.

Das physikalische Resultat ist:

Ein ungestörtes Atom ist kugelsymmetrisch.

Damit ist der Tatsache Rechnung getragen, daß es für ein Atom, das allein auf der Welt ist, keine ausgezeichnete Richtung und auch keine ausgezeichnete Ebene gibt. Dies macht insbesondere deutlich, wie sehr sich die quantenmechanische Beschreibung eines Atoms vom **Bohrschen Atommodell** unterscheidet. In letzteren bewegen sich die Elektronen ja auf Ebenen, genau wie die Planeten um die Sonne. (Dies ist auch eine Folge der Drehsymmetrie, insofern diese zur Konstanz des Drehimpulses und damit zur ebenen Bahnkurve führt.)

Auch in der Quantenmechanik wäre eine Ebene ausgezeichnet, wenn man nur einen festen Wert von m hätte. Es gehört aber zu ihren Grundannahmen, daß bei unvollständiger Kenntnis ein statistisches Gemisch vorliegt mit gleicher Wahrscheinlichkeit für alle erlaubten Zustände $|l, -l\rangle, \ldots |l, l\rangle$.

3.5.3 Die Kugelflächenfunktionen als harmonische Funktionen

Historisch wurden die Kugelflächenfunktionen lange vor der Entwicklung der Quantenmechanik bei völlig anderen Problemen in die Physik eingeführt. Ausgangspunkt war die Laplace'sche Differentialgleichung

$$\Delta\varphi(r) = 0 \tag{3.5.38}$$

Eine spezielle Lösung dieser Differentialgleichung ist schon aus der Elektrodynamik bekannt

$$\Delta\left(\frac{1}{r}\right) = 0 \quad (r \neq 0)$$

Diese Lösung

$$\varphi(r) = \frac{1}{r} \tag{3.5.39}$$

erfüllt zwar die Laplace-Gleichung, aber nur für $r \neq 0$. Für $r = 0$ ist (3.5.39) singulär: Die vollständige Differentialgleichung lautet

$$\Delta\left(\frac{1}{r}\right) = -4\pi\delta^3(r)$$

Wir suchen jetzt aber Funktionen, die die Laplacegleichung im gesamten $\mathbf{R}^3$ lösen. Solche Funktionen sind als **harmonische Funktionen** bekannt. Sie lassen sich aus den Kugelflächenfunktionen konstruieren, denn wir werden zeigen, daß gilt

$$\Delta(r^l Y_{l,m}(\theta, \varphi)) = 0 \tag{3.5.40}$$

Dazu verwenden wir die aus dem Kapitel 2, Abschnitt 2.4.3 des ersten Bandes bekannte Formel, nach der der winkelabhängige Teil des Laplace-Operators durch das Quadrat des Bahndrehimpulses ausgedrückt werden kann

$$\Delta = \frac{1}{r}\frac{\partial^2}{\partial r^2}r - \frac{1}{r^2}\mathbf{L}^2 \tag{3.5.41}$$

Wenden wir diesen Operator auf $r^l Y_{l,m}(\theta,\varphi)$ an, so erhalten wir:

$$\Delta(r^l Y_{lm}) = \frac{1}{r}\frac{\partial^2}{\partial r^2}(r^{l+1})Y_{lm} - \frac{1}{r^2}\boldsymbol{L}^2 r^l Y_{lm}$$

$$= \frac{1}{r}(l+1)lr^{l-1}Y_{lm} - r^{l-2}\boldsymbol{L}^2 Y_{lm}$$

$$= \left[r^{l-2}(l+1)l - r^{l-2}l(l+1)\right]Y_{lm} \ .$$

Da offensichtlich die eckige Klammer verschwindet, ist die in (3.5.40) aufgestellte Behauptung bewiesen.

Wir haben also folgendes Ergebnis erhalten:

Die Funktionen

$$r^l Y_{lm}(\theta,\varphi)$$

sind harmonische Funktionen. Sie erfüllen die Laplacesche Differentialgleichung und zwar im gesamten $\mathbf{R}^3$, d.h. sie sind überall definiert und besitzen (im Endlichen) keine Singularitäten.

Wir drücken diese Funktionen nun in kartesischen Koordinaten aus. Dazu verwenden wir die Formeln für die Polarkoordinaten

$$x_1 = r\sin\theta\cos\varphi$$
$$x_2 = r\sin\theta\sin\varphi \tag{3.5.42}$$
$$x_3 = r\cos\theta$$

Da r in den $r^l Y_{lm}(\theta,\varphi)$ in der l-ten Potenz auftritt und diese in ganz $\mathbf{R}^3$ regulär sind, sind sie Polynome in den x_1, x_2, x_3 und zwar vom l-ten Grade. Sie lassen sich in der Form

$$f(x_1, x_2, x_3) = \sum_{n_1+n_2+n_3=l} a_{n_1,n_2,n_3} x_1^{n_1} x_2^{n_2} x_3^{n_3} \tag{3.5.43}$$

schreiben, wobei – wie angegeben – die Summe der Potenzen der x_k fest ist

$$n_1 + n_2 + n_3 = l$$

Solche Polynome heißen homogen vom Grade l.

Man kann umgekehrt die Kugelflächenfunktionen als homogene Polynome vom Grade l definieren, die die Laplace-Gleichung erfüllen.

Explizit erkennt man diese Eigenschaft, wenn man $r^l Y_{l,-l}$ mit Hilfe von Gleichung (3.5.29) und den Formeln (3.5.42) umschreibt in

$$N(x_1 - ix_2)^l$$

Dies ist offensichtlich ein homogenes Polynom. Alle anderen Kugelfunktionen erhält man durch Differenzieren nach den kartesischen Koordinaten und Multiplikation mit Potenzen von x_1, x_2, x_3, wobei die Homogenität erhalten bleibt.

Homogene Polynome haben folgende typische Eigenschaft

$$f(\lambda x_1, \lambda x_2, \lambda x_3) = \lambda^l f(x_1, x_2, x_3) \tag{3.5.44}$$

Aus dieser Skalierungs-Eigenschaft folgt eine für Anwendungen wichtige Eigenschaft der Kugelflächenfunktionen, nämlich ihr Verhalten unter einer räumlichen Spiegelung, genauer unter der Transformation

$$\mathcal{P} : \boldsymbol{r} \to -\boldsymbol{r}$$

Für homogene Polynome kann man sie mit $\lambda = -1$ erhalten

$$f(-x_1, -x_2, -x_3) = (-1)^l f(x_1, x_2, x_3) \tag{3.5.45}$$

Für die Kugelflächenfunktionen folgt daher die Spiegelungs-Eigenschaft

$$\mathcal{P}(r^l Y_{lm}) = (-1)^l r^l Y_{lm} \tag{3.5.46}$$

Da sich die Länge r unter einer Spiegelung nicht ändert, kann man daraus schließen

$$\boxed{\mathcal{P}Y_{lm}(\theta, \varphi) = (-1)^l Y_{lm}(\theta, \varphi)} \tag{3.5.47}$$

Die Kugelflächenfunktionen sind also Eigenfunktionen der Spiegeltransformation $\mathcal{P}$ mit Eigenwert $(-1)^l$. Dieser Eigenwert wird **Parität** (genauer räumliche Parität) genannt. Für gerade l ist dieser Wert $+1$, für ungerade l ist er -1.

Die Spiegelungseigenschaften der Y_{lm} lassen sich auch explizit durch ihre Konsequenzen für die Winkelabhängigkeit ausdrücken. Wie sich aus Abbildung 3.15 ersehen läßt, transformieren sich die Polarkoordinaten bei Spiegelungen folgendermaßen

$$P : r \to r$$
$$P : \theta \to \pi - \theta \tag{3.5.48}$$
$$P : \varphi \to \varphi + \pi$$

Dieses Ergebnis folgt auch rechnerisch aus den Definitionsgleichungen (3.5.42). Aus (3.5.46) erhalten wir somit für die Kugelflächenfunktionen die wichtige Beziehung

$$Y_{lm}(\pi - \theta, \varphi + \pi) = (-1)^l \, Y_{lm}(\theta, \varphi) \tag{3.5.49}$$

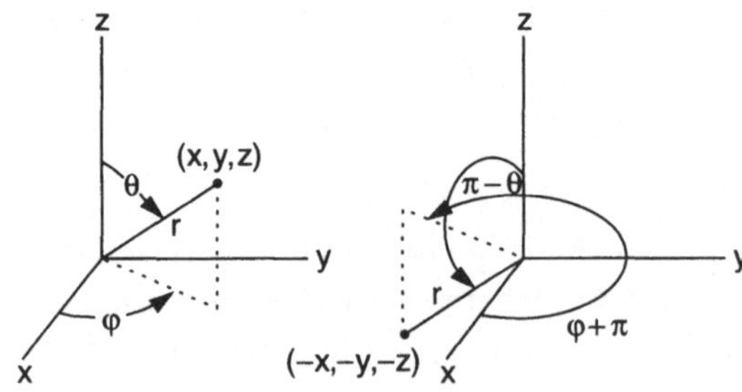

Abb. 3.15. Spiegelung in Polarkoordinaten

3.5.4 Orthogonalität und Vollständigkeit der Kugelflächenfunktionen

Für viele Rechnungen ist es wichtig, die Skalarprodukte $\langle l', m' \,|\, l, m \rangle$ in der Ortsdarstellung auszuwerten. Dazu gehen wir vom Skalarprodukt der Ortsdarstellung

$$\langle \psi \,|\, \chi \rangle = \int \psi^\star(\boldsymbol{r}) \, \chi(\boldsymbol{r}) \, d^3 r$$

aus, das Polarkoordinaten lautet

$$\langle \psi \,|\, \chi \rangle = \int\limits_0^\infty r^2 \, dr \int\limits_0^\pi \sin(\theta) \, d\theta \int\limits_0^{2\pi} d\varphi \, \psi^\star(r, \theta, \varphi) \, \chi(r, \theta, \varphi) \tag{3.5.50}$$

Verwenden wir die Winkelvariable $\Omega = (\theta, \varphi)$, die in (3.5.11) eingeführt wurde, so werden wir auf die abgekürzter Schreibweise

$$\int\limits_0^\infty r^2 \, dr \int d\Omega \, \psi^\star(r, \Omega) \, \chi(r, \Omega) \tag{3.5.51}$$

geführt, wobei das Flächendifferential

$$d\Omega := \sin(\theta) \, d\theta \, d\varphi \tag{3.5.52}$$

eingeführt wurde. Es sei in diesem Zusammenhang darauf hingewiesen, daß $\boldsymbol{L}^2$ und L_3 nur in bezug auf das definierte Skalarprodukt (3.5.53) hermitesch sind. Wäre auf der Einheitskugel ein Maß

$$d\theta \, d\varphi$$

definiert, so wäre weder die Hermitezität von $\boldsymbol{L}^2$ und L_3, noch die Orthogonalität von $Y_{lm}(\theta, \varphi)$ erfüllt.

Für Ortsfunktionen, die sich in einen radialen und einen Winkel-Anteil faktorisieren lassen

$$\psi(r, \Omega) = u(r) \, f(\Omega)$$
$$\chi(r, \Omega) = v(r) \, g(\Omega)$$

folgt

$$\langle \psi \,|\, \chi \rangle = \int\limits_0^\infty r^2 \, dr \, u^\star(r) \, v(r) \int f^\star(\Omega) \, g(\Omega) \, d\Omega$$

Daraus liest man ab: Das Skalarprodukt für Funktionen von Ω lautet

$$\int f^\star(\Omega) \, g(\Omega) \, d\Omega = \int\limits_0^\pi \int\limits_0^{2\pi} f^\star(\theta, \varphi) \, g(\theta, \varphi) \sin \theta \, d\theta \, d\varphi \tag{3.5.53}$$

Dabei erstreckt sich die Ω-Integration über die Einheits-Kugel. Wenden wir diese Formel auf die Eigenzustände von $\boldsymbol{L}^2$ und L_3 an, also auf die Kugelflächenfunktionen! Wir schreiben auch hier kurz

$$Y_{lm}(\Omega) := Y_{lm}(\theta, \varphi)$$

Die Orthonormalitätsrelationen für diese Funktionen

$$\langle l', m' \mid l, m \rangle = \delta_{l'l}\delta_{m'm} \tag{3.5.54}$$

nehmen damit die Form

$$\int Y_{l'm'}^{\star}(\Omega)\, Y_{lm}(\Omega)\, d\Omega = \delta_{l'l}\delta_{m'm} \tag{3.5.55}$$

an. Speziell lautet damit die Normierungsbedingung für die Kugelflächenfunktionen

$$\int |Y_{l,m}(\theta, \varphi)|^2 d\Omega = 1 \tag{3.5.56}$$

Die φ-Integration läßt sich trivial ausführen. Für $m = -l$ kann man (3.5.29) verwenden und wird auf das Integral

$$2\pi|N|^2 \int_0^\pi (\sin\theta)^{2l+1} d\theta = 1$$

geführt. Fordert man noch

$$N > 0, \tag{3.5.57}$$

so ist N eindeutig festgelegt. Durch Ausführen der Integration findet man[17]

$$N = \frac{1}{2^l l!}\left[\frac{(2l+1)!}{4\pi}\right]^{1/2} \tag{3.5.58}$$

Damit haben wir das in (3.5.31) angegebene Resultat bestätigt.

Die Orthogonalitätsrelationen der Legendreschen Funktionen

Aus den Orthogonalitätsrelationen der Y_{lm} folgen entsprechende Relationen für die Legendreschen Funktionen. Zu ihrer Herleitung muß man (3.5.35) verwenden und die Integration über φ ausführen. Nach etwas Arbeit erhält man die folgenden Relationen:

- Für die Legendre-Polynome

$$\int_{-1}^{+1} P_l(x)\, P_{l'}\, dx = \frac{2\,\delta_{ll'}}{2l+1} \tag{3.5.59}$$

---

[17]Das Ergebnis haben wir aus dem Buch von Edmonds entnommen. Wenn man das Integral mit Hilfe von gängigen Integraltafeln bestimmen will, muß man einige Rechnungen mit Gamma-Funktionen ausführen.

• und für die zugeordneten Legendreschen Funktionen

$$\int_{-1}^{+1} P_l^m(x)\, P_{l'}^m\, dx = \frac{2\,\delta_{ll'}\,(l+m)!}{2\,l+1\,(l-m)!} \tag{3.5.60}$$

Diese Orthogonalitätsrelationen lassen sich auch direkt aus den expliziten Formeln (3.5.33) und (3.5.34) mit Hilfe von partiellen Integrationen beweisen.

Die Vollständigkeit der Kugelflächenfunktionen

Für den Hilbertraum, der durch die Eigenzustände von $\boldsymbol{L}^2$ und L_3 aufgespannt wird, gilt die **Vollständigkeitsrelation**

$$\sum_{l=0}^{\infty} \sum_{m=-l}^{+l} |\,l,m\rangle\langle l,m\,| = 1 \tag{3.5.61}$$

Diese Gleichung gilt zunächst trivialerweise für den Hilbertraum, der durch die Linearkombinationen

$$\sum_{l=0}^{\infty} \sum_{m=-l}^{+l} a_{l,m}\,|\,l,m\rangle \quad \text{mit} \quad \sum_{l=0}^{\infty} \sum_{m=-l}^{+l} |a_{l,m}|^2 < \infty \tag{3.5.62}$$

definiert ist. Nicht selbstverständlich ist es jedoch, daß diese Relation auch für den Raum der quadrat integrablen Winkelfunktionen $\psi(\Omega)$ gilt. Der Beweis dafür ist aber in einem allgemeinen Theorem von F. Peter und H. Weyl enthalten, nach dem die Gesamtheit aller irreduziblen Darstellungen einer jeden kompakten Gruppe vollständig ist. In unserem Falle spielt die Drehgruppe die Rolle einer solchen kompakten Gruppe.

Aus der Vollständigkeitsrelation (3.5.61) folgt

$$\sum_{l=0}^{\infty} \sum_{m=-l}^{+l} \langle \Omega'|\,l,m\rangle\langle l,m\,|\Omega\rangle = \langle \Omega'\,|\,\Omega\rangle$$

so daß sie für die Kugelflächenfunktionen folgende Form annimmt

$$\sum_{l=0}^{\infty} \sum_{m=-l}^{+l} Y_{lm}^{\star}(\Omega')Y_{lm}(\Omega) = \langle \Omega'\,|\,\Omega\rangle = \delta^2(\Omega'-\Omega) \tag{3.5.63}$$

Dabei wurde die δ-Funktion für die Kugeloberfläche durch

$$\delta^2(\Omega'-\Omega) := \frac{1}{\sin(\theta)}\,\delta(\theta'-\theta)\,\delta(\varphi'-\varphi) \tag{3.5.64}$$

eingeführt. Gleichung (3.5.63) ist nichts anderes als eine Kurzfassung von

$$\psi(\Omega) = \sum_{l,m} a_{lm} Y_{lm}(\Omega) \tag{3.5.65}$$

mit

$$a_{lm} = \int Y_{lm}^{\star}(\Omega')\psi(\Omega')d\Omega' \tag{3.5.66}$$

Die Vollständigkeit der Kugelflächenfunktionen garantiert also, daß sich jede Funktion $\psi(\Omega)$ auf der Kugeloberfläche als Linearkombination von Kugelflächenfunktionen schreiben läßt. Die Orthonormalität wiederum bewirkt die einfache Form der Koeffizienten dieser Darstellung.

4 Theorie der gebundenen Zustände

Zwei-Teilchen-Systeme spielen die Rolle von Paradigmen in allen Bereichen der Physik, von der Astronomie bis zur subnuklearen Physik. Daher gehört die Untersuchung der Quanteneigenschaften eines Zwei-Teilchen-Systems zu den grundlegenden Aufgaben der Quantenmechanik. Diesem Problemkreis wurde ein guter Teil des ersten Bandes gewidmet. Dort wurde zunächst begründet, wie man – analog zum Vorgehen in der klassischen Mechanik – das Zwei-Teilchen-System durch Abspalten der Schwerpunktsbewegung als effektives Einteilchen-System behandeln kann – Band 1, Abschnitt 2.7. Anschließend wurden die quantenmechanischen Zustände in einfachen Potentialen behandelt. Dazu gehört das Kasten-Potential als leicht analytisch zu behandelndes Modell Potential. Vor allem wurden Zustände im Coulomb- und Oszillator-Potential untersucht. In beiden Fällen muß man in großem Umfang die Kenntnisse über spezielle Funktionen verwenden, die die Mathematiker zur Lösung von Differentialgleichungen gewonnen haben.

Eine wichtige Beschränkung hatten wir uns im ersten Band auferlegt durch die Annahme, daß die auftretenden Wellenfunktionen nicht von Winkeln abhängen. Dadurch konnten wir nur den Drehimpuls $l = 0$ behandeln. Im folgenden Kapitel soll diese Beschränkung aufgegeben werden. In der Tat haben wir im vorangegangenen Kapitel 3 genügende Einsichten gewonnen, um auch winkelabhängige quantenmechanische Zustände zu behandeln, die von Null verschiedene Drehimpulse tragen.

Wir werden im Abschnitt 4.1 zunächst allgemein den Einfluß des mit dem Bahndrehimpuls verbundenen Zentrifugal-Potential auf Eigenfunktionen und Energie-Eigenwerte studieren. Anschließend werden wir die wichtigen Potentiale $-1/r$ und r^2 behandeln und dem interessanten Phänomen der „verborgenen Symmetrien" begegnen.

Für kompliziertere Potentiale benötigt man Näherungsverfahren, die im Abschnitt 4.2 behandelt werden. Der letzte Abschnitt 4.3 schließlich wendet die gewonnenen Techniken auf die Bestimmung des Einflusses äußerer elektromagnetischer Felder auf die Eigenschaften atomarer Systeme an.

4.1 Die Energieeigenzustände für zentralsymmetrische Einteilchensysteme

Wie erwähnt können Zwei-Teilchen-Systeme auf effektive Ein-Teilchen-Systeme zurückgeführt werden, wenn die beiden Teilchen „allein" in der Welt sind, so daß sie gemeinsam verschoben werden können, ohne daß sich ihre Eigenschaften ändern. Daher betrachten wir die Bewegung eines Teilchen der Masse M, das punktförmig sei und keine innere Struktur habe. Es kann daher durch seine Orts-Koordinaten beschrieben werden . Quantenmechanisch bilden die Operatoren Q_1, Q_2 und Q_3 somit ein vollständiges System beobachtbarer Observablen. Dieses Teilchen bewege sich in einem zentralsymmetrischen Potential

$$V(Q) := V(|\boldsymbol{Q}|)$$

Sein Hamiltonoperator hat dann die Form

$$H = \frac{\boldsymbol{P}^2}{2M} + V(Q) \tag{4.1.1}$$

Wir untersuchen zunächst die allgemeinen Eigenschaften des Energiespektrums und der Eigenvektoren eines solchen Hamiltonoperators.

4.1.1 Erhaltung des Bahndrehimpulses, die Richtungs-Entartung

Wegen der Drehsymmetrie des Potentials gilt

$$[\boldsymbol{L}, V] = 0$$

und da auch die kinetische Energie eine Drehinvariante ist, folgt

$$[\boldsymbol{L}, H] = 0 \tag{4.1.2}$$

Aus dieser Symmetrie-Eigenschaften lassen sich in der Quantenmechanik zwei verschiedenartige Folgerungen ableiten

(i) Der Drehimpuls ist zeitlich konstant, er erfüllt einen Erhaltungssatz.

(ii) Die zu einer festen Energie gehörenden Eigenzustände des Hamiltonoperators bilden ein i.allg. mehrdimensionales Multiplett von physikalischen Zuständen.

Beide Konsequenzen wurden bereits im Abschnitt 3.12 des ersten Bandes behandelt. Wir wiederholen die entscheidende Argumente.

Die erste Folgerung ergibt sich aus der Heisenbergschen Bewegungsgleichung für Operatoren

$$\frac{d}{dt}\boldsymbol{L} = \frac{i}{\hbar}[H, \boldsymbol{L}] = 0 \tag{4.1.3}$$

so daß

L ein zeitlich konstanter Vektoroperator ist.[1]

Diese Schlußfolgerung kann man auch in der klassischen Mechanik ziehen, wenn die Bewegung des Teilchens mit Hilfe einer drehsymmetrischen Lagrange-Funktion beschrieben werden kann. In der Quantenmechanik gilt dieses Ergebnis durchwegs, da es keine „Nicht-Lagrange"-Formulierung wie in der klassischen Physik gibt.[2]

Die Folgerung (ii) ist dagegen genuin quantenmechanisch. Wir begründen sie zunächst mit Hilfe der speziellen Eigenschaften der Drehgruppe und erläutern danach die für alle Symmetriegruppen geltenden Argumente.

Irreduzible Drehimpuls-Multipletts

Aufgrund der Vertauschbarkeit von L mit dem Hamiltonoperator H gilt insbesondere

$$[H, L^2] = 0 \quad \text{und} \quad [H, L_3] = 0 \tag{4.1.4}$$

Daher gibt es simultane Eigenvektoren der Operatoren

$$\{H, L^2, L_3\}$$

die wir mit

$$|E, l, m\rangle$$

bezeichnen. Wir betrachten zunächst das diskrete Energiespektrum, wo die erlaubten Energiewerte E_n durch einen diskreten Index $n = 1, 2, \ldots$ unterschieden werden können. Dann muß man damit rechnen, daß zu verschiedenen Werten von l, m auch verschiedene Energieeigenwerte gehören, aber andererseits zu gleichen Werten von l, m verschiedene Energieeigenwerte existieren. Daher bezeichnen wir die Eigenwerte von H vorläufig mit

$$E_{n,l,m}$$

Aus der Drehinvarianz folgt aber, daß die Energieeigenwerte nicht von der Richtungsquantenzahl m abhängen können. Dies mag ohnehin plausibel sein, da es keine ausgezeichnete Richtung gibt. Genau kann man es wie folgt beweisen:

Wegen (4.1.2) vertauschen auch die Leiteroperatoren mit H

$$[H, L_\pm] = 0$$

---

[1]Bei dieser Formulierung benutzen wir das Heisenbergbild, um generell die Zeitabhängigkeit der Observablen zu beschreiben. Im Schrödingerbild, wo die Operatoren sich ohnehin zeitlich nicht ändern, folgt aus (4.1.2), daß sich die Eigenzustände des Drehimpulses mit der Zeit nicht ändern.

[2]Vgl. dazu die Hinweise am Beginn des Abschnittes 3.12 im ersten Band.

Daher folgt aus

$$H \, |l, m\rangle = E_{n,l,m} \, |l, m\rangle$$

und

$$H \, L_\pm \, |l, m\rangle = L_\pm \, H \, |l, m\rangle = E_{n,l,m} \, L_\pm \, |l, m\rangle$$

daß die Zustände

$$L_\pm \, |l, m\rangle = \alpha_\pm \, |l, m \pm 1\rangle$$

die gleiche Energie wie $|l, m\rangle$ besitzen.

Daher können die Energieeigenwerte nicht von m abhängen und wir bezeichnen sie mit

$$E_{n,l}$$

Daraus ergeben sich qualitativ verschiedene Schlußfolgerungen für die Fälle

(a) $l = 0$ und   (b) $l > 0$

Denn im ersten Falle muß nur ein Zustand zur entsprechenden Energie $E_{n,0}$ gehören; im zweiten Falle haben

$2l + 1$ linear unabhängige Zustände $|l, m\rangle$ die gleiche Energie $E_{n,l}$

Es liegt also mindestens eine $2l + 1$-fache Entartung vor, die wir zur Unterscheidung von anderen Entartungen als **Richtungsentartung** oder m-**Entartung** bezeichnen wollen. Mit der Einschränkung „mindestens" haben wir angedeutet: unsere Argumente schließen nicht aus, daß zu verschiedenen l-Werten die gleiche Energie gehört. Schon im zweiten Kapitel haben wir solche Fälle kennen gelernt und werden sie in weiterer Verlauf dieses Abschnittes noch genauer behandeln.

Vorher wollen wir den allgemeinen Hintergrund der eben gegebenen Argumentation darstellen, wodurch unsere Schlußfolgerungen für allgemeine Symmetriegruppen richtig werden.

Wir haben bewiesen, daß zur Energie $E_{n,l}$ der $2l + 1$-dimensionale Zustandsraum

$$\Re_{E_{n,l}} = \left\{ \sum_{m=-l}^{+l} a_m \, | \, E_{n,l}, l, m\rangle \, | \, a_m \in \mathbf{C} \right\} \tag{4.1.5}$$

gehört, den wir kurz als „Eigenraum" bezeichnen wollen. Man sagt auch: Die Eigenzustände zu einer bestimmten Energie bilden ein **Multiplett von Zuständen**. Es hat folgende wichtige Eigenschaft:

Wenn man auf einen Vektor

$$|\psi\rangle \in \Re_{E_{n,l}}$$

einen Drehoperator $U(\boldsymbol{\theta})$ anwendet, so liegt der resultierende Vektor wieder im Eigenraum

$$U(\boldsymbol{\theta})|\psi\rangle \in \mathfrak{R}_{E_{n,l}}$$

Denn die Drehimpulsoperatoren $\boldsymbol{L}$ bestimmen

$$U(\boldsymbol{\theta}) = e^{-i\boldsymbol{\theta}\boldsymbol{L}}$$

vollständig. Da sie nicht aus dem Eigenraum herausführen, gilt dies auch für jede Drehoperation. Mit dem im Abschnitt 3.3 eingeführten Begriff formuliert, stellt der Eigenraum einen **Darstellungsraum der Drehgruppe** dar:

> Die Eigenvektoren von H zu einem festen Energieeigenwert E spannen einen Darstellungsraum der Drehgruppe und des Bahndrehimpulsoperators $\boldsymbol{L}$ auf.

Der Eigenraum (4.1.5) hat aber noch eine zweite wichtige Eigenschaft: Jeder seiner Vektoren kann aus einem anderen durch eine Drehoperation erzeugt werden: Zu jedem Vektorpaar

$$|\phi\rangle, |\psi\rangle \in \mathfrak{R}_{E_{n,l}}$$

existiert eine Drehung $R(\boldsymbol{\theta})$ mit

$$|\phi\rangle = U(\boldsymbol{\theta})|\psi\rangle \tag{4.1.6}$$

Man sagt

> Der Raum (4.1.5) ist bezüglich der Drehgruppe eine **irreduzible Darstellung**

Zur Begründung dieser Feststellung nehmen wir das Gegenteil an: Der Eigenraum (4.1.5) sei nicht irreduzibel oder – wie man kurz sagt – er sei „reduzibel". Dann muß es einen echt kleineren Teilraum $\mathfrak{R}'$ von (4.1.5) geben, so daß man bei Drehungen und daher auch beim Anwenden der Drehimpulsoperatoren $L_\pm$ immer in $\mathfrak{R}'$ bleibt. Damit gäbe es aber im Eigenraum Zustände mit Drehimpulsquantenzahlen l', die kleiner als l sind

$$l' < l$$

Wir hatten aber vorausgesetzt, daß es im Eigenraum genau nur einen l-Wert gibt. Zusammengefaßt:

> $U(\boldsymbol{\theta})\mathfrak{R}_{E_{n,l}} = \mathfrak{R}_{E_{n,l}}$ ist für alle Dreh-Transformationen, irreduzibel.

Reduzible Drehimpuls-Multipletts

Wir wenden uns jetzt dem allgemeinen Fall zu, wo es zu einem diskreten Energieeigenwert E_n mehrere Drehimpulse gibt. Dann ist der Eigenraum reduzibel. Wir nennen ihn jetzt

$$\mathfrak{R}_{E_n}$$

Er enthalte zunächst die Zustände mit der Drehimpulsquantenzahl l, die den Raum $\Re^l_{E_n}$ aufspannen mögen. Da er nach Annahme reduzibel sein soll, ist der Differenzraum

$$\Re_{E_n} \ominus \Re^l_{E_n} =: \Re'_{E_n} \neq \emptyset \tag{4.1.7}$$

nicht leer. Die Vektoren von $\Re'_{E_n}$ müssen überdies orthogonal zu denen von $\Re^l_{E_n}$ sein.

Zur Begründung wählen wir einen Vektor $|\psi\rangle$ von $\Re'_{E_n}$. Er muß linear unabhängig von den Vektoren von $\Re^l_{E_n}$ sein und kann daher – nach dem üblichen Orthogonalisierungsverfahren – orthogonal zu $\Re^l_{E_n}$ gewählt werden

$$\langle\varphi|\psi\rangle = 0 \quad \text{für} \quad |\varphi\rangle \in \Re^l_{E_n}$$

Wendet man jetzt eine Drehung U auf die Zustände an, so folgt aus der Unitarität

$$\langle U\varphi|U\psi\rangle = \langle\varphi|\psi\rangle = 0$$

Damit ist nicht nur $|\psi\rangle$ orthogonal zu $\Re^l_{E_n}$ sondern auch sämtliche aus ihm durch Drehung entstehenden Zustände.

Man sagt: $\Re'_{E_n}$ stellt ein orthogonales Komplement von $\Re^l_{E_n}$ dar. In Formeln drückt man dies durch

$$\Re_{E_n} = \Re^l_{E_n} \oplus \Re'_{E_n} \tag{4.1.8}$$

aus. Da auch $\Re'_{E_n}$ ein Darstellungsraum der Drehgruppe ist, findet man in ihm Drehimpuls-Eigenzustände $|l', m'\rangle$, wobei l' auch gleich l sein könnte. Auf jeden Fall kann man die durchgeführte Argumentation auch auf $\Re'_{E_n}$ anwenden und findet eine Zerlegung

$$\Re_{E_n} = \Re^l_{E_n} \oplus \Re^{l'}_{E_n} \oplus \Re''_{E_n}$$

Das Verfahren kann man fortsetzen und findet schließlich

$$\Re_{E_n} = \Re^l_{E_n} \oplus \Re^{l'}_{E_n} \oplus \Re^{l''}_{E_n} \oplus \ldots \tag{4.1.9}$$

Die hier auftretende Summe von orthogonalen Räumen wird auch **direkte Summe** genannt.. Diese direkte Summe von Teilräumen, die zu bestimmten Drehimpulsen gehören, kann endlich oder unendlich sein. Auf jeden Fall sind die $\Re^l_{E_n}$ irreduzible Teilräume von $\Re_{E_n}$. Daher sagt man auch

Durch die Zerlegung (4.1.9) ist der Raum $\Re_{E_n}$ nach Eigenräumen des Drehimpulses **ausreduziert** worden.

Wir wollen den Prozeß der **Ausreduktion** noch einmal expliziter beschreiben. Dazu nehmen wir – der Einfachheit halber – an, daß der Eigenraum $\Re_{E_n}$ eine endliche Dimension N hat. Wir wählen eine orthonormale Basis

$$|\varphi_\alpha\rangle \quad \text{wobei} \quad \alpha = 1, 2, \ldots, N$$

so daß man jeden Zustand $|\psi\rangle \in \Re_{E_n}$ in der Form

$$|\psi\rangle = \sum_{\alpha=1}^{N} |\varphi_\alpha\rangle\langle\varphi_\alpha|\psi\rangle \qquad (4.1.10)$$

schreiben kann. Wegen der Vertauschbarkeit der L_j mit H läßt sich das Eigenwertproblem des Bahndrehimpulses im Raum dieser Zustände lösen. Dabei möge man Zustände mit der Quantenzahl l erhalten. Sie lassen sich gemäß (4.1.10) als Linearkombinationen

$$|l,m\rangle = \sum_{\alpha=1}^{N} |\varphi_\alpha\rangle\langle\varphi_\alpha|l,m\rangle$$

schreiben. Wenn $N = 2l + 1$ ist, spannen diese Vektoren ganz $\Re_{E_n}$ auf und wir erhalten

$$\Re_{E_n} = \Re_{E_{n,l}}$$

Falls jedoch

$$N' := N - (2l + 1) > 0$$

ist, gibt es in $\Re_{E_n}$ N' linear unabhängige Vektoren $|\chi_\beta\rangle$, die orthogonal zu den $|l,m\rangle$ sind

$$\langle l,m|\chi_\beta\rangle = 0 \quad \text{mit} \quad \beta = 1,2,\ldots,N' \qquad (4.1.11)$$

Auch die $|\chi_\beta\rangle$ seien untereinander orthonormal, so daß die Vektoren

$$\{|l,m\rangle, |\chi_\beta\rangle\}$$

insgesamt ein Orthonormalsystem für den ganzen Eigenraum $\Re_{E_n}$ bilden. Wir stellen nun die Drehimpulsoperatoren L_j bezüglich dieser Basis als Matrizen dar und haben das folgende System von Matrixelementen

$$\langle l',m'|L_j|l,m\rangle \ ; \ \langle l',m'|L_j|\chi_\beta\rangle$$
$$\langle\chi_{\beta'}|L_j|l,m\rangle \ ; \ \langle\chi_{\beta'}|L_j|\chi_\beta\rangle \qquad (4.1.12)$$

Schematisch lassen sich diese Matrixelemente in der Form

$$\begin{pmatrix} X \cdots X & Y \cdots Y \\ \vdots \ \vdots \ \vdots & \vdots \ \vdots \ \vdots \\ X \cdots X & Y \cdots Y \\ \hline Z \cdots Z & U \cdots U \\ \vdots \ \vdots \ \vdots & \vdots \ \vdots \ \vdots \\ Z \cdots Z & U \cdots U \end{pmatrix} \qquad (4.1.13)$$

zusammenfassen, wobei die 4 Kästchen die 4 Typen von Matrixelementen aus (4.1.12) enthalten. Da die Operatoren L_j nicht aus dem von den $|l,m\rangle$ aufgespannten Teilraum $\Re_{E_{n,l}}$ herausführen, gilt nach (4.1.10)

$$\langle \chi_{\beta'} | L_j | l, m \rangle = 0$$

und die Matrix (4.1.13) reduziert sich auf eine Dreiecksform

$$\begin{pmatrix} X \cdots X & Y \ldots Y \\ \vdots \ \vdots \ \vdots & \vdots \ \vdots \ \vdots \\ X \cdots X & Y \cdots Y \\ \hline 0 \ldots 0 & U \cdots U \\ \vdots \ \vdots \ \vdots & \vdots \ \vdots \ \vdots \\ 0 \cdots 0 & U \cdots U \end{pmatrix} \qquad (4.1.14)$$

wobei also das linke untere Kästchen durch Nullen besetzt ist. Wegen der Hermitezität der L_j gilt aber auch [3]

$$\langle l', m' | L_j | \chi_\beta \rangle = \langle L_j(l', m') | \chi_\beta \rangle = 0$$

so daß auch das rechte obere Kästchen nur Nullen enthält. Daher haben wir folgende **Blockform** erhalten

$$\begin{pmatrix} X \cdots X & 0 \ldots 0 \\ \vdots \ \vdots \ \vdots & \vdots \ \vdots \ \vdots \\ X \cdots X & 0 \cdots 0 \\ \hline 0 \ldots 0 & U \cdots U \\ \vdots \ \vdots \ \vdots & \vdots \ \vdots \ \vdots \\ 0 \cdots 0 & U \cdots U \end{pmatrix} \qquad (4.1.15)$$

Durch diese Form der Darstellungsmatrizen der Drehimpulsoperatoren hat die Zerlegung (4.1.8) einen expliziten Ausdruck gefunden. In dem durch Linearkombinationen

$$\sum_{\beta=1}^{N'} c_\beta | \chi_\beta \rangle \qquad (4.1.16)$$

der $| \chi_\beta \rangle$ gegebenen Raum kann wieder das Eigenwertproblem für $\boldsymbol{L}^2$ und L_3 gelöst werden. Man erhält Eigenvektoren

$$| l', m' \rangle_\chi$$

wobei der Index χ darauf hinweist, daß sich die Drehimpulseigenzustände diesmal aus den Zuständen (4.1.16) konstruieren lassen.

Falls $N' = 2l' + 1$ gilt, ist der Reduktionsprozeß abgeschlossen und die Drehimpuls-Matrizen haben endgültig die Form (4.1.15). Andernfalls kann man das Verfahren fortsetzen und wird auf eine Matrix mit drei oder mehr Blöcken geführt:

---

[3]Die Hermitezität der L_j ersetzt die in der allgemeinen Diskussion benutzte Unitarität der Drehoperatoren. Ohne diese Eigenschaften könnte man den Reduktionsprozeß nur bis zur Dreiecksform (4.1.14) durchführen. Die Matrixdarstellungen wären nicht „vollständig" reduzibel.

$$\left(\begin{array}{c|c|c|c} \mathbf{X} & \mathbf{0} & \mathbf{0} & \mathbf{0} \\ \hline \mathbf{0} & \mathbf{U} & \mathbf{0} & \mathbf{0} \\ \hline \mathbf{0} & \mathbf{0} & \mathbf{W} & \mathbf{0} \\ \hline \mathbf{0} & \mathbf{0} & \mathbf{0} & \cdots \end{array} \right) \qquad (4.1.17)$$

Hier bezeichnen $\mathbf{X}$, $\mathbf{0}$ etc. Untermatrizen.

Da N als endliche Zahl vorausgesetzt war, muß der Reduktionprozeß nach endlich vielen Schritten abbrechen und N muß sich als

$$N = \sum_l (2l + 1) \qquad (4.1.18)$$

schreiben lassen und (4.1.17) gibt die generische Form der Drehimpulsmatrizen.

Das Ergebnis dieses Abschnitts läßt sich wie folgt zusammenfassen:

> Die Drehinvarianz hat in der Quantenmechanik nicht nur die zeitliche Konstanz des Drehimpulses zur Folge, sondern führt auch dazu, daß jeder Energiezustand mindestens
>
> $$2l + 1 - \text{fach}$$
>
> entartet ist, also ein Multiplett von Eigenzuständen besitzt.
> Zu einem Energiewert $E_{n,l}$ gehören die Eigenvektoren
>
> $$|E_{n,l}; l, m\rangle \quad \text{mit } m = -l, \dots, l$$
>
> Die Energien sind bezüglich der Richtungsquantenzahl m entartet.

Die vorstehenden Überlegungen sind nicht auf den Fall der Drehinvarianz und der Drehgruppe beschränkt. Gerade wegen ihrer recht abstrakten Form gelten sie für sämtliche Symmetriegruppen, insbesondere für „innere" Symmetriegruppen, die oft eine recht komplizierte Struktur haben und weit von der normalen Anschauung fern liegen. Die Drehgruppe hat den Vorteil, daß man sie sich noch direkt veranschaulichen kann während sie dennoch schon die generischen Eigenschaften der in der Physik auftretenden Symmetriegruppen besitzt.

4.1.2 Allgemeine Struktur des Energiespektrums

Nach der allgemeinen Analyse der Konsequenzen der Drehinvarianz soll jetzt die l-Abhängigkeit der Wellenfunktionen und der Energieeigenwerte des Hamiltonoperators (4.1.1) genauer studiert werden.

Im diskreten Spektrum gehört zu einem Energie-Eigenwert E im allgemeinen nur ein Wert l des Drehimpulses, der Energie-Eigenraum $\mathfrak{R}_E$ ist somit irreduzibel. Dies wird durch die Zentrifugalkraft bewirkt, wie wir im Folgenden begründen werden. Im kontinuierlichen Spektrum kann diese Kraft dagegen zu keinem qualitativ sichtbaren Effekt führen, da sie nur Verschiebungen innerhalb des Kontinuums bewirken kann, wo ohnehin sämtliche Energiewerte erlaubt sind. Es liegt daher immer eine hochgradige Reduzibilität des Raumes $\mathfrak{R}_E$ vor: Zu jeder Energie E aus dem Kontinuum gehören sämtliche möglichen Bahndrehimpulse

$$l = 0, 1, 2, 3, \ldots$$

Mit anderen Worten: Das Kontinuum ist bezüglich l unendlich-fach entartet. Physikalisch hängt dies mit der Existenz von Streuzuständen zusammen. Wir werden den Einfluß des Bahndrehimpulses auf die quantenmechanische Streutheorie im Abschnitt 5.4 studieren.

Jetzt behandeln wir die generische Situation im diskreten Spektrum, wo verschiedene Bahndrehimpulse auch zu verschiedenen Energiewerten führen. Andererseits kann der gleiche l-Wert für verschiedene Energien auftreten. Daher ordnet man die möglichen Energiewerte

$$E_{n,l}$$

in ein zweidimensionales Schema, wobei es üblich ist, die diskrete Zahl n gemäß $n = 1, 2, 3, \ldots$ zu numerieren und sie als **Hauptquantenzahl** zu bezeichnen. Die Energien $E_{n,l}$ stellt man graphisch als zweidimensionales Schema von Energieniveaus dar, wie es Abbildung 4.1 illustriert. Diese Darstellung wurde 1928 von dem Astrophysiker Wilhelm Grotrian in einem umfassenden Standardwerk über die Atomspektren[4] ausführlich verwendet und ist als **Grotrian-Diagramm** bekannt. Jedes Niveau trägt einen Index

$$n\,L \quad \text{mit} \quad L = S, P, D, F, G \ldots$$

wobei die Buchstaben die auf Seite 136 erläuterte Bedeutung haben. Die Hauptquantenzahl n hängt mit der Zahl der Nullstellen, der „Knoten" der radialen Wellenfunktion zusammen.[5]

Bezüglich der Anordnung der Energien im Grotrian-Schema gelten normalerweise die folgenden Regeln:

$$E_{n,l'} > E_{n,l} \quad \text{für } l' > l \tag{4.1.19}$$

$$E_{n',l} > E_{n,l} \quad \text{für } n' > n \tag{4.1.20}$$

---

[4]W.Grotrian, Graphische Darstellung der Spektren von Atomen und Ionen mit zwei und drei Valenzelektronen, 2 Bände, Springer Verlag, Berlin 1928.
Wilhem Grotrian war zuletzt Direktor des Observatoriums in Potsdam.

[5]Vgl. dazu den Abschnitt 2.8 der Quantentheorie 1.

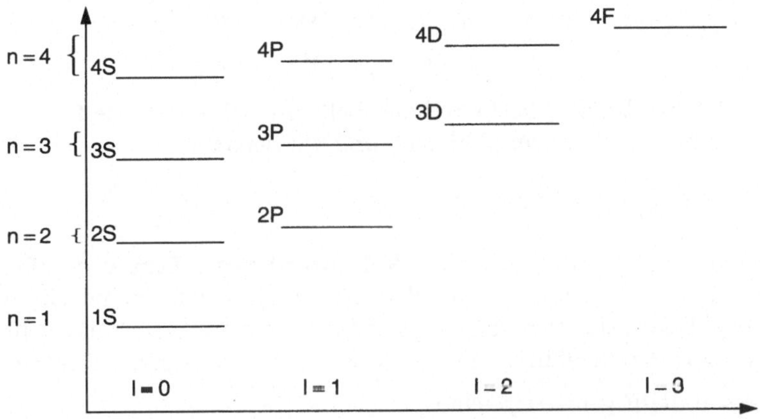

Abb. 4.1. Grotrian Diagramm für ein generisches Einteilchenspektrum

Die erste Regel ist eine Folge der Zentrifugalkraft. Die zweite erscheint auf den ersten Blick als leere Aussage, da man bei festem l eine zweite Quantenzahl n immer so wählen kann, das sie wachsende Energieeigenwerte durch numeriert. Sie bekommt aber eine nichttriviale Bedeutung, wenn man n mit der Zahl der Knoten verbindet, dann beruht sie auf der Vergrößerung der radialen kinetischen Energie durch der Erhöhung der Knotenzahl.

Die Begründung dieser Aussagen erfordert eine genauere Analyse der Eigenfunktionen und insbesondere ihrer l-Abhängigkeit. Zunächst bezeichnen wir die Energieeigenfunktionen in der Ortsdarstellung genauer mit

$$\psi_{n,l,m}(\boldsymbol{r}) = \langle \boldsymbol{r} \,|\, E_{n,l}; l, m \rangle \qquad (4.1.21)$$

Diese Funktionen sind auch Eigenfunktionen der Operatoren $\boldsymbol{L}^2$ und L_3. In Abschnitt 3.5 haben wir die Eigenfunktionen von $\boldsymbol{L}^2$ und L_3 in der Ortsdarstellung berechnet und sind so auf die Kugelflächenfunktionen geführt worden. Stellen wir – wie dort – den Ortsvektor $\boldsymbol{r}$ durch sphärische Polarkoordinaten dar, so müssen die Energieeigenfunktionen (4.1.21) als Funktionen der Winkel proportional zu den Kugelflächenfunktionen sein

$$\psi_{n,l,m}(r, \theta, \phi) \sim Y_{l,m}(\theta, \phi)$$

Der Proportionalitätsfaktor wird natürlich von r abhängen. Wir schreiben zunächst

$$\psi_{n,l,m}(r, \theta, \phi) = \Phi_{n,l,m}(r)\, Y_{l,m}(\theta, \phi)$$

Die hier eingeführte „radiale" Funktion $\Phi_{n,l,m}(r)$ hängt von der Energie $E_{n,l}$ ab und damit von den Quantenzahlen n und l. Sie ist aber von der Quantenzahl m unabhängig.

Um dies zu beweisen, wenden wir wieder die Leiteroperatoren $L_\pm$ an. Diese wirken nur auf die Winkel θ und φ, so daß wir erhalten

$$L_{\pm}(\Phi_{n,l,m}(r)\,Y_{l,m}(\theta,\phi)) = \Phi_{n,l,m}(r)\,L_{\pm}\,Y_{l,m}(\theta,\phi)$$
$$= \alpha_{\pm}\,\Phi_{n,l,m}(r)\,Y_{l,m\pm 1}(\theta,\phi)$$

Für $m \pm 1$ tritt also die gleiche radiale Wellenfunktion auf, wie für m. Daher kann $\Phi_{n,l,m}(r)$ nicht von m abhängen und wir setzen[6]

$$\psi_{n,l,m}(r,\theta,\phi) = \frac{u_{n,l}(r)}{r}\,Y_{l,m}(\theta,\phi) \tag{4.1.22}$$

und nennen $u_{n,l}(r)$ die **radiale Wellenfunktion**. Damit die Funktion (4.1.22) für $r = 0$ regulär ist, muß $u_{n,l}(r = 0)$ verschwinden. Die weitere allgemeine Diskussion von $u_{n,l}(r)$ wurde bereits im Abschnitt 2.10.5 des ersten Bandes durchgeführt. Wir wiederholen die wichtigsten Punkte:

Wir müssen die Eigenwertgleichung

$$H\psi_{n,l,m}(\boldsymbol{r}) = E_{n,l}\psi_{n,l,m}(\boldsymbol{r})$$

für den Hamiltonoperator in der Ortsdarstellung

$$H = -\frac{\hbar^2}{2M}\Delta + V(r)$$

lösen. Dieser läßt sich mit Hilfe von (3.5.41) umschreiben in

$$H = -\frac{\hbar^2}{2M}\frac{1}{r}\frac{\partial^2}{\partial r^2}r + \frac{\hbar^2\boldsymbol{L}^2}{2\,M\,r^2} + V(r)$$

Dadurch erhält man die Differentialgleichung

$$-\frac{\hbar^2}{2M}\frac{\partial^2}{\partial r^2}u_{n,l}(r)\,Y_{l,m} + \left[\frac{\hbar^2\boldsymbol{L}^2}{2Mr^2} + V(r)\right]u_{n,l}(r)Y_{l,m} = E_{n,l}\,u_{n,l}(r)Y_{l,m}$$

Beachten wir die Eigenwertgleichung für die Kugelflächenfunktionen

$$\boldsymbol{L}^2\,Y_{l,m}(\theta,\phi) = l(l+1)Y_{l,m}(\theta,\phi)$$

so wird diese Differentialgleichung unabhängig von den Kugelflächenfunktionen und wir erhalten die **radiale Schrödingergleichung**

$$-\frac{\hbar^2}{2M}u_{n,l}''(r) + \left[\frac{\hbar^2 l(l+1)}{2Mr^2} + V(r)\right]u_{n,l}(r) = E_{n,l}\,u_{n,l}(r) \tag{4.1.23}$$

Hier tritt eine explizite l-Abhängigkeit durch den Term

$$\frac{\hbar^2 l(l+1)}{2Mr^2} \tag{4.1.24}$$

auf. Er beschreibt das Potential der abstoßenden Zentrifugalkraft und wird **Zentrifugal-Potential** genannt. Mit Hinblick auf

$$\hbar^2 l(l+1) = (\text{Bahndrehimpuls})^2$$

---

[6]Diese Notation ist die Verallgemeinerung einer Bezeichnung aus dem Abschnitt 2.7.4 des ersten Bandes.

stimmt dieser Ausdruck mit der klassischen Form des Zentrifugal-Potentials überein. Sein Anwachsen mit der Bahndrehimpuls-Quantenzahl l ist der Grund für die Regel (4.1.19). Um dies genauer zu verstehen, müssen wir die l-Abhängigkeit der radialen Wellenfunktion analysieren.

Da in (4.1.23) nur reelle Größen auftreten, kann $u_{n,l}(r)$ als reell-wertige Funktion gewählt werden. Ihre Normierung wird durch

$$\int |\psi_{n,l,m}|^2 \, d^3r = \int |Y_{l,m}|^2 \, d\Omega \int_0^\infty \left(\frac{u_{n,l}}{r}\right)^2 r^2 \, dr = 1$$

oder wegen (3.5.56) durch

$$\int_0^\infty u_{n,l}^2 \, dr = 1 \tag{4.1.25}$$

bestimmt. Damit dieses Integral konvergiert, muß $u_{n,l}(r)$ im Unendlichen verschwinden, also $u_{n,l}(\infty) = 0$ sein.

Die wichtigsten in der Natur vorkommenden Potentiale sind für $r \to \infty$ höchstens so singulär wie das Coulombpotential

$$|V(r)| \leq \frac{c}{r} \tag{4.1.26}$$

Unter dieser Voraussetzung kann das Verhalten von $u_{n,l}(r)$ für sehr kleine r allgemein abgeleitet werden.

Sofern $l \neq 0$, überwiegt in (4.1.23) das Zentrifugalpotential für $r \to 0$, und wir können die radiale Schrödingergleichung in nullter Näherung durch

$$u_{n,l}''(r) - \frac{l(l+1)}{r^2} \, u_{n,l}(r) = 0 \tag{4.1.27}$$

approximieren. Diese Differentialgleichung kann explizit mit Hilfe von Besselfunktionen gelöst werden. Wir benötigen aber nur das Verhalten für kleine r-Werte, das durch den Ansatz[7]

$$u_{n,l}(r) = c_{n,l} \, r^\rho$$

bestimmt werden kann. Setzt man ihn in die Differentialgleichung (4.1.27) so erhält man die „charakteristische Gleichung" für den Index ρ

$$\rho(\rho - 1) = l(l+1)$$

mit den Lösungen

$$\rho_1 = l + 1 \qquad \rho_2 = -l$$

Der Index ρ_2 führt zu einer nicht-normierbaren Funktion, entfällt also bei unseren Betrachtungen. Es bleibt der Wert ρ_1. Für kleine r haben die radialen Wellenfunktionen somit das Verhalten

---

[7]Die allgemeine Theorie für diesen Ansatz wurde für im Rahmen der Theorie der Differentialgleichungen der Fuchs'schen Klasse im Abschnitt 2.7 des ersten Bandes darstellt.

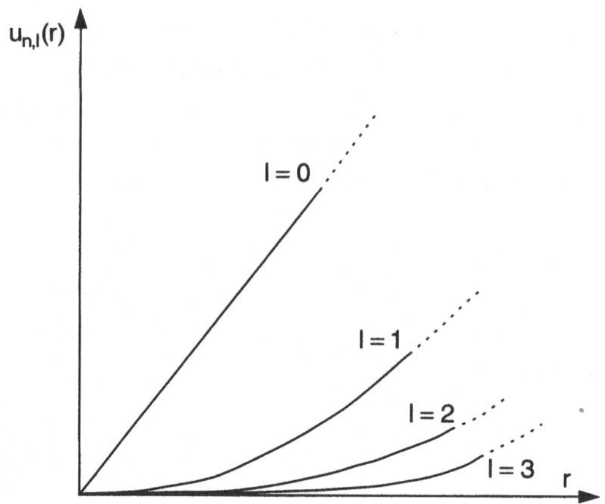

Abb. 4.2. Verhalten der Radialfunktion für $r \to 0$

$$u_{n,l}(r) = c_{n,l}r^{l+1}(1 + O(r)) \tag{4.1.28}$$

Die Terme höherer Ordnung erhält man, wenn auch das Potential $V(r)$ und die Energie $E_{n,l}$ in der Schrödinger-Gleichung berücksichtigt werden.

In der Nähe des Nullpunktes wird $u_{n,l}(r)$ mit wachsendem l-Wert immer flacher, wie es in der Abbildung 4.2 qualitativ dargestellt wird. Für $l = 0$ wächst die Wellenfunktion linear mit r, für $l = 1$ beginnt sie quadratisch etc. Dieses Verhalten kann leicht physikalisch gedeutet werden:

> Mit wachsendem Bahndrehimpuls l treibt die Zentrifugalkraft die Wellenfunktion immer weiter nach außen, so daß sie für $r \approx 0$ immer schwächer wird.

Die beiden folgenden Abbildungen illustrieren dieses Verhalten am konkreten Fall der Lösungen für das Wasserstoffatoms, also des Potentials

$$V(r) = -\frac{e^2}{r}$$

Abbildung 4.3 zeigt die radiale Wellenfunktion

$$R_{n,l}(r) = \frac{1}{r}\,u_{n,l}(r)$$

für kleine Werte von n und l. Das Herausrücken der Wellenfunktion zu größeren r-Werten durch den wachsenden Einfluß der Zentrifugalkraft wird noch deutlicher, wenn man die Wahrscheinlichkeitsdichte

$$r^2\,R_{n,l}^2(r) = u_{n,l}^2(r)$$

betrachtet, wie es Abbildung 4.4 zeigt.

Außerdem sind in den beiden Abbildungen die „Bohrschen Radien" durch die gestrichelten Werte auf der r-Achse angegeben. Sie geben die mittlere räumliche Ausdehnung der jeweiligen Zustände und werden explizit durch

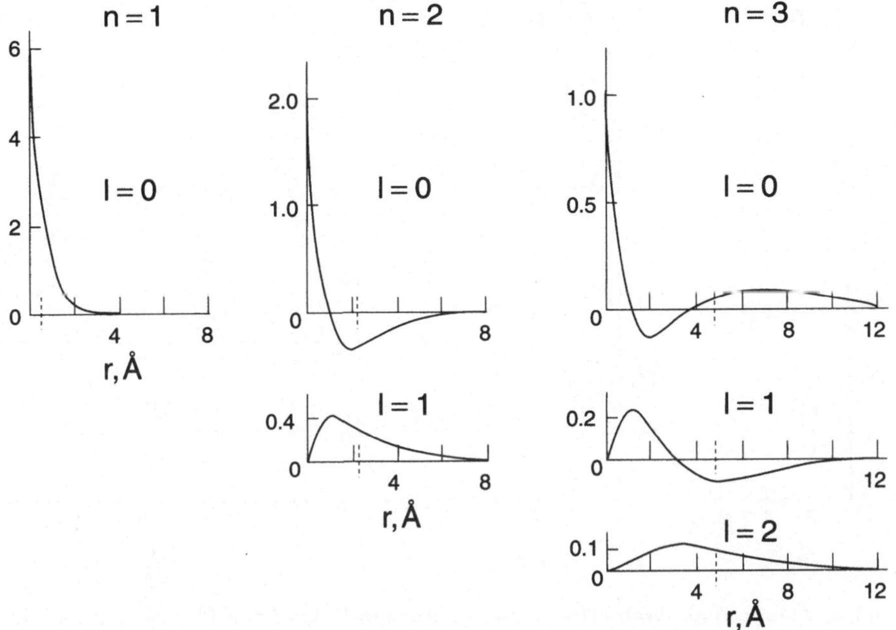

Abb. 4.3. Radiale Wellenfunktionen von Wasserstoff für $n = 1, 2$ und 3.

$$a_n = n^2\, a_B \quad \text{mit} \quad a_B := \frac{\hbar^2}{M\,Z\,e^2}$$

gegeben.[8] Man sieht daß die Atomzustände weit über die Bohrschen Radien hinaus reichen und erst bei $2\,a_n$ oder $3\,a_n$ in einen exponentiellen Abfall übergehen. Ferner erkennt man aus den Abbildungen die Nullstellen der Wellenfunktionen für $n > 1$, die sich räumlich als „Knotenflächen" zeigen. Ihre Anzahl wird durch $n - l - 1$ gegeben, so daß sie für den größten l-Wert nicht mehr auftreten. Damit werden die Knotensätze illustriert, die wir im Band 1 für den Fall $l = 0$ ausführlich behandelt haben, vgl. dort die Abschnitte 2.8.1 und 2.8.2.

Um die aus diesem Verhalten der Wellenfunktionen folgenden Konsequenzen für die Energieeigenwerte abzuleiten, gehen wir von

$$E_{n,l} = \langle E_{n,l}, l, m \,|\, H \,|\, E_{n,l}, l, m \rangle \tag{4.1.29}$$

---

[8]Das Anwachsen der Radien mit dem Quadrat der Hauptquantenzahl n versteht man leicht aus der Rydbergformel (4.1.36), wenn man sie in der Form

$$E_n = -\frac{1}{2}\frac{e^2}{n^2\,a_B} = -\frac{1}{2}\frac{e^2}{a_n}$$

schreibt.

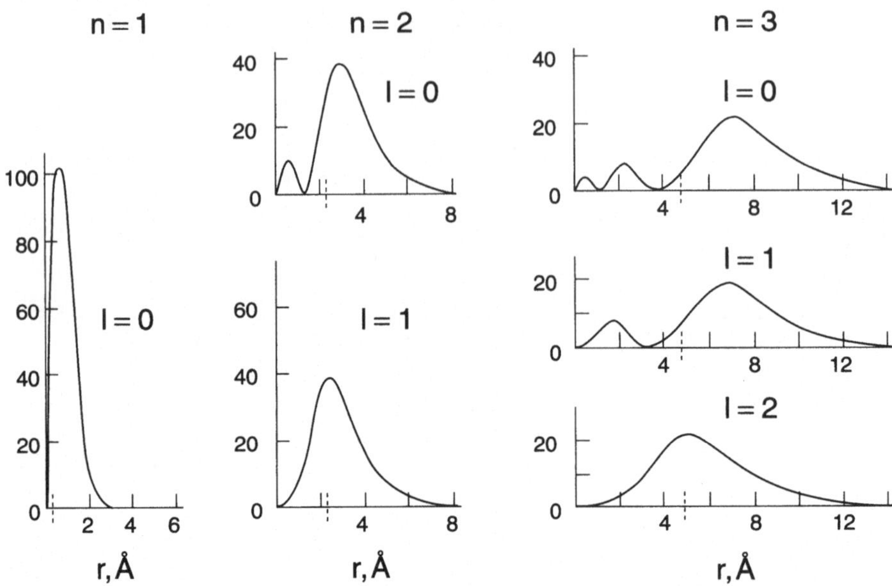

Abb. 4.4. Radiale Wahrscheinlichkeitsdichte in Wasserstoff für $n = 1, 2$ und 3.

bzw. in der Ortsdarstellung von

$$E_{n,l} = \int \psi_{n,l,m}^{\star} H \psi_{n,l,m} r^2 \, dr \, d\Omega$$

aus. Mit (4.1.22) und (4.1.23) erhalten wir

$$E_{n,l} = \int\limits_0^\infty u_{n,l}(r) \left[-\frac{\hbar^2}{2M} \frac{d^2}{dr^2} + \frac{\hbar^2 l(l+1)}{2Mr^2} + V(r) \right] u_{n,l}(r) \, dr \qquad (4.1.30)$$

Der erste Term auf der rechten Seite gibt den Beitrag der radialen kinetischen Energie, der natürlich positiv sein muß. Dies ist trotz des negativen Vorzeichens auch der Fall. Denn integriert man im ersten Term partiell, so folgt wegen

$$u_{n,l}(0) = u_{n,l}(\infty) = 0$$

der Ausdruck

$$E_{n,l} = \int\limits_0^\infty \left[\frac{\hbar^2}{2M} (u_{n,l}'(r))^2 + \frac{\hbar^2 l(l+1)}{2Mr^2} u_{n,l}^2(r) + V(r) u_{n,l}^2(r) \right] \, dr \quad (4.1.31)$$

Die Energieeigenwerte setzen sich somit aus drei Termen zusammen:

$$E_{n,l} = E_{n,l}^{\text{radial}} + E_{n,l}^{\text{Zentrifugal}} + E_{n,l}^{\text{Potential}} \qquad (4.1.32)$$

Aus (4.1.31) liest man zunächst wieder ab, daß die Energie nicht von der magnetischen Quantenzahl m abhängt.

Auch ohne detaillierte Kenntnis des Potentials und somit der Wellenfunktion $u_{n,l}(r)$ lassen sich aus den qualitativen Eigenschaften dieser Terme die angekündigten Schlußfolgerungen ableiten:

- $$E_{n,l}^{\text{radial}} = \frac{\hbar^2}{2M} \int_0^\infty \left(u'_{n,l}\right)^2 dr \qquad (4.1.33)$$

Dieser Ausdruck ist immer positiv, wie wir es auch von der kinetischen Energie erwarten. Weiterhin hängt er von der Ableitung von $u_{n,l}(r)$ ab. Besitzt diese Wellenfunktion viele Knoten – entsprechend einer großen Quantenzahl n – so wird die Ableitung einen großen Wert haben. Somit wächst die radiale kinetische Energie mit wachsendem n. Im allgemeinen überträgt sich diese Eigenschaft auf die Gesamtenergie, womit die Regel (4.1.20)

$$E_{n',l} > E_{n,l} \quad \text{für } n' > n$$

zumindest plausibel wird.

- $$E_{n,l}^{\text{Zentrifugal}} = \frac{\hbar^2}{2M} l(l+1) \int_0^\infty \frac{u_{n,l}^2}{r^2} dr \qquad (4.1.34)$$

Die Zentrifugalenergie ist wieder positiv und proportional zu $l(l+1)$, sie wächst also mit l, wenn das Integral nicht entscheidend durch den Integranden bei $r \approx 0$ bestimmt wird. Dies war die Aussage von (4.1.19):

$$E_{n,l'} > E_{n,l} \quad \text{wenn } l' > l$$

- $$E_{n,l}^{\text{Potential}} = \int_0^\infty V(r) u_{n,l}^2(r) dr \qquad (4.1.35)$$

Zur potentiellen Energie kann man ohne Kenntnis des Potentials keine Aussagen machen. Für attraktive Potentiale ist dieser Beitrag negativ. Wenn $V(r)$ für $r \to 0$ singulär ist und nach außen abfällt, sollte der Integrand wegen (4.1.28) mit wachsendem l kleiner werden.

In Spezialfällen können das Anwachsen der Zentrifugalenergie und das Abfallen der potentiellen Energie mit wachsendem l sich gegenseitig kompensieren. Man erhält dann eine **zufällige Entartung**, die in den beiden folgenden Abschnitten analysiert werden sollen.

4.1.3 Die verborgene Symmetrie des Coulombproblems

Vorbemerkung In den folgenden beiden Abschnitten werden spezielle Eigenschaften der Energiespektren des Coulomb- und des Oszillator-Potentials behandelt, deren Ergebnisse in den Abbildungen 4.5 und 4.7 dargestellt sind:

- Das Energieniveau E_n des Coulomb-Spektrums mit der Hauptquantenzahl n enthält sämtliche Bahndrehimpulse von $l = 0$ bis $l = n - 1$.
- Beim harmonischen Oszillator enthält das Niveau der Energie $\hbar\omega(n+3/2)$ die geraden bzw. ungeraden Drehimpulse l zwischen $l = 0$ und $l = n$, je nachdem n gerade oder ungerade ist.

Im folgenden werden diese Ergebnisse im Einzelnen beschrieben. Vor allem aber werden die tiefliegenden gruppentheoretischen Gründe für diese Entartungen dargestellt. Der Leser kann sich mit den expliziten Formeln (4.1.37) bzw. (4.1.74) und den genannten Abbildungen begnügen, auf die detaillierte Argumentation verzichten und zum nächsten Abschnitt übergehen.

Damit verzichtet er allerdings auf einen Einblick in fortgeschrittene gruppentheoretische Methoden der Quantentheorie. So werden wir für das Coulombproblem die Existenz einer Symmetriegruppe $SU(2) \times SU(2)$ beweisen, die mit der Ellipsen-Bahn im $1/r$-Potential zusammen hängt. Mit seiner Hilfe kann das Rydberg-Spektrum und seine l-Entartungen ohne Lösung einer Differential-Gleichung abgeleitet werden.

Für das Oszillator-Potential ergibt sich die Gruppe $SU(3)$, deren Eigenschaften die Multiplets des Oszillators und insbesondere ihre Entartungen verständlich machen.

Wir erinnern daran, daß man für das Coulombpotential

$$V(r) = -\frac{Ze^2}{r}$$

die radiale Schrödingergleichung auch für $l \neq 0$ mit Hilfe der konfluenten hypergeometrischen Differentialgleichung lösen kann, wie dies im Abschnitt 2.10.5 des ersten Bandes gezeigt wurde. Für die Energiewerte erhält man die **Rydberg-Formel**

$$E_n = -\frac{1}{2}(Z\alpha)^2 Mc^2 \frac{1}{n^2} \quad \text{mit} \quad \alpha = \frac{e^2}{\hbar c} \tag{4.1.36}$$

mit

$$n = n_r + l + 1 \quad \text{und} \quad n_r = 0, 1, 2, \dots \tag{4.1.37}$$

Die Hauptquantenzahl n kann danach die Werte

$$n = 1, 2, 3, \dots$$

annehmen. Zu einem festen n – und damit fester Energie E_n – gehören daher die folgenden Werte für Bahndrehimpuls und n_r

$$l = \quad 0, \quad 1, \quad 2, \quad \dots, n-1$$
$$n_r = n-1, \, n-2, \, n-3, \, \dots, \quad 0$$

Der Energiewert E_n ist somit bezüglich verschiedener Werte von l entartet. Da zusätzlich bei festem l noch eine $(2l+1)$-fache Richtungsentartung hinzukommt, erhalten wir zu einem festen E_n

$$\sum_{l=0}^{n-1} (2l+1) = n^2 \tag{4.1.38}$$

Zustände. Man spricht in diesem Fall von der **Coulombentartung**. Sie ist im Grotrian-Diagramm von Abbildung 4.5 abzulesen.

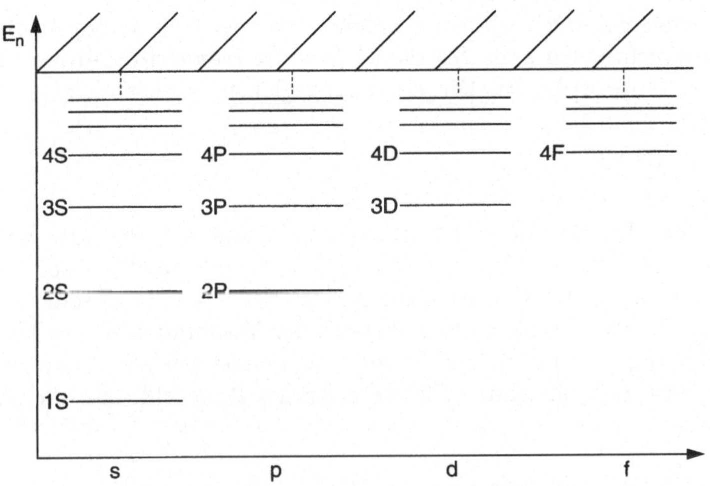

Abb. 4.5. Entartung beim Coulombspektrum

Der tiefere Grund für die Coulombentartung wurde unmittelbar nach der Entdeckung der Vertauschungsrelationen durch W. Heisenberg, M. Born und P. Jordan von W. Pauli im Jahre 1926 gefunden. Er berechnete das Wasserstoffspektrum zum ersten Male konsequent quantenenmechanisch, wenige Wochen bevor E. Schrödinger dies mit seiner Gleichung tat.[9] Dabei ging er von der Existenz einer „verborgenen Symmetrie" aus, die das Coulombproblem schon in der klassischen Mechanik besitzt.

Die „normalen" oder „offensichtlichen" Symmetrien sind dadurch gekennzeichnet, daß das Potential und die kinetische Energie getrennt unter der Symmetrietransformation invariant bleiben, wie es z.B. bei der Drehung der Fall ist. Dort gilt

$$\left[\frac{P^2}{2M}, L\right] = 0 \quad \text{und} \quad [V, L] = 0$$

woraus natürlich auch

$$[H, L] = 0$$

folgt. Bei einer verborgenen Symmetrietransformation verschwindet nur der letzte Kommutator. Unter ihrer Wirkung ändern sich sowohl V als auch $\frac{1}{2M} P^2$, nur ihre Summe, der Hamiltonoperator, ist invariant.

---

[9]Paulis Arbeit wurde am 17. Januar 1926 von der Zeitschrift für Physik akzeptiert 10 Tage bevor Schrödingers Quantisierung mit seiner Wellengleichung bei den Annalen der Physik einging, vgl. dazu A. Pais Darstellung auf Seite 254 des Buches „Inward Bound".

Um den Ursprung der verborgenen Symmetrie des Coulombproblems zu verstehen, betrachten wir zunächst die **klassische Bewegung eines Teilchens in einem Coulombfeld**. Die Bewegungsgleichung eines solchen Teilchens wird durch

$$\frac{d\boldsymbol{p}}{dt} = -\frac{Ze^2}{r^2}\,\frac{\boldsymbol{r}}{r} \tag{4.1.39}$$

gegeben. Zur Lösung dieser Gleichung griff Pauli auf eine Idee zurück, die W. Lenz 1924 – vor der Erfindung der Quantenmechnanik – zur halbklassischen Behandlung der Atomstruktur verwendet hatte. Lenz seinerseits hatte sie aus einem 1919 erschienenen Lehrbuch der Vektoranalysis des Mathematikers Carl Runge[10] entnommen, in dem ein „neuartiges Verfahren" angegeben war, die Bewegungsgleichung für ein zentrales Kraftfeld, also die Differentialgleichung

$$\frac{d}{dt}\boldsymbol{p} = f(r)\boldsymbol{e} \quad \text{mit} \quad \boldsymbol{e} := \frac{\boldsymbol{r}}{r} \tag{4.1.40}$$

zu lösen, wo f(r) eine zunächst beliebige drehsymmetrische Kraftfunktion ist. Dazu gehen wir nach Runge von der Zeitunabhängigkeit des Bahndrehimpulses

$$\boldsymbol{r} \times \boldsymbol{p} = \quad \text{konstant}$$

aus und bilden das Vektorprodukt auf beiden Seite von (4.1.40)

$$\dot{\boldsymbol{p}} \times (\boldsymbol{r} \times \boldsymbol{p}) = \frac{d}{dt}(\boldsymbol{p} \times (\boldsymbol{r} \times \boldsymbol{p})) = f(r)\boldsymbol{e} \times (\boldsymbol{r} \times \boldsymbol{p}) \tag{4.1.41}$$

wo im ersten Schritt – wie angegeben – wegen des Erhaltungssatzes des Drehimpulses die zeitliche Ableitung herausgezogen werden kann. Zur Weiterbehandlung des doppelten Kreuzproduktes zerlegen wir die Geschwindigkeit in ihre radiale und transversale Komponenten

$$\dot{\boldsymbol{r}} = \frac{d}{dt}(r\boldsymbol{e}) = \dot{r}\boldsymbol{e} + r\dot{\boldsymbol{e}}$$

woraus folgt

$$\begin{aligned}
\boldsymbol{r} \times \boldsymbol{p} &= M\,\boldsymbol{r} \times \dot{\boldsymbol{r}} \\
&= Mr\,[\boldsymbol{e} \times (\dot{r}\boldsymbol{e} + r\dot{\boldsymbol{e}})] \\
&= Mr^2(\boldsymbol{e} \times \dot{\boldsymbol{e}})
\end{aligned} \tag{4.1.42}$$

Damit wird aus der rechten Seite von (4.1.41)

---

[10]Wilhelm Lenz (1888–1957), Mitarbeiter von A.Sommerfeld und später Professor für theoretische Physik an der Universität Hamburg.
Carl Runge (1856–1927), Mathematischer Physiker, der den ersten Lehrstuhl für angewandte Mathematik in Deutschland erhielt. Er ist durch das Runge-Kutta Verfahren allgemein bekannt.

$$f(r)\boldsymbol{e} \times (\boldsymbol{r} \times \boldsymbol{p}) = Mr^2 f(r)\boldsymbol{e} \times (\boldsymbol{e} \times \dot{\boldsymbol{e}})$$
$$= Mr^2 f(r)[\boldsymbol{e}\,(\boldsymbol{e} \cdot \dot{\boldsymbol{e}}) - \dot{\boldsymbol{e}}\,\boldsymbol{e}^2]$$

Hier kann man

$$\boldsymbol{e}^2 = 1 \quad \text{und} \quad \boldsymbol{e} \cdot \dot{\boldsymbol{e}} = 0$$

benutzen[11], so daß man schließlich erhält

$$\frac{d}{dt}(\boldsymbol{p} \times (\boldsymbol{r} \times \boldsymbol{p})) = -M\,r^2 f(r)\frac{d}{dt}\frac{\boldsymbol{r}}{r} \tag{4.1.43}$$

Für eine beliebige Funktion $f(r)$ führt diese Gleichung noch nicht viel weiter. Im Falle der Coulombkraft jedoch

$$f(r) = -\frac{Ze^2}{r^2}$$

wird der Faktor auf der rechten Seite konstant und es gilt

$$\frac{d}{dt}[M\,Z\,e^2\frac{\boldsymbol{r}}{r} + (\boldsymbol{r} \times \boldsymbol{p}) \times \boldsymbol{p}] = 0 \tag{4.1.44}$$

Damit haben wir bewiesen daß der folgende Vektor

$$\boldsymbol{M} = \frac{\boldsymbol{r}}{r} + \frac{1}{Ze^2 M}\,(\boldsymbol{r} \times \boldsymbol{p}) \times \boldsymbol{p} \tag{4.1.45}$$

zeitlich konstant ist[12] In der physikalischen Literatur ist er als **Lenz-Runge Vektor** bekannt. Aus der Rechnung wird deutlich, daß für die Konstanz des Lenz'schen Vektors die spezielle Form des Coulombpotentials eine entscheidende Rolle spielt.

Der Lenzsche Vektor hat eine einfache anschauliche Bedeutung: Er zeigt vom Brennpunkt der Keplerellipse, auf der sich ein Teilchen unter dem Einfluß des $1/r$-Potentials bewegt, auf ihren Mittelpunkt und bestimmt somit die Richtung der großen Halbachse der Ellipse. Zur Begründung multiplizieren wir (4.1.45) mit $\boldsymbol{r}$

$$\boldsymbol{r} \cdot \boldsymbol{M} = r - \frac{1}{Ze^2 M}\,\boldsymbol{r} \cdot [\boldsymbol{p} \times (\boldsymbol{r} \times \boldsymbol{p})]$$
$$= r - \frac{1}{Ze^2 M}\,(\boldsymbol{r} \times \boldsymbol{p})^2$$

oder

$$r(1 - |\boldsymbol{M}|\cos\theta) = \frac{(\boldsymbol{r} \times \boldsymbol{p})^2}{Ze^2 M} \tag{4.1.46}$$

---

[11]Die zweite Gleichung folgt durch Differenzieren aus der ersten Gleichung: Die zeitliche Änderung eines Einheitsvektors steht senkrecht auf ihm.

[12]Die Koinzidenz des gleichen Buchstaben M für Masse und $\boldsymbol{M}$ für den Lenzschen Vektor ist unglücklich. Durch konsequentes Verwenden des fett gedruckten Vektors werden wir jedoch eine Verwechslung möglichst ausschließen.

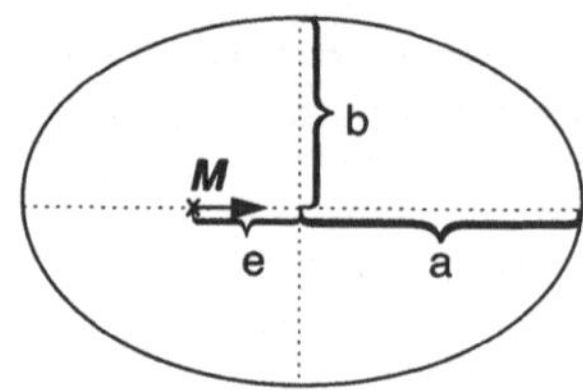

Abb. 4.6. Kepler-Ellipse und Lenzscher Vektor

wobei θ den Winkel zwischen dem Lenzschen Vektor und dem Radiusvektor bezeichnet. Da der Drehimpuls erhalten ist, ist die rechte Seite dieser Gleichung konstant und beschreibt als ganze einen Kegelschnitt mit der numerischen Exzentrizität

$$\varepsilon = |\boldsymbol{M}| = \frac{e}{a} = \frac{a^2 - b^2}{a}$$

Dies ist in der Abbildung 4.6 skizziert, aus dem man auch die Richtung des Lenzschen Vektors entnehmen kann. Aus den vorstehenden Überlegungen kann man auch entnehmen, daß bei einer – kleinen – Abweichung vom Coulomb- oder Keplerpotential die Bahnellipse langsam zu rotieren beginnt und eine „Perihel-Rotation" erhält, wie sie beim Merkur beobachtet wird. Eine weitere, besonders für die Quantenphysik wichtige Beziehung, ist durch das Quadrat von $\boldsymbol{M}$ gegeben

$$\boldsymbol{M}^2 = 1 + \frac{2H}{M(Ze^2)^2} \, (\boldsymbol{r} \times \boldsymbol{p})^2 \tag{4.1.47}$$

Beweis:[13]

$$\boldsymbol{M}^2 = \left(\frac{\boldsymbol{r}}{r}\right)^2 + \left(\frac{1}{Ze^2 M}\right)^2 [(\boldsymbol{r} \times \boldsymbol{p}) \times \boldsymbol{p}]^2 + \frac{2}{Ze^2 M r} \, \boldsymbol{r} \, [(\boldsymbol{r} \times \boldsymbol{p}) \times \boldsymbol{p}]$$

$$= 1 + \frac{1}{(Ze^2)^2 M} \, \boldsymbol{p}^2 (\boldsymbol{r} \times \boldsymbol{p})^2 - \frac{2}{Ze^2 M r} \, (\boldsymbol{r} \times \boldsymbol{p})^2$$

$$= 1 + \frac{2(\boldsymbol{r} \times \boldsymbol{p})^2}{(Ze^2)^2 M^2} \cdot \left[\frac{\boldsymbol{p}^2}{2M} - \frac{Ze^2}{r}\right]$$

$$= 1 + \frac{2(\boldsymbol{r} \times \boldsymbol{p})^2}{(Ze^2)^2 M} \cdot H$$

Im Geist des Korrespondenzprinzips wird man versuchen, die vorstehenden Formeln direkt in die Quantenmechanik zu übertragen. Man muß jedoch beachten, daß im zweiten Term des Lenzschen Vektors das Produkt

$$\boldsymbol{L} \times \boldsymbol{P}$$

---

[13]Bei der folgenden Rechnung muß der Leser einfache Regeln für zweifache Kreuz-Produkt beachten, z.B. die Regel $(\boldsymbol{a} \times \boldsymbol{b})^2 = a^2 b^2$, wenn $\boldsymbol{a}$ und $\boldsymbol{b}$ orthogonal sind.

von nicht kommutativen Größen auftritt. Nach Pauli kann man das damit verbundene Problem aber durch Symmetrisierung lösen und den Lenzschen Vektor durch den Operator

$$M = \frac{Q}{Q} + \frac{\hbar}{Ze^2 M} \cdot \frac{1}{2} \left[(L \times P) - (P \times L) \right] \tag{4.1.48}$$

definieren. Durch die Symmetrisierung hat man erreicht, daß trotz der Nichtvertauschbarkeit von L und P der Vektor M hermitesch ist. Die weiteren Schritte verlaufen analog, nur daß die zeitlichen Ableitungen der klassischen Mechanik mit Hilfe der Kommutatoren mit H zu berechnen sind, wie es den Heisenbergschen Bewegungsgleichungen entspricht. Man findet, daß die Kommutatoren[14]

$$[M, \frac{P^2}{2M}] \neq 0 \quad [M, \frac{Ze^2}{Q}] \neq 0$$

nicht verschwinden, aber einander gleich sind. Bei der Berechnung des Kommutators mit H

$$H = \frac{P^2}{2M} - \frac{Ze^2}{Q}$$

muß man sie subtrahieren, so daß die drei Komponenten von M mit H vertauschen

$$[M, H] = 0$$

und damit der Vektor M tatsächlich zeitlich konstant ist. In diesen Kommutator-Beziehungen drückt sich die verborgene Symmetrie aus: nur der gesamte Hamiltonoperator ist in bezug auf Transformationen symmetrisch, die von M erzeugt werden. Seine beiden Anteile getrennt weisen diese Symmetrie jedoch nicht auf.

Um die Situation genauer zu verstehen, müssen wir zunächst klären, ob der Lenzsche Vektor M analog zum Bahndrehimpuls L Generator einer Symmetriegruppe sein kann. Dazu ist notwendig und hinreichend, daß die Komponenten von M – eventuell zusammen mit denen von L – eine Lie-Algebra bilden. Wir müssen dazu die Kommutatoren der sechs Operatoren

$$L_1, L_2, L_3, M_1, M_2, M_3 \tag{4.1.49}$$

berechnen und prüfen, ob sie sich als Linearkombinationen von ihnen ausdrücken lassen. Zwei Kommutatorrelationen sind bekannt, nämlich (3.3.13) und (3.3.21)

$$[L_k, L_l] = i\,\varepsilon_{klm} L_m$$
$$[L_k, M_l] = i\,\varepsilon_{klm} M_m$$

$${}^{14}\left[M, \frac{P^2}{2M}\right] = \frac{1}{2M}\left[\frac{Q}{Q}, P^2\right] = \frac{\hbar^2}{2M}\,\Delta_Q\left(\frac{Q}{Q}\right) = -\frac{\hbar^2}{M}\,\frac{1}{Q^2}\,\frac{Q}{Q}$$

Für die Vertauschungsrelationen der verschiedenen Komponenten von M untereinander erhält man mit Hilfe der kanonischen Vertauschungsrelationen

$$[M_k, M_l] = a\, i\, \varepsilon_{klm} L_m \tag{4.1.50}$$

mit

$$a = \frac{-2\hbar}{(Ze^2)^2 M}\, H \tag{4.1.51}$$

In dieser Formel ist das erhoffte Ergebnis enthalten: Die sechs Operatoren (4.1.49) sind unter der Kommutatorbildung abgeschlossen. Sie bilden tatsächlich eine Lie-Algebra. Obwohl die Größe a wegen des Auftretens des Hamiltonoperators H ein Operator ist, entstehen keine algebraischen Probleme, da H mit M und L vertauscht. Konkret kann man sich auf den Eigenraum von H mit einer festen Energie E_n beschränken, so daß man in a den Operator H durch E_n ersetzen kann. Da die Energieeigenwerte negativ sind, wird a zu einer festen positiven Zahl.

Die Vertauschungsrelationen von L und M lassen eine gewisse Symmetrie erkennen. Diese kann dadurch vervollständigt werden, daß wir M durch einen neuen Operator ersetzen

$$N := \frac{1}{\sqrt{a}}\, M = \sqrt{\frac{(Ze^2)^2 M}{-2\hbar H}}\, M \tag{4.1.52}$$

Der resultierende Satz von Operatoren

$$L_1, L_2, L_3, N_1, N_2, N_3$$

erfüllt die Vertauschungsrelationen

$$\begin{aligned}
[L_k, L_l] &= i\, \varepsilon_{klm} L_m \\
[L_k, N_l] &= i\, \varepsilon_{klm} N_m \\
[N_k, N_l] &= i\, \varepsilon_{klm} L_m
\end{aligned} \tag{4.1.53}$$

Dieses Gleichungssystem kann noch vereinfacht werden, indem man die Linearkombinationen

$$M^+ = \frac{1}{2}\, (L + N) \tag{4.1.54}$$

$$M^- = \frac{1}{2}\, (L - N)$$

einführt. Dann gilt nämlich

$$[M_k^+, M_l^+] = i\, \varepsilon_{klm} M_m^+ \tag{4.1.55}$$

$$[M_k^-, M_l^-] = i\, \varepsilon_{klm} M_m^- \tag{4.1.56}$$

$$[M_k^+, M_l^-] = 0 \tag{4.1.57}$$

Damit haben wir zwei Operatorsätze gefunden, die jeweils für sich eine Drehimpulsalgebra erfüllen und miteinander nach (4.1.57) kommutieren. Sie sind insofern entkoppelt und durch diese Entkopplung können wir die Eigenwertprobleme für M^+ und M^- getrennt behandeln. Zwar sind die Operatoren nicht direkt mit geometrisch deutbaren infinitesimalen Drehungen verbunden. Aber alle unsere Kenntnisse über die Eigenwerte von Drehimpulsen beruhten allein auf den Vertauschungsrelationen. Daher können wir sofort auf die Eigenwerte von M^+ und M^- schließen

$$\text{Eigenwerte von } (M^+)^2 : j_+(j_+ + 1) \quad \text{mit} \quad j_+ = 0, \frac{1}{2}, 1, \ldots$$

$$\text{Eigenwerte von } (M^-)^2 : j_-(j_- + 1) \quad \text{mit} \quad j_- = 0, \frac{1}{2}, 1, \ldots$$

Die explizite Form von M (4.1.48) führt allerdings zu einer Nebenbedingung

$$M \cdot L = 0$$

bzw.

$$N \cdot L = 0$$

Aus den Definitionen von M^+ und M^- folgt damit

$$M^{+^2} = M^{-^2} = \frac{1}{4}(L^2 + N^2) \tag{4.1.58}$$

und

$$M^+ \cdot M^- = 0 \tag{4.1.59}$$

M^{+^2} und M^{-^2} besitzen also die gleichen Eigenwerte

$$j_+ = j_- = \frac{n-1}{2} =: j \quad n = 1, 2, 3, \ldots \tag{4.1.60}$$

Daher lauten die Eigenwerte von $L^2 + N^2$

$$L^2 + N^2 : 4j(j+1) = 4\left(\frac{n-1}{2}\right)\left(\frac{n+1}{2}\right) = n^2 - 1 \tag{4.1.61}$$

Diese Ergebnisse reichen aus, um die Eigenwerte des Coulombproblems zu bestimmen, wenn wir noch die quantenmechanische Form von (4.1.47) hinzunehmen, die lautet

$$M^2 = 1 + \frac{2\hbar^2}{(Ze^2)^2 M} H(L^2 + 1) \tag{4.1.62}$$

(Der Ausdruck $L^2 + 1$ anstelle von $(r \times p)^2$ ist eine direkte Folge der Nichtvertauschbarkeit von Q und P.) Nach dieser Gleichung bestimmen die Eigenwerte des Lenz'schen Vektors die Energieeigenwerte. Nach H aufgelöst lautet sie

$$H = -\frac{1}{L^2 + N^2 + 1} \frac{1}{2}(Z\alpha)^2 Mc^2 \tag{4.1.63}$$

Benutzen wir nun (4.1.61), so erhalten wir die Rydberg-Formel

$$E_n = -\frac{1}{n^2}\frac{1}{2}(Z\alpha)^2 Mc^2$$

Mit Hilfe des Lenzschen Vektors haben wir somit das Eigenwertproblem des Coulombproblems rein algebraisch gelöst, ohne eine partielle Differentialgleichung betrachten zu müssen. Auch die für ein gegebenes n auftretenden Drehimpulse l können wir bestimmen, wenn wir (4.1.54) nach L auflösen

$$L = M^+ + M^-$$

Damit werden wir auf das Problem geführt, die Eigenwerte der Summe von zwei Drehimpulsoperatoren zu bestimmen. Dies werden wir im Abschnitt 5.2 ausführlich behandeln. Dort werden wir begründen, daß bei der Addition von zwei gleichen Drehimpuls-Quantenzahlen j sich die Werte

$$l = 0, 1, \ldots, 2j \tag{4.1.64}$$

ergeben. Wegen (4.1.60) folgt daraus

$$l = 0, 1, \ldots n - 1$$

also das bekannte Ergebnis für die Coulombentartung.

Aus den Generatoren $M^\pm$ können wir in üblicher Weise durch Exponenzieren die Symmetrietransformationen selbst erhalten. Daher haben die Elemente der neuen Symmetriegruppe die Form

$$U(\boldsymbol{\theta}_+, \boldsymbol{\theta}_-) = e^{-i\boldsymbol{\theta}_+ M^+ - i\boldsymbol{\theta}_- M^-} = e^{-i\boldsymbol{\theta}_+ \cdot M^+} e^{-i\boldsymbol{\theta}_- \cdot M^-} \tag{4.1.65}$$

wobei die Vertauschbarkeit der Operatoren M^+ und M^- verwendet wurde. Die Symmtrietransformationen können also als Produkt geschrieben werden

$$U(\boldsymbol{\theta}_+, \boldsymbol{\theta}_-) = U(\boldsymbol{\theta}_+)U(\boldsymbol{\theta}_-) \tag{4.1.66}$$

Jeder der Faktoren ist einer Drehgruppe $SO(3)$ isomorph, so daß die Symmetriegruppe des Coulombproblems durch

$$SO(3) \otimes SO(3)$$

gegeben ist. Genauer muß man hier $SO(3)$ durch die im Abschnitt 3.2.3 eingeführte unitäre Gruppe $SU(2)$ ersetzen, so daß das Coulombproblem die Sysmmetriegruppe

$$SU(2) \otimes SU(2)$$

hat. Solche Produktgruppen treten in der heutigen theoretischen Physik in verschiedenen Zusammenhängen auf, z.B. in der Elementarteilchenphysik im Zusammenhang mit den „chiralen Ladungsalgebren". Daher kann man bei ihrer Diskussion auf die gegebene Behandlung des Lenzschen Vektors zurückgreifen.

Für die Gruppe $SO(3) \otimes SO(3)$ selbst kann man zeigen, daß sie der Drehgruppe in einem 4-dimensionalen euklidischen Raum $\mathbf{R}^4$ isomorph ist. Diese

Symmetrie wollen wir zum Abschluß dieses Abschnittes durch eine konkrete Umrechnung der Schrödingergleichung für das Coulombpotential illustrieren.[15] Dazu schreiben wir die Schrödingergleichung in der Impulsdarstellung auf, benutzen also die Wellenfunktion

$$\psi(\boldsymbol{p}) := \langle \boldsymbol{p}|E_n, l, m\rangle$$

für die die Eigenwertgleichung die folgende Integralform annimmt

$$(\frac{\boldsymbol{p}^2}{2M} - E_n)\psi(\boldsymbol{p}) = \int \langle \boldsymbol{p}|\frac{Ze^2}{r}|\boldsymbol{p}'\rangle \, \psi(\boldsymbol{p}')d^3p' \tag{4.1.67}$$

Als Integralkern tritt hier die Fouriertranformierte des Coulombpotentials auf – vgl. Abschnitt 2.12.8 aus dem ersten Band

$$\langle \boldsymbol{p}|\frac{Ze^2}{r}|\boldsymbol{p}'\rangle = \frac{1}{2\pi^2\hbar}\frac{Z\,e^2}{(\boldsymbol{p} - \boldsymbol{p}')^2}$$

Die dadurch gegebene Integralgleichung kann man durch eine Reihe geschickter Variablensubstitutionen in eine Form bringen, in der man die Lenzvektor-Symmetrie explizit sieht. Zunächst führt man die 4. Komponente p_4 eines Impulses durch

$$E_n = -\frac{p_4^2}{2M} \tag{4.1.68}$$

ein. Mit Hilfe der vier Impulskomponenten

$$p_1, p_2, p_3, p_4$$

bildet man den folgenden vierdimensionalen Vektor

$$\boldsymbol{\xi} := \frac{2\,p_4\boldsymbol{p}}{\boldsymbol{p}^2 + p_4^2}, \quad \xi_4 := \frac{p_4^2 - \boldsymbol{p}^2}{\boldsymbol{p}^2 + p_4^2} \tag{4.1.69}$$

Diese Variablen wurden so gewählt, daß

$$\sum_{\mu=1}^{4} \xi_\mu^2 = \boldsymbol{\xi}^2 + \xi_4^2 = 1$$

gilt. Der Vierervektor ξ_μ liegt also auf der Oberfläche der Einheitskugel des 4-dimensionalen Raumes, auf einer 3-Sphäre S^3. In diesem Raum kann man Polarkoordinaten durch

$$\xi_4 =: \cos\alpha; \quad \boldsymbol{\xi} =: \sin\alpha\frac{\boldsymbol{p}}{|\boldsymbol{p}|}$$

einführen. Das 3-dimensionale Flächenelement auf der 3-Sphäre wird dann durch

$$d^3\Omega = \sin^2\alpha \, d\alpha \, d\Omega \quad \text{mit} \quad d\Omega = \sin\theta \, d\theta \, d\varphi$$

---

[15]Die Ideen der folgenden Rechnung geht auf V. Fock und V. Bargmann zurück.

gegeben. Aus diesen Formeln findet man den entscheidenden Zusammenhang[16]

$$(\xi - \xi')^2 = \sum_\mu (\xi_\mu - \xi'_\mu)^2 = \frac{4p_4^2}{(\boldsymbol{p}^2 + p_4^2)^2}(\boldsymbol{p} - \boldsymbol{p}')^2 \tag{4.1.70}$$

Mit seiner Hilfe kann man die Integralgleichung (4.1.67) in folgende Form bringen

$$\varphi(\xi) = \frac{\lambda}{2\pi^2} \int \frac{1}{(\xi - \xi')^2} \varphi(\xi') d^3\Omega' \tag{4.1.71}$$

wobei die Funktion φ durch

$$\varphi(\xi) := \frac{\psi(\boldsymbol{p})}{\boldsymbol{p}^2 + p_4^2}$$

definiert ist und der Parameter λ den Energiewert enthält

$$\lambda := \sqrt{-\frac{(Z\alpha)^2 M c^2}{2E_n}}$$

Die Coulombwellenfunktion wird also durch eine Funktion auf einer 3-Sphäre dargestellt und genügt einer im 4-dimensionalen ξ-Raum drehinvarianten Integralgleichung. Dadurch wird die oben genannten SO(4)-Symmetrie konkret realisiert.

4.1.4 Zufällige Entartung des 3-d isotropen Oszillators

Der Hamiltonoperator des isotropen 3-dimensionalen harmonischen Oszillators

$$H = \frac{1}{2M}\,\boldsymbol{P}^2 + \frac{M\omega^2}{2}\,\boldsymbol{Q}^2 \tag{4.1.72}$$

kann als Überlagerung dreier 1-dimensionaler Oszillatoren mit gleicher Frequenz

$$H_i = \frac{1}{2M}\,P_i^2 + \frac{M\omega^2}{2}\,Q_i^2 \quad i = 1, 2, 3$$

betrachtet und nach dem allgemeinen Schema von Abschnitt 2.8 behandelt werden. Dabei kommen allerdings die speziellen Eigenschaften der Drehinvarianz nicht explizit zum Ausdruck.

Andererseits kann man von der radialen Schrödingergleichung (4.1.23) ausgehen und die Methoden aus Kapitel 2, Abschnitt 2.10.5 aus dem ersten Band benutzen. Dort wurden die Eigenwerte von (4.1.72) bereits angegeben

---

[16]Beim Nachprüfen dieser Formel muß man beachten, daß wegen der Energieerhaltung $p_4' = p_4$ und $\boldsymbol{p}'^2 = \boldsymbol{p}^2$ gilt.

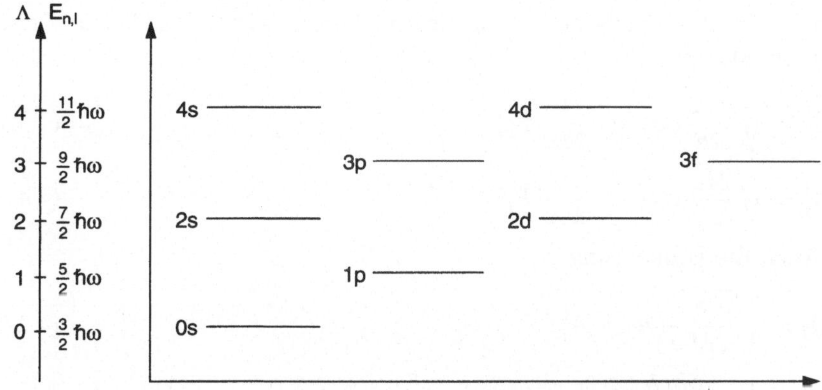

Abb. 4.7. Spektrum des 3-dimensionalen isotropen Oszillators

$$E_{n,l} = \hbar\omega\left(2n + l + \frac{3}{2}\right) = \hbar\omega\left(\Lambda + \frac{3}{2}\right) \tag{4.1.73}$$

wobei n und l unabhängig die natürlichen Zahlen durchlaufen können.
Aus dieser Formel ergibt sich wieder eine zufällige Entartung, die allen Termen mit gleichem Wert von

$$\Lambda = 2n + l$$

die gleiche Energie zuordnet. Dies ist in Abbildung 4.7 dargestellt. Die hier deutlich erkennbare zufällige Entartung von l-Werten mit der gleichen Parität ($l = 0, 2, 4, \ldots$ bzw. $l = 1, 3, 5, \ldots$) hat wie beim Coulombpotential ihren Grund in einer verborgenen Symmetrie, die diesmal aber weit weniger erstaunlich ist. Man kann sie nämlich schon an der in $\boldsymbol{P}$ und $\boldsymbol{Q}$ fast symmetrischen Struktur des Hamiltonoperators (4.1.72) erkennen. Führt man neue Operatoren durch eine Umnormierung ein

$$\boldsymbol{P}' := \frac{1}{\sqrt{2M}}\boldsymbol{P} \quad ; \quad \boldsymbol{Q}' := \sqrt{\frac{M\omega^2}{2}}\boldsymbol{Q}$$

so erhält H sie symmetrische Form

$$H = \boldsymbol{P}'^2 + \boldsymbol{Q}'^2 = P_1'^2 + P_2'^2 + P_3'^2 + Q_1'^{\,2} + Q_2'^{\,2} + Q_3'^{\,2} \tag{4.1.74}$$

Faßt man H als Funktion des 6-dimensionalen Vektors

$$\begin{pmatrix} P_1 \\ \vdots \\ Q_3 \end{pmatrix}$$

auf, so wird H durch die quadratische Norm in einem 6-dimensionalen Raum gegeben und man erkennt eine 6-dimensionale Drehsymmetrie. Allerdings ist die Quantentheorie des isotropen Oszillators nicht $O(6)$-invariant, da auch die kanonischen Vertauschungsrelationen erfüllt werden müssen. Um die genaue

Form dieser „Supersymmetrie" zu finden, führen wir – in üblicher Weise – Leiteroperatoren

$$A_j = \sqrt{\frac{M\omega}{2\hbar}}(Q_j + i\,\frac{1}{M\omega}\,P_j) \tag{4.1.75}$$

$$A_j^\dagger = \sqrt{\frac{M\omega}{2\hbar}}(Q_j - i\,\frac{1}{M\omega}\,P_j) \tag{4.1.76}$$

ein. Auch die Umkehrung

$$Q_j = \sqrt{\frac{\hbar}{2M\omega}}(A_j + A_j^\dagger) \tag{4.1.77}$$

$$P_j = \frac{1}{i}\,\sqrt{\frac{M\omega\hbar}{2}}(A_j - A_j^\dagger) \tag{4.1.78}$$

wird für uns wichtig werden. Mit Hilfe der Leiteroperatoren lautet der Hamiltonoperator

$$H = \hbar\omega \sum_{j=1}^{3} (A_j^\dagger A_j + \frac{1}{2})$$

und es gelten die Vertauschungsrelationen

$$[A_j, A_k^\dagger] = \delta_{jk}$$
$$[A_j, A_k] = [A_j^\dagger, A_k^\dagger] = 0$$

Diese Ergebnisse werden im Kapitel 2.8 ausführlich begründet und erläutert. In unserem Zusammenhang ist es entscheidend, lineare Transformationen der A_j zu betrachten

$$A_j' = \sum_{l=1}^{3} U_{jl}A_l \quad j = 1, 2, 3 \tag{4.1.79}$$

Hier sind die

$$U = (U_{jl})$$

dreidimensionale Matrizen. Wählt man sie als unitär, d.h. fordert man die Bedingung

$$U^\dagger U = 1$$

bzw.

$$\sum_{k=1}^{3} U_{kj}^\star U_{kl} = \delta_{jl}$$

so bleiben sowohl der Hamiltonoperator als auch die Vertauschungsrelationen unverändert. Wir rechnen dies für die Vertauschungsrelationen zwischen A_j und A_k explizit vor:

$$[A'_j, A_k{'}^\dagger] = \sum_{lm} U_{jl} U_{km}^* [A_l, A_m^\dagger]$$

$$= \sum_{lm} U_{jl} U_{km}^* \delta_{lm}$$

$$= \sum_{l} U_{jl} U_{kl}^*$$

$$= \delta_{jk}$$

Die Quantentheorie des harmonischen Oszillators ist daher unter der Gruppe $U(3)$, der Gruppe der unitären Transformationen in 3 Dimensionen, invariant. An dieser Stelle muß man klar zwischen den eben eingeführten 3-dimensionalen unitären Matrizen, die die Operatoren A_j gemäß (4.1.79) linear kombinieren, und den unitären Operatoren $U(\boldsymbol{\theta})$ unterscheiden, die im – unendlich dimensionalen – Hilbertraum der kets wirken und Operatoren nach der Regel

$$U(\boldsymbol{\theta})^{-1} A_j U(\boldsymbol{\theta})$$

transformieren. Da man oft in beiden Fällen das Symbol U benutzt, kann dies zu Verwirrungen führen. In diesem Unterabschnitt treten weiterhin nur 3×3-Matrizen auf.

Am Beispiel des harmonischen Oszillators kann der Unterschied zwischen „offensichtlicher" und „verborgener" Symmetrie noch einmal sehr explizit demonstriert werden. Dazu untersuchen wir, wie sich die Orts- und Impulsoperatoren unter den unitären Abbildungen transformieren.

$$Q'_j = \sqrt{\frac{\hbar}{2M\omega}} (A'_j + A'^\dagger_j)$$

$$= \sqrt{\frac{\hbar}{2M\omega}} \sum_{j} (U_{jl} A_l + U_{jl}^\star A_l^\dagger)$$

Benutzen wir die Definitionen (4.1.75) und (4.1.76) sowie die Gleichungen

$$\frac{1}{2} (U_{jl} + U_{jl}^\star) = Re(U_{jl})$$

$$\frac{1}{2i} (U_{jl} - U_{jl}^\star) = Im(U_{jl})$$

so erhalten wir die Transformationsformeln für den Ort

$$Q'_j = \sum_{l} [Re(U_{jl}) Q_l - Im(U_{jl}) \frac{1}{M\omega} P_l]$$

Entsprechend gilt für den Impuls

$$P'_j = \sum_l [Re(U_{jl})P_l + Im(U_{jl})M\omega P_l]$$

Diese Formeln machen deutlich, daß bei einer allgemeinen $U(3)$-Transformation Mischungen der Orts- und Impulsoperatoren auftreten. Nur wenn die (U_{jl}) reell sind bleiben Impuls und Ort getrennt. Durch die Bedingung

$$U_{jl} = R_{jl}$$

erhält man eine Untergruppe von $U(3)$, die mit der der 3-dimensionalen orthogonalen Gruppe $O(3)$ identisch ist. Denn für reelle Matrizen stimmen die Bedingungen der Unitarität und Orthogonalität überein.

Nach diesem Ergebnis geben die Energieeigenvektoren des harmonischen Oszillators **Darstellungen der Gruppe** $U(3)$. Diese Gruppe spielt auch in anderen Bereichen der Physik, insbesondere der Elementarteilchenphysik eine fundamentale Rolle. Ihre wichtigsten Eigenschaften und die grundsätzliche Kenntnis ihrer Darstellungen gehören zum Grundkanon des physikalischen Wissens. Daher soll hier wenigstens die Struktur dieser Darstellungen skizziert und gezeigt werden, wie sich daraus die Entartungsgrade des Oszillatorspektrums ergeben.

Wie im Falle von $U(2)$ im Abschnitt 3.2.3 kann man zunächst die Phasenmultiplikationen also die Gruppe $U(1)$ abspalten

$$U(3) = U(1) \otimes SU(3)$$

wobei $SU(3)$ die Gruppe aller unitären 3-dimensionalen Matrizen mit der Determinate 1 ist. Man kann sie sich als Matrizen vorstellen, die auf 3-dimensionale komplexe Vektoren wirken.

$$\begin{pmatrix} q_1 \\ q_2 \\ q_3 \end{pmatrix}$$

In der Elementarteilchenphysik stellen sie die Zustandsvektoren der **Quarks** dar, die entweder die drei **Farben der Quarks** oder ihre drei **Flavours** beschreiben:

$$\begin{pmatrix} q_{\text{blau}} \\ q_{\text{grün}} \\ q_{\text{rot}} \end{pmatrix} \quad \text{oder} \quad \begin{pmatrix} q_{\text{up}} \\ q_{\text{down}} \\ q_{\text{strange}} \end{pmatrix}$$

In Falle des Oszillators dienen die drei Leiteroperatoren als Komponenten dieses Vektors

$$\begin{pmatrix} A_1 \\ A_2 \\ A_3 \end{pmatrix} \tag{4.1.80}$$

In der Theorie der Gruppe $SU(3)$ zeigt man, daß sämtliche Multipletts als einfache symmetrische Figuren in einer Ebene dargestellt werden können.

Ihre Darstellungsräume lassen sich durch zwei natürliche Zahlen α und β kennzeichnen. Dies ist eine Verallgemeinerung der Situation bei $SU(2)$, dessen Darstellungen durch eine natürliche Zahl $2j + 1$ bestimmt sind. Die erlaubten Vektoren innerhalb eines $SU(3)$-Multipletts können durch zwei „Nebenquantenzahlen" ϱ und σ gekennzeichnet werden, so daß die Vektoren der $SU(3)$ in Verallgemeinerung von $|j, m\rangle$ durch

$$|\alpha, \beta; \rho, \sigma\rangle$$

bezeichnet werden. Daher kann man sie durch Punkte in einer Ebene bildlich darstellen, deren Koordinaten durch (ϱ, σ) gegeben werden. Die Theorie zeigt, daß die Skalen der beiden Koordinatenachsen, der ρ- und der σ-Achse, so gewählt werden können, daß die Darstellungen sehr symmetrische Figuren, nämlich gleichseitige Dreiecke und nicht unbedingt gleichseitige Sechsecke bilden.

Die einfachsten von ihnen sind in Abbildung 4.8 dargestellt. Sie enthalten

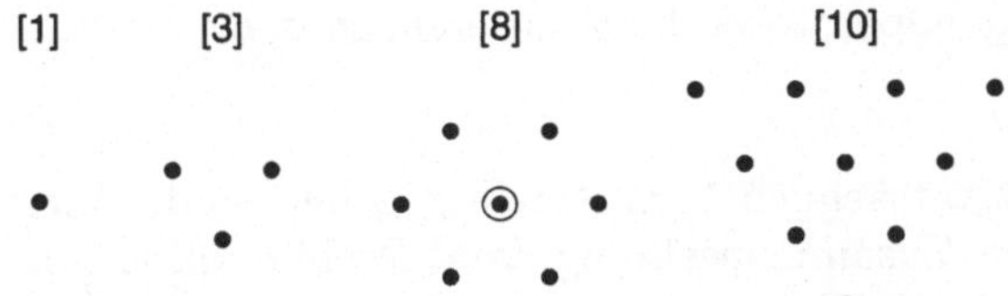

Abb. 4.8. Einfache SU(3)-Multipletts

$$1, 3, 8, 10, \ldots \tag{4.1.81}$$

Zustände, die entsprechend als

Singulett [1]   Triplett [3]   Oktett[8]   Dekuplett [10] $\ldots$

bezeichnet werden. Das Oktett ist dabei ein Sechseck, dessen Mittelpunkt doppelt besetzt ist.

Beim harmonischen Oszillator treten nur Dreiecke auf; die kleinsten von ihnen zeigt Abbildung 4.9. Ihre Dimensionen sind

$$3, 6, 10, \ldots \tag{4.1.82}$$

Diese Zahlen geben auch die Entartungsgrade der Energieniveaus des Oszillators an. Man kann sich durch Abzählen überzeugen, daß diese Entartungsgrade genau den Zahlen der Zustände der vier niedersten Niveaus des Grotrian-Diagramms von Abbildung 4.7 entsprechen, wenn man sie entsprechend ihrem Drehimpuls-Entartungsgrad $2l + 1$ abzählt.

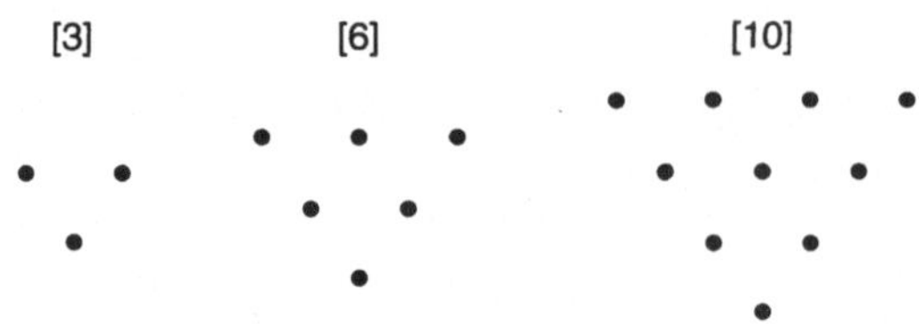

Abb. 4.9. Dreieck-Multipletts

Expliziter kann man den Zusammenhang der $SU(3)$-Darstellungen mit Oszillator Zuständen angeben, wenn man diese mit Hilfe der Aufsteige-Operatoren $A_j^\dagger$ aus dem Grundzustand $|0\rangle$ erzeugt:

$$
\begin{aligned}
&\text{Grundzustand:} && |0\rangle \\
&\text{1. angeregter Zustand :} && |j\rangle := A_j^\dagger|0\rangle \\
&\text{2. angeregter Zustand:} && |j,k\rangle := A_j^\dagger A_k^\dagger|0\rangle
\end{aligned}
\tag{4.1.83}
$$

Durch diese Gleichungen werden ein Singulett $|0\rangle$, ein Triplett $|j\rangle$ und ein Sextett $|j,k\rangle$ gegeben, wo bei den letzten Zuständen beachtet werden muß, daß die Aufsteige-Operatoren kommutieren, so daß

$$|j,k\rangle = |k,j\rangle$$

gilt, und damit tatsächlich 6 Zustände gegeben sind. Wir werden bei der Darstellung der Zusammensetzung von Drehimpulsen im Abschnitt 5.2 zeigen, daß die Zustände von (4.1.83) die Drehimpulse $l=0, l=1$ bzw. $l=0$ und $l=2$ enthalten, wie es die Energieformel (4.1.73) fordert.

Zum Abschluß dieses Abschnitts illustrieren wir die Rolle der $SU(3)$-Multipletts in der Elementarteilchenphysik.

Das Singulett [1] beschreibt vor allem den Vakuumzustand, der keine Teilchen enthält; das Triplett [3] enthält die Quarks mit ihren drei Freiheitsgraden.

Von den direkt beobachtbaren Teilchen sind die Nukleonen – Proton(P) und Neutron(N) – in dem kleinsten Sechseck, dem Oktett [8], enthalten, vgl. Abbildung 4.10.

Außer den Nukleonen enthält das Oktett die Hyperonen Λ und Σ und die Kaskadenteilchen Ξ. Das zweite beobachtete $SU(3)$-Multipletts ist ein Oktett für Mesonen, das neben den π-Mesonen, das η-Meson und die K-Mesonen mit ihren Antiteilchen, die $\overline{K}$-Mesonen, enthält, vgl. Abbildung 4.11.

Schließlich müssen wir das Baryonen-Dekuplett erwähnen, das angeregte Baryonenzustände, insbesondere das Δ-Isobar enthält, vgl. Abbildung 4.12.

Historisch hat das Teilchen in der unteren Ecke des Dekupletts, das Ω^-, eine besondere Rolle gespielt: Es wurde – eben als Teilchen, das die untere Ecke ausfüllen muß – theoretisch vorausgesagt, bevor es mit gezielt durchgeführten Experimenten gefunden wurde.

$$N \qquad P$$

$$\Sigma^- \qquad \underset{\Sigma^0}{\Lambda^0} \qquad \Sigma^+$$

$$\Xi^- \qquad \Xi^0$$

Abb. 4.10. Baryonen-Oktett

$$K^+ \qquad K^0$$

$$\pi^- \qquad \underset{\eta}{\pi^0} \qquad \pi^+$$

$$K^- \qquad \overline{K^0}$$

Abb. 4.11. Mesonen-Oktett

$$\Delta^- \qquad \Delta^0 \qquad \Delta^+ \qquad \Delta^{++}$$

$$\Sigma^{*-} \qquad \Sigma^{*0} \qquad \Sigma^{*+}$$

$$\Xi^{*-} \qquad \Xi^{*0}$$

$$\Omega^-$$

Abb. 4.12. Dekuplett der angeregten Baryonen

Diese kurzen Bemerkungen sollten deutlich machen, daß die gleichen mathematischen Strukturen ganz verschiedene physikalische Objekte beschreiben können. Damit wird die immer wieder verblüffende Effektivität der Mathematik demonstriert. Andererseits ist dies für das Verständnis der Physik recht hilfreich: Man benötigt nicht all zuviele Grundbegriffe, um die physikalischen Phänomene zu beschreiben.

4.2 Schrödingersche Störungsrechnung

Nur für wenige Potentiale kann das Spektrum und das Eigenvektorsystem
eines Hamiltonoperators

$$H = \frac{1}{2M}\, \boldsymbol{P}^2 + V$$

explizit berechnet werden. Zwar kann man letzten Endes auf die numerische Lösung der radialen Schrödingergleichung (4.1.23) mit Hilfe von Computern zurückgreifen. Dabei gewinnt man aber oft nur schwer allgemeine
Einsichten in die Eigenschaften der Eigenwerte und Eigenvektoren. Hinzu
kommt, daß sich die zu behandelnden Hamiltonoperatoren nicht immer als
Differentialoperatoren schreiben lassen. Daher ist es wichtig, daß es allgemeine Näherungsverfahren gibt, die nicht auf die Differentialgleichungsform
der Hamiltonoperatoren beschränkt sind, und auch nicht auf numerischen
Lösungen von Differentialgleichungen beruhen. Viele dieser Verfahren sind
den Methoden der Himmelsmechanik nachgebildet, wo es um die Behandlung
von Planetensystemen im Rahmen der klassischen Mechanik geht.

Das für die Quantenmechanik wichtigste Verfahren wurde von Schrödinger schon 1926 angegeben. Es behandelt sehr allgemeine Hamiltonoperatoren
H, die nicht unbedingt die Form „Kinetische + Potentielle Energie" haben
müssen. Es muß aber möglich sein, H in zwei Anteile

$$H = H_0 + H' \tag{4.2.1}$$

zu zerlegen, von denen der erste Term H_0 bekannte Eigenwerte und Eigenvektoren hat, und der zweite Term H' „klein" im Vergleich zu H_0 sein muß. Die
genaue Bedeutung dieser Bedingung können wir erst angeben, wenn wir das
Verfahren durchgeführt haben. Zunächst ein allgemein verwendeter Sprachgebrauch: Man betrachtet H' als „Störung" der durch H_0 beschriebenen
Dynamik. H_0 ist daher der „ungestörte" Hamiltonoperator.

Die Schrödingersche Störungstheorie beruht auf der Idee, die Eigenwerte
und Eigenvektoren von H in eine **Potenzreihe** zu entwickeln, die durch
Potenzen H'^n definiert ist. Zur „Markierung" der verschiedenen Ordnungen
der Reihe führen wir einen Parameter λ ein, der von $\lambda = 0$, wo die „Störung
ausgeschaltet" ist bis $\lambda = 1$, wo die „Störung voll eingeschaltet" ist, variiert.
Wir schreiben

$$H = H_0 + \lambda H' \tag{4.2.2}$$

und stellen uns die Aufgabe, das Eigenwertproblem

$$H\,|\,E\,\rangle = (H_0 + \lambda H')\,|\,E\,\rangle = E\,|\,E\,\rangle \tag{4.2.3}$$

durch Darstellung der Energieeigenwerte E und der Eigenvektoren $|\,E\,\rangle$ als
Potenzreihen in λ zu lösen. Dazu beginnen wir mit den Ansätzen

$$E = E^{(0)} + \lambda E^{(1)} + \ldots = \sum_{\nu=0}^{\infty} \lambda^{\nu} E^{(\nu)} \tag{4.2.4}$$

$$|E\rangle = |E\rangle^{(0)} + \lambda |E\rangle^{(1)} + \ldots = \sum_{\nu=0}^{\infty} \lambda^{\nu} |E\rangle^{(\nu)} \tag{4.2.5}$$

Die oberen Indizes der Eigenwerte $E^{(\nu)}$ bzw. der Vektoren $|E\rangle^{(\nu)}$ bestimmen die „Ordnung" des Näherungsverfahrens. Wir werden von der 0-ten, 1-ten etc. Ordnung sprechen. Zur Anwendung dieser Reihen auf (4.2.3) empfiehlt es sich, die Gleichung umzuschreiben in

$$(H_0 + \lambda H' - E)|E\rangle = 0 \tag{4.2.6}$$

Durch Einsetzen der Potenzreihen ergibt sich

$$(H_0 + \lambda H' - E^{(0)} - \lambda E^{(1)} - \lambda^2 E^{(2)} + \cdots) \times \tag{4.2.7}$$
$$(|E\rangle^{(0)} + \lambda |E\rangle^{(1)} + \lambda^2 |E\rangle^{(2)} + \cdots) = 0$$

Diesen Ausdruck ordnen wir nach Potenzen von λ und beschränken uns zunächst auf die in λ linearen Terme

$$(H_0 - E^{(0)})|E\rangle^{(0)} \tag{4.2.8}$$
$$+ \lambda \left[(H' - E^{(1)})|E\rangle^{(0)} + (H_0 - E^{(0)})|E\rangle^{(1)} \right] + \cdots = 0$$

wobei wir zunächst nur die Terme bis zur ersten Ordnung in λ berücksichtigt haben. Diese Bedingung muß für beliebige Werte von λ gelten, so daß sich zwei Sätze von Gleichungen

$$(H_0 - E^{(0)})|E\rangle^{(0)} = 0 \tag{4.2.9}$$
$$(H_0 - E^{(0)})|E\rangle^{(1)} = (E^{(1)} - H')|E\rangle^{(0)} \tag{4.2.10}$$

ergeben, die im folgenden gelöst werden sollen.

Die erste Bedingung (4.2.9) besagt, daß die 0-ten Näherungen $E^{(0)}$ bzw. $|E^{(0)}\rangle$ mit den Eigenwerten bzw. Eigenvektoren von H_0 übereinstimmen. Die Auswertung dieser einfach erscheinenden Tatsache ist nicht ganz einfach. Man muß unterscheiden, ob man von einem **nicht entarteten Eigenwert** von H_0 ausgehen kann oder ob der betrachtete Eigenwert mehrere linear unabhängige Eigenvektoren besitzt. Wir behandeln zunächst den einfacheren Fall eines nicht entarteten Eigenwerts. Darüber hinaus nehmen wir an, daß das Spektrum von H_0 rein diskret ist.

4.2.1 Die erste Näherung für nicht entartete Eigenwerte

Nach (4.2.9) ist die nullte Näherung $|E\rangle^{(0)}$ ein Eigenvektor von H_0. Im Anfangsschritt muß der spezielle Eigenwert von H_0 ausgewählt werden, aus dem der exakte Wert E hervorgehen soll. Wir bezeichnen diesen Eigenwert von H_0 mit ε_n und halten n fest. Die 0-te Näherung $E^{(0)}$ wird also durch

$$E^{(0)} = \varepsilon_n \tag{4.2.11}$$

gegeben.

Wie angekündigt setzen wir zunächst voraus, daß ε_n nicht entartet ist, so daß der normierte Lösungsvektor von

$$H_0 \,|\, \varepsilon_n \,\rangle = \varepsilon_n \,|\, \varepsilon_n \,\rangle \qquad (4.2.12)$$

bis auf einen Phasenfaktor eindeutig bestimmt ist. Es gilt also

$$|\, E \,\rangle^{(0)} = e^{i\alpha} \,|\, \varepsilon_n \,\rangle \qquad (4.2.13)$$

Es wird sich später zeigen, daß ein von 1 verschiedener Phasenfaktor notwendig ist, um den Eigenzustand $|\, E \,\rangle$ geeignet zu normieren. Vorerst setzen wir trotzdem – der Übersichtlichkeit halber – den Phasenfaktor gleich Eins, also $\alpha = 0$, und werden später den Vektor $|\, E \,\rangle$ geeignet umeichen.

Um die erste 1. Näherung zu erhalten, muß die Gleichung (4.2.10) gelöst werden. Es liegt nahe dafür den inversen Operator

$$\frac{1}{H_0 - \varepsilon_n}$$

zu verwenden. Aber da ε_n im Spektrum von H_0 liegt, existiert dieser Operator nicht im ganzen Hilbertraum. Wir werden später ein Verfahren beschreiben, das dennoch von ihm Gebrauch macht. Vorerst ist es für das Verständnis des Verfahrens besser, aus der Gleichung (4.2.10) im Hilbertraum ein „gewöhnliches", wenn auch unendliches lineares Gleichungssystem durch die Wahl einer geeigneten Basis im Hilbertraum zu machen. Dazu bieten sich die Eigenvektoren von H_0 an:

$$\{|\varepsilon_1\rangle, |\varepsilon_2\rangle, \cdots, |\varepsilon_n\rangle, \cdots\}$$

Man spricht auch von der „H_0-Darstellung". Der Eigenwert $E^{(0)} = \varepsilon_n$ spielt in (4.2.10) eine besondere Rolle, daher bilden wir als erstes das Skalarprodukt dieser Gleichung mit dem Zustand $|\varepsilon_n\rangle$. Dann verschwindet die linke Seite wegen

$$\langle \varepsilon_n | H_0 - E^{(0)} | E \rangle^{(1)} = \langle \varepsilon_n | H_0 - \varepsilon_n | E \rangle^{(1)} = \langle \varepsilon_n | \varepsilon_n - \varepsilon_n | E \rangle^{(1)} = 0$$

wobei im vorletzten Schritt die Eigenwertgleichung (4.2.12) verwendet wurde. Man erhält schließlich

$$E^{(1)} = \langle\, \varepsilon_n \,|\, H' \,|\, \varepsilon_n \,\rangle \qquad (4.2.14)$$

Damit haben wie schon die erste Näherung des Energie-Eigenwertes gewonnen

$$E^{(0)} + \lambda E^{(1)} = \varepsilon_n + \lambda \langle\, \varepsilon_n \,|\, H' \,|\, \varepsilon_n \,\rangle$$

Genauer formuliert: Dieser Ausdruck gibt in erster Näherung den Wert des Eigenwertes E_n an, der aus ε_n durch die Störung H' entsteht. Daher schreiben wir

$$E_n = E^{(0)} + \lambda E^{(1)} + 0(\lambda^2)$$

und finden aus (4.2.11) und (4.2.14)

$$\boxed{E_n = \langle\, \varepsilon_n \,|\, H \,|\, \varepsilon_n \,\rangle + 0(\lambda^2) = \varepsilon_n + \langle\varepsilon_n|\lambda\,H'|\varepsilon_n\rangle + 0(\lambda^2)}$$

(4.2.15)

Die erste Näherung des aus ε_n entstehenden Eigenwerts von H wird durch den Erwartungswert von H im Zustand $|\,\varepsilon_n\,\rangle$ gegeben.

Dieses einfache Resultat hat die gleiche wichtige Bedeutung wie die goldene Regel Fermis für die Übergangswahrscheinlichkeiten, vgl. Kapitel 3.6 des ersten Bandes, sie ist die **die goldene Regel der Schrödingerschen Störungstheorie**. Mit ihr kommt man in der großen Mehrheit der Anwendungen aus.

Aus dieser Regel folgt etwa: Für einen attraktiven Störterm, für den H' negativ ist, wird der Energiewert nach unten, zu kleineren Werten hin verschoben. Falls H' positiv, also repulsiv ist, wird er vergrößert. Damit finden wir die Regel wieder, die wir bei der Diskussion des Zentrifugalbeitrages angewendet hatten, vgl. Abschnitt 4.1.2.

Um auch den Vektor $|\,E\,\rangle^{(1)}$ zu berechnen, entwickeln wir diesen Zustand nach dem vollständigen System der $|\,\varepsilon_m\,\rangle$

$$|\,E\,\rangle^{(1)} = \sum_m |\,\varepsilon_m\,\rangle\langle\,\varepsilon_m\,|E\,\rangle^{(1)}$$

Die hier auftretenden Skalarprodukte können wir für $m \neq n$ aus (4.2.10) bestimmen. Denn bilden wir in dieser Gleichung das Skalarprodukt mit $\langle\varepsilon_m|$ so finden wir wieder wegen (4.2.12)

$$(\varepsilon_m - \varepsilon_n)\langle\,\varepsilon_n\,|\,E\,\rangle^{(1)} = -\langle\,\varepsilon_m\,|H'|\varepsilon_n\,\rangle$$

Hier können wir wegen $\varepsilon_m \neq \varepsilon_n$ dividieren und finden

$$\langle\,\varepsilon_n\,|\,E\,\rangle^{(1)} = \frac{1}{\varepsilon_m - \varepsilon_n}\,\langle\,\varepsilon_m\,|\,H'\,|\,\varepsilon_n\,\rangle$$

(4.2.16)

Dieses Resultat verwenden wir in der Entwicklung von $|\,E\,\rangle^{(1)}$ dadurch, daß wir in der Summe den Term mit $m = n$ extra behandeln und schreiben

$$|\,E\,\rangle^{(1)} = |\,\varepsilon_n\,\rangle\langle\,\varepsilon_n\,|\,E\,\rangle^{(1)} + {\sum_m}' \frac{1}{\varepsilon_m - \varepsilon_n}\,|\,\varepsilon_m\,\rangle\langle\,\varepsilon_m\,|\,H'\,|\,\varepsilon_n\,\rangle$$

(4.2.17)

Hierbei wurde die „gestrichene Summe" durch

$${\sum_m}' := \sum_{m \neq n}$$

(4.2.18)

eingeführt, eine Bezeichnung, die sich in der Störungsrechnung eingebürgert hat. In (4.2.17) müssen wir noch den ersten Summanden bestimmen. Sein Wert wird durch die Normierung des Eigenzustands $|\,E\,\rangle$ festgelegt:

$$\langle E \,|\, E \rangle = 1 \tag{4.2.19}$$

Üblicherweise legt die Normierungsbedingung einen Faktor für einen Hilbertraumvektor fest. Im Rahmen der Störungtheorie wird aber aus dem Faktor ein additiver Term, wie folgende Rechnung zeigt.

Aus

$$|E\rangle = |\varepsilon_n\rangle + \lambda\,|E\rangle^{(1)} + 0(\lambda^2)$$

folgt

$$\langle E\,|\,E\rangle = 1 + \lambda\left[\langle\varepsilon_n\,|\,E\rangle^{(1)} + {}^{(1)}\langle E\,|\,\varepsilon_n\rangle\right] + 0(\lambda^2)$$

Die Normierung (4.2.19) wird erreicht, wenn $\langle\varepsilon_n\,|\,E\rangle^{(1)}$ rein imaginär ist, man also

$$\langle\varepsilon_n\,|\,E\rangle^{(1)} = i\alpha \quad \text{mit } \alpha \in \mathbf{R} \tag{4.2.20}$$

setzen kann. Nach Berücksichtigung des Faktor λ folgt

$$\langle\varepsilon_n\,|\,E\rangle = 1 + i\alpha\lambda + 0(\lambda^2)$$

Dies ist aber nichts anderes als die erste Näherung von $e^{i\alpha\lambda}$, so daß man auch schreiben kann

$$\langle\varepsilon_n\,|\,E\rangle = e^{i\alpha\lambda} + 0(\lambda^2)$$

Die hier auftretende Phase kann durch eine Umdefinition von $|E\rangle$ fortgeschafft werden:

$$|E\rangle \to e^{-i\alpha\lambda}\,|E\rangle = (1 - i\alpha\lambda)(|\varepsilon_n\rangle + \lambda\,|E\rangle^{(1)}) + 0(\lambda^2)$$
$$= |\varepsilon_n\rangle + \lambda(|E\rangle^{(1)} - i\alpha\,|\varepsilon_n\rangle) + 0(\lambda^2)$$

Mit (4.2.20) kann man schließlich schreiben

$$|E\rangle \to |\varepsilon_n\rangle + \lambda\left[|E\rangle^{(1)} - |\varepsilon_n\rangle\langle\varepsilon_n\,|\,E\rangle^{(1)}\right] + 0(\lambda^2)$$

Durch die „Umeichung" von $|E\rangle$ wird der erste unbekannte Term in (4.2.17) fortgeschafft, und die 1. Näherung des Eigenvektors lautet

$$|E\rangle^{(1)} = \sum_m{}' \frac{1}{\varepsilon_n - \varepsilon_m}\,|\varepsilon_m\rangle\langle\varepsilon_m\,|\,H'\,|\,\varepsilon_n\rangle \tag{4.2.21}$$

Analog der Umformung von (4.2.14) und (4.2.15) kann man dieses Ergebnis mit

$$|E_n\rangle := |E\rangle = |E\rangle^{(0)} + \lambda\,|E\rangle^{(1)} + 0(\lambda^2)$$

auch in die Form

$$\boxed{\;|E_n\rangle = |\varepsilon_n\rangle + \sum_m{}' \frac{1}{\varepsilon_n - \varepsilon_m}\,|\varepsilon_m\rangle\langle\varepsilon_m\,|\,\lambda H'\,|\,\varepsilon_n\rangle + 0(\lambda^2)\;} \tag{4.2.22}$$

bringen. Wir weisen auf die auftretenden Energienenner hin, durch die die von $|\varepsilon_n\rangle$ entfernt liegenden Eigenvektoren immer schwächer eingehen, falls die Matrixelemente

$$\langle\, \varepsilon_m\,|\,H'\,|\,\varepsilon_n\,\rangle$$

nicht mit $|\varepsilon_n - \varepsilon_m|$ anwachsen.

Der Ausdruck (4.2.22) läßt sich in einer kompakten Weise schreiben, mit deren Hilfe sich die Verallgemeinerung zu höheren Näherungen leicht erraten läßt. Wir führen den Projektionsoperator

$$Q_n := 1 - |\,\varepsilon_n\,\rangle\langle\,\varepsilon_n\,| \tag{4.2.23}$$

ein, der auf den zu $|\,\varepsilon_n\,\rangle$ orthogonalen Teil des Hilbertraumes projiziert.

$$Q_n\,|\varepsilon_n\,\rangle = 0 \quad\text{und}\quad Q_n|\varepsilon_m\,\rangle = |\varepsilon_m\,\rangle \quad\text{für}\quad m \neq n$$

Man kann – nach der Vollständigkeitsrelation – auch schreiben

$$Q_n = \sum_m{}' \ |\varepsilon_m\,\rangle\langle\,\varepsilon_m\,| \tag{4.2.24}$$

Mit Hilfe von Q_n kann man die Summe in (4.2.22) umformen

$$\sum_m{}' \frac{1}{\varepsilon_n - \varepsilon_m}\,|\varepsilon_m\,\rangle\langle\,\varepsilon_m\,| = \frac{1}{\varepsilon_n - H_0}\sum_m{}'\,|\varepsilon_m\,\rangle\langle\,\varepsilon_m\,| = \frac{Q_n}{\varepsilon_n - H_0} \tag{4.2.25}$$

Der hier auftretende Operator

$$\frac{Q_n}{\varepsilon_n - H_0} := Q_n\frac{1}{\varepsilon_n - H_0} = \frac{1}{\varepsilon_n - H_0}Q_n = Q_n\frac{1}{\varepsilon_n - H_0}Q_n \tag{4.2.26}$$

ist wegen $m \neq n$ wohldefiniert. Er wirkt nichttrivial nur auf dem Teilraum orthogonal zu $|\varepsilon_n\rangle$. Für den Zustand $|\varepsilon_n\rangle$ selbst wirkt er als Null-Operator. Bei den Umrechnungen in (4.2.26) wurde von der Vertauschbarkeit von Q_n mit H_0 Gebrauch gemacht und die Idempotenz des Projektionsoperators $Q_n^2 = Q_n$ verwendet. Auch die Schreibweise mit Bruchstrich wird durch die Vertauschbarkeit gerechtfertigt. Mit Hilfe von Q_n folgt aus (4.2.22)

$$|\,E_n\,\rangle = \left(1 + \frac{Q_n}{\varepsilon_n - H_0}\,\lambda H'\right)|\,\varepsilon_n\,\rangle + 0(\lambda^2) \tag{4.2.27}$$

Dies ist der kürzeste Ausdruck für die erste Näherung von $|\,E\,\rangle$.

4.2.2 Zweite und höhere Näherungen

Um $E^{(2)}$ und $|E\rangle^{(2)}$ zu berechnen, gehen wir auf die Ausgangsgleichung (4.2.7) zurück und sammeln alle Terme proportional λ^2. Man erhält so

$$\lambda^2\left(H_0|\,E\,\rangle^{(2)} + H'|\,E\,\rangle^{(1)} - E^{(0)}|\,E\,\rangle^{(2)} - E^{(1)}|\,E\,\rangle^{(1)} - E^{(2)}|\,E\,\rangle^{(0)}\right) = 0$$

woraus folgt

$$(H_0 - E^{(0)}|E\rangle^{(2)} = E^{(2)}|E\rangle^{(0)} + (E^{(1)} - H')|E\rangle^{(1)} \tag{4.2.28}$$

Wieder muß die rechte Seite wegen $E^{(0)} = \varepsilon_n$ orthogonal auf $|\varepsilon_n\rangle$ sein. Es folgt

$$E^{(2)} = \langle\varepsilon_n|H' - E^{(1)}|E\rangle^{(1)}$$

Da nach (4.2.21) – als Folge unserer Umeichung – $|E^{(1)}\rangle$ orthogonal auf $|\varepsilon_n\rangle$ steht, folgt

$$E^{(2)} = \langle\varepsilon_n|H'|E\rangle^{(1)}$$

Setzen wir den Ausdruck für $|E\rangle^{(1)}$ aus (4.2.21) ein, so ergibt sich

$$E^{(2)} = \sum_m{}' \langle\varepsilon_n|H'|\varepsilon_m\rangle \frac{1}{\varepsilon_n - \varepsilon_m} \langle\varepsilon_m|H'|\varepsilon_n\rangle \tag{4.2.29}$$

In der symbolischen Notation von (4.2.25) lautet dies

$$E^{(2)} = \langle\varepsilon_n|H' \frac{Q_n}{\varepsilon_n - H_0} H'|\varepsilon_n\rangle \tag{4.2.30}$$

Dieses Ergebnis kann und sollte man sich wie folgt einprägen

Die zweite Näherung der Energie kann man durch einen Zwei-Stufen-Prozeß berechnen:
Die Störung H' erzeugt einen Übergang von $|\varepsilon_n\rangle$ zum Zwischenzustand $|\varepsilon_m\rangle$. Danach tritt ein Energienenner $1/(\varepsilon_n - \varepsilon_m)$ auf und schließlich bringt H' das System wieder zu $|\varepsilon_n\rangle$ zurück.

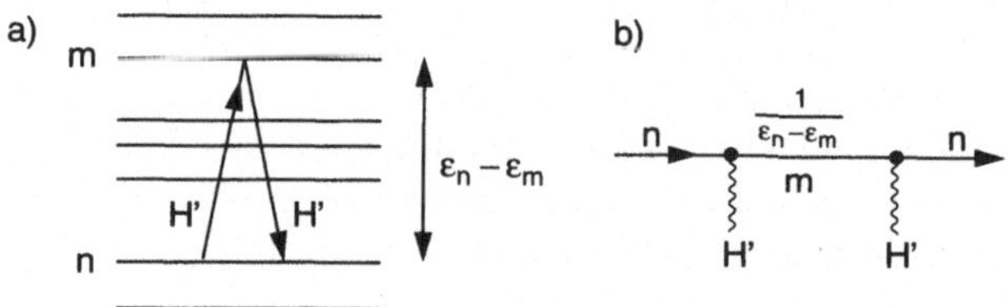

Abb. 4.13. 2. Näherung der Schrödingerschen Störungsrechnung

Dieses Verfahren wird in der Abbildung 4.13 illustriert. Dabei wird die Energiedifferenz durch den Abstand der Niveaus in Abbildung 4.13 (a) angedeutet. In Abbildung 4.13 (b) wird das Ergebnis der Störungsrechnung in Form eines Feynmangraphen dargestellt,[17] wobei der Energienenner die Rolle eines Propagators übernimmt.

Wieder kann man das Ergebnis auch direkt für den gesamten Energiewert E_n angeben. Aus (4.2.14) und (4.2.30) folgt

---

[17]Vergleiche dazu Abschnitt 2.12.6 des ersten Bandes.

$$E = \langle\, \varepsilon_n \,|\, [H_0 + \lambda H' + \lambda H' \,\frac{Q_n}{\varepsilon_n - H_0}\, \lambda H'] \,|\, \varepsilon_n \,\rangle + 0(\lambda^3) \qquad (4.2.31)$$

Die Ergebnisse (4.2.27) und (4.2.31) kann man als Anfang einer Potenzreihen-Entwicklung in λ ansehen. Ohne Beweis erraten wir ihre Struktur

$$|\, E_n \,\rangle = \sum_{\nu=0}^{\infty} \left(\frac{Q_n}{\varepsilon_n - H_0} \lambda H' \right)^{\nu} |\, \varepsilon_n \,\rangle \qquad (4.2.32)$$

und

$$E_n = \langle\, \varepsilon_n \,|\, \left[H_0 + \lambda H' \sum_{\nu=0}^{\infty} \left(\frac{Q_n}{\varepsilon_n - H_0} \lambda H' \right)^{\nu} \right] |\, \varepsilon_n \,\rangle \qquad (4.2.33)$$

Wie man sieht, treten die Potenzen des Operators

$$\frac{Q_n}{\varepsilon_n - H_0} \lambda H'$$

oder dessen Matrixelemente

$$\frac{\langle\, \varepsilon_m \,|\, \lambda H' \,|\, \varepsilon_n \,\rangle}{\varepsilon_n - \varepsilon_m}$$

auf.

Jetzt können wir auch erklären, wodurch eine „kleine Störung"gekennzeichnet ist:

Damit die höheren Glieder der Reihen (4.2.32) und (4.2.33) immer kleiner werden, müssen die eben angegebenen Matrixelemente für alle $m \neq n$ kleiner als Eins sein. Mit den niedrigsten Näherungsschritten wird man dann auskommen, wenn

$$|\langle\, \varepsilon_m \,|\, \lambda H' \,|\, \varepsilon_n \,\rangle| \ll |\varepsilon_m - \varepsilon_n| \qquad (4.2.34)$$

für alle m und n ist: Die Nichtdiagonalelemente von H' müssen also wesentlich kleiner als die Energiedifferenzen sein, damit die Störungsrechnung verläßliche Resultate ergibt.

4.2.3 Einfache Beispiele und Vergleich mit exakten Rechnungen

Um die Schrödingersche Störungstheorie einzuüben, wenden wir ihre Formeln auf zwei Hamiltonoperatoren an, deren Eigenwerte man exakt berechnen kann. Dabei setzen wir von jetzt an den Parameter $\lambda = 1$; die Störung ist „voll eingeschaltet".

Lineare Störung des harmonischen Oszillators

Als erstes Beispiel betrachten wir den Einfluß einer konstanten Kraft F auf einen eindimensionalen harmonischen Oszillator. Die zugehörige potentielle Energie hängt linear von der Ortskoordinate Q ab, so daß der Hamilton-Operator durch

$$H = \frac{1}{2m}\,P^2 + \frac{M\omega^2}{2}\,Q^2 - F\,Q$$

gegeben wird. Der Störoperator H' ist also linear in Q

$$H' = -F\,Q$$

Seine Matrixelemente sind für den harmonischen Oszillator bekannt. Zunächst treten in der nullten Näherung die Energieeigenwerte des Oszillators auf

$$E_n^{(0)} = \varepsilon_n = \hbar\omega\left(n + \frac{1}{2}\right)$$

Nach (2.4.9) verschwinden die Diagonalelemente von H', also auch die erste Näherung der Energiewerte

$$E_n^{(1)} = -F\langle\,\varepsilon_n\,|\,Q\,|\,\varepsilon_n\,\rangle = 0$$

Genauer gilt nach (2.4.7)

$$\langle\,\varepsilon_m\,|\,Q\,|\,\varepsilon_n\,\rangle = \sqrt{\hbar/(2M\omega)}\{\sqrt{n}\,\delta_{m\,n-1} + \sqrt{n+1}\,\delta_{m-1\,n}\}$$

Die nicht verschwindenden Matrixelemente für $m = n \pm 1$ bestimmen die zweite Näherung. Wegen des äquidistanten Abstandes der ε_n kann man die Summe in (4.2.29) leicht auswerten und erhält

$$E_n^{(2)} = -\frac{F^2}{2M\omega^2}$$

so daß die Energiewerte lauten

$$E_n = \varepsilon_n + E_n^{(2)} = \hbar\omega\left(n + \frac{1}{2}\right) - \frac{F^2}{2M\omega^2}$$

Andererseits kann man den Hamilton-Operator exakt durch die Substitution

$$Q' = Q - \frac{F}{2M\omega^2}$$

diagonalisieren und erhält genau die angegebenen Energiewerte. Die 2.Näherung stimmt also schon mit dem exakten Ergebnis überein. Der Grund dafür liegt daran, daß nur die Matrixelemente des Störoperators $F\,Q$ von Null verschieden sind, die unmittelbar ober- oder unterhalb der Diagonalen liegen.

Coulomb-Spektrum mit Ladung $Z + 1$

Als zweites Beispiel betrachten wir das Coulombproblem für die Ladung $(Z + 1)\,e$ und vergleichen die Energiewerte mit dem Fall der Ladung $Z\,e$. Der Hamilton-Operator lautet

$$H = \frac{\boldsymbol{P}^2}{2M} - (Z + 1)\frac{e^2}{|\boldsymbol{Q}|} = \frac{\boldsymbol{P}^2}{2M} - \frac{Ze^2}{|\boldsymbol{Q}|} - \frac{e^2}{|\boldsymbol{Q}|}$$

Das Problem ist natürlich exakt lösbar und es gilt die Rydberg-Formel

$$E_{n,l} = -\frac{1}{2n^2}\,\alpha^2 Mc^2 (Z + 1)^2$$

Wir wollen diese exakten Werte mit der ersten Näherung der Störungstheorie vergleichen, die durch

$$E_{n,l}^{(1)} = \langle\, E_{n,l}\,|\, -\frac{e^2}{|\boldsymbol{Q}|}\,|\,E_{n,l}\,\rangle$$

gegeben wird. Die auftretenden Matrixelemente von $1/|\boldsymbol{Q}|$ kann man mit den expliziten Coulomb-Eigenfunktionen aus dem Abschnitt 2.10.2 des 1. Bandes analytisch berechnen. Man lernt jedoch mehr, wenn man das Virialtheorem benutzt, mit dem man – wie im folgenden Unterabschnitt dargestellt – findet

$$\langle\, E_{n,l}\,|\, -\frac{e^2}{|\boldsymbol{Q}|}\,|\,E_{n,l}\,\rangle = -\frac{1}{n^2}\,Z\alpha^2 Mc^2$$

Somit erhält man

$$E_{n,l}^{(0)} + E_{n,l}^{(1)} = -\frac{1}{2n^2}\,(Z\alpha)^2 Mc^2 - \frac{1}{n^2}\,Z\alpha^2 Mc^2$$
$$= -\frac{1}{2n^2}\,\alpha^2 Mc^2 Z(Z + 2)$$

Dieses Ergebnis stimmt nicht mit dem exakten Resultat überein, stattdessen erhält man für die relative Abweichung

$$\frac{\triangle E_{n,l}}{E_{n,l}} = \frac{Z(Z + 2) - (Z + 1)^2}{(Z + 1)^2} = \frac{-1}{(Z + 1)^2}$$

Man sieht: Mit wachsendem Z wird die Übereinstimmung der ersten Näherung mit der exakten Lösung immer besser, wie man es natürlich erwartet, da im Limes $Z \longrightarrow \infty$ das Verhältnis H'/H_0 gegen Null strebt.

Exkurs über das Virialtheorem

In der klassischen Mechanik spielt insbesondere bei Anwendungen in der Statistik und der Astronomie das **Virial** eine hilfreiche Rolle. Diese Größe ist – von der physikalischen Dimension her – das Produkt von Weg und Kraft; genauer wird das Virial durch

$$W := -\frac{1}{2}\boldsymbol{r} \cdot \boldsymbol{F} \tag{4.2.35}$$

definiert und gibt die geleistete Arbeit wieder, wenn die Kraft linear vom Ortsvektor $\boldsymbol{r}$ abhängt – wie bei elastischen Kräften – und stimmt für diesen Fall mit der potentiellen Energie V überein. Bei anders variablen Kräften unterscheidet es sich von V, aber es existieren kompliziertere Zusammenhänge zwischen Virial und Potential. So ergibt sich für drehsymmetrische Potentiale, die einem Potenzgesetz genügen

$$V = cr^n \tag{4.2.36}$$

wegen

$$F = -\boldsymbol{\nabla}V(r) = -c\,n\,r^{n-1}\frac{\boldsymbol{r}}{r}$$

die Relation

$$W = -\frac{1}{2}\boldsymbol{r} \cdot \boldsymbol{F} = \frac{n}{2}\,V(r) \tag{4.2.37}$$

Vor allem aber gilt für die Dynamik einer Teilchenbewegung das allgemeingültige Virial-Theorem. Um es zu begründen, geht man von

$$\begin{aligned}
\frac{d}{dt}(\boldsymbol{r} \cdot \boldsymbol{p}) &= \dot{\boldsymbol{r}} \cdot \boldsymbol{p} + \boldsymbol{r} \cdot \dot{\boldsymbol{p}} \\
&= \frac{1}{M}\boldsymbol{p}^2 + \boldsymbol{r} \cdot \boldsymbol{F} \\
&= 2\,T + \boldsymbol{r} \cdot \boldsymbol{F}
\end{aligned} \tag{4.2.38}$$

aus, wo im letzten Schritt die kinetische Energie T eingeführt und das Newtonsche Gesetz $\dot{\boldsymbol{p}} = \boldsymbol{F}$ benutzt wurde. Betrachtet man periodische Vorgänge und integriert über eine Periode, so verschwindet die linke Seite dieser Gleichungskette und man erhält für die zeitlichen Mittelwerte

$$\langle T \rangle = -\frac{1}{2}\langle \boldsymbol{r} \cdot \boldsymbol{F} \rangle = \langle W \rangle \tag{4.2.39}$$

Virial-Theorem der klassischen Mechanik
Für periodische Bewegungen stimmen die zeitlichen Mittelwerte von kinetischer Energie und Virial überein.

Verwendet man jetzt das Potenzgesetz, so wird man auf

$$\langle T \rangle = \frac{n}{2}\langle V \rangle$$

und damit auf folgenden Zusammenhang zwischen dem zeitlichen Mittelwert der Energie und dem Potential geführt

$$\langle H \rangle = \frac{n+2}{2}\langle V \rangle \tag{4.2.40}$$

Diese Zusammenhänge gelten sämtlich auch in der Quantenmechanik. Denn – durch Rechnungen im Heisenbergbild – kann man die Schritte, die zu (4.2.37) und (4.2.38) führten, direkt übertragen. Allerdings muß man den zeitlichen Mittelwert durch den Erwartungswert für einen Energie-Eigenzustand $|E\rangle$ ersetzen. Aufgrund der Heisenbergschen Bewegungsgleichung für einen beliebigen, nicht explizit von der Zeit abhängenden Operator A

$$\frac{d}{dt}A = \frac{i}{\hbar}[H, A]$$

verschwindet nämlich der Erwartungswert

$$\langle E|\frac{d}{dt}A|E\rangle = \frac{i}{\hbar}\langle E|EA - AE|E\rangle = 0$$

Wendet man dies speziell auf

$$A = \boldsymbol{Q} \cdot \boldsymbol{P}$$

an, so findet man das quantentheoretische Pendant zur klassischen Gleichung (4.2.38)

$$\frac{d}{dt}(A) = \frac{1}{M}\boldsymbol{P}^2 + \boldsymbol{Q} \cdot \boldsymbol{F}$$

wobei $F \equiv F(\boldsymbol{Q})$ der quantenmechanische Operator für die Kraft ist. Nimmt man davon den Erwartungswert, so erhält man das quantenmechanische Virial-Theorem in folgender Form

$$\langle E|\frac{1}{2M}\boldsymbol{P}^2|E\rangle = -\frac{1}{2}\langle E|\boldsymbol{Q} \cdot \boldsymbol{F}|E\rangle =: \langle E|W|E\rangle \tag{4.2.41}$$

Spezialisiert man $F = -\boldsymbol{\nabla}V$ wieder auf ein Potential mit Potenzgesetz, so folgt

$$\langle E|\frac{1}{2M}\boldsymbol{P}^2|E\rangle = \frac{1}{2}\langle E|\boldsymbol{Q} \cdot \boldsymbol{\nabla}V|E\rangle = \frac{n}{2}\langle E|V|E\rangle$$

und daher für den Hamilton-Operator

$$E = \langle E|H|E\rangle = \frac{n+2}{2}\langle E|V|E\rangle \tag{4.2.42}$$

Insgesamt kann man den Erwartungswert der potentiellen Energie – und auch den der kinetischen Energie – direkt aus dem Energie-Eigenwert berechnen.

Speziell ergibt sich für das Coulomb-Potential

$$V_c = -\frac{Z\,e^2}{Q}$$

der Erwartungswert zu

$$\langle E_n|\frac{Z\,e^2}{Q}|E_n\rangle = -2E_n = (Z\,\alpha)^2\frac{1}{n^2}M\,c^2 \tag{4.2.43}$$

wenn man noch die Rydberg-Formel verwendet. Damit haben wir den oben im 2. Beispiel verwendeten Erwartungswert begründet.

4.2.4 Aufspaltung eines entarteten Eigenwerts

In der praktischen Anwendung ist der Eigenwert ε_n, aus dem E_n durch die Störung H' hervorgeht, sehr oft entartet. In diesem Falle tritt ein sehr wichtiges Phänomen auf:

Aufspaltung des Spektrums

Die Störung kann in erster Näherung aus einem festen ε_n mehrere Energiewerte $E_{n,\alpha}$ erzeugen.

Abbildung 4.14 stellt dies graphisch dar. In der Abbildung 4.14 (a) ist der betrachtete Eigenwert von H_0 nicht entartet: Die Energiewerte werden nur verschoben. Abbildung 4.14 (b) illustriert den interessanteren Fall, wo der Energiewert ε_n entartet ist: Er wird durch die Störung in mehrere Energieniveaus aufgespalten. Eine solche Aufspaltung entsteht immer dann, wenn die Symmetrie von H_0, die die Ursache der Entartung ist, durch die Störung H' gebrochen wird.

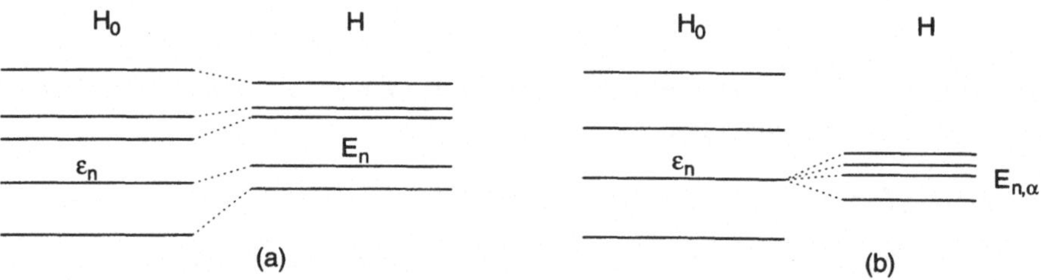

Abb. 4.14. Einfluß einer Störung bei nicht entartetem Spektrum (a) und entartetem Spektrum (b) von H_0

Die mathematische Theorie dieses Phänomens folgt aus den Gleichungen (4.2.9) und (4.2.10). Im Falle einer Entartung wird $|E\rangle^{(0)}$ nicht bis auf einen Phasenfaktor festgelegt, sondern aus (4.2.9) folgt nur, daß sich $|E\rangle^{(0)}$ als Linearkombination der entarteten Eigenzustände darstellen läßt. Um dies explizit zu machen, bezeichnen wir die Eigenzustände zur Energie ε_n mit

$$|\varepsilon_n,\alpha\rangle \quad \text{mit} \quad \alpha = 1 \cdots g_n$$

wobei g_n der Entartungsgrad von ε_n ist. Dabei muß man auch $g_n = \infty$ zulassen. Diese Vektoren spannen einen Teilraum des Hilbertraumes auf, den wir mit $\Re_{\varepsilon_n}$ bezeichnen. $|E\rangle^{(0)}$ ist ein Vektor aus diesem Raum und kann als

$$|E\rangle^{(0)} = \sum_{\alpha=1}^{g} |\varepsilon_n,\alpha\rangle c_\alpha \tag{4.2.44}$$

geschrieben werden, wobei die Koeffizienten

$$c_\alpha = \langle \varepsilon_n,\alpha | E\rangle^{(0)} \quad \alpha = 1,\ldots,g \tag{4.2.45}$$

zunächst beliebige komplexe Zahlen sind. Aus (4.2.10) ergibt sich, wie im nicht entarteten Fall

$$\langle \varepsilon_n, \alpha|(H_0 - \varepsilon_n)|E\rangle^{(1)} = \langle \varepsilon_n, \alpha|(E^{(1)} - H')|E\rangle^{(0)} \quad \text{für alle } \alpha$$

Die linke Seite verschwindet, so daß man

$$\langle \varepsilon_n, \alpha|H'|E\rangle^{(0)} = E^{(1)}\langle \varepsilon_n, \alpha|E\rangle^{(0)}$$

erhält. Verwendet man (4.2.44) und (4.2.45), so wird man auf

$$\sum_\beta \langle \varepsilon_n, \alpha\,|H'|\,\varepsilon_n, \beta\rangle c_\beta = E^{(1)}c_\alpha$$

geführt. Kürzer kann man diese Bedingung schreiben, wenn man die Matrix

$$H'_{\alpha\beta} = \langle \varepsilon_n, \alpha\,|\,H'\,|\,\varepsilon_n, \beta\rangle \tag{4.2.46}$$

einführt. Sie lautet dann

$$\sum_\beta H'_{\alpha\beta}\, c_\beta = E^{(1)}c_\alpha \tag{4.2.47}$$

Die Matrix

$$(H'_{\alpha\beta}) \tag{4.2.48}$$

beschreibt die Einschränkung des Operator H' auf den Eigenraum $\mathfrak{R}_{\varepsilon_n}$, der zu ε_n gehört. Die c_α bestimmen einen Vektor aus $\mathfrak{R}_{\varepsilon_n}$. Gleichung (4.2.47) besagt: Der Vektor

$$c_1, c_2, \ldots, c_g$$

muß Eigenvektor der Matrix (4.2.48) sein. Anders formuliert

> Um die Energieeigenwerte $E_{n,\alpha}$ in erster Näherung zu finden, muß das Eigenwertproblem für $H = H_0 + \lambda H'$ im Eigenraum $\mathfrak{R}_{\varepsilon_n}$ gelöst werden.

Im allgemeinen ist dieses Problem ebenso schwer lösbar wie die Diagonalisierung von H selbst. Wenn allerdings der Entartungsgrad g_n von ε_n endlich ist, kann auf (4.2.47) die Theorie der linearen Gleichungen angewendet werden. Dieses homogene Gleichungssystem hat nur dann nichttriviale Lösungen, wenn die Determinante

$$\det(H'_{\alpha\beta} - \delta_{\alpha\beta}E^{(1)}) = 0. \tag{4.2.49}$$

verschwindet. Diese Säkulargleichung („charakteristische Gleichung") ist eine Gleichung vom Grade

$$g_n = \dim \mathfrak{R}_{\varepsilon_n}$$

für den Energiewert $E^{(1)}$ und hat daher i.allg. g_n verschiedene Wurzeln

$$E^{(1)}_{n,1}, \ldots, E^{(1)}_{n,g_n}$$

Damit ist die behauptete Aufspaltungsmöglichkeit begründet.

Die Aufspaltung braucht nicht vollständig zu sein; ein Teil der Entartung kann noch bestehen bleiben. Speziell werden alle $E_{n,\alpha}^{(1)}$ zusammenfallen, falls H' die gleiche Symmetrie wie H_0 besitzt. Der letzte Fall ist im oben betrachteten 2. Beispiel realisiert. In wichtigen Fällen kann man die Lösung von (4.2.47) leicht durch Erraten finden, indem man eine Basis in $\mathfrak{R}_{\varepsilon_n}$ sucht, in der der Störoperator H' diagonal ist

$$H'_{\alpha\beta} = 0 \quad \text{für } \alpha \neq \beta \tag{4.2.50}$$

In diesem Fall werden die Lösungen von (4.2.49) durch

$$E_{n,\alpha}^{(1)} = H'_{\alpha\alpha} = \langle\, \varepsilon_n, \alpha \,|\, H' \,|\, \varepsilon_n, \alpha \,\rangle \tag{4.2.51}$$

gegeben. Dieses Ergebnis ist eine leichte Verallgemeinerung der Formel (4.2.14) für den Fall ohne Entartung.

Wir schließen mit einem **Hinweis auf die höheren Näherungen**. Rechnungen analog zu denen, die (4.2.31) ergaben, begründen folgendes Resultat für die 2. Näherung

Die Energieeigenwerte $E_{n,\alpha}$ erhält man bis zur 2.Näherung in der Störung durch Diagonalisierung des folgenden effektiven Hamiltonoperators:

$$H_{\alpha\beta}^{\text{eff}} = \langle\, \varepsilon_n, \alpha \,| \left[H_0 + H' \frac{Q_n}{\varepsilon_n - H_0} H' \right] |\, \varepsilon_n, \beta \,\rangle \tag{4.2.52}$$

Im zweiten Term tritt wie in (4.2.29) eine Summe über alle Eigenvektoren $|\, \varepsilon_m \,\rangle \neq |\, \varepsilon_n \,\rangle$ von H_0 auf, so daß die Berechnung von $H_{\alpha\beta}^{\text{eff}}$ eine nichttriviale Aufgabe ist.

Diese Formel kann wieder leicht auf beliebig hohe Näherungen verallgemeinert werden. Man erhält Ausdrücke, die formale Analogien zu (4.2.33) sind.

4.3 Die Wechselwirkung mit elektromagnetischen Feldern

Ein klassisches Anwendungsbeispiel der vorstehenden Überlegungen ist die Behandlung des Einflusses von äußeren, oft makroskopischen elektrischen und magnetischen Feldern auf mikroskopische Objekte. Durch Untersuchung der dabei auftretenden Phänomene hat man oft wichtige Informationen über diese Objekte erhalten. Die äußeren Felder dienen als Sonden zur Untersuchung mikroskopischer Strukturen. Dies haben wir bereits im ersten Band bei der Behandlung der Streuung von Elektronen beschrieben. Jetzt konzentrieren wir uns auf **elektrostatische** und **magnetostatische Felder** und deren

Einfluß auf gebundene Zustände. Bevor wir die Anwendung der Störungstheorie in diesem Problemkreis in den Abschnitten 4.3.2 und 4.3.3 behandeln, müssen wir einige Grundbegriffe der klassischen Elektrodynamik in Erinnerung rufen. Die statische elektrische Feldstärke E und die magnetische Feldstärke B können durch durch zeitunabhängige Potentiale ausgedrückt werden

$$E(r) = -\nabla\Phi(r) \quad \text{und} \quad B = \nabla \times A(r) \tag{4.3.1}$$

wobei wir den Ortsvektor vorläufig mit dem in der klassischen Physik üblichen Symbol r bezeichnet haben. Die Felder seien „makroskopisch" in dem Sinne, daß sie sich im Bereich der betrachteten mikroskopischen Systeme nur langsam räumlich verändern. Dann können für die Potentiale Taylor-Entwicklungen in bezug auf r verwendet werden. Für das skalare Potential erhält man

$$\begin{aligned}
\Phi(r) &= \Phi(0) + r \cdot \nabla\Phi|_{r=0} + O(r^2) \\
&= \Phi(0) - r \cdot E + O(r^2)
\end{aligned}$$

Hier tritt ein konstantes elektrisches Feld E auf, der Wert des Feldes am Orte des mikroskopischen Objektes. Durch Umeichen[18] des Potentials kann man $\Phi(0) = 0$ erreichen, so daß man mit der einfachen Formel

$$\Phi(r) = -r \cdot E \tag{4.3.2}$$

arbeiten kann. Für das Vektorpotential ist die analoge Entwicklung wegen des Vektorcharakters von A etwas komplizierter. Weiter unten wird gezeigt, daß sich die in r linearen Terme durch eine geeignete Eichtransformation immer in die Form

$$A(r) = \frac{1}{2}B \times r \tag{4.3.3}$$

bringen lassen. Dies ist der bekannte Ausdruck für das Vektorpotential eines konstanten Magnetfeldes. Auch ohne weitere Überlegungen kann man mit den üblichen Regeln der Vektoralgebra verifizieren, daß die Rotation dieses Ausdrucks das Feld B ergibt. Er erfüllt überdies die Bedingung

$$r \cdot A(r) = 0 \tag{4.3.4}$$

die umgekehrt – bei linearen Potentialen – eindeutig zu der Form (4.3.3) führt. Sie ist heute als **Schwinger-Eichung** bekannt. Der Ausdruck erfüllt ferner die Bedingung

$$\text{div}\, A(r) = \nabla \cdot A(r) = 0 \tag{4.3.5}$$

die die **Coulomb-Eichung** kennzeichnet.

---

[18]Einige Erläuterungen über die Eichtransformationen und die Umeichungen von statischen Potentialen findet der Leser im Anschluß an diese einführenden Bemerkungen.

In den folgenden Anwendungen werden wir als mikroskopisches System stets ein Atom betrachten und dabei die Wechselwirkung mit einem Elektron untersuchen. Die Felder üben dabei die Lorentzkraft auf das Elektron aus. Zusammen mit dem mikroskopischen(!) Potential V, das der Atomkern und die übrigen Elektronen erzeugen, wird die Dynamik des Elektrons damit durch den folgenden Hamilton-Operator bestimmt

$$H = \frac{1}{2m_e}\left(\boldsymbol{P} - \frac{e}{c}\boldsymbol{A}(\boldsymbol{Q})\right)^2 + V(\boldsymbol{Q}) + e\Phi(\boldsymbol{Q})$$

Dabei bezeichnet m_e die Elektronenmasse. Durch Ausquadrieren des ersten Terms folgt

$$H = \frac{\boldsymbol{P}^2}{2m_e} + V + e\,\Phi - \frac{e}{2\,m_ec}\left(\boldsymbol{A}\cdot\boldsymbol{P} + \boldsymbol{P}\cdot\boldsymbol{A}\right) + \frac{e^2}{2m_ec^2}\,\boldsymbol{A}^2$$

Hier muß man zunächst auf die Reihenfolge der Operatoren $\boldsymbol{P}$ und $\boldsymbol{A}$ achten. Verwendet man aber die Coulomb-Eichung, so kann man die Operatoren im Skalarprodukt vertauschen, vgl. unten (4.3.17):

$$\boldsymbol{A}\cdot\boldsymbol{P} = \boldsymbol{P}\cdot\boldsymbol{A} \tag{4.3.6}$$

und H vereinfacht sich zu

$$H = \frac{\boldsymbol{P}^2}{2m_e} + V + e\,\Phi - \frac{e}{m_ec}\,\boldsymbol{A}\cdot\boldsymbol{P} + \frac{e^2}{2m_ec^2}\,\boldsymbol{A}^2 \tag{4.3.7}$$

Verwendet man jetzt die Formeln (4.3.2) und (4.3.3) für die Potentiale, so erhält man für den Hamilton-Operator

$$H = H_0 + H'$$

mit

$$H_0 = \frac{1}{2\,m_e}\boldsymbol{P}^2 + V$$

und

$$H' = -e\boldsymbol{Q}\cdot\boldsymbol{E} - \frac{e}{2m_ec}\left(\boldsymbol{Q}\times\boldsymbol{P}\right)\cdot\boldsymbol{B} \tag{4.3.8}$$

$$+\frac{e^2}{8m_e^2c^2}(\boldsymbol{B}\times\boldsymbol{Q})^2 \tag{4.3.9}$$

Dieser Ausdruck ist die Grundlage für die Untersuchung der elektromagnetischen Eigenschaften von mikroskopischen Systemen und ihrem Verhalten unter dem Einfluß von externen Feldern. Wir weisen darauf hin, daß im zweiten Term, der Bahndrehimpuls $\boldsymbol{Q}\times\boldsymbol{P} = \hbar\boldsymbol{L}$ auftritt, was wir bei den weiteren Rechnungen verwenden werden.

Zwischenbemerkung:
Eichtransformationen in Elektro- und Magneto-Statik

Die Feldstärken ändern sich nach den Definitionen der Potentiale in (4.3.1) nicht, wenn man letztere gemäß

$$\Phi(\boldsymbol{r}) \longrightarrow \Phi'(\boldsymbol{r}) = \Phi(\boldsymbol{r}) + C \quad \text{und} \quad \boldsymbol{A}(\boldsymbol{r}) \longrightarrow \boldsymbol{A}'(\boldsymbol{r}) + \boldsymbol{\nabla}\chi(\boldsymbol{r}) \qquad (4.3.10)$$

transformiert, wobei C eine beliebige Konstante und $\chi(\boldsymbol{r})$ eine beliebige Funktion des Ortes ist. Diese Transformationen werden **Eichtransformationen** genannt, da sie Hermann Weyl 1918 in einer für die moderne Feldtheorie grundlegenden Arbeit aus den Eichungen von räumlichen Maßstäben begründet hat. Wir müssen uns hier damit begnügen festzustellen, daß die Invarianz der Feldstärken $\boldsymbol{E}$ und $\boldsymbol{B}$ unter den Eichtransformationen (4.3.10) aus den Definitionen (4.3.1) direkt abgelesen werden kann.

Mit Hilfe der Konstanten C kann das skalare Potential Φ so „umgeeicht" werden, daß $\Phi(\boldsymbol{0})$ verschwindet. Für das Vektorpotential $\boldsymbol{A}$ kann man ebenfalls erreichen, daß es für $\boldsymbol{r} = \boldsymbol{0}$ verschwindet. Man muß dafür nur

$$\chi(\boldsymbol{r}) = -\boldsymbol{A}(\boldsymbol{0}) \cdot \boldsymbol{r}$$

in der Transformation (4.3.10) wählen. Nach dieser Vorbemerkung entwickeln wir das Vektorpotential nach Taylor. Dazu empfiehlt es sich, die Komponenten A_i des Vektorpotentials und die Komponenten x_i von $\boldsymbol{r}$ zu verwenden. Wir können analog zum skalaren Potential die lineare Näherung in der Form

$$A_i(\boldsymbol{r}) = A_i(\boldsymbol{0}) + \boldsymbol{r} \cdot \boldsymbol{\nabla}A_i|_{\boldsymbol{r}=0} + O(r^2) \qquad (4.3.11)$$

aufschreiben. Den 1. Term kann man – wie bereits bemerkt – zu Null eichen. Um den Zusammenhang des 2. Terms mit $\boldsymbol{B}$ herzustellen, benutzen wir einen oft verwendeten Trick. Wir zerlegen den Gradiententerm wie folgt, wobei über doppelt auftretende Indizes von 1 bis 3 summiert werden muß:

$$\boldsymbol{r} \cdot \boldsymbol{\nabla}A_i = x_j\, \partial_j\, A_i$$
$$= \tfrac{1}{2}\, x_j\, (\partial_j\, A_i + \partial_i\, A_j) \qquad (4.3.12)$$
$$+ \tfrac{1}{2}\, x_j\, (\partial_j\, A_i - \partial_i\, A_j) \qquad (4.3.13)$$

Durch die Zerlegung in den symmetrischen und den antisymmetrischen Anteil des Gradienten haben wir im letzten Term (4.3.13) schon die Rotation von $\boldsymbol{A}$, also das Magnetfeld erhalten. Um (4.3.3) vollständig zu begründen, müssen wir eine Eichtranformation finden, die den Term von (4.3.12) auf Null transformiert. Dazu wenden wir auf den Tensor $\partial_j\, A_i + \partial_i\, A_j$ die Eichtransformation (4.3.10) an

$$\partial_j\, A_i' + \partial_i\, A_j' = \partial_j\, A_i + \partial_i\, A_j + (\partial_j\, \partial_i + \partial_i\, \partial_j)\, \chi \qquad (4.3.14)$$

Der letzte Summand ist mit

$$2\, \partial^2_{ij}\, \chi \qquad (4.3.15)$$

identisch. Wählt man jetzt für den quadratischen Teil von χ

$$\chi = -\frac{1}{2}(\partial_j A_i + \partial_i A_j)\, x_j\, x_i \tag{4.3.16}$$

so wird (4.3.12) auf Null transformiert.

Nachdem wir die Form (4.3.3) des Vektorpotentials verifiziert haben, können wir ihre Divergenzfreiheit leicht nachprüfen:

$$\begin{aligned}
\operatorname{div}(\boldsymbol{B} \times \boldsymbol{r}) &= \boldsymbol{\nabla} \cdot (\boldsymbol{B} \times \boldsymbol{r}) = -\boldsymbol{\nabla} \cdot (\boldsymbol{r} \times \boldsymbol{B}) \\
&= -(\boldsymbol{\nabla} \times \boldsymbol{r}) \cdot \boldsymbol{B} = -\operatorname{rot}(\boldsymbol{r}) \cdot \boldsymbol{B} = 0
\end{aligned}$$

weil die Rotation von $\boldsymbol{r}$ verschwindet.[19]

Schließlich begründen wir die Vertauschbarkeit in (4.3.6). Dazu verwenden wir die allgemeine Formel für den Kommutator der Impulsoperatoren P_j mit einer beliebigen Funktion $f(Q_1, Q_2, Q_3)$

$$[P_j, f(Q_i)] = \frac{\hbar}{i}\, \frac{\partial}{\partial Q_j}\, f(Q_i)$$

Diese Regel ist eine direkte Folgerung der kanonischen Vertauschungsrelationen, vgl. Abschnitt 3.9.2 aus Band 1.[20] Setzt man hier $f = A_j$ und summiert über j, so folgt

$$\boldsymbol{P} \cdot \boldsymbol{A} - \boldsymbol{A} \cdot \boldsymbol{P} = \partial_j A_j = \operatorname{div} \boldsymbol{A} = 0 \tag{4.3.17}$$

wobei wir im letzten Schritt die Coulomb-Eichung (4.3.5) verwendet haben.

4.3.1 Die elektrischen und magnetischen Dipolmomente

Die elektromagnetische Struktur von physikalischen Systemen wird vollständig durch ihre Ladungs- und Stromdichteverteilungen bestimmt. Aber oft sind diese nicht vollständig bekannt und ihre Kenntnis auch nicht notwendig. Es genügt wenn man gewisse *integrale Größen* kennt, von denen die Gesamtladung die pauschalste ist. Zur genaueren Beschreibung bieten sich die „Momente" der Ladungs- und Stromdichteververteilungen an, die in der klassischen Elektrodynamik als **elektrische** und **magnetische Multipolmomente** eingeführt werden. Sie haben ihre genaue Entsprechung in der Quantentheorie. Wir können uns für die Überlegungen in diesem Abschnitt auf die einfachsten Multipole, die Dipole beschränken.

---

[19]Für Leser, die den Umgang mit Indizes vorziehen, sei folgende Rechnung empfohlen

$$\partial_i\,(\varepsilon_{ijk}\, B_j\, x_k) = \varepsilon_{ijk}\, B_j\, \delta_{ik} = 0$$

weil der antisymmetrische ε-Tensor mit dem symmetrischen Kronecker-Symbol überschoben wird.

[20]Man kann sie auch direkt aus der Ortsdarstellung des Impulsoperators $P_j = \frac{\hbar}{i}\,\frac{\partial}{\partial Q_j}$ ablesen.

Sie treten direkt im Wechselwirkungsoperator H' auf , da er Terme enthält, die linear vom elektrischen Feld und linear bzw. quadratisch vom magnetischen Feld abhängen. Die dabei auftretenden Koeffizienten definieren die Operatoren für das **elektrische Dipolmoment** und das **magnetische Dipolmoment**. Sie werden auch kurz **E1-Moment** und **M1-Moment** genannt.[21]

Allgemein wird das elektrische Dipolmoment durch den – negativ genommenen – Gradienten des Hamiltonoperators H nach der elektrischen Feldstärke definiert

$$d := -\frac{\partial H}{\partial E} = e\,Q \tag{4.3.18}$$

Das Ergebnis „Ladung mal Länge" entspricht natürlich der elementaren Definition des E1-Moments. Für das magnetische Moment verwendet man entsprechend die Definition

$$\mu := -\frac{\partial H'}{\partial B} \tag{4.3.19}$$

Wegen (4.3.8) bzw. (4.3.9) enthält das magnetische Moment zwei Terme

$$\mu = \mu_{\mathrm{perm}} + \mu_{\mathrm{ind}} \tag{4.3.20}$$

wobei der erste durch

$$\mu_{\mathrm{perm}} = \frac{e}{2m_e c}Q \times P = \frac{e\hbar}{2m_e c}L \tag{4.3.21}$$

definiert ist und als **permanentes** magnetisches Dipolmoment bezeichnet werden kann, da es auch ohne Wirken des äußeren Feldes existiert.
Im Gegensatz dazu hängt der zweite Term

$$\mu_{\mathrm{ind}} := \frac{e^2}{4m_e^2 c^2}(B \times Q) \times Q = \frac{-e^2}{4m_e^2 c^2}[BQ^2 - Q(B \cdot Q)] \tag{4.3.22}$$

von B ab und wird erst durch das Wirken eines äußeren Feldes „induziert". Dieses **induzierte magnetische Moment** ist die Ursache für den **Diamagnetismus**. Man kann es mit Hilfe des Tensors

$$\Theta := Q^2\,1 - Q \otimes Q$$

in der Form

$$\mu_{\mathrm{ind}} := \frac{-e^2}{4m_e^2 c^2}\Theta B$$

beschreiben. Ein Tensor mit der Form von Θ ist aus der Theorie des starren Körpers als „Trägheitsmoment" bekannt.

---

[21]Die Bezeichnung E1 bzw. M1 für die Dipolmomente beruht auf der Regel: ein 2^l - Pol wird mit $E\,l$ bzw. $M\,l$ abgekürzt.

Physikalische Deutung der permanenten Dipolmomente

Die quantenmechanischen Operatoren

$$\boldsymbol{d} = e\,\boldsymbol{Q} \quad \text{und} \quad \boldsymbol{\mu}_{\mathrm{perm}} = \frac{e\hbar}{2m_e c}\boldsymbol{L}$$

haben ihre Entsprechung auch in der klassischen Physik. Für das elektrische Dipolmoment entstehen praktisch die gleichen Ausdrücke, wenn man den Erwartungswert von $\boldsymbol{d}$ betrachtet und in der Ortsdarstellung auswertet

$$\langle\psi|\boldsymbol{d}|\psi\rangle = \langle\psi|\boldsymbol{Q}|\psi\rangle = e\int \boldsymbol{r}|\psi|^2 d^3 r \tag{4.3.23}$$

Da $e|\psi|^2$ die Ladungsdichte beschreibt, entspricht diese genau der klassischen Definition.

Das magnetische Moment wird nach der Ampereschen Deutung durch elektrische Ströme im Atom erzeugt, die durch die Bewegung der Elektronen entstehen. In der klassischen Elektrodynamik werden sie durch den Vektor der Stromdichte $\boldsymbol{j}$ beschrieben, wobei für die Bewegung eines Elektrons gilt

$$\boldsymbol{j}(\boldsymbol{r}) = e\dot{\boldsymbol{Q}}\,\delta^3\left(\boldsymbol{r} - \boldsymbol{Q}(t)\right)$$

Mit dieser Stromdichte ist nach der Elektrodynamik ein magnetisches Dipolmoment der Größe

$$\frac{1}{2c}\int \left(\boldsymbol{r} \times \boldsymbol{j}(\boldsymbol{r})\right) d^3 r \tag{4.3.24}$$

verbunden. Wertet man das Integral mit der angegebenen Stromdichte aus, so folgt

$$\frac{e}{2c}\boldsymbol{Q} \times \dot{\boldsymbol{Q}} = \frac{e}{2m_e c}\boldsymbol{Q} \times \boldsymbol{P} = \frac{e\hbar}{2m_e c}\boldsymbol{L}$$

also genau der Ausdruck, den wir aus dem Hamiltonoperator abgeleitet hatten.

Zusammenfassung

Die Wechselwirkung eines konstanten elektrischen und magnetischen Feldes mit einem Elektron wird durch den Operator

$$\boxed{H' = -\boldsymbol{d} \cdot \boldsymbol{E} - \boldsymbol{\mu} \cdot \boldsymbol{B}} \tag{4.3.25}$$

gegeben, wobei

$$\boldsymbol{d} = e\,\boldsymbol{Q}$$

$$\boldsymbol{\mu} = -\mu_B \boldsymbol{L} - \mu_B^2 \frac{1}{\hbar^2}\left[\boldsymbol{B}Q^2 - \boldsymbol{Q}(\boldsymbol{B}\boldsymbol{Q})\right]$$

mit

$$\mu_B = \frac{|e|\,\hbar}{2m_e c} \tag{4.3.26}$$

Dabei wurde beachtet, daß für das Elektron $e = -|e|$ gilt. Als qualitative Konsequenz beachte man, daß der **Vektor des magnetischen Momentes antiparallel zum Bahndrehimpuls** steht. Die Größe der magnetischen Dipolmomente wird durch das – eben eingeführte **Bohrsche Magneton** – gegeben. Es gibt direkt das magnetische Moment für den Bahndrehimpuls $L_3 = 1$. Man kann es in der Form

$$\mu_B = \frac{1}{2}\, \text{Ladung} \times \text{Comptonwellenlänge des Elektrons}$$

schreiben, woraus man seine Größenordnung ablesen kann:

$$|\mu_B| \approx \frac{1}{2}|e| \times 10^{-10}\,\text{cm}$$

Im Vergleich dazu erwartet man für das elektrische Dipolmoment die Größenordnung

$$|d| \approx |e| \times \text{Atomradius} \approx |e| \times 10^{-8}\,\text{cm}$$

also einen Wert, der um einen Faktor 100 größer als das magnetische Moment ist. Dennoch spielt das E1-Moment für die fundamentalen Eigenschaften der Teilchen eine wesentlich geringere Rolle, denn die E1-Momente verschwinden oft aufgrund sehr allgemeiner Prinzipien.

4.3.2 Anwendung auf die Theorie des Zeeman-Effekts

Das klassische Anwendungsbeispiel der vorstehenden Überlegungen ist der Zeeman-Effekt. Schon 1896 entdeckte Pieter Zeeman, daß die Spektrallinien von Atomen aufspalten, wenn man die Atome in einem starken Magnetfeld strahlen läßt. 1897 deutete H.A. Lorentz diesen Effekt im Rahmen der klassischen Physik als Effekt der Lorentzkraft auf das strahlende Elektron. Später entdeckte Stark, daß auch elektrische Felder imstande sind, Spektrallinien aufzuspalten: Stark-Effekt.

Wir behandeln zunächst den sowohl experimentell wie theoretisch einfacheren Zeeman-Effekt. Zur quantenmechanischen Deutung und Berechnung dieses Effektes gehen wir von (4.3.25) aus, setzen dort das elektrische Feld gleich Null, und vernachlässigen das induzierte magnetische Moment. Dann nimmt der Hamiltonoperator die einfache Form

$$H = H_0 + \mu_B \boldsymbol{L} \cdot \boldsymbol{B} \tag{4.3.27}$$

an.

Eine wichtige Zwischenbemerkung

Der Operator $H' = +\mu_B \boldsymbol{L} \cdot \boldsymbol{B}$ ist nicht drehinvariant, obwohl er formal ein Skalarprodukt darstellt. Das hat folgenden Grund: Wir betrachten nur die Drehung des Atoms, nicht die der äußeren Umgebung (hier des Magnetfeldes). Das System ist nicht mehr abgeschlossen! Formal wird die Drehung durch den Bahndrehimpuls L beschrieben, in bezug auf welchen der Operator B eine c-Zahl ist. Würde man andererseits die Umgebung mit drehen, dann wäre H' natürlich drehinvariant. In diesem Fall müßte man einen Operator $J = L + J_{\text{Magnetisch}}$ einführen, wobei der Drehimpuls $J_{\text{Magnetisch}}$ die Drehung des magnetischen Feldes bewirken würde.

Wir betrachten die Umgebung als vorgegeben. Dies kann man explizit dadurch zum Ausdruck bringen, daß man das magnetische Feld als Vektor in eine speziellen Richtung, z.B. die 3-Richtung legt

$$B = Be_3$$

Dann nimmt H die Form

$$H = H_0 + \mu_B B L_3 \tag{4.3.28}$$

an und das Fehlen der Drehinvarianz ist offensichtlich. Diese Aufhebung der Drehinvarianz hat zunächst zur Folge, daß der Bahndrehimpuls sich zeitlich ändert

$$\frac{d}{dt} L = \frac{i}{\hbar} [H, L] = \frac{i}{\hbar} [H', L] = +\mu_B \frac{i}{\hbar} [(BL), L]$$
$$= \frac{\mu_B}{\hbar} B \times L = \omega_L \times L$$

wobei die Drehinvarianz von H_0 verwendet wurde. Wie nach dem allgemeinen Resultaten von Abschnitt 3.11 des ersten Bandes zu erwarten, präzediert L nach dem klassischen Präzessionsgesetz mit der **Larmorfrequenz**

$$\omega_L = \frac{\mu_b}{\hbar} \cdot B = +\frac{|e|}{2m_e c} \cdot B$$

wie dies in der Abbildung 4.15 skizziert ist. Neben diesen schon in der klas-

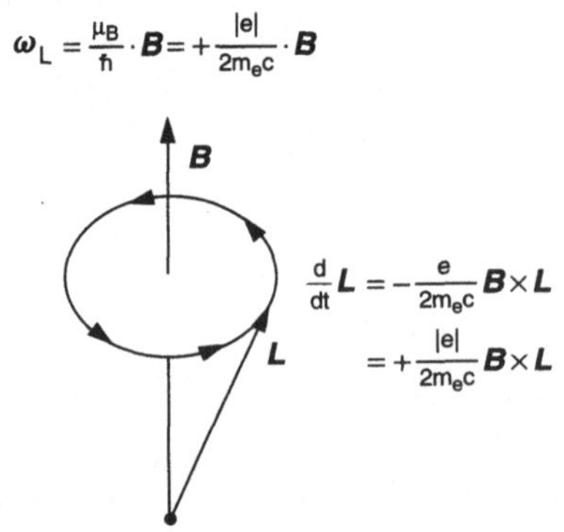

Abb. 4.15. Deutung der Bewegung von L als Larmorpräzession

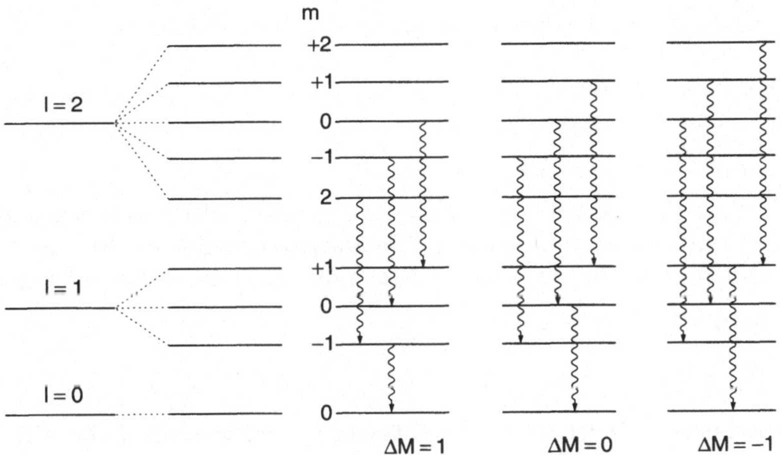

Abb. 4.16. Aufspaltungen beim Zeeman-Effekt und die erlaubten elektromagnetischen Übergänge

sischen Mechanik zu erwartenden Effekt tritt das rein quantenmechanische Phänomen:

Durch die Brechung der Drehinvarianz von H wird die m-Entartung aufgehoben: Die Energieniveaus $E_{n,l}$ werden aufgespalten. Wenn man die Eigenwerte und Eigenvektoren von H_0 kennt, ist die Berechnung der Aufspaltung kein Problem. Aus

$$H_0|E_{n,l};l,m\rangle = E_{n,l}|E_{n,l};l,m\rangle$$

folgt direkt, da die Zustände $|E_{n,l};l,m\rangle$ Eigenzustände von L_3 sind, daß

$$H|E_{n,l};l,m\rangle = (E_{n,l} + \mu_B\,B\,m)\,|E_{n,l};l,m\rangle \qquad (4.3.29)$$

Danach tritt eine äquidistante Aufspaltung auf, die nur vom äußeren Magnetfeld, sowie von Ladung und Masse des Elektrons abhängt.

$$\Delta E_B := \mu_B B = \frac{|e|\hbar}{2m_e c}\,B \qquad (4.3.30)$$

Bei dieser Aufspaltung treten $2l + 1$ Terme auf, die um ΔE_B getrennt sind: dies ist in Abbildung 4.16 dargestellt. Dadurch ist die Drehimpulsentartung der Energieniveaus durch das äußere Magnetfeld vollständig aufgehoben worden. Für die daraus folgende Aufspaltung der Spektrallinien erwartet man zunächst eine Kombination von allen oberen mit allen unteren Energieniveaus. Dies ergibt für den Übergang von Energieniveaus mit $l = 1$ zu $l = 0$ eine Aufspaltung in drei Linien, wie dies im unteren Teil der Abbildung 4.16 angegeben ist. Beim Übergang von Niveaus mit $l = 2$ zu $l = 1$ existieren a priori $5 \cdot 3 = 15$ Kombinationsmöglichkeiten. Tatsächlich treten wieder nur 3 Linien auf. Um dies zu verstehen, muß man die Übergangswahrscheinlichkeiten etwas genauer analysieren.

Wir erinnern daran,[22] daß die Emissionswahrscheinlichkeiten im optischen Bereich durch die Matrixelemente

$$\langle E_{n',l'}; l', m'| - e\,\boldsymbol{Q}|E_{n,l}; l, m\rangle \cdot \boldsymbol{\varepsilon}$$

bestimmt werden, wobei $\boldsymbol{\varepsilon}$ den Polarisationsvektor des elektrischen Feldes des emittierten Photons bezeichnet. Die Matrixelemente des Ortsoperators[23] sind nur dann von Null verschieden, wenn die folgende m-Auswahlregel

$$m' = m + 1, m, m - 1 \tag{4.3.31}$$

erfüllt ist.

Experimentell findet man diese Tatsache nur für spezielle Fälle, z.B. beim Cd-Spektrum, wie Abbildung 4.17 b) zeigt. Im allgemeinen ist die Situation viel komplizierter, insbesondere bei den Alkali-Atomen wie beim Natrium. Es tritt der sog. **anomale Zeeman-Effekt** auf, der durch den Elektronenspin verursacht wird, vgl. Abbildung 4.17 a).

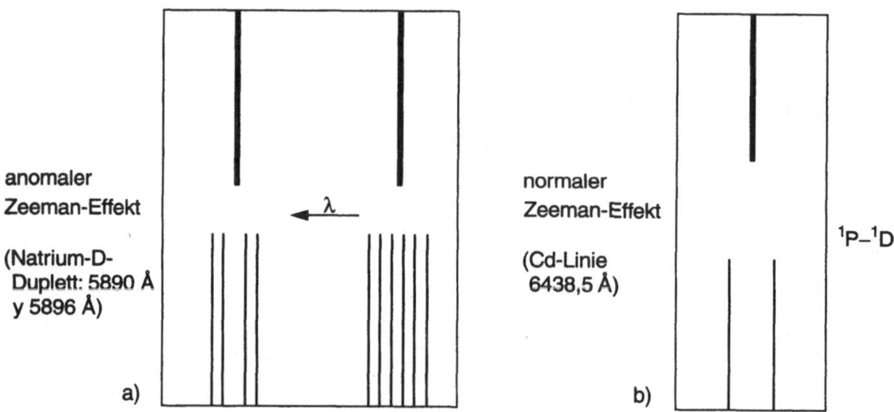

Abb. 4.17. Beispiele für die Zeemanaufspaltung

Der Hamiltonoperator für den Zeeman-Effekt war von selbst in bezug auf die Eigenzustände von H_0 diagonal. Für das folgende ist es interessant, sich klar zu machen, welche Auswirkungen dies für die Störungsrechnung hat. In allen Ordnungen der Störungsrechnung treten Matrixelemente der Form

$$\langle E_{n_1,l_1}; l_1, m_1|H'|E_{n,l}; l, m\rangle$$

---

[22]Dies folgt durch Anwendung der Fermischen goldenen Regel der zeitabhängigen Störungstheorie – vgl. Abschnitt 3.13.3 aus dem ersten Band – auf den Wechselwirkungs- Operator aus (4.3.8).

[23]Dies gilt für jeden Vektoroperator, wie wir im Abschnitt 5.3.4 beweisen werden.

auf. In der ersten Näherung sind die Haupt- und Neben-Quantenzahlen gleich: $n_1 = n$ und $l_1 = l$. In der zweiten und allen höheren Näherungen treten auch $n_1 \neq n$ und $l_1 \neq l$ auf. Im ersten Falle erhält man

$$\langle E_{n,l}; l, m_1 | H' | E_{n,l}; l, m \rangle = \mu_B \, B \langle E_{n,l}; l, m_1 | L_3 | E_{n,l}; l, m \rangle = \mu_B \, B \, m \, \delta_{m_1 m}$$

also eine in m diagonale, aber von Null verschiedene Matrix. Für die höheren Näherungen tritt in den Summen der Formel (4.2.29) zunächst $n_1 \neq n$ auf, aber der entsprechende Beitrag verschwindet

$$\langle E_{n_1, l_1}; l_1, m_1 | L_3 | E_{n,l}; l, m \rangle = 0 \quad \text{für} \quad n_1 \neq n$$

auch für gleiche Drehimpulse $l_1 = l$. Denn der Operator L_3 führt aus dem durch die Vektoren

$$\{ |E_{n,l}; l, -l \rangle, \ \ldots \ , |E_{n,l}; l, +l \rangle \}$$

aufgespannten Multiplett mit festen n und festem l nicht heraus. Als Konsequenz verschwinden die zweite und alle höheren Näherung[24] und die 1.Näherung gibt schon das exakte Ergebnis.

4.3.3 Der Starkeffekt

Auch wenn man ein Atom in ein externes elektrisches Feld bringt, wird die Drehinvarianz gebrochen

$$\boldsymbol{E} = E \, \boldsymbol{e_3}$$

und die m-Entartung von H_0 wird aufgehoben. Die Energieterme werden aufgespalten. Diesmal ist die Situation sowohl experimentell wie theoretisch komplizierter. Zunächst scheint die Theorie analog zu verlaufen: Die Wirkung eines konstanten elektrischen Feldes auf ein Elektron wird nach (4.3.25) durch

$$H = H_0 - d_3 \, E = H_0 - e \, Q_3 \, E \tag{4.3.32}$$

beschrieben. Aber im Gegensatz zum Zeeman-Effekt sind die Eigenzustände von H_0 keine Eigenzustände vom vollständigen H und nur in Ausnahmefällen läßt sich (4.3.32) exakt auf Diagonalform bringen.[25] Wir werden zu einer nichttrivialen Anwendung der Störungsrechnung gezwungen. Wir betrachten dazu

$$H' = -e \, E \, Q_3 \tag{4.3.33}$$

als Störoperator und müssen zur Berechnung der 1. Ordnung die Energiematrix

$$\langle \, E_{n,l}; l, m' \, | \, H' \, | \, E_{n,l}; l, m \, \rangle = -e \, E \, \langle \, E_{n,l}; l, m' \, | \, Q_3 \, | \, E_{n,l}; l, m \, \rangle \tag{4.3.34}$$

---

[24] Man erinnere sich an die Rolle der „gestrichenen" Summen in (4.2.29)

[25] Die im Abschnitt 4.2.3 behandelte lineare Störung des harmonischen Oszillators ist eine solche Ausnahme.

betrachten. Matrixelemente von Q_3 sind i. allg. nicht so leicht wie die von L_3 zu berechnen, aber in diesem Falle verschwinden sie aufgrund der Spiegelinvarianz, es gilt

$$\langle l, m' | Q_3 | l, m \rangle = 0 \tag{4.3.35}$$

Dies ist eine wichtige Tatsache, die nicht nur für das Verständnis der E1-Auswahlregeln von Bedeutung ist. Sie spielt eine fundamentale Rolle bei der Analyse der elektrischen Dipolmomente aller Teilchen.

Die Regel (4.3.35) beruht auf dem Verhalten der Zustände und des Operators Q_3 unter der räumlichen Spiegelung

$$\mathcal{P}: \quad \boldsymbol{r} \longrightarrow -\boldsymbol{r} \tag{4.3.36}$$

Die l-Eigenzustände haben unter der Operation von $\mathcal{P}$ die Parität $(-1)^l$ und Q_3 ändert als Komponente eines polaren Vektors sein Vorzeichen. Daher haben $Q_3 | l, m \rangle$ und $| l, m \rangle$ verschiedene Paritäten und ihr in (4.3.35) auftretendes Skalarprodukt verschwindet.

Wir müssen also zur zweiten Ordnung der Störungstheorie übergehen und finden den effektiven Operator

$$
H^{\text{eff}}_{m\,m''}
= (eE)^2 \sum_{n',l',m'}' \frac{\langle E_{n,l}; l, m | Q_3 | E_{n',l'}; l', m' \rangle \langle E_{n',l'}; l', m' | Q_3 | E_{n,l}; l, m'' \rangle}{E_{n,l} - E_{n',l'}}
$$

Dieser Ausdruck hängt quadratisch vom elektrischen Feld ab, wir haben es mit dem sogenannten

„Quadratischen Starkeffekt“

zu tun. Physikalisch kann man die quadratische Abhängigkeit von E wie folgt verstehen:
Ein elektrisches Feld kann entweder an der Ladung oder einem elektrischen Multipol eines Systems angreifen. Die Gesamtladung eines Atoms verschwindet, ebenso besitzt es wegen der Spiegelinvarianz kein permanentes elektrisches Dipolmoment. Das angreifende Feld muß ein Atom erst polarisieren – ein elektrisches Dipolmoment erzeugen – bevor es elektrisch aktiv werden kann. Dies verursacht die quadratische E-Abhängigkeit. Formal kommt dieser Polarisationseffekt in der quadratischen Form von $H^{\text{eff}}_{mm'}$ zum Ausdruck.

Zur Auswertung des effektiven Operators benutzt man, daß

$$\langle E_{n',l'}; l', m' | Q_3 | E_{n,l}; l, m \rangle = 0 \quad \text{für } m' \neq m$$

in m diagonal ist. Denn wegen der Vektoreigenschaft von $\boldsymbol{Q}$ kommutieren L_3 und Q_3

$$[L_3, Q_3] = 0$$

Daher wird der Starkeffekt durch

$$E_m^{(2)} = (eE)^2 \sum_{n',l'} {}' \frac{|\langle E_{n',l'}; l', m \,|\, Q_3 \,|\, E_{n,l}; l, m \rangle|^2}{E_{n,l} - E_{n',l'}} \tag{4.3.37}$$

beschrieben. Da ein elektrisches Feld keinen Drehsinn definiert, wird die Entartung nicht vollständig aufgehoben. Die Zustände mit den Richtungsquantenzahlen m und $-m$ behalten die gleiche Energie. Formal kann man diese Tatsache folgendermaßen begründen:

Das System ist invariant unter der Spiegelung an der 1,3 Ebene

$$P_{13} =: P e^{-i\pi L_2} \tag{4.3.38}$$

d.h.

$$[H, \Gamma_{13}] = 0 \tag{4.3.39}$$

und P_{13} ändert den Energie-Eigenwert von H nicht. Andererseits ändert L_3 bei dieser Spiegelung sein Vorzeichen

$$P_{13} L_3 P_{13}^{-1} = -L_3 \tag{4.3.40}$$

Daher gilt

$$P_{13} \,|\, E_{n,l}; l, m \rangle = \eta \,|\, E_{n,l}; l, -m \rangle$$

mit einem physikalisch unwichtigen Phasenfaktor. Aus dieser Gleichung folgt

$$\langle E_{n,l}; l, -m \,|\, H \,|\, E_{n,l}; l, -m \rangle = \langle E_{n,l}; l, +m \,|\, P_{13}^{-1} H \, P_{13} \,|\, E_{n,l}; l, +m \rangle$$
$$= \langle E_{n,l}; l, m \,|\, H \,|\, E_{n,l}; l, m \rangle$$

Die Niveaus mit $+m$ und $-m$ bleiben also entartet!

Führt man die Rechnung weiter durch, so findet man die folgende Aufspaltungsformel

$$E_{nlm}^{\text{Stark}} = E_{nl} - c_{nl}\, m^2$$

mit positiven Konstanten c_{nl}. Das negative Vorzeichen wird dabei durch die Energienenner verursacht. Dieses Ergebnis führt zu einer unsymmetrischen Aufspaltung der Spektrallinien. In der Abbildung 4.18 illustrieren wir die Stark-Aufspaltung.

In einem wichtigen Ausnahmefall kommt die Regel (4.3.35), die zu (4.3.37) führt und die die E^2-Abhängigkeit verursacht, nicht zur Wirkung: Beim Starkeffekt des Wasserstoffatoms. Wegen der Coulombentartung muß man bei der 1. Ordnung der Störungsrechnung auch Matrixelemente mit verschiedenen Bahndrehimpulsen betrachten

$$\langle E_n; l', m' \,|\, H' \,|\, E_n; l, m \rangle = -eE \langle E_n; l', m' \,|\, Q_3 \,|\, E_n; l, m \rangle$$

Auf diese Weise gibt schon die erste Näherung einen Beitrag zum Starkeffekt. Die Aufspaltung wächst dann linear mit dem elektrischen Feld in Übereinstimmung mit der Erfahrung. Man spricht vom

„Linearen Starkeffekt"

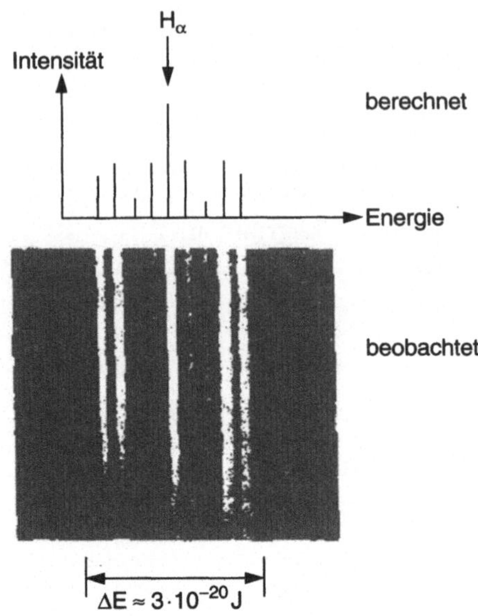

Abb. 4.18. Beispiel für den Starkeffekt

Die oben durchgeführte physikalische Argumentation gilt auch in diesem Falle. Man muß nur beachten, daß wegen der Coulombentartung bei der Polarisation des H-Atoms keinerlei Energie aufgebracht werden muß, die Polarisierbarkeit also formal unendlich groß wird. Dies führt letzten Endes zu der linearen Abhängigkeit vom äußeren Feld.

4.3.4 Grundlagen der Theorie des Magnetismus

Die entwickelten Begriffe und Formeln stellen auch die Basis für das Verständnis der magnetischen Eigenschaften der Materie dar, jedenfalls soweit es sich um die Phänomene des Paramagnetismus und des Diamagnetismus handelt.[26] Sie kommen auf zweierlei Weisen zustande. Entweder kann ein äußeres Magnetfeld versuchen die schon existierenden magnetischen Momente der Atome auszurichten. Dabei muß es gegen die Temperaturbewegung arbeiten, die gegen eine Parallelstellung der Momente wirkt. Oder das Feld erzeugt selbst magnetische Momente der Atome, die dann wieder gegen die thermische Bewegung geordnet werden müssen, um zu einer makroskopischen Magnetisierung zu gelangen.

Beide Fälle kann man gemeinsam behandeln: Man geht von dem vollständigen Ausdruck (4.3.20) für den Operator des magnetischen Momentes μ aus und bildet den „thermischen" Erwartungswert

---

[26]Für den Ferromagnetismus benötigt man den Spin der Elektronen, den wir im nächsten Abschnitt einführen.

$$\mathrm{Erw}_T(\boldsymbol{\mu}) = Sp(\rho(T)\boldsymbol{\mu}) \tag{4.3.41}$$

wobei der statistische Operator $\rho(T)$ auftritt, der das Verhalten des quantenmechanischen Systems in einem „Wärmebad" mit der absoluten Temperatur T bestimmt. Nach Abschnitt 3.15 des ersten Bandes wird er durch

$$\rho(T) = \frac{1}{Z} \exp\left(-\frac{H}{kT}\right) \quad \text{mit} \quad Z = Sp\left[\exp\left(-\frac{H}{kT}\right)\right] \tag{4.3.42}$$

gegeben. Der Hamiltonoperator enthält das von außen wirkende Magnetfeld durch

$$H = H_0 - \boldsymbol{\mu} \cdot \boldsymbol{B} \tag{4.3.43}$$

In den Gleichungen (4.3.43) und (4.3.42) sind in einer kompakten Form sämtliche beschriebenen physikalisch wirksamen Mechanismen für den Magnetismus enthalten.

Zum Einüben werten wir den Erwartungswert (4.3.41) zunächst für ein verschwindendes Magnetfeld aus. Für $\boldsymbol{B} = 0$ gilt

$$\boldsymbol{\mu} = -\mu_B \boldsymbol{L}$$

und der Erwartungswert lautet

$$\mathrm{Erw}_T(\boldsymbol{\mu}) = \frac{1}{Z}\mu_B Sp\left[\boldsymbol{L} \exp\left(-\frac{H_0}{kT}\right)\right]$$

Wegen der für $\boldsymbol{B} = 0$ geltenden Drehinvarianz verschwindet die hier auftretende Spur und der Erwartungswert des magnetischen Momentes, denn es ist keine Richtung ausgezeichnet.

$$\mathrm{Erw}_T(\boldsymbol{\mu})_{\boldsymbol{B}=0} = 0$$

Dies kann man formal z.B. wie folgt beweisen:

Wir betrachten etwa die 3-Komponente des magnetischen Momentes und führen eine Drehung um die 2-Achse mit dem Winkel π ein, der L_3 in $-L_3$ überführt. Setzt man den entsprechenden unitären Drehoperator in die Spur ein

$$Sp(L_3 e^{-\frac{H_0}{kT}}) = Sp(U_2(\pi)\, U_2^{-1}(\pi) L_3\, e^{-\frac{H_0}{kT}})$$

so folgt aufgrund allgemeiner Eigenschaften der Spur und der Vertauschbarkeit der Drehungen mit H_0

$$= Sp(U_2^{-1}(\pi)L_3\, e^{-\frac{H_0}{kT}}\, U_2(\pi)) =$$
$$= Sp(U_2^{-1}(\pi)L_3\, U_2(\pi)\, e^{-\frac{H_0}{kT}}) =$$
$$= \quad -Sp(L_3\, e^{-\frac{H_0}{kT}})$$

Daher verschwindet der Erwartungswert von L_3 und der von μ_3. Analog schließt man für die anderen Komponenten.

Um nichtverschwindende Magnetfelder zu behandeln, genügt es – wegen der Schwäche der magnetischen Wechselwirkung – den Anteil des Erwartungswertes zu behandeln, der linear in B ist. Für ihn schreibt man

$$\mathrm{Erw}_T(\boldsymbol{\mu}) = \chi\,\boldsymbol{B} + \cdots \tag{4.3.44}$$

und nennt die eingeführte Konstante die **magnetische Suszeptibilität**.[27] Für die weitere Rechnung empfiehlt es sich, die beiden Anteile in

$$\boldsymbol{\mu} = \boldsymbol{\mu}_{\mathrm{perm}} + \boldsymbol{\mu}_{\mathrm{ind}}$$

getrennt zu behandeln.

Theorie des Diamagnetismus

Wir beginnen mit dem induzierten magnetischen Moment. Wir müssen in (4.3.41) die im Magnetfeld linearen Terme suchen. Da $\boldsymbol{\mu}_{\mathrm{ind}}$ selbst linear in B ist, kann man im Exponenten des Dichteoperators den vollen Hamiltonoperator H durch H_0 approximieren

$$H \approx H_0$$

so daß die weitere Rechnung recht einfach wird. Dazu legen wir das Magnetfeld in die 3-Richtung und berechnen die 3-Komponente des magnetischen Momentes

$$\begin{aligned}\mathrm{Erw}_T(\mu_{\mathrm{ind},3}) &= -\frac{\mu_B^2}{\hbar^2}\,\frac{1}{Z}Sp\left[\exp\left(-\frac{H_0}{kT}\right)(\boldsymbol{Q}^2 - Q_3^2)\right]B \\ &= \chi_{\mathrm{dia}}\,B\end{aligned} \tag{4.3.45}$$

Wegen

$$\boldsymbol{Q}^2 - Q_3^2 - Q_1^2 + Q_2^2 > 0$$

ist der Erwartungswert von $\boldsymbol{\mu}$, also die **Magnetisierung** dem angelegten Magnetfeld entgegengesetzt und schwächt damit dieses Feld. Dies ist die charakteristische Eigenschaft des **Diamagnetismus**. Formal wird sie durch einen negativen Wert der Suszeptibilität beschrieben.

Zur weiteren Auswertung von χ_{dia} entnehmen wir aus (4.3.45) zunächst

$$\chi_{\mathrm{dia}} = -\frac{1}{\hbar^2}\left(\frac{e\hbar}{2m_e c}\right)^2\langle Q_1^2 + Q_2^2\rangle_T$$

wobei der Erwartungswert

$$\langle A\rangle_T := \frac{1}{Z}Sp\left[A\,\exp\left(-\frac{H_0}{kT}\right)\right] \tag{4.3.46}$$

bezüglich H_0 eingeführt wurde. Wegen der Drehsymmetrie von H_0 gilt

---

[27] χ drückt die Fähigkeit aus, eine magnetische Eigenschaft „aufzunehmen".

$$\langle Q_1^2 \rangle_T = \langle Q_2^2 \rangle_T = \frac{1}{3} \langle \boldsymbol{Q}^2 \rangle$$

so daß

$$\chi_{\text{dia}} = -\frac{e^2}{4m_e^2 c^2} \frac{2}{3} \langle \boldsymbol{Q}^2 \rangle_T = -\frac{e^2}{6m_e^2 c^2} \langle \boldsymbol{Q}^2 \rangle_T \tag{4.3.47}$$

Man beachte, daß beim ersten Schritt sich die Plancksche Konstante heraus-
gekürzt hat, so daß die Formel auch im klassischen Grenzfall richtig bleibt.
Prinzipiell kann die diamagnetische Suszeptibilität nach (4.3.47) von der
Temperatur abhängen. Tatsächlich ist diese Abhängigkeit sehr klein und mit
sehr großer Genauigkeit gilt

$$\langle A \rangle_T \approx \langle A \rangle_{\text{Grundzustand}} \tag{4.3.48}$$

wobei der Erwartungswert für den Grundzustand des mikroskopischen Systems eingeführt wurde. Denn in (4.3.46) treten die Boltzmann Faktoren

$$\exp\left(-\frac{(E_n - E_0)}{kT} \right)$$

auf, wobei $E_n - E_0 \approx 1$ eV und $kT \approx 1/40$ eV ist, so daß für $n \neq 0$ Faktoren
$8 \cdot 10^{-19}$ auftreten.

Daher ist die diamagnetische Suszeptibilität eine temperaturunabhängige
Größe, die durch das Quadrat der räumlichen Größe des Systems bestimmt
wird.

Theorie des Paramagnetismus

Der Erwartungswert des permanenten magnetischen Moments

$$\boldsymbol{\mu}_{\text{perm}} = -\mu_B \boldsymbol{L}$$

hat völlig andere Eigenschaften als der des induzierten Moments, denn man
muß die $\boldsymbol{B}$-Abhängigkeit aus dem e-Faktor „herausholen"

$$\exp\left(-\frac{H}{kT} \right) = \exp\left(-\frac{H_0 + \mu_B \boldsymbol{L} \cdot \boldsymbol{B}}{kT} \right) = \exp\left(-\frac{H_0}{kT} \right) \cdot \exp\left(-\frac{\mu_B}{kT} \boldsymbol{L} \cdot \boldsymbol{B} \right)$$

$$\approx \exp\left(-\frac{H_0}{kT} \right) \left(1 - \frac{\mu_B}{kT} \boldsymbol{L} \cdot \boldsymbol{B} \right)$$

Beim zweiten Schritt dieser Rechnung haben wir von der Vertauschbarkeit
von H_0 mit $\boldsymbol{L}$, also von der Drehinvarianz von H_0 Gebrauch gemacht. Damit
erhalten wir für den Erwartungswert des permanenten magnetischen Momen-
tes bis zu linearen Terme in $\boldsymbol{B}$

$$\text{Erw}_T(\boldsymbol{\mu}_{\text{perm}}) = -\mu_B \, \text{Erw}_T(\boldsymbol{L}) \approx \mu_B \langle \boldsymbol{L} \left(1 - \frac{\mu_B}{kT} \boldsymbol{L} \cdot \boldsymbol{B} \right) \rangle_T$$

wobei wir wieder den thermalen Erwartungswert bezüglich H_0 verwendet
haben. Wegen des Verschwindens von $\langle \boldsymbol{L} \rangle_T$ bleibt vom letzten Ausdruck nur

$$\frac{\mu_B^2}{kT}\langle \boldsymbol{L}\,(\boldsymbol{L}\cdot\boldsymbol{B})\rangle_T$$

übrig. Legt man wieder das $\boldsymbol{B}$-Feld in die 3-Richtung, so folgt

$$\mathrm{Erw}_T(\boldsymbol{\mu}_{\mathrm{perm}}) = \frac{\mu_B^2}{kT}\langle L_3^2\rangle_T\, B \qquad (4.3.49)$$

aus welcher Formel man den Wert für die **paramagnetische Suszeptibilität** ablesen kann. Wenn man wieder die Drehsymmetrie und die Näherung (4.3.48) verwendet, folgt

$$\chi_{\mathrm{para}} = \frac{\mu_B^2}{3kT}\langle \boldsymbol{L}^2\rangle_T \approx \frac{\mu_B^2}{3kT}\langle \boldsymbol{L}^2\rangle_{\mathrm{Grundzustand}} \qquad (4.3.50)$$

Für die Drehimpulsquantenzahl des Grundzustandes l ergibt sich schließlich

$$\chi_{\mathrm{para}} = \frac{\mu_B^2}{3kT}l\,(l+1)$$

Dieses Ergebnis enthält zwei wichtige Eigenschaften des Paramagnetismus

- Die Magnetisierung hat die gleiche Richtung wie das einwirkende Magnetfeld und verstärkt daher seine Wirkung.
- Die paramagnetische Suszeptibilität nimmt mit wachsender Temperatur ab. Es gilt das **Curie-Gesetz**

$$\chi_{\mathrm{para}} \sim \frac{1}{T}$$

Wir bemerken noch, daß die Formel für die Suszeptibilität auch in der Form

$$\chi_{\mathrm{para}} = \frac{1}{3kT}\left(\frac{e}{2m_e}\right)^2 \times \quad \text{Quadrat des Drehimpulses}$$

geschrieben werden kann, wo die Plancksche Konstante nicht mehr explizit auftritt. In ähnlicher Weise wie bei der diamagnetischen Suszeptibilität überträgt sich das Resultat auch in die klassische Physik. Das genauere Verhältnis von klassischer und quantenphysikalischer Theorie des Magnetismus werden wir im nächsten Abschnitt analysieren.

4.3.5 Klassische und quantentheoretische Deutung des Magnetismus

Die vorstehenden Überlegungen können auf den ersten Blick auch in der klassischen Physik durchgeführt werden. In der Tat waren die Ergebnisse etwa für die Suszeptibilitäten letzten Endes von $\hbar$ unabhängig. Aber

In der klassischen Physik gibt es keinen Magnetismus!

Denn dazu müßte ein Stück Materie, das aus vielen Atomen besteht, im thermodynamischen Gleichgewicht ein resultierendes magnetisches Moment besitzen. Die Verteilung der verschiedenen Zustände in einem solchen Gleichgewicht wird durch ihre Energie gemäß dem Boltzmannschen Gesetz

$$\exp\left(-\frac{E}{kT}\right)$$

bestimmt. Da bei der Bewegung eines Elektrons im Magnetfeld keine Arbeit geleistet wird, hängt die Energie des Elektrons im Magnetfeld nicht von der Richtung seines eigenen magnetischen Moments ab. Insbesondere haben zwei entgegengesetzt kreisende Elektronen die gleiche Energie.

Klassisch hängt E also nicht von der Richtung von μ relativ zu B ab. Daher treten alle Richtungen von μ mit gleicher Wahrscheinlichkeit auf. Es gibt keinen resultierenden Magnetismus. [28]

Formal beruht diese Tatsache auf der Hamiltonfunktion

$$H = \frac{m_e}{2} \cdot v^2 + V$$

in der das Magnetfeld nicht auftritt. Auch in der Quantenmechanik kann man den Hamiltonoperator in dieser Form schreiben. Das Magnetfeld kommt erst durch den Zusammenhang von Geschwindigkeit v und kanonischem Impuls P

$$v = \frac{1}{m_e}\left(P - \frac{e}{c}A\right)$$

ins Spiel. Dies hat klassisch keine Auswirkungen, aber quantenmechanisch werden die Komponenten der Geschwindigkeit zu Operatoren mit folgenden Vertauschungsrelationen

$$[v_j, v_k] = -\frac{e}{m_e^2 c}\left([P_j, A_k] + [A_j, P_k]\right)$$

$$= -\frac{e}{m_e^2 c}\frac{\hbar}{i}\left(\frac{\partial}{\partial Q_j}A_k - \frac{\partial}{\partial Q_k}A_j\right) = \frac{e\hbar i}{m_e^2 c}\varepsilon_{jkl}B_l$$

oder

$$v \times v = \frac{i\hbar e}{m_e^2 c}\cdot B$$

Die daraus folgenden Unschärferelationen führen zu einer Abhängigkeit vom Magnetfeld, die schließlich den Magnetismus der Materie bewirkt.

Für die theoretische Behandlung ist es aber einfacher mit dem Impuls P und dem Hamiltonoperator

$$H = \frac{1}{2m_e}\left(P - \frac{e}{c}A\right)^2 + V$$

---

[28]Die „van Leeuwen Theorie", die das vorstehende Problem behandelt, wurde nach Frl. J.H. van Leeuwen (Dissertation 1918(Leiden)) benannt. Vgl. auch N. Bohr, Dissertation 1911(Kopenhagen).

zu arbeiten. Damit können wir auf die Rechnungen im Abschnitt 4.3.4 zurückgreifen, um den Magnetismus zu beschreiben.

5 Quantentheorie des Drehimpulses II

Im 3. Kapitel dieses Bandes haben wir die allgemeinen quantenmechanischen Eigenschaften des Drehimpulses erläutert und dabei wichtige Ergebnisse über seine Eigenwerte und Eigenvektoren gewonnen. Konkretisiert wurde der Formalismus anschließend durch die Behandlung der Zustände mit ganzzahligen Drehimpulsquantenzahlen, die als Bahndrehimpuls eine wichtige physikalische Rolle spielen.

Im folgenden Kapitel widmen wir uns zunächst den wichtigsten Drehimpulszuständen, die nicht in der klassischen Physik auftreten, aber von der allgemeinen Theorie gefordert werden, den Zuständen mit $j = 1/2$. Es war eine wichtige grundsätzliche Entdeckung, daß diese Zustände in der Natur als **Spin** realisiert sind. Dadurch wurde einerseits deutlich, daß in der Physik die mathematisch erlaubten Möglichkeiten voll ausgeschöpft werden und so ein weiteres, sehr tiefliegendes Beispiel für die „unreasonable effectiveness" der Mathematik für die Beschreibung der Natur gegeben wird.[1] Andererseits betraten dadurch die Teilchen mit dem Spin 1/2 die Bühne der Physik, die sich in der Folge als die fundamentalen Objekte der Natur erweisen sollten. Jeder Physiker hat daher gute Gründe sich mit den „Spinoren" vertraut zu machen, die diese Teilchen beschreiben.

5.1 Der Spin des Elektrons und die Gruppe $SU(2)$

Bei der genaueren experimentellen Untersuchung der Atomspektren und ihrer Aufspaltung in magnetischen und elektrischen Feldern stieß man in der Mitte der zwanziger Jahre des vorigen Jahrhunderts auf eine Reihe gravierender, da qualitativer Widersprüche zu den theoretischen Erwartungen. Sie lassen sich in der Feststellung zusammenfassen: Man beobachtete die Aufspaltung von Spektrallinien oder von Elektronenstrahlen in eine gerade Anzahl von

---

[1]Diese pointierte Formulierung hat Wigner in einem Artikel mit dem Titel „The unreasonable effectiveness of mathematics in the natural sciences" geprägt, der in dem Buch

Symmetries and Reflections, Scientific Essays by Eugene P.Wigner, edited by W.J. Moore and M. Scriven, Indiana University Press 1967

abgedruckt ist.

Komponenten, während die Drehimpulsmultipletts nur ungerade Multipletts, nämlich mit der Anzahl

$$2l + 1$$

erwarten lassen. Im einzelnen fand man:

(i) Es gibt Spektren mit einer geradzahligen Multiplettstruktur
In den Alkalispektren treten Dubletts auf, deren bekanntestes Beispiel die doppelte gelbe Natrium-D-Linie ist. Dabei wurde eine allgemeine empirische Regel für Atom- und Ionen-Spektren gefunden. Bei Atomen oder Ionen mit einer ungeraden Zahl von Elektronen treten gerade Multiplizitäten – Dubletts, Quartetts usw. – auf; dagegen findet man bei geraden Zahlen von Elektronen ungerade Multiplizitäten – Singuletts, Tripletts, Quintetts usw.

(ii) Die Zahl der Zeeman-Terme und deren Aufspaltungsregeln widersprechen in vielen Fällen dem Experiment, insbesondere beim Wasserstoff und den Alkali-Atomen, vgl. Abbildung 4.16(a).
Es gilt wieder die Multiplizitätsregel: eine ungerade Elektronenzahl ist mit einer geraden Anzahl von Zeeman-Termen verbunden und umgekehrt.
Ferner beobachtet man Abweichungen von der einfachen Aufspaltungsregel für benachbarte Niveaus, nach der

$$\Delta E = \mu_B \, B \tag{5.1.1}$$

unabhängig vom speziellen Niveau gelten sollte; vielmehr findet man experimentell kompliziertere Verhältnisse, die man formelmäßig mit der Regel

$$\Delta E = g \, \mu_B \, B \tag{5.1.2}$$

beschreibt, wo der g-Faktor von Energieniveau zu Energieniveau variiert:

anomaler Zeeman-Effekt.

Dadurch treten innerhalb eines Multipletts Aufspaltungen auf, die verschiedene Vielfache einer Grundfrequenz sind, wie die Abbildung 4.17(a) zeigt.

(iii) Der Stern-Gerlach Versuch
bestätigt die in den Spektren gefundenen Multiplizitätsregeln. Ein Wasserstoff-Atomstrahl spaltet in einem inhomogenen Feld in 2 Strahlen auf, vgl. Abbildung 5.1.

Diese Phänomene legen aufgrund der Drehimpulsregel

$$\text{Multiplizität} = 2j + 1$$

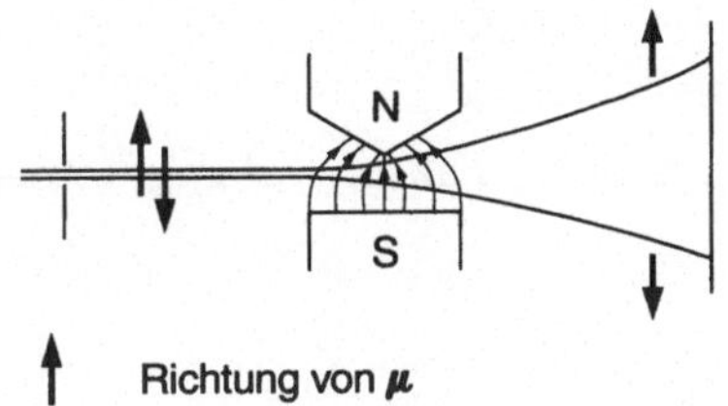

Abb. 5.1. Der Stern-Gerlach Versuch

das Auftreten von $j = \frac{1}{2}$ nahe. Konkret wurde nach vielen tastenden Vorüberlegungen (von 1921 an) im Herbst 1925 von Uhlenbeck und Goudsmit die Hypothese des Elektronenspins eingeführt. In moderner Sprache lautet sie:

Hypothese des Elektronenspins
Neben den Observablen Q und P besitzt ein Elektron eine neue Observable, einen inneren Drehimpuls, genannt Spin $\hbar S$ mit den folgenden Eigenschaften

(a) S ist ein Drehimpuls und es gilt

$$S \times S = iS \tag{5.1.3}$$

(b)   Für jede Komponente von S gibt es zwei mögliche Eigenwerte, daher gehört S zur Drehimpulsquantenzahl $j = \frac{1}{2}$, und sein Quadrat hat den Wert

$$S^2 = \frac{1}{2}\left(\frac{1}{2} + 1\right) = \frac{3}{4} \tag{5.1.4}$$

(c)   Die Komponenten des Spins kommutieren mit den Bahnvariablen P und Q,

$$[S_j, Q_k] = 0 \quad ; \quad [S_j, P_k] = 0,$$

so daß z.B. der Ort Q und die dritte Komponente des Spins, S_3, gleichzeitig gemessen werden können.

(d)   Der Gesamtdrehimpuls eines Elektrons wird durch die Summe von Bahndrehimpuls L und Spin S gegeben

$$J = L + S \tag{5.1.5}$$

Insbesondere werden Drehungen der Elektronenzustände durch den unitären Operator

$$U(\boldsymbol{\theta}) = e^{-i\,\boldsymbol{\theta}\cdot\boldsymbol{J}} \tag{5.1.6}$$

bewirkt.

(e)   Der Spin S ist mit einem magnetischen Moment der Größe[2]

---

[2]Man beachte: Wegen der negativen Ladung des Elektrons stehen magnetisches Moment und Spin antiparallel zueinander analog zu der Situation beim Bahndrehimpuls, vgl. (4.3.26).

$$\boldsymbol{\mu}_s = g_s \frac{e\hbar}{2m_e c}\, \boldsymbol{S} = -g_s \frac{|e|\hbar}{2m_e c}\, \boldsymbol{S} \qquad (5.1.7)$$

verbunden. Dabei wird der g-Faktor – das gyromagnetische Verhältnis – durch

$$g_s = 2 \qquad (5.1.8)$$

gegeben. Dieser Wert 2 ist notwendig, um die Aufspaltung der Atomniveaus quantentheoretisch richtig zu beschreiben. Außerdem folgt er direkt aus der Größe der Stern-Gerlach-Aufspaltung.

Der Wert des g-Faktors widerspricht den Erwartungen; denn für die Bahnbewegung gilt nach (4.3.21)

$$g_l = 1 \qquad (5.1.9)$$

Der doppelt so große Wert des Spin-Moments hat zunächst Ablehnung und Aufregung verursacht. Wir werden im Abschnitt 5.1.5 darauf zurückkommen.

5.1.1 Darstellung des Spins mit Hilfe von Pauli-Matrizen und -Spinoren

Wir ziehen zunächst die Schlußfolgerungen aus den Hypothesen (a) bis (c). Aufgrund dieser Eigenschaften bilden nicht $\boldsymbol{Q}$ (oder $\boldsymbol{P}$) allein ein vollständiges Observablensystem, sondern es muß eine Komponente von $\boldsymbol{S}$ hinzugenommen werden, z.B. S_3, so daß $\boldsymbol{Q}$ und S_3 (bzw. $\boldsymbol{P}$ und S_3) ein vollständiges System von Observablen sind. Dabei betrachten wir einen festen Zeitpunkt t, den wir nicht explizit nennen.
Wir setzen also voraus, daß die Operatoren

$$Q_1, Q_2, Q_3 \text{ und } S_3$$

ein vollständiges System bilden. Im Gegensatz zum Bahndrehimpuls muß man $\boldsymbol{S}^2$ nicht berücksichtigen, da dieser Operator den festen Wert 3/4 hat. Daher stellen die Eigenvektoren von $\boldsymbol{Q}$ und S_3

$$|\boldsymbol{r}, s\rangle \text{ mit } \begin{cases} \boldsymbol{Q}\,|\boldsymbol{r}, s\rangle = \boldsymbol{r}\,|\boldsymbol{r}, s\rangle \\ S_3\,|\boldsymbol{r}, s\rangle = s\,|\boldsymbol{r}, s\rangle \quad s = \pm\tfrac{1}{2} \end{cases} \qquad (5.1.10)$$

ein vollständiges Basissystem im Hilbertraum der Ein-Elektronenzustände dar. Ein beliebiger Vektor $|\psi\rangle$ hat die Darstellung

$$\psi_s(\boldsymbol{r}) = \langle \boldsymbol{r}, s\,|\,\psi\rangle \quad s = \pm\frac{1}{2} \qquad (5.1.11)$$

Es ist in vielen Fällen praktisch, die damit gegebenen zwei Funktionen zu einer zweikomponentigen Größe

$$\psi(\boldsymbol{r}) = \begin{pmatrix} \psi_{+1/2}(\boldsymbol{r}) \\ \psi_{-1/2}(\boldsymbol{r}) \end{pmatrix} \qquad (5.1.12)$$

zusammenzufassen. Man nennt $\psi(\boldsymbol{r})$ (ohne Index s!) einen **Pauli-Spinor**. Offenbar gilt

$$\psi(\boldsymbol{r}) = \psi_{+1/2}(\boldsymbol{r}) \begin{pmatrix} 1 \\ 0 \end{pmatrix} + \psi_{-1/2}(\boldsymbol{r}) \begin{pmatrix} 0 \\ 1 \end{pmatrix} \tag{5.1.13}$$

Die Zweier-Vektoren

$$u_+ = \begin{pmatrix} 1 \\ 0 \end{pmatrix} \quad ; \quad u_- = \begin{pmatrix} 0 \\ 1 \end{pmatrix} \tag{5.1.14}$$

beschreiben die beiden Spin-Einstellmöglichkeiten:

$$\begin{aligned} u_+ &: \Uparrow \quad \textit{spin up} \\ u_- &: \Downarrow \quad \textit{spin down} \end{aligned} \tag{5.1.15}$$

Der Spinoperator $\boldsymbol{S}$ wirkt auf die Eigenzustände $|\,\boldsymbol{r}, s\rangle$ gemäß den allgemeinen Regeln von Abschnitt 6.3. Wir bezeichnen die Aufsteige- und Absteige-Operatoren des Spins mit

$$S_\pm := S_1 \pm i\,S_2 \tag{5.1.16}$$

so daß gilt

$$S_3 \,|\,\boldsymbol{r}, s\rangle \;=\; s\,|\,\boldsymbol{r}, s\rangle \tag{5.1.17}$$
$$\text{und} \tag{5.1.18}$$

$$S_+ \,|\,\boldsymbol{r}, \tfrac{1}{2}\rangle = 0 \quad ; \quad S_+ \,|\,\boldsymbol{r}, -\tfrac{1}{2}\rangle = |\,\boldsymbol{r}, +\tfrac{1}{2}\rangle$$

$$S_- \,|\,\boldsymbol{r}, \tfrac{1}{2}\rangle = |\,\boldsymbol{r}, -\tfrac{1}{2}\rangle \quad ; \quad S_- \,|\,\boldsymbol{r}, -\tfrac{1}{2}\rangle = 0 \tag{5.1.19}$$

Mit der Umkehrung

$$S_1 = \frac{1}{2}\,(S_+ + S_-) \quad ; \quad S_2 = \frac{1}{2\,i}\,(S_+ - S_-) \tag{5.1.20}$$

gilt für die Komponenten S_1 und S_2

$$S_1 \,|\,\boldsymbol{r}, +\tfrac{1}{2}\rangle = \tfrac{1}{2}\,|\,\boldsymbol{r}, -\tfrac{1}{2}\rangle \;;\; S_1 \,|\,\boldsymbol{r}, -\tfrac{1}{2}\rangle = \tfrac{1}{2}\,|\,\boldsymbol{r}, +\tfrac{1}{2}\rangle \tag{5.1.21}$$

und

$$S_2 \,|\,\boldsymbol{r}, +\tfrac{1}{2}\rangle = \tfrac{i}{2}\,|\,\boldsymbol{r}, -\tfrac{1}{2}\rangle \;;\; S_2 \,|\,\boldsymbol{r}, -\tfrac{1}{2}\rangle = -\tfrac{i}{2}\,|\,\boldsymbol{r}, +\tfrac{1}{2}\rangle \tag{5.1.22}$$

Diese Wirkungsweise überträgt sich auf $\psi_s(\boldsymbol{r})$ und die Spinoren $\psi(\boldsymbol{r}), u_+, u_-$. Da letztere zweidimensionale Vektoren sind, kann man $\boldsymbol{S}$ durch zweidimensionale Matrizen darstellen. Wegen der Faktoren $1/2$ in (5.1.21) und (5.1.22) setzt man

$$\boldsymbol{S} =: \frac{1}{2}\,\boldsymbol{\sigma} \tag{5.1.23}$$

Mit u_+ und u_- als Basis kann man die Komponenten von $\boldsymbol{\sigma}$ durch die Matrizen

$$\sigma_1 = \begin{pmatrix} 0 & 1 \\ 1 & 0 \end{pmatrix} \quad ; \quad \sigma_2 = \begin{pmatrix} 0 & -i \\ +i & 0 \end{pmatrix} \quad ; \quad \sigma_3 = \begin{pmatrix} 1 & 0 \\ 0 & -1 \end{pmatrix} \qquad (5.1.24)$$

ausdrücken, wie es direkt aus den Beziehungen (5.1.21), (5.1.22) und (5.1.17) folgt. Diese Matrizen werden **Pauli-Matrizen** oder kurz σ-**Matrizen** genannt. Es ist sehr empfehlenswert, sich diese einfachen hermiteschen Matrizen einzuprägen, auch wenn man beim Arbeiten mit ihnen meist diese Formeln nicht benötigt, sondern nur ihre **algebraischen Eigenschaften**. Diese Eigenschaften werden in der **Pauli-Algebra** zusammengefaßt, deren Regeln wir jetzt ableiten werden. $\boldsymbol{S} = \dfrac{1}{2}\,\boldsymbol{\sigma}$ ist ein Drehimpuls, daher gilt

$$\frac{1}{2}\boldsymbol{\sigma} \times \frac{1}{2}\boldsymbol{\sigma} = i\,\frac{1}{2}\boldsymbol{\sigma}$$

oder

$$\boldsymbol{\sigma} \times \boldsymbol{\sigma} = 2\,i\,\boldsymbol{\sigma}$$

In Komponenten ausgeschrieben lautet dies

$$[\sigma_j, \sigma_k] = 2\,i\,\varepsilon_{jkl}\,\sigma_l \qquad (5.1.25)$$

Aus der zweiten Eigenschaft von $\boldsymbol{S}$

$$\boldsymbol{S}^2 = \frac{3}{4}\cdot\boldsymbol{1}$$

folgt

$$\boldsymbol{\sigma}^2 = \sigma_1^2 + \sigma_2^2 + \sigma_3^2 = 3\cdot\boldsymbol{1}$$

Da keine Komponente von $\boldsymbol{\sigma}$ vor einer anderen ausgezeichnet ist, schließen wir daraus[3]

$$\sigma_j{}^2 = \boldsymbol{1} \quad \text{für} \quad j = 1, 2, 3 \qquad (5.1.26)$$

Man kann diese Eigenschaften sofort an den expliziten Formeln der σ- Matrizen nachprüfen. Sie enthalten die Aussage, daß die Eigenwerte der σ_j durch ± 1 gegeben werden. Aus (5.1.26) kann man recht verblüffende algebraische Folgerungen ziehen: Zunächst folgt

$$[\sigma_j^2, \sigma_k] = 0 \quad \text{für } k = 1, 2, 3$$

Durch Ausrechnen des Kommutator ergibt sich

$$\sigma_j[\sigma_j, \sigma_k] + [\sigma_j, \sigma_k]\sigma_j = 0,$$

also mit Hilfe der Drehimpuls-Vertauschungsrelationen (5.1.25)

---

[3]In den vorstehenden Formeln haben wir der Deutlichkeit halber das Eins-Element **1** explizit aufgeschrieben. Es kann je nach dem Kontext der „Eins-Operator" des Hilbertraumes oder eine „Eins-Matrix" sein. Gelegentlich wird der Fettdruck von **1** auch „vergessen".

$$\varepsilon_{jkl}\,(\sigma_j\sigma_l + \sigma_l\sigma_j) = 0$$

woraus für $j \neq l$ folgt

$$\sigma_j\sigma_l + \sigma_l\sigma_j = 0. \tag{5.1.27}$$

Verschiedene σ-Matrizen antikommutieren! Faßt man (5.1.26) und (5.1.27) zusammen, so hat man die folgende Relation für den Antikommutator

$$\{\sigma_j, \sigma_k\} := \sigma_j\sigma_k + \sigma_k\sigma_j = 2\,\delta_{jk} \tag{5.1.28}$$

Daraus folgen für die Produkte der Pauli-Matrizen insgesamt die Relationen

$$\sigma_j^2 = 1 \quad ; \quad \sigma_j\sigma_k = i\varepsilon_{jkl}\,\sigma_l \quad (j \neq k) \tag{5.1.29}$$

Die zweite Relation folgt aus (5.1.25) mit Hilfe der Antisymmetrie (5.1.27). Die Gleichungen (5.1.25), (5.1.28) und (5.1.29) können in der folgenden allgemeinen Gleichung zusammengefaßt werden, die für beliebige 3-Vektoren $\boldsymbol{a}, \boldsymbol{b}$ gilt

$$(\boldsymbol{\sigma}\,\boldsymbol{a})(\boldsymbol{\sigma}\,\boldsymbol{b}) = (\boldsymbol{a}\,\boldsymbol{b}) + i\boldsymbol{\sigma}\,(\boldsymbol{a} \times \boldsymbol{b}) \tag{5.1.30}$$

Der Beweis folgt dem schon oft verwendeten Verfahren: Das Produkt zweier nicht kommutativer Größen wird durch die Summe von Antikommutator und Kommutator ausgedrückt:

$$\sum_{j,k} \sigma_j\sigma_k a_j b_k = \sum_{j,k} [\frac{1}{2}(\sigma_j\sigma_k + \sigma_k\sigma_j) + \frac{1}{2}(\sigma_j\sigma_k - \sigma_k\sigma_j)]a_j b_k$$

$$= \sum_{j,k} [\delta_{jk} + i\varepsilon_{jkl}\sigma_l]a_j b_k$$

Im letzten Schritt wurde die Drehimpulseigenschaft (5.1.25) verwendet. Da a_j und b_k beliebig sind, ist dazu die Beziehung

$$\sigma_j\sigma_k = \delta_{jk}\,1 + i\varepsilon_{jkl}\sigma_l \tag{5.1.31}$$

äquivalent.

Es ist wichtig festzustellen, daß der durchgeführte Beweis auch für nichtkommutative Vektoren $\boldsymbol{a}$ und $\boldsymbol{b}$, insbesondere für Vektor-Operatoren gilt, da wir an keiner Stelle die a_j und die b_k vertauscht haben.

In der folgenden Tabelle 5.1 sind sämtliche algebraische Eigenschaften der Pauli-Matrizen zusammengestellt Die in der Tabelle zusätzlich aufgenommenen drei letzten Eigenschaften folgen aus den expliziten Formeln für die σ-Matrizen, aber auch rein algebraisch aus den Vertauschungsregeln:

- Das Produkt $\sigma_1\sigma_2\sigma_3$ kann man aus $\sigma_1\sigma_2 = i\,\sigma_3$ und $\sigma_3^2 = 1$ berechnen.

$$\sigma_1^2 = \sigma_2^2 = \sigma_3^2 = 1$$
$$\sigma^2 = 3 \cdot 1$$
$$\sigma_1\sigma_2 = -\sigma_2\sigma_1 = i\sigma_3$$
$$\sigma_2\sigma_3 = -\sigma_3\sigma_2 = i\sigma_1$$
$$\sigma_3\sigma_1 = -\sigma_1\sigma_3 = i\sigma_2$$
$$\sigma_1\sigma_2\sigma_3 = i\,1$$
$$\mathrm{Sp}(\sigma_1) = \mathrm{Sp}(\sigma_2) = \mathrm{Sp}(\sigma_3) = 0$$
$$\det(\sigma_1) = \det(\sigma_2) = \det(\sigma_3) = -1$$

Tabelle 5.1. Eigenschaften der Pauli-Matrizen

- Für die Spur z.B. von σ_3 folgt zunächst aus $i\sigma_3 = \sigma_1\sigma_2$ und der Antikommutativität

$$i\,\mathrm{Sp}(\sigma_3) = \mathrm{Sp}(\sigma_1\sigma_2) = -\mathrm{Sp}(\sigma_2\sigma_1)$$

Da innerhalb der Spur Faktoren vertauscht werden dürfen, gilt schließlich

$$\mathrm{Sp}(\sigma_1\sigma_2) = -\mathrm{Sp}(\sigma_2\sigma_1) = -\mathrm{Sp}(\sigma_1\sigma_2) = 0$$

- Aus $\sigma_i^2 = 1$ ergibt sich

$$(\det \sigma_i)^2 = 1$$

oder

$$\det \sigma_i = \pm 1$$

Das Vorzeichen kann man aus $\sigma_1\sigma_2 = i\sigma_3$ ableiten:

$$\det \sigma_1 \cdot \det \sigma_2 = -\det \sigma_3$$

was nur durch $\det(\sigma_i) = -1$ erfüllt wird.

5.1.2 Pauli-Algebra als Beispiel einer Clifford-Algebra

Dieser Abschnitt kann beim ersten Lesen übergangen werden. Er gibt einen tieferen Einblick in die mathematischen Hintergründe der Pauli-Algebra und bereitet ein algebraisches Verfahren vor, das bei der Behandlung der Dirac-Gleichung wesentlich werden wird.

Mit Hilfe der komplexen Zahlen können Punkte einer Ebene und geometrische Operationen analytisch beschrieben werden. So korrespondiert die Addition von komplexen Zahlen der Zusammensetzung von 2-dimensionalen Vektoren nach dem „Kräfte-Parallelogramm". Vor allem kann man die Multiplikation von zwei 2-d Vektoren definieren. Z.B. gibt die Multiplikation mit

$e^{i\alpha}$ eine Drehung des 2-d Vektors, der einer komplexen Zahl z entspricht um den Winkel α. Angeregt dadurch suchte W.R. Hamilton (1805 – 1865) nach Objekten, mit deren Hilfe man die Multiplikation von dreidimensionalen Vektoren definieren kann. Diese Bemühungen fanden aber erst durch W.K. Clifford eine Form, die durch die **Clifford-Zahlen** wichtige Auswirkungen in der Physik hat.

Man kann zu diesen Zahlen in der folgenden Weise gelangen:[4]

Wir versuchen Vektoren $r_1, r_2 \cdots$ des $\mathbf{R}^3$ durch algebraische Objekte $\varrho_1, \varrho_2 \cdots$ darzustellen, mit denen man möglichst „wie üblich" rechnen kann. Es soll z.B. gelten

$$(c_1\varrho_1 + c_2\varrho_2)\,\varrho_3 = c_1(\varrho_1\varrho_3) + c_2(\varrho_2\varrho_3) \tag{5.1.32}$$

$$\varrho_3(c_1\varrho_1 + c_2\varrho_2) = c_1(\varrho_3\varrho_2) + c_2(\varrho_3\varrho_2) \tag{5.1.33}$$

$$\varrho_1\varrho_2\varrho_3 = (\varrho_1\varrho_2)\varrho_3 = \varrho_1(\varrho_2\varrho_3) \tag{5.1.34}$$

aber man besteht nicht mehr auf Kommutativität, d.h. es wird

$$\varrho_1\varrho_2 \neq \varrho_2\varrho_1$$

zugelassen. Da dreidimensionale Vektoren dargestellt werden sollen, muß es drei Basis-Elemente

$$\gamma_1, \gamma_2, \gamma_3$$

geben, so daß jedes ϱ linear entwickelt werden kann

$$\varrho = x_1\gamma_1 + x_2\gamma_2 + x_3\gamma_3 \tag{5.1.35}$$

Der entscheidende Schritt geschieht bei der Frage, was ϱ^2 bedeutet. Da nach (5.1.32) und (5.1.33)

$$(-\varrho)^2 = \varrho^2$$

gilt[5], kann ϱ^2 keinem Vektor zugeordnet werden. Als einfachste Möglichkeit bietet sich die Deutung an: ϱ^2 ist eine Zahl, deren Wert durch das Quadrat der Länge des Vektors r gegeben wird. Genauer wird ϱ^2 ein Vielfaches des Eins-Elementes **1**, also

---

[4]Die folgende Darstellung lehnt sich an das Chapter 9 (Vector Algebra of Physical Space) des Buches von

E. Baylis, An Introduction to Problem Solving with Maple, Birkhäuser, Boston 1994

an. Das dem Buch beiliegende Programm führt alle infrage kommenden Rechenoperationen computer-algebraisch durch.

Für eine moderne Monographie, die die Clifford Algebra systematisch in einer für Physiker zugeschnittenen Weise darstellt, sei auf

J. Snygg, Clifford Algebra, Oxford University Press 1997

verwiesen.

[5]Man setze in (5.1.32) und (5.1.33) $c_1 = -1$, $c_2 = 0$ und $\varrho_1 = \varrho$, $\varrho_3 = -\varrho$.

$$\varrho^2 = (\text{Länge des Vektors})^2 \, \mathbf{1} = \sum_{j=1}^{3} x_j{}^2 \, \mathbf{1} = r^2 \, \mathbf{1} \tag{5.1.36}$$

Die linke Seite wird nach den Regeln (5.1.32) und (5.1.33) ausgewertet

$$\begin{aligned}
\varrho^2 = {} & x_1^2 \gamma_1^2 + x_2^2 \gamma_2^2 + x_3^2 \gamma^2 \\
& + x_1 x_2 (\gamma_1 \gamma_2 + \gamma_2 \gamma_1) \\
& + x_1 x_3 (\gamma_1 \gamma_3 + \gamma_3 \gamma_1) \\
& + x_2 x_3 (\gamma_2 \gamma_3 + \gamma_3 \gamma_2)
\end{aligned}$$

Damit (5.1.36) erfüllt ist, muß zunächst

$$\gamma_1^2 = \gamma_2^2 = \gamma_3^2 = 1 \tag{5.1.37}$$

gelten. Bis zu diesem Punkte könnte das Produkt $\varrho_1 \varrho_2$ auch durch das übliche Skalarprodukt realisiert werden. Jetzt kommt der neue Ansatz: Die gemischten Produkte sollen nicht wegen $\gamma_1 \gamma_2 = 0$ etc. fortfallen, sondern es genügt, daß man

$$\gamma_1 \gamma_2 + \gamma_2 \gamma_1 = 0, \; \gamma_1 \gamma_3 + \gamma_3 \gamma_1 = 0, \; \gamma_2 \gamma_3 + \gamma_3 \gamma_2 = 0 \tag{5.1.38}$$

fordert, um Gleichung (5.1.36) zu erfüllen. Damit haben wir die entscheidenden Bedingungen, die die Clifford-Zahlen definieren:

> Die Basis-Elemente einer Clifford-Algebra sollen untereinander antikommutieren und das Quadrat 1 besitzen.

Diese Forderungen kann man in der Form einer Antikommutator Bedingung zusammenfassen

$$\{\gamma_j, \gamma_k\} = \gamma_j, \gamma_k + \gamma_k, \gamma_j = 2\,\delta_{jk} \mathbf{1} \tag{5.1.39}$$

Die Menge der Linearkombinationen

$$\sum_{j=1}^{3} c_j \gamma_j \quad \text{mit} \quad c_j \in \mathbf{C}$$

für die (5.1.39) gilt, wird **Clifford Algebra** genannt. Offenbar erfüllen die Pauli-Matrizen diese Bedingung! Aber diese Matrizen besitzen noch weitere Eigenschaften, die nicht aus den Antikommutator Bedingungen folgen. Um dies zu erkennen, studieren wir die Clifford Algebra weiter. Aufgrund der Regeln (5.1.39) wird man zunächst zu folgenden 8 linear unabhängigen Elementen geführt

$$\left\{ \begin{array}{ccc}
& \mathbf{1} & \\
\gamma_1 & \gamma_2 & \gamma_3 \\
\gamma_1 \gamma_2 & \gamma_1 \gamma_3 & \gamma_2 \gamma_3 \\
& \gamma_1 \gamma_2 \gamma_3 &
\end{array} \right\}$$

Alle anderen höheren Produkte und Linearkombinationen lassen sich mit Hilfe der Vertauschungsregeln auf diese 8 Elemente zurückführen. Das dreifache

Produkt vertauscht nun mit allen drei γ_j und damit mit allen Elementen der Clifford Algebra

$$[\gamma_j, \gamma_1\gamma_2\gamma_3] = 0$$

Denn beim Vertauschen von γ_j mit γ_k tritt für $j \neq k$ ein Vorzeichenwechsel auf, nicht dagegen bei $j = k$. Da jedes j im Dreifachprodukt einmal auftritt, erhält man beim Durchtauschen von γ_j insgesamt einen Faktor $(-1)^2 = 1$, so daß der Kommutator verschwindet.

Ferner gilt

$$(\gamma_1\gamma_2\gamma_3)^2 = -\mathbf{1}$$

wie folgende Rechenkette zeigt

$$(\gamma_1\gamma_2\gamma_3)^2 = \gamma_1\gamma_2\gamma_3\gamma_1\gamma_2\gamma_3 = -\gamma_1\gamma_2\gamma_1\gamma_3\gamma_2\gamma_3$$
$$= \gamma_1^2\gamma_2\gamma_3\gamma_2\gamma_3 = -\gamma_1^2\gamma_2^2\gamma_3^2 = -1$$

Damit kann man $\gamma_1\gamma_2\gamma_3$ mit i identifizieren, also setzen

$$\gamma_1\gamma_2\gamma_3 = i\,\mathbf{1} \tag{5.1.40}$$

Multipliziert man diesen Ausdruck mit den drei Basis-Größen γ_j so erhält man nach und nach

$$\gamma_1\gamma_2 = i\gamma_3, \quad \gamma_3\gamma_1 = i\gamma_3, \quad \gamma_2\gamma_3 = i\gamma_1$$

Damit haben wir sämtliche Regeln wiedergefunden, die auch für die Pauli-Matrizen gelten.

Die Pauli-Matrizen geben somit eine Matrix-Darstellung der Clifford Algebra

$$\gamma_j \mapsto \sigma_j \quad (j = 1, 2, 3)$$

Mit der expliziten Darstellung der Pauli-Matrizen findet man für ein allgemeines Element der Clifford Algebra

$$\varrho = \sum_j x_j\gamma_j \mapsto \boldsymbol{\sigma} \cdot \boldsymbol{r} = \begin{pmatrix} x_3 & x_1 - ix_2 \\ x_1 + ix_2 & -x_3 \end{pmatrix}$$

Dies ist genau die Matrix, die wir im Abschnitt 3.2.2 eingeführt haben.

Neben den Pauli Matrizen gibt es jedoch noch unendlich viele andere Darstellungen der Clifford Algebra. Denn mit den σ_j erfüllen auch alle

$$\sigma_j' = S^{-1}\sigma_j S \tag{5.1.41}$$

die Relationen (5.1.39) der Clifford Algebra, wobei S eine beliebige, aber fest gewählte invertierbare Matrix ist $(det(S) \neq 0)$. Man wähle z.B.

$$S = \begin{pmatrix} a & 0 \\ 0 & \frac{1}{a} \end{pmatrix}$$

Es folgt

$$\sigma_1' = \begin{pmatrix} 0 & \frac{1}{a^2} \\ a^2 & 0 \end{pmatrix}, \sigma_1' = \begin{pmatrix} 0 & -\frac{i}{a^2} \\ i\,a^2 & 0 \end{pmatrix}, \sigma_3' = \begin{pmatrix} 1 & 0 \\ 0 & -1 \end{pmatrix}$$

Diese einfache „Umskalierung" führt zu nicht hermiteschen Matrizen.[6] Solche Darstellungen sind jedoch nur formale Komplikationen, daher betrachten wir im weiteren nur Transformationen (5.1.41), die die Hermitezität erhalten. Dies ist der Fall, wenn die Matrizen S unitär sind und daher

$$\sigma_j' = S^\dagger \sigma_j S \tag{5.1.42}$$

gilt. Damit haben wir genau die Transformationen gewonnen, die wir im Abschnitt 3.2.2 bei der Einführung der Gruppen $U(2)$ und $SU(2)$ verwendet haben. Dieser Gruppe wenden wir uns jetzt bei der Untersuchung der Drehungen von Pauli-Spinoren genauer zu.

5.1.3 Die Drehungen der Pauli-Spinoren

Eine Drehung $R(\boldsymbol{\theta})$ wird nach (5.1.6) durch

$$e^{-i\boldsymbol{\theta}\boldsymbol{J}} = e^{-i\boldsymbol{\theta}\boldsymbol{L}} \cdot e^{-i\boldsymbol{\theta}\boldsymbol{S}} \quad \text{mit} \quad \boldsymbol{\theta} = \boldsymbol{n}\,\theta; \quad \boldsymbol{n}^2 = 1 \tag{5.1.43}$$

dargestellt. (Die Faktorisierung ist wegen der Vertauschbarkeit von $\boldsymbol{L}$ und $\boldsymbol{S}$ möglich.) Unser Interesse gilt jetzt dem zweiten Faktor dieses Produktes

$$U_s(\boldsymbol{\theta}) := e^{-i\boldsymbol{\theta}\boldsymbol{S}} = e^{-\frac{1}{2}\boldsymbol{\theta}\boldsymbol{\sigma}} \tag{5.1.44}$$

Für ihn gilt eine wichtige Rechenregel, die man als verallgemeinerte **Euler-sche Formel** bezeichnen kann:

$$U_s(\boldsymbol{\theta}) = e^{-\frac{i}{2}\theta\boldsymbol{n}\boldsymbol{\sigma}} = \cos\frac{\theta}{2} - i(\boldsymbol{n}\cdot\boldsymbol{\sigma})\sin\frac{\theta}{2} \tag{5.1.45}$$

Der Beweis kann analog zur Begründung der Eulerschen Formel für komplexe Zahlen

$$e^{-i\theta} = \cos\theta - i\sin\theta$$

geführt werden: Nach (5.1.30) gilt

$$(\boldsymbol{n}\cdot\boldsymbol{\sigma})^2 = 1$$

Daher folgt

---

[6]Sie haben zwar die gleichen reellen Eigenwerte wie die ursprünglichen Pauli-Matrizen, aber keine orthogonalen Eigenvektoren, so daß sie zunächst nicht als Spinoperatoren verwendet werden können. Man kann jedoch eine neue Definition für das Skalarprodukt von Pauli-Spinoren einführen, in bezug auf die $\frac{\hbar}{2}\boldsymbol{\sigma}'$ legitime Observable sind.

$$e^{-i\frac{\theta}{2}\,\boldsymbol{n}\boldsymbol{\sigma}} = \sum_{l=0}^{\infty} \frac{(-i)^l}{l!} \left(\frac{\theta}{2}\right)^l (\boldsymbol{n}\cdot\boldsymbol{\sigma})^l$$

$$= \sum_{l'=0}^{\infty} \frac{(-1)^{l'}}{(2l')!} \left(\frac{\theta}{2}\right)^{2l'} + (-i)\sum_{l'=0}^{\infty} \frac{(-1)^{l'}}{(2l'+1)!} \left(\frac{\theta}{2}\right)^{2l'+1} (\boldsymbol{n}\cdot\boldsymbol{\sigma})$$

$$= \cos\frac{\theta}{2} - i\,(\boldsymbol{n}\cdot\boldsymbol{\sigma})\sin\frac{\theta}{2}$$

Ein wichtiger Zug von Gleichung (5.1.45) ist, daß hier die trigonometrischen Funktionen des halben Drehwinkels auftreten. Die Faktoren 1/2 rühren direkt von $j = 1/2$ her und sind daher typisch für halbzahlige Drehimpulse.[7] Für $\theta = 2\pi$ folgt speziell, daß eine Drehung von 360° durch

$$U_s(\theta = 2\pi) = -\mathbf{1}$$

dargestellt wird. Bei einer Drehung um 360° werden also die Spinoren $\psi(\boldsymbol{r})$ bzw. $u_\pm$ mit dem Faktor (-1) multipliziert. Da aber andererseits eine Drehung um 360° mit der Drehung um 0° geometrisch übereinstimmt, geben die Spinoren eine zweideutige Darstellung der Drehgruppe, wie es im Abschnitt 3.2.2 bereits erläutert wurde.

Verschiedene Parametrisierungen der Drehungen

Die Eulersche Formel kann man auch in der Form schreiben

$$U_s = A + i\,\boldsymbol{B}\,\boldsymbol{\sigma} \tag{5.1.46}$$

mit

$$A = \cos\left(\frac{\theta}{2}\right) \;;\; \boldsymbol{B} = -\sin\left(\frac{\theta}{2}\right)\boldsymbol{n} \tag{5.1.47}$$

wobei gilt

$$A^2 + |\boldsymbol{B}|^2 = 1$$

Die Größen A und B_j können als Komponenten eines Vektors

$$\begin{pmatrix} A \\ \boldsymbol{B} \end{pmatrix} = \begin{pmatrix} A \\ B_1 \\ B_2 \\ B_3 \end{pmatrix}$$

in einem vierdimensionalen euklidischen Raum betrachtet werden. Wegen der Nebenbedingung liegt er auf der Oberfläche einer 3-dimensionalen Kugeloberfläche, einer Einheitssphäre S^3, dieses Raumes. Daher kann die Gruppenmannigfaltigkeit der $SU(2)$ mit dieser Sphäre identifiziert werden. Dies hat wichtige Konsequenzen für die topologischen Eigenschaften von Abbildungen, deren Bilder $SU(2)$-Matrizen sind.

---

[7]Deshalb wurden die Spinoren früher auch „Halbvektoren"genannt.

Andererseits kann man (5.1.46) mit Hilfe der expliziten Formeln der Pauli-Matrizen umschreiben in

$$U = \begin{pmatrix} a & b \\ -b^\star & a^\star \end{pmatrix}$$

(5.1.48)

wobei $a := A + i\,B_3$ und $b = B_2 + i\,B_1$ komplexe Zahlen mit der Nebenbedingung

$$|a|^2 + |b|^2 = 1$$

(5.1.49)

sind. Man kann leicht verifizieren, daß die Matrix (5.1.48) unitär und ihre Determinante gleich 1 ist. Wir haben somit bewiesen, daß sich jede $SU(2)$-Matrix in dieser Form schreiben läßt. Die Zahlen a und b heißen **Cayley-Klein'sche Parameter**; sie wurden von A. Cayley und F. Klein bei der Beschreibung der Kreiselbewegung eingeführt.

Schließlich verwendet man zur expliziten Darstellung der Drehungen die **Eulerschen Winkel**. Mit Hilfe der Abbildung 5.2 kann man sich davon überzeugen, daß ein orthogonales Koordinatensystem $1, 2, 3$ in jedes beliebige andere System $1'', 2'', 3''$ mit Hilfe der folgenden drei Drehungen überführt werden kann

$$R = R(\alpha, \beta, \gamma) = R_{3''}(\gamma) R_{2'}(\beta) R_3(\alpha)$$

(5.1.50)

$$0 \leq \alpha < 2\pi; \quad 0 \leq \beta < \pi \quad ; \quad 0 \leq \gamma < 2\pi$$

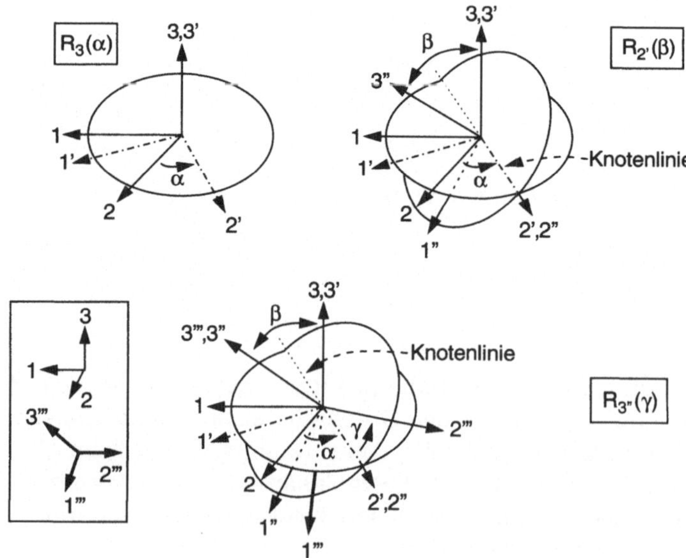

Abb. 5.2. Definition der Eulerschen Winkel

Dieser Ausdruck kann so umgeformt werden, daß kein Bezug mehr auf die Zwischenachsen 2' bzw. 3'' genommen wird. Es ergibt sich

$$R = R_3(\alpha)R_2(\beta)R_3(\gamma) \tag{5.1.51}$$

wobei jetzt um die ursprünglichen Achsen 3 und 2 gedreht wird.

Beweis von (5.1.51): Wegen

$$R_{2'}(\beta) = R_3(\alpha)R_2(\beta)R_3^{-1}(\alpha)$$
$$R_{3''}(\gamma) - R_{2'}(\beta)R_3(\gamma)R_{2'}^{-1}(\beta) \quad \text{(siehe Bild 5.2)!}$$

folgt

$$R - R_{3''}(\gamma)R_{2'}(\beta)R_3(\alpha) = R_{2'}(\beta)R_3(\gamma)R_{2'}^{-1}(\beta)R_{2'}(\beta)R_3(\alpha)$$
$$= R_3(\alpha)R_2(\beta)R_3^{-1}(\alpha)R_3(\gamma)R_3(\alpha)$$

Nun kommutieren aber Drehungen um die gleiche Achse – $R_3^{-1}(\alpha)R_3(\gamma)R_3(\alpha) = R_3(\gamma)$ – womit (5.1.51) bewiesen ist.

Die drei in (5.1.51) auftretenden Drehungen werden nach (5.1.45) im Spinraum durch 2×2-Matrizen dargestellt. Zunächst hat man

$$R_3(\gamma) \to e^{-\frac{i}{2}\gamma\sigma_3} = \left(\cos\frac{\gamma}{2} - i\sigma_3\sin\frac{\gamma}{2}\right)$$
$$= \begin{pmatrix} \cos\frac{\gamma}{2} - i\sin\frac{\gamma}{2} & 0 \\ 0 & \cos\frac{\gamma}{2} + i\sin\frac{\gamma}{2} \end{pmatrix} = \begin{pmatrix} e^{-i\frac{\gamma}{2}} & 0 \\ 0 & e^{+i\frac{\gamma}{2}} \end{pmatrix}$$

Dabei wurde die Eulersche Formel und die explizite Form von σ_3 benutzt. Analog erhält man für die beiden anderen Drehungen

$$R_2(\beta) \to e^{-\frac{i}{2}\beta\sigma_2} = \left(\cos\frac{\beta}{2} - i\sigma_2\sin\frac{\beta}{2}\right) = \begin{pmatrix} \cos\frac{\beta}{2} & -\sin\frac{\beta}{2} \\ \sin\frac{\beta}{2} & \cos\frac{\beta}{2} \end{pmatrix}$$

$$R_3(\alpha) \to \begin{pmatrix} e^{-i\frac{\alpha}{2}} & 0 \\ 0 & e^{+i\frac{\alpha}{2}} \end{pmatrix}$$

Daher gilt folgende Korrespondenz

$$R(\alpha,\beta,\gamma) \to D^{\frac{1}{2}}(\alpha,\beta,\gamma) := \begin{pmatrix} \cos\frac{\beta}{2}\,e^{-i\frac{\alpha+\gamma}{2}} & -\sin\frac{\beta}{2}\,e^{-i\frac{\alpha-\gamma}{2}} \\ \sin\frac{\beta}{2}\,e^{i\frac{\alpha-\gamma}{2}} & \cos\frac{\beta}{2}\,e^{i\frac{\alpha+\gamma}{2}} \end{pmatrix} \tag{5.1.52}$$

Aus diesem Ergebnis kann man auch explizite Formeln für die Cayley-Kleinschen Parameter entnehmen.

5.1.4 Pauli-Gleichung und Spin-Bahn-Kopplung

Wir kehren zur Physik zurück und fragen, wie sich der Spin physikalisch bemerkbar macht. Als Drehimpuls tritt er nach (5.1.5) „mechanisch" im Gesamtdrehimpuls

$$\boldsymbol{J} = \boldsymbol{L} + \boldsymbol{S}$$

auf. In einem rotationssymmetrischen Kraftfeld muß der Hamiltonoperator mit dem Drehoperator $U(\boldsymbol{\theta})$ vertauschen, also nach (5.1.6) auch mit $\boldsymbol{J}$. Daher muß $\boldsymbol{J}$ nach der Heisenbergschen Bewegungsgleichung zeitlich konstant sein

$$\frac{d}{dt}\,\boldsymbol{J} = \frac{i}{\hbar}[H, \boldsymbol{J}] = 0, \tag{5.1.53}$$

Es gilt also – wie erwartet – für den Gesamtdrehimpuls ein Erhaltungssatz, während $\boldsymbol{L}$ und $\boldsymbol{S}$ getrennt sich zeitlich ändern können; im allgemeinen ist

$$\frac{d}{dt}\,\boldsymbol{L} \neq O \quad ; \quad \frac{d}{dt}\,\boldsymbol{S} \neq O \tag{5.1.54}$$

Mit dem Spin des Elektrons ist nach (5.1.7) ein magnetisches Moment verbunden, das mit magnetischen Feldern in Wechselwirkung treten kann. Diese Wechselwirkung wird durch folgenden Beitrag zum Hamiltonoperator

$$-\boldsymbol{\mu}_s \cdot \boldsymbol{B} = g_s\,\mu_B\,\boldsymbol{S} \cdot \boldsymbol{B} = \frac{|e|\hbar}{2m_e c}\,g_s\,\boldsymbol{S} \cdot \boldsymbol{B}. \tag{5.1.55}$$

beschrieben. Hierbei hat g_s nach (5.1.8) den Wert $g_s = 2$.

Experimentell zeigen sich $\boldsymbol{S}$ und $\boldsymbol{\mu}_s$ am direktesten in den sog. gyromagnetischen Effekten: Beim Einstein-de Haas Effekt wird ein Eisenzylinder durch Ummagnetisieren in Rotation versetzt, vgl. Abbildung 5.3; beim Barnett-Effekt wird umgekehrt eine Magnetisierung durch Rotation erzeugt.

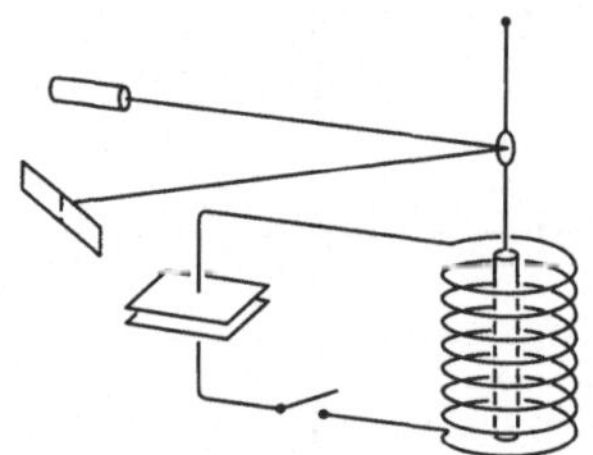

Abb. 5.3. Einstein-de Haas-Effekt

Wir fassen zusammen:

Der vollständige Hamiltonoperator für die nichtrelativistische Bewegung eines Elektrons in einem durch Φ und $\boldsymbol{A}$ gegebenen elektromagnetischen Feld lautet insgesamt

$$\boxed{H = \frac{1}{2m_e}\left(\boldsymbol{P} - \frac{e}{c}\,\boldsymbol{A}\right)^2 + e\Phi + \frac{|e|\hbar}{2m_e c}\,g_s\boldsymbol{S} \cdot \boldsymbol{B}} \tag{5.1.56}$$

In der Ortsdarstellung bestimmt der Hamiltonoperator die Differentialgleichung für den Pauli-Spinor $\psi(\boldsymbol{r})$ (5.1.12). Im Schrödingerbild wird ψ raum- und zeitabhängig und es gilt

$$i\hbar \frac{\partial}{\partial t}\, \psi(\boldsymbol{r},t) = H\psi(\boldsymbol{r},t) \qquad (5.1.57)$$

wobei in H der Impulsoperator in der Ortsdarstellung eingetragen werden muß. Diese Gleichung ist als **Pauli-Gleichung** bekannt. Der Operator H wirkt wegen $\boldsymbol{P} = \dfrac{\hbar}{i}\, \boldsymbol{\nabla}$ einerseits als Differentialoperator. Andererseits enthält der Spinterm

$$\frac{|e|\hbar}{2m_e c}\, g_s \boldsymbol{S}\cdot\boldsymbol{B} = \frac{|e|\hbar}{4\,m_e c}\, g_s \boldsymbol{\sigma}\cdot\boldsymbol{B} \qquad (5.1.58)$$

eine Matrix, die die beiden Komponenten des Pauli-Spinors miteinander koppelt.

Wir betrachten zwei **wichtige Spezialfälle:**

- **Konstantes magnetisches Feld, anomaler Zeeman-Effekt**
  Wegen $\boldsymbol{A} = \tfrac{1}{2}\,\boldsymbol{B}\times\boldsymbol{Q}$ folgt analog zu der Rechnung in Abschnitt 4.3.1, wenn man den diamagnetischen Term fortläßt

$$H = \frac{\boldsymbol{P}^2}{2m_e} + e\Phi + \mu_B \boldsymbol{B}\cdot(\boldsymbol{L} + 2\boldsymbol{S}) \qquad (5.1.59)$$

  Der beim Spin auftretende Faktor 2 rührt von $g_s = 2$ her. Er ist der formale Grund für das komplizierte Aufspaltungsschema beim anomalen Zeeman-Effekt.

- **Spin-Bahn-Kopplung**
  Wenn sich das Elektron in einem elektrischen Feld $E = -\operatorname{grad}\Phi$ bewegt, spürt es in seinem Ruhesystem als relativistischen Effekt ein Magnetfeld

$$\boldsymbol{B} = -\frac{v}{c}\times\boldsymbol{E} = -\frac{\boldsymbol{P}}{m_e c}\times\boldsymbol{E} \qquad (5.1.60)$$

  wobei das Minuszeichen dadurch bewirkt wird, daß im Ruhesystem des Elektrons das E-Feld eine Geschwindigkeit $-v = -\boldsymbol{P}/m_e$ relativ zum Elektron hat. Für ein zeitunabhängiges, drehsymmetrisches Potential gilt

$$\boldsymbol{E} = -\Phi'(|\boldsymbol{Q}|)\cdot\frac{\boldsymbol{Q}}{|\boldsymbol{Q}|}$$

und daher

$$\boldsymbol{B} = -\frac{1}{m_e c|\boldsymbol{Q}|}\,\Phi'(|\boldsymbol{Q}|)\cdot\boldsymbol{Q}\times\boldsymbol{P} = -\frac{\hbar}{m_e c}\frac{1}{|\boldsymbol{Q}|}\,\Phi'(|\boldsymbol{Q}|)\,\boldsymbol{L} \qquad (5.1.61)$$

Das durch die Bewegung entstandene Magnetfeld ist also dem Bahndrehimpuls proportional. Gemäß (5.1.58) tritt daher ein Wechselwirkungsterm

$$+\left(\frac{\hbar}{m_e c}\right)^2 \frac{e\Phi'}{|\boldsymbol{Q}|}\,\boldsymbol{L}\cdot\boldsymbol{S} \qquad (5.1.62)$$

auf. Er koppelt den Spin $\boldsymbol{S}$ und den Bahndrehimpuls $\boldsymbol{L}$ und wird **Spin-Bahn-Kopplung** genannt. Tatsächlich ist dieser Ausdruck nicht ganz richtig. In einer konsequenten relativistischen Rechnung muß man bei der Rücktransformation vom Ruhesystem des Elektrons zum Ruhesystem des elektrischen Feldes darauf achten, daß das Elektron beschleunigt ist. Man erhält dabei einen zusätzlichen Faktor $1/2$

$$+\frac{1}{2}\left(\frac{\hbar}{m_e c}\right)^2 \frac{e\Phi'}{|\boldsymbol{Q}|}\,\boldsymbol{L}\cdot\boldsymbol{S}. \tag{5.1.63}$$

Er ist nach seinem Entdecker als **Thomas-Faktor** bekannt und beruht auf der sogenannten **Thomaspräzession**.[8] Wie der Zufall so spielt, führt der zusätzliche Faktor zu einem Ergebnis, das mit dem (falschen) g-Faktor $g = 1$ und ohne den Thomas-Faktor erklärt werden kann.

Nimmt man für Φ das Coulombpotential, so erhält man den Ausdruck

$$+\frac{1}{2}\left(\frac{\hbar}{m_e c}\right)^2 \frac{Ze^2}{|\boldsymbol{Q}|^3}\,\boldsymbol{L}\cdot\boldsymbol{S} \tag{5.1.64}$$

für die Spin-Bahn-Kopplung.

5.1.5 Der g-Faktor und die minimale elektromagnetische Wechselwirkung

Dieser Abschnitt kann beim ersten Lesen übersprungen werden. Er behandelt ein Argument für den g-Faktor, das seinen richtigen Platz erst im Rahmen der relativistischen Quantentheorie hat.

Der Hamiltonoperator (5.1.56) enthält neben der Elektronenmasse m_e zwei Parameter: die elektrische Ladung e des Elektrons und den g-Faktor g_s, der die Größe des magnetischen Moments festlegt, das mit dem Elektronenspin verbunden ist. Beide Größen sind experimentell gut bekannt, aber für das tiefere Verständnis der Eigenschaften des Elektrons bleibt das grundsätzliche Problem: Warum haben diese „Kopplungskonstanten" die Werte, die sie haben.

Die Elektronenmasse und die Ladung des Elektrons können erst im Rahmen einer Theorie der Elementarteilchen behandelt werden, in der die Existenz und die Eigenschaften aller elementaren Teilchen zur Analyse stehen. Für den g-Faktor ist die Situation jedoch anders. Denn den Teil des magnetischen Momentes, der mit dem Bahndrehimpuls verbunden ist, haben wir berechnen können und sind dabei auf das Magneton μ_B gestoßen. Dies war möglich, weil im Hamiltonoperator (5.1.56) ohne den Spinterm die magnetische Wirkung vollständig durch die Ladung e bestimmt ist und durch den Operator

$$H = \frac{1}{2m_e}\left(\boldsymbol{P} - \frac{e}{c}\boldsymbol{A}\right)^2 \tag{5.1.65}$$

---

[8] Dieser Effekt wird im Abschnitt 7.8.3 ausführlich beschrieben.

gegeben wird.[9] Sein physikalischer Ursprung ist die Lorentzkraft, die auf jede in einem Magnetfeld bewegte Ladung ausgeübt wird. Theoretisch wird seine Form durch die Eichinvarianz gefordert, wie im Abschnitt 2.13 des ersten Bandes dargestellt wurde. Man kann diese Forderung durch das **Prinzip der minimalen elektromagnetischen Wechselwirkung** erfüllen:

Zur Ankopplung des magnetischen Feldes ersetze man im (freien) Hamiltonoperator den Impulsoperator gemäß

$$P \longmapsto P - \frac{e}{c} A \qquad (5.1.66)$$

Auf diese Weise erhält man offenbar den Operator (5.1.65) aus der kinetischen Energie $\frac{1}{2\,m_e} P^2$. Aber für den Spin scheint das Prinzip zu versagen. Tatsächlich war es historisch ein Durchbruch, als es Dirac gelang den Wert $g_s = 2$ mit Hilfe seiner relativistischen Gleichung zu begründen, wie wir im Abschnitt 7.8 darstellen werden. Im Rückblick gelingt es aber den wesentlichen Punkt des Diracschen Arguments schon in Rahmen der nichtrelativistischen Theorie zu erläutern.

Dazu bedient man sich des folgenden „Tricks": Man bringt in den freien Hamiltonoperator den Spin mit Hilfe von (5.1.30) herein. Diese Gleichung lautet für $a = b$

$$(\sigma\, a)^2 = a^2$$

Daher kann man die kinetische Energie umschreiben in

$$\frac{1}{2m_e} P^2 = \frac{1}{2m_e} (\sigma\, P)^2$$

Jetzt läßt sich das Prinzip der minimalen elektromagnetischen Wechselwirkung (5.1.66) anwenden und man erhält

$$\frac{1}{2m_e} \left[\sigma \left(P - \frac{e}{c} A \right) \right]^2 \qquad (5.1.67)$$

Hier tritt der Spin explizit auf und natürlich nur eine Kopplungskonstante, nämlich die elektrische Ladung e . Um den physikalischen Gehalt dieses neuen Hamiltonoperators zu erkennen, muß man das Quadrat auswerten. Es empfiehlt sich dafür den Operator

$$D := \frac{i}{\hbar} P - \frac{ie}{\hbar c} A \qquad (5.1.68)$$

einzuführen, der in der Ortsdarstellung mit der „kovarianten Ableitung"

$$\nabla - \frac{ie}{\hbar c} A$$

---

[9]Zur Vereinfachung der Formeln lassen wir das hier unwesentliche skalare Potential Φ fort. In der relativistischen Theorie des Abschnittes 7.8 wird es wieder berücksichtigt.

identisch ist, die wir bereits im Abschnitt 2.13 des ersten Bandes eingeführt haben. Damit lautet (5.1.67)

$$-\frac{\hbar^2}{2m_e c}(\boldsymbol{\sigma}\cdot\boldsymbol{D})^2$$

Auf diesen Ausdruck wenden wir wieder (5.1.30) an! Dabei müssen wir beachten, daß jetzt die verschiedenen Komponenten von $\boldsymbol{D}$ nicht vertauschen. Es gilt vielmehr

$$(\boldsymbol{\sigma}\cdot\boldsymbol{D})^2 = \boldsymbol{D}^2 + i\boldsymbol{\sigma}\,(\boldsymbol{D}\times\boldsymbol{D})$$

Das Kreuzprodukt des Operators $\boldsymbol{D}$ mit sich selbst verschwindet nicht, sondern führt zum magnetischen Feld

$$\boldsymbol{D}\times\boldsymbol{D} = -\frac{ie}{\hbar c}\boldsymbol{\nabla}\times\boldsymbol{A} = -\frac{ie}{\hbar c}\boldsymbol{B} \tag{5.1.69}$$

Wir werden die Beziehung am Endes dieses Unterabschnitts noch einmal ableiten. Die Relation ist ein Beispiel einer wichtigen allgemeinen Eigenschaft der kovarianten Ableitung in Eichfeld-Theorien, die qualitativ aussagt:

Der Kommutator der kovarianten Ableitungen ist proportional zur Feldstärke

Im Rahmen der Theorie der Faserbündel kann man dieses Ergebnis geometrisch deuten: Die elektromagnetischen Feldstärke wird durch die „Krümmung" des durch die Potentiale $\boldsymbol{A}$ definierten Faserbündels gegeben.

Mit diesem Ergebnis finden wir für (5.1.67)

$$-\frac{\hbar^2}{2m_e}(\boldsymbol{\sigma}\cdot\boldsymbol{D})^2 = -\frac{\hbar^2}{2m_e}\left(\boldsymbol{\nabla} - \frac{ie}{\hbar c}\boldsymbol{A}\right)^2 - \frac{\hbar e}{2m_e c}\boldsymbol{\sigma}\cdot\boldsymbol{B}$$

und schließlich

$$\frac{1}{2m_e}\left(\boldsymbol{P} - \frac{e}{c}\boldsymbol{A}\right)^2 - \frac{e\hbar}{2m_e c}\,2\,\boldsymbol{S}\cdot\boldsymbol{B} \tag{5.1.70}$$

Dabei haben wir $\boldsymbol{\nabla}$ wieder durch $\boldsymbol{P}$ und die Pauli-Matrix durch den Spinoperator ausgedrückt. Aus diesem Ergebnis liest man direkt ab, daß der g-Faktor des Spins den Wert

$$\boxed{g_s = 2} \tag{5.1.71}$$

haben muß. Damit ist dieser Wert keine ad hoc Hypothese mehr, sondern eine Folge des Prinzips der minimalen elektromagnetischen Kopplung. Natürlich haben wir – wie anfangs betont – einen Trick benutzt. Er wird seine natürliche Begründung im Rahmen der Theorie der Dirac-Gleichung finden, wo er auch motiviert wird.

Außerdem kann man natürlich fragen, warum man nicht zu (5.1.70) noch einen Term

$$-\mu' \, \boldsymbol{S} \cdot \boldsymbol{B}$$

mit beliebigem μ' hinzufügt. Die Eichinvarianz wird dadurch respektiert. Tatsächlich kann man ihn erst im Rahmen der Quantenfeldtheorie ausschließen: er widerspricht der Forderung nach der „Renormierbarkeit" der Quantenelektrodynamik.

Begründung der Gleichung für $\boldsymbol{D} \times \boldsymbol{D}$

Wir müssen das Vektorprodukt $\boldsymbol{D} \times \boldsymbol{D}$ auswerten und betrachten dazu dessen k-te Komponente

$$(\boldsymbol{D} \times \boldsymbol{D})_k = \varepsilon_{klm} D_l \, D_m \tag{5.1.72}$$

$$= \frac{1}{2}\varepsilon_{klm}(D_l \, D_m - D_m \, D_l) = \frac{1}{2}\varepsilon_{klm}[D_l \, , D_m]$$

Der hier auftretende Kommutator kann wegen der Vertauschbarkeit der Impulskomponenten untereinander und der Vertauschbarkeit der Komponenten des Vektorpotentials

$$A_l(\boldsymbol{Q})$$

zunächst umgeformt werden in

$$[D_l \, , D_m] = \frac{i}{\hbar} \left(\frac{-ie}{\hbar c} \right) 2[P_l \, , A_m]$$

Wendet man hierauf die Kommutatorformel

$$[P_l \, , f(\boldsymbol{Q})] = \frac{\hbar}{i} \frac{\partial}{\partial Q_l} f(\boldsymbol{Q})$$

an, die nach den kanonischen Vertauschungsrelationen für beliebige Ortsfunktionen $f(\boldsymbol{Q})$ gilt, so folgt

$$-2\frac{ie}{\hbar c} \frac{\partial}{\partial Q_l} A_m$$

und damit aus (5.1.72) schließlich das gewünschte Ergebnis

$$(\boldsymbol{D} \times \boldsymbol{D})_k = \frac{1}{2}\varepsilon_{klm}(-2)\frac{ie}{\hbar c} \frac{\partial}{\partial Q_l} A_m = -\frac{ie}{\hbar c}(rot\boldsymbol{A})_k \tag{5.1.73}$$

5.2 Zusammensetzung von Drehimpulsen

Um das Elektron mit Spin in seinem dynamischen Verhalten zu untersuchen, müssen wir Bahndrehimpuls und Spin quantenmechanisch zusammenfügen. Dies geschieht auf der Ebene der Operatoren durch einfache Addition von $\boldsymbol{L}$ und $\boldsymbol{S}$ zum Gesamtdrehimpuls

$$\boldsymbol{J} = \boldsymbol{L} + \boldsymbol{S}$$

was wir schon bei Einführung des Spins getan haben. Im Abschnitt 5.1.4 haben wir dann den Erhaltungssatz für $\boldsymbol{J}$ begründet. Jetzt handelt es sich darum, die Eigenschaften von $\boldsymbol{J}$ genauer zu studieren. Insbesondere müssen wir seine möglichen Eigenwerte und Eigenvektoren bestimmen.

Statt diesen Fall speziell zu behandeln, wollen wir in diesem Abschnitt das Problem der Addition von Drehimpulsen allgemein formulieren und lösen. Dabei werden wir am Beispiel der Drehgruppe wichtige allgemein anwendbare Verfahren kennenlernen.

Wir betrachten zwei quantenmechanische Systeme 1 und 2 mit den Drehimpulsoperatoren $\boldsymbol{J}^{(1)}$ und $\boldsymbol{J}^{(2)}$, die miteinander kommutieren

$$[\boldsymbol{J}^{(1)}, \boldsymbol{J}^{(2)}] = 0. \tag{5.2.1}$$

Beide Systeme mögen sich in Zuständen mit definierten Drehimpulsen j_1 bzw. j_2 befinden. Für die zugehörigen ket-Vektoren schreiben wir

$$\begin{aligned} &|j_1, m_1\rangle_1 \quad \text{für System 1} \\ &|j_2, m_2\rangle_2 \quad \text{für System 2} \end{aligned} \tag{5.2.2}$$

Wir fragen nach den möglichen Eigenwerten des Gesamtdrehimpuls Operators.

$$\boldsymbol{J} = \boldsymbol{J}^{(1)} + \boldsymbol{J}^{(2)} \tag{5.2.3}$$

und den dazu gehörigen Eigenvektoren.

Wir geben zunächst das Ergebnis an, da man die **Regeln für die Addition von Drehimpulsen** ohne Kenntnis eines Beweises formulieren und sich leicht merken kann. Dies sollte man auch tun, da diese Regeln in sehr vielen Anwendungen benötigt werden. Man kann sie mit Hilfe des sogenannten **Vektormodells** formulieren. Dazu stellt man die beiden Drehimpulse durch Vektoren in einer Ebene mit den Längen j_1 und j_2 dar und setzt sie nach den Regeln der Vektoraddition zusammen, wie im Bild 5.4 dargestellt, wobei $j_1 > j_2$ angenommen wurde. Dabei sind jedoch nur solche Richtungen von j_2 relativ zu j_1 erlaubt, bei denen sich die Projektion von j_2 auf j_1 nur um ganzzahlige Werte von j_2 unterscheidet und zwischen j_2 und $-j_2$ liegt. Die Quantenzahlen j des Gesamtdrehimpulses können als Summe der Projektionen abgelesen werden. Es treten demnach die Werte

$$\boxed{j = j_1 + j_2, j_1 + j_2 - 1, \ldots, |j_1 - j_2|} \tag{5.2.4}$$

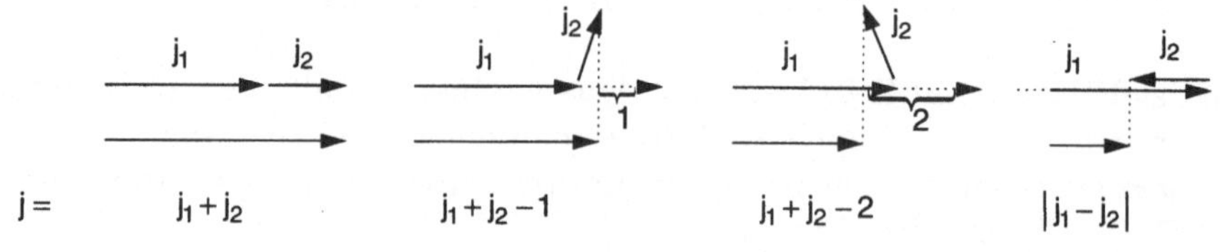

Abb. 5.4. Illustration des Vektormodells für die Drehimpulsaddition für $j_1 > j_2$

auf. Dabei haben wir $j_1 - j_2$ als $|j_1 - j_2|$ geschrieben, um auch den Fall $j_1 < j_2$ zu beschreiben.

Koppeln wir z.B. den Bahndrehimpuls mit der Quantenzahl l und den Spin eines Elektrons, so erhält man für den resultierenden Gesamtdrehimpuls zwei Werte

$$j = l \pm \frac{1}{2} \quad \text{für } l \geq 1 \tag{5.2.5}$$

und nur einen Wert

$$j = \frac{1}{2} \quad \text{für } l = 0.$$

Im ersten Fall kann sich der Spin parallel oder antiparallel zum Bahndrehimpuls einstellen, was im zweiten Fall keinen Sinn macht.

5.2.1 Zusammensetzung zweier quantenmechanischer Systeme, der Produktraum

Zur Lösung des Eigenwertproblems für $\boldsymbol{J} = \boldsymbol{J}^{(1)} + \boldsymbol{J}^{(2)}$ müssen wir ein allgemeines mathematisches Hilfsmittel einführen, das auch in anderen Zusammenhängen benötigt wird.[10]

Wir betrachten zwei quantenmechanische Systeme 1 und 2. Beispiele dafür sind

Proton und Elektron
Zwei Elektronen

aber auch

Bahndrehimpuls und Spin

Ihre Zustände seien in den Hilberträumen $\mathcal{H}_{(1)}$ und $\mathcal{H}_{(2)}$ dargestellt. Die Tabelle 5.2 führt Bezeichnungen für Zustände, die Operatoren etc. der beiden Hilberträume ein. Wir wollen jetzt den **Produkt-Hilbertraum** von $\mathcal{H}_{(1)}$ und $\mathcal{H}_{(2)}$ einführen. Dazu bilden wir die tensoriellen Produkte ihrer Basisvektoren, also die Paare

$$|\chi_{mn}\rangle := |\psi_m\rangle_{(1)} |\phi_n\rangle_{(2)} \tag{5.2.6}$$

und sämtliche Linearkombinationen

$$|\chi\rangle = \sum_{m,n} |\psi_m\rangle_{(1)} |\phi_n\rangle_{(2)} \, a_{mn} \quad \text{mit } a_{mn} \in \mathbf{C} \tag{5.2.7}$$

Die Menge aller dieser formalen Bildungen bildet einen Vektorraum. Er wird zum Hilbertraum, wenn wir ein Skalarprodukt definieren. Zunächst sei das Skalarprodukt für die Basisvektoren durch

---

[10]Wir haben es bereits im Abschnitt 3.12 des ersten Bandes kurz verwendet und werden es im Kapitel 6 benutzen, um axiomatisch die Zusammensetzung von physikalischen Systemen zu definieren. Hier können wir es als rein technisches Hilfsmittel betrachten, um ein Eigenwertproblem zu lösen.

	System 1	System 2
Hilberträume	$\mathcal{H}_{(1)}$	$\mathcal{H}_{(2)}$
Zustandsvektoren	$\lvert\psi\rangle_{(1)}$	$\lvert\phi\rangle_{(2)}$
Orthonormale Basis	$\lvert\psi_m\rangle_{(1)}$ $_{(1)}\langle\psi_{m'}\lvert\psi_m\rangle_{(1)}=\delta_{n'n}$	$\lvert\phi_n\rangle_{(2)}$ $_{(2)}\langle\phi_{n'}\lvert\phi_n\rangle_{(2)}=\delta_{n'n}$
Entwicklung nach der Basis	$\lvert\psi\rangle_{(1)}=\sum_m\lvert\psi_m\rangle_{(1)}a_n$	$\lvert\phi\rangle_{(2)}=\sum_n\lvert\phi_n\rangle_{(2)}b_n$
Operatoren	$A_{(1)}$	$A_{(2)}$

Tabelle 5.2. Bezeichnungen für die Zustände und Operatoren zweier Systeme

$$\langle\chi_{m'n'}\lvert\chi_{mn}\rangle := {}_{(1)}\langle\chi_{m'}\lvert\chi_m\rangle_{(1)}\langle\phi_{n'}\lvert\phi_n\rangle = \delta_{m'm}\delta_{n'n} \tag{5.2.8}$$

definiert und dann für allgemeine Vektoren $\lvert\chi\rangle$ und $\lvert\chi'\rangle$ durch

$$\langle\chi'\lvert\chi\rangle := \sum_{mnm'n'} a'^{*}_{m'n'}a_{mn}\langle\chi_{m'n'}\lvert\chi_{mn}\rangle = \sum_{mn} a'^{*}_{mn}a_{mn} \tag{5.2.9}$$

Während (5.2.6) und (5.2.7) im Grunde nur Abkürzungen sind, stellen (5.2.8) und (5.2.9) klare inhaltliche Definitionen dar, da die rechten Seiten durch Zahlen explizit definiert sind. Den so konstruierten Hilbertraum bezeichnen wir mit

$$\mathcal{H}_{(1)}\otimes\mathcal{H}_{(2)}$$

Er stellt den gewünschten Produkthilbertraum dar. Betrachtet man ferner zwei lineare Operatoren $A_{(1)}$ bzw. $A_{(2)}$, die in $\mathcal{H}_{(1)}$ bzw. $\mathcal{H}_{(2)}$ wirken, so kann man ihre Wirkung auf $\mathcal{H}_{(1)}\otimes\mathcal{H}_{(2)}$ übertragen durch

$$\begin{aligned} A_{(1)}\lvert\chi_{mn}\rangle &:= (A_{(1)}\lvert\psi_m\rangle_{(1)})\lvert\phi_n\rangle_{(2)} \\ A_{(2)}(\lvert\chi_{mn}\rangle &:= \lvert\psi_m\rangle_{(1)}(A_{(2)}\lvert\phi_n\rangle_{(2)}) \end{aligned} \tag{5.2.10}$$

Mit dieser Definition erhält man für die Summe und das Produkt der Operatoren

$$\begin{aligned} (A_{(1)}+A_{(2)})\lvert\chi_{mn}\rangle &= (A_{(1)}\lvert\psi_m\rangle_{(1)})\lvert\phi_n\rangle_{(2)} + \lvert\psi_m\rangle_{(1)}(A_{(2)}\lvert\phi_n\rangle_{(2)}) \\ (A_{(1)}\cdot A_{(2)})\lvert\chi_{mn}\rangle &= (A_{(1)}(\lvert\psi_m\rangle_{(1)})(A_{(2)}\lvert\phi_n\rangle_{(2)}) \end{aligned} \tag{5.2.11}$$

Diese Definitionen übertragen sich auf beliebige Vektoren durch die vorausgesetzte Linearität der Operatoren, z.B.

$$(A_{(1)} \cdot A_{(2)}) \, |\chi\rangle = \sum_{mn} (A_{(1)} \cdot A_{(2)}) \, |\chi_{mn}\rangle) a_{mn}$$

Auf diese Art kann man auch Funktionen der Operatoren

$$F(A_{(1)}, A_{(2)});$$

definieren, insbesondere Polynome und Potenzreihen.

5.2.2 Der Produktraum $\mathcal{D}_{j1} \otimes \mathcal{D}_{j2}$ und seine Ausreduktion

Wir wenden jetzt die vorstehenden Definitionen auf zwei Drehimpulse an, genauer auf die (endlich dimensionalen) Hilberträume ϑ_{j_1} und ϑ_{j_2} an, die die Drehimpulszustände zweier Systeme für feste Quantenzahlen j_1 und j_2 umfassen. Wir kennzeichnen sie durch ihre Basisvektoren

$$\mathcal{D}_{j_1} = \{\, |j_1, m_1\rangle_{(1)} \,|\, m_1 = -j_1, \dots, +j_1 \}$$
$$\mathcal{D}_{j_2} = \{\, |j_2, m_2\rangle_{(2)} \,|\, m_2 = -j_2, \dots, +j_2 \}$$

Der Produktraum $\mathcal{D}_{j_1} \otimes \mathcal{D}_{j_2}$ wird durch die Vektoren

$$|j_1 m_1; j_2 m_2\rangle = |j_1 m_1\rangle_{(1)} \, |j_2 m_2\rangle_{(2)} \tag{5.2.12}$$

aufgespannt. Die Operatoren

$$J_k = J_k^{(1)} + J_k^{(2)} \quad k = 1, 2, 3 \tag{5.2.13}$$

führen nach (5.2.11) nicht aus dem Produktraum $\vartheta_{j_1} \otimes \vartheta_{j_2}$ heraus. Daher ist das Eigenwertproblem für

$$J^2 \quad \text{und } J_3$$

mit den Vektoren (5.2.12) lösbar. Wir stellen sie in der Abbildung 5.5 durch Punkte in einer m_1, m_2 - Ebene dar. Sie bilden ein Punktgitter mit $(2j_1 + 1)(2j_2 + 1)$ Punkten. Zum Beispiel entsprechen sich

$$A \leftrightarrow |j_1, j_1; j_2, j_2\rangle \; ; \; A' \leftrightarrow |j_1, -j_1; j_2, -j_2\rangle$$
$$B \leftrightarrow |j_1, j_1 - 1; j_2, j_2\rangle \; ; \; B' \leftrightarrow |j_1, -j_1 + 1; j_2, -j_2\rangle$$
$$C \leftrightarrow |j_1, j_1; j_2, j_2 - 1\rangle$$

Die Zustände (5.2.12) sind Eigenvektoren von J_3, denn nach (5.2.11) gilt

$$J_3 \, |j_1 m_1; j_2 m_2\rangle = (J_3^{(1)} \, |j_1 m_1\rangle_1) \, |j_2 m_2\rangle_2 + |j_1 m_1\rangle_1 (J_3^{(2)} \, |j_2, m_2\rangle_2)$$
$$= (m_1 + m_2) \, |j_1 m_1; j_2 m_2\rangle \tag{5.2.14}$$

Die 3-Komponenten der Drehimpulse addieren sich also algebraisch:

$$\boxed{m = m_1 + m_2} \tag{5.2.15}$$

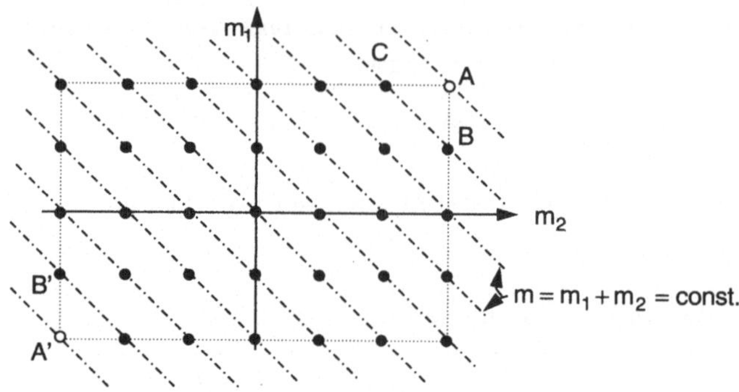

Abb. 5.5. Die Zustände des Produktraums $\mathcal{D}_{j1} \otimes \mathcal{D}_{j2}$ für $j_1 = 2$, $j_2 = 3$

Diese Regel gilt nur für die 3-Komponenten m, nicht dagegen für die Quantenzahlen j des Gesamtdrehimpuls . Auf den von links oben nach rechts unten führenden Diagonalen von Bild 5.5 ist der Wert der Quantenzahl m konstant. So haben die Punkte B und C den gleichen Wert $m = j_1 + j_2 - 1$.

Auf der einfachen Regel (5.2.15) kann man ein Konstruktionsverfahren für die Eigenvektoren des Gesamtdrehimpulses aufbauen. Wir führen die Bezeichnung

$$| (j_1 j_2) j, m \rangle \tag{5.2.16}$$

für die Eigenvektoren von $\boldsymbol{J}^2, J_3$ im Produktraum $\vartheta_{j_1} \otimes \vartheta_{j_2}$ ein. Um die auftretenden Werte von j zu bestimmen, bemerken wir zunächst:

Die Gesamtdrehimpulsquantenzahl j kann nicht größer als $j_1 + j_2$ sein

$$j \le j_1 + j_2.$$

Denn wäre $j > j_1 + j_2$, so müßte ein Vektor mit $m = j > j_1 + j_2$ auftreten. Dagegen gilt nach (5.2.15): $m \le j_1 + j_2$.

Darauf fußend gehen wir in folgenden Schritten vor:

1. Schritt.

Der Vektor $| j_1 j_1; j_2 j_2 \rangle$ gehört zum Gesamtdrehimpulseigenwert $j = j_1 + j_2$ d.h. es gilt

$$\boldsymbol{J}^2 | j_1 j_1; j_2 j_2 \rangle = (j_1 + j_2) \cdot (j_1 + j_2 + 1) | j_1 j_1; j_2 j_2 \rangle \tag{5.2.17}$$

Denn dieser Zustand ist der einzige mit $m = j_1 + j_2$, dem größtmöglichen m-Wert für Zustände aus dem Produktraum. Da in diesem eindimensionalen Unterraum das Eigenwertproblem lösbar sein muß, ist $| j_1 j_1; j_2 j_2 \rangle$ Eigenvektor von $\boldsymbol{J}^2$. (5.2.17) läßt sich auch explizit mit

$$\boldsymbol{J}^2 = (\boldsymbol{J}^{(1)})^2 + (\boldsymbol{J}^{(2)})^2 + 2\boldsymbol{J}^{(1)} \cdot \boldsymbol{J}^{(2)} \tag{5.2.18}$$

und

$$\boldsymbol{J}^{(1)} \cdot \boldsymbol{J}^{(2)} = J_3^{(1)} J_3^{(2)} + \frac{1}{2} \left[J_+^{(1)} J_-^{(2)} + J_-^{(1)} J_+^{(2)} \right] \tag{5.2.19}$$

ableiten, weil

$$J_+^{(i)} \, |\, j_1 j_1; j_2 j_2 \rangle = 0 \quad \text{für } i = 1 \text{ und } i = 2)$$

gilt, und daher $\boldsymbol{J}^2$ den Eigenwert

$$j_1 \, (j_1 + 1) + j_2 \, (j_2 + 1) + 2 \, j_1 \, j_2 = (j_1 + j_2) \, (j_1 + j_2 + 1)$$

hat. Wir haben also mit der Bezeichnung von (5.2.16)

$$|\, (j_1 j_2) j = j_1 + j_2, m = j_1 + j_2 \rangle = |\, j_1 j_1; j_2 j_2 \rangle \tag{5.2.20}$$

In der Abbildung 5.5 wird dieser Zustand durch die obere rechte Ecke (Punkt „A") dargestellt.

2. Schritt.

Die übrigen Eigenvektoren zu $j = j_1 + j_2$

$$|\, (j_1 j_2) j_1 + j_2, m \rangle \quad \text{mit } m = j_1 + j_2 - 1, \ldots, -(j_1 + j_2)$$

erhält man aus (5.2.20) durch Anwenden des Absteigeoperators $J_- = J_-^{(1)} + J_-^{(2)}$, mit dessen Hilfe man von A aus schrittweise nach links unten absteigt. Dabei erhält man auf jeder Diagonalen einen Eigenvektor, der eine wohl definierte Linearkombination der Vektoren auf eben dieser Diagonalen ist ($m = $ const!). Wir entfernen jetzt alle diese $2(j_1 + j_2) + 1$ Zustände aus unserem Schema von Abbildung 5.5. Damit werden die Punkte A und A' leer; auf allen anderen Diagonalen befindet sich jeweils ein Vektor weniger.

3. Schritt.

Für die übrig gebliebenen Vektoren ist $m = m_1 + m_2$ auf die Werte

$$j_1 + j_2 - 1, \ldots, -(j_1 + j_2) + 1$$

beschränkt. Daher gibt es nur noch Werte von j mit

$$j \leq j_1 + j_2 - 1.$$

In den von C bzw. B' begonnenen Diagonalen existiert jeweils nur noch ein Vektor mit $m = j_1 + j_2 - 1$ bzw. $m = -(j_1 + j_2) + 1$. Diese Vektoren müssen daher Eigenvektoren zu $\boldsymbol{J}^2$ mit dem Eigenwert $j = j_1 + j_2 - 1$ sein und orthogonal zu den Linearkombinationen der Produktzustände stehen, die wir im 1. Schritt aus den Diagonalen C bzw. B' entfernt haben. Aus dieser Orthogonalitätsbedingung können die Vektoren

$$|(j_1 j_2) j = j_1 + j_2 - 1, m = j_1 + j_2 - 1 \rangle$$

und

$$|(j_1 j_2) j = j_1 + j_2 - 1, m = -j_1 - j_2 + 1 \rangle$$

im Prinzip – bis auf Phasenfaktoren – berechnet werden.

4. Schritt.

Auf den so gewonnenen Vektor $|(j_1 j_2)j = j_1 + j_2 - 1, m = j_1 + j_2 - 1\rangle$ wenden wir jetzt wieder sukzessive den Absteigeoperator J_- an und erhalten sämtliche Eigenvektoren mit $j = j_1 + j_2 - 1$. Nach ihrer Entfernung aus dem Schema von Abbildung 5.5 sind auch die Diagonalen von C und B' leer, so daß für die restlichen Vektoren gilt

$$m \leq j_1 + j_2 - 2$$

und es sind daher nur noch j-Werte

$$j \leq j_1 + j_2 - 2$$

vorhanden.

Ende des Verfahrens.

Dieses Verfahren kann fortgesetzt werden. Es muß jedoch bei einem Wert j_{min} abbrechen, für den sämtliche existierenden Zustände aus dem Schema von Abbildung 5.5 entfernt sind. Man findet mit Hilfe der folgenden Summationsformel [11]

$$\sum_{n=j_{min}}^{j_1+j_2} (2n + 1) = (j_1 + j_2 + 1)^2 - j_{min}^2 = (2j_1 + 1)(2j_2 + 1)$$

den Wert

$$j_{min}^2 = (j_1 + j_2 + 1)^2 - (2j_1 + 1)(2j_2 + 1) = (j_1 - j_2)^2$$

und daher

$$j_{min} = j_1 - j_2$$

wobei wir die Voraussetzung $j_1 \geq j_2$ beachtet haben. Damit haben wir die Regel (5.2.4) des Vektormodells bewiesen.

Darüber hinaus können wir die Eigenzustände zum Gesamtdrehimpuls $\boldsymbol{J}$ als Linearkombinationen

$$|(j_1 j_2)jm\rangle = \sum_{m_1, m_2} |j_1 m_1; j_2 m_2\rangle \cdot \langle j_1 m_1; j_2 m_2 | (j_1 j_2)jm\rangle$$

darstellen, wobei die Entwicklungskoeffizienten $\langle j_1 m_1; j_2 m_2 | (j_1 j_2)jm\rangle$ im Prinzip durch das oben angegebene Verfahren bestimmt werden können.[12] Man nennt diese Zahlen

---

[11]Wir spezialisieren die Formel

$$\sum_{n=a}^{b} (2n + 1) = (b + 1)^2 - a^2$$

[12]Allerdings sind sie noch nicht eindeutig festgelegt, es kann noch eine Phase frei gewählt werden.

Clebsch-Gordan-Koeffizienten

oder kurz „C.-G.-Koeffizienten". Verschiedene Autoren haben verschiedene Bezeichnungen für sie eingeführt. Wir benutzen die folgende Notation

$$(j_1 m_1, j_2 m_2 \mid jm) := \langle j_1 m_1; j_2 m_2 \mid (j_1 j_2) jm \rangle, \tag{5.2.21}$$

so daß wir die Eigenzustände des Gesamtdrehimpulses als

$$\mid (j_1 j_2) jm \rangle = \sum_{m_1, m_2} \mid j_1 m_1; j_2 m_2 \rangle \cdot (j_1 m_1, j_2 m_2 \mid jm) \tag{5.2.22}$$

schreiben können. Falls es Mißverständnisse geben kann, schreiben wir auch

$$(j_1, m_1; j_2, m_2 \mid j, m)$$

Andere Notationen sind [13]

$$(j_1 m_1; j_2, m_2 \mid j_1 j_2 j, m)$$
$$D^{j_1 j_2 j}_{m_1 m_2 m}$$

Mit diesen Formeln ist das Eigenwertproblem für $\boldsymbol{J} = \boldsymbol{J}^{(1)} + \boldsymbol{J}^{(2)}$ im Prinzip gelöst und die Regel (5.2.4) des Vektormodells begründet. Das Ergebnis können wir auch folgendermaßen formulieren:

Der Produktraum $\mathcal{D}_{j1} \otimes \mathcal{D}_{j2}$ enthält als Teilräume alle Eigenräume von $\boldsymbol{J}^2$ mit den in (5.2.4) angegebenen Quantenzahlen j. Die Räume $\mathcal{D}_j$ spannen ihn als orthogonale direkte Summe auf

$$\mathcal{D}_{j_1} \otimes \mathcal{D}_{j_2} = \vartheta_{j_1 + j_2} \oplus \mathcal{D}_{j_1 + j_2 - 1} \oplus \ldots \oplus \mathcal{D}_{|j_1 - j_2|} \tag{5.2.23}$$

Auf diese Gleichung können wir die Terminologie der Darstellungstheorie anwenden: Auf beiden Seiten stehen Darstellungsräume der Drehgruppe, in denen Operatoren

$$U(\boldsymbol{\theta}) = e^{-i\boldsymbol{\theta}(\boldsymbol{J}^{(1)} + \boldsymbol{J}^{(2)})}$$

wirken. Links steht das Produkt von zwei Darstellungen und rechts eine direkte Summe von irreduziblen Darstellungsräumen. Mit (5.2.23) hat man daher den Produktraum nach irreduziblen Darstellungen der Drehgruppe **ausreduziert**. Mit anderen Worten: Gleichung (5.2.23) beschreibt die **Ausreduktion** von $\mathcal{D}_{j_1} \otimes \mathcal{D}_{j_2}$.

---

[13]Eine vollständige Auflistung aller verwendeten Bezeichnungen findet man in L.C. Biedenharn and J.D. Louck, Angular Momentum in Quantum Mechanics, Addison-Wesley Publishing Company 1981, p.151/2

5.2.3 Zwei wichtige Beispiele

Das im letzten Abschnitt erläuterte Verfahren wollen wir jetzt an zwei einfachen, aber wichtigen Beispielen konkret durchführen und dabei die Eigenvektoren explizit berechnen. Dadurch werden wir auch die zugehörigen C.-G.-Koeffizienten erhalten.

Wir beginnen mit dem einfachsten nichttrivialen Fall, der **Kopplung von** $j = 1/2$ **und** $j = 1/2$, also von zwei Systemen, die jeweils den Spin $j = \frac{1}{2}$ tragen. Mit anderen Worten: wir wollen $j_1 = \frac{1}{2}$ und $j_2 = \frac{1}{2}$ addieren oder den Produktraum

$$\mathcal{D}_{\frac{1}{2}} \otimes \mathcal{D}_{\frac{1}{2}}$$

ausreduzieren. Zur Vereinfachung der Formeln führen wir für die Drehimpuls-Eigenzustände der beiden Systeme die folgende Bezeichnungen ein

$$u_\pm := \left| \frac{1}{2}, \pm\frac{1}{2} \right\rangle_{(1)} \quad ; \quad v_\pm := \left| \frac{1}{2}, \pm\frac{1}{2} \right\rangle_{(2)} \tag{5.2.24}$$

Ihre 4 Produkte sind im folgenden Schema aufgeführt:

$$u_- v_+ \, , \, u_+ v_+$$
$$u_- v_- \, , \, u_+ v_-$$

Wir suchen die Eigenzustände zu den möglichen Gesamtspins j, die wir mit

$$\chi(j, m) := |j, m\rangle \tag{5.2.25}$$

bezeichnen. Der größtmögliche Wert von m ist $m = 1/2 + 1/2 = 1$ und damit ist $j = 1$ der größte Wert des Gesamtdrehimpulses. Zu seinem Multiplett gehört der Zustand

$$\chi(1,1) = u_+ v_+ \tag{5.2.26}$$

Im obigen Schema wird er durch den rechten oberen Eintrag angegeben. Wenden wir nun auf beide Seiten der letzten Gleichung den Absteige-Operator

$$J_- = J_-^{(1)} + J_-^{(2)}$$

an! Auf der linken Seite erhält man nach der allgemeinen Regel für den Absteige-Operator – vgl. Gleichung (3.4.28)

$$J_- \chi(1,1) = \sqrt{2}\chi(1,0)$$

Rechts muß man

$$J_-^{(1)} u_+ = u_- \quad \text{und} \quad J_-^{(2)} v_+ = v_-$$

verwenden und erhält so

$$\sqrt{2}\chi(1,0) = u_- v_+ + u_+ v_-$$

woraus folgt

$$\chi(1,0) = \frac{1}{\sqrt{2}}\,(u_+v_- + u_-v_+) \qquad (5.2.27)$$

Dieser Zustand ist eine Linearkombination der Zustände in der linken oberen und der rechten unteren Ecke des Schemas mit dem gleichen Koeffizienten. Sein Wert $1/\sqrt{2}$ garantiert, daß der Zustand auf 1 normiert ist.

Wendet man den Absteige-Operator ein zweites Mal an, so wird man auf

$$\chi(1,-1) = u_-v_- \qquad (5.2.28)$$

geführt. Man hat den Zustand in der linken unteren Ecke des Schemas erreicht. Damit sind 3 der existierenden 4 Zustände verbraucht und wir haben die Zustände mit dem Gesamtwert $j = 1$ erhalten.

Der letzte Zustand kann nur zu $j = 0$ und $m = 0$ gehören und muß eine zweite Linearkombination der Zustände in der Diagonalen des Schemas sein

$$\chi(0,0) = a\,u_+v_- + b\,u_-v_+$$

und orthogonal auf (5.2.27) stehen. Daraus folgt[14]

$$(u_+v_- + u_-v_+)^\dagger\,(a\,u_+v_- + b\,u_-v_+) = 0$$

oder wegen der Orthogonalität von u_+ und u_-

$$a\,(u_+^\dagger u_+)(v_-^\dagger v_-) + b\,(u_-^\dagger u_-)(v_+^\dagger v_+) = a + b = 0$$

Daher gilt $b = -a$ und

$$\chi(0,0) = a\,(u_+v_- - u_-v_+)$$

Der noch offene Faktor a muß die Normierungsbedingung

$$|a|^2 = \frac{1}{2}$$

erfüllen. Damit ist a bis auf einen Phasenfaktor festgelegt, den wir willkürlich wählen können. „Natürlich" wählen wir a reell und setzen

$$a = +\frac{1}{\sqrt{2}}$$

Damit haben wir das Ergebnis

$$\boxed{\;\chi(0,0) = \frac{1}{\sqrt{2}}\,(u_+v_- - u_-v_+)\;} \qquad (5.2.29)$$

Die Gleichungen (5.2.27) und (5.2.29) enthalten die wichtige Regel:

---

[14]Wir schreiben für den bra-Vektor: $u_+^\dagger := \langle 1/2, 1/2|$ etc., so daß Normierung und Orthogonalität durch $u_+^\dagger u_+ = 1$ bzw. $u_+^\dagger u_- = 0$ gegeben werden.

Beim parallelen Koppeln zweier Spin-1/2-Zustände zu $j = 1$ entsteht ein symmetrischer Zustandsvektor, beim antiparallelen Koppeln zu $j = 0$ dagegen ein antisymmetrischer Zustand.

Mit anderen Worten:
Der Triplettzustand ist symmetrisch, der Singulettzustand antisymmetrisch gegenüber dem Vertauschen der beiden Teilchen.

Die drei Triplettzustände seien noch einmal zusammengestellt:

$$\boxed{\begin{aligned}
\chi(1,1) &= & u_+ v_+ \\
\chi(1,0) &= \frac{1}{\sqrt{2}}\left(u_+ v_- + u_- v_+\right) \\
\chi(1,-1) &= & u_- v_-
\end{aligned}} \tag{5.2.30}$$

Als zweites Beispiel betrachten wir die
Kopplung von Bahndrehimpuls l und Spin $1/2$ also den Produktraum

$$\mathcal{D}_l \otimes \mathcal{D}_{\frac{1}{2}}$$

Die Eigenzustände zum Bahndrehimpuls sind $|l, m\rangle$; die Spin 1/2-Zustände seien wieder mit $u_\pm$ bezeichnet. Der Zustand mit dem größtmöglichen m-Wert ist

$$|l + 1/2, l + 1/2\rangle = |l, l\rangle\, u_+$$

Mit Hilfe des Absteige-Operators von

$$\boldsymbol{J} = \boldsymbol{L} + \boldsymbol{S}$$

folgt daraus

$$J_- |l + 1/2, l + 1/2\rangle = L_- |l, l\rangle\, u_+ + |l, l\rangle\, S_- u_+$$

oder mit Hilfe von (3.4.28)

$$\sqrt{(l + 1/2)(l + 3/2) - (l + 1/2)(l - 1/2)}\; |l + 1/2, l - 1/2\rangle$$
$$= \sqrt{l(l + 1) - l(l - 1)}\; |l, l - 1\rangle\, u_+ + |l, l\rangle\, u_-$$

also

$$\sqrt{2l + 1}\; |l + 1/2, l - 1/2\rangle = \sqrt{2l}\; |l, l - 1\rangle\, u_+ + |l, l\rangle\, u_-$$

Daraus ergibt sich

$$|l + 1/2, l - 1/2\rangle = \sqrt{\frac{2l}{2l + 1}}\; |l, l - 1\rangle\, u_+ + \sqrt{\frac{1}{2l + 1}}\; |l, l\rangle\, u_-$$

Der dazu orthogonale Zustand gehört zu $j = l - 1/2$ und hat die Form

$$|l - 1/2, l - 1/2\rangle = -\sqrt{\frac{1}{2l + 1}}\; |l, l - 1\rangle\, u_+ + \sqrt{\frac{2l}{2l + 1}}\; |l, l\rangle\, u_-$$

$j \setminus m_s$	$+\dfrac{1}{2}$	$-\dfrac{1}{2}$
$l + \dfrac{1}{2}$	$\sqrt{\dfrac{l + m_j + 1/2}{2l + 1}}$	$\sqrt{\dfrac{l - m_j + 1/2}{2l + 1}}$
$l - \dfrac{1}{2}$	$-\sqrt{\dfrac{l - m_j + 1/2}{2l + 1}}$	$\sqrt{\dfrac{l + m_j + 1/2}{2l + 1}}$

Tabelle 5.3. Die C.-G.-Koeffizienten $(l,\ m_l;\ 1/2,\ m_s\,|\,j,\ m_j)$ für die Addition von Bahndrehimpuls l und Spin $1/2$ zum Gesamtdrehimpuls $j = l \pm 1/2$

Dabei wurde die offene Phase so gewählt, daß der Koeffizient von $|l, l\rangle$ positiv reell ist. Die in den letzten beiden Gleichungen auftretenden Wurzeln sind einige der C.-G.-Koeffizienten für die Addition von $j = l$ und $j = 1/2$. Sämtliche C.-G.-Koeffizienten für diesen Fall sind in der Tabelle 5.3 angegeben.

Der Leser prüft leicht nach, daß die Eintragungen in dieser Tabelle für $m_j = l - 1/2$ zu den eben begründeten Werten für die Koeffizienten führen.

5.2.4 Einige Eigenschaften der Clebsch-Gordan-Koeffizienten

Wegen der praktischen Bedeutung der Clebsch-Gordan-Koeffizienten für die Behandlung von konkreten Problemen der Atom-, Kern- und Elementarteilchenphysik gibt es eine ausführliche Literatur über ihre Eigenschaften und die Methoden zu ihrer Berechnung und natürlich auch Computerprogramme.[15]

In diesem Buch beschränken wir uns darauf die Idee zu skizzieren, die den meisten der dabei verwendeten Verfahren zugrunde liegt. Wir werden dies am Beispiel einer **Rekursionsformel** für den C.G.-Koeffizienten

$$(j_1\, m_1\,;\, j_2\, m_2\,|\, j\, j)$$

tun, wo also die Richtungsquantenzahl m ihren maximalen Wert $m = j$ hat. Zunächst folgt aus (5.2.15), daß die Koeffizienten nur für

$$m_1 + m_2 = j$$

von Null verschieden sind, eine Bedingung, die man im folgenden stets berücksichtigen muß. Die besondere Eigenschaft des Zustandes $|\,j\,j\rangle$ besteht darin, daß der Aufsteigeoperator J_+ ihn annulliert

$$J_+\,|(j_1\, j_2),\, j\, j\,\rangle = 0 \tag{5.2.31}$$

Bildet man das Skalarprodukt mit den Produktzuständen

---

[15]Auf einige Bücher wurde bereits auf Seite 225 hingewiesen.

$$\langle\, j_1\, m_1\, ;\, j_2\, m_2\, |\, J_+\, |(j_1\, j_2),\, j\, j\,\rangle = 0 \tag{5.2.32}$$

kann man J_+ als Absteigeoperator $J_+^{\dagger} = J_-$ auf die linke Seite bringen und die Grundformel (3.4.28) für die Leiteroperatoren verwenden

$$J_-|j_1\, m_1\, ;\, j_2\, m_2\,\rangle = \left(J_-^{(1)}|\, j_1\, m_1\,\rangle\right)\,|\, j_2\, m_2\,\rangle + |\, j_1\, m_1\,\rangle\,\left(J_-^{(2)}|\, j_2\, m_2\,\rangle\right)$$

$$= \sqrt{j_1(j_1+1)-m_1(m_1-1)}\,|\, j_1\, m_1-1\rangle|\, j_2\, m_2\,\rangle\ +$$

$$\sqrt{j_2(j_2+1)-m_2(m_2-1)}\,|\, j_1\, m_1\rangle|\, j_2\, m_2-1\rangle$$

und findet aus (5.2.32)

$$\sqrt{j_1(j_1+1)-m_1(m_1-1)}\,(j_1 m_1-1, j_2 m_2\,|\, j\, j) +$$

$$\sqrt{j_2(j_2+1)-m_2(m_2-1)}\,(j_1 m_1, j_2 m_2-1\,|\, j\, j) = 0$$

Daraus folgt die Rekursionsformel

$$(j_1 m_1-1, j_2 m_2\,|\, jj) = -\sqrt{\frac{j_2(j_2+1)-m_2(m_2-1)}{j_1(j_1+1)-m_1(m_1-1)}}\,(j_1 m_1, j_2 m_2-1\,|\, jj)$$

$$\tag{5.2.33}$$

wobei wieder wegen (5.2.15) die Bedingung $m_1-1+m_2 = j$ zu berücksichtigen ist. Die gewonnene Relation erlaubt alle betrachteten C.-G.-Koeffizienten bis auf eine Zahl $\lambda(j, j_1, j_2)$ zu berechnen, die nicht von den Richtungsquantenzahlen m, m_1 oder m_2 abhängt. Damit kann man sie z.B. aus

$$(j_1 j_1, j_2 j - j_1)\,|\, jj) =: \lambda(j, j_1, j_2) \tag{5.2.34}$$

bestimmen. Nach (5.2.33) treten dabei nur reelle Koeffizienten auf. Zur weiteren Festlegung von $\lambda(j, j_1, j_2)$ steht noch die Normierungsbedingung

$$1 = \langle(j_1 j_2)jm\,|\,(j_1 j_2)jm\rangle = \sum_{m_1, m_2}\,|\,(j_1 m_1, j_2 m_2\,|\, jm)|^2 \tag{5.2.35}$$

zur Verfügung. Die Phase von $\lambda(j, j_1, j_2)$ kann noch beliebig gewählt werden, da zwar die Phasen der Zustände $|\,(j_1 j_2)jm\rangle$ für verschiedenes m untereinander festgelegt sind, nicht aber ihre Phasen relativ zu $|\, j_1 m_1 ; j_2 m_2\rangle$. Man benutzt im allgemeinen die Konvention

$$\lambda(j, j_1, j_2) = \text{positiv reell.} \tag{5.2.36}$$

Damit sind alle C.-G.-Koeffizienten reelle Größen!

Wir illustrieren die gewonnenen Ergebnisse am Beispiel der **Kopplung gleicher Drehimpulse** $j_1 = j_2 = j$ zum Gesamtdrehimpuls Null, d.h. wir berechnen[16]

---

[16]Um Mißverständnisse zu vermeiden bezeichnen wir die C.G.-Koeffizienten für dieses Beispiel mit

$(j, m; j, -m \mid 0, 0).$

Werten wir (5.2.33) aus, so werden die Wurzeln für $m_1 = m$, $m_2 = 1 - m$ gleich 1 und man erhält

$$(j, m-1; j, -m+1 \mid 0, 0) = -(j, m; j, -m \mid 0, 0).$$

Ändert man dem m-Wert um 1, so ändert der C.G.-Koeffizient „nur" sein Vorzeichen. Wegen (5.2.36) ist

$$(j, j; j, -j \mid 0, 0) = c = \lambda(0, j, j) > 0 \tag{5.2.37}$$

eine positive Größe. Geht man jetzt vom Wert j zu m herunter, muß man den Rekursionsschritt $(j - m)$-mal anwenden, wobei $j - m$ Vorzeichenwechsel auftreten und man findet

$$(j, m; j, -m \mid 0, 0) = c(-1)^{j-m}.$$

Die Normierungsbedingung (5.2.35) ergibt

$$|c|^2 \sum_{m=-j}^{+j} \left|(-1)^{j-m}\right|^2 = |c|^2 \, (2\,j + 1) = 1$$

und damit

$$c = \frac{1}{\sqrt{2j+1}}$$

und

$$(j, m; j, -m \mid 0, 0) = \frac{(-1)^{j-m}}{\sqrt{2j+1}}. \tag{5.2.38}$$

Daraus kann man folgern: Der Vektor

$$|0, 0\rangle = \frac{1}{\sqrt{2j+1}} \sum_{m=-j}^{+j} (-1)^{j-m} \, |j, m\rangle_{(1)} \, |j, -m\rangle_{(2)}$$

gehört zum Drehimpuls $j = 0$, er ist drehinvariant, ein Skalar.

Das Ergebnis (5.2.38) illustriert eine wichtige Tatsache.
A priori ist der Prozeß der Addition zweier Drehimpulse vollkommen symmetrisch. Daraus folgt aber nur, daß die Zustände

$$|\,(j_1\,j_2)jm\rangle$$

beim Vertauschen von j_1 und j_2 bis auf einen Phasenfaktor übereinstimmen müssen. Dasselbe muß dann auch für

---

$$(j_1, m_1; j_2, m_2 \mid j, m)$$

d.h. wir trennen die beiden Systeme durch ein Semikolon und die j- und m-Werte durch ein Komma.

$$(j_1 m_1, j_2 m_2 \mid jm) \quad \text{und} \quad (j_2 m_2, j_1 m_1 \mid jm)$$

gelten. Da die C.-G.-Koeffizienten reell sind, folgt

$$(j_2 m_2, j_1 m_1 \mid jm) = (-1)^N (j_1 m_1, j_2 m_2 \mid jm). \tag{5.2.39}$$

Das Beispiel (5.2.38) zeigt, daß N i.allg. von Null verschieden ist. Die C.-G.-Koeffizienten ändern sich, wenn man $j_1 m_1$ mit $j_2 m_2$ vertauscht. Im oben betrachteten Fall erhalten wir einen zusätzlichen Faktor $(-1)^{2j}$. Er wird allerdings nur dann wirksam, wenn j und damit m halbzahlig sind.

Der Grund für diese Vorzeichen-Unsymmetrie ist die positive Wahl von $\lambda(j, j_1, j_2)$ in (5.2.36). Etwas versteckt wird dadurch in (5.2.34) der Zustand mit dem Index 1 ausgezeichnet.
Allgemein gilt

$$N = j - j_1 - j_2.$$

und für die C.-G.-Koeffizienten allgemein

$$(j_2 m_2, j_2 m_2 \mid jm) = (-1)^{j - j_1 - j_2} (j_1 m_1, j_2 m_2 \mid jm) \tag{5.2.40}$$

Statt der in diesem Sinne unsymmetrischen C.-G.-Koeffizienten kann man symmetrische Größen einführen.
Als wichtiges Beispiel weisen wir auf die **Wignerschen $3j$-Symbole** hin, die durch

$$\begin{pmatrix} j_1 & j_2 & j_3 \\ m_1 & m_2 & m_3 \end{pmatrix} := \frac{(-1)^{j_1 - j_2 - m_3}}{\sqrt{2j_3 + 1}} \, (j_1 m_1, j_2 m_2 \mid j_3 - m_3) \tag{5.2.41}$$

definiert werden. Aufgrund von (5.2.40) gilt für diese Größen beim Vertauschen zweier Spalten

$$\begin{pmatrix} j_2 & j_1 & j_3 \\ m_2 & m_1 & m_3 \end{pmatrix} = (-1)^{j_1 + j_2 + j_3} \begin{pmatrix} j_1 & j_2 & j_3 \\ m_1 & m_2 & m_3 \end{pmatrix} \tag{5.2.42}$$

denn die linke Seite kann man wie folgt umformen

$$\begin{pmatrix} j_2 & j_1 & j_3 \\ m_2 & m_1 & m_3 \end{pmatrix} = \frac{(-1)^{j_2 - j_1 - m_3}}{\sqrt{2j_3 + 1}} \, (j_2 m_2, j_1 m_1 \mid j_3 - m_3)$$

$$= \frac{(-1)^{(j_2 - j_1 - m_3) + (j_3 - j_1 - j_2)}}{\sqrt{2j_3 + 1}} \, (j_1 m_1, j_2 m_2 \mid j_3 - m_3)$$

$$= \frac{(-1)^{(j_3 - 2j_1 - m_3)}}{\sqrt{2j_3 + 1}} \, (j_1 m_1, j_2 m_2 \mid j_3 - m_3)$$

$$= (-1)^{j_3 - 2j_1} (-1)^{j_2 - j_1} \begin{pmatrix} j_1 & j_2 & j_3 \\ m_1 & m_2 & m_3 \end{pmatrix}$$

$$= (-1)^{j_1 + j_2 + j_3} (-1)^{-4j_1} \begin{pmatrix} j_1 & j_2 & j_3 \\ m_1 & m_2 & m_3 \end{pmatrix}$$

$$= (-1)^{j_1 + j_2 + j_3} \begin{pmatrix} j_1 & j_2 & j_3 \\ m_1 & m_2 & m_3 \end{pmatrix}$$

wobei im letzten Schritt

$$(-1)^{4j_1} = 1$$

verwendet wurde, was auch für halbzahlige j_1 richtig ist. In ähnlicher Weise kann man zeigen, daß die 3-j-Symbole bei zyklischen Vertauschungen, und allgemein bei geraden Permutationen der Spalten invariant bleiben

$$\begin{pmatrix} j_1 & j_2 & j_3 \\ m_1 & m_2 & m_3 \end{pmatrix} = \begin{pmatrix} j_3 & j_1 & j_2 \\ m_3 & m_1 & m_2 \end{pmatrix} = \begin{pmatrix} j_2 & j_3 & j_1 \\ m_2 & m_3 & m_1 \end{pmatrix} \qquad (5.2.43)$$

Schließlich gilt für den Übergang von m_i zu $-m_i$ die Relation

$$\begin{pmatrix} j_1 & j_2 & j_3 \\ -m_1 & -m_2 & -m_3 \end{pmatrix} = (-1)^{j_1+j_2+j_3} \begin{pmatrix} j_1 & j_2 & j_3 \\ m_1 & m_2 & m_3 \end{pmatrix} \qquad (5.2.44)$$

Schreibt man die letzte Beziehung auf C.-G.-Koeffizienten um, so ergibt sich

$$(j_1 - m_1, j_2 - m_2 \,|\, j - m) = (-1)^{j_1+j_2-j}(j_1 m_1, j_2 m_2 \,|\, jm). \qquad (5.2.45)$$

Abschließend merken wir die **Unitäritätsrelation der C.-G,-Koeffizienten** an: Aus

$$\langle (j_1 j_2) j' m' \,|\, (j_1 j_2) jm \rangle = \delta_{jj'} \delta_{m'm}$$

folgt

$$\sum_{m_1=-j_1}^{+j_1} \sum_{m_2=-j_2}^{+j_2} (j_1 m_1, j_2 m_2 \,|\, j' m')(j_1 m_1, j_2 m_2 \,|\, jm) = \delta_{j'j} \delta_{m'm} \qquad (5.2.46)$$

Andererseits ergibt sich aus

$$\langle j_1 m_1', j_2 m_2' \,|\, j_1 m_1, j_2 m_2 \rangle = \delta_{m_1'm_1} \delta_{m_2'm_2}$$

die Beziehung

$$\sum_{j=|j_1-j_2|}^{j_1+j_2} \sum_{m=-j}^{+j} (j_1 m_1', j_2 m_2' \,|\, jm)(j_1 m_1, j_2 m_2 \,|\, jm) = \delta_{m_1'm_1} \delta_{m_2'm_2} \qquad (5.2.47)$$

Bei allen diesen Relationen wurde die Realität der C.-G.-Koeffizienten verwendet.

5.2.5 Anwendung: Die Dublettaufspaltung

Die Bewegung eines Elektrons in einem drehsymmetrischen Potential $V(r)$ wird unter Berücksichtigung der Spin-Bahn-Kopplung (5.1.63) durch den Hamiltonoperator[17]

$$H = \frac{1}{2m_e} \boldsymbol{P}^2 + V(r) + V_{LS}(r)\boldsymbol{L} \cdot \boldsymbol{S} \qquad (5.2.48)$$

---

[17]Wir verwenden im folgenden die Ortsdarstellung, so daß wir $|\boldsymbol{Q}| = r$ setzen.

bestimmt, mit

$$V_{LS}(r) = \frac{1}{2} \left(\frac{\hbar}{m_e c} \right)^2 \frac{1}{r} V'(r).$$

(5.2.49)

Der Operator H ist drehinvariant, wenn man Bahndrehimpuls und Spin berücksichtigt; es gilt also

$$[H, \boldsymbol{J}] = 0$$

(5.2.50)

während eine Vertauschbarkeit mit Bahndrehimpuls und Spin getrennt nicht gegeben ist. Aber H ist auch spiegelinvariant, also mit dem Spiegelungsoperator $\mathcal{P}$ vertauschbar

$$[H, \mathcal{P}] = 0$$

(5.2.51)

Die Eigenvektoren von H sind daher simultan auch Eigenvektoren von $\boldsymbol{J}^2, J_3$ und $\mathcal{P}$. Die entsprechenden Eigenwerte bezeichnen wir mit j, m und π

$$| E; j, m; \pi \rangle \quad \pi : \text{ Parität}$$

Der Gesamtdrehimpuls j koppelt mit dem Spin $1/2$ gemäß

$$\boldsymbol{L} = \boldsymbol{J} - \boldsymbol{S}$$

zu den beiden Werten

$$l = j \pm \frac{1}{2}.$$

(5.2.52)

Die zu l gehörigen Wellenfunktionen $Y_{lm}(\theta, \phi)$ haben nach (3.5.47) die Parität $(-1)^l$. Daher kann nur einer der angegebenen l-Werte mit der Parität zusammen passen

$$\pi = (-1)^l \quad \text{(Festlegung von } l\text{)}$$

(5.2.53)

Bei vorgegebenem Wert von j bestimmt die Parität π welcher der nach (5.2.52) möglichen beiden l-Werte tatsächlich auftritt. Obwohl $\boldsymbol{L}$ nicht mit H kommutiert, können die Energie-Eigenzustände daher auch durch l neben j, m und dem Energiewert E gekennzeichnet werden

$$| E; l, j, m \rangle.$$

(5.2.54)

Auch ohne die Zustände im Einzelnen zu kennen, kann man die Wirkung des Spin-Bahn-Operators $\boldsymbol{L} \cdot \boldsymbol{S}$ auf sie berechnen. Es genügt zu wissen, daß der Zustand gleichzeitig Eigenzustand zu $\boldsymbol{L}^2$ und $\boldsymbol{J}^2$ ist. Denn wegen $\boldsymbol{J} = \boldsymbol{L} + \boldsymbol{S}$ gilt

$$\boldsymbol{L} \cdot \boldsymbol{S} = \frac{1}{2} (\boldsymbol{J}^2 - \boldsymbol{L}^2 - \boldsymbol{S}^2)$$

(5.2.55)

also

$$\boldsymbol{L} \cdot \boldsymbol{S} \, | E; l, j, m \rangle = \frac{1}{2} \left(j(j+1) - l(l+1) - \frac{3}{4} \right) | E; l, j, m \rangle$$
$$= \Lambda(j, l) | E; l, j, m \rangle$$

Dabei wurde die Größe

$$\Lambda(j,l) := \frac{1}{2}\left(j(j+1) - l(l+1) - \frac{3}{4}\right) \tag{5.2.56}$$

eingeführt. Für $j = l \pm \frac{1}{2}$ folgt speziell

$$\Lambda(j,l) = \left\{ \begin{array}{c} \dfrac{l}{2} \\[2mm] -\dfrac{l+1}{2} \end{array} \right\} \quad \text{für} \quad \left\{ \begin{array}{l} j = l + \frac{1}{2} \\ j = l - \frac{1}{2} \end{array} \right. \tag{5.2.57}$$

Daher gilt in der Ortsdarstellung

$$H\langle \boldsymbol{r}, s| E; l, j, m\rangle$$
$$= \left(\frac{1}{2m_e}\,\boldsymbol{P_r}^2 + \frac{\hbar^2 l(l+1)}{2\,m_e\,r^2} + V_{j,l}(r)\right)\langle \boldsymbol{r}, s| E; l, j, m\rangle \tag{5.2.58}$$

mit

$$V_{j,l}(r) := V(r) + V_{LS}(r)\cdot\Lambda(j,l). \tag{5.2.59}$$

Die Energieeigenwerte hängen nunmehr auch von j und l ab, wobei $\Lambda(j,l)$ durch (5.2.57) gegeben ist

$$E_{n,l,j}$$

Dies bedeutet: Es tritt eine Aufspaltung der Energieniveaus bei festem l für verschiedene Werte der Gesamtdrehimpuls-Quantenzahl j auf, die durch $\Lambda(j,l)$ beschrieben wird. Die Eigenwerte selbst müssen durch Lösung der entsprechenden radialen Schrödingergleichung bestimmt werden. Dazu setzt man für den Pauli-Spinor

$$\psi_{n,l,j,m}(\boldsymbol{r}) = \begin{pmatrix} \langle \boldsymbol{r}, +\frac{1}{2}\,|\,E_{n,l,j}; l, j, m\rangle \\[2mm] \langle \boldsymbol{r}, -\frac{1}{2}\,|\,E_{n,l,j}; l, j, m\rangle \end{pmatrix} \tag{5.2.60}$$

an

$$\psi_{n,l,j,m}(\boldsymbol{r}) = \frac{u_{n,l,j}(r)}{r}\left[\sqrt{\frac{l+m+\frac{1}{2}}{2l+1}}\,Y_{l\,m-\frac{1}{2}}u_+ + \sqrt{\frac{l-m+\frac{1}{2}}{2l+1}}\,Y_{l\,m+\frac{1}{2}}u_- \right]$$

$$\text{für } j = l + \frac{1}{2}$$

$$= \frac{u_{n,l,j}(r)}{r}\left[-\sqrt{\frac{l-m+\frac{1}{2}}{2l+1}}\,Y_{l\,m-\frac{1}{2}}u_+ + \sqrt{\frac{l+m+\frac{1}{2}}{2l+1}}\,Y_{l\,m+\frac{1}{2}}u_- \right]$$

$$\text{für } j = l - \frac{1}{2}$$

wobei die C.-G.-Koeffizienten von Tabelle 5.3 verwendet wurden. Man wird dann auf die radiale Differentialgleichung

$$-\frac{\hbar^2}{2m_e}\, u''_{n,l,j}(r) + [\frac{\hbar^2 l(l+1)}{2\,m_e\,r^2} + V_{j,l}(r)]u_{n,l,j}(r) = E_{n,l,j}u_{n,j,l}(r) \qquad (5.2.61)$$

geführt. In praxi liegen die Größenverhältnisse so, daß man den Einfluß von V_{LS} störungstheoretisch behandeln kann. Nach (4.2.15) ergibt sich

$$E_{n,l,j} = E_{n,l} + \langle V_{LS}\rangle\Lambda(j,l) \qquad (5.2.62)$$

wobei $\langle V_{LS}\rangle$ der Erwartungswert von $V_{LS}(r)$ mit den Lösungen $u^0_{n,l}(r)$ der Schrödingergleichung ohne $\boldsymbol{L}\cdot\boldsymbol{S}$ -Term ist

$$\langle V_{LS}\rangle = \int\limits_0^\infty V_{LS}(r)(u^0_{n,l}(r))^2\, dr \qquad (5.2.63)$$

Dadurch wird eine Aufspaltung der Spektrallinien bewirkt. Für das Coulombpotential kann man den Erwartungswert explizit berechnen

$$\langle V_{LS}\rangle = \frac{Ze^2}{2}\left(\frac{\hbar}{m_e c}\right)^2\left\langle\frac{1}{r^3}\right\rangle = \frac{Z^4 e^2}{2}\left(\frac{\hbar}{m_e c}\right)^2\frac{1}{n^3}\frac{1}{a_B^3}\left[\frac{1}{l(l+\frac{1}{2})(l+1)}\right]$$

Dabei bezeichnet a_B den Bohrschen Radius $a_B = \dfrac{\hbar^2}{e^2\,m_e}$. Man sieht aus den Formeln, daß die Dublettaufspaltung mit Z stark anwächst und umgekehrt proportional zu l^2 abnimmt. Nimmt man die Rydberg-Formel (4.1.36) hinzu und drückt sämtliche Größen durch die fundamentalen Konstanten α und m_e aus, so findet man insgesamt für die Energieniveaus des Coulomb-Problems

$$E_{n,j,l} = -\frac{1}{2\,n^2}(Z\alpha)^2\,m_e\,c^2\left[1 - \frac{(Z\alpha)^2}{n}\frac{\Lambda(j,l)}{l(l+1/2)(l+1)}\right] \qquad (5.2.64)$$

In der Abbildung 5.6 ist dieses Spektrum bis zu $n = 5$ dargestellt. Dabei mußte allerdings ein Wert der Feinstruktur-Konstanten gewählt werden,der wesentlich größer als der tatsächliche Wert ist.[18] Dadurch wird die Aufspaltung durch die Spin-Bahn Wechselwirkung deutlich größer als die Abstände zwischen den Niveaus mit verschiedenen n-Werten.

Tatsächlich enthält das angegebene Ergebnis einen **grundsätzlichen physikalischen Fehler**. Man erkennt ihn z.B. beim Vergleich der Energien der S-Zustände ($l = 0$) mit denen der P-Zustände ($l = 1$). Da die Spin-Bahn Wechselwirkung für $l = 0$ verschwindet ($\Lambda = 0$), erhält man für den S-Zustand die einfache Rydberg-Formel

$$E(S_{j=1/2}) = -\frac{1}{2\,n^2}(Z\alpha)^2\,m_e\,c^2 \qquad (5.2.65)$$

Die Werte für die P-Energien liegen unterhalb bzw. oberhalb davon, je nach dem ob Spin und Bahn antiparallel ($j = 1/2$) oder parallel ($j = 3/2$) ausgerichtet sind, was aus (5.2.64) mit (5.2.57) explizit deutlich wird:

---

[18]Dies war notwendig, um das ganze Spektrum in einer Abbildung unterzubringen. In der Literatur findet man in der Regel eine solche Abbildung nicht.

$$E(P_{j=1/2}) = E(S_{j=1/2}) \left(1 + \frac{(Z\alpha)^2}{3\,n}\right)$$

$$E(P_{j=3/2}) = E(S_{j=1/2}) \left(1 - \frac{(Z\alpha)^2}{6\,n}\right)$$

Experimentell fand man jedoch zunächst, daß $E(S_{1/2})$ und $E(P_{1/2})$ in guter Näherung entartet sind. Tatsächlich hat man bei der obigen Rechnung vergessen, daß die Spin-Bahn Wechselwirkung nach ihrer Begründung auf Seite 233 ein relativistischer Effekt ist, was sich im Auftreten des Faktors $\frac{1}{c^2}$ in V_{LS} widerspiegelt. Daher muß man auch andere relativistische Effekte dieser Ordnung berücksichtigen. In der Tat tritt ein solcher in der relativistischen Form der kinetischen Energie auf

$$c\sqrt{m_e^2 c^2 + \boldsymbol{P}^2} - m_e c^2 \approx \frac{\boldsymbol{P}^2}{2\,m_e} - \frac{\boldsymbol{P}^4}{8\,m_e^3\,c^2} \tag{5.2.66}$$

Der zweite negative Term senkt die aufgespaltenen Energieniveaus, insbesondere die $S_{1/2}$-Niveaus wieder ab, so daß sich für das Coulomb-Potential wieder eine nun **relativistische j-Entartung** ergibt: Die Energie hängt nur von n und j, nicht aber von l ab:

$$E_{n,j}$$

Daher sind für die Hauptquantenzahl $n = 2$ die Niveaus

$$2\,S_{\frac{1}{2}} \quad \text{und} \quad 2\,P_{\frac{1}{2}}$$

energetisch entartet. Genauer folgt diese Tatsache aus der Dirac-Gleichung, wie im Abschnitt 7.8.4 erläutert werden wird. Wir illustrieren sie durch die

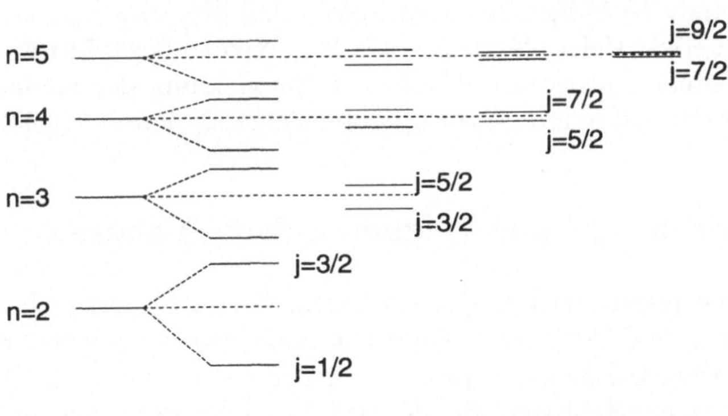

Abb. 5.6. Das Wasserstoff-Spektrum mit Spin-Bahn-Aufspaltung. (Es wurde $Z = 1$ und $\alpha = 1.8$ gesetzt und eine logarithmische Energieskala verwendet.) Bei den P- und höheren Termen zeigt die Abweichung der Terme von den gestrichelten Linien die Größe der L-S-Aufspaltung

$$n=2 \overline{\hspace{2cm}} \quad j=1/2 \qquad \genfrac{}{}{0pt}{}{========\; j=3/2}{--------\; j=1/2}$$

$$n=1 \qquad j=1/2$$

$$\text{S} \qquad\qquad \text{P}$$

Abb. 5.7. Die $n = 1$ und $n = 2$ Terme des Wasserstoff-Spektrums nach Formel (5.2.64) – ausgezogene Terme – und nach der Dirac-Theorie, Formeln (7.8.30) bis (7.8.32) – gestrichelte Terme.(Die Parameter wurden als $Z = 1$ und $\alpha = 0.9$ gewählt)

folgende Abbildung 5.7. Sie vergleicht die Energieniveaus des H-Atoms nach Formel (5.2.64) mit denen der Dirac-Theorie aus dem Kapitel 7. [19] Man sieht daß der S-Term für $n = 1$ (gestrichelter Term) in der Dirac-Theorie stark abgesenkt ist; für $n = 2$ ist die Absenkung etwas schwächer. Wichtig sind vor allem die Ergebnisse für die P-Terme, wo die Spin-Bahn-Kopplung wirkt: Der $j = 1/2$ Term wird stärker als der $j = 3/2$-Term abgesenkt und zwar so stark, daß er exakt mit dem S-Term von $n = 2$ übereinstimmt.

Es war eine Herausforderung für die theoretischen Physiker als man mit Hilfe der Radar-Techniken 1945 entdeckte, daß empirisch das $n = 2$ $S_{1/2}$-Niveau doch etwas tiefer als das $n = 2$ $P_{1/2}$-Niveau liegt: **Lamb-Shift**. Diese experimentelle Entdeckung führte zur Entwicklung der modernen Quantenfeldtheorien, insbesondere zur Quantenelektrodynamik (QED).

5.3 Tensoren und das Wigner-Eckart-Theorem

Um sämtliche physikalischen Größen beschreiben zu können, benötigt man außer Skalaren und Vektoren bekanntlich noch weitere „höhere" mathematische Strukturen, bei denen – allgemein gesprochen – mehr als drei Komponenten zusammengefaßt sind. Bei der Beantwortung der Frage, unter welchen Umständen eine Liste von physikalischen Größen als Komponenten eines übergeordneten Objektes angesehen werden kann, spielt das Verhalten unter einer Transformationsgruppe, insbesondere der Drehgruppe eine entscheidende Rolle. Qualitativ formuliert: Die Komponenten müssen bei Drehungen

---

[19]Wieder wurde ein zu großes α gewählt, um die Terme mit $n = 1$ und $n = 2$ bequem im gleichen Diagramm zeigen zu können. Wegen der Singularität der relativistischen Formeln für $Z\alpha = 1$ mußte jedoch $\alpha < 1$ beachtet werden.

miteinander kombiniert werden.

In der klassischen Physik gelangt man so zu den Tensoren der verschiedenen Stufen; in der Quantentheorie kommen noch die Spinoren hinzu. Beide Typen faßt man in einem verallgemeinerten Tensorbegriff zusammen, den wir jetzt entwickeln werden.

5.3.1 Kartesische und sphärische Tensoren

Für die allgemeine Definition eines Tensors verwendet man in physikalischen Lehrbüchern in der Regel das Transformationsverhalten seiner Komponenten[20]

Daher empfiehlt es sich daran zu erinnern, daß sich bei einer Drehung

$$r' = R\,r$$

die Basisvektoren gemäß

$$e'_{n'} = R\,e_{n'} = \sum_n e_n\,(e_n R e_{n'}) = \sum_n e_n\,R_{nn'} \tag{5.3.1}$$

transformieren, aber für die Komponenten des Vektors $x'_{n'} = e_{n'} \cdot r'$ gilt[21]

$$x'_{n'} = \sum_n R_{n'\,n} x_n \tag{5.3.2}$$

Zum Vergleich mit (5.3.1) kann man diese Regel auch in der Form

$$x'_{n'} = \sum_n x_n\,R^T_{n\,n'} = \sum_n x_n\,R^{-1}_{n\,n'} \tag{5.3.3}$$

schreiben, wobei wir im letzten Schritt die Orthogonalität der Matrix R, nämlich $R^T_{n\,n'} = R^{-1}_{n\,n'}$ verwendet haben. Man sagt: Basisvektoren und Komponenten transformieren sich „kontravariant" zueinander.

In Verallgemeinerung dieser Regel definiert man:

Ein Tensor k-ter Stufe ist eine Zusammenfassung von 3^k Komponenten

$$t_{n_1 n_2 \dots n_k} \quad (\text{mit } n_i = 1,2,3)$$

falls sich diese bei einer Drehung gemäß

---

[20]Wir überlassen es dem interessierten Leser die folgenden Überlegungen mit Hilfe einer Basis-unabhängigen Definition der Tensoren unter Verwendung von „Multilinearformen" durchzuführen.

[21]Denn

$$x'_{n'} = e_{n'}\,r' = e_{n'}Rr = \sum_n (e_{n'}Re_n)x_n = \sum_n R_{n'\,n}\,x_n$$

$$\boxed{\begin{aligned}
t'_{n'_1 n'_2 \ldots n'_k} &= \sum_{n_1 \ldots n_k} R_{n'_1 n_1} \ldots R_{n'_k n_k} t_{n_1 \ldots n_k} \\
&= \sum_{n_1 \ldots n_k} t_{n_1 \ldots n_k} R^{-1}_{n_1 n'_1} \ldots R^{-1}_{n_k n'_k}
\end{aligned}}$$

(5.3.4)

transformieren.

Im Lichte der inzwischen gewonnenen Ergebnisse über die Darstellungen der Drehgruppe läßt sich dies auch wie folgt formulieren:

Die Tensorkomponenten $t_{n_1 \ldots n_k}$, sind die Basis für eine Darstellung der Drehgruppe, die durch die Zuordnung

$$(R_{n'n}) \to (R_{n'_1 n_1} \ldots R_{n'_k n_k}) \tag{5.3.5}$$

definiert ist. Mit anderen Worten: Die $t_{n_1 \ldots n_k}$ geben eine k-fache Produktdarstellung der Gruppe $SO(3)$.

Zur Unterscheidung von anderen Tensoren, die wir gleich einführen werden, bezeichnen wir die $(t_{n_1 \ldots n_k})$ als **kartesische Tensoren.**

In Abschnitt 3.4.2 hatten wir über die Drehimpulseigenvektoren $|j, m\rangle$ sämtliche Darstellungen der Drehgruppe gefunden, es muß also ein Zusammenhang mit den kartesischen Tensoren bestehen. Für das Drehverhalten der $|j, m\rangle$ gilt:

$$|j, m\rangle' = U(R) |j, m\rangle \tag{5.3.6}$$

Wenn wir die Vollständigkeitsrelation anwenden, ergibt sich

$$|j, m'\rangle' = \sum_m |j, m\rangle D^j_{m\, m'}(R) \text{ mit } D^j_{m\, m'}(R) = \langle j, m \,|\, U(R) \,|\, j, m'\rangle \tag{5.3.7}$$

Die explizite Form der D-Matrizen benötigt man in vielen Fällen nicht. Es empfiehlt sich aber die Matrizen für die kleineren j-Werte zu kennen. Um sie aufzuschreiben, parametrisieren wir die Drehung durch die Eulerschen Winkel und finden aus $U(R) = U(\alpha, \beta, \gamma)$

$$\begin{aligned}
D^j_{mm'}(\alpha, \beta, \gamma) &:= \langle j, m \,|\, e^{-i\alpha J_3} e^{-i\beta J_2} e^{-i\gamma J_3} \,|\, j, m'\rangle \\
&= e^{-i\alpha m} e^{-i\gamma m'} d^j_{mm'}(\beta)
\end{aligned} \tag{5.3.8}$$

mit

$$d^j_{mm'}(\beta) =: \langle j, m \,|\, e^{-i\beta J_2} \,|\, j, m'\rangle. \tag{5.3.9}$$

In der Tabelle 5.4 sind zwei wichtige Beispiele angegeben. Für den Spin 1/2 wurde $D^{1/2}_{mm'}(\alpha, \beta, \gamma)$ schon in Abschnitt 5.1.3 berechnet, vgl.(5.1.52). Der Fall $j = 1$ wird wichtig werden, um den Zusammenhang mit den kartesischen Tensoren zu erkennen.

$$\left(d^{1/2}_{m\,m'}(\beta)\right) = \begin{pmatrix} \cos\dfrac{\beta}{2} & -\sin\dfrac{\beta}{2} \\[2mm] \sin\dfrac{\beta}{2} & \cos\dfrac{\beta}{2} \end{pmatrix}$$

$$\left(d^{1}_{m\,m'}(\beta)\right) = \begin{pmatrix} \dfrac{1}{2}\,(1+\cos\beta) & -\dfrac{1}{\sqrt{2}}\,\sin\beta & \dfrac{1}{2}\,(1-\cos\beta) \\[3mm] \dfrac{1}{\sqrt{2}}\,\sin\beta & \cos\beta & -\dfrac{1}{\sqrt{2}}\,\sin\beta \\[3mm] \dfrac{1}{2}\,(1-\cos\beta) & \dfrac{1}{\sqrt{2}}\,\sin\beta & \dfrac{1}{2}\,(1+\cos\beta) \end{pmatrix}$$

Tabelle 5.4. Beispiele für d-Matrizen

Das Transformationsverhalten der $|j,m\rangle$ verwenden wir, um in einer gewissen Entsprechung zu den Tensoren andere mehrkomponentige mathematische Objekte zu definieren, deren Komponenten sich bei Drehungen in einander transformieren. Dazu gehen wir von (5.3.7) aus, ersetzen jedoch R durch R^{-1} analog dem Auftreten von R^{-1} in (5.3.4). Wir definieren:

Eine $(2k+1)$-komponentige Größe

$$t^{(k)}_q \quad \text{mit} \quad q = -k, -k+1, \ldots, +k$$

heißt **sphärischer** oder **irreduzibler Tensor der Stufe** k, wenn sich seine Komponenten gemäß

$$t^{(k)'}_{q'} = \sum_{q=-k}^{+k} t^{(k)}_q D^k_{qq'}(R^{-1}) \tag{5.3.10}$$

transformieren.

Um mit diesen Begriffen vertraut zu werden, vergleichen wir die einfachsten kartesischen und sphärischen Tensoren. Wir ordnen unsere Betrachtungen nach der Zahl N der Komponenten der Tensoren:

$N = 3\,k$ für einen kartesischen Tensor k-ter Stufe

$N = 2\,k+1$ für einen sphärischen Tensor k-ter Stufe

und beschreiben die Fälle $N = 1$ bis $N = 5$. Die Ergebnisse sind in der Tabelle 5.5 auf Seite 265 zusammengestellt, zu der man direkt übergehen kann.

N = 1 Dieser triviale Fall wird durch Skalare gegeben, wobei die Begriffe kartesischer und sphärischer Skalar zusammenfallen. (Skalare sind invariante Größen).

N = 2 Dieser Fall tritt nur bei den sphärischen Tensoren auf und gibt die Spinordarstellung mit $k = 1/2$.

N = 3 Dies ist ein wichtiger Fall ! Ein sphärischer Tensor mit 3 Komponenten entspricht dem Drehimpuls $j = 1$. Ein kartesischer Tensor mit $N = 3$ ist ein Vektor. Beide Größen geben eine irreduzible Darstellung der Drehgruppe, da sie in irreduziblen Räumen liegen: Der sphärische Tensor nach seiner Definition (5.3.10), der Vektor, weil durch

$$r' = R\,r$$

die Drehgruppe definiert wird. Daher müssen sich beide Größen äquivalent transformieren. Dementsprechend werden wir weiter unten zeigen, daß jedem Vektor v ein sphärischer Tensor $v_q^{(1)}$ in eindeutiger Weise zugeordnet werden kann.

N = 4 Dieser Fall tritt wie $N = 2$ und sämtliche geradzahligen N nur bei sphärischen Tensoren auf. Er beschreibt Systeme mit dem Drehimpuls $j = 3/2$.

N = 5 Dieses 5-komponentige Objekt hängt mit den Tensoren 2. Stufe zusammen. Es ist der einfachste nichttriviale Fall, den wir ausführlich analysieren müssen.

Wir behandeln jetzt die Fälle $N = 3$ und $N = 5$ genauer und werden dabei wichtige Regeln für den Umgang mit Tensoren einführen.

Der Vektor als sphärischer Tensor der Stufe N = 3

Um die Eigenschaften eines Vektors v als sphärischer Tensor zu finden, betrachten wir speziell Drehungen um die 3-Achse. Die Komponenten $v_q^{(1)}$ transformieren sich dann mit der Matrix

$$\left(D_{qq'}^{(1)}(-\theta, 0, 0)\right) = \left(\langle jq\,|\,e^{+i\theta J_3}\,|\,jq'\rangle\right) = \left(e^{+i\theta\,q}\delta_{qq'}\right) = \begin{pmatrix} e^{+i\theta} & & 0 \\ & 1 & \\ 0 & & e^{-i\theta} \end{pmatrix}$$

so daß für die transformierten Komponenten gilt:

$$v_1^{(1)'} = e^{+i\theta}\,v_1^{(1)}; \quad v_0^{(1)'} = v_0^{(1)}; \quad v_{-1}^{(1)'} = e^{-i\theta}v_{-1}^{(1)} \tag{5.3.11}$$

Andererseits lautet die Drehmatrix für die kartesischen Komponenten:

$$R_{n'n}(\theta) = \begin{pmatrix} \cos\theta & -\sin\theta & 0 \\ \sin\theta & \cos\theta & 0 \\ 0 & 0 & 1 \end{pmatrix}$$

also

$$v_1' = \cos\theta\,v_1 - \sin\theta\,v_2; \quad v_2' = \sin\theta\,v_1 + \cos\theta\,v_2; \quad v_3' = v_3 \tag{5.3.12}$$

Ein Vergleich zeigt

$\qquad v_3 \quad$ transformiert sich wie $v_0^{(1)}$

denn beide ändern sich bei Drehungen um die 3-Achse nicht. Definiert man

$$v_{\pm} = \mp \frac{1}{\sqrt{2}} \left(v_1 \pm i\,v_2\right) \tag{5.3.13}$$

so folgt aus (5.3.12)

$$v'_+ = e^{+i\theta} v_+ ; v'_- = e^{-i\theta} v_-$$

Ein Vergleich mit (5.3.11) zeigt

$$v_{\pm} \quad \text{transformieren sich wie } v_{\pm 1}^{(1)} \tag{5.3.14}$$

Wir fassen zusammen:

Jedem kartesischen Vektor $\boldsymbol{v}$ wird durch

$$v_{\pm 1}^{(1)} = v_{\pm} := \mp \frac{1}{\sqrt{2}} \left(v_1 \pm i v_2\right)$$

$$v_0^{(1)} = v_3$$

ein sphärischer Tensor mit dem Drehimpuls $j = 1$ zugeordnet.

Die Vorzeichen in (5.3.13) sind so gewählt, daß nach Einführung von Polarkoordinaten gilt

$$x_{\pm} = r\sqrt{\frac{4\pi}{3}} Y_{1\pm 1}(\theta, \phi) \tag{5.3.15}$$

Betrachten wir jetzt einen **kartesischen Tensor 2. Stufe** mit den Komponenten

$$t_{kl} \quad (k, l = 1, 2, 3).$$

Er hat 9 Komponenten, ebenso viele wie ein sphärischer Tensor mit $k = 4$. Tatsächlich haben t_{kl} und $t_q^{(4)}$ nichts miteinander zu tun!

Nach dem allgemeinen Tensorgesetz (5.3.4) transformiert sich (t_{kl}) wie das Produkt zweier kartesischer Vektoren, also wie das Produkt zweier Systeme mit dem Drehimpuls $j_1 = j_2 = 1$. Dem Raum der kartesischen Tensoren (t_{kl}) entspricht der reduzierbare Darstellungsraum

$$\mathcal{D}_1 \otimes \mathcal{D}_1 \tag{5.3.16}$$

Die Ausreduzierung haben wir schon in Abschnitt 5.2.2 vollzogen:

$$\mathcal{D}_1 \otimes \mathcal{D}_1 = \mathcal{D}_0 \oplus \mathcal{D}_1 \oplus \mathcal{D}_2 \tag{5.3.17}$$

Kurz: In (t_{kl}) sind die Drehimpulse 0, 1 und 2 „enthalten".

Explizit kann man dies in folgender Weise zeigen:

- Die Spur

$$\mathrm{Sp}(t) = \sum_{k=1}^{3} t_{kk} =: t^{(0)} \tag{5.3.18}$$

ist eine Invariante und entspricht $j = 0$.
- Der antisymmetrische Anteil

$$t_{kl}^{(1)} := \frac{1}{2}\left(t_{kl} - t_{lk}\right) \tag{5.3.19}$$

hat 3 Komponenten. Man kann daraus einen axialen Vektor (Pseudovektor) bilden, wenn man definiert:

$$a_n := \sum_{k,l} \varepsilon_{nkl} t_{kl}^{(1)} \tag{5.3.20}$$

a_n transformiert sich wie ein Drehimpuls-Eigenzustand mit $j = 1$.
- Es bleibt noch der symmetrische, spurfreie Teil

$$t_{kl}^{(2)} := \frac{1}{2}\left(t_{kl} + t_{lk}\right) - \frac{1}{3}\,\delta_{kl}\,\mathrm{Sp}(t) \tag{5.3.21}$$

übrig, dessen 5 Komponenten sich wie ein $j = 2$ Objekt transformieren. Für den Tensor 2-ter Stufe kann man daher schreiben:

$$t_{kl} = t_{kl}^{(2)} + t_{kl}^{(1)} + \frac{1}{3}\,\delta_{kl}\,t^{(0)} \tag{5.3.22}$$

Mit dieser Gleichung haben wir die in (5.3.17) angedeutete Reduktion explizit aufgezeigt. Ein Beweis dafür, das $t_{kl}^{(2)}$ tatsächlich zu $j = 2$ gehört, erübrigt sich, da nach Herausnehmen von $t^{(0)}$ und $t_{kl}^{(1)}$, die wie gezeigt zu $j = 0$ bzw. $j = 1$ gehören, nach der allgemeinen Theorie nur noch $j = 2$ übrigbleiben kann.

Es ist kein Zufall, daß die Anteile mit $j = 0$ und $j = 2$ symmetrische Tensoren sind, während $t_{kl}^{(1)}$ antisymmetrisch ist. Dies entspricht genau der Regel (5.2.40) für das Vertauschen zweier Drehimpulse im Zustand $|\,(j_1 j_2) j m\rangle$, da der dort auftretende Faktor

$$(-1)^{j - j_1 - j_2} = (-1)^{j-2} \quad (\text{für } j_1 = j_2 = 1)$$

nur für $j = 1$ einen Vorzeichenwechsel verursacht.

Durch den in (5.3.18) bis (5.3.21) angewandten Prozeß der Symmetrisierung, Antisymmetrisierung und Spurbildung kann man auch einen allgemeinen Tensor $t_{n_1 \ldots n_k}$ in seine irreduziblen Bestandteile zerlegen. Vom Tensor 3-ter Stufe an, benötigt man allerdings tiefer liegendere Hilfsmittel aus der Theorie der Permutationsgruppen, (Kapitel 6.2). Die vorstehenden Ergebnisse sind in Tabelle 5.5 zusammengefaßt.

Auch die **Observablen der klassischen Physik** können nach diesem Schema klassifiziert werden. Dabei treten allerdings nur sphärische Tensoren

N	Kartesische Tensoren	Sphärische Tensoren
1	Skalar s	$t^{(0)} \Leftrightarrow \mid 0,0\rangle$
2	—	$t^{(\frac{1}{2})}_{(q)} \Leftrightarrow \mid \frac{1}{2},m\rangle$, Spinor
3	3-Vektor v_k	$t^{(1)}_{(q)} \Leftrightarrow \mid 1,m\rangle$, Y_{1m}
4	—	$t^{(\frac{3}{2})}_{(q)} \Leftrightarrow \mid \frac{3}{2},m\rangle$
5	symmetrischer Tensor mit Spur Null $\frac{1}{2}\,(t_{kl}+t_{lk}) - \frac{1}{3}\,\delta_{kl}\mathrm{Sp}(t)$	$t^{(2)}_{(q)} \Leftrightarrow \mid 2,m\rangle$

Tabelle 5.5. Tensoren der Stufen $N = 1$ bis $N = 5$. Die Zahl N gibt gleichzeitig die Anzahl der Komponenten des Tensors

auf, die ganzzahligen Drehimpulsen entsprechen. Für $j = 0$ und $j = 1$, also Skalare und Vektoren, sind genügend Beispiele bekannt. Ein Beispiel für $j = 2$ ist das Quadrupolmoment einer Ladungsverteilung:

$$Q_{kl} = \int \varrho(r) \cdot \left[x_k x_l - 1/3\,\delta_{kl}\,r^2 \right] d^3r$$

Dieser Tensor ist offensichtlich symmetrisch und spurfrei.

5.3.2 Tensoroperatoren in der Quantenmechanik

Die eben eingeführten Begriffe können leicht auf quantenmechanische Observable, die wir wieder mit großen Buchstaben bezeichnen wollen, übertragen werden. Mit

$$T' = U^{-1}(R)\,T\,U(R)$$

gelangt man zu den folgenden Transformationsgesetzen:

Kartesische Tensoroperatoren werden in Verallgemeinerung von (3.3.19) durch

$$U^{-1}(R)\,T_{n'_1\ldots n'_k}\,U(R) = T'_{n'_1\ldots n'_k} = \sum_{n_1\ldots n_k} T_{n_1\ldots n_k} R^{-1}_{n_1 n'_1} \cdots R^{-1}_{n_k n'_k}$$

$$(5.3.23)$$

definiert. Für sphärische Tensoroperatoren gilt:

$$U^{-1}(R)T_{q'}^{(k)}U(R) = T_{q'}^{(k)'} = \sum_{q=-k}^{+k} T_q^{(k)} D_{qq'}^{(k)}(U(R^{-1})) \qquad (5.3.24)$$

Betrachten wir infinitesimale Drehungen um eine Achse $\boldsymbol{n}$ so erhalten wir mit

$$U^{-1}(\theta) = \mathbf{1} + i\,\theta\,\boldsymbol{n} \cdot \boldsymbol{J} \to D_{qq'}^{(k)} = \langle kq \,|\, \mathbf{1} + i\,\theta\,\boldsymbol{n} \cdot \boldsymbol{J} \,|\, kq' \rangle$$
$$= \delta_{qq'} + i\theta \, \langle kq \,|\, \boldsymbol{n} \cdot \boldsymbol{J} \,|\, kq' \rangle$$

das Resultat

$$[\boldsymbol{n} \cdot \boldsymbol{J}, T_{q'}^{(k)}] = \sum_q T_q^{(k)} \langle kq \,|\, \boldsymbol{n} \cdot \boldsymbol{J} \,|\, kq' \rangle \qquad (5.3.25)$$

Für eine Drehung um die 3-Achse ergibt sich speziell

$$[J_3, \, T_{q'}^{(k)}] = q' T_{q'}^{(k)} \qquad (5.3.26)$$

Diese Gleichung ist ein Analogon zu

$$J_3 \,|\, k\,q' \rangle = q' \,|\, k\,q' \rangle.$$

Die Kommutatorbildung bei den Tensoroperatoren entspricht also dem Anwenden des Operators auf die Zustände:

$$[J_3, \, T_q^{(k)}] \to J_3 \,|\, kq \rangle \qquad (5.3.27)$$

Wie man an Gleichung (5.3.25) sieht, gilt diese Korrespondenz nicht nur für J_3, sondern auch für J_1, J_2 bzw. $J_\pm$

$$[J_\pm, \, T_q^{(k)}] \to J_\pm \,|\, kq \rangle$$

Mit der Regel von (3.4.28) erhalten wir daher

$$[J_\pm, \, T_q^{(k)}] = \sqrt{k(k+1) - q(q \pm 1)} \; T_{q\pm 1}^{(k)} \qquad (5.3.28)$$

Die Gleichungen (5.3.26) und (5.3.28) werden vielen Rechnungen zugrundegelegt.

Beachte: Der Hilbertraumvektor $|\, \boldsymbol{r} \rangle = |\, x_1 x_2 x_3 \rangle$ fällt unter keinen der in diesem Abschnitt entwickelten Begriffe, denn er transformiert sich gemäß

$$U(R) \,|\, \boldsymbol{r} \rangle = |\, R\boldsymbol{r} \rangle.$$

Der Hilbertraumvektor $|\, \boldsymbol{r} \rangle$ ist vielmehr eine Überlagerung von vielen Drehimpulseigenzuständen, so daß man z.B. schreiben kann:

$$|\, \boldsymbol{r} \rangle = \sum_{n,l,m} |\, E_{n,l}, l, m \rangle \langle E_{n,l}, l, m \,|\, \boldsymbol{r} \rangle$$

Dabei muß über das ganze Spektrum des Hamiltonoperators summiert bzw. integriert werden.

5.3.3 Das Wigner-Eckart-Theorem

Eine wichtige Aufgabe bei quantenmechanischen Rechnungen ist die Bestimmung von Matrixelementen eines Operators A

$$\langle \phi \,|\, A \,|\, \psi \rangle$$

In diesem Abschnitt betrachten wir Hilbertraum-Vektoren $\langle \phi |$, $| \psi \rangle$ und Operatoren, die sich unter Drehungen irreduzibel verhalten und daher durch Drehimpuls-Quantenzahlen gekennzeichnet werden können:

$$\langle \beta, j\,', m' \,|\, T_q^{(k)} \,|\, \alpha, j, m \rangle \tag{5.3.29}$$

In den Zuständen haben wir mit α und β weitere Quantenzahlen eingeführt, die bei Anwendungen auftreten; sie können z.B. die Energie betreffen.

Wir werden zeigen, daß die Abhängigkeit von den magnetischen Quantenzahlen m, m', q in einer allgemeinen Weise berechnet werden kann, ohne daß man weitere Einzelheiten über Zustände und Operatoren kennt. Diese Tatsache beruht letztlich darauf, daß man durch Drehungen die verschiedenen m-Komponenten in einer rein geometrischen Weise in einander überführen kann.

Eine erste und wichtige Information über die Matrixelemente erhält man, wenn man die Zustände

$$T_q^{(k)} \,|\, \alpha, j, m \rangle \tag{5.3.30}$$

betrachtet und berücksichtigt, daß $T_q^{(k)}$ den Drehimpuls k trägt. Man kann daher die Regeln über die Addition von Drehimpulsen anwenden. Danach treten in (5.3.30) nur die Gesamtdrehimpulse

$$k + j,\ k + j - 1, \ldots, |k - j| \tag{5.3.31}$$

auf. Dies bedeutet für die Matrixelemente (5.3.29): Sie verschwinden nur dann nicht, wenn $j\,'$ einen der Werte von (5.3.31) annimmt.

Wir weisen schon jetzt auf die – vielleicht – wichtigste Anwendung hin: Die Matrixelemente des Ortsoperators, der den Drehimpuls $j = 1$ trägt,

$$\langle j\,', m' \,|\, \boldsymbol{Q} \,|\, j, m \rangle \tag{5.3.32}$$

sind nur dann von Null verschieden, wenn

$$j\,' = j + 1,\ j\,' = j \quad \text{oder} \quad j\,' = j - 1 \tag{5.3.33}$$

gilt.

Genauer wird die Abhängigkeit von den Richtungsquantenzahlen m, m', q durch die Clebsch-Gordan Koeffizienten gegeben, wie es das folgende Theorem aussagt

Wigner-Eckart-Theorem

$$\langle \beta, j', m' \,|\, T_q^{(k)} \,|\, \alpha, j, m \rangle = (j'\,m'|k\,q, j\,m) \times F(\beta, \alpha; j', k, j) \qquad (5.3.34)$$

Dabei ist F ein Faktor, der nicht von m, m', q abhängt. Aufgrund dieses Theorems führt man den Begriff „**reduziertes Matrixelement**" ein und schreibt

$$F = (-1)^{k-j+j'} \frac{1}{\sqrt{2j+1}} \langle \beta, j' \,\|\, T^{(k)} \,\|\, \alpha, j \rangle \qquad (5.3.35)$$

Dabei hängt $\langle \,\|\, \rangle$ ebenso wie F nicht von den Richtungsquantenzahlen ab. Die Definition des reduzierten Matrixelementes wird in der Literatur mit unterschiedlichen Vorfaktoren getroffen. Der Leser muß bei Anwendungen jedes Mal die genaue Definition prüfen.[22]

Wie geben jetzt den Beweis für das Theorem, der die bisherigen Aussagen über die Zustände (5.3.30) explizit formuliert. Wir zeigen zunächst, daß sie sich bei Drehungen wie die Produkt-Zustände

$$|\, k, q \rangle \,|\, j, m \rangle \qquad (5.3.36)$$

transformieren. Denn aus (5.3.24) und (5.3.7) folgt [23]

$$U(R)\, T_q^{(k)} \,|\, \alpha, j, m \rangle = U(R)\, T_q^{(k)}\, U^{-1}(R)\, U(R)\,|\, \alpha, j, m \rangle$$

$$= \sum_{q'} \sum_{m'} T_{q'}^{(k)} \,|\, \alpha, j, m' \rangle D_{q'q}^{(k)}(R)\, D_{m'm}^{(j)}(R)$$

so daß die gleiche Transformationsmatrix

$$D_{q'q}^{(k)}\, D_{m'm}^{(j)}$$

auftritt wie bei den Produktzuständen (5.3.36). Daher erzeugen die Vektoren (5.3.36) ebenso wie (5.3.30) den Produktdarstellungsraum, den wir wie üblich ausreduzieren können:

$$\mathcal{D}_k \otimes \mathcal{D}_j = \sum_{J=|k-j|}^{k+j} \oplus\, \mathcal{D}_J$$

Die Basisvektoren $T; JM\rangle$ des Darstellungsraumes ϑ_J kann man mit Hilfe der C.G.-Koeffizienten konstruieren

$$\sum_{q+m=M} |T; JM\rangle := T_q^{(k)} \,|\, \alpha, j, m \rangle (kq, jm \,|\, JM) \qquad (5.3.37)$$

---

[22]Unsere Wahl stimmt mit der von Edmonds und Messiah überein.

[23]Wenn man in (5.3.24) R durch R^{-1} ersetzt, kann man diese Bedingung wegen $U(R^{-1}) = U^{-1}(R)$ in der Form $U(R)T_{q'}^{(k)}U^{-1}(R) = \sum_q T_q^{(k)} D_{qq'}(R)$ schreiben.

wobei wir die Abhängigkeit dieser Zustände von $T^{(k)}$, α und j zur Vereinfachung der Schreibweise pauschal mit T bezeichnen. Diese Beziehung kann man mit Hilfe der Orthogonalitätsrelation der C.G.-Koeffizienten (5.2.47)

$$\sum_{J,M} (kq, jm \mid JM)(kq', jm' \mid JM) = \delta_{qq'}\delta_{mm'}$$

nach $T_q^{(k)} \mid \alpha, j, m \rangle$ auflösen:

$$T_q^{(k)} \mid \alpha, j, m \rangle = \sum_{JM} \mid T; JM) \rangle \cdot (kq, jm \mid JM)$$

Hieraus folgt für die gesuchten Matrixelemente (5.3.29)

$$\langle \beta, j', m' \mid T_q^{(k)} \mid \alpha, j, m \rangle = \langle \beta, j', m' \mid T; j', m' \rangle \cdot (kq, jm \mid j'm') \qquad (5.3.38)$$

wenn man von der Orthogonalität

$$\langle \beta, j', m' \mid T; JM \rangle = 0 \quad \text{für} \quad \begin{cases} j' \neq J \\ m' \neq M \end{cases}$$

Gebrauch macht.

Wir müssen nun noch zeigen, daß $\langle \beta, j', m' \mid T; j', m' \rangle$ unabhängig von m' ist. Dazu benötigen wir das folgende

Lemma

Für die Drehimpulseigenzustände $\mid \alpha, j, m \rangle$ und $\mid \beta, j, m \rangle$ die zu gleichem j und m gehören, aber sonst beliebig sind, ist

$$\langle \alpha, j, m \mid \beta, j, m \rangle \quad \text{unabhängig von } m. \qquad (5.3.39)$$

Der Beweis wird mit Hilfe der Leiteroperatoren $J_\pm$ geführt, die die Quantenzahl $m \pm 1$ mit m verbinden(siehe (3.4.28):

$$\langle \alpha, j, m \pm 1 \mid \beta, j, m \pm 1 \rangle = \frac{1}{\sqrt{j(j+1) - m(m \pm 1)}} \langle \alpha, j, m \pm 1 \mid J_\pm \mid \beta, j, m \rangle$$

$$= \frac{1}{\sqrt{j(j+1) - m(m \pm 1)}} \langle J_\mp [\alpha, j, m \pm 1] \mid \beta, j, m \rangle$$

$$= \sqrt{\frac{j(j+1) - (m \pm 1)(m \pm 1 \mp 1)}{j(j+1) - m(m \pm 1)}} \langle \alpha, j, m \mid \beta, j, m \rangle$$

Die Quadratwurzel in der letzten Zeile vereinfacht sich zu 1, also gilt

$$\langle \alpha, j, m \pm 1 \mid \beta, j, m \pm 1 \rangle = \langle \alpha, j, m \mid \beta, j, m \rangle$$

und die Unabhängigkeit von m ist bewiesen. Nach diesem Ergebnis ist auch

$$\langle \beta, j', m' \mid T; j', m' \rangle$$

unabhängig von m' und nach (5.3.38) haben wir den Beweis des Wigner-Eckart-Theorems abgeschlossen.

Wie am Beweis deutlich wird, liegt der Grund für die Gültigkeit des Wigner-Eckart-Theorems in der m-Unabhängigkeit des Skalarproduktes, wie es das Lemma (5.3.39) ausdrückte. Diese Tatsache kann man leicht ohne Rechnung verstehen: Ein Skalarprodukt von Zuständen hängt nicht von der Raumrichtung ab, bezüglich der die Drehimpulsquantisierung durchgeführt wurde.

5.3.4 Illustration und Folgerungen des Theorems

Auswahlregeln

Aus (5.3.34) und den Eigenschaften der Clebsch-Gordan-Koeffizienten folgt

$$\langle \beta, j', m' \,|\, T_q^{(k)} \,|\, \alpha, j, m \rangle \neq 0$$

nur falls

$$(a) \quad m' = m + q$$

und

$$(b) \quad j' = k + j, k + j - 1, \ldots, |k - j|$$

Diese Ergebnisse folgen schon daraus, daß sich die Vektoren (5.3.30) und (5.3.36) isomorph transformieren und enthalten daher nur die Drehimpulsadditionsregel.

Eine besonders wichtige Anwendung findet dieses Resultat in der Begründung von Auswahlregeln für elektromagnetische Übergänge. Wenn die Wellenlänge groß gegenüber der Ausdehnung des Systems ist, werden die Ausstrahlwahrscheinlichkeiten durch die Quadrate der Matrixelemente des elektrischen Dipoloperators $e\,\boldsymbol{Q}$ gegeben:

$$\langle E', j', m' \,; \pi' \,|\, e\,\boldsymbol{Q} \cdot \boldsymbol{\varepsilon} \,|\, E, j, m \,; \pi \rangle \tag{5.3.40}$$

π und π' bezeichnen die Paritäten der beiden Zustände. $\boldsymbol{\varepsilon}$ bezeichnet den Polarisationsvektor des elektrischen Feldes und ist deshalb eine c-Zahl. Es kommt daher nur auf die Matrixelemente

$$\langle E', j', m' ; \pi' \,|\, \boldsymbol{Q} \,|\, E, j, m ; \pi \rangle$$

an. Da $\boldsymbol{Q}$ einem sphärischen Operator mit $k = 1$ entspricht, muß – wie schon oben erwähnt – für die erlaubten Übergänge gelten:

$$j' = j + 1 \quad , \quad j \quad , j - 1$$

Außerdem muß berücksichtigt werden, das $\boldsymbol{Q}$ ein polarer Vektor ist, also negative Parität trägt. Daher müssen die Paritäten der beiden Zustände entgegengesetzt sein. Daher muß insgesamt gelten

$$\triangle j := j' - j = \pm 1, 0 \quad \text{und} \quad \pi' = -\pi \tag{5.3.41}$$

Dies sind die sog. $E1$-**Auswahlregeln**.

Die Auswahlregeln $m' = m + q$ bestimmt die Polarisationsrichtung des emittierten Lichts. Sie führt zu beobachtbaren Konsequenzen, falls wie beim Zeeman-Effekt die m-Entartung aufgehoben ist. Falls ε parallel zum Magnetfeld gerichtet ist, tritt in (5.3.40)

$$\varepsilon \cdot \boldsymbol{Q} = Q_3 = Q_0$$

auf. Wegen $q = 0$ muß dann gelten:

$$m' = m \quad \text{bzw.} \quad \triangle m = 0. \tag{5.3.42}$$

Daraus folgt: Die $\triangle m = 0$ Übergänge ergeben Quanten, die parallel zum Magnetfeld polarisiert sind. Sie werden wegen der Transversalität der elektromagnetischen Wellen senkrecht zum Magnetfeld emittiert.

Falls ε senkrecht zum Magnetfeld steht, gilt[24]

$$\varepsilon \cdot \boldsymbol{Q} = \varepsilon_1 Q_1 + \varepsilon_2 Q_2 = \alpha Q_{+1} + \beta Q_{-1}$$

Daher lautet die Auswahlregel

$$m' = m \pm 1 \quad bzw. \quad \triangle m = m' - m = \pm 1 \tag{5.3.43}$$

Umgekehrt führen die $\triangle m = \pm 1$ Übergänge also zu einer Polarisation senkrecht zum Magnetfeld, und Quanten können auch in Magnetfeldrichtung emittiert werden. In dieser Richtung sind sie rechtszirkular für $(\triangle m = -1)$ polarisiert bzw. linkszirkular polarisiert für $(\triangle m = +1)$.[25]

Magnetische Momente

Über die Auswahlregeln hinaus macht das Wigner-Eckart-Theorem eine Aussage über Verhältnisse von Matrixelementen und damit über die Verhältnisse von Intensitäten. Denn in solchen Verhältnissen fällt das reduzierte Matrixelement in (5.3.34) heraus.

Am Beispiel des magnetischen Moments wollen wir diese Aussage illustrieren: Wir betrachten ein System von Elektronen und/oder Nukleonen. Das magnetische Moment wird durch einen Vektoroperator $\boldsymbol{\mu}$ gegeben, der sich i.allg. in komplizierter Weise aus den Bahndrehimpulsen $\boldsymbol{L}_{(i)}$ und den Spins $\boldsymbol{S}_{(i)}$ zusammensetzt

$$\boldsymbol{\mu} = \sum_i \mu^l_{(i)} \boldsymbol{L}_{(i)} + \sum_i \mu^s_{(i)} \boldsymbol{S}_{(i)} \tag{5.3.44}$$

wobei die Parameter $\mu^l_{(i)}$ und $\mu^s_{(i)}$ proportional zu den jeweiligen Magnetonen sind.

---

[24]Nach (5.3.14) kennen wir den Zusammenhang zwischen kartesischen und sphärischen Komponenten eines Vektors $\boldsymbol{v}$: $v_{\pm 1} = v_\pm = \mp \frac{1}{\sqrt{2}} (v_1 \pm i v_2)$; $v_0 = v_3$.

[25]Dabei nehmen wir an, daß m den Anfangs- und m' den End-Zustand bezeichnet.

Für die weiteren Betrachtungen benötigen wir keinerlei Einzelheiten. Das Gesamtsystem soll sich in dem Zustand

$$| E_n, j, m \rangle$$

befinden. Die beobachtbaren Werte des magnetischen Moments werden durch die Erwartungswerte

$$\langle E_n, j, m \,|\, \boldsymbol{\mu} \,|\, E_n, j, m \rangle \tag{5.3.45}$$

gegeben. Dies sind $3\,(2j+1)$ Zahlen. Nach dem Wigner-Eckart-Theorem können aber alle diese Zahlen durch eine einzige Zahl, dem reduzierten Matrixelement

$$\langle E_n, j \,||\, \boldsymbol{\mu} \,||\, E_n, j \rangle, \quad \text{(unabhängig von der Richtung von } \boldsymbol{\mu} \text{ !)}$$

und den wohlbekannten C.-G.-Koeffizienten ausgedrückt werden. In diesem Sinne kann man von **dem** magnetischen Moment des betreffenden Zustands sprechen. Um diese Tatsache auszuwerten betrachten wir speziell die Erwartungswerte von μ_3 - und finden nach (5.3.34) und (5.3.35):

$$\langle E_n, j, m \,|\, \mu_3 \,|\, E_n, j, m \rangle = (-1) \frac{(10, jm \,|\, jm)}{\sqrt{2j+1}} \, \langle E_n, j \,||\, \mu \,||\, E_n, j \rangle$$

Die auftretenden C.-G.-Koeffizienten werden durch

$$-(jm, 10 \,|\, jm) = +(10, jm \,|\, jm) = \frac{m}{\sqrt{j(j+1)}} =: \cos\theta \tag{5.3.46}$$

gegeben. Den letzten Schritt kann man sich mit Hilfe der Abbildung 5.8 veranschaulichen: Es liegt nahe, das magnetische Moment durch

$$\mu(E_n, j) := \langle E_n, j, j \,|\, \mu_3 \,|\, E_n, j, j \rangle \tag{5.3.47}$$

$$= -\sqrt{\frac{j}{(j+1)(2j+1)}} \, \langle E_n, j \,||\, \mu \,||\, E_n, j \rangle$$

zu definieren. Dann folgt aus (5.3.46)

$$\langle E_n, j, m \,|\, \mu_3 \,|\, E_n, j, m \rangle = \mu(E_n, j) \cos\theta \sqrt{\frac{j+1}{j}} \tag{5.3.48}$$

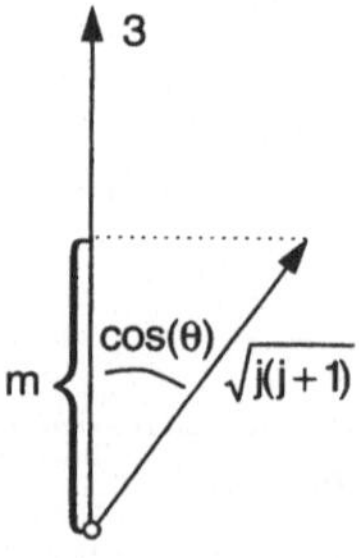

Abb. 5.8. Veranschaulichung des C.-G.-Koeffizienten $(jm, 10 \,|\, jm)$

Aus diesem Ergebnis und aus der Abbildung 5.8 wird der geometrische Charakter der C.-G.-Koeffizienten deutlich. Sie drücken die Abhängigkeit des magnetischen Moments von der Richtung des Vektors μ im Raum und der „Lage" der Zustände aus.

Mit diesen Betrachtungen haben wir versucht, die Kraft des Wigner-Eckart-Theorems zu verdeutlichen: Es erlaubt die gruppentheoretische Berechnung der Abhängigkeit der Matrixelemente von den geometrischen Parametern. Dadurch gelingt es insbesondere Verhältnisse von Matrixelementen ohne weitere dynamische Informationen zu berechnen. Für die Bestimmung der Absolutwerte dagegen gibt das Theorem keine direkten Mittel an die Hand. Dafür benötigt man Methoden, die dem speziellen Problem angepaßt sind, bei denen aber das Wigner-Eckart Theorem auch eine wichtige Rolle spielen kann.

Anomaler Zeeman-Effekt

Wir illustrieren dies durch die Berechnung der reduzierten Matrixelemente für den **anomalen Zeeman-Effekt**. Nach (5.1.59) wird die Aufspaltung der Atomniveaus durch den Störoperator

$$H'_{\text{Zeeman}} = \mu_B (L_3 + 2S_3)\, B \tag{5.3.49}$$

bestimmt, wobei wir das konstante Magnetfeld B in die 3-Richtung gelegt haben. Die Aufspaltung der Energieterme (5.2.5) wird nach den Regeln der Störungsrechnung mit Hilfe der Matrix

$$\langle E_{n,l,j}, l, j, m \,|\, H'_{\text{Zeeman}} \,|\, E_{n,l,j}, l, j, m \rangle$$

bestimmt. Da in H'_{Zeeman} nur die 3-Komponenten von L und S auftreten, ist diese Matrix schon diagonal, so daß die Aufspaltung direkt durch die Matrixelemente

$$\triangle E_{n,l,j,m} := \langle E_{n,l,j}, l, j, m \,|\, H'_{\text{Zeeman}} \,|\, E_{n,l,j}, l, j, m \rangle \tag{5.3.50}$$

gegeben wird. Entscheidend sind also die Matrixelemente des Operators $L + 2S$:

$$\langle E_{n,l,j}, l, j, m' \,|\, L + 2S \,|\, E_{n,l,j}, l, j, m \rangle.$$

Nach dem Wigner-Eckart Theorem sind diese Größen – ausgedrückt durch sphärische Tensorkomponenten – proportional zu

$$\langle E_{n,l,j}, l, j, m' \,|\, J \,|\, E_{n,l,j}, l, j, m \rangle.$$

Am leichtesten ist dies an den 3-Komponenten zu sehen:

$$\begin{aligned}
\langle \gamma, j, m' \,|\, L_3 + 2S_3 \,|\, \gamma, j, m \rangle &= \langle \gamma, j, m' \,|\, L_0^{(1)} + 2\, S_0^{(1)} \,|\, \gamma, j, m \rangle \\
&= (j\, m' \,|\, 1\, 0, j\, m)\, F(\gamma, j)
\end{aligned}$$

$$\text{und}$$

$$\begin{aligned}
\langle \gamma, j, m' \,|\, J_3 \,|\, \gamma, j, m \rangle &= \langle \gamma, j, m' \,|\, J_0^{(1)} \,|\, \gamma, j, m \rangle \\
&= (j\, m' \,|\, 1\, 0, j\, m)\, \tilde{F}(\gamma, j)
\end{aligned}$$

Beide sind proportional zum gleichen C.-G.-Koeffizienten! Daher setzen wir

$$\langle\ldots|\,\boldsymbol{L}+2\boldsymbol{S}\,|\ldots\rangle = g\langle\ldots|\,\boldsymbol{J}\,|\ldots\rangle \tag{5.3.51}$$

Der Faktor g ist als **Landé-scher g-Faktor** bekannt.

Es ist bemerkenswert, daß man für den Fall eines einzelnen Elektrons g ohne dynamische Rechnung bestimmen kann. Dazu benutzen wir zunächst

$$\boldsymbol{L}+2\boldsymbol{S} = \boldsymbol{J}+\boldsymbol{S}$$

und setzen

$$g = 1+\alpha \tag{5.3.52}$$

wobei α durch

$$\langle\ldots|\,\boldsymbol{S}\,|\ldots\rangle = \alpha\langle\ldots|\,\boldsymbol{J}\,|\ldots\rangle \tag{5.3.53}$$

definiert wird. Zur Berechnung von α benutzen wir folgenden Trick:

Wir berechnen die Matrixelemente von

$$\boldsymbol{J}\cdot\boldsymbol{S}$$

auf zweierlei Weise. Einerseits mit Hilfe von $\boldsymbol{J}=\boldsymbol{L}+\boldsymbol{S}$ und (5.2.55)

$$\boldsymbol{J}\cdot\boldsymbol{S} = \boldsymbol{L}\cdot\boldsymbol{S}+\boldsymbol{S}^2 = \frac{1}{2}\left(\boldsymbol{J}^2-\boldsymbol{L}^2+\boldsymbol{S}^2\right)$$

also

$$\langle E_{n,l,j},l,m'|\,\boldsymbol{J}\cdot\boldsymbol{S}\,|E_{n,l,j},l,j,m\rangle = \frac{1}{2}\left(j(j+1)-l(l+1)+s(s+1)\right)\delta_{m'm} \tag{5.3.54}$$

Andererseits gilt – $(E := E_{n,l,j})$ –

$$\langle E,l,j,m'|\,\boldsymbol{J}\cdot\boldsymbol{S}\,|E,l,j,m\rangle =$$
$$\sum_{m''}\langle E,l,j,m'|\,\boldsymbol{J}\,|E,l,j,m''\rangle\langle E,l,j,m''|\,\boldsymbol{S}\,|E,l,j,m\rangle \tag{5.3.55}$$

da die Zustände $\langle E_{n,l,j},l,j,m\rangle$ im betrachteten Teilraum ein vollständiges System bilden. Benutzt man (5.3.53) so folgt:

$$\langle E,l,j,m'|\,\boldsymbol{J}\cdot\boldsymbol{S}\,|E,l,j,m\rangle =$$
$$\alpha\sum_{m''}\langle E,l,j,m'|\,\boldsymbol{J}\,|E,l,j,m''\rangle\langle E,l,j,m''|\,\boldsymbol{J}\,|E,l,j,m\rangle =$$
$$\alpha\langle E,l,j,m'|\,\boldsymbol{J}^2\,|E,l,j,m\rangle \tag{5.3.56}$$

Ein Vergleich von (5.3.54) und (5.3.56) ergibt

$$\alpha = \frac{1}{2j(j+1)}\left(j(j+1)+s(s+1)-l(l+1)\right)$$

und

$$g = 1+\frac{1}{2j(j+1)}\left(j(j+1)+s(s+1)-l(l+1)\right) \tag{5.3.57}$$

In allen Formeln muß man

$$s(s+1) = \frac{3}{4} \tag{5.3.58}$$

setzen. Wir haben die Formeln aber allgemeiner geschrieben, da sie auch für ein Mehrelektronensystem gültig bleiben, solange die sog. LS-Kopplung vorliegt. Der Landé-sche g-Faktor hängt von j und l, nicht aber von $E_{n,l,j}$ ab. Wir schreiben deshalb

$$\Delta E_{n,l,j,m} = g(j,l)\,\mu_B \cdot B \cdot m \tag{5.3.59}$$

Innerhalb eines Multipletts ist die Aufspaltung proportional zu m, für verschiedene Terme ist sie dagegen unterschiedlich. Dadurch resultiert das komplizierte Aufspaltungsschema des anomalen Zeeman-Effekts.

5.4 Drehimpulsentartung im Kontinuum, die Partialwellenentwicklung

Gebundene Zustände sind im allgemeinen mit jeweils einem Drehimpulsmultiplett verbunden, das durch eine Drehimpulsquantenzahl j gekennzeichnet ist. Falls Entartungen vorkommen, wie beim Coulomb- oder Oszillator-Potential, gehören jeweils nur endlich viele Drehimpulse j zu einer Energie. Dies ändert sich grundsätzlich, wenn wir jetzt Zustände im Energiekontinuum betrachten:

Im Kontinuum für $E > 0$ [26] erwartet man, wie schon im Abschnitt 4.1.2 erwähnt, eine unendlichfache Entartung der Eigenwerte. Betrachtet man nämlich einen speziellen Wert $E > 0$ der Energie, dessen Eigenzustand den Bahndrehimpuls $l = 0$ trägt, so kann man für jedes $l > 0$ immer einen kleineren Wert $0 < E' < E$ finden, so daß durch den Einfluß des Zentrifugalterms

$$\frac{l\,(l+1)}{2Mr^2}$$

der Wert E' nach E angehoben wird und somit für E auch der Drehimpuls $l > 0$ auftritt.

Diese Erwartung wollen wir durch genauere Argumente bestätigen und dabei zeigen, wie man diese unendlichfache Entartung physikalisch deutet und mathematisch behandelt. Dabei werden wir von der kräftefreien Bewegung eines spinlosen Teilchens ausgehen, da man in diesem Falle die nötigen Formeln explizit aufschreiben kann. Die anschließende Einführung eines Potentials wird zur allgemeinen Definition von Streuamplitude, S-Matrix und Streuphase führen. Den Spin werden wir im Abschnitt 5.4.4 behandeln.

---

[26] Wie üblich eichen wir die Energieskala so, daß die Grenze zwischen gebundenen und Streuzuständen bei $E = 0$ liegt.

5.4.1 Drehimpulsanalyse für ein freies Teilchen ohne Spin

Der freie Hamiltonoperator

$$H_0 = \frac{1}{2M}\boldsymbol{P}^2$$

hat ein rein kontinuierliches Spektrum und vertauscht mit sämtlichen Komponenten des Impulsoperators $\boldsymbol{P}$. Daher kann man seine Eigenzustände auch durch die Eigenwerte von

$$\boldsymbol{P} = (P_1, P_2, P_3)$$

kennzeichnen. Der Zustand

$$|\boldsymbol{p}\rangle \quad \text{gehört zu} \quad E = \frac{1}{2M}\boldsymbol{p}^2$$

Da offenbar sämtliche Zustände auf der Kugeloberfläche des Impulsraumes

$$\boldsymbol{p}^2 = p_1^2 + p_2^2 + p_3^2 = \text{const}$$

zu der Energie E gehören, ist die **unendlichfache Entartung der Energie** schon bewiesen.

Statt des vollständigen Systems (P_1, P_2, P_3) kann man auch die drei Operatoren

$$\sqrt{\boldsymbol{P}^2}, \boldsymbol{L}^2 \quad \text{und} \quad L_3$$

verwenden, die ebenfalls mit H_0 vertauschen. Ihnen entsprechen die Eigenzustände

$$|p, l, m\rangle$$

mit

$$\begin{aligned}
\sqrt{\boldsymbol{P}^2}|p, l, m\rangle &= p|p, l, m\rangle \\
\boldsymbol{L}^2|p, l, m\rangle &= l(l+1)|p, l, m\rangle \\
L_3|p, l, m\rangle &= m|p, l, m\rangle
\end{aligned}$$

Daher liegt es nahe, die Impulseigenzustände nach den Drehimpulseigenzuständen zu entwickeln

$$|\boldsymbol{p}\rangle = \sum_{l=0}^{\infty} \sum_{m=-l}^{+l} |p, l, m\rangle\langle p, l, m|\boldsymbol{p}\rangle \tag{5.4.1}$$

wobei die Koeffizienten $\langle p, l, m|\boldsymbol{p}\rangle$ bestimmen, mit welcher Wahrscheinlichkeitsamplitude ein spezieller l-Wert auftritt. Um die genauere Bedeutung dieser Entwicklung zu erkennen, gehen wir in die Ortsdarstellung

$$\langle \boldsymbol{r}|\boldsymbol{p}\rangle = \sum_{l=0}^{\infty} \sum_{m=-l}^{+l} \langle \boldsymbol{r}|p, l, m\rangle\langle p, l, m|\boldsymbol{p}\rangle \tag{5.4.2}$$

Die linke Seite ist uns seit langem explizit bekannt und wird durch eine ebene Welle gegeben

$$\langle\, r\,|\,p\,\rangle = \frac{1}{\sqrt{(2\pi\hbar)^3}}\, e^{\frac{i}{\hbar}\boldsymbol{p}\cdot\boldsymbol{r}} \tag{5.4.3}$$

Auf der rechten Seite treten neue Funktionen auf

$$\langle\, r\,|\,p,l,m\rangle = \langle r,\theta,\varphi|p,l,m\rangle$$

wobei wir den Vektor r durch seine räumlichen Polarkoordinaten ausgedrückt haben. Die Winkelabhängigkeit dieser Funktionen haben wir schon bei der Konstruktion der Kugelflächenfunktionen im Abschnitt 3.5 bestimmt. Wir können bei festgehaltenen Werten von r und p die dort durchgeführte Überlegung wiederholen und erhalten Funktionen, die proportional zu den Kugelflächenfunktionen sind. Die Proportionalitätsfaktoren können von r und p, aber auch von l abhängen. Schon in der Gleichung (3.5.29) war der Wert der Konstanten N für verschiedene l-Werte verschieden – vgl. (3.5.31). In unserem Falle bezeichnen wir diese Faktoren mit $\phi_{p,l}(r)$ und schreiben

$$\langle\, r\,|\,p,l,m\rangle = \phi_{p,l}(r)Y_{lm}(\theta,\varphi) \tag{5.4.4}$$

Die ϕ-Funktionen werden durch die ebene Welle (5.4.3) bestimmt. Um sie explizit zu berechnen, legen wir den Impulsvektor p in die 3-Richtung, so daß

$$p = pe_3 \quad\text{und}\quad p\cdot r = px_3 = pr\cos\theta \tag{5.4.5}$$

gilt. In diesem Falle verschwinden die Skalarprodukte

$$\langle\, p\,e_3\,|\,p,l,m\rangle = 0 \quad\text{für}\quad m\neq 0$$

Denn die Zustände $|\,p\,e_3\,\rangle$ sind um die 3-Achse drehinvariant und es gilt

$$L_3|\,p\,e_3\,\rangle = 0$$

Damit vereinfacht sich die Entwicklung (5.4.2)

$$\frac{1}{\sqrt{(2\pi\hbar)^3}}\, e^{\frac{i}{\hbar}\boldsymbol{p}\cdot\boldsymbol{r}} = \sum_{l=0}^{\infty}\phi_{p,l}(r)\langle p,l,0|p\,e_3\rangle Y_{l0}(\theta) \tag{5.4.6}$$

Die Funktionen Y_{l0} sind wie die linke Seite dieser Gleichung nur eine Funktion von θ. Explizit gilt nach (3.5.35)

$$Y_{l0}(\theta) = \sqrt{\frac{(2l+1)!}{4\pi}}\, P_l(\cos\theta) \tag{5.4.7}$$

wobei rechts die Legendre Polynome auftreten. Die Koeffizienten $\phi_{p,l}(r)$ in (5.4.6) sind i.allg. komplexwertige Funktionen. Die linke Seite hängt nur von

$$i\,\varrho\cos\theta \quad\text{ab, wobei}\quad \varrho := \frac{pr}{\hbar}$$

und es treten nach der Reihenentwicklung der e-Funktion Potenzen der Form

$$(i\varrho\cos\theta)^l$$

auf. Da andererseits die Funktionen (5.4.7) Polynome l-ten Grades in $\cos\theta$ sind, müssen die Entwicklungsfunktionen in (5.4.6) die Form

$$\phi_{p,l}(r)\langle p,l,0|\,p\,\boldsymbol{e}_3\,\rangle = \mathrm{const}\ i^l j_l(\varrho)$$

haben, wobei die $j_l(\varrho)$ reellwertige Funktionen von ϱ sind. Üblicherweise wählt man die Konstanten so, daß man zu einer möglichst einfachen Form der Entwicklung der ebenen Welle geführt wird. Mit

$$\mathrm{const} := \frac{1}{\sqrt{(2\pi\hbar)^3}}\sqrt{\frac{4\pi}{(2l+1)!}}(2l+1)$$

folgt aus (5.4.6)und (5.4.7)

$$\boxed{e^{i\varrho\cos\theta} = \sum_{l=0}^{\infty} i^l(2l+1)j_l(\varrho)P_l(\cos\theta)} \tag{5.4.8}$$

Es bleibt die Aufgabe, die Funktionen $j_l(\varrho)$ zu bestimmen. Dazu verwenden wir die Orthogonalitätsrelationen der Legendre Polynome $(3.5.59)$[27]

$$\int\limits_{-1}^{+1} P_l(\cos\theta)P_{l'}(\cos\theta)d\cos\theta = \frac{2}{2l+1}\delta_{ll'}$$

Es folgt

$$j_l(\varrho) = \frac{1}{2i^l}\int\limits_{-1}^{+1} e^{i\varrho\cos\theta}P_l(\cos\theta)d\cos\theta \tag{5.4.9}$$

Es ist leicht, diese Integrale für kleine Werte von l auszurechnen. Zum Beispiel ergibt sich für $l=0$

$$j_0(\varrho) = \frac{1}{2}\int\limits_{-1}^{+1} e^{i\varrho\cos\theta}d\cos\theta = \frac{1}{2i\varrho}e^{i\varrho\cos\theta}\Big|_{-1}^{+1}$$

oder

$$j_0(\varrho) = \frac{1}{\varrho}\sin\varrho \tag{5.4.10}$$

Analog folgt für $l=1$

$$j_1(\varrho) = \frac{\sin\varrho}{\varrho^2} - \frac{\cos\varrho}{\varrho} \tag{5.4.11}$$

---

[27]Die hier auftretenden Faktoren $\frac{1}{2l+1}$ sind das Motiv für die Wahl der Konstanten const. Es soll der Faktor $2l+1$ in (5.4.8) auftreten, da er den Entartungsgrad des Drehimpulses l angibt.

Auch die höheren j_l-Funktionen sind derartige Kombinationen von $\sin\theta$, $\cos\theta$ und reziproken Potenzen von ϱ. Die dabei auftretenden Vorzeichen sorgen dafür, daß die Werte von $j_l(\varrho)$ für $\varrho = 0$ nicht nur endlich sind, sondern daß gilt

$$j_l(\varrho) \sim \varrho^l \quad \text{für} \quad \varrho \to 0 \tag{5.4.12}$$

Dieses Verhalten bei kleinen Werten des Abstandes ϱ kann man aus (5.4.9) direkt begründen: Die Legendre Polynome P_l sind orthogonal zu allen Potenzen $(\cos\theta)^{l'}$ mit $l' < l$:

$$\int\limits_{-1}^{+1} P_l(\theta)(\cos\theta)^{l'}\, d\cos\theta = 0$$

Daher folgt aus der Entwicklung der e-Funktion

$$e^{i\varrho\cos\theta} = \sum_{l'=0}^{\infty} \frac{1}{l'!}(i\varrho\cos\theta)^{l'}$$

das Verhalten (5.4.12). Physikalisch wird diese Eigenschaft durch die Zentrifugal-Abstoßung bewirkt, die sich auch beim Verhalten der gebundenen Zustände nach (4.1.28) zeigte: Mit wachsendem Bahndrehimpuls wird ein Teilchen nach außen gedrängt, so daß seine Wellenfunktion für kleine ϱ immer kleiner wird.

Die Eigenschaften der Funktionen j_l sind genau bekannt. Sie heißen **sphärische Besselfunktionen** und können unter dieser Bezeichnung in Tafelwerken oder Formelsammlungen nachgeschaut oder mit Computer-Algebra Programmen erzeugt werden. Wichtig ist ihr Zusammenhang mit den Besselfunktionen J_ν

$$j_l(\varrho) = \sqrt{\frac{\pi}{2\varrho}}\, J_{l+\frac{1}{2}}(\varrho) \tag{5.4.13}$$

wobei also halbzahlige Indizes der Zylinderfunktionen auftreten. Für solche Indizes können die Besselfunktionen durch elementare trigonometrische Funktionen ausgedrückt werden. Explizit gilt

$$j_l(\varrho) = \varrho^l \left(-\frac{1}{\varrho}\frac{d}{d\varrho}\right)^l \frac{\sin\varrho}{\varrho} \tag{5.4.14}$$

Das Verhalten für kleine ϱ wird genauer durch

$$j_l(\varrho) \approx \frac{\varrho^l}{(2l+1)!!} \tag{5.4.15}$$

$$\text{mit} \quad (2l+1)!! = 1\cdot 3\cdot 5\cdots(2l+1) = \frac{(2l+1)!}{2^l l!}$$

gegeben. Für das Folgende ist besonders das Verhalten für große ϱ wichtig, das durch die folgende asymptotische Formel beschrieben wird:

$$j_l(\varrho) \approx \frac{\sin(\varrho - l\frac{\pi}{2})}{\varrho} \tag{5.4.16}$$

Den Beweis dafür kann man wieder aus der Integraldarstellung (5.4.9) ableiten.

Wir führen in (5.4.9) als Abkürzung $x := \cos\theta$ ein und verwenden folgende Beziehung

$$P_l(x)e^{i\varrho x} = \frac{1}{i\varrho}P_l(x)\frac{d}{dx}e^{i\varrho x}$$

$$= \frac{1}{i\varrho}[\frac{d}{dx}(P_l(x)e^{i\varrho x}) - \frac{dP_l}{dx}e^{i\varrho x}]$$

wobei wir im letzten Schritt eine partielle Integration vorbereitet haben. Es folgt

$$\int\limits_{-1}^{+1} P_l(x)e^{i\varrho x}dx = \frac{1}{i\varrho}[P_l(1)e^{i\varrho} - P_l(-1)e^{-i\varrho}] - \frac{1}{i\varrho}\int\limits_{-1}^{+1} \frac{dP_l}{dx}e^{i\varrho x}dx$$

Für das rechts auftretende Integral kann man die eben durchgeführte Umformung wiederholen und findet

$$\int\limits_{-1}^{+1} \frac{dP_l}{dx}e^{i\rho x}dx \sim \frac{1}{i\rho}$$

so daß der Beitrag des Integrals von der Ordnung $\frac{1}{\rho^2}$ ist. Zum führenden Term der asymptotischen Entwicklung trägt er nicht bei und wir finden, wenn wir noch $P_l(-1) = (-1)^l$ verwenden

$$\int\limits_{-1}^{+1} P_l(x)e^{i\rho x}dx = \frac{1}{i\rho}(e^{i\rho} - (-1)^l e^{-i\rho}) = 2i^l \frac{\sin(\rho - l\frac{\pi}{2})}{\rho}$$

womit wir (5.4.16) bewiesen haben.[28]

Für die physikalischen Anwendungen spielt auch die Differentialgleichung eine wichtige Rolle, die die sphärischen Besselfunktionen erfüllen. Sie lautet

$$\frac{d^2}{d\rho^2}(\rho j_l(\rho)) + \left(1 - \frac{l(l+1)}{\rho^2}\right)\rho j_l(\rho) = 0 \tag{5.4.17}$$

und ist eine direkte Konsequenz der radialen kräftefreien Schrödingergleichung[29]

---

[28]Im letzten Schritt wurde noch

$$(-1)^l = (i)^l (i)^l = i^l e^{i\frac{\pi}{2}l}$$

verwendet.

[29]Man setze in (4.1.23) das Potential $V(r) = 0$.

$$-\frac{\hbar^2}{2M}\frac{d^2}{dr^2}u_l(r) + \frac{\hbar^2 \, l(l+1)}{2Mr^2}u_l(r) = Eu_l(r) \qquad (5.4.18)$$

wenn man $u_l(r) \sim rj_l(\frac{pr}{\hbar})$ verwendet.

Zusammenfassung:

Die ebene Welle (5.4.3) läßt sich mit Hilfe von (5.4.8) in der Form schreiben

$$\langle \boldsymbol{r}\,|\,\boldsymbol{p}\,\rangle = \frac{1}{\sqrt{(2\pi\hbar)^3}}e^{\frac{i}{\hbar}\boldsymbol{p}\cdot\boldsymbol{r}} = \frac{1}{\sqrt{(2\pi\hbar)^3}}\sum_{l=0}^{\infty} i^l(2l+1)j_l\left(\frac{pr}{\hbar}\right)P_l(\cos\theta) \qquad (5.4.19)$$

wobei θ der Winkel zwischen den Vektoren $\boldsymbol{r}$ und $\boldsymbol{p}$ ist. Diese Gleichung wird als **Partialwellen-Entwicklung** der ebenen Welle bezeichnet. Die einzelnen Terme der rechten Seite beschreiben Kugelwellen, die den Bahndrehimpuls l tragen. Ihr Betrag ist vom Abstand r und vom Impuls p abhängig und wird durch $j_l(\frac{pr}{\hbar})$ bestimmt. Für kleine Werte von pr spielen nach (5.4.12) nur kleine Bahndrehimpulse eine Rolle, für große pr muß man dagegen mit allen l-Werten rechnen.

In den folgenden Abbildungen wird illustriert, in welcher Weise die ebene Welle aus den Partial-Kugelwellen aufgebaut wird.[30] Dabei wurde der Impuls in die z-Richtung gelegt und die Funktion

$$\Re(e^{ikz}) = \cos(kz) \quad \text{mit} \quad k := \frac{p}{\hbar} \qquad (5.4.20)$$

über der y, z-Ebene aufgetragen. Abbildung 5.9 zeigt die ebene Welle, wobei die z-Achse nach rechts unten verläuft. Die eingezeichneten Niveau-Linien sind parallele Graden, die den Charakter der ebenen Wellen deutlich machen. In den Abbildungen 5.10 bis 5.12 sind die Realteile der Partialsummen

$$\Re\left[\sum_{l=0}^{N} i^l(2l+1)j_l(\rho)P_l(\cos\theta)\right] \qquad (5.4.21)$$

für die Werte

$$N = 0, \ 12, \ 24$$

dargestellt. Für $N = 0$, vgl. Abbildung 5.10 liegt Kugelsymmetrie vor, wie es die Niveau-Linien zeigen, und es gibt keinerlei Ähnlichkeit mit der ebenen Welle. Auch bei mittleren Werten von N, etwa $N < 6$ unterscheidet sich (5.4.21) bei der gewählten Größe des Impulses noch beträchtlich von der ebenen Welle. Die Niveau-Linien sind etwas „verbogener". Erst ab $N = 10$ erkennt man die ebene Wellenstruktur, vgl.Abbildung 5.11 für $N = 12$; bei dem größten angegebenen Wert $N = 24$ ist die ebene Welle voll ausgeprägt, Abbildung 5.12.

---

[30]Die Bilder wurden auf Anregung der Kapitel 6.2 und 6.3 des Buches von
S. Brandt und H.-D. Dahmen, Quantenmechanik auf dem Personalcomputer, Springer- Verlag 1993
mit dem Computer-Algebra-Programm Maple erstellt.

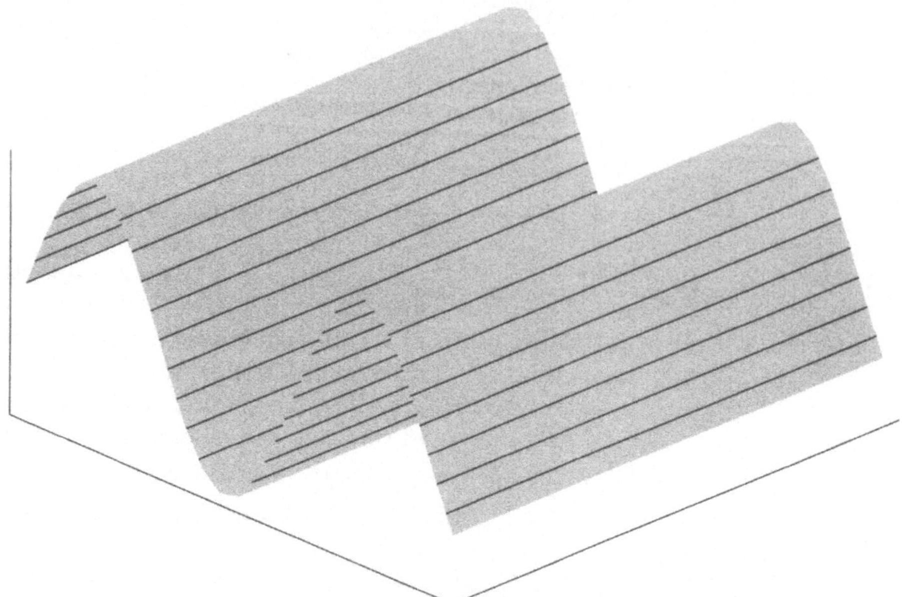

Abb. 5.9. Eine ebene Welle (5.4.20), die sich nach vorn rechts bewegt

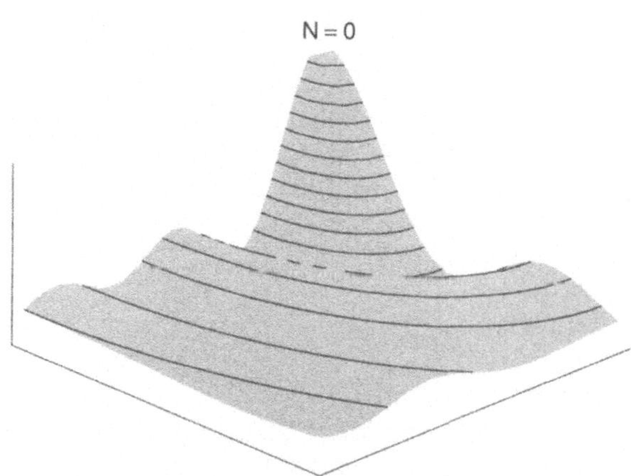

Abb. 5.10. Der erste Term der Partialsumme (5.4.21) für die ebene Welle

Die beschriebenen Formeln und Bilder behandeln den physikalisch trivialen Fall einer wechselwirkungsfreien Bewegung. Im folgenden Abschnitt werden wir die Partialwellenentwicklung auf einen durch Kräfte bestimmten Streuprozeß übertragen.

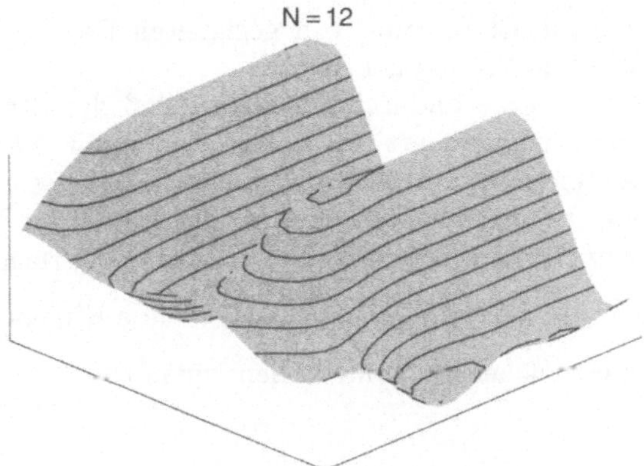

Abb. 5.11. Die Partialsumme (5.4.21) mit $N = 12$

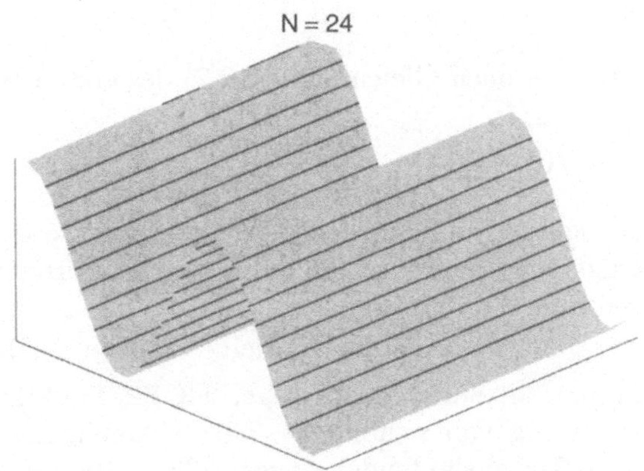

Abb. 5.12. Die Partialsumme (5.4.21) mit $N = 24$

5.4.2 Die Partialwellenentwicklung der Streuamplitude

Wir betrachten jetzt den Streuprozeß, den ein Teilchen unter dem Einfluß
eines drehsymmetrischen Potentials durchführt. Dabei beschränken wir uns
zunächst wieder auf Teilchen mit verschwindendem Spin. Wie im Abschnitt
2.11 des ersten Bandes erläutert, können wir den eigentlich zeitabhängigen
Streuprozeß in einem stationären Bild behandeln und müssen daher die
Eigenwertgleichung

$$H|\psi\rangle = \left(\frac{1}{2M} \boldsymbol{P}^2 + V(|\boldsymbol{Q}|) \right) |\psi\rangle = E|\psi\rangle \tag{5.4.22}$$

für positive Energiewerte behandeln. Dort haben wir auch darauf hingewiesen, daß diese Gleichung für gegebenes E unendlich viele Lösungen hat. Dies
entspricht der Tatsache, daß (5.4.22) in der Ortsdarstellung eine partielle Differentialgleichung ist, die eine kontinuierliche Mannigfaltigkeit von Lösungen

besitzt. Erst durch die Einführung von geeigneten Randbedingungen wird man auf eine eindeutige Lösung geführt.

Physikalisch werden sie dadurch festgelegt, daß der Streuprozeß durch ein einfallendes Teilchen initiiert wird, das – in guter Näherung – einen scharfen Impulsvektor p besitzt. Wie im Abschnitt 2.12 des ersten Bandes in der Ortsdarstellung begründet, läuft dies auf die Forderung hinaus, daß der Eigenzustand für große Abstände durch eine lineare Überlagerung

$$|\psi\rangle \approx \text{ ebene Welle mit Impuls } p + \text{ auslaufende Kugelwelle} \qquad (5.4.23)$$

gegeben wird. Einen solchen Zustand wollen wir mit

$$|\psi_p^+\rangle$$

bezeichnen. Die Randbedingung (5.4.23) ist zunächst nur in der Ortsdarstellung, also für die Wellenfunktion

$$\psi_p^+(r) := \langle r | \psi_p^+ \rangle$$

definiert und bedeutet – nach Gleichung (2.12.2) des ersten Bandes –

$$\psi_p^+(r) \approx e^{\frac{i}{\hbar} p \cdot r} + f(p, e_r) \frac{e^{\frac{i}{\hbar} p r}}{r} \qquad (5.4.24)$$

Dabei haben wird den Zustand $|\psi_p^+\rangle$ so normiert, daß die ebene Welle den Koeffizienten 1 trägt. Dadurch wird für die folgenden Formeln das ständige Auftreten eines Faktors $\sqrt{2\pi\hbar}$ vermieden.

In (5.4.24) bezeichnet $e_r := \dfrac{r}{r}$ den Einheitsvektor in der Richtung von r und die Gleichung enthält auch die Aussage, daß die Funktion $f(p, e_r)$ nur von p und der Richtung von r abhängt. Die Abhängigkeit vom Abstand $r := |r|$ ist nur in der auslaufenden Kugelwelle enthalten. Die Funktion $f(p, e_r)$ heißt – nach der in den Abschnitten 2.11 und 2.12 des ersten Bandes eingeführten Terminologie – **Streuamplitude**, und ihre Partialwellen-Entwicklung werden wir anschließend studieren. Hier merken wir noch an, daß die Streuamplitude nach Gleichung (5.4.24) die Dimension einer Länge trägt. Ihr Quadrat gibt direkt den Wirkungsquerschnitt.

Vorher ist noch eine allgemeine Bemerkung zur **Definition der Streulösungen** nützlich.

Für die allgemeine Streutheorie ist es von Bedeutung, daß man den Zustand $|\psi_p^+\rangle$ auch ohne Bezug auf die Ortsdarstellung, also abstrakt definieren kann. Dazu schreibt man die Eigenwertgleichung (5.4.22) zunächst in der Form

$$(H_0 - E)|\psi\rangle = -V|\psi\rangle \quad \text{mit} \quad H_0 := \frac{1}{2M} P^2 \qquad (5.4.25)$$

auf und löst die linke Seite nach $|\psi\rangle$ auf. Naiv würde man dazu den reziproken Operator

$$\frac{1}{H_0 - E}$$

anwenden. Da der positive Energiewert E aber im Spektrum von H_0 liegt, existiert dieser Operator nicht. Läßt man aber einen komplexen Energiewert zu, in dem man ersetzt

$$E \longrightarrow E + i\varepsilon \quad \text{mit reellen} \quad E \quad \text{und} \quad \varepsilon \neq 0$$

so hat der Operator eine wohl definierte Bedeutung

$$\frac{1}{H_0 - E + i\varepsilon}$$

und man kann (5.4.25) auflösen zu

$$|\psi\rangle = -\frac{1}{H_0 - E - i\varepsilon} V |\psi\rangle$$

Um den Zusammenhang mit der Schrödingergleichung (5.4.25) wieder herzustellen, muß man man ε anschließend gegen Null streben lassen. Man kann zeigen, daß die rechte Seite nur auslaufende Kugelwellen enthält, wenn man den Limes $\varepsilon \to 0$ von positiven Werten her nimmt.[31] Aus diesem Grunde kann man die für $|\psi_{\boldsymbol{p}}^+\rangle$ gewünschte Randbedingung erreichen, wenn man setzt

$$|\psi_{\boldsymbol{p}}^+\rangle = |\boldsymbol{p}\rangle + \lim_{\varepsilon \to 0+} \frac{1}{E + i\varepsilon - H_0} V |\psi_{\boldsymbol{p}}^+\rangle \tag{5.4.26}$$

Diese Gleichung ist eine implizite Gleichung für $|\psi_{\boldsymbol{p}}^+\rangle$. Mit diesen Verfahren wurden die Streuzustände zuerst von E.A. Lippmann und J. Schwinger behandelt. (5.4.26) ist daher als **Lippmann-Schwinger Gleichung** bekannt. In der Ortsdarstellung geht sie in eine Integralgleichung über und entspricht genau der Gleichung (2.12.6) aus dem ersten Band. Wie dort kann man aus (5.4.26) die asymptotische Form (5.4.24) ableiten.

Kehren wir zur Analyse der Streuamplituden

$$f(\boldsymbol{p}, \boldsymbol{e}_r)$$

zurück! Wegen der vorausgesetzten Drehinvarianz des Potentials kann die Streuamplitude nur von den drehinvarianten kinematischen Variablen

---

[31]Zum Beweis dieser Behauptung kann man sich davon überzeugen, daß die Ortsdarstellung des reziproken Operators

$$G(\boldsymbol{r}, \boldsymbol{r}') := \langle \boldsymbol{r} | \frac{1}{E + i\varepsilon - H_0} | \boldsymbol{r}' \rangle$$

mit der im Abschnitt 2.12.2 des ersten Bandes eingeführten Greenschen Funktion identisch ist. Dazu muß man die Vollständigkeitsrelation für die Impulseigenzustände verwenden

$$G = \frac{1}{\sqrt{(2\pi\hbar)^3}} \int e^{\frac{i}{\hbar}\boldsymbol{p}(\boldsymbol{r}-\boldsymbol{r}')} \frac{1}{E + i\varepsilon - \frac{p^2}{2M}} d^3p$$

Bei der Ausführung der p-Integration sorgt die $i\varepsilon$ -Vorschrift dafür, daß von den Polen des Integranden bei $p = \pm\sqrt{2M(E + i\varepsilon)}$ nur der mit positivem Realteil beiträgt, der zu einer auslaufenden Kugelwelle $e^{ik(|\boldsymbol{r}-\boldsymbol{r}'|)}/|\boldsymbol{r} - \boldsymbol{r}'|$ führt.

$$\boldsymbol{p}^2 \quad \text{und} \quad \boldsymbol{p} \cdot \boldsymbol{e}_r = |\boldsymbol{p}| \cos \theta$$

abhängen. Daher kann man f auch als Funktion von $p := |\boldsymbol{p}|$ und $\cos\theta$ ausdrücken

$$f(p, \cos\theta)$$

Verwenden wir noch die Variablen

$$k = \frac{p}{\hbar} \quad \text{und} \quad \varrho = \frac{pr}{\hbar}$$

so erhält die Streuwellenfunktion für große r die übersichtliche Form

$$\psi_{\boldsymbol{p}}^{+}(\boldsymbol{r}) \approx e^{i\varrho\cos\theta} + kf(p, \cos\theta)\frac{e^{i\varrho}}{\varrho} \tag{5.4.27}$$

Den ersten Term, der die ebene Welle beschreibt, haben wir im letzten Abschnitt nach Legendre Polynomen entwickelt. Entsprechend setzen wir an

$$f(p, \cos\theta) = \frac{1}{k} \sum_{l=0}^{\infty} (2l + 1) f_l(p) P_l(\cos\theta) \tag{5.4.28}$$

Die hier eingeführten Entwicklungskoeffizienten $f_l(p)$ nennt man **Partial-wellen-Amplituden**. Der Faktor $\frac{1}{k}$ auf der rechten Seite kompensiert die Längendimension von f, so daß die $f_l(p)$ dimensionslose Größen sind, also nicht von den gewählten Einheiten abhängen.

Die $f_l(p)$ können nicht beliebig groß werden, sondern müssen eine universelle Bedingung erfüllen, die für die Analyse von Streudaten sehr wichtig ist. Sie folgt aus der Forderung, daß in jedem Streuprozeß die Wahrscheinlichkeiten erhalten bleiben müssen. Analoge Forderungen haben uns im Abschnitt 3.7.1 zur Unitarität von Symmetrieoperatoren geführt. Daher spricht man auch jetzt von einer **Unitaritätsbedingung für die** $f_l(p)$.

Um sie abzuleiten, setzen wir in die Gleichung (5.4.27) die Partialwellen-entwicklungen für die ebene Welle und die Streuamplitude ein und verwenden die asymptotische Form der sphärischen Besselfunktionen aus (5.4.16). Man erhält so

$$\psi_{\boldsymbol{p}}^{+} \approx \sum_{l} (2l + 1) P_l(\cos\theta) \left\{ i^l \frac{\sin(\varrho - l\frac{\pi}{2})}{\varrho} + \frac{e^{i\varrho}}{\varrho} f_l(p) \right\}$$

Zerlegt man die rechte Seite nach ein- und auslaufenden Kugelwellen, so ergibt sich wegen

$$\frac{i^l \sin(\varrho - l\frac{\pi}{2})}{\varrho} = \frac{1}{2i} \frac{e^{i\varrho} - (-1)^l e^{-i\varrho}}{\varrho}$$

der Ausdruck

$$\psi_{\boldsymbol{p}}^{+} \approx \sum_{l} (2l + 1) P_l(\cos\theta) \left\{ -\frac{e^{-i\varrho}}{\varrho} \frac{1}{2i}(-1)^l + \frac{e^{i\varrho}}{\varrho} \left(\frac{1}{2i} + f_l(p)\right) \right\} \tag{5.4.29}$$

wobei im zweiten Term der geschweiften Klammer die Partialstreuamplituden auftreten. Die Faktoren von $\frac{e^{\pm i\varrho}}{\varrho}$ bestimmen die Wahrscheinlichkeitsamplituden für die mit einem Drehimpuls l ein- bzw. auslaufenden Teilchen. Da $\psi_{\boldsymbol{p}}^{+}$ einen stationären Streuprozeß beschreibt, müssen diese Wahrscheinlichkeiten gleich sein. Daher muß

$$\left| -\frac{1}{2i}(-1)^l \right|^2 = \left| \frac{1}{2i} + f_l(p) \right|^2$$

gelten, woraus folgt

$$|1 + 2i f_l(p)|^2 = 1 \tag{5.4.30}$$

Diese Bedingung ist genau dann erfüllt, wenn $1 + 2i f_l(p)$ ein Phasenfaktor ist, für den man üblicherweise schreibt:

$$1 + 2i f_l(p) =: e^{2i\delta_l(p)} \tag{5.4.31}$$

Die so eingeführten Größen $\delta_l(p)$ sind reelle Phasen, die i.allg. von l und der Energie abhängen. Sie heißen **Streuphasen**. Faßt man die verschiedenen Drehimpulse zu einer Matrix zusammen, so definiert

$$S := \begin{pmatrix} e^{2i\delta_0} & & & & \\ & e^{2i\delta_1} & & & \\ & & \cdot & & \\ & & & \cdot & \\ & & & & e^{2i\delta_n} \\ & & & & & \cdot \end{pmatrix} \tag{5.4.32}$$

eine unitäre Matrix, die man nach W. Heisenberg als **Streumatrix** oder **S-Matrix** bezeichnet.[32] Für die $f_l(p)$ selbst folgt

$$f_l(p) = \frac{e^{2i\delta_l(p)} - 1}{2i} = e^{i\delta_l(p)} \sin\delta_l(p) \tag{5.4.33}$$

Nimmt man von dieser Beziehung den Imaginärteil und denkt noch an die Eulerformel für $e^{i\alpha} = \cos\alpha + i\sin\alpha$, so folgt

$$\Im f_l(p) = |f_l(p)|^2 \tag{5.4.34}$$

Diese Relation wird in der Literatur als die explizite Form der angekündigten **Unitaritätsbedingung** betrachtet. Sie ist mit der Unitarität der S-Matrix (5.4.32) äquivalent.

Damit erhält die Entwicklung (5.4.28) die Form

$$\boxed{f(p, \cos\theta) = \frac{1}{k} \sum_{l=0}^{\infty} (2l+1)e^{i\delta_l(p)} \sin\delta_l(p) P_l(\cos\theta)} \tag{5.4.35}$$

---

[32]Heisenberg hat in den letzten Jahren des zweiten Weltkrieges – ältere Ansätze aufgreifend – das Konzept der S-Matrix entwickelt, um die Quantenfeldtheorie von „unbeobachtbaren Größen" zu befreien.

Dies ist die gesuchte **Partialwellenentwicklung der Streuamplitude**. Man kann die Form (5.4.29) der Streuamplitude auch ableiten, indem man die Tatsache verwendet, daß die Funktion $\psi_{\boldsymbol{p}}^{+}(\boldsymbol{r})$ der Schrödingergleichung genügt. Dies haben wir im Abschnitt 2.11 des ersten Bandes für den Drehimpuls $l = 0$ getan. Hier haben wir bewußt darauf verzichtet, denn unsere jetzige Argumentation kann man auch auf allgemeine Fälle übertragen, wo es eventuell keine Schrödingergleichung gibt, oder es zu kompliziert ist, sie zu verwenden. Betrachten wir als Beispiel einen **Mehrkanalprozeß**, der etwa durch zwei Reaktionsprozesse beschrieben wird

$$(I) \qquad a + b \longrightarrow a' + b'$$

$$(II) \qquad a + b \longrightarrow c + d$$

Die ersten Reaktion ist ein Streuprozeß der Teilchen a und b, bei dem aber die Energie nicht erhalten zu sein braucht, weil gemäß (II) beim Stoß der beiden Teilchen auch andere Teilchen c und d erzeugt werden können. Dann kann die Wahrscheinlichkeit für das Auslaufen im Prozeß (I) kleiner als für das Einlaufen sein, so daß man nur die Bedingung

$$|1 + 2i f_l(p)|^2 \leq 1 \tag{5.4.36}$$

hat. Dennoch pflegt man auch in diesem Falle eine Streuphase zu definieren, die jetzt aber komplex sein kann. Setzt man

$$\delta_l(p) = \delta_l(p)^R + \delta_l(p)^I$$

so folgt

$$e^{2i\delta_l(p)} = e^{2i\delta_l^R(p)} e^{-2\delta_l^I(p)} \tag{5.4.37}$$

Wegen (5.4.36) muß der Imaginärteil der Streuphase positiv sein. Definiert man noch den **Inelastizitätsgrad** durch

$$\eta_l(p) := e^{-2\delta_l^I(p)} \tag{5.4.38}$$

so liegt dieser im Bereich

$$0 \leq \eta_l(p) \leq 1$$

Der Wert 1 wird für die elastische Streuung angenommen, der Wert 0 für totale Absorption.

5.4.3 Eigenschaften von Streuamplituden und Wirkungsquerschnitten

Die Analysen der Eigenschaften von Streuamplitude und Wirkungquerschnitt, die wir in den Abschnitten 2.11.4 bis 2.11.8 des ersten Bandes für verschwindenden Drehimpuls durchführten, können zu einem guten Teil auf beliebige Drehimpulse verallgemeinert werden. Wir müssen uns auf die wichtigsten Folgerungen beschränken.

Zunächst gibt – wie im Abschnitt 2.12.4 allgemein bewiesen – das Absolutquadrat der Streuamplitude den **differentiellen Wirkungsquerschnitt**

$$\frac{d\sigma}{d\Omega} = |f(p, \cos\theta)|^2 \tag{5.4.39}$$

Den **totalen Wirkungsquerschnitt** erhält man durch Integration über den ganzen Raumwinkel

$$\sigma_{tot} = \int |f(p, \cos\theta)|^2 \, d\Omega = 2\pi \int_{-1}^{+1} |f(p, \cos\theta)|^2 d\cos\theta \tag{5.4.40}$$

Setzt man die Partialwellenentwicklung in den differentiellen Wirkungsquerschnitt ein, so erhält man eine Doppelsumme

$$\frac{d\sigma}{d\Omega} = \frac{1}{k^2} \sum_{l=0}^{\infty} \sum_{l'=0}^{\infty} (2l+1)(2l'+1) e^{i(\delta_l - \delta_{l'})} \sin\delta_l \sin\delta_{l'} P_l(\cos\theta) P_{l'}(\cos\theta)$$

Die Terme mit $l \neq l'$ zeigen, daß verschiedene Drehimpulse i.allg. miteinander interferieren. Dadurch kann eine komplizierte Winkelabhängigkeit resultieren. Nur wenn aus besonderen Gründen ein Drehimpulswert – etwa l – dominiert, erhält man den einfachen Ausdruck

$$\frac{d\sigma_l}{d\Omega} = \frac{1}{k^2} (2l+1)^2 P_l^2(\cos\theta) \sin^2\delta_l(p)$$

Sei etwa die experimentell bestimmte Winkelabhängigkeit durch eine einfache Parabel in $\cos\theta$ beschreibbar:

$$\frac{d\sigma}{d\Omega} \sim (\cos\theta)^2$$

Dann kann man wegen $P_1(\cos\theta) = \cos\theta$ schließen, daß die Streuung mit dem Drehimpuls $l = 1$ erfolgt.

Die Interferenzen fallen fort, wenn man den totalen Wirkungsquerschnitt berechnet. Wegen der Orthogonalitätseigenschaften der Legendre Polynome (3.5.59) erhält man durch die Integration über die Winkel

$$\sigma_{tot} = \frac{4\pi}{k^2} \sum_{l=0}^{\infty} (2l+1) \sin^2\delta_l(p) \tag{5.4.41}$$

Diesen Ausdruck kann man in der Form

$$\sigma_{tot} = \sum_{l=0}^{\infty} \sigma_l \tag{5.4.42}$$

schreiben, wobei die Partial-Wirkungsquerschnitte durch

$$\sigma_l = \frac{4\pi}{k^2} (2l+1) \sin^2\delta_l(p) \tag{5.4.43}$$

definiert sind. Wegen der Realität von δ_l sind diese Querschnitte durch

$$\sigma_l \leq \frac{4\pi}{k^2}(2l+1) \tag{5.4.44}$$

beschränkt. Man spricht von der **Unitaritätsschranke** für die partialen Wirkungsquerschnitte. Man beachte: daraus ergibt sich noch keine Schranke für den totalen Wirkungsquerschnitt, da man über unendlich viele Drehimpulse summieren muß. Nur wenn man die Summe bei einem Wert L abbrechen kann, folgt aus der Unitaritätsschranke

$$\sigma_{tot} \leq \frac{4\pi}{k^2} \sum_{l=0}^{L}(2l+1) = \frac{4\pi}{k^2}(L+1)^2$$

wobei die Summe für eine (endliche) geometrische Summe verwendet wurde. Physikalisch kann man die Schranke L z.B. durch eine endliche Reichweite a begründen, durch die die Bahndrehimpulse gemäß

$$l \leq L = \frac{pa}{\hbar} = ka \tag{5.4.45}$$

begrenzt sind. Es folgt die Bedingung

$$\sigma_{tot} \leq \frac{4\pi}{k^2}(ka+1)^2 \approx \frac{4\pi}{k^2}(ka)^2 = 4\pi a^2 \tag{5.4.46}$$

Unter der Voraussetzung (5.4.45) ist also der totale Wirkungsquerschnitt durch die Oberfläche der Kugel mit dem Radius der Reichweite beschränkt. Man vergleiche diese Folgerung mit den Aussagen über die Streuung an einer harten Kugel aus dem Abschnitt 2.11.5 des ersten Bandes. Die dortigen Wirkungsquerschnitte erfüllen sowohl für kleine als auch für große Energien die Schranke (5.4.46).

Allerdings ist das exakte Verschwinden der Streuamplitude für $l > L$ eine unphysikalische Annahme. Führt man das Reichweitenargument genauer durch, so kann man das **Froissart Theorem** beweisen:

Der totale Wirkungsquerschnitt kann höchstens mit dem Quadrat des Logarithmus der Energie anwachsen

$$\sigma_{tot} \leq C \left(\log \frac{p}{p_0} \right)^2 \tag{5.4.47}$$

wobei p_0 ein willkürlicher Referenzimpuls ist.[33]

Schließlich weisen wir auf das **optische Theorem** hin, das wir bereits im ersten Band beschrieben haben. Jetzt können wir es für beliebigen Drehimpuls beweisen. Denn aus der Unitaritätsrelation (5.4.34) für Partialamplituden folgt für den Imaginärteil der gesamten Streuamplitude aus (5.4.35)

---

[33] Für die Begründung dieses Theorems und eine allgemeinen Analyse des Hochenergieverhaltens von Streuamplituden sei auf das Buch

R.J. Eden, High Energy Collisions of Elementary Particles, Cambridge University Press 1967

hingewiesen.

$$\Im f(p, \cos\theta) = \frac{1}{k} \sum_{l=0}^{\infty} (2l + 1) \sin^2 \delta_l(p) P_l(\cos\theta)$$

Betrachtet man jetzt die Vorwärtsrichtung $\theta = 0$ und beachtet

$$P_l(\cos(0)) = 1$$

so ergibt sich für den Imaginärteil der Vorwärtsstreuamplitude

$$\Im f(p, \theta = 0) = \frac{1}{k} \sum_{l=0}^{\infty} (2l + 1) \sin^2 \delta_l(p) \tag{5.4.48}$$

Rechts steht aber ein Ausdruck, der bis auf einen Faktor $\dfrac{4\pi}{k}$ mit dem totalen Wirkungsquerschnitt (5.4.41) übereinstimmt. Daher gilt das

Optische Theorem

$$\Im f(p, \theta = 0) = \frac{k}{4\pi} \sigma_{tot} \tag{5.4.49}$$

Der Imaginärteil der Vorwärtsstreuamplitude bestimmt
den totalen Wirkungsquerschnitt

5.4.4 Die Streuung von Teilchen mit Spin

Die in den vorausgegangenen Abschnitten dargestellten Begriffe und Formeln der quantenmechanischen Streutheorie gehören heute zum Grundbestand des physikalischen Wissens und sollten von jedem Physiker beherrscht werden. Moderne Streuexperimente werden aber in der Regel nicht mit spinlosen Teilchen durchgeführt, sondern mit Elektronen, Neutrinos, Myonen, Protonen und Neutronen, um nur die wichtigsten Beispiele zu nennen, die sämtlich den Spin 1/2 tragen.[34] Daher werden wir im folgenden Abschnitt die Streutheorie für ein einfallendes Spin 1/2-Teilchen entwickeln, das aber nach wie vor auf ein unpolarisiertes Target stoßen soll.

Glücklicherweise wurde am Ende der 60-iger Jahre für die Zwecke der Hochenergiephysik ein Formalismus entwickelt, der es erlaubt die Streuung eines Spin 1/2-Teilchens so zu beschreiben, daß eine Verallgemeinerung auf beliebige Spins von Strahl- und Target-Teilchen leicht möglich ist. Es handelt sich um den **Helizitäts-Formalismus**, der im Vergleich zu davor verwendeten Verfahren sowohl physikalisch sinnvoller als auch mathematisch durchsichtiger ist.[35] Diese Vorteile beruhen auf der einfachen Tatsache, daß der

---

[34]Eine historisch wichtige Ausnahme bilden die Streuexperimente mit spinlosen α-Teilchen, aus denen Rutherford auf die Existenz der Atomkerne schließen konnte.

[35]Den Helizitätsformalismus verdanken wir der fundamentalen Arbeit von M. Jacob und G.C. Wick, Annals of Physics **7** 404 (1959).

Spin nicht in bezug auf eine willkürliche, aber fest gewählte Raumrichtung sondern in bezug auf den Impuls des jeweiligen Teilchens quantisiert wird.

Wir betrachten also die nichtrelativistische Streuung eines Spin 1/2-Teilchens, wobei wir vor allem an ein Elektron denken, das wir nach Abschnitt 5.2.5 mit Hilfe eines zweikomponentigen Pauli-Spinors beschreiben müssen. Um möglichst konkret zu bleiben, arbeiten wir jetzt durchwegs in der Ortsdarstellung. Daher wird die Streubewegung in Verallgemeinerung der Wellenfunktion

$$\psi_{\boldsymbol{p}}^{+}(\boldsymbol{r})$$

durch einen Spinor

$$\psi_{\boldsymbol{p},s}^{+}(\boldsymbol{r}) = \langle \boldsymbol{r} \,|\psi_{\boldsymbol{p},s}^{+}\rangle = \begin{pmatrix} \cdot \\ \cdot \end{pmatrix} \quad \text{mit} \quad s = \pm\frac{1}{2} \tag{5.4.50}$$

beschrieben, der durch die Randbedingung festgelegt ist, daß ein Teilchen mit dem Impuls $\boldsymbol{p}$ und der Spinkomponente s auf ein Target geschossen wird. Die Quantisierungsrichtung für den Spin lassen wir im Augenblick noch offen. Ein wechselwirkungsfreies Teilchen hat in Verallgemeinerung von (5.4.3) die Wellenfunktion

$$\langle \boldsymbol{r} \,|\boldsymbol{p}, s\rangle = e^{\frac{i}{\hbar}\boldsymbol{p}\cdot\boldsymbol{r}} u_s \tag{5.4.51}$$

wobei u_s der zu s gehörige Paulispinor ist. Analog müssen wir die auslaufende Streuwelle durch ihre Spineigenschaften verallgemeinern. Dies kann in Verallgemeinerung des zweiten Terms in (5.4.24) durch den folgenden Ansatz geschehen

$$\frac{e^{\frac{i}{\hbar}pr}}{r}T(\boldsymbol{p},\boldsymbol{e}_r)u_s \tag{5.4.52}$$

Dabei stellt T eine 2×2 - Matrix dar

$$T = \begin{pmatrix} \cdot & \cdot \\ \cdot & \cdot \end{pmatrix}$$

die i.allg. vier Streuamplituden enthält.

Mit Hilfe dieser Größen läßt sich die asymptotische Form des Spinors (5.4.50) in genauer Analogie zum spinlosen Fall aufschreiben

$$\psi_{\boldsymbol{p},s}^{+}(\boldsymbol{r}) \approx e^{\frac{i}{\hbar}\boldsymbol{p}\cdot\boldsymbol{r}} u_s + \frac{e^{\frac{i}{\hbar}pr}}{r}T(\boldsymbol{p},\boldsymbol{e}_r)u_s \tag{5.4.53}$$

Wir setzen wieder voraus, daß das die Wechselwirkung beschreibende Potential drehinvariant ist und daher keine Richtung auszeichnet. Die Matrix T der Streuamplituden hängt aber außer von den Vektoren $\boldsymbol{p}$ und $\boldsymbol{e}_r$ auch von der Quantisierungsrichtung $\boldsymbol{n}$ ab, die zur Festlegung der Spinquantenzahl verwendet wird. Wenn $\boldsymbol{S}$ wie üblich den Spinoperator bezeichnet, werden die Spinzustände durch die Projektion von $\boldsymbol{S}$ auf $\boldsymbol{n}$ definiert, also durch

$$(\boldsymbol{n} \cdot \boldsymbol{S}) u_s = s \, u_s \quad \text{mit} \quad s = \pm\frac{1}{2} \tag{5.4.54}$$

Aus der Drehinvarianz der Wechselwirkung kann man daher nur schließen, daß die Streumatrix T von den 4 Skalarprodukten

$$\boldsymbol{p}^2 = p^2; \quad \boldsymbol{p} \cdot \boldsymbol{e}_r; \quad \boldsymbol{p} \cdot \boldsymbol{n}; \quad \boldsymbol{n} \cdot \boldsymbol{e}_r$$

abhängt. Dies hat i.allg. eine sehr komplizierte Winkelabhängigkeit zur Folge, die zudem teilweise unphysikalisch ist, da sie von der willkürlichen Richtung $\boldsymbol{n}$ abhängt. Hier bringt die einfache Idee weiter, die Richtung des Impulses $\boldsymbol{p}$ zur Quantisierung des Spins zu verwenden, also

$$\boldsymbol{n} := \frac{\boldsymbol{p}}{p}$$

zu setzen. Als Spinoperator muß man dann den **Helizitätsoperator**

$$\Lambda := \frac{\boldsymbol{p} \cdot \boldsymbol{S}}{p} \tag{5.4.55}$$

verwenden. Die Spinoren u_s werden jetzt als Lösungen der Eigenwertgleichung

$$\Lambda u_\lambda(\boldsymbol{p}) = \lambda u_\lambda(\boldsymbol{p}) \quad \text{mit} \quad \lambda = \pm\frac{1}{2} \tag{5.4.56}$$

gewählt. Die Eigenwerte λ werden **Helizitäten** genannt.[36] Zur Verdeutlichung der verschiedenen Bedeutung der Spinoren haben wir die Spineigenwerte jetzt mit λ bezeichnet und außerdem durch die Bezeichnung darauf aufmerksam gemacht, daß die Spinoren $u_\lambda(\boldsymbol{p})$ auch vom Impuls des Teilchens abhängen, genauer von dessen Richtung. Man kann daher nicht mehr davon ausgehen, daß die Spinoren u wie für $\boldsymbol{n} = \boldsymbol{e}_3$ die einfache Form

$$u_{\frac{1}{2}} = \begin{pmatrix} 1 \\ 0 \end{pmatrix} \quad \text{und} \quad u_{-\frac{1}{2}} = \begin{pmatrix} 0 \\ 1 \end{pmatrix}$$

haben; sie hängen vielmehr in nichttrivialer Weise vom Impuls ab.[37] Für die Partialwellenentwicklung benötigen wir ihre genaue Kenntnis jedoch nicht; vielmehr können wir diese Entwicklung in Analogie zum spinlosen Fall aufschreiben.

Zu diesem Zweck müssen wir zunächst die Wahrscheinlichkeitsamplituden für die Streuung des Elektrons genauer beschreiben. Es handelt sich um den Übergang des streuenden Teilchens von den Anfangswerten $\boldsymbol{p}, \lambda$ zu den Endwerten $\boldsymbol{p}', \lambda'$. Die dafür relevanten Amplituden werden durch das Produkt von $u_{\lambda'}^\dagger(\boldsymbol{p})$ mit dem auslaufenden Spinor (5.4.52) bestimmt, also durch

$$T_{\lambda,\lambda'} := u_{\lambda'}^\dagger(\boldsymbol{p}')T(\boldsymbol{p}, \boldsymbol{e}_r)u_\lambda(\boldsymbol{p}) \tag{5.4.57}$$

wobei beachtet werden muß, daß die Richtung $\boldsymbol{e}_r$ mit der Richtung des Impulses $\boldsymbol{p}'$ identisch ist

---

[36]Vgl. dazu die Abbildung 7.1 auf Seite 359. Allerdings wird dort die Helizität um einen Faktor 2 anders definiert, so daß $\lambda = \pm 1$ auftritt.

[37]Dies gilt in der relativistischen Quantentheorie – vgl. Abschnitt 7.7.2 – schon für die Quantisierung bezüglich einer raumfesten Richtung.

$$e_r = \frac{\boldsymbol{p}'}{p'}$$

Um jetzt die Partialwellenentwicklung (5.4.28) auf den Spin 1/2 zu übertragen, müssen wir zunächst beachten, daß sich der Bahndrehimpuls l mit dem Spin zu einem halbzahligen Gesamtdrehimpuls j zusammensetzt:

$$j = \frac{1}{2},\ \frac{3}{2},\cdots$$

Über diese Werte muß sich eine Entwicklung nach Drehimpulsen erstrecken. Wir geben jetzt die Verallgemeinerung von (5.4.28) direkt an und begründen sie anschließend. Die **Partialwellen-Entwicklung für den Spin** $j = \frac{1}{2}$ lautet

$$\boxed{T_{\lambda,\lambda'} = \frac{1}{k} \sum_{j=\frac{1}{2}}^{\infty} (2j+1) D^{j\,*}_{\lambda,\lambda'}(\varphi,\theta,-\varphi)\, T^{j}_{\lambda}(p)} \tag{5.4.58}$$

Dabei sind die D-Funktionen gemäß ihrer allgemeinen Definition durch die folgenden Matrixelemente gegeben:

$$D^{j}_{\lambda,\lambda'}(\varphi,\theta,-\varphi) = \langle j,\lambda | e^{-i\varphi J_3} e^{-i\theta J_2} e^{i\varphi J_3} | j,\lambda' \rangle \tag{5.4.59}$$

wobei die Zustände $|j,\lambda\rangle$ Eigenzustände von J_3 sind. Diese Funktionen sind zwar für

$$-j \le \lambda,\ \lambda' \le +j$$

definiert, werden aber nur für $\pm\frac{1}{2}$ benötigt.

In (5.4.58) tritt nicht nur der Streuwinkel θ sondern auch der Azimutwinkel φ auf. Wegen der Drehsymmetrie kann die Streuwahrscheinlichkeit für Teilchen mit definierten Helizitäten jedoch nicht von φ abhängen. Warum er dennoch in der Partialwellenentwicklung auftritt, werden wir bei Betrachtung von transversalen Polarisationen erkennen. Hier weisen wir zunächst darauf hin, daß man die φ-Abhängigkeit der D-Funktionen explizit angeben kann

$$D^{j\,*}_{\lambda,\lambda'}(\varphi,\theta,-\varphi) = e^{i(\lambda'-\lambda)\varphi}\, d^{j}_{\lambda\lambda'}(\theta) \tag{5.4.60}$$

wobei die $d^{j}_{\lambda\,\lambda'}]$ reelle Funktionen von $\cos\theta$ sind. Die φ-Abhängigkeit ist daher vom Summationsindex j unabhängig und kann aus der Partialwellen Summe heraus gezogen werden

$$T_{\lambda,\lambda'} = e^{i(\lambda'-\lambda)\varphi} f_{\lambda,\lambda'}(p,\cos\theta) \tag{5.4.61}$$

wobei die neu eingeführte Funktion nicht von φ abhängt. Daher ist der differentielle Wirkungsquerschnitt

$$\frac{d\sigma_{\lambda\lambda'}}{d\Omega} = |f_{\lambda\lambda'}(p,\cos\theta)|^{2} \tag{5.4.62}$$

tatsächlich nur eine Funktion des Streuwinkels θ.

Betrachtet man dagegen eine „schiefe" Polarisierung, wo der Spin – etwa des einfallenden Teilchens – einen Winkel mit der Streuebene bildet, kann der Wirkungsquerschnitt vom Azimuthwinkel φ abhängen. Wir beschreiben nur den speziellen Fall der „transversalen" Polarisation, wo der Spin senkrecht zur Streuebene steht. Im quantenmechanischen Formalismus ist dann der einfallenden Strahl durch den Spinor

$$u_\perp = \frac{1}{\sqrt{2}}(u_{\frac{1}{2}} + u_{-\frac{1}{2}})$$

und die Wahrscheinlichkeitsamplitude durch

$$T_{\perp\lambda'} = \frac{1}{\sqrt{2}}(T_{1/2,\lambda'} + T_{-1/2,\lambda'})$$

gegeben. Für den Wirkungsquerschnitt folgt dann mit (5.4.61) ein Ausdruck der Form

$$\frac{d\sigma_{\perp\lambda'}}{d\Omega} = \frac{1}{2}\left| f_{1/2,\lambda'}(p,\,\cos\theta) + f_{-1/2,\lambda'}(p,\,\cos\theta)\,e^{i\varphi}\right|^2 \tag{5.4.63}$$

der eine nicht triviale Abhängigkeit vom Azimutwinkel φ des Impulses im Endzustand hat.

Abschließend tragen wir den **Beweis von (5.4.58)** nach:

Um die Partialwellenentwicklung für Streuamplituden mit Spin zu begründen, gehen wir von der allgemeinen Form der T-Matrix (5.4.57) aus und schreiben sie in einer Hilbertraum-Notation

$$\langle \boldsymbol{p}',\,\lambda'\,|\mathcal{T}|\,\boldsymbol{p},\,\lambda\rangle \tag{5.4.64}$$

wobei $\mathcal{T}$ der Hilbertraumoperator ist, der der Matrix T in (5.4.57) entspricht. Wir betrachten nur elastische Streuung, wo die Energien des Teilchens vor und nach dem Stoß gleich sind. Das gleiche gilt für die Beträge der Impulse, so daß wir schreiben können

$$\boldsymbol{p} = p\boldsymbol{n} \quad \text{und} \quad \boldsymbol{p}' = p\boldsymbol{n}'$$

wobei $\boldsymbol{n}$ und $\boldsymbol{n}'$ Einheitsvektoren sind. Da wir uns für die Winkelabhängigkeit interessieren, definieren wir einen Operator $\mathcal{T}(p)$ durch die Matrixelemente (5.4.57)

$$\langle \boldsymbol{n}',\,\lambda'\,|\mathcal{T}(p)|\,\boldsymbol{n},\,\lambda\rangle \tag{5.4.65}$$

Ohne Einschränkung der Allgemeinheit kann man den einfallenden Impuls in die 3-Richtung legen, also

$$\boldsymbol{n} = \boldsymbol{e}_3$$

setzen. Der Vektor $\boldsymbol{n}'$ hat dann eine allgemeine Lage, die man wie im Abschnitt 3.5.1 durch die zwei Drehoperationen des Bildes 3.12 von der 3-Achse aus erreichen kann

$$\boldsymbol{n}' = R_3(\varphi)\,R_2(\theta)\,\boldsymbol{e}_3$$

Da sich $\boldsymbol{e}_3$ sich bei Drehungen um die 3-Achse nicht ändert, kann man noch eine Drehung $R_3(-\varphi)$ hinzufügen und

$$\boldsymbol{n}' = R\,\boldsymbol{e}_3 \quad \text{mit} \quad R := R_3(\varphi)\,R_2(\theta)\,R_3(-\varphi)$$

verwenden, wie es üblich ist. Für den quantenmechanischen Zustand bedeutet dies, daß er durch den entsprechenden unitären Operator $U(R)$ aus $|\boldsymbol{e}_3, \lambda'\rangle$ erzeugt werden kann, der im Abschnitt 5.3.1 eingeführt wurde. Es gilt also

$$|\boldsymbol{n}', \lambda'\rangle = U(R)|\boldsymbol{e}_3, \lambda'\rangle \tag{5.4.66}$$

Daher kann man für das Matrixelement des „Streuoperators" $\mathcal{T}(p)$ schreiben

$$\langle \boldsymbol{n}', \lambda'|\mathcal{T}(p)|\boldsymbol{e}_3, \lambda\rangle = \langle \boldsymbol{e}_3, \lambda'|U^\dagger\,\mathcal{T}(p)|\boldsymbol{e}_3, \lambda\rangle \tag{5.4.67}$$

$$= \sum_{j,\mu} \langle \boldsymbol{e}_3, \lambda'|U^\dagger|j, \mu\rangle\,\langle j, \mu\,|\,\mathcal{T}(p)|\boldsymbol{e}_3, \lambda\rangle$$

wobei die Vollständigkeitsrelation für Drehimpulseigenzustände benutzt wurde. Wegen der Drehinvarianz des Streuoperators gibt die Summe über die μ nur einen Beitrag für

$$\mu = \lambda$$

so daß aus der Summe wird

$$\sum_j \langle \boldsymbol{e}_3, \lambda'|U^\dagger|j, \lambda\rangle\,\langle j, \lambda|\mathcal{T}(p)|\boldsymbol{e}_3, \lambda\rangle \tag{5.4.68}$$

Wir verwenden jetzt

$$\langle \boldsymbol{e}_3, \lambda'|U^\dagger|j, \lambda\rangle = \langle j, \lambda|U|\boldsymbol{e}_3, \lambda'\rangle^* = \langle j, \lambda|U|j, \lambda'\rangle^* = D^j_{\lambda, \lambda'}(R)^*$$

Im mittleren Schritt haben wir beachtet, daß der Drehoperator $U(R)$ nicht aus einem Drehimpulsmultiplett herausführt, und daher rechts und links die gleichen j-Werte auftreten. Definiert man

$$T^j_\lambda(p) := \langle j, \lambda|\mathcal{T}(p)|\boldsymbol{e}_3, \lambda\rangle \tag{5.4.69}$$

so folgt das angekündigte Ergebnis

$$\langle \boldsymbol{p}', \lambda'|\mathcal{T}|\boldsymbol{p}, \lambda\rangle = \sum_j D^{j*}_{\lambda, \lambda'}(-\varphi, \theta, \varphi)\,T^j_\lambda(p) \tag{5.4.70}$$

Wie der Leser feststellen kann, wurde bei dieser Überlegung an keiner Stelle von dem speziellen Werte 1/2 des Spins ein wesentlicher Gebrauch gemacht. Man kann den Beweis leicht auf einen beliebigen Spin des Streuteilchens übertragen. Daher gilt die Partialwellenentwicklung (5.4.58) für beliebigen Spin. Als einfachen Check kann man sich davon überzeugen, daß man für spinlose Teilchen zu der spinlosen Partialwellenentwicklung (5.4.28) zurückgeführt wird.

6 Quantenmechanik ununterscheidbarer Teilchen

Bei der Anwendung der Quantenmechanik auf mikroskopische Objekte, die aus mehreren Teilchen bestehen, müssen neue Gesetzmäßigkeiten berücksichtigt werden. Sie treten in Kraft, wenn mehrere Teilchen gleich sind, sich also weder in der Masse oder der Ladung noch durch ihren Spin unterscheiden. Jene neuen Gesetze, die die Symmetrieeigenschaften der quantenmechanischen Zustände beim Vertauschen identischer Teilchen festlegen, sind entscheidend für das Verständnis der Eigenschaften der Atome, des periodischen Systems der Elemente und deren chemischen Eigenschaften, ebenso wie für das Verständnis der kondensierten Materie, vor allem der festen Körper. Auch bei den Atomkernen handelt es sich um Systeme, die aus mehreren mit einander identischen Protonen und Neutronen bestehen, und auch die Nukleonen selbst sind aus teilweise identischen Quarks zusammengesetzt.
In allen diesen Fällen haben sich die hier zu behandelnden Regeln als gültig und immer wieder von fundamentaler Wichtigkeit erwiesen.

Wir werden in diesem Kapitel zunächst die quantenmechanischen Regeln für die Behandlung von mehreren verschiedenen Teilchen präzis formulieren und illustrieren. Danach werden wir am Beispiel des Systems von zwei Elektronen die besonderen Probleme für eine quantenmechanische Theorie von zwei identischen Teilchen formulieren und ihre Lösung angeben. Anschließend wird deutlich gemacht werden, daß der Übergang zu mehr als zwei Teilchen weitere qualitativ neue Probleme bringt. Ihre mögliche Lösung wird skizziert werden.

6.1 Die Regeln für die Beschreibung mehrerer Teilchen

Ebenso wie in der klassischen Mechanik beschreiben wir in der Quantenmechanik – dem Korrespondenzprinzip folgend – ein System von N Teilchen durch einen Satz fundamentaler Observablen für jedes der Teilchen. Dies sind in der nichtrelativistischen Physik

Ort: Q_i oder Impuls: P_i
und Spin: S_i

Der Index i unterscheidet die verschiedenen Teilchen und möge die Werte

$$i = 1, 2, ..., N.$$

haben. Operatoren für verschiedene Teilchen sollen mit einander kommutieren.[1] Die Zustände eines einzelnen Teilchens liegen jeweils in einem eigenen Hilbertraum, in dem die zugehörigen Operatoren getrennt wirken. Die entsprechenden Hilbertraumvektoren bezeichnen wir generisch mit

$$|\ \rangle_{(i)} \quad \text{mit} \quad i = 1, 2, ..., N \tag{6.1.1}$$

Z.B. wird das Teilchen i, das sich am Orte r_i befindet und die Spinkomponente s_i trägt durch

$$|r_i,\ s_i\rangle_{(i)}$$

beschrieben.

Observable für das Gesamtsystem, z.B.

$$\text{Gesamtimpuls } P = \sum_i P_i$$

$$\text{Gesamtspin } S = \sum_i S_i$$

wirken im Produktraum

$$\mathcal{H} = \mathcal{H}_1 \otimes \mathcal{H}_2 \otimes \cdots \otimes \mathcal{H}_N = \prod_{i=1}^{N} \otimes \mathcal{H}_i \tag{6.1.2}$$

der schon im Abschnitt 5.2.1 für $N = 2$ eingeführt wurde. Die zugehörigen Hilbertraumvektoren werden durch die Tensorprodukte

$$|\ \rangle_{(1)} |\ \rangle_{(2)} \cdots |\ \rangle_{(N)} \tag{6.1.3}$$

gegeben. So beschreibt der Zustand

$$|r_1,\ s_1\rangle_{(1)} |r_2,\ s_2\rangle_{(2)} \cdots |r_N,\ s_N\rangle_{(N)} \tag{6.1.4}$$

das N-Teilchensystem, wenn sich seine Teilchen an den Orten $r_1 \cdots r_N$ befinden und die Spins $s_1 \cdots s_N$ tragen. Für diesen Zustand schreiben wir auch

$$|r_1, s_1; r_2, s_2; \cdots r_N, s_N\rangle \tag{6.1.5}$$

Die übrigen Eigenschaften dieses Hilbertraumes wie Skalarprodukt oder die Wirkungsweise der Operatoren, werden als direkte Verallgemeinerungen der Definitionen für $N = 2$ aus dem Abschnitt 5.2.1 gewonnen. Man beachte insbesondere die Formeln (5.2.9) und (5.2.11). Danach gewinnt man für die Observablen P und S die Eigenwerte additiv aus denen für die einzelnen Teilchen.

Die Zustände $|\Psi\rangle$ von $\mathcal{H}$ können durch ihre Darstellungen gegeben werden. So gibt die Ortsdarstellung

---

[1] Vgl. dazu die Gleichungen (1.6.1) und (1.6.2) aus der Einleitung.

$$\Psi(r_1, s_1;\, r_2,\, s_2; \cdots r_N,\, s_N\,) := \langle\, r_1, s_1;\, r_2,\, s_2; \cdots r_N,\, s_N\,|\,\Psi\,\rangle \qquad (6.1.6)$$

die Schrödingersche Wellenfunktion für das N-Teilchensystem.

An dieser Stelle sei auf zweierlei hingewiesen:

- Als Erwin Schrödinger seine Gleichung aufstellte, hatte er auf keinem Fall eine Wellenfunktion im Sinne, die von so vielen Variablen wie (6.1.6) abhängt. Heute spricht man von einer Funktion über dem **Konfigurations-Raum**. Schrödinger wollte stattdessen eine Art „Materiefeld" $\psi(r)$ einführen, das wie andere Felder der Physik, etwa das elektromagnetische Feld, von einem Ortsvektor abhängt und durch $|\psi|^2$ die Materiedichte beschreibt. Bei einem Zwei-Teilchen System würde sich das Integral über diese Dichte verdoppeln. Tatsächlich zeigte die Quantenphysik des Helium-Atoms, daß man etwa zur Deutung des Spektrums 2 Ortskoordinaten benötigt, so daß die Experimente für den Konfigurations-Raum und gegen die Schrödingersche Idee sprechen.

- Schon das Postulat der kanonischen Vertauschungsrelationen für verschiedene Teilchen – vgl. (1.6.2) – fordert die Einführung des Produktraumes (6.1.2). Über das Helium weit hinaus hat die Einführung von Produkt-Hilberträumen sehr weitgehende Konsequenzen. Nur mit seiner Hilfe können die Symmetrie-Eigenschaften von quantenmechanischen Zuständen beim Vertauschen verschiedener Teilchen eingeführt werden, die schließlich zum Pauli-Prinzip führen. Am Rande sei bemerkt, daß die vermutete große Rechengeschwindigkeit von Quantencomputern auch auf dem Tensorprodukt der Zustände beruht.

Wir formulieren zusammenfassend das

Axiom für die Zusammensetzung von quantenmechanischen Systemen
Der Hilbertraum eines zusammengesetzten Systems wird durch das Produkt der Einzelhilberträume gegeben.

Betrachten wir zur Illustration die Konsequenzen des Axioms für das Zweiteilchensystem des Wasserstoffatoms. Der Index 1 möge sich dabei auf das Elektron mit der Masse m_e, der Index 2 auf das Proton mit der Masse M_P beziehen. Die wichtigste Observable ist die Gesamtenergie

$$H = \frac{1}{2m_e}P_1^2 + \frac{1}{2M_P}P_2^2 + V(|Q_1 - Q_2|,\, L, S_1, S_2) \qquad (6.1.7)$$

Die potentielle Energie V hängt vom Relativabstand $|Q_1 - Q_2| =: |Q|$, dem auf den Schwerpunkt bezogenen Bahndrehimpuls L und den Spins S_1 und S_2 von Elektron und Proton ab. Die damit beschriebene Wechselwirkung enthält

- die Coulombanziehung: $\quad -\dfrac{e^2}{|Q|}$

- die Spin-Bahn-Kopplung des Elektrons: $V_{LS}\, \boldsymbol{S}_1 \cdot \boldsymbol{L}$
- die Kopplung zwischen Elektronenspin und Protonenspin:[2]

$$-(\mathcal{M}_{\boldsymbol{e}} \times \boldsymbol{\nabla}) \cdot (\mathcal{M}_{\boldsymbol{P}} \times \boldsymbol{\nabla}) \frac{1}{Q}$$

wobei die magnetischen Moment-Operatoren $\mathcal{M}_{\boldsymbol{e}}$ bzw. $\mathcal{M}_{\boldsymbol{P}}$ von Elektron und Proton eingeführt wurden, die proportional zu den Spinoperatoren der jeweiligen Teilchen sind

$$\mathcal{M}_{\boldsymbol{e}} = g_e \, \frac{-|e|\hbar}{2m_e c}\, \boldsymbol{S}_1 \quad \text{bzw.} \quad \mathcal{M}_{\boldsymbol{P}} = g_P \, \frac{|e|\hbar}{2M_P c}\, \boldsymbol{S}_2$$

und der Gradient in Bezug auf den Relativabstand zu nehmen ist.

Die ersten beiden Beiträge bewirken das normale Spektrum, einschließlich der Feinstruktur, der dritte die Hyperfeinstrukturaufspaltung.

Wegen der quadratischen Abhängigkeit der kinetischen Energie von den Impulsen und der Translationsinvarianz des Potentials kann der Hamiltonoperator mit Hilfe von Schwerpunkts- und Relativkoordinaten

$$\boldsymbol{Q}_{CM} := \frac{m_e\, \boldsymbol{r}_1 + M_P\, \boldsymbol{r}_2}{m_e + M_P} \; ; \; \boldsymbol{P}_{CM} := \boldsymbol{P}_1 + \boldsymbol{P}_2$$

$$\boldsymbol{Q}_{\text{rel}} = \boldsymbol{Q}_1 - \boldsymbol{Q}_2 \; ; \; \boldsymbol{P}_{\text{rel}} := \frac{M_P \boldsymbol{P}_1 - m_e\, \boldsymbol{P}_2}{m_e + M_P}$$

in zwei unabhängige Terme zerlegt werden

$$H = \frac{1}{2M_{\text{tot}}} \boldsymbol{P}_{CM}^2 + \frac{1}{2m_{\text{red}}} \boldsymbol{P}_{\text{rel}}^2 + V(|\boldsymbol{Q}|, \boldsymbol{L}, \boldsymbol{S}_1, \boldsymbol{S}_2).$$

wobei die Gesamtmasse und die reduzierte Masse durch

$$M_{\text{tot}} := m_e + M_P \quad ; \quad \frac{1}{m_{\text{red}}} := \frac{1}{m_e} + \frac{1}{M_P}$$

eingeführt wurden.

Der Wasserstoffatom-Hilbertraum $\mathcal{H}_1 \otimes \mathcal{H}_2$ wird aufgespannt durch die Zustände

$$|\boldsymbol{r}_1, \boldsymbol{r}_2; s_1, s_2\rangle := |\boldsymbol{r}_1, s_1\rangle_{(1)} |\boldsymbol{r}_2, s_2\rangle_{(2)} \tag{6.1.8}$$

mit $s_1 = \pm\frac{1}{2}$, $s_2 = \pm\frac{1}{2}$ als den 3-Komponenten der Spins.

---

[2] Dieser Ausdruck folgt aus der Wechselwirkungsenergie, die das magnetische Moment des Elektrons im Magnetfeld $\boldsymbol{B}$ des Protons erfährt

$$-\mathcal{M}_{\boldsymbol{e}} \cdot \boldsymbol{B} = -\mathcal{M}_{\boldsymbol{e}} \cdot \boldsymbol{\nabla} \times \boldsymbol{A}$$

Dabei wird das Vektorpotential durch

$$\boldsymbol{A} = (\mathcal{M}_{\boldsymbol{P}} \times \boldsymbol{\nabla}) \frac{1}{Q}$$

gegeben. Mit Hilfe von etwas Vektoralgebra erhält man die angegebene Formel.

Bezeichnet man die Eigenwerte der Schwerpunkt Q_{CM} mit R und die der Relativkoordinate Q_{rel} mit r, so kann man für die Basisvektoren (6.1.8) schreiben

$$|R, r; s_1, s_2\rangle.$$

Die Wellenfunktion des H-Atoms wird durch die Ortsdarstellung

$$\Psi(R, r; s_1, s_2) = \langle R, r; s_1, s_2 | \Psi \rangle$$

definiert. Da in H die Anteile von Schwerpunkt- und Relativbewegung in getrennten Summanden auftreten, kann man die Eigenfunktionen des Hamiltonoperators durch den Separationsansatz

$$\Psi(R, r; s_1, s_2) = \phi(R)\, \psi(r; s_1, s_2)$$

trennen. Dabei erfüllt $\phi(R)$ die kräftefreie Schrödingergleichung mit der Gesamtmasse M_{tot}

$$\frac{1}{M_{\text{tot}}} P^2_{\text{tot}}\, \phi(R) = E_{CM}\, \phi(R)$$

wobei E_{CM} die Energie der Schwerpunktsbewegung bezeichnet. Lösungen dieser Gleichung werden durch ebene Wellen

$$\phi(R) = \frac{1}{\sqrt{(2\pi)^3 \hbar}} e^{\frac{i}{\hbar} P_{CM} R}$$

gegeben, die die – triviale –Trägheitsbewegung des Schwerpunktes beschreiben. Die Relativ-Wellenfunktion ψ enthält die interessante Physik, die wir in den vorangegangenen Kapiteln behandelt haben.

6.2 Die Ununterscheidbarkeit beim Zwei Teilchen System

Die quantenmechanische Zusammensetzung von Elektron und Proton, die wir gerade behandelt haben, unterscheidet sich kaum von dem Verfahren in der klassischen Mechanik. Eigene quantenmechanische Besonderheiten, die weittragende Konsequenzen haben, treten aber auf, wenn man identische Teilchen behandelt. Damit bezeichnet man Teilchen, die sich in ihren „inneren" Eigenschaften, wie Masse, Ladung etc. nicht unterscheiden. In diesem Sinne sind alle Elektronen, alle Protonen etc. identische Teilchen

Um die Besonderheiten der Quantenmechanik von identischen Teilchen zu erkennen, behandeln wir zunächst ein System, das zwei Elektronen umfaßt.

Diese beiden Elektronen kann man nur unterscheiden, wenn sie sich in makroskopischem Abstand voneinander befinden. Bringt man sie jedoch auf atomare Nähe, so ist diese Unterscheidung nicht mehr möglich, da man die individuellen Bahnen wegen der Unschärferelation nicht Punkt für Punkt verfolgen kann. Befand sich zum Beispiel vor dem Zusammenbringen das mit

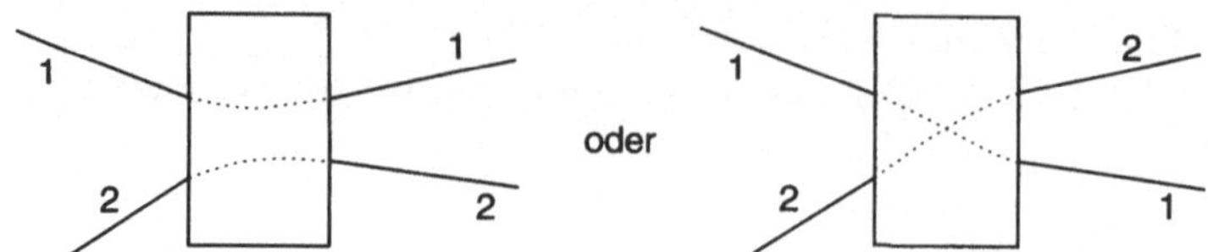

Abb. 6.1. Zur Ununterscheidbarkeit zweier Elektronen

1 bezeichnete Elektron „oben" und das mit 2 bezeichnete „unten"– wie in der Abbildung 6.1 – so ist eine derartige Zuordnung des Index zur Position der beiden Teilchen nach dem atomaren Kontakt nicht mehr durchführbar. Es gibt keine Möglichkeit, zwischen den beiden in der Abbildung 6.1 dargestellten Fällen zu unterscheiden. Feststellbar ist nur, daß ein Elektron „oben" und eines „unten" austritt. Welches Elektron von beiden, ob 1 oder 2 es war, ist durch Messungen grundsätzlich nicht entscheidbar. Daher dürfen in der Quantenmechanik zweier identischer Teilchen nur Observablen $A(1,2)$ auftreten, die symmetrisch bezüglich der Vertauschung der beiden Indizes sind

$$A(1,2) = A(2,1) \tag{6.2.1}$$

Diese Forderung wird vom Hamiltonoperator von allein erfüllt

$$H(2,1) = H(1,2), \tag{6.2.2}$$

was an seiner Gestalt im Falle der Bewegung zweier Elektronen unter dem Einfluß der Coulombabstoßung explizit abzulesen ist

$$H = \frac{1}{2m_e}\boldsymbol{P}_1{}^2 + \frac{1}{2m_e}\boldsymbol{P}_2{}^2 + \frac{e^2}{|\boldsymbol{Q}_1 - \boldsymbol{Q}_2|}$$

Mit Hilfe der Permutation

$$\tau := \begin{pmatrix} 1\ 2 \\ \downarrow\ \downarrow \\ 2\ 1 \end{pmatrix} =: \begin{pmatrix} 1\ 2 \\ 2\ 1 \end{pmatrix} \tag{6.2.3}$$

zweier Objekte, bei der der Index 1 durch den Index 2 ersetzt wird und umgekehrt („Transposition"), läßt sich dies noch auf andere Weise formulieren. τ ist eine Symmetrieoperation und sei im Hilbertraum durch den unitären Operator[3]

$$P := U(\tau) \tag{6.2.4}$$

dargestellt, der die Eigenschaft

$$P^2 = 1$$

---

[3]Wir bitten den Leser in diesem Kapitel deutlich zwischen der Permutation P, der Spiegelung $\mathcal{P}$ und dem Impuls $\boldsymbol{P}$ zu unterscheiden. Außerdem verwenden wir für Permutationsoperatoren gelegentlich die Bezeichnungen Q und E, die wir bitten nicht mit dem Ortsoperator $\boldsymbol{Q}$ und dem Energiewert E zu verwechseln.

hat, woraus wegen der Unitarität folgt

$$P = P^{-1} = P^{\dagger} \tag{6.2.5}$$

Auf die Observable $A(1,2)$ wirkt P wie folgt

$$A(2,1) = PA(1,2)P^{-1} \tag{6.2.6}$$

also ergibt sich aus (6.2.1)

$$[P, A(1,2)] = 0. \tag{6.2.7}$$

Alle Observablen identischer Teilchen kommutieren mit dem Permutations operator P, insbesondere der Hamiltonoperator

$$[P, H(1,2)] = 0. \tag{6.2.8}$$

Da das Präparieren eines Zwei–Teilchen–Zustands nur über Observable möglich ist, die symmetrisch bezüglich der Vertauschung der Teilchen sind, kann man durch noch so komplizierte Messungen die Zustände $|\Psi(1,2)\rangle$ und $P|\Psi(1,2)\rangle = |\Psi(2,1)\rangle$ nicht voneinander unterscheiden. Dies bedeutet jedoch nicht unbedingt, daß eine zweifache Entartung vorliegt. Denn jeder Zustand $|\Psi(1,2)\rangle$ kann gemäß

$$\begin{aligned}
|\Psi(1,2)\rangle &= \frac{1}{2}\,(1+P)\,|\Psi(1,2)\rangle + \frac{1}{2}\,(1-P)\,|\Psi(1,2)\rangle \\
&=: |\Psi_S(1,2)\rangle + |\Psi_A(1,2)\rangle. \tag{6.2.9}
\end{aligned}$$

in einem symmetrischen Teil $|\Psi_S(1,2)\rangle$ und einen antisymmetrischen Teil $|\Psi_A(1,2)\rangle$ zerlegt werden:

$$P|\Psi_S\rangle = +|\Psi_S\rangle,$$
$$P|\Psi_A\rangle = -|\Psi_A\rangle.$$

Die beiden Komponenten der Zerlegung sind orthogonal zueinander, da sie zu verschiedenen Eigenwerten von P gehören; explizit folgt dies aus

$$\begin{aligned}
\langle\Psi_S|\Psi_A\rangle &= \frac{1}{4}\langle\Psi|(1+P)(1-P)|\Psi\rangle \\
&= \frac{1}{4}\langle\Psi|1-P^2|\Psi\rangle \\
&= 0
\end{aligned}$$

Durch (6.2.9) wird also eine orthogonale Zerlegung des Produktraumes der beiden Teilchen bewirkt

$$\mathcal{H}_1 \otimes \mathcal{H}_2 = \mathcal{H}_S \oplus \mathcal{H}_A \tag{6.2.10}$$

Der Symmetriecharakter eines Zustands kann wegen (6.2.7) durch keine Messung verändert werden. Auch während der zeitlichen Entwicklung kann dies nicht geschehen, da ein zur Zeit $t = 0$ symmetrischer bzw. antisymmetrischer Zustand durch

$$|\Psi_{S,A}\rangle_t = e^{-\frac{i}{\hbar}Ht}|\Psi_{S,A}\rangle_{t=0}$$

wegen (6.2.8) für alle Zeiten symmetrisch bzw. antisymmetrisch bleibt

$$P|\Psi_{S,A}\rangle_t = \pm|\Psi_{S,A}\rangle_t$$

Während der zeitlichen Entwicklung und unter dem Einfluß von Messungen bleibt daher ein System von zwei identischen Teilchen immer entweder in $\mathcal{H}_S$ oder in $\mathcal{H}_A$. Welche der beiden Symmetrieeigenschaften tatsächlich vorliegt, könnte durch die Anfangsbedingungen festgelegt sein. Dann müßte man jedoch damit rechnen, daß verschiedene 2-Elektronensysteme unterschiedliche Vertauschungssymmetrien haben. Tatsächlich ist dies nicht der Fall, sondern

Ein Zwei-Elektronensystem hat stets eine antisymmetrische Wellenfunktion

Bevor wir diese Aussage genauer besprechen, müssen wir jedoch Systeme mit mehr als 2 Teilchen studieren. Denn für 3 und mehr Teilchen lassen sich die vorstehenden Überlegungen nicht ohne weiteres verallgemeinern, da ihre Vertauschungs-Eigenschaften qualitativ komplizierter als die von zwei Teilchen sind. Um mehr Teilchen zu behandeln, müssen wir zunächst die Elemente der Darstellungstheorie der Permutationsgruppe darstellen.

6.3 Die wichtigsten Ergebnisse der Darstellungstheorie der Permutationsgruppe

Um die Überlegungen des vorigen Abschnitts auf N Teilchen verallgemeinern zu können, müssen wir die erhaltenen Ergebnisse als gruppentheoretische Aussagen formulieren.

Wir betrachten noch einmal die Vertauschungen oder Permutationen zweier Objekte. Dazu gehört nicht nur die Transposition τ aus dem letzten Abschnitt sondern auch die identische Abbildung 1, so daß wir auf die Menge

$$\mathcal{S}_2 := \{1, \tau\}$$

von Transformationen geführt werden, deren Elemente wir der Vollständigkeit halber auflisten

$$1 = \begin{pmatrix} 1\,2 \\ 1\,2 \end{pmatrix} \quad \text{Identität}$$

$$\tau = \begin{pmatrix} 1\,2 \\ 2\,1 \end{pmatrix} \quad \text{Transposition}$$

Diese Menge wird zu einer Gruppe, wenn wir die Gruppenmultiplikation durch das Hintereinanderausführen von Vertauschungen definieren. Es gilt

$$\tau 1 = 1\tau = \tau \quad , \qquad \tau^2 = 1 \quad oder \quad \tau^{-1} = \tau \tag{6.3.1}$$

Damit sind die Gruppeneigenschaften erfüllt. Da $\mathcal{S}_2$ nur zwei Elemente enthält, die überdies miteinander vertauschen, stellt $\mathcal{S}_2$ eine endliche abelsche

Gruppe dar. Sie wird als die **symmetrische Gruppe** für $n = 2$ Elemente bezeichnet.

Im Hilbertraum $\mathcal{H}_1 \otimes \mathcal{H}_2$ zweier Teilchen werden die Elemente von S_2 durch die unitären Operatoren

$$\mathbf{1} \quad \text{und} \quad P = U(\tau)$$

dargestellt. Für einen beliebigen Zustandsvektor $|\Psi(1,2)\rangle$ aus diesem Hilbertraum spannen

$$|\Psi(1,2)\rangle \quad \text{und} \quad |\Psi(2,1)\rangle = P|\Psi(1,2)\rangle$$

einen zweidimensionalen Darstellungsraum von S_2 auf, da die Anwendungen von $\mathbf{1}$ und τ nicht aus diesem Raum herausführen. Jedoch gibt dieser eine reduzible Darstellung, die durch Bildung der symmetrischen und der antisymmetrischen Kombination

$$|\Psi_S\rangle \quad \text{und} \quad |\Psi_A\rangle$$

ausreduziert werden kann. Jeder von diesen beiden Vektoren spannt einen eindimensionalen Darstellungsraum der symmetrischen Gruppe auf, wobei die Elemente von S_2 durch

$$(\mathbf{1}, \tau) \mapsto (+1, +1) \text{ für } |\Psi_S\rangle,$$
$$(\mathbf{1}, \tau) \mapsto (+1, -1) \text{ für } |\Psi_A\rangle$$

vollständig beschrieben werden. Hier liegt ein Spezialfall des allgemeinen Satzes vor, nachdem die irreduziblen Darstellungen von abelschen Gruppen eindimensional sind.

Zur Verallgemeinerung der vorangegangenen Betrachtungen benötigen wir Informationen über die irreduziblen Darstellungen der Permutationsgruppe von N Objekten, der **symmetrischen Gruppe** S_N. Wir können hier nur Ergebnisse angeben, für Beweise muß auf die weiterführende Literatur hingewiesen werden.[4]

Die Gruppe S_N besteht aus den $N!$ Permutationen von N Objekten

$$\begin{pmatrix} 1 & 2 & 3 & \ldots & N \\ \nu_1 & \nu_2 & \nu_3 & \ldots & \nu_N \end{pmatrix} \tag{6.3.2}$$

Von besonderer Wichtigkeit sind auch hier die *Transpositionen*, die nur zwei Objekte vertauschen, z.B.

---

[4]Vor allem sei auf das Buch von

M. Hamermesh, Group Theory and its Application to Physical Problems, Addison-Wesley, 1964

verwiesen, wo im Abschnitt 7.10 die Beweise zu den im Text verwendeten Theoremen zu finden sind.

$$\tau := \begin{pmatrix} 1\ 2\ 3\ \dots\ N \\ 2\ 1\ 3\ \dots\ N \end{pmatrix} =: (1\ 2) \tag{6.3.3}$$

und die *zyklische Permutation*, die jedes Element in das nachfolgende überführt

$$\sigma := \begin{pmatrix} 1\ 2\ 3\ 4\ \dots\ N-1\ N \\ 2\ 3\ 4\ 5\ \dots\ \ \ N\ \ \ 1 \end{pmatrix} \tag{6.3.4}$$

Die Gültigkeit der Beziehungen

$$\tau^2 = 1 \quad , \qquad \sigma^N = 1$$

läßt sich sofort ablesen. Man kann weiterhin zeigen, daß jede Permutation P allein durch Hintereinanderausführung von Transpositionen realisiert werden kann. Dies kann zwar auf verschiedene Weisen geschehen. Aber die Anzahl der verwendeten Transpositionen ist entweder gerade oder ungerade. Dementsprechend wird eine Permutation als **gerade** oder **ungerade** bezeichnet je nach der Parität der Anzahl von Transpositionen, die dazu notwendig sind. Man setzt

$(-1)^P = +1$, wenn P gerade,

$(-1)^P = -1$, wenn P ungerade.

Die Menge $\mathcal{A}_N$ aller geraden Permutationen bildet eine Untergruppe von $\mathcal{S}_N$ im Gegensatz zur Menge der ungeraden Permutationen, denn das Produkt von zwei geraden Permutationen ist zwar gerade, aber das Produkt von zwei ungeraden Permutationen ist gerade.

Wir betrachten als Beispiel die Gruppe $\mathcal{S}_3$. Sie hat $3! = 6$ Elemente, von denen je drei gerade und ungerade sind. Die geraden Permutationen können durch die zyklische Vertauschung erzeugt werden

$$1 = \begin{pmatrix} 1\ 2\ 3 \\ 1\ 2\ 3 \end{pmatrix}, \qquad \sigma = \begin{pmatrix} 1\ 2\ 3 \\ 2\ 3\ 1 \end{pmatrix}, \qquad \sigma^2 = \begin{pmatrix} 1\ 2\ 3 \\ 3\ 2\ 1 \end{pmatrix} \tag{6.3.5}$$

Bezeichnet P_{ij} die Vertauschung des i-ten Objektes mit dem j-ten, so gilt

$$\sigma = P_{13}P_{12}, \qquad \sigma^2 = P_{23}P_{12} \tag{6.3.6}$$

woraus der gerade Charakter dieser Permutationen ablesbar ist. Die Untergruppe $\mathcal{A}_3$ wird also durch

$$\mathcal{A}_3 = \{1, \sigma, \sigma^2\}$$

gegeben. Andererseits lassen sich die ungeraden Elemente aus σ und der Transposition τ zusammensetzen

$$\tau = P_{12} \quad , \qquad \sigma\tau = P_{13} \quad , \qquad \sigma^2\tau = P_{23} \tag{6.3.7}$$

Wir gehen jetzt zum **N-Teilchensystem** über, dessen Observable

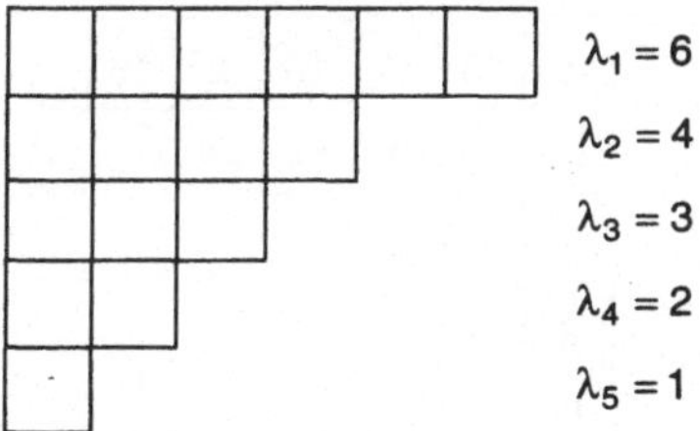

Abb. 6.2. Das Young-Diagramm für die Partition 16=6+4+3+2+1

$$A(1, \ldots, N)$$

in Verallgemeinerung von (6.2.7) mit den Permutationen der Gruppe $\mathcal{S}_N$ vertauschbar sein müssen. Deren irreduzible Darstellungen legen die *Symmetrie-Klassen* fest, in denen sich die Zustände eines allgemeinen N-Teilchensystems befinden können. Zur ihrer Konstruktion sind einige Begriffe von Bedeutung, die wir im Folgenden einführen.

Eine additive Zerlegung der Zahl N in natürliche Zahlen n_i

$$N = n_1 + n_2 + \ldots + n_r \quad , \quad n_i \in \mathbf{N} \tag{6.3.8}$$

mit

$$n_1 \geq n_2 \geq \ldots \geq n_r \tag{6.3.9}$$

heißt *Partition* („Zerlegung") von N. Offenbar gilt für die Zahl r der Summanden

$$r \leq N. \tag{6.3.10}$$

Jede Partition kann man durch ein **Young-Diagramm** veranschaulichen, das aus N Quadraten aufgebaut ist, die in r untereinander liegenden Zeilen angeordnet sind, von denen die erste aus n_1, die zweite aus n_2 ,..., die r-te aus n_r Quadraten besteht, wie dies in der Abbildung 6.2 dargestellt ist. Mit Hilfe dieses Begriffes läßt sich das wichtigste Ergebnis aus der Darstellungstheorie der Permutationsgruppe folgendermaßen formulieren:

Zu jeder Partition von N, d.h. zu jedem Young-Diagramm aus N Quadraten, gibt es eine irreduzible Darstellung von $\mathcal{H}_N$. Inäquivalente Darstellungen entsprechen verschiedenen Young-Diagrammen.

Das Verfahren zur Konstruktion der Darstellungen besteht danach zunächst darin, daß man auf die Quadrate eines Young-Diagramms in irgendeiner Weise die N Zahlen 1,2,...,N verteilt. Jede sich auf diese Art ergebende Anordnung von Ziffern nennt man ein **Young-Tableau**. Abbildung 6.3 zeigt als Beispiel ein Young-Tableau für das Young-Diagramm von Abbildung 6.2.

$$
\begin{array}{|c|c|c|c|c|c|}
\hline
5 & 13 & 4 & 15 & 2 & 16 \\
\hline
\end{array}
$$

Abb. 6.3. Ein zu 16=6+4+3+2+1 gehöriges Young-Tableau

Abb. 6.4. Mögliches Standard-Tableau für 16=6+4+3+2+1

Wichtig sind insbesondere die **Standard-Tableaus**. In ihnen sind – per definitionem – die Zahlen in jeder Zeile und in jeder Spalte in aufsteigender Reihenfolge angeordnet. Abbildung 6.4 zeigt ein solches Standard-Tableau, andererseits ist das Schema in der Abbildung 6.3 kein Standard-Tableau. Man kann zeigen, daß die Anzahl aller verschiedenen Standard-Tableaus, die man für eine Partition von N aufstellen kann, die Dimension der irreduziblen Darstellung angibt, die zu dieser Partition und ihrem Young-Diagramm gehört.

Wir illustrieren diese Aussagen für ein Dreiteilchensystem. Für $N = 3$ sind in der Abbildung 6.5 sämtliche Partitionen (mit bequemer Kurznotation) und die dazugehörigen Young-Diagramme aufgeführt. Die entsprechenden Standard-Tableaus zeigt Abbildung 6.6. Wie man sieht, gehört zu den Diagrammen für [3] und [1³] jeweils nur ein Standard-Tableau. In diesen beiden Fällen sind die irreduziblen Darstellungen daher eindimensional. Bei [2,1] dagegen gibt es die zwei Standard-Tableaus (II) und (II'). Somit ist hier die irreduzible Darstellung zweidimensional.

Die explizite Konstruktion einer bestimmten Darstellung im N-Teilchen-Produkthilbertraum (6.1.2) hat als Ausgangspunkt einen allgemeinen Zustand $|\Psi(1,2,...,N)\rangle$ aus diesem Raum und ein spezielles Standard-Tableau. Man betrachte für dieses Tableau alle **horizontalen Permutationen** P, bei denen nur die Objekte in den waagerechten Zeilen untereinander vertauscht werden, und alle **vertikalen Permutationen** Q, bei denen die Objekte in

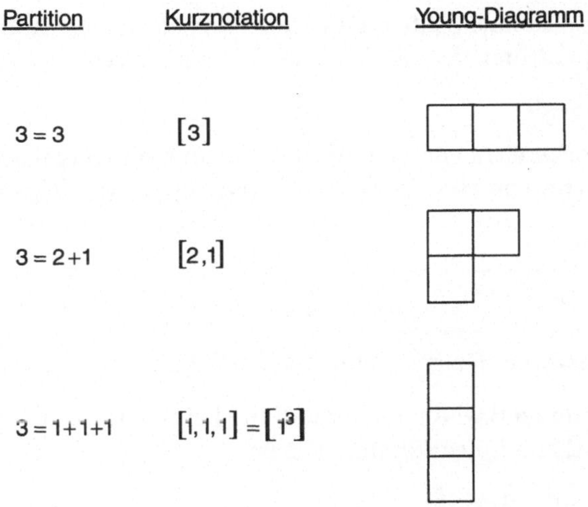

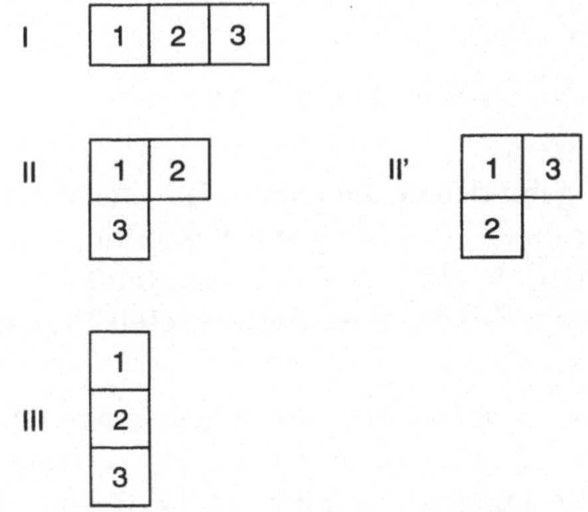

Abb. 6.5. Partitionen und Young-Diagramme für 3 Teilchen

Abb. 6.6. Standard-Tableaus für 3 Teilchen

den senkrechten Spalten untereinander vertauscht werden. (Die Menge aller P bildet ebenso wie die aller Q jeweils eine Untergruppe von $\mathcal{S}_N$.) Für das gewählte Tableau bilde man schließlich den Operator

$$E := \left(\sum_Q (-1)^Q Q \right) \left(\sum_P P \right) = \sum_{Q,P} (-1)^Q QP, \qquad (6.3.11)$$

wobei die Summe über alle horizontalen bzw. vertikalen Permutationen läuft. Dabei werden die P-s und Q-s als unitäre Operatoren im Produkthilbertraum aufgefaßt. Man kann zeigen, daß E bis auf einen Faktor ein Projektionsoperator ist

$$E^2 = \alpha_E E^2 \qquad , \qquad \alpha_E \in \mathbf{R}$$

Außerdem läßt sich nachprüfen, daß die zu verschiedenen Standard-Tableaus gehörenden Operatoren E und E' einander annullieren

$$EE' = E'E = 0$$

Nach diesen Vorbereitungen läßt sich das für uns **wichtigste Ergebnis der Darstellungstheorie der Permutationsgruppe** wie folgt formulieren:

Die Zustände

$$\boxed{\ |\Psi_E\rangle := E\,|\Psi(1,2,...,N)\rangle\ } \qquad (6.3.12)$$

sind die Vektoren der gesuchten irreduziblen Darstellung.

Eine vollständige Basis einer Darstellung kann man wie folgt konstruieren: Man bilde sämtliche Linearkombinationen

$$\sum_R a_R\,R \quad \text{mit} \quad a_R \in \mathbf{C} \qquad (6.3.13)$$

wobei R über alle Elemente von $\mathcal{S}_N$ läuft[5] und wende diese Operatoren auf den Zustand $|\Psi_E\rangle$ an:

$$\sum_R a_R\,R\,|\Psi_E\rangle = \sum_R a_R\,R\,E\,|\Psi(1,2,...,N)\rangle. \qquad (6.3.14)$$

Nicht jeder der so gefundenen Zustände ist linear unabhängig von den übrigen. Die Zahl der linear unabhängigen Vektoren, also die Dimensionszahl der Darstellung, wird vielmehr – wie oben ausgeführt – durch die Zahl der verschiedenen Standard-Tableaus der betrachteten Partition gegeben.

Wichtiger als die Beweise für die angegebenen Regeln, auf die wir verzichten müssen, ist es, sich mit diesen Regeln vertraut zu machen. Daher wollen wir sie für die einfachsten Fälle $N = 2$ und $N = 3$ ausführlich illustrieren.

Für $N = 2$ müssen wir die Ergebnisse des letzten Abschnittes zurückgewinnen. Die Partitionen, ihre Young-Diagramme und die Standard-Tableaus mit den Operatoren (6.3.11) zeigt Abbildung 6.7. Für das Tableau [2] lautet der Operator (6.3.11)

$$E_S = 1 + P_{1\,2}$$

und erzeugt den symmetrischen Zustand

$$E_S\,|\Psi(1,2)\rangle = |\Psi(1,2)\rangle + |\Psi(2,1)\rangle$$

Entsprechend gehört zum Tableau $[1^2]$ der Operator

$$E_A = 1 - P_{1\,2}$$

---

[5]Diese Summen spannen den sog. „Gruppenring" auf.

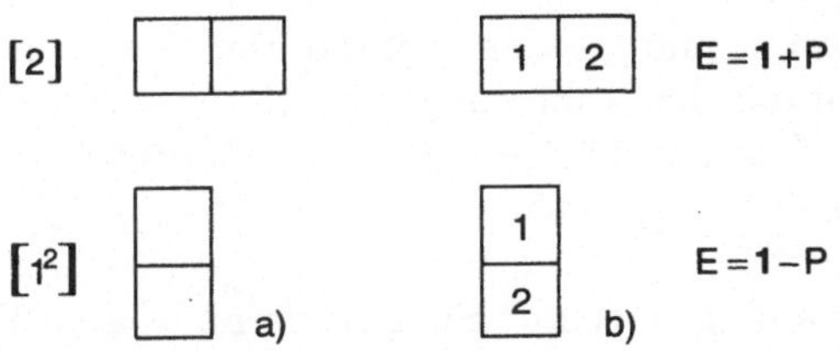

$$[2] \qquad \boxed{} \qquad \boxed{1\,|\,2} \qquad E = 1 + P$$

$$[1^2] \qquad \boxed{\phantom{\frac{1}{2}}} \quad \text{a)} \qquad \boxed{\frac{1}{2}} \quad \text{b)} \qquad E = 1 - P$$

Abb. 6.7. Zwei Teichenzustände; a) Partitionen und Young-Diagramme b) Standard-Tableaus und E-Operatoren

und der Zustand

$$E_A \,|\, \Psi(1,2) \,\rangle = |\, \Psi(1,2) \,\rangle - |\, \Psi(2,1) \,\rangle$$

Beide Zustände entsprechen – allerdings nicht normiert – den Zuständen $|\Psi_S\rangle$ bzw. $|\Psi_A\rangle$ aus (6.2.9).

Für $N = 3$ haben wir alle Young-Diaqramme und Standard-Tableaus schon in der Abbildung 6.6 angegeben. Für das Tableau I erhält man nach (6.3.11) den Symmetrisierungsoperator

$$E_S := \sum_P P \tag{6.3.15}$$

für das Tableau III den Antisymmetrisierungsoperator

$$E_A := \sum_Q (-1)^Q Q \tag{6.3.16}$$

In beiden Fällen muß über alle Elemente von S_3 summiert werden. Die mit E_S und E_A nach (6.3.12) berechneten Zustände sind[6]

$$\begin{aligned}
\sqrt{6}\,|\Psi_S\rangle &:= E_S|\Psi(1,2,3)\rangle \\
&= |\Psi(1,2,3)\rangle + |\Psi(2,3,1)\rangle + |\Psi(3,1,2)\rangle \\
&\quad + |\Psi(2,1,3)\rangle + |\Psi(3,2,1)\rangle + |\Psi(1,3,2)\rangle
\end{aligned}$$

und
$$\begin{aligned}
\sqrt{6}\,|\Psi_A\rangle &:= E_A|\Psi(1,2,3)\rangle \\
&= |\Psi(1,2,3)\rangle + |\Psi(2,3,1)\rangle + |\Psi(3,1,2)\rangle \\
&\quad - |\Psi(2,1,3)\rangle - |\Psi(3,2,1)\rangle - |\Psi(1,3,2)\rangle
\end{aligned}$$

$|\Psi_S\rangle$ ist total symmetrisch, denn für jede Permutation P gilt

$$P|\Psi_S\rangle = |\Psi_S\rangle.$$

$|\Psi_A\rangle$ dagegen ist total antisymmetrisch, wir erhalten

$$P|\Psi_A\rangle = (-1)^P|\Psi_A\rangle$$

---

[6]Die Faktoren $\sqrt{6}$ normieren die Zustände wegen der auftretenden 6 Summanden auf die Norm 1.

Diese beiden Zustände entsprechen in ihren Eigenschaften denen von $N = 2$. Neues erhalten wir aus den Tableaus II und II', wovon wir hier nur II explizit behandeln wollen. Der zugehörige E-Operator lautet

$$E_M := (1 - P_{13})(1 + P_{12}).$$ (6.3.17)

Der Index M soll auf „gemischte" Symmetrie hinweisen. Es folgt

$$\begin{aligned} |\Psi_1^M\rangle &= E_M|\Psi(1,2,3)\rangle \\ &= |\Psi(1,2,3)\rangle + |\Psi(2,1,3)\rangle - |\Psi(3,2,1)\rangle - |\Psi(2,3,1)\rangle. \end{aligned}$$

Die kompliziert erscheinende Aufgabe, alle Operatoren (6.3.13) auf diesen Zustand anzuwenden, ist wegen (6.3.6) und (6.3.7) noch recht einfach. Wir benötigen nur die Transposition $\tau = P_{12}$ und die zyklische Permutation $\sigma = P_{13}P_{12}$. Alle anderen Operatoren erhält man durch Mehrfachanwendung dieser beiden. Es ergibt sich

$$\begin{aligned} |\Psi_2^M\rangle &:= \tau|\Psi_1^M\rangle \\ &= |\Psi(1,2,3)\rangle + |\Psi(2,1,3)\rangle - |\Psi(3,1,2)\rangle - |\Psi(1,3,2)\rangle \end{aligned}$$

Die Zustände $|\Psi_1^M\rangle$ und $|\Psi_2^M\rangle$ sind voneinander linear unabhängig . Sie spannen einen zweidimensionalen Raum auf. Weiterhin gilt wegen $\tau^2 = 1$

$$\tau|\Psi_2^M\rangle = |\Psi_1^M\rangle,$$

und man findet

$$\begin{aligned} \sigma|\Psi_1^M\rangle &= -|\Psi_1^M\rangle + |\Psi_2^M\rangle, \\ \sigma|\Psi_2^M\rangle &= -|\Psi_1^M\rangle. \end{aligned}$$

Da alle anderen Permutationen aus σ und τ aufgebaut werden können, erhält man bei Anwendung des allgemeinen Operators (6.3.13) immer nur Linearkombinationen von $|\Psi_1^M\rangle$ und $|\Psi_2^M\rangle$. Die Permutationen von $\mathcal{S}_3$ mischen also die beiden Zustände. Dieser Sachverhalt führte zu der Bezeichnung **gemischte Symmetrie**.

Ein für praktische Rechnungen großer Nachteil besteht darin, daß $|\Psi_1^M\rangle$ und $|\Psi_2^M\rangle$ nicht orthogonal aufeinander stehen. Orthogonale Zustände kann man jedoch finden, indem man nach Eigenzuständen $|\Psi_\pm^M\rangle$ von τ zu den Eigenwerten ± 1 sucht

$$\tau|\Psi_\pm^M\rangle = \pm|\Psi_\pm^M\rangle$$

Man erhält

$$|\Psi_\pm^M\rangle = |\Psi_1^M\rangle \pm |\Psi_2^M\rangle$$

oder explizit

$$\begin{aligned} |\Psi_+^M\rangle &= (2 - \sigma^{-1} - \sigma)(1 + \tau)|\Psi(1,2,3)\rangle \\ |\Psi_-^M\rangle &= (\sigma^{-1} - \sigma)(1 + \tau)|\Psi(1,2,3)\rangle \end{aligned}$$

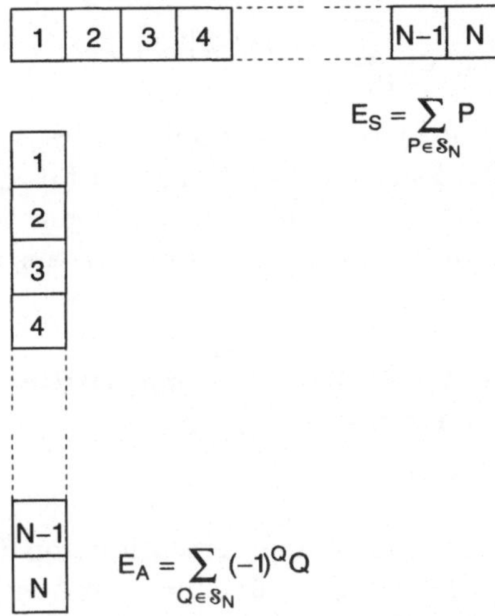

Abb. 6.8. Die eindimensionalen Darstellungen von $\mathcal{S}_N$

Ausgehend von Tableau II' aus Abbildung 6.6 können analog Zustände $|\Psi_{1,2}^M\rangle'$ und $|\Psi_\pm^M\rangle'$ konstruiert werden. Diese geben eine weitere Darstellung von $\mathcal{S}_3$, die jedoch zu der zuletzt behandelten äquivalent ist.

Insgesamt kann man also aus einem allgemeinen Zustand $|\Psi(1,2,3)\rangle$

- eine symmetrische Darstellung S von der Dimension 1,
- eine antisymmetrische Darstellung A von der Dimension 1 und
- zwei gemischt symmetrische Darstellungen M und M' von je 2 Dimensionen

konstruieren. Damit ist der durch die Anwendung der Permutationen auf $|\Psi(1,2,3)\rangle$ entstehende 6-dimensionale Darstellungsraum von $\mathcal{S}_3$ nach seinen irreduziblen Bestandteilen ausreduziert.

Für ein allgemeines N-Teilchen-System wird die Mannigfaltigkeit der möglichen Darstellungen von $\mathcal{S}_N$, der „Symmetrieklassen", sehr groß. Nur zwei der irreduziblen Darstellungen sind einfach und die direkte Verallgemeinerung von Bekanntem aus unseren bisherigen Überlegungen. Sie werden durch die Tableaus mit einer Zeile bzw. einer Spalte gegeben, vgl. Abbildung 6.8, und ihre gemäß (6.3.11) gebildeten Operatoren sind Erweiterungen des Symmetrisierungsoperators E_S (6.3.15) und des Antisymmetrisierungsoperators E_A (6.3.16) auf $N!$ Permutationen. Die zwei Darstellungsräume werden gegeben durch die Vektoren

$$|\Psi_S(1,2,...,N)\rangle := \frac{1}{\sqrt{N!}} \sum_{P \in \mathcal{S}_N} P|\Psi(1,2,,...,N)\rangle, \tag{6.3.18}$$

$$|\Psi_A(1,2,...,N)\rangle := \frac{1}{\sqrt{N!}} \sum_{P \in \mathcal{S}_N} (-1)^Q Q|\Psi(1,2,,...,N)\rangle, \qquad (6.3.19)$$

wobei $|\Psi_S\rangle$ ein total symmetrischer Zustand und $|\Psi_A\rangle$ ein total antisymmetrischer Zustand ist. Die Faktoren $1/\sqrt{N!}$ sorgen für die Normierung auf 1. Es sind die einzigen eindimensionalen Darstellungen von $\mathcal{S}_N$, da zu jedem anderen Young-Diagramm mehrere Standard-Tableaus gehören.

6.4 Die realisierten Permutationssymmetrien, Fermi-, Bose- und Para-Teilchen und deren Statistiken

Betrachten wir ein System von N ununterscheidbaren Teilchen!
Entsprechend unseren Überlegungen für $N = 2$ im Abschnitt 6.2 müssen alle Observablen $A(1,2,...,N)$ dieses Systems total symmetrisch sein, d.h. mit allen Permutationen aus $\mathcal{S}_N$ kommutieren

$$[P, A(1,2,...,N)] = 0 \quad , \qquad P \in \mathcal{S}_N \qquad (6.4.1)$$

Insbesondere gilt dies für den Hamiltonoperator. Befindet sich somit der Zustand $|\Psi\rangle$ eines Systems zu irgendeinem Zeitpunkt in einer speziellen irreduziblen Darstellung von $\mathcal{S}_N$, so bleibt diese Aussage für alle Zeiten gültig.

Führt man jetzt die naheliegende *physikalische Hypothese* ein, daß man durch Messung aller vertauschbaren Observablen den Zustand des Systems - bis auf die übliche Phase - eindeutig festlegen kann, so stehen nach den Ergebnissen des vorigen Abschnitts nur die symmetrische und die antisymmetrische Darstellung zur Diskussion. Alle anderen Symmetrieklassen sind ausgeschlossen, da es für ihre Zustände Permutationen gibt, die nicht nur die Multiplikation mit einem Faktor bewirken. Im Abschnitt 6.2 hatten wir bereits darauf hingewiesen, daß sich 2 Elektronen immer in einem antisymmetrischen Zustand befinden.

Diese Tatsache läßt sich verallgemeinern: Alle identischen Teilchen sind in der gleichen Symmetrieklasse. Es kommt nur auf ihre inneren Eigenschaften an, ob ihre Zustände symmetrisch oder antisymmetrisch sind. Daher hat man die folgende Terminologie eingeführt:

Man nennt identische Teilchen mit total symmetrischen Zustandsvektoren Bose-Teilchen oder **Bosonen**, solche mit total antisymmetrischen Zustandsvektoren Fermi-Teilchen oder **Fermionen**, Die innere Eigenschaft, die entscheidet, ob ein Teilchen bosonischen oder fermionischen Charakter hat, ist der Spin.

Unter sehr allgemeinen Voraussetzungen, die wir unten erläutern werden, kann man in der Quantenfeldtheorie das

Spin-Statistik Theorem

beweisen.

Teilchen mit ganzzahligem Spin: $0, 1, 2, \ldots$ *sind Bosonen,*
Teilchen mit halbzahligem Spin: $\frac{1}{2}, \frac{3}{2}, \ldots$ *sind Fermionen.*

Der Begriff „Statistik" tritt in seinem Namen auf, weil sich die Symmetrie-Eigenschaften insbesondere bei Systemen mit sehr vielen Teilchen auswirken, die man mit den Methoden der statistischen Physik behandeln muß.

Eine unmittelbare Folge des Theorems ist, daß die Elektronen Fermionen sind und daher mit antisymmetrischen Zustandsvektoren, bzw. Wellenfunktionen beschrieben werden müssen. Für 2 Elektronen haben wir auf diese Tatsache schon auf Seite 304 hingewiesen.

Diese Regel wurde im Jahre 1926 im Rahmen einer spannenden Entwicklung formuliert, in der es um das Verständnis des periodischen Systems der Elemente und vor allem um die „Statistik" der Elektronen ging.[7] Sie hat unmittelbar zur Folge, daß sich zwei Elektronen nicht in dem gleichen Quantenzustand befinden können.[8] Diese Feststellung hatte Wolfgang Pauli ein Jahr vorher als Hypothese eingeführt. Sie wurde 1926 von Dirac als das **Paulische Ausschließungsprinzip** bezeichnet. Heute spricht man kurz vom **Pauli-Prinzip**.

Auch in seiner allgemeinen Form wurde das Spin-Statistik Theorem 1926 formuliert. Aber erst im Jahre 1940 konnte W. Pauli das Theorem mit den Mitteln der relativistischen Quantenfeldtheorie beweisen. Es beruht auf dem Grundprinzip der Relativitätstheorie, nachdem keine Überlichtgeschwindigkeiten möglich sind. Genauer verwendet der Beweis die sog. Mikrokausalität, die fordert, daß Feldoperatoren für raumartige Abstände entweder kommutieren oder antikommutieren müssen.[9] Allerdings wird zusätzlich vorausgesetzt, daß die Alternative

$$\text{symmetrisch} \quad \Leftrightarrow \quad \text{antisymmetrisch}$$

sämtliche Möglichkeiten erschöpft. Dies ist jedoch, wie wir wissen, für mehr als zwei Teilchen nicht mehr der Fall. Die damit verbundenen Probleme werden wir am Ende dieses Absatzes behandeln.

Zunächst akzeptieren wir die Annahme, daß die quantenmechanischen Zustände durch Messung von Observablen bis auf einen Phasenfaktor eindeutig bestimmt werden können. Damit dürfen sich ihre Zustände beim Vertauschen von Teilchen höchstens um einen Faktor ändern und müssen daher

---

[7]Diese aufregende Zeit wird eindrucksvoll in dem Buch
A.Pais, Inward Bound, University Press Oxford 1986, Chapter 13
beschrieben.

[8]Denn dann wäre der Gesamtzustand notwendig symmetrisch. Einen genauen formalen Beweis werden wir unten mit Gleichung (6.4.7) geben.

[9]Eine gute Darstellung des gesamten Fragenkomplexes findet man bei
R.F.Streater and A.S.Wightman, PCT, Spin and Statistics and All That. Benjamin Incorporation, New York 1964.

eindimensionale Darstellungen der Permutationsgruppe sein. Daher kommen unter dieser Voraussetzung nur Bosonen- und Fermionen-Zustände infrage.

Wir beschreiben daher die Zustände mit totaler Antisymmetrie und totaler Symmetrie im Detail.

Dazu machen wir die idealisierende Voraussetzung, daß die Wechselwirkung der Teilchen untereinander vernachlässigt werden kann. Dies ist in vielen Fällen gut erfüllt, z.B. für die Elektronen in einem Atom, wo die Coulombabstoßung nur das Auftreten eines Korrekturterms bewirkt. Der Hamiltonoperator H des Systems läßt sich unter dieser Voraussetzung additiv aus den H_j der einzelnen Teilchen aufbauen

$$H = \sum_{j=1}^{N} H_j \tag{6.4.2}$$

wobei H_j nur auf die Variablen des j-ten Teilchens wirkt. Als diese Variablen wählen wir r_j und s_j und setzen

$$\xi_j := (r_j, s_j) \quad , \quad j = 1, 2, \ldots, N. \tag{6.4.3}$$

Mit dem Index n_i bezeichnen wir summarisch die Eigenwerte des Einteilchen-Operators H_j und können für die Eigenfunktionen schreiben

$$\Phi_{n_i}(\xi_j) := \langle r_j, s_j | n_i \rangle. \tag{6.4.4}$$

Durch die daraus gebildeten Eigenfunktionen des Gesamt-Hamiltonoperators

$$\Psi_{n_1, n_2, \ldots, n_N}(\xi_1, \xi_2, \ldots, \xi_N) := \Phi_{n_1}(\xi_1) \cdot \Phi_{n_2}(\xi_2) \cdots \Phi_{n_N}(\xi_N), \tag{6.4.5}$$

wird eine Basis des Produkthilbertraumes (6.1.2) aufgespannt. Dies gilt mathematisch auch dann noch, wenn man zu (6.4.2) einen Wechselwirkungsterm $V(1, 2, \ldots, N)$ hinzunimmt.[10] Die Funktionen besitzen jedoch normalerweise keine der besprochenen Symmetrieeigenschaften bezüglich der Permutationen. Zu diesen gelangen wir erst durch Anwendung der gemäß (6.3.11) gebildeten Operatoren E.

So muß für *Fermionen* der Antisymmetrisierungsoperator E_A aus (6.3.16) benutzt werden. Wir erhalten

$$\Psi_A(\xi_1, \xi_2, \ldots, \xi_N) : \tag{6.4.6}$$

$$= \frac{1}{\sqrt{N!}} \sum_Q (-1)^Q Q \left[\Phi_{n_1}(\xi_1) \cdot \Phi_{n_2}(\xi_2) \cdots \Phi_{n_N}(\xi_N) \right]$$

Hier muß über alle $N!$ Permutationen von $(\xi_1, \xi_2, \ldots, \xi_N)$ summiert werden. Die Indexfolge $n_1, n_2, \ldots, n_N$ bleibt dabei fest. Nach der Definition einer Determinante kann man auch schreiben

---

[10]Die Funktionen (6.4.5) liefern in diesem Fall für nicht zu starke Wechselwirkungen auch physikalisch brauchbare Näherungen.

$$\Psi_A(\xi_1, \xi_2, \ldots, \xi_N) = \frac{1}{\sqrt{N!}} \begin{vmatrix} \Phi_{n_1}(\xi_1) & \Phi_{n_2}(\xi_1) & \ldots & \Phi_{n_N}(\xi_1) \\ \Phi_{n_1}(\xi_2) & \Phi_{n_2}(\xi_2) & \ldots & \Phi_{n_N}(\xi_2) \\ \cdot & \cdot & & \cdot \\ \cdot & \cdot & & \cdot \\ \cdot & \cdot & & \cdot \\ \Phi_{n_1}(\xi_N) & \Phi_{n_2}(\xi_N) & \ldots & \Phi_{n_N}(\xi_N) \end{vmatrix} \qquad (6.4.7)$$

Die rechte Seite ist als **Slater-Determinante** bekannt. Aufgrund bekannter Eigenschaften der Determinante kann man einen wichtigen physikalischen Schluß ziehen: Wenn zwei Spalten einer Determinate gleich sind, verschwindet sie. Dies tritt ein, wenn zwei der Φ_{n_i} identisch sind, d.h. zwei der Quantenzahlen n_i übereinstimmen. Daraus folgt das schon im Abschnitt 6.2 eingeführte

Paulische Ausschließungsprinzip

Von Fermionen kann jeder Quantenzustand höchstens einfach besetzt werden.

Die Folgerungen dieses Prinzips sind äußerst weitreichend. So sorgt es für die Fülle der verschiedenen Atomsorten, und damit die Existenz vieler Atome. Mit Wellenfunktionen der Form (6.4.7) konnten die Eigenschaften der Atome auf elektromagnetische Wechselwirkungen zurückgeführt und damit das periodische System der Elemente verstanden werden. Auch die Eigenschaften der kondensierten Materie benötigen das Pauli-Prinzip zu ihrer theoretischen Behandlung. Auf diese wichtigen Erfolge können wir in diesem Buch nicht eingehen und müssen auf die umfangreiche Lehrbuch-Literatur zur Kern-, Atom- und Festkörper-Physik verweisen.

Für **Bosonen** muß aus (6.4.5) die total symmetrische Wellenfunktion erzeugt werden

$$\Psi_S(\xi_1, \xi_2, \ldots, \xi_N) := \frac{1}{\sqrt{N!}} \sum_P P \left[\Phi_{n_1}(\xi_1) \cdot \Phi_{n_2}(\xi_2) \cdots \Phi_{n_N}(\xi_N) \right] \qquad (6.4.8)$$

man schreibt auch

$$\Psi_S(\xi_1, \xi_2, \ldots, \xi_N) =: \frac{1}{\sqrt{N!}} \begin{Vmatrix} \Phi_{n_1}(\xi_1) & \Phi_{n_2}(\xi_1) & \ldots & \Phi_{n_N}(\xi_1) \\ \Phi_{n_1}(\xi_2) & \Phi_{n_2}(\xi_2) & \ldots & \Phi_{n_N}(\xi_2) \\ \cdot & \cdot & & \cdot \\ \cdot & \cdot & & \cdot \\ \cdot & \cdot & & \cdot \\ \Phi_{n_1}(\xi_N) & \Phi_{n_2}(\xi_N) & \ldots & \Phi_{n_N}(\xi_N) \end{Vmatrix} \qquad (6.4.9)$$

womit aber nur im Schriftbild eine Analogie zur Slater-Determinante für Fermionen hergestellt wurde. Hier gilt natürlich kein Pauliprinzip sondern:

Bosonen können jeden Quantenzustand beliebig oft besetzen.

Auch diese Möglichkeit hat zu faszinierenden physikalischen Effekten geführt. So können in Bosonen-Systemen sämtliche Teilchen in den energetisch tiefsten Zustand gebracht werden, wo sie ein „kollektives" Verhalten zeigen. Die Phänomene der **Superfluidität** und der **Bose-Einstein Kondensation** beruhen darauf. Nachdem letztere vor einigen Jahren experimentell bei makroskopischen System gefunden wurde, erwartet man auch technologisch interessante Anwendungen. Der Nobelpreis 2001 hat inzwischen die experimentelle Leistung gewürdigt, die auf der Anwendung sehr kleiner Temperaturen und ausgefeilter Lasertechnik beruhen.

Die Unterschiede der **statistischen Eigenschaften von Bosonen und Fermionen** wollen wir durch die Analyse der Verteilung der Teilchenzahlen in einem Wärmebad beschreiben. Ein solches Wärmebad erzeugt ein statistisches Gemisch, das nach Band 1, Abschnitt 3.15, durch einen statistischen Operator beschrieben wird. Liegt eine Temperatur T und ein chemisches Potential μ vor, so lautet dieses Operator

$$\varrho(T, \mu) = \frac{1}{Z}\, e^{-\beta\,(H - \mu\,N)} \tag{6.4.10}$$

wobei N wie üblich den Teilchenzahl-Operator bezeichnet und $\beta = \dfrac{1}{k\,T}$ von der reziproken absoluten Temperatur abhängt. Z sorgt für die Normierung von ϱ und wird durch die Spur

$$Z = Sp(e^{-\beta\,(H - \mu\,N)}) \tag{6.4.11}$$

gegeben. Wir wollen die Folgerungen der beiden Symmetrie-Klassen für die mittleren Teilchenzahlen bei einer Energie E berechnen. Dazu müssen wir nach der allgemeinen Regel (1.2.6) für Erwartungswerte die folgende Spur

$$n(T, \mu) = Sp(N\,\varrho(T, \mu))$$

auswerten. Bezeichnen wir mit $|\,m\,\rangle$ den Zustand mit m Teilchen, dann lautet unsere Aufgabe: Berechne

$$n(T, \mu) = \frac{\displaystyle\sum_m m\, e^{-\beta\,(E_m - \mu\,m)}}{\displaystyle\sum_m e^{-\beta\,(E_m - \mu\,m)}}\,, \tag{6.4.12}$$

wobei $E_m = m\,E$ die Energie des m-Teilchenzustandes ist. Dieser Ausdruck gilt sowohl für Bosonen als auch für Fermionen. Unterschiedlich ist jedoch, über welche Teilchenzahlen summiert werden muß.

Am einfachsten sind die Summen für Fermionen auszuwerten, denn hier läuft m nur über $m = 0$ und $m = 1$. Man erhält

$$n(T, \mu)_{\text{Fermi}} = \frac{e^{-\beta\,(E - \mu)}}{1 + e^{-\beta\,(E - \mu)}} = \frac{1}{e^{\beta\,(E - \mu)} + 1} \tag{6.4.13}$$

Für die Bosonen laufen die Summen von $m = 0$ bis $m = \infty$. Man muß die geometrische Reihen

$$\sum_0^\infty x^m = \frac{1}{x-1} \quad \text{und} \quad \sum_0^\infty m\, x^m = \frac{x}{(1-x)^2}$$

verwenden, mit $x = e^{-\beta\,(E-\mu)}$, und erhält

$$n(T,\mu)_{\text{Bose}} = \frac{1}{e^{\beta\,(E-\mu)} - 1} \tag{6.4.14}$$

Die Verteilungen für Bosonen und Fermionen unterscheiden sich nur durch ein „kleines" Vorzeichen, aber dies hat große Konsequenzen. Wir illustrieren dies in den folgenden beiden Abbildungen. Zunächst zeigen wir Fermiverteilungen in der Abbildung 6.9 für 2 verschiedene Temperaturen, wobei die kleinere Temperatur (ausgezogene Linie) um einen Faktor 2 kleiner als die höhere (gestrichelte Linie) ist. Die mittlere Teilchenzahl ist immer ≤ 1, wie es das Pauliprinzip fordert. Die Energieskala ist willkürlich gewählt, allerdings ist das chemische Potential $\mu = 1$ gesetzt worden. Nur bei kleinen Energien nähert sich die Teilchenzahl der Eins, für sehr große Energien sorgen die thermischen Fluktuationen für eine Aufteilung der Energie auf immer mehr Teilchen, so daß die Energie pro Teilchen gegen Null strebt. Bei $E = \mu$ ist die Verteilung T-unabhängig gleich $1/2$. Bei sehr kleinen Temperaturen springt sie von 1 für $E < \mu$ auf 0 für $E > \mu$. Wegen dieser ausgezeichneten Rolle wird μ auch **Fermi-Energie** oder **Fermi-Kante** genannt.

Die Bosonen-Verteilung zeigt Abbildung 6.10, wobei $\mu = 0$ gesetzt wurde. Die Skalen für die Energie und die Teilchenzahl sind die gleichen wie für die Fermionen. Daher beachte man die unterschiedlichen Größenordnungen: Die Energien sind um eine Größenordnung kleiner; vor allem sind die Teilchenzahlen bei kleinen Energien um mehr als ein Faktor 100 größer. Im Grenzfall $E \to 0$ divergiert die Funktion. Mit kleiner werdender Temperatur wird die Spitze bei $E = 0$ immer ausgeprägter; innerhalb eines kleinen Energie-Intervalls befinden sich fast sämtliche Teilchen. Wegen dieser Tatsache spricht man von „Bose-Einstein-Kondensation". Man beachte aber, daß es sich um eine Konzentration im Impuls bzw. der Energie handelt und nicht ohne weiteres auf eine räumliche Konzentration übertragen werden kann.

Zum Abschluß dieses Abschnitts müssen wir die Frage behandeln, ob die Alternative „symmetrisch oder antisymmetrisch", die ja eine Voraussetzung für das Spin-Statistik Theorems war, wirklich gilt. Es läßt sich a priori nicht ausschließen, daß Messungen die quantenmechanischen Zustände nicht eindeutig festlegen.[11] In diesem Falle kommen die mehr-dimensionalen Darstel-

---

[11]Es sei an spekulative Theorien hingewiesen, die mehr als 3 räumliche Dimensionen zulassen. Die Eigenschaften von physikalischen Objekten können von ihrem Verhalten in den höheren Dimensionen abhängen, was natürlich nicht beobachtbar ist.

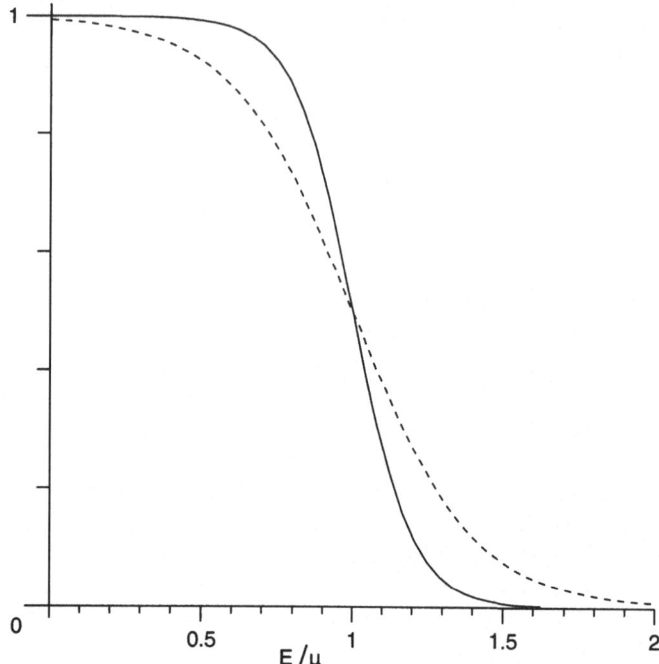

Abb. 6.9. Die mittlere Teilchenzahl von Fermionen für 2 Temperaturen. Der Energiemaßstab ist willkürlich gewählt, aber $\mu = 1$. Die gestrichelte Linie zeigt die Verteilung bei einer höheren Temperatur, die um einen Faktor 2 höher als die für die ausgezogene Linie.

lungen von $\mathcal{S}_N$ ins Spiel. In der Tat konnte 1953 H.S. Green eine Theorie entwickeln, die sich nicht auf die eindimensionalen Darstellungen beschränkt und die gemischte Permutations Symmetrien zuläßt.[12] Sie hat zu einer langen, noch heute während en Diskussion Anlaß gegeben und zu dem Begriff **Para-Teilchen** (para=abweichend) geführt. So werden allgemein Teilchen bezeichnet, für die mehrdimensionale Darstellungen der Permutationsgruppe auftreten können. In die so entstandene Vielfalt der Möglichkeiten kann man durch Einführung der folgenden Begriffe eine Ordnung einführen:

Para-Fermionen des Ranges r sind identische Teilchen, deren Zustände Permutations Eigenschaften besitzen, die durch Young-Diagramme mit maximal r Spalten beschrieben werden.

Para-Bosonen des Ranges r werden analog durch Young-Diagramme mit maximal r Zeilen gekennzeichnet.

---

[12]H.S.Green, Phys.Rev.**90** (1953) 270. A Generalized Method of Field Quantization.

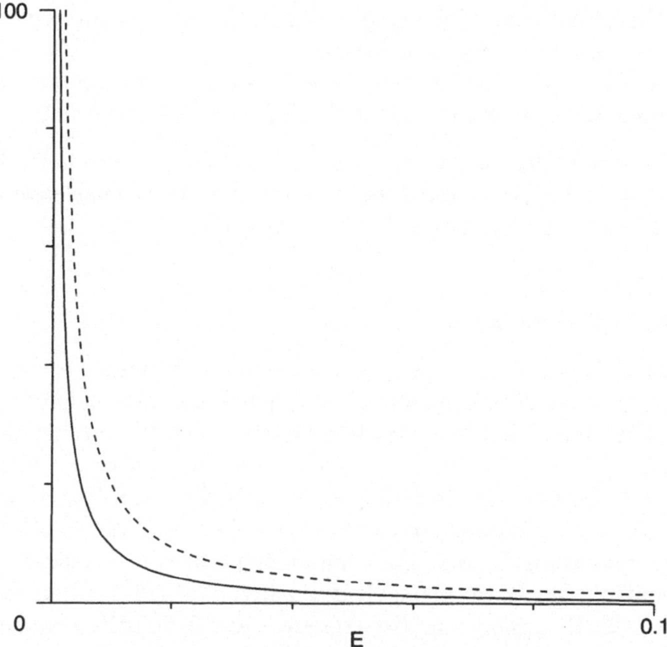

Abb. 6.10. Bose-Verteilungen für 2 Temperaturen. Der Energie Maßstab ist willkürlich, aber um einen Faktor 10 von dem der Fermionen unterschieden. Gestrichelte und ausgezogene Linie wie in Abbildung 6.9

Offenbar ist ein gewöhnliches Fermion ein Para-Fermion von Rang 1, ein gewöhnliches Boson ein Para-Boson vom Rang 1. In Verallgemeinerung des Paulischen Theorems konnte bewiesen werden, daß Para-Fermionen halbzahligen Spin und Para-Bosonen ganzzahligen Spin haben müssen.[13] An dieser Stelle wollen wir nur auf die *Para-Fermionen* eingehen. Für sie gilt das

Verallgemeinerte Pauli-Prinzip:
Bei Parafermionen des Ranges r dürfen sich höchstens r Teilchen im gleichen Quantenzustand befinden.

Aufgrund dieser Tatsache lassen sich Para-Fermionen auch folgendermaßen beschreiben: Man führt eine *verborgene Quantenzahl* ζ ein, die die Werte $1, 2, ..., r$ annehmen kann. Mit ihr ist es dann möglich, Para-Fermionen des Ranges r als gewöhnliche Fermionen bezüglich des Quantenzahl-Paares $((n, \zeta))$ anzusehen, das ja für gleiches n r verschiedene Werte hat. Damit haben wir eine Kennzeichnung von Para-Fermionen als normale Fermionen

---

[13]Für eine elementare Beschreibung, die sich direkt an die vorausgegangenen Bemerkungen anschließt, und auf ausführliche Literaturzitate sei verwiesen auf
H.Rollnik, Was ist Parastatistik, Physikalische Blätter, **33** (1977) 70-73.

erreicht. Wir können sämtliche Ergebnisse übertragen, wenn wir nur die verborgene Quantenzahl ζ berücksichtigen.

Gibt es solche Teilchen in der Natur? Bei der Antwort auf diese Frage hilft folgender Erhaltungssatz, der sich allgemein beweisen läßt:

> *Jede Teilchenreaktion ist verboten, bei der außer normalen Teilchen (Fermionen, Bosonen) auf beiden Seiten der Reaktionsgleichung insgesamt eine ungerade Anzahl von Para-Teilchen auftritt.*

So ist z.B.

$$A + B \longrightarrow C + \text{Para},$$

mit normalen Teilchen A, B, C nicht erlaubt. Aufgrund dieses Erhaltungssatzes kann ausgeschlossen werden, daß irgendeines der vielen beobachteten Teilchen - Leptonen,Photonen, Hadronen, etc. - ein Para-Teilchen ist.

Für bisher nicht beobachtete Teilchen und für prinzipiell nicht als freie Teilchen beobachtbare Objekte dagegen kann die Para-Natur nicht ausgeschlossen werden. Insbesondere wissen wir heute, daß die Quarks Para-Fermionen vom Rang 3 sind. Dies hängt eng mit der Tatsache zusammen, daß zur Deutung des Hadronenspektrums angenommen werden muß, daß die Baryonen – die Protonen und Neutronen – aus 3 Quarks zusammengesetzt sind. Murray Gell-Mann wurde so zur Erfindung der verborgenen Quantenzahl **Farbe** für die Quarks geführt, die drei diskrete Werte

BLAU   GRÜN   ROT

annehmen kann. Aufgrund dieses *Colour*-Freiheitsgrades spricht man auch von farbigen Quarks.[14]

Darüber hinaus sind die Parafermionen zu einem festen Bestandteil der theoretischen Literatur geworden. Man betrachtet sie im Zusammenhang von verallgemeinerten Statistiken, aber auch im Rahmen von Stringtheorien.[15]

---

[14]Einzelheiten über die „Farbe" und ihrer physikalischen Bedeutung kann der Leser in jedem modernen Lehrbuch über Teilchenphysik finden, z.B.
David Griffiths, Einführung in die Elementarteilchenphysik, Akademie Verlag Berlin 1996.

[15]Für die derzeitige Diskussionen sollte der interessierte Leser in das web schauen, vgl. z.B. O.W. Greenberg, Theories of Violation of Statistics, hep-th/0007054.

7 Einführung
in die relativistische Quantentheorie

Beim systematischen Aufbau der Quantenmechanik haben wir deutlich die allgemeinen Prinzipien von denen unterschieden, die speziell für die nichtrelativistische Physik gelten. Die Abschnitte 1.1 bis 1.4 dieses Buches, die die Abschnitte 3.1 bis 3.8 des ersten Bandes zusammenfassen, haben sich mit den allgemeingültigen Gesetzen der Quantentheorie befaßt. Auf ihrer Basis kann das Grundgesetz der speziellen Relativitätstheorie auf direktem Wege in die Quantentheorie übertragen werden. Dazu muß man allerdings einen recht abstrakten Weg nehmen, den E.P. Wigner 1939 in einer durch mathematische Eleganz bestechenden Arbeit gefunden hat.

Die Unabhängigkeit der Lichtgeschwindigkeit vom Bewegungszustand eines Beobachters, wie sie sich im Michelson Versuch zeigt, wird in der speziellen Relativitätstheorie zu der Forderung verschärft, daß die physikalischen Grundgleichungen, unter der **Poincaré-Gruppe** ungeändert bleiben. Darin sind insbesondere die Lorentz-Transformationen enthalten, deren fundamentale Bedeutung für die Physik Albert Einstein erkannt hat. Nach dem allgemeinen Verfahren, Symmetrien in der Quantenmechanik zu behandeln, das im Abschnitt 3.7 des ersten Bandes entwickelt und im Abschnitt 1.2 zusammengefaßt wurde, muß die Poincaré-Gruppe im quantenmechanischen Hilbertraum durch unitäre Operatoren dargestellt werden. Dazu ist ein genaues Studium dieser Gruppe notwendig. Wir können dies hier nicht im Einzelnen verfolgen, so faszinierend er für das begriffliche Verständnis der modernen Physik ist,[1] sondern müssen uns im nächsten Abschnitt auf eine kurze Bemerkung über das wichtigste dabei gewonnene Ergebnis beschränken.

Wir werden mehr der historischen Entwicklung folgen, die auf den Arbeiten von P.A.M. Dirac aus dem Jahre 1928 beruht, deren Ergebnis, die **Dirac-Gleichung**, zu den „highest achievements of the twentieth century science" gerechnet wird.[2] Auf diese Weise werden wir wichtige physikalische Einsichten und Probleme der relativistischen Quantentheorie konkret begründen können. Allerdings werden wir dabei einen „Zick-Zack"–Weg schildern müssen, auf dem eine einfachere Gleichung, die Klein-Gordon-Gleichung, als physikalisch unsinnig zurückgewiesen wird, um nach einem langen Um-

---

[1]Für eine elementare Darstellung vgl.

H.Rollnik, Teilchenphysik, Band I, Bibliografisches Institut, Mannheim 1971.

[2]A.Pais, Inward Bound, Oxford University Press,1986, p.290.

weg schließlich in neuer Deutung voll rehabilitiert zu sein. Diese komplizierte Entwicklung hat einen tiefliegenden Grund darin, daß das Zusammenführen der Prinzipien von Relativitäts- und Quantentheorie notwendig zur Einführung von Mehrteilchensystemen führt, die grundsätzlich unendlich viele Teilchen enthalten. Die systematische Behandlung solcher Systeme wird in der Quantenfeldtheorie gegeben, so daß wir letztlich über die Quantenmechanik im engeren Sinne hinausgeführt werden.[3]

7.1 Erinnerung an die spezielle Relativitätstheorie, das Problem einer relativistischen Schrödingergleichung

Nach der speziellen Relativitätstheorie sind alle Inertialsysteme, d.h. Systeme, die sich relativ zueinander mit konstanter Geschwindigkeit bewegen, physikalisch gleichberechtigt. Die Übergänge zwischen derartigen Systemen werden durch die **Lorentz-Transformationen** bestimmt, die das Prinzip von der Konstanz der Lichtgeschwindigkeit erfüllen.[4]

Zur ihrer Definition müssen die Raum-und Zeit-Koordinaten eines Punktes zu vierdimensionalen Vektoren, zu **Vierervektoren** zusammengefaßt werden

$$\begin{pmatrix} c\,t \\ r \end{pmatrix}, \tag{7.1.1}$$

die wir generisch mit

$$x$$

bezeichnen werden. Ferner müssen wir zwischen ihren **kontravarianten Komponenten** x^{μ} und ihren **kovarianten Komponenten** x_{μ} unterscheiden, wobei der Index μ über die 4 Werte $\mu = 0, 1, 2, 3$ läuft. Dabei werden die ersteren durch

$$x^0 := c\,t$$
$$x^k := (r)_k \text{ mit } k = 1, 2, 3$$

definiert, wobei die räumlichen Komponenten durch die üblichen kartesichen Komponenten des Ortsvektors $(r)_k$ gegeben werden. In dem so eingeführten 4-dimensionalen Vektorraum wird eine Metrik durch den Viererabstand

$$x^2 := (x^0)^2 - \boldsymbol{x}^2 \tag{7.1.2}$$

---

[3]Für eine systematische Einführung, die direkt im Anschluß an dieses Buch studiert werden kann, vgl.

Steven Weinberg, The Quantum Theory of Fields, 2 Volumes, Cambridge 1995/6.

[4]Für eine ausführliche Einführung sei das Buch von

Hanns und Margret Ruder, Die spezielle Relativitätstheorie, Vieweg Verlag 1993 nachdrücklich empfohlen.

definiert. Das Minuszeichens in der letzten Gleichung ist für das **Prinzip der Konstanz der Lichtgeschwindigkeit** notwendig: Wenn der Punkt x mit dem Ursprung durch einen Lichtstrahl verbunden werden kann, gilt

$$|x| = c\,t = x^0$$

so daß für die Metrik (7.1.2) verschwindet

$$x^2 = 0$$

Bei physikalisch erlaubten Transformationen darf sich dieser Wert nicht ändern.

Es handelt sich also um eine **indefinite Metrik**. Um sie bequem behandeln zu können, helfen die kovarianten Komponenten x_μ, die wir durch

$$x_0 := x^0$$
$$x_k := -x^k$$

definieren. Sie lassen sich in ihrer geometrischen Bedeutung besser mit Hilfe des folgenden **metrischen Tensors**

$$g = (g_{\mu\nu}) = \begin{pmatrix} 1 & 0 & 0 & 0 \\ 0 & -1 & 0 & 0 \\ 0 & 0 & -1 & 0 \\ 0 & 0 & 0 & -1 \end{pmatrix} \tag{7.1.3}$$

angeben[5]

$$x_\mu = g_{\mu\nu}x^\nu \tag{7.1.4}$$

Damit kann (7.1.2) auch geschrieben werden als

$$x^2 = g_{\mu\nu}x^\mu x^\nu = x_\mu x^\mu \tag{7.1.5}$$

Ein vierdimensionaler Vektorraum mit der durch (7.1.5) definierten Metrik wird **Minkowski-Raum** genannt. Aufgrund der Indefinitheit der Metrik erhält er eine besondere Struktur. Man kann je nach dem Vorzeichen von (7.1.2) drei Klassen von Vektoren im Minkowski-Raum unterscheiden

$$\begin{aligned} &\text{Vektoren mit } x^2 > 0 \text{ heißen zeitartig} \\ &\text{Vektoren mit } x^2 = 0 \text{ heißen lichtartig} \\ &\text{Vektoren mit } x^2 < 0 \text{ heißen raumartig} \end{aligned} \tag{7.1.6}$$

Bei zeitartigen Vektoren sind die absoluten Werte der Zeit-Komponente größer als die Raum-Komponenten, bei raumartigen ist es umgekehrt.

Nach diesen Vorbereitungen können **Lorentz-Transformationen** in folgender Weise eingeführt werden:

---

[5]Es wird die Einstein'sche Summenkonvention in folgender Form verwendet: Über gleichlautende Paare von griechischen ko- und kontra-varianten Indizes muß von 0 bis 3 summiert werden.

Sie sollen Abbildungen der 4-Vektoren

$$x \mapsto x'$$

sein, die Inertialsysteme miteinander verbinden, d.h kräftefreie Bewegungen sollen wieder in kräftefreie Bewegungen übergehen. Mathematisch werden solche Bewegungen durch „Geraden" in der 4-dimensionalen Raum-Zeit beschrieben. Die sie beschreibenden linearen Ausdrücke müssen bei der Transformation linear bleiben. Daher müssen Lorentz-Transformationen lineare Transformation der Koordinaten sein

$$x^\mu = \Lambda^\mu{}_\nu x^\nu, \tag{7.1.7}$$

Kurz schreibt man auch

$$\boxed{x' = \Lambda\, x} \tag{7.1.8}$$

mit einer 4×4 Matrix Λ. Die Lichtgeschwindigkeit bleibt ungeändert, wenn (7.1.7) den Viererabstand (7.1.5) invariant läßt, also

$$x^2 = x'^2 \tag{7.1.9}$$

gilt. Mit Hilfe des metrischen Tensors g und der transponierten Matrix Λ^T läßt sich diese Bedingung in die Form[6]

$$\boxed{\Lambda^T\, g\, \Lambda = g} \tag{7.1.10}$$

bringen. Es liegt eine Verallgemeinerung der Orthogonalitätsbedingung

$$A^T\, A = 1$$

vor. Diese Bedingung wird speziell von Matrizen der Gestalt

$$\begin{pmatrix} \cosh\chi & -\sinh\chi & 0 & 0 \\ -\sinh\chi & \cosh\chi & 0 & 0 \\ 0 & 0 & 1 & 0 \\ 0 & 0 & 0 & 1 \end{pmatrix} \tag{7.1.11}$$

erfüllt, wobei die Hyperbelfunktionen wegen des Minus Zeichen in der Metrik auftreten müssen. Diese Matrix beschreibt die sog. „spezielle Lorentz-Transformation", die Einstein in seiner Arbeit im Jahre 1905 in die Physik eingeführt hat. Explizit lautet sie

$$x^{0\,\prime} = \cosh\chi\, x^0 - \sinh\chi\, x^1$$
$$x^{1\,\prime} = -\sinh\chi\, x^0 + \cosh\chi\, x^1$$

---

[6]Zur Begründung schreibt man die Metrik (7.1.5) mit Hilfe des transponierten –Zeilen(!)– Vektors $x^T = (x^0, .., x^3)$ und der Matrix g um in $x^2 = x^T g\, x$. Damit folgt aus der Invarianz-Bedingung (7.1.9) für die Matrix Λ

$$x^2 = x^T g\, x = x'^T g\, x' = x^T \Lambda^T g \Lambda\, x$$

Da diese Bedingung für alle Vektoren x gelten muß, ergibt sich die Behauptung.

Daraus entnimmt man, daß sich der räumliche Ursprung im gestrichenen System, $x^{1\,\prime} = 0$ mit der Geschwindigkeit

$$\frac{x^1}{x^0} = \tanh\chi = \frac{v}{c} =: \beta \tag{7.1.12}$$

in der x^1-Richtung bewegt. χ bestimmt also die relative Schnelligkeit der Systeme und wird **Rapidität** genannt. Es folgt

$$\cosh\chi = \frac{1}{\sqrt{1 - \left(\dfrac{v}{c}\right)^2}} =: \gamma \tag{7.1.13}$$

$$\sinh\chi = \frac{\dfrac{v}{c}}{\sqrt{1 - \left(\dfrac{v}{c}\right)^2}} = \beta\gamma \tag{7.1.14}$$

wobei die Größen γ und β in der üblichen Weise eingeführt wurden. Damit erhält man die bekannte Form der speziellen Lorentz-Transformationen

$$x^{1\prime} = \gamma\,(x^1 - \beta\,x^0), \quad x^{0\prime} = \gamma\,(x^0 - \beta\,x^1) \tag{7.1.15}$$

Heute werden diese Transformationen **Boost's** genannt und ihre Matrix mit

$$B(\boldsymbol{v}) \tag{7.1.16}$$

bezeichnet, wobei die Geschwindigkeit $\boldsymbol{v}$ in eine beliebige Richtung zeigen kann. (7.1.11) ist damit ein Boost in 3-Richtung

$$B(v\,\boldsymbol{e}_3)$$

Wir merken – ohne Beweis – an: Jede Lorentz-Transformation läßt sich als Produkt eines Boosts mit einer räumlichen Drehung darstellen:

$$\Lambda = B(\boldsymbol{v})\,R(\boldsymbol{\theta}) \tag{7.1.17}$$

Nimmt man zu den Lorentz-Transformationen (7.1.8) die zeitlichen und räumlichen Translationen

$$x^\mu = x^\mu + a^\mu \tag{7.1.18}$$

hinzu, oder kurz

$$x' = x + a$$

wobei

$$a = \begin{pmatrix} a^0 \\ \boldsymbol{a} \end{pmatrix} \tag{7.1.19}$$

ein beliebiger Vierervektor ist, so erhält man

$$\boxed{x' = \Lambda\,x + a \text{ mit } \Lambda^T g\,\Lambda = g} \tag{7.1.20}$$

Die so definierte Symmetriegruppe ist für die spezielle Relativitätstheorie kennzeichnend und wird **inhomogene Lorentzgruppe** oder **Poincarégruppe** genannt.

Der in der Einleitung erwähnte allgemeine Zugang zur relativistischen Quantentheorie ist nun folgendermaßen möglich: Nach Abschnitt 1.2 des ersten Kapitels bzw. Abschnitt 3.7 des ersten Bandes muß die Poincarégruppe als Symmetriegruppe im Hilbertraum der quantenmechanischen Zustände durch unitäre Operatoren dargestellt werden

$$(\Lambda, a) \mapsto U(\Lambda, a). \tag{7.1.21}$$

Es ergibt sich die Aufgabe, die irreduziblen (unitären) Darstellungen der Poincarégruppe zu bestimmen. Dieses Problem wurde wie erwähnt von E. Wigner gelöst. Er erhielt als Ergebnis den

Wignerschen Satz
Für jede reelle Zahl $m > 0$ und jedes $j = 0, \frac{1}{2}, 1, \frac{3}{2}, \dots$ gibt es eine durch (m, j) gekennzeichnete irreduzible Darstellung der Poincarégruppe.

Die Quantenzahlen m und j können als Masse und Spin eines Teilchens interpretiert werden.

Wie bereits oben gesagt, wollen wir uns in diesem Buch an die historische Entwicklung halten und fragen nach einer Schrödingergleichung, die die Lorentzkovarianz erfüllt, also unter den Transformationen (7.1.20) ihre Form behält.

Offensichtlich können wir nicht von der bekannten Form der allgemeinen Schrödingergleichung[7]

$$i\hbar \frac{d}{dt} | \Psi_S(t) \rangle = H(\boldsymbol{P}, \boldsymbol{Q}) | \Psi_S(t) \rangle$$

oder von der Heisenbergschen Bewegungsgleichung

$$\frac{d}{dt} A_H(t) = \frac{i}{\hbar} [H(\boldsymbol{P}, \boldsymbol{Q}), A_H(t)]$$

ausgehen, denn in beiden Gleichungen treten Zeit t und Ort $\boldsymbol{Q}$ völlig unsymmetrisch auf

t als c-Zahl,

$\boldsymbol{Q}$ als hermitescher Operator

Wir erreichen eine Symmetrie zwischen Raum und Zeit nur dann, wenn entweder

---

[7]Für diese Gleichungen vgl. den Abschnitt 1.4 der Einleitung.

t zum Operator

oder

Q zum c-Zahl-Vektor

wird. Im ersten Fall müßte man analog zu

$$[P_j, Q_k] = \frac{\hbar}{i}\delta_{jk}$$

die Gültigkeit des Kommutators

$$[H, t] = \frac{\hbar}{i}$$

fordern. Wie man jedoch durch entsprechend der im Abschnitt 3.9 des ersten Bandes durchgeführten Rechnungen erkennt, müßte dann der Hamiltonoperator sämtliche reelle Zahlen, also auch alle negativen, als Spektrum besitzen. Dies steht im Widerspruch zur physikalischen Forderung, daß ein energetisch tiefster Zustand existieren, also das Spektrum von H nach unten beschränkt sein muß. Daher wählen wir die zweite Möglichkeit und betrachten Q als einen c-Zahl Vektor r. Dies erreichen wir dadurch, daß wir ausschließlich in der Ortsdarstellung arbeiten und Wellenfunktionen von der Gestalt

$$\Psi(x) = \Psi(x^0, x^1, x^2, x^3) = \Psi(c\,t, \boldsymbol{x})$$

verwenden. Dadurch können Ort und Zeit auf der gleichen Ebene behandelt werden.

Die der Schrödingergleichung entsprechende Differentialgleichung für $\Psi(x)$ muß den relativistischen Zusammenhang zwischen Energie und Impuls wiedergeben, d.h. sie muß garantieren, daß E und $\boldsymbol{p}$ die Komponenten eines 4-Vektors sind

$$(p^\mu) = \begin{pmatrix} \dfrac{E}{c} \\ \boldsymbol{p} \end{pmatrix} \tag{7.1.22}$$

Schon in der Wellenmechanik wurden Energie und Impuls durch die Korrespondenzen

$$E \longleftrightarrow i\hbar\frac{\partial}{\partial t}$$

$$\boldsymbol{p} \longleftrightarrow \frac{\hbar}{i}\boldsymbol{\nabla}_r$$

in die Quantentheorie übertragen. Diese Beziehungen entsprechen den Gleichungen von Planck und de Broglie

$$E = \hbar\,\omega$$

$$\boldsymbol{p} = \hbar\,\boldsymbol{k}$$

und weisen schon auf eine vierdimensionale Struktur hin. Um diese Korrespondenz in eine genaue kovariante Form zu bringen, müssen wir Dimensionen und Vorzeichen angleichen:

$$\frac{1}{c}E =: p_0 \longleftrightarrow i\hbar\frac{\partial}{\partial x^0}$$

$$-(\boldsymbol{p})_k =: p_k \longleftrightarrow -\frac{\hbar}{i}(\boldsymbol{\nabla}_{\boldsymbol{r}})_k, \qquad k = 1, 2, 3.$$

Jetzt verwenden wir die Tatsache, daß die Ableitungen nach den kontravarianten Koordinaten die kovarianten Komponenten eines Vierervektors bilden[8] und setzen

$$\partial_\mu := \frac{\partial}{\partial x^\mu} \quad (\mu = 0, 1, 2, 3) \tag{7.1.23}$$

Damit können wir die Korrespondenz zwischen Energie-Impuls und den Ableitungen nach Zeit und Raum in der folgenden kompakten Form schreiben

$$\boxed{p_\mu \longleftrightarrow i\hbar\,\partial_\mu} \tag{7.1.24}$$

Diese Entsprechung garantiert auch, daß beide Seiten sich unter Lorentz-Transformationen in gleicher Weise verhalten; sie ist also kovariant. Für den 4-Vektor p ist

$$p^2 = p_\mu\,p^\mu = \left(\frac{1}{c}E\right)^2 - \boldsymbol{p}^2$$

eine Lorentzinvariante. Da im Ruhsystem des Teilchen

$$E = m\,c^2 \text{ und } \boldsymbol{p} = 0$$

gilt, hat p^2 den Wert $(m\,c)^2$. Damit können wir zusammenfassend den Zusammenhang zwischen Energie, Impuls und Masse durch die Beziehung

$$\boxed{p_\mu p^\mu = p_0^2 - \boldsymbol{p}^2 = \left(\frac{E}{c}\right)^2 - \boldsymbol{p}^2 = (mc)^2} \tag{7.1.25}$$

formulieren. Löst man sie nach der Energie auf, so erhält man

$$E = \pm c\,\sqrt{\boldsymbol{p}^2 + (mc)^2}. \tag{7.1.26}$$

Diese Gleichung beschreibt für das positive Vorzeichen ein kräftefreies Teilchen der Masse m. Das Auftreten der negativen Wurzel bringt schwierige physikalische Probleme und wird uns noch ausführlich beschäftigen.

Mit der Relation (7.1.25) selbst haben wir zunächst keine Schwierigkeiten. Wenden wir die Korrespondenz (7.1.24) an, so werden wir auf

$$p_\mu p^\mu - (mc)^2 \longleftrightarrow \quad (i\hbar)^2\partial_\mu\partial^\mu - (mc)^2$$

$$= -\hbar^2\left[\partial_\mu\partial^\mu + \left(\frac{mc}{\hbar}\right)^2\right].$$

---

[8]Dies ergibt sich z.B. aus der Anwendung von $\frac{\partial}{\partial x^\mu}$ auf eine skalare Funktion von $x^2 = x^\nu x_\nu$: $\frac{\partial}{\partial x^\mu}f(x^2) = f'(x^2)\frac{\partial}{\partial x^\mu}(x^\nu x_\nu) = f'(x^2)2\,x_\mu$

geführt. Hier treten zeitliche und räumliche Ableitung symmetrisch im Wellenoperator auf:

$$\Box := \partial_\mu \partial^\mu = \frac{1}{c^2} \frac{\partial^2}{\partial t^2} - \Delta, \tag{7.1.27}$$

der auch als **d'Alembert-Operator** oder im „Laborjargon" als **Quabla-Operator** bekannt ist. Er tritt in der klassischen Physik als „Wellenoperator" in der Elektrodynamik auf, vgl. auch (2.9.4) im Abschnitt 2.9.1. Nach den vorangegangenen Überlegungen ist der relativistische Zusammenhang zwischen Energie und Impuls erfüllt, wenn für die Wellenfunktion $\Psi(x)$ die Differentialgleichung

$$\boxed{\left[\Box + \left(\frac{mc}{\hbar}\right)^2\right] \Psi(x) = 0} \tag{7.1.28}$$

gilt. Dies ist die schon aus dem ersten Kapitel des ersten Bandes bekannte **Klein-Gordon-Gleichung**. Bevor wir uns ausführlicher mit ihr befassen, wollen wir noch eine Zwischenbemerkung einfügen, die uns erlauben wird, die folgenden Gleichungen durch Wahl von natürlichen Einheiten beträchtlich zu vereinfachen.

7.1.1 Natürliche Einheiten

Messen bedeutet „Zählen, wie oft die Einheit in eine Größe hineinpaßt". Anzustreben ist dabei von einem prinzipiellen Standpunkt her der Gebrauch von fundamentalen Einheiten für Raum, Zeit und Masse, die aus den Grundgesetzen der Physik herrühren

$$\text{Elementarlänge} \quad l_0$$
$$\text{Elementarzeit} \quad t_0$$
$$\text{Elementarmasse} \quad m_0.$$

Nach einer Elementarlänge l_0 wird seit langem gesucht. Zeitweilig galt ein Radius

$$r_0 \approx 10^{-13} \text{cm}$$

als gute Größe, heute ist die Plancksche Länge aus Gleichung (2.10.1), nämlich

$$l_{\text{Planck}} = \sqrt{\frac{G_N \hbar}{c^3}} = 1,6 \cdot 10^{-33} \text{cm}$$

im Gespräch (G_N: Newtonsche Gravitationskonstante).[9] Aus der Planckschen Länge folgen als Einheiten für Zeit und Masse

---

[9]Diese Größen wurden von Max Planck im Jahre 1899 eingeführt, ein Jahr vor seinem berühmten Vortrag, in dem er die Konstante h in die Physik brachte. Sein Ziel war, physikalische Einheiten zu definieren, die nicht von den Eigenschaften

$$t_{\text{Planck}} = \sqrt{\frac{G_N \hbar}{c^5}} = 0.55 \, 10^{-43} \, \text{sec}$$

$$m_{\text{Planck}} = \sqrt{\frac{\hbar c}{G_N}} = 2.22 \, 10^{-5} \, \text{g}$$

Diese Einheiten sind für die „normale" Physik wenig brauchbar, spielen aber bei Diskussionen von Grundsatzproblemen eine wichtige Rolle, vgl. die Bemerkungen in der Einleitung zum Abschnitt 2.10.

Aber auch wenn man l_0 nicht explizit festlegt, kann man mit Hilfe der Lichtgeschwindigkeit c und der Planckschen Konstante $\hbar$ eine Einheit für t_0 und ebenso für m_0 festlegen

$$t_0 = \frac{l_0}{c} \quad \text{Elementarzeit} = \text{Zeit, die das Licht benötigt,}$$

$$\text{um } l_0 \text{ zu durchlaufen}$$

$$m_0 = \frac{\hbar}{l_0 c} \quad \text{Elementarmasse aus der Comptonbeziehung}$$

Wählt man l_0, t_0 und m_0 als Elementareinheiten, so gilt:

$$\text{Die Lichtgeschwindigkeit hat den Zahlenwert} \, c = 1$$

$$\text{Die Plancksche Konstante hat den Zahlenwert} \, \hbar = 1.$$

Über diese natürlichen Einheiten können alle Dimensionen auf die einer Länge, z.B. [cm], oder auf die einer Energie, z.B. [eV] zurückgeführt werden. Einige wichtige bekannte Beziehungen erhalten die folgende Form

$$E = \sqrt{\boldsymbol{p}^2 + m^2}$$

$$E = \omega$$

$$\boldsymbol{p} = \boldsymbol{k}$$

$$\text{Feinstrukturkonstante } \alpha = e^2$$

$$\text{Magnetisches Moment } \boldsymbol{\mu} = \frac{e}{2m} g_s \boldsymbol{S}$$

$$\left(\Box + m^2 \right) \Psi(x) = 0 \quad \text{Klein-Gordon-Gleichung}$$

7.2 Die physikalischen Probleme der Klein-Gordon-Gleichung

Die Klein-Gordon-Gleichung (7.1.28) erfüllt die Gesetze der speziellen Relativitätstheorie, enthält aber zwei fundamentale Probleme, ohne deren Bewältigung die Gleichung physikalisch unhaltbar ist.

---

unserer Erde abhängen, sondern für jedes Universum gelten können. Dabei verwendete er das Wiensche Gesetz über die Strahlungsdichte, in das –unausgesprochen– schon die Plancksche Konstante eingeht.

Das **erste Problem** erkennt man bei der Untersuchung der Lösungen der Differentialgleichung. Aus dem Ansatz

$$\Psi(x) = a \cdot e^{i(\boldsymbol{k}\boldsymbol{r} - \omega t)}$$
$$= a \cdot e^{-ik_\mu x^\mu}$$
$$\text{mit } k_\mu = \begin{pmatrix} \frac{\omega}{c} \\ -\boldsymbol{k} \end{pmatrix}$$

folgt durch Einsetzen in (7.1.28)

$$a\left[-k_\mu k^\mu + \left(\frac{mc}{\hbar}\right)^2\right] = 0$$

oder

$$k^2 = k_\mu k^\mu = \left(\frac{mc}{\hbar}\right)^2$$

und somit

$$\left(k^0\right)^2 = \boldsymbol{k}^2 + \left(\frac{mc}{\hbar}\right)^2$$
$$k^0 = \pm\sqrt{\boldsymbol{k}^2 + \left(\frac{mc}{\hbar}\right)^2}$$

Dies bedeutet: Wenn man die Plancksche Formel

$$E = \hbar\,\omega = \hbar\,k^0$$

zugrunde legt, läßt die Klein-Gordon-Gleichung negative Energien zu.[10]

Formal liegt das doppelte Vorzeichen darin begründet, daß die Klein-Gordon Gleichung von 2. Ordnung in der Differentiation nach der Zeit ist. Man könnte daran denken, durch *physikalische Verbotsschilder* die erlaubten Lösungen auf solche mit positivem k^0 einzuschränken. Solche Gewaltverfahren haben sich in der Physik nie bewährt. Konkret würde man nach der Einführung von Kraftwirkungen in Widersprüche geraten, wie wir im Abschnitt 7.10 am Falle der Dirac-Gleichung demonstrieren werden. Wir müssen daher alle Lösungen dieser Gleichung auf ihre physikalischen Konsequenzen hin untersuchen. Es stellt sich also das **Problem der Interpretation der negativen Energien**.

Das **zweite Problem** der Klein-Gordon-Gleichung ist weniger offensichtlich. Wir stoßen darauf, sobald wir die Funktion $\Psi(x)$ als Wahrscheinlichkeitsamplitude interpretieren wollen. Dies ist nur möglich, wenn eine Wahrscheinlichkeitsdichte $\varrho(x)$ und ein Wahrscheinlichkeitsstrom $\boldsymbol{j}(x)$ existieren, die die Kontinuitätsgleichung

$$\frac{\partial}{\partial t}\varrho + \operatorname{div}\boldsymbol{j} = 0 \tag{7.2.1}$$

---

[10]Tatsächlich hat man zunächst nur negative Frequenzen erhalten! Vgl. dazu die Bemerkungen auf Seite 335.

erfüllen, denn nur so wird garantiert, daß keine Wahrscheinlichkeit verloren geht.[11] Da wir hier eine kovariante Gleichung behandeln, bringen wir sie mit

$$j^0(x) \; := \; c\varrho(x),$$

und

$$j^\mu(x) \; := \; \begin{pmatrix} j^0(x) \\ \boldsymbol{j}(x) \end{pmatrix}$$

in eine kovariante Form

$$\frac{\partial}{\partial x^\mu} j^\mu = \partial_\mu j^\mu = 0. \tag{7.2.2}$$

(7.2.1) und (7.2.2) entsprechen in Form und Inhalt dem differentiellen Erhaltungssatz der Ladung in der Elektrodynamik.

Nichtrelativistisch gilt

$$\varrho_{\mathrm{nr}} = \Psi^*\Psi, \tag{7.2.3}$$

$$\boldsymbol{j}_{\mathrm{nr}} = \frac{\hbar}{2mi} \left[\Psi^* \overset{\leftrightarrow}{\nabla} \Psi \right], \tag{7.2.4}$$

und so erwarten wir auch in unserem Fall bilineare Ausdrücke in Ψ für ϱ und $\boldsymbol{j}$. Man kann jedoch nachprüfen, daß die durch (7.2.3) definierte Dichte keine Kontinuitätsgleichung erfüllt, wenn Ψ der Klein-Gordon-Gleichung genügt. Dies war vorauszusehen, da j^μ ein Vierervektor sein muß, damit (7.2.2) in allen Lorentzsystemen seine Gültigkeit behält. Diese Eigenschaft ist mit (7.2.3) jedoch nicht gegeben. Denn diese Gleichung definiert eine skalare Größe und nicht die Zeit-Komponente eines 4-Vektors. Die Forderung nach einem Vierervektor legt aber nahe, vom Ausdruck (7.2.4) auszugehen. Denn die hier auftretenden räumlichen Ableitungen lassen sich leicht zu einem Vierervektor verallgemeinern

$$\boxed{\; j^\mu := \frac{i\hbar}{2m} \Psi^* \overset{\leftrightarrow}{\partial^\mu} \Psi \;} \tag{7.2.5}$$

wobei die Abkürzung

$$A^* \overset{\leftrightarrow}{\partial^\mu} B := A^* (\partial^\mu B) - (\partial^\mu A^*) B \tag{7.2.6}$$

verwendet wurde. Aus

$$\partial_\mu j^\mu = \frac{i\hbar}{2m} \partial_\mu \left(\Psi^* \overset{\leftrightarrow}{\partial^\mu} \Psi \right)$$

$$= \frac{i\hbar}{2m} \left[(\partial_\mu \Psi^*)(\partial^\mu \Psi) + \Psi^*(\partial_\mu \partial^\mu \Psi) - (\partial_\mu \partial^\mu \Psi^*)\Psi - (\partial_\mu \Psi^*)(\partial^\mu \Psi) \right]$$

$$= \frac{i\hbar}{2m} \left[\Psi^* (\Box \Psi) - (\Box \Psi^*)\Psi \right]$$

---

[11]Vgl. Abschnitt 1.6.3 des ersten Bandes; die dortigen Gleichungen (1.1.17) ff können direkt übertragen werden, wenn man „Materiedichte" durch „Wahrscheinlichkeitsdichte" ersetzt.

ersehen wir: Wenn Ψ die Klein-Gordon-Gleichung erfüllt, verschwindet die rechte Seite und die Kontinuitätsgleichung für (7.2.2) gilt tatsächlich.

Der Vierervektor (7.2.5) enthält nun aber das zweite angekündigte Problem. Betrachten wir die zeitartige Komponente ϱ von j^μ

$$
\begin{aligned}
\varrho &= \frac{1}{c} j^0 \\
&= \frac{i\hbar}{2mc} \Psi^* \overset{\leftrightarrow}{\partial^0} \Psi \\
&= \frac{i\hbar}{2mc} \left[\Psi^* \frac{\partial\Psi}{\partial t} - \frac{\partial\Psi^*}{\partial t} \Psi \right]
\end{aligned}
\tag{7.2.7}
$$

Sie kann positiv oder negativ sein, je nach den Werten von Ψ und $\dfrac{\partial\Psi}{\partial t}$. Da die Klein-Gordon-Gleichung eine partielle Differentialgleichung 2. Ordnung vom hyperbolischen Typ ist, besteht die Möglichkeit, zu einem Anfangszeitpunkt, etwa $t = 0$, die Funktionen

$$
\Psi(\boldsymbol{x}, t = 0) \quad \text{und} \quad \frac{\partial\Psi(\boldsymbol{x}, t = 0)}{\partial t}
$$

beliebig vorzugeben und dadurch insbesondere auch negative Werte für $\varrho(\boldsymbol{x}, t = 0)$ zu erreichen. Mit der Interpretation von ϱ als Wahrscheinlichkeitsdichte würde dies dazu führen, daß die Theorie negative Wahrscheinlichkeiten erlaubte. Es stellt sich also das **Problem der indefiniten Wahrscheinlichkeitsdichte**.

Die Lösung der beiden Probleme weist die erwähnte verschlungene historische Entwicklung auf, die schlagwortartig wie folgt zusammengefaßt werden kann:

- 1928:
  Dirac „erfindet" die Dirac-Gleichung, deren Wahrscheinlichkeitsdichte ϱ_{Dirac} positiv ist; es existieren aber negative Energien.[12]
- 1930:
  Dirac löst mit Hilfe der Löchertheorie das Problem der negativen Energien, mit denen die Existenz von Antiteilchen in Verbindung gebracht wird.[13]
- 1934:
  Pauli und Weißkopf geben eine neue Deutung der Klein-Gordon-Gleichung: Diese ist die Feldgleichung für ein geladenes Feld mit Spin 0. ϱ stellt die Ladungsdichte dar. Die Energie wird nicht durch k^0 sondern durch $\frac{1}{2}\int[|\boldsymbol{\nabla}\Psi|^2 + m^2|\Psi|^2]\, d^3r$, bzw. durch $E = \hbar\,|\omega|$ gegeben und ist daher per definitionem positiv.[14]

---

[12]Proc. Roy. Soc. **A 117**, 610-628.

[13]Proc. Cambridge Phil. Soc. **26**, 376-381.

[14]Helv. Phys. Acta **7**, 709–734.

- 1934:
  Auch die Dirac-Gleichung wird feldtheoretisch neu gedeutet: Sie bestimmt nicht mehr eine Wahrscheinlichkeitsamplitude, sondern den Feldoperator für ein Spin-$\frac{1}{2}$-Feld. ϱ_{Dirac} wird indefinit und beschreibt eine Ladungsdichte.

Wir werden im folgenden die ersten beiden Schritte ausführlich darstellen. Für alle weiteren muß auf die Quantenfeldtheorie verwiesen werden.

7.3 Der Weg zur Dirac-Gleichung

Dirac ging 1928 auf seiner Suche nach einer partiellen Differentialgleichung für Ψ mit einer positiven Wahrscheinlichkeitsdichte davon aus, daß die Schwierigkeit in (7.2.7) dadurch entstanden ist, daß man (7.2.4) verallgemeinerte. Diese Gleichung kann ihrer Natur nach kein bestimmtes Vorzeichen festlegen. Wenn man dagegen (7.2.3) zugrunde legen könnte, wäre das Problem vielleicht lösbar. Dazu benötigt man jedoch eine partielle Differentialgleichung erster Ordnung, denn die Möglichkeit, $\varrho = \Psi^* \Psi$ zu setzen, ist mit der Tatsache verbunden, daß in der nichtrelativistischen Schrödingergleichung die zeitliche Ableitung in erster Ordnung auftritt. Die Aufgabe kann man also wie folgt formulieren:

Gesucht wird eine Differentialgleichung für $\Psi(x)$ von nur erster Ordnung, die zur richtigen Energie-Impuls-Beziehung

$$p_\mu p^\mu = \frac{E^2}{c^2} - \boldsymbol{p}^2 = (m\,c)^2$$

führt.

Die Betrachtungen im Zusammenhang mit der Klein-Gordon-Gleichung haben gezeigt, daß man dieses Problem für eine einfache skalare Wellenfunktion Ψ nicht lösen kann. Das Entscheidende an Diracs Idee liegt darin, eine mehrkomponentige Größe

$$\Psi(x) = \begin{pmatrix} \Psi_1(x) \\ \Psi_2(x) \\ \cdot \\ \cdot \\ \cdot \\ \Psi_n(x) \end{pmatrix} \tag{7.3.1}$$

einzuführen. Die Verallgemeinerung der positiv definiten Dichte (7.2.3) wird dann durch die Summe

$$\varrho(x) := \sum_{\alpha=1}^{n} \Psi_\alpha^*(x)\Psi_\alpha(x) \tag{7.3.2}$$

gegeben. Die allgemeinste Form einer Differentialgleichung erster Ordnung für dieses $\Psi(x)$ lautet[15]

$$\sum_{\beta=1}^{n} \left[i\gamma_{\alpha\beta}^{\mu}\partial_{\mu} - m\Gamma_{\alpha\beta} \right] \Psi_{\beta}(x) = 0 \text{ für } \alpha = 1, 2, \ldots, n \tag{7.3.3}$$

Hierbei sind die

$$\gamma_{\alpha\beta}^{\mu} \text{ und } \Gamma_{\alpha\beta} \qquad \mu = 0, 1, 2, 3; \alpha, \beta = 1, 2, \ldots, n$$

zunächst unbekannte Koeffizienten. Wir nehmen sie als konstant an, da wir an diesem Punkt der Überlegungen ein kräftefreies Teilchen betrachten. Man beachte, daß die auftretenden Ableitungen $i\partial_{\mu}$ nach (7.1.24) die Operatoren für die Komponenten eines Viererimpulses sind. Es sei daran erinnert, daß wir im Folgenden $\hbar = 1$ und $c = 1$ setzen. Auf Seite 347 kann der Leser die Formeln mit allen Konstanten finden.

Mit der Matrixschreibweise

$$\gamma^{\mu} := \left(\gamma_{\alpha\beta}^{\mu} \right),$$

$$\Gamma := (\Gamma_{\alpha\beta})$$

können wir (7.3.3) kürzer formulieren

$$(i\gamma^{\mu}\partial_{\mu} - m\,\Gamma)\,\Psi(x) = 0 \tag{7.3.4}$$

Damit nun Energie und Impuls die Beziehung (7.1.25) erfüllen, forderte Dirac für jede Komponente $\Psi_{\alpha}(x)$ der Wellenfunktion einzeln die Gültigkeit der Klein-Gordon-Gleichung (7.1.28)

$$\left(\Box + m^2\right)\Psi_{\alpha}(x) = 0, \qquad \alpha = 1, 2, \ldots n \tag{7.3.5}$$

Diese Forderung läßt sich durchaus mit Gleichung (7.3.3) vereinbaren. Wir werden sehen, daß sie zu konkreten Bedingungen für die Matrizen γ^{μ} und Γ führt.

Zur Verdeutlichung dieses Sachverhalts weisen wir darauf hin, daß derselbe formale Zusammenhang schon bei der Behandlung elektromagnetischer Wellen in der Elektrodynamik auftritt. Dort stellt das System der freien Maxwell-Gleichungen[16]

---

[15]Die Vorzeichenwahl und die Faktoren i und m führen zur Übereinstimmung unserer Notation mit dem Standard-Lehrbuch von

J.D. Bjorken und S.D. Drell, Relativistische Quantenmechanik, Bibliographisches Institut, Mannheim 1966.

[16]Zur Erinnerung: Mit „frei" werden die Gleichungen der elektromagnetischen Felder bezeichnet, wenn die Ladungsdichten und die Stromdichten verschwinden: $\varrho = 0$ und $j = 0$.

$$\operatorname{div} \boldsymbol{E} = 0$$

$$\operatorname{div} \boldsymbol{B} = 0$$

$$\operatorname{rot} \boldsymbol{B} - \frac{1}{c}\frac{\partial}{\partial t}\boldsymbol{E} = 0$$

$$\operatorname{rot} \boldsymbol{E} + \frac{1}{c}\frac{\partial}{\partial t}\boldsymbol{B} = 0$$

ein Differentialgleichungssystem erster Ordnung für die Feldstärken $\boldsymbol{E}$ und $\boldsymbol{B}$ dar. Es läßt sich in die Form (7.3.3) überführen, wobei man für die $\gamma^{\mu}_{\alpha\beta}$ 6-dimensionale Matrizen erhält; die $\Gamma_{\alpha\beta}$ verschwinden. Andererseits folgt aus den Maxwell-Gleichungen

$$\Box \begin{pmatrix} \boldsymbol{E} \\ \boldsymbol{B} \end{pmatrix} = 0$$

d.h. die Gültigkeit derselben Wellengleichung für alle Komponenten.

Unser Vorgehen verläuft in umgekehrter Richtung: Ausgehend von der Gleichung

$$\left(\Box + m^2\right)\Psi(x) = 0 \tag{7.3.6}$$

für die Komponenten wollen wir die Matrizen γ^{μ} und Γ bestimmen. Dazu wenden wir auf (7.3.4) den zu $(i\gamma^{\mu}\partial_{\mu} - m\,\Gamma)$ „konjugierten" Operator $(-i\gamma^{\nu}\partial_{\nu} - m\,\Gamma)$ an

$$(-i\gamma^{\nu}\partial_{\nu} - m\,\Gamma)(i\gamma^{\mu}\partial_{\mu} - m\,\Gamma)\Psi =$$
$$\left[\gamma^{\nu}\gamma^{\mu}\partial^2_{\nu\mu} + i\,m\,(\gamma^{\nu}\Gamma - \Gamma\gamma^{\nu})\partial_{\nu} + m^2\Gamma^2\right]\Psi = 0 \tag{7.3.7}$$

wobei zuletzt auf der linken Seite

$$\partial^2_{\nu\mu} := \partial_{\nu}\partial_{\mu} = \frac{\partial^2}{\partial x^{\nu}\partial x^{\mu}}$$

gesetzt und im zweiten Term ν als gemeinsamer Summationsindex gewählt wurde. Ein Vergleich von (7.3.7) mit (7.3.6) ergibt

$$\gamma^{\nu}\gamma^{\mu}\partial^2_{\nu\mu} = \Box \tag{7.3.8}$$
$$\gamma^{\nu}\Gamma - \Gamma\gamma^{\nu} = 0 \tag{7.3.9}$$
$$\Gamma^2 = 1 \tag{7.3.10}$$

Diese Gleichungen kann man vereinfachen. Zunächst folgt aus (7.3.10), daß Γ nicht singulär ist

$$\Gamma^{-1} = \Gamma$$

Somit kann man (7.3.4) mit Γ^{-1} multiplizieren und erhält eine Gleichung der Form

$$(i\tilde{\gamma}^{\mu}\partial_{\mu} - m\,\mathbf{1})\Psi(x) = 0, \quad \text{mit} \quad \tilde{\gamma} := \Gamma^{-1}\gamma\mu$$

Ohne Beschränkung der Allgemeinheit dürfen wir daher in (7.3.4) setzen

$$\Gamma = 1 \tag{7.3.11}$$

Damit ist neben (7.3.10) auch (7.3.9) automatisch erfüllt. Wir können daher von der Gleichung

$$\boxed{(i\gamma^\mu \partial_\mu - m)\,\Psi(x) = 0} \tag{7.3.12}$$

ausgehen. Dies ist bereits die „Dirac-Gleichung" in der Form, wie sie in der modernen Literatur verwendet wird. Noch ist sie aber nicht mehr als eine lineare Differentialgleichung.

Ihr genauer Inhalt wird festgelegt, wenn wir jetzt an die Auswertung von (7.3.8) gehen, die nicht trivial ist. Einerseits gilt wegen der Symmetrie

$$\partial^2_{\mu\nu} = \partial^2_{\nu\mu}$$

die Beziehung

$$\gamma^\mu \gamma^\nu \partial^2_{\mu\nu} = \frac{1}{2}\left(\gamma^\mu \gamma^\nu + \gamma^\nu \gamma^\mu\right)\partial^2_{\mu\nu}, \tag{7.3.13}$$

andererseits ist

$$\Box = \partial^\nu \partial_\nu = g^{\mu\nu}\partial^2_{\mu\nu}$$

woraus sich ergibt

$$\boxed{\{\gamma^\mu, \gamma^\nu\} := \gamma^\mu \gamma^\nu + \gamma^\nu \gamma^\mu = 2\,g^{\mu\nu}\,\mathbf{1}} \tag{7.3.14}$$

Hierbei haben wir an die Definition des Antikommutators $\{A, B\}$ erinnert und die Eins-Matrix $\mathbf{1}$ explizit aufgeschrieben. In den folgenden Formeln wird $\mathbf{1}$ für die „Eins" in verschiedenen Dimensionen verwendet werden. Im Augenblick bezeichnet sie eine n-dimensionale Eins. Weiter unten wird sie 2-dimensionale und 4-dimensionale Einheitsmatrizen bezeichnen. Der jeweilige Zusammenhang läßt die Dimensionszahl erkennen. Daher sehen wir von einer zusätzlichen Notation zur Unterscheidung ab.

Die Gleichungen (7.3.14) definieren die **Diracschen γ-Matrizen**. Das Dirac-Problem ist gelöst, sobald wir Matrizen gefunden haben, die (7.3.14) erfüllen.

Das Ergebnis dieses Abschnitts läßt sich kurz wie folgt formulieren:

Mit Hilfe der γ-Matrizen ist es möglich, die Wurzel aus dem d'Alembert-Operator $\Box$ explizit zu ziehen

$$\sqrt{-\Box} = i\gamma^\mu \partial_\mu$$

In der Tat gilt für das Quadrat der rechten Seite

$$
\begin{aligned}
(i\gamma^\mu \partial_\mu)^2 &= -\gamma^\mu \gamma^\nu \partial^2_{\mu\nu} \\
&= -\frac{1}{2}\left(\gamma^\mu \gamma^\nu + \gamma^\nu \gamma^\mu\right)\partial^2_{\mu\nu} \\
&= -g^{\mu\nu}\partial^2_{\mu\nu} \\
&= -\Box
\end{aligned}
$$

Mit dieser Rechnung wird die Bedeutung der Antivertauschungsrela-
tionen (7.3.14) prägnant dargelegt und somit der Kernpunkt unserer
Überlegungen in Kurzfassung wiedergegeben.

Die in dieser Zusammenfassung skizzierte algebraische Basis der Dirac-
Matrizen wurde bereits im vorigen Jahrhundert durch den englischen Mathematiker W.K. Clifford entwickelt.[17] Daher sind algebraische Objekte, die Bedingungen wie (7.3.14) erfüllen, unter dem Namen Clifford-Zahlen bekannt,
deren Linearkombinationen eine **Clifford Algebra** bilden.[18] Sie sind Verallgemeinerungen der Quaternionen, die ihrerseits Erweiterungen der komplexen
Zahlen darstellen. In allen Fällen geht es um das Wurzelziehen von Größen,
die diese Operation eigentlich nicht erlauben: von $\sqrt{-1}$ bis zu $\sqrt{\square}$.

7.4 Die Eigenschaften der γ-Matrizen

Alle physikalisch relevanten Informationen über die γ-Matrizen sind in ihren
Antivertauschungs-Relationen (7.3.14) enthalten. Für $\mu \neq \nu$ gilt

$$\gamma^\mu \gamma^\nu = -\gamma^\nu \gamma^\mu \tag{7.4.1}$$

für $\mu = \nu = 0$

$$\left(\gamma^0\right)^2 = 1 \tag{7.4.2}$$

und für $\mu = \nu = k$

$$\left(\gamma^k\right)^2 = -1, \qquad k = 1, 2, 3 \tag{7.4.3}$$

Nach (7.4.1) müssen die γ-Matrizen untereinander antivertauschen. Daher
müssen sie „echte" Matrizen und ihre Dimension n größer als 1 sein. Wir
wollen näher untersuchen, welche Matrizen infrage kommen.

Ist $\mathbf{n} = \mathbf{2}$ möglich? Die Gleichungen (7.3.14) erinnern an die Vertauschungsrelationen der Paulimatrizen σ_k

$$\{\sigma_k, \sigma_l\} = 2\delta_{kl}\mathbf{1} \tag{7.4.4}$$

und man kann leicht nachrechnen, daß die Matrizen

---

[17]William Kingdom Clifford, 1845 bis 1879, war Professor für Angewandte Mathematik und Mechanik an der Universität London. Ihm verdankt die Vektoranalysis die Bezeichnungen „div" und „rot".

Allerdings gibt es keinen Hinweis dafür, daß Dirac die Clifford-Zahlen kannte. Er
hat die Dirac-Algebra unabhängig „neu" erfunden.

[18]Schon im Abschnitt 5.1.2 haben wir die Motive erläutert, die zur Clifford-
Algebra führten. Dabei hatten wir die etwas einfachere Situation in einem 3-
dimensionalen euklidischen Raum betrachtet. Das „Wurzelziehen" war dort in den
Gleichungen (5.1.35) und (5.1.36) enthalten.

$$\gamma^k := i\sigma_k \tag{7.4.5}$$

die Bedingungen (7.3.14) für $k = 1,\ 2,\ 3$ erfüllen. Der Faktor i ist wegen des negativen Vorzeichens in (7.4.3) notwendig. Nun läßt sich jede 2×2-Matrix als Linearkombination aus den σ_k und der Einheitsmatrix schreiben, also auch das noch unbekannte γ^0

$$\gamma^0 = a\,\mathbf{1} + \sum_{l=1}^{3} b_l \sigma_l \tag{7.4.6}$$

Mit (7.4.5) und (7.4.4) folgt dann aber aus (7.4.1)

$$\{\gamma^0, \gamma^k\} = ia\{\mathbf{1}, \sigma_k\} + i\sum_l b_l\{\sigma_l, \sigma_k\} = 2i\,(a\sigma_k + b_k\mathbf{1}) \overset{!}{=} 0$$

was

$$a = b_k = 0$$
$$\text{und}$$
$$\gamma^0 = 0$$

nach sich zieht, da σ_k und $\mathbf{1}$ linear unabhängig sind. In diesem Fall ist (7.4.2) nicht erfüllbar. Die γ-Matrizen können nicht zweidimensional sein.

Statt jetzt $n = 3$ zu diskutieren, wollen wir allgemein zeigen, daß die Dimension der Matrizen n geradzahlig sein muß. Dazu definieren wir eine auch sonst sehr wichtige Größe, die **Matrix** γ^5 durch das Produkt aller vier γ-Matrizen[19]

$$\gamma^5 = \gamma_5 := i\,\gamma^0\gamma^1\gamma^2\gamma^3 \tag{7.4.7}$$

Die wichtigste Eigenschaft von γ^5 ist, daß die Matrix mit allen anderen γ-Matrizen anti-kommutiert:

$$\gamma^5\,\gamma^\mu = -\gamma^\mu\,\gamma^5 \quad \text{oder} \quad \{\gamma^5, \gamma^\mu\} = 0 \tag{7.4.8}$$

Der Beweis beruht auf mehrfacher Anwendung von (7.4.1), verbunden jeweils mit einem Vorzeichenwechsel, z.B. gilt

$$
\begin{aligned}
\gamma^5\gamma^0 &= i\gamma^0\gamma^1\gamma^2\gamma^3\gamma^0 \\
&= -i\gamma^0\gamma^1\gamma^2\gamma^0\gamma^3 \\
&= +i\gamma^0\gamma^1\gamma^0\gamma^2\gamma^3 \\
&= -i\gamma^0\gamma^0\gamma^1\gamma^2\gamma^3 \\
&= -\gamma^0\gamma^5
\end{aligned}
$$

Außerdem ergibt sich in gleicher Weise

---

[19]Bei γ_5 wird nach einer allgemeinen Konvention kein Unterschied zwischen ko- und kontravarianten Komponenten gemacht, wohl aber benutzen manche Autoren ein umgekehrtes Vorzeichen.

$$\left(\gamma^5\right)^2 = 1 \tag{7.4.9}$$

was durch den Faktor i in der Definition (7.4.7) erreicht wird. Aus (7.4.8) und (7.4.9) erhalten wir schließlich

$$\gamma^\mu = -\gamma^5\gamma^\mu\gamma^5 \tag{7.4.10}$$

Diese Anti-Kommutavität von γ^5 ist eine sehr wichtige Eigenschaft und hilft oft neue Einsichten über die γ-Matrizen zu gewinnen.[20] So kann – als erstes Beispiel – mit ihrer Hilfe nachgewiesen werden, daß sämtliche γ-Matrizen spurfrei sind.

Denn da man bei der Spurbildung im Argument zyklisch vertauschen kann, folgt aus der letzten Gleichung

$$\begin{aligned}
\mathrm{Sp}(\gamma^\mu) &= -\mathrm{Sp}(\gamma^5\gamma^\mu\gamma^5)\\
&= -\mathrm{Sp}((\gamma^5)^2\gamma^\mu)\\
&= -\mathrm{Sp}(\gamma^\mu)
\end{aligned}$$

also

$$\mathrm{Sp}(\gamma^\mu) = 0 \tag{7.4.11}$$

Analog folgt z.B. über $Sp(\gamma^0\,\gamma^5\,\gamma^0)$

$$\mathrm{Sp}(\gamma^5) = 0 \tag{7.4.12}$$

Aus dem Verschwinden der Spuren folgt angewandt auf γ^0

n ist geradzahlig !

Zum Beweis nehmen wir ohne Begründung an,[21] daß γ^0 als hermitesche Matrix gewählt werden kann und somit wegen (7.4.2) nur ± 1 als Eigenwerte besitzt. Nach Diagonalisierung erhalten wir demnach eine diagonale Matrix mit $+1$ und -1 als Eigenwerten. Wenn $+1$ n_+-fach entartet ist und -1 n_--fach, lautet sie

$$\gamma^0 = \left(\begin{array}{c|c} +\mathbf{1}_{n_+} & 0 \\ \hline 0 & -\mathbf{1}_{n_-} \end{array}\right)$$

Es gilt

---

[20]Im Abschnitt 5.1.2 haben wir das Analogon von γ^5, nämlich $\gamma_1\gamma_2\gamma_3$. Dort fanden wir aber, daß dieses Produkt durch das Eins-Element gegeben wird, genauer durch $i\,\mathbf{1}$. Hier zeigt sich ein qualitativer Unterschied zwischen Räumen mit geradzahliger und ungeradzahliger Dimension.

[21]Mit weitergehenden algebraischen Methoden kann die Behauptung auch ohne die Annahme der Hermitezität bewiesen werden.

$$n_+ + n_- = n,$$

gleichzeitig muß wegen (7.4.11) aber auch

$$n_+ - n_- = 0$$

erfüllt sein, also

$$n = 2n_+ = 2n_-$$

gelten, womit unsere Behauptung bewiesen ist.

Deshalb gehen wir zu $n = 4$ Dimensionen für die γ-Matrizen übergehen. Hier können tatsächlich Matrizen konstruiert werden, die die Forderungen von (7.3.14) erfüllen. Dazu verwendet man die Methode des „Kronecker-Produktes", die schon Dirac in seiner grundlegenden Publikation verwendet hat. Für zwei –der Einfachheit halber– 2 dimensionale Matrizen

$$A = \begin{pmatrix} a & b \\ c & d \end{pmatrix}, \quad \text{und} \quad B = \begin{pmatrix} \alpha & \beta \\ \gamma & \delta \end{pmatrix}$$

wird das Kronecker-Produkt durch die 4 dimensionale Matrix

$$A \otimes B := \begin{pmatrix} a\,B & b\,B \\ c\,B & d\,B \end{pmatrix} \tag{7.4.13}$$

oder noch expliziter durch

$$A \otimes B = \begin{pmatrix} a\alpha & a\beta & b\alpha & b\beta \\ a\gamma & a\delta & b\gamma & b\delta \\ c\alpha & c\beta & d\alpha & d\beta \\ c\gamma & c\delta & d\gamma & d\delta \end{pmatrix} \tag{7.4.14}$$

definiert. Um mit Hilfe dieser Konstruktion 4-dimensionale γ-Matrizen zu konstruieren, verwenden wir die Paulischen σ-Matrizen, und einen 2-ten Satz von Pauli-Matrizen, ϱ-Matrizen, die wir explizit aufschreiben

$$\varrho_1 = \begin{pmatrix} 0 & 1 \\ 1 & 0 \end{pmatrix} \qquad \varrho_2 = \begin{pmatrix} 0 & -i \\ i & 0 \end{pmatrix} \qquad \varrho_3 = \begin{pmatrix} 1 & 0 \\ 0 & -1 \end{pmatrix}$$

Wir werden zeigen, daß die folgenden 4×4-Matrizen den Antivertauschungsrelationen (7.3.14) genügen

$$\gamma^0 := \varrho_3 \otimes \mathbf{1}, \ \gamma^1 := i\,\varrho_2 \otimes \sigma_1, \ \gamma^2 := i\,\varrho_2 \otimes \sigma_2, \ \gamma^3 := i\,\varrho_2 \otimes \sigma_3$$

Die Idee bei diesen Definitionen ist es, die 3 σ-Matrizen und die zugehörige 1-Matrix mit verschiedenen ϱ-Matrizen zu multiplizieren, so daß wir den Widerspruch vermeiden, dem wir bei Behandlung 2-dimensionaler Matrizen begegnet sind. Man könnte statt ϱ_2 und ϱ_3 auch ein anderes Paar von ϱ-Matrizen verwenden. In der Tat ist die Wahl der 4-dimensionalen Matrizen nicht eindeutig, wie wir noch genau erläutern werden.

Führt man die Kronecker-Produkte aus, so erhält man die folgenden Formeln für die γ-Matrizen, die als

Standard-Darstellung der γ-Matrizen

$$\gamma^0 = \begin{pmatrix} 1 & 0 \\ 0 & -1 \end{pmatrix}, \gamma^k = \begin{pmatrix} 0 & \sigma_k \\ -\sigma_k & 0 \end{pmatrix} \quad \text{für} \quad k = 1, 2, 3 \tag{7.4.15}$$

bezeichnet wird. [22] Mit Hilfe dieser Ausdrücke kann man leicht die Produkte und Kommutatoren der γ-Matrizen auswerten: In der Tat gilt

$$\gamma^k \gamma^l = - \begin{pmatrix} \sigma_k \sigma_l & 0 \\ 0 & \sigma_k \sigma_l \end{pmatrix},$$

also

$$\{\gamma^k, \gamma^l\} = - \begin{pmatrix} 2\delta_{kl}\mathbf{1} & 0 \\ 0 & 2\delta_{kl}\mathbf{1} \end{pmatrix} = -2\delta_{kl}\mathbf{1}$$

was mit (7.3.14) für $\mu = k$ und $\nu = l$ übereinstimmt. Jetzt erfüllt auch γ^0 alle geforderten Beziehungen

$$\gamma^0 \gamma^k = \begin{pmatrix} 0 & \sigma_k \\ \sigma_k & 0 \end{pmatrix} = -\gamma^k \gamma^0,$$

$$(\gamma^0)^2 = \begin{pmatrix} 1 & 0 \\ 0 & (-1)^2 \end{pmatrix} = 1$$

Die Gültigkeit der Aussage (7.4.11) über die Spur der γ-Matrizen läßt sich an ihrer expliziten Gestalt (7.4.15) direkt ablesen, ebenso wie man daran die Hermitezitätseigenschaften erkennt

$$\begin{aligned} (\gamma^0)^\dagger &= \gamma^0, \\ (\gamma^k)^\dagger &= -\gamma^k \end{aligned} \tag{7.4.16}$$

Dabei wurde $\sigma_k^\dagger = \sigma_k$ verwendet. γ^0 ist somit hermitesch und die γ_k sind antihermitesch.

Für γ^5 ergibt sich nach (7.4.7)

$$\gamma^5 = \begin{pmatrix} 0 & 1 \\ 1 & 0 \end{pmatrix} \tag{7.4.17}$$

oder vollständig ausgeschrieben

$$\gamma^5 = \begin{pmatrix} 0 & 0 & 1 & 0 \\ 0 & 0 & 0 & 1 \\ 1 & 0 & 0 & 0 \\ 0 & 1 & 0 & 0 \end{pmatrix} \tag{7.4.18}$$

---

[22]Wir werden keine σ_k (mit hochgestellten Indizes) benutzen.

Allgemeine Darstellungen der Dirac-Matrizen

Wie erwähnt, ist die explizite Darstellung der γ-Matrizen nicht eindeutig. Dies erkennt man direkt, wenn man die Matrizen einer Ähnlichkeitstransformation, also der Transfomation

$$\gamma^{\mu}{}' = S\,\gamma^{\mu}\,S^{-1} \tag{7.4.19}$$

unterwirft. Bei dieser Transformation[23] ändern sich die Anti-Vertauschungsrelationen –wie alle algebraischen Beziehungen– nicht, wovon man sich direkt überzeugen kann. Für S kann man eine beliebige nicht-singuläre Matrix verwenden. Es gibt daher unendlich viele 4-dimensionale Matrizen, mit denen man die γ-Matrizen darstellen kann.

Die Standard-Darstellung ist dadurch gekennzeichnet, daß γ^0 eine Diagonalmatrix ist. Ein zweiter Satz von wichtigen Matrizen, der (7.3.14) genügt, wird durch die Forderung gewonnen, daß γ^5 eine Diagonalgestalt hat. Dies spielt bei der Beschreibung der sog. chiralen Eigenschaften der Dirac-Gleichung eine Rolle, vgl. (7.12.19) und Abschnitt 7.12.1. Daher spricht man von der **chirale Darstellung** der γ-Matrizen. In ihr gilt für γ^5

$$\gamma^5 = \begin{pmatrix} 1 & 0 \\ 0 & -1 \end{pmatrix}, \tag{7.4.20}$$

und die anderen Matrizen lauten

$$\gamma^0 = \begin{pmatrix} 0 & 1 \\ 1 & 0 \end{pmatrix}, \qquad \gamma^k = \begin{pmatrix} \sigma_k & 0 \\ 0 & -\sigma_k \end{pmatrix} \quad \text{mit} \quad k = 1,\,2,\,3 \tag{7.4.21}$$

Die in (7.4.19) auftretende Matrix kann dabei als

$$S = \frac{1}{\sqrt{2}} \begin{pmatrix} 1 & 1 \\ 1 & -1 \end{pmatrix} \tag{7.4.22}$$

gewählt werden und erfüllt die Gleichungen

$$S^2 = 1 \quad , \quad S^\dagger = S = S^{-1}$$

Wir schließen unsere Untersuchung der Eigenschaften der γ-Matrizen mit einem Hinweis auf γ-Matrizen von höheren Dimensionszahlen. Solche gibt es nur in der trivialen Verallgemeinerung

$$\begin{pmatrix} \gamma^\mu & & & \\ & \gamma^\mu & & \\ & & \gamma^\mu & \\ & & & \ddots \end{pmatrix} \tag{7.4.23}$$

des Falles $n = 4$, bei der die nichtverschwindenden Untermatrizen vierdimensionale γ-Matrizen sind. Die Begründung dieser Tatsache erfordert die

---

[23]Vgl. dazu die analoge Situation bei den Pauli-Matrizen auf Seite 227.

Anwendung von weiterführenden algebraischen Methoden auf unsere Clifford-Algebra.

Die Dimensionszahl $n = 4$ der Matrizen stimmt **zufällig** mit der Dimension von Raum und Zeit überein. Man kann die Definitionsgleichungen der Clifford-Algebra (7.3.14) auch für andere Wertebereiche des Index μ verwenden. Dies ist bei den immer wieder und gerade jetzt diskutierten Verallgemeinerungen von Raum und Zeit auf höhere Dimensionen auch für die Physik relevant. Für

$$\mu = 1, \ldots, d$$

haben die zugeordneten γ-Matrizen die Dimensionen

$$n = 2^{\frac{d}{2}} \quad \text{bzw.} \quad n = 2^{\frac{d-1}{2}}$$

für gerades bzw. ungerades d. Man prüft diese Dimensionszahlen leicht für $d = 3$, wo man die Pauli-Matrizen erhält, und für $d = 4$ im Fall der Dirac-Matrizen nach.

7.5 Die Dirac-Gleichung und die elektromagnetische Wechselwirkung

Nach den gewonnenen Ergebnissen über die γ-Matrizen hat die Differentialgleichung (7.3.12) mathematisch eine genau definierte Form erhalten. Auf den folgenden Seiten wollen wir ihre physikalischen Konsequenzen studieren. Dazu schreiben wir sie noch einmal in der weltweit üblichen Form auf

$$(i\,\gamma^\mu\,\partial_\mu - m)\,\psi(x) = 0 \tag{7.5.1}$$

Sie hat eine überaus einfache Form. Man darf aber nicht vergessen, daß $\psi(x)$ vier Funktionen zusammenfaßt

$$\psi(x) = \begin{pmatrix} \psi_1(x) \\ \psi_2(x) \\ \psi_3(x) \\ \psi_4(x) \end{pmatrix} \tag{7.5.2}$$

Sie werden **Dirac-Spinoren** genannt, da sie – wie wir sehen werden – automatisch den Spin 1/2 beschreiben. Auch die abgekürzte Notation für die Ableitungen läßt die Gleichung einfach ausschauen. Daher wollen wir sie vollständig ausschreiben

$$\sum_{\beta=1}^{4} i\gamma^\mu_{\alpha\beta} \frac{\partial\,\psi_\beta(x)}{\partial x^\mu} - m\,\psi_\alpha(x) = 0 \quad \text{für} \quad \alpha = 1, 2, 3, 4 \tag{7.5.3}$$

Außerdem fügen wir auch die Konstanten $\hbar$ und c explizit ein. Dazu multiplizieren wir die Ableitung mit $\hbar$ und die Masse mit der Lichtgeschwindigkeit

$$\sum_{\beta=1}^{4} i\hbar\,\gamma_{\alpha\beta}^{\mu}\,\frac{\partial\,\psi_{\beta}(x)}{\partial x^{\mu}} - m\,c\,\psi_{\alpha}(x) = 0 \quad \text{für} \quad \alpha = 1,2,3,4 \tag{7.5.4}$$

Da die γ-Matrizen dimensionslos sind, stimmen die physikalischen Dimensionen: Die beiden Terme des Operators haben die Dimension „Masse mal Geschwindigkeit". Wir schreiben schließlich auch die Kurzfassung der Dirac-Gleichung mit $\hbar$ und c auf

$$(i\hbar\,\gamma^{\mu}\,\partial_{\mu} - m\,c)\,\psi(x) = 0 \tag{7.5.5}$$

Die Dirac-Gleichung beschreibt in ihrer jetzigen Form nur kräftefreie Teilchen, also ihre Trägheitsbewegung. Schon so wird sie interessante physikalische Konsequenzen haben. Aber ihre wichtigste Anwendung hat sie bei der Behandlung der Wirkung von elektromagnetischen Feldern gefunden. Es ist nicht schwer solche Felder in die Dirac-Gleichung einzuführen. Denn das Verfahren zu ihrer Berücksichtigung aus der nichtrelativistischen Theorie, wie es im Abschnitt 2.13 des ersten Bandes dargestellt wurde, kann direkt übertragen werden. Dort wurde das elektromagnetische Feld durch folgende Substitution angekoppelt, vgl. dort die Gleichungen (2.13.15) und (2.13.16). (Im Abschnitt 5.1.5 des jetzigen Bandes wurde diese Regel für das Vektorpotential verwendet.)Man wird so auf die **kovarianten Ableitungen** geführt.

$$\frac{\hbar}{i}\,\nabla \to \frac{\hbar}{i}\,D := \frac{\hbar}{i}\,\nabla - \frac{e}{c}\,A \tag{7.5.6}$$

$$i\hbar\frac{\partial}{\partial t} \to i\hbar D_t := i\hbar\frac{\partial}{\partial t} - e\phi \tag{7.5.7}$$

Mit Hilfe von (7.1.24) läßt sich diese Vorschrift in folgende vierdimensionale Form bringen

$$i\hbar\,\partial_{\mu} \to i\hbar D_{\mu} := i\hbar\,\partial_{\mu} - \frac{e}{c}\,A_{\mu}. \tag{7.5.8}$$

Dies ist die relativistische Form der kovarianten Ableitung.[24] Dabei wurde das Vierer-Potential durch

$$(A_{\mu}(x)) := \begin{pmatrix} \Phi(x) \\ -A_k \end{pmatrix} \tag{7.5.9}$$

eingeführt. Das auftretende Minuszeichen berücksichtigt die unterschiedlichen Vorzeichen in (7.5.6) und (7.5.7).[25] Zieht man die Indizes nach oben, so erhält man

$$(A^{\mu}(x)) = \begin{pmatrix} \Phi(x) \\ A(x) \end{pmatrix} \tag{7.5.10}$$

---

[24]An dieser Stelle ist es wichtig darauf hinzuweisen, daß sich der Terminus „kovariant" auf das Verhalten unter Eichtransformationen bezieht und nicht auf das Verhalten unter Lorentz-Transformationen. Tatsächlich ist D_{μ} unter beiden Transformationen kovariant.

[25]Man beachte daß in der ersten Gleichung rechts $1/i$, aber in der zweiten Gleichung i auftritt.

wobei

$$A = \sum_{k=1}^{3} e_k \, A_k \qquad (7.5.11)$$

das Vektorpotential in der 3-dimensionalen Schreibweise ist.

Die Regel (7.5.8) hat Gell-Mann das **Prinzip der minimalen elektromagnetischen Wechselwirkung** genannt. (Den Terminus „minimal"haben wir bereits im Abschnitt 5.1.5 erläutert und wir werden seine Bedeutung im Abschnitt 7.8 noch einmal erläutern.) Sie ist kovariant und somit anwendbar auf die Dirac-Gleichung. Wir erhalten

$$\left[\gamma^\mu \left(i\hbar\,\partial_\mu - \frac{e}{c}\,A_\mu(x)\right) - mc\right]\psi(x) = 0 \qquad (7.5.12)$$

bzw. für $\hbar = c = 1$

$$[\gamma^\mu\,(i\partial_\mu - e\,A_\mu(x)) - m]\,\psi(x) = 0. \qquad (7.5.13)$$

Die elektromagnetischen Potentiale sind nicht direkt beobachtbar sondern nur die durch sie bestimmten Feldstärken

$$\boldsymbol{E} = -\boldsymbol{\nabla}\Phi - \frac{1}{c}\frac{\partial}{\partial t}\boldsymbol{A} \quad \text{und} \quad \boldsymbol{B} = \text{rot } \boldsymbol{A}$$

Diese beiden Gleichungen lassen sich 4-dimensional durch

$$F_{\mu\nu}(x) = \partial_\mu\,A_\nu - \partial_\nu\,A_\mu \qquad (7.5.14)$$

zusammenfassen. Dadurch wird in der 4-dimensionalen Raum-Zeit ein antisymmetrischer Tensor 2.Stufe definiert, der **Feldstärke-Tensor**, der die Felder $\boldsymbol{E}$ und $\boldsymbol{B}$ enthält. Er läßt sich explizit durch die Matrix

$$(F_{\mu\nu}) - \begin{pmatrix} 0 & E_1 & E_2 & E_3 \\ \hline -E_1 & 0 & -B_3 & B_2 \\ -E2 & B_3 & 0 & -B_1 \\ -E3 & -B_2 & B_1 & 0 \end{pmatrix} \qquad (7.5.15)$$

darstellen. Die Potentiale kann man „umeichen" durch Addition eines beliebigen Gradienten

$$A_\mu \to A'_\mu = A_\mu + \partial_\mu\chi$$

Denn dadurch ändert sich die Rotation (7.5.14) nicht. Durch die im Abschnitt 2.13 des ersten Bandes ausführlich beschriebenen Rechnungen findet man, daß auch die Dirac-Gleichung (7.5.13) invariant ist unter der gleichzeitigen Durchführung der folgenden **Eichtransformationen**

$$A_\mu(x) \to A'_\mu(x) = A_\mu(x) + \partial_\mu\chi(x),$$

$$\psi(x) \to \psi'(x) = e^{-ie\chi(x)}\psi(x) \qquad (7.5.16)$$

wobei $\chi(x)$ eine beliebige Eichfunktion ist.

7.6 Der Dirac-Strom

Um die physikalische „Brauchbarkeit" der Dirac-Gleichung nachzuweisen, müssen wir uns als erstes davon überzeugen, daß zu ihr tatsächlich die durch (7.3.2) definierte Wahrscheinlichkeitsdichte gehört. Dazu müssen wir zeigen, daß ϱ die zeitartige Komponente eines Vierervektors

$$j^\mu(x)$$

ist, dessen Viererdivergenz gemäß (7.2.2) verschwindet.

Wir gehen aus von

$$j^0(x) \equiv \varrho(x) := \sum_{\alpha=1}^{4} \psi_\alpha^\star \psi_\alpha(x) = \psi^\dagger(x)\psi(x) \tag{7.6.1}$$

mit

$$\psi^\dagger = (\psi_1^\star, \psi_2^\star, \psi_3^\star, \psi_4^\star) \tag{7.6.2}$$

Um klar zum Ausdruck zu bringen, daß $\psi^\dagger\psi$ die zeitartige Komponente eines 4-Vektors ist, schreiben wir

$$j^0 = \psi^\dagger\psi = \psi^\dagger\gamma^0\gamma^0\psi = \overline{\psi}\gamma^0\psi \tag{7.6.3}$$

wobei wir (7.4.2) verwendet und durch

$$\overline{\psi} := \psi^\dagger\gamma^0 \tag{7.6.4}$$

den **adjungierten Dirac-Spinor** eingeführt haben. Damit liegt die Verallgemeinerung von (7.6.3) auf eine vierkomponentige Größe auf der Hand:

$$j^\mu := \overline{\psi}\gamma^\mu\psi \tag{7.6.5}$$

Wir werden im folgenden sehen, daß der so definierte **Dirac-Strom** tatsächlich vierer-divergenzfrei ist, und im Abschnitt 7.11 beweisen, daß j^μ tatsächlich unter Lorentz-Transformationen ein Vierervektor ist, wie es die Bezeichnung suggeriert.

Zur Berechnung der Divergenz von (7.6.5) müssen wir den Ausdruck

$$\partial_\mu j^\mu = \overline{\psi}\gamma^\mu(\partial_\mu\psi) + (\partial_\mu\overline{\psi})\gamma^\mu\psi \tag{7.6.6}$$

auswerten. Für den ersten Term können wir die Dirac-Gleichung (7.5.13)

$$[\gamma^\mu(i\partial_\mu - eA_\mu) - m]\psi = 0$$

direkt verwenden in der Form

$$i\gamma^\mu\partial_\mu\psi = (\gamma^\mu eA_\mu + m)\psi \tag{7.6.7}$$

für den zweiten Term gehen wir über zur konjugierten Gleichung

$$\psi^\dagger[\gamma^{\mu\dagger}(-i\overleftarrow{\partial}_\mu - eA_\mu) - m] = 0 \tag{7.6.8}$$

wobei der nach links gerichtete Pfeil angibt, daß nach links differenziert werden muß. Multipliziert man von rechts mit γ^0 und fügt einmal $(\gamma^0)^2 = 1$ ein, so folgt mit

$$\overline{\gamma^\mu} := \gamma^0 \gamma^{\mu\dagger} \gamma^0 \tag{7.6.9}$$

die Beziehung

$$\overline{\psi}\,[\overline{\gamma^\mu}\,(-i\overleftarrow{\partial}_\mu - eA_\mu) - m] = 0$$

Die **adjungierten** $\overline{\gamma}$-Matrizen treten bei vielen Rechnungen auf. Sie spielen in der Diractheorie die Rolle von hermitesch konjugierten Größen. Glücklicherweise erhält man aus (7.6.9) mit Hilfe von (7.4.16) und (7.4.1)

$$\overline{\gamma^\mu} = \gamma^\mu, \tag{7.6.10}$$

also

$$\overline{\psi}[\gamma^\mu(i\overleftarrow{\partial}_\mu - eA_\mu) - m] = 0 \tag{7.6.11}$$

Diese „adjungierte Dirac-Gleichung" ist ebenfalls bei vielen Rechnungen hilfreich. Hier lösen wir nach den Ableitungen auf

$$i\partial_\mu\overline{\psi}\gamma^\mu = -\overline{\psi}(\gamma^\mu eA_\mu + m). \tag{7.6.12}$$

Damit folgt aus (7.6.7) und (7.6.12)

$$i\partial_\mu j^\mu = \overline{\psi}(\gamma^\mu eA_\mu + m)\psi - \overline{\psi}(\gamma^\mu eA_\mu + m)\psi$$

Da sich beide Terme kompensieren, haben wir die gewünschte Kontinuitätsgleichung

$$\partial_\mu j^\mu = \partial_\mu(\overline{\psi}\gamma^\mu\psi) = 0 \tag{7.6.13}$$

bewiesen. Die Dirac-Spinoren können somit über den Dirac-Strom als quantentheoretische Wahrscheinlichkeitsamplituden verwendet werden.

Die in (7.6.9) eingeführte Adjunktion wird oft für eine beliebige γ-Matrix A verwendet: Man definiert allgemein

$$\overline{A} := \gamma^0 A^\dagger \gamma^0 \tag{7.6.14}$$

Für diese Operation gelten die für eine Konjugation üblichen Regeln

$$\overline{cA} = c^*\,\overline{A}; \quad \overline{AB} = \overline{B}\,\overline{A}; \quad \overline{\overline{A}} = A \tag{7.6.15}$$

deren Verwendung manche Rechnung vereinfacht.(Dabei ist c eine komplexe Zahl.) Außerdem ist die Adjunktion mit anderen algebraischen Operationen

$$\overline{A^\dagger} = \overline{A}^\dagger; \quad \overline{A^{-1}} = \overline{A}^{-1}; \quad \overline{A^*} = \overline{A}^*; \quad \overline{A^T} = \overline{A}^T \tag{7.6.16}$$

vertauschbar.

Bisher hatten wir unsere Aufmerksamkeit auf die zeitartige Komponente des Diracstromes j^μ gerichtet, auf eine im Grunde vertraute Formel. Die räumlichen Komponenten j bringen dagegen Neues, das wir genauer untersuchen müssen. Formal finden wir

$$j = (j^k) = \overline{\psi}\boldsymbol{\gamma}\psi = \psi^\dagger\gamma^0\boldsymbol{\gamma}\psi = \psi^\dagger\boldsymbol{\alpha}\psi \tag{7.6.17}$$

mit

$$\boldsymbol{\gamma} := \begin{pmatrix} \gamma^1 \\ \gamma^2 \\ \gamma^3 \end{pmatrix} \tag{7.6.18}$$

und

$$\boldsymbol{\alpha} := \gamma^0\boldsymbol{\gamma} \tag{7.6.19}$$

Hierbei haben wir einen 3-Vektor eingeführt, der aus γ-Matrizen gebildet ist und haben neue Matrizen α^k definiert. Aus der expliziten Form für γ^0 und $\boldsymbol{\gamma}$ folgt

$$\boldsymbol{\alpha} = \begin{pmatrix} 0 & \boldsymbol{\sigma} \\ \boldsymbol{\sigma} & 0 \end{pmatrix} \tag{7.6.20}$$

$\boldsymbol{\alpha}$ ist also aus hermiteschen Matrizen aufgebaut und daher selbst hermitesch. Diese Matrix tritt vor allem auf, wenn man den zur Dirac-Gleichung gehörenden Hamiltonoperator berechnet. In vielen Lehrbüchern wird er daher bei der Einführung der Dirac-Gleichung verwendet. Die Hauptdiagonalelemente von $\boldsymbol{\alpha}$ verschwinden, weshalb in (7.6.17) nur gemischte Produkte $\psi_\alpha^\star\psi_\beta$ mit $\alpha \neq \beta$ auftreten. Hier kommen die neuen Züge der Dirac-Gleichung voll zum Ausdruck, die mit dem Spin und relativistischen Effekten zusammenhängen. Um dies zu erkennen, führen wir die sog. **Gordonsche Umformung** des Dirac-Stromes durch. Dabei beschränken wir uns der einfacheren Formeln wegen auf verschwindende Potentiale $A_\mu = 0$. Wir machen den einfachen Ausdruck $\overline{\psi}\gamma^\mu\psi$ komplizierter, indem wir (7.6.7) und (7.6.12) nach ψ bzw. $\overline{\psi}$ auflösen

$$\psi = \frac{1}{m}\,i\gamma^\nu\partial_\nu\psi,$$

$$\overline{\psi} = -\frac{1}{m}\,i\partial_\nu\overline{\psi}\gamma^\nu$$

und dies einsetzen in

$$j^\nu = \frac{1}{2}\,(\overline{\psi}\gamma^\mu\psi + \overline{\psi}\gamma^\mu\psi),$$

Wir finden

$$j^\mu = \frac{1}{2m}\,[\overline{\psi}\gamma^\mu\gamma^\nu(\partial_\nu\psi) - (\partial_\nu\overline{\psi})\gamma^\nu\gamma^\mu\psi]. \tag{7.6.21}$$

Die auftretenden Produkte von γ-Matrizen drücken wir mit dem oft verwendeten Trick in die Summe von Antikommutator und Kommutator aus gemäß

$$\gamma^\mu\gamma^\nu = \frac{1}{2}\,\{\gamma^\mu, \gamma^\nu\} + \frac{1}{2}\,[\gamma^\mu, \gamma^\nu], \tag{7.6.22}$$

$$\gamma^\nu\gamma^\mu = \frac{1}{2}\,\{\gamma^\mu, \gamma^\nu\} - \frac{1}{2}\,[\gamma^\mu, \gamma^\nu] \tag{7.6.23}$$

Die Antivertauschungsrelationen (7.3.14) geben für die ersten Terme den metrischen Tensor. Für die zweiten führen wir die Größen

$$\sigma^{\mu\nu} := \frac{i}{2}\,[\gamma^\mu,\gamma^\nu] \tag{7.6.24}$$

Dies sind Matrizen, die bezüglich Raum und Zeit einen antisymmetrischen Tensor bilden. Wie wir gleich sehen werden, ist er mit dem Spin verbunden und wird daher als **Spintensor** bezeichnet. Mit dieser Definition folgt

$$\gamma^\mu\gamma^\nu = g^{\mu\nu} + \frac{1}{i}\,\sigma^{\mu\nu},$$

$$\gamma^\nu\gamma^\mu = g^{\mu\nu} - \frac{1}{i}\,\sigma^{\mu\nu}$$

Durch Einsetzen in (7.6.21) gelangt man zu

$$j^\mu = \frac{i}{2m}\,\overline{\psi}\,\overset{\leftrightarrow}{\partial}{}^\mu\psi + \frac{1}{2m}\,\partial_\nu(\overline{\psi}\sigma^{\mu\nu}\psi). \tag{7.6.25}$$

Den ersten Term wollen wir den **Bahnstrom** oder **Konvektions-Strom**

$$j^\mu_{\text{Bahn}} := \frac{i}{2m}\,\overline{\psi}\,\overset{\leftrightarrow}{\partial}{}^\mu\psi \tag{7.6.26}$$

nennen, den zweiten Term den **Spinanteil** des Stromes

$$j^\mu_{\text{Spin}} := \frac{1}{2m}\,\partial_\nu(\overline{\psi}\sigma^{\mu\nu}\psi). \tag{7.6.27}$$

Die physikalische Deutung dieser Zerlegung und die Begründung für die Bezeichnungen erhält man durch eine Analyse des Raumanteils j^k.[26] Der räumliche Anteil des Bahnstroms wird wegen

$$\partial^k = -\partial_k = -(\boldsymbol{\nabla})_k$$

gegeben durch

$$j^k_{\text{Bahn}} = \frac{1}{2mi}\,\overline{\psi}(\overset{\leftrightarrow}{\nabla})_k\psi = \frac{1}{2mi}\,\psi^\dagger\gamma^0(\overset{\leftrightarrow}{\nabla})_k\psi \tag{7.6.28}$$

Dieser Ausdruck ist offensichtlich eine Verallgemeinerung des nichtrelativistischen Stroms (7.2.4), dem wir beim Studium der Klein-Gordon-Gleichung begegnet sind. Wie dieser wird er den aus der räumlichen Bewegung des Elektrons resultierenden Wahrscheinlichkeitsfluß beschreiben. Mit diesem Sachverhalt werden wir uns im nächsten Abschnitt, vgl. (7.7.32) ff., noch eingehender befassen.

Der zweite Summand (7.6.27) der Zerlegung ist schwieriger zu deuten; und er bringt in der Tat Neues. Wir zerlegen die Summation über ν in den Raumanteil l und den Zeitanteil 0 und schreiben

$$j^k_{\text{Spin}} = \frac{1}{2m}\,\partial_l(\overline{\psi}\sigma^{kl}\psi) + \frac{1}{2m}\,\partial_0(\overline{\psi}\sigma^{k0}\psi) \tag{7.6.29}$$

---

[26]Für $\mu = 0$ bringt die Umformung zu (7.6.25) natürlich nur Komplikationen mit sich, da sie von der direkt deutbaren Form (7.6.1) wegführt.

Für die hier auftretenden Matrizen σ^{kl} und σ^{k0} folgt in der Standarddarstellung

$$\sigma^{kl} = \varepsilon_{klm} \begin{pmatrix} \sigma_m & 0 \\ 0 & \sigma_m \end{pmatrix} \tag{7.6.30}$$

$$\sigma^{k0} = i \begin{pmatrix} 0 & \sigma_k \\ \sigma_k & 0 \end{pmatrix} = i\,\alpha^k \tag{7.6.31}$$

In der ersten Gleichung treten Matrizen auf, die man in einer 3-dimensionalen Vektornotation zu

$$\mathbf{\Sigma} := \begin{pmatrix} \boldsymbol{\sigma} & 0 \\ 0 & \boldsymbol{\sigma} \end{pmatrix} = \gamma_5\,\boldsymbol{\alpha} \tag{7.6.32}$$

zusammenfassen kann. Die Komponenten von $\mathbf{\Sigma}$ haben das Aussehen von vierdimensionalen Spinmatrizen und werden sich im nächsten Abschnitt tatsächlich als Größen erweisen, die den Spin in der Dirac-Theorie beschreiben. Daher enthält der erste Term auf der rechten Seite von (7.6.29) direkt den Spin. Der zweite Summand ist relativistischer Natur, da hier Raumkomponenten mit einer zeitlichen Ableitung verbunden werden.
Zur Deutung des Spin-Stromes kann man eine

Analogie zur Elektrodynamik eines materiellen Mediums
heranziehen. Um sie zu erkennen, schreiben wir (7.6.29) in Vektor-Notation

$$j_{\mathrm{Spin}} = \frac{1}{2m}\,\mathrm{rot}(\overline{\psi}\,\mathbf{\Sigma}\,\psi) - \frac{i}{2mc}\,\frac{\partial(\overline{\psi}\,\boldsymbol{\alpha}\,\psi)}{\partial t} \tag{7.6.33}$$

Jetzt erinnern wir an die Elektrodynamik: Wenn man in der Maxwellschen Gleichung

$$\mathrm{rot}\,\boldsymbol{B} = \frac{4\pi}{c}\,\boldsymbol{j}_{el} + \frac{1}{c}\frac{\partial\boldsymbol{E}}{\partial t}$$

für ein materielles Medium den Vektor $\boldsymbol{B}$ durch $\boldsymbol{H}$ und die Magnetisierung $\boldsymbol{M}$ gemäß

$$\boldsymbol{B} = \boldsymbol{H} - 4\pi\,\boldsymbol{M}$$

ausdrückt, so folgt

$$\mathrm{rot}\,\boldsymbol{H} = \frac{4\pi}{c}\,(\boldsymbol{j}_{el} + c\,\mathrm{rot}\,\boldsymbol{M}) + \frac{1}{c}\frac{\partial\boldsymbol{E}}{\partial t}$$

Die linke Seite dieser Gleichung läßt sich – verblüffend genau – auf den Wahrscheinlichkeits-Strom abbilden

$$j_{\mathrm{Bahn}} \leftrightarrow \boldsymbol{j}_{el}$$

$$j_{\mathrm{Spin}} \leftrightarrow c\,\mathrm{rot}\,\boldsymbol{M} + \frac{1}{4\pi}\frac{\partial\boldsymbol{E}}{\partial t}$$

Der relativistische Anteil von j_{Spin} tritt damit in Analogie zum Verschiebungs-Strom der Maxwell-Theorie, der für die relativistische Kovarianz der Maxwellschen Gleichungen von entscheidender Bedeutung ist.

7.7 Die freie Dirac-Gleichung, Interpretation der Spinoren

Um mit der mathematischen Struktur und der physikalischen Bedeutung der Dirac-Gleichung vertrauter zu werden, studieren wir zunächst die Lösungen der freien Dirac-Gleichung (7.3.12)

$$(i\gamma^\mu \partial_\mu - m)\psi(x) = 0$$

Da die Kombination $\gamma^\mu a_\mu$ der γ-Matrizen mit einem beliebigen Vierervektor sehr oft auftritt, hat Feynman die folgende Abkürzung eingeführt

$$\gamma^\mu a_\mu =: \rlap{/}a = \begin{cases} \text{„}a\ slash\text{“ oder} \\ \text{„}a\ dagger\text{“} \end{cases} \tag{7.7.1}$$

mit der die Dirac-Gleichung die Kurzform

$$(i\,\rlap{/}\partial - m)\psi(x) = 0 \tag{7.7.2}$$

erhält. Da die Koeffizienten der darin enthaltenen Differentialgleichungen konstant sind, führt der Ansatz

$$\psi(x) = e^{-ip_\mu x^\mu} u(p) = e^{-ipx} u(p) \tag{7.7.3}$$

zur Lösung, in dem $u(p)$ ein nicht mehr von x^μ abhängiger Spinor ist, der aber eine Funktion von p sein kann. Es folgt aus (7.7.2)

$$(\rlap{/}p - m)\, u(p) = 0 \tag{7.7.4}$$

oder ausgeschrieben

$$\sum_{\beta=1}^{4} (\gamma^\mu_{\alpha\beta} p_\mu - m\delta_{\alpha\beta}) u_\beta(p) = 0 \tag{7.7.5}$$

d.h. ein homogenes System von 4 Gleichungen für die 4 Komponenten von $u(p)$. Die p_μ sind hierbei zunächst 4 beliebige Parameter. Dieses Gleichungssystem hat nur dann nichttriviale Lösungen, wenn die Determinante der Koeffizientenmatrix verschwindet

$$\det(\rlap{/}p - m) = 0 \tag{7.7.6}$$

Die explizite Berechnung dieser Determinante etwa mit Hilfe der Standard-Darstellung der γ-Matrizen wäre eine mühselige Aufgabe. Ohne Rechnung ist klar, daß die 4-dimensionale Determinante ein Polynom vierten Grades in den Komponenten von p ist. Wegen der Lorentzinvarianz kann es nur von p^2 und m abhängen. Tatsächlich findet man[27]

---

[27]Ein etwas trickhafter Beweis dieser Formel macht von den Eigenschaften der γ^5-Matrix Gebrauch. Aus (7.4.8) und (7.4.9) folgt

$$\gamma^5 (\rlap{/}p - m) \gamma^5 = -(\rlap{/}p + m)$$

Mit Hilfe der Produktregel für Determinanten bedeutet dies

$$(p^2 - m^2)^2 = 0$$

was man wegen

$$p^2 = (p^0)^2 - \boldsymbol{p}^2$$

umformen kann in

$$[(p^0 - \sqrt{\boldsymbol{p}^2 + m^2}]^2 \, [p^0 + \sqrt{\boldsymbol{p}^2 + m^2}]^2 = 0 \tag{7.7.7}$$

Diese Gleichung wird für einen beliebigen 3-Impulsvektor $\boldsymbol{p}$ erfüllt, wenn die Energie p^0 einen der beiden Werte

$$p^0 = \pm\sqrt{\boldsymbol{p}^2 + m^2}$$

annimmt. Nach der allgemeinen Theorie der linearen Algebra hat wegen des Auftretens der Quadrate in (7.7.7) das Gleichungssystem (7.7.4) für jeden der beiden Energiewerte eine zweidimensionale Lösungsmannigfaltigkeit mit einer Basis, die noch von $\boldsymbol{p}$ abhängen kann. Wir bezeichnen sie in folgender Weise

$$\begin{aligned} u_1(\boldsymbol{p}), u_2(\boldsymbol{p}) \text{ für } p^0 &= +\sqrt{\boldsymbol{p}^2 + m^2} \\ u_3(\boldsymbol{p}), u_4(\boldsymbol{p}) \text{ für } p^0 &= -\sqrt{\boldsymbol{p}^2 + m^2} \end{aligned} \tag{7.7.8}$$

Durch konkrete Rechnungen lassen sich diese allgemeinen Ergebnisse bestätigen. Wir benutzen dazu die Standard-Darstellung (7.4.15) der γ-Matrizen und setzen

$$u = \begin{pmatrix} u^G \\ u^K \end{pmatrix} \tag{7.7.9}$$

wobei u^G und u^K zweikomponentige Spinoren sind. (7.7.4) lautet dann

$$\left[\begin{pmatrix} p^0 - m & 0 \\ 0 & -p^0 - m \end{pmatrix} - \begin{pmatrix} 0 & \boldsymbol{\sigma p} \\ -\boldsymbol{\sigma p} & 0 \end{pmatrix} \right] \begin{pmatrix} u^G \\ u^K \end{pmatrix} = 0$$

d.h.

$$(p^0 - m)u^G = \boldsymbol{\sigma p}\, u^K \tag{7.7.10}$$

$$(p^0 + m)u^K = \boldsymbol{\sigma p}\, u^G \tag{7.7.11}$$

Drückt man über die zweite Gleichung u^K durch u^G aus,

$$u^K = \frac{\boldsymbol{\sigma p}}{p^0 + m}\, u^G \tag{7.7.12}$$

und setzt dies in die erste ein, so folgt nach Multiplikation mit $(p^0 + m)$

$$\det(\not{p} - m) = \det(\not{p} + m)$$

Daher kann man das Quadrat der Determinante wie folgt bestimmen

$$\begin{aligned} (\det(\not{p} - m))^2 &= \det[(\not{p} - m)\,(\not{p} + m)] = \\ &= \det(\not{p}^2 - m^2) = (p^2 - m^2)^4 \end{aligned}$$

wobei man noch $\not{p}^2 = p^2$ verwendet. Wurzelziehen ergibt das behauptete Resultat.

$$((p^0)^2 - m^2)u^G = (\boldsymbol{\sigma}\boldsymbol{p})^2\, u^G = \boldsymbol{p}^{\,2}u^G \qquad (7.7.13)$$

wobei (5.1.30), also $(\boldsymbol{\sigma}\,\boldsymbol{p})^{\,2} = \boldsymbol{p}^{\,2}$ berücksichtigt wurde. Diese Gleichung hat nichttriviale Lösungen für u^G, falls

$$(p^0)^2 = \boldsymbol{p}^{\,2} + m^2 \qquad (7.7.14)$$

gilt, wobei u^G beliebig gewählt und u^K gemäß (7.7.12) errechnet werden muß. Allerdings erlaubt (7.7.14) sowohl positive Energien

$$p^0 = +\sqrt{\boldsymbol{p}^{\,2} + m^2}$$

wie negative

$$p^0 = -\sqrt{\boldsymbol{p}^2 + m^2}$$

Für die beiden Vorzeichen der Energie erhält man folglich verschiedene Spinoren u^K. Im Falle sehr kleiner Impulse und negativer Energien werden Zähler und Nenner von (7.7.12) sehr klein, im Grenzfall $\boldsymbol{p} \to \boldsymbol{0}$ ergibt sich sogar der unbestimmte Ausdruck Null/Null. Daher wird man für $p^0 < 0$ besser (7.7.10) nach u^G auflösen

$$u^G = \frac{\boldsymbol{\sigma}\boldsymbol{p}}{p^0 - m}\, u^K \qquad (7.7.15)$$

und analog zum obigen Verfahren zuerst u^K festlegen.
Als Resultat unserer Überlegungen halten wir fest:

> Für einen beliebigen Impuls $\boldsymbol{p}$ existieren Lösungen der Dirac-Gleichung mit positiver und mit negativer Energie. Zu jedem gegebenen $\boldsymbol{p}$ gehört dabei für jedes Energievorzeichen eine zweidimensionale Lösungs-Mannigfaltigkeit.

Es liegt nahe, die hier auftretende zweifache Entartung mit dem Spin in Zusammenhang zu bringen. Man wird zu dem Schluß geführt:

Die Dirac-Gleichung beschreibt Teilchen mit Spin 1/2.

Dies ist ein überraschendes, nichttriviales Resultat, da ihr Erfinder bei der Motivation der Dirac-Gleichung überhaupt nicht an den Spin gedacht hat. Von Dirac und seinen zeitgenössischen Kollegen wurde dies dahin interpretiert, daß in der relativistischen Quantentheorie die Einführung des Spins erzwungen wird. Wir wissen heute, daß dies nicht der Fall ist. Vielmehr sind auch spinlose Teilchen mit ihren Prinzipien verträglich, wie es die Bemerkungen über die Darstellungen der Poincaré-Gruppe – nach Gleichung (7.1.21) – deutlich machen. Auf jeden Fall war in den Jahren nach ihrer Erfindung das erstaunliche Geschenk des Spins durch die Dirac-Gleichung ein wichtiges Argument für die Akzeptanz dieser Gleichung und ihrer den Physikern ungewohnten Mathematik.

7.7.1 Dirac-Spinoren für positive Energien, die Helizitäten

Für den physikalisch unproblematischen Fall positiver Energien wollen wir die Spineigenschaften von ψ genauer untersuchen. u^K kann unter der Voraussetzung $p^0 > 0$ immer nach (7.7.12) durch u^G ausgedrückt werden. Für $|\boldsymbol{p}| \ll m$ gilt dabei

$$u^K \approx \frac{\boldsymbol{\sigma p}}{2m}\, u^G \tag{7.7.16}$$

Dies bedeutet: wenn die Geschwindigkeit $|\boldsymbol{v}| = |\boldsymbol{p}|/E$ klein gegen 1 (= Lichtgeschwindigkeit!) ist, kann u^K als **kleine Komponente** gegenüber der **großen Komponente** u^G vernachlässigt werden

$$\psi(x) \approx e^{-ipx}\begin{pmatrix} u^G \\ 0 \end{pmatrix} \quad \text{für } \frac{v}{c} \ll 1 \tag{7.7.17}$$

Die Wellenfunktion wird allein durch den Viererimpuls p und den frei festlegbaren Zweierspinor u^G bestimmt. Letzterer kann als Pauli-Spinor gedeutet und speziell als ein Eigenvektor des Spinoperators

$$S_3 = \frac{1}{2}\,\sigma_3$$

gewählt werden. Dies führt zu

$$u^G_\pm \quad \text{mit } \sigma_3\, u^G_\pm = \pm u^G_\pm \tag{7.7.18}$$

Kann u^K nicht vernachlässigt werden (streng genommen für jedes $\boldsymbol{p} \neq \boldsymbol{0}$), so müssen wir auch in diesem allgemeinen Fall einen Spinoperator suchen. Naheliegend ist es, von der 4-dimensionalen Σ-Matrix (7.6.32) auszugehen und zu definieren:

$$\text{relativistischer Spinoperator} := \frac{1}{2}\begin{pmatrix} \sigma & 0 \\ 0 & \sigma \end{pmatrix} = \frac{1}{2}\,\Sigma \tag{7.7.19}$$

Diese Wahl wird sich auch als korrekt erweisen, vgl. Abschnitt 7.9. Wir werden feststellen, daß die Größe

$$\boldsymbol{J} = \boldsymbol{L} + \boldsymbol{S} = \boldsymbol{r} \times \frac{1}{i}\boldsymbol{\nabla} + \frac{1}{2}\boldsymbol{\Sigma} \tag{7.7.20}$$

den Gesamtdrehimpuls für den Dirac-Spinor beschreibt, der zeitlich erhalten ist

$$\frac{d}{dt}\boldsymbol{J} = \boldsymbol{0}$$

und daß $\boldsymbol{J}$ die **räumlichen Drehungen im Raum der Dirac-Spinoren** erzeugt.

In diesem Abschnitt wollen wir die Spineigenschaften von ψ bzw. u für beliebige Geschwindigkeiten studieren. Wählen wir u^G als Eigenvektor von σ_3, so läßt sich an (7.7.12) ablesen, daß u^K nur dann auch Eigenvektor von σ_3 ist, wenn der Impuls $\boldsymbol{p}$ in der 3-Richtung liegt. Daher empfiehlt es sich, mit

Zuständen zu arbeiten, für die die Komponente des Spins in Impulsrichtung gemessen wurde.

An dieser Stelle wird deutlich, daß die Dirac-Gleichung nachdrücklich darauf hinweist, bei der relativistischen Behandlung des Spins mit den **Helizitätszuständen** zu arbeiten, die sich auch bei der Beschreibung der Streuung eines Teilchens mit Spin im Abschnitt 5.4.4 als nützlich erwiesen haben. Um diese Zustände genau zu definieren, führen wir den **Helizitätsoperator**

$$\Lambda := \frac{\boldsymbol{\Sigma} \cdot \boldsymbol{p}}{|\boldsymbol{p}|} \tag{7.7.21}$$

als 4-dimensionale Verallgemeinerung der 2×2-Matrix aus (5.4.55) ein. Allerdings wird dabei – einem allgemeinen Brauch folgend – der Faktor 1/2 fortgelassen, um einen einfacheren Sprachgebrauch zu erlauben. Die Helizitätszustände werden als Eigenvektoren von Λ definiert und mit $u_\lambda(p)$ bezeichnet, um ihre Abhängigkeit vom 4-Impuls p und der Helizität λ deutlich zu machen:

$$\Lambda u_\lambda(p) = \lambda u_\lambda(p) \quad , \quad \lambda = \pm 1 \tag{7.7.22}$$

Solche Spinoren lassen sich für jeden Vier-Impuls p leicht konstruieren: Man wählt die große Komponente u^G als Eigenvektor von $\boldsymbol{\sigma} \, \boldsymbol{p}$, genauer

$$\frac{1}{|\boldsymbol{p}|} \boldsymbol{\sigma} \cdot \boldsymbol{p} \, u_\lambda^G = \lambda u_\lambda^G$$

Dann folgt aus (7.7.12), daß auch die kleinen Komponenten u_λ^K solche Eigenvektoren sind und daß

$$u_\lambda(p) := \begin{pmatrix} u_\lambda^G \\ u_\lambda^K \end{pmatrix} \tag{7.7.23}$$

der gesuchte Spinor mit definierter Helizität ist.

Die Abbildung 7.1 veranschaulicht die Eigenschaften der Helizitätszustände. Aus ihr wird auch deutlich, daß diese Zustände mit einem Schraubensinn verbunden sind, woher auch die Bezeichnung

Helix = Schraube (lateinisch)

[28] abgeleitet ist. $\lambda = +1$ stellt eine Rechtsschraube, $\lambda = -1$ eine Linksschraube dar. Explizit folgt aus (7.7.12) und (7.7.21)

$$u_\lambda = \begin{pmatrix} u_\lambda^G \\ \dfrac{|\boldsymbol{p}|}{p^0 + m} \lambda u_\lambda^G \end{pmatrix}$$

Für konkrete Rechnungen stellen wir die gewonnenen Ergebnisse als explizite Dirac-Spinoren zusammen. Dazu setzen wir für die große Komponente u^G an

---

[28]Chiralität = Schraube (griechisch) wird weiter unten eingeführt.

$$u^G = N\,\eta \ \text{mit}\ \eta^\dagger\,\eta = 1$$

wobei η ein auf 1 normierter Pauli-Spinor und N ein noch zu wählender Normierungsfaktor ist. Damit folgt aus (7.7.12)

$$u(p) = N \begin{pmatrix} \eta \\[2mm] \dfrac{\boldsymbol{\sigma}\,\boldsymbol{p}}{p^0 + m}\,\eta \end{pmatrix} \qquad (7.7.24)$$

Man kann η als Eigenvektor der Helizität wählen

$$\frac{1}{|\boldsymbol{p}|}\,\boldsymbol{\sigma}\cdot\boldsymbol{p}\,\eta_\lambda = \lambda\,\eta_\lambda \qquad (7.7.25)$$

dann lautet der Spinor

$$u_\lambda(p) = N \begin{pmatrix} \eta_\lambda \\[2mm] \dfrac{|\boldsymbol{p}|}{p^0 + m}\,\lambda\eta_\lambda \end{pmatrix} \qquad (7.7.26)$$

und damit gilt für den Dirac-Spinor

$$\Lambda\,u_\lambda(\boldsymbol{p}) = \lambda\,u_\lambda(\boldsymbol{p}) \qquad (7.7.27)$$

Normierungsfaktoren

Der Normierungsfaktor N wird für verschiedene Zwecke verschieden gewählt. Will man den Zusammenhang mit der nichtrelativistischen Quantenmechanik betonen, so wird man die Wahrscheinlichkeitsdichte auf Eins setzen, also

$$u_\lambda^\dagger u_\lambda = 1 \qquad (7.7.28)$$

fordern. Andererseits kann man die Lorentz-Kovarianz herausstellen wollen. Dann muß man wählen

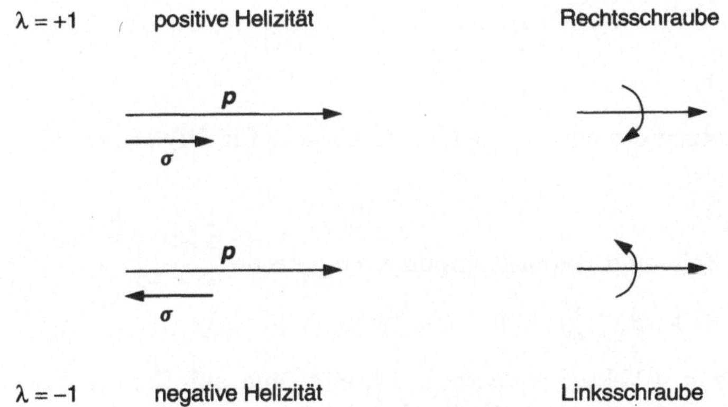

Abb. 7.1. Zur Definition der Helizität

$$\overline{u}_\lambda u_\lambda = 1 \tag{7.7.29}$$

denn diese Bedingung ist – wie wir noch begründen werden – lorentzinvariant und gilt in jedem Lorentzsystem. Im ersten Falle ergibt sich

$$N_1 = \sqrt{\frac{p^0 + m}{2p^0}} \tag{7.7.30}$$

im zweiten dagegen

$$N_2 = \sqrt{\frac{p^0 + m}{2m}} \tag{7.7.31}$$

Die physikalische Bedeutung der verschiedenen Normierungen wird klarer, wenn wir den Diracstrom (7.6.25)

$$j^\mu = \frac{i}{2m}\,\overline{\psi}\,\overset{\leftrightarrow}{\partial}{}^\mu\,\psi + \frac{1}{2m}\,\partial_\nu(\overline{\psi}\sigma^{\mu\nu}\psi)$$

für die Lösung (7.7.3) auswerten. Für sie ist

$$\overline{\psi}\sigma^{\mu\nu}\psi = \overline{u}\sigma^{\mu\nu}u$$

unabhängig von x, was zur Folge hat, daß der zweite Term keinen Beitrag liefert; der erste ergibt nach Ausführen der Differentiation

$$j^\mu = j^\mu_{\text{Bahn}} = \frac{p^\mu}{m}\,\overline{u}u \tag{7.7.32}$$

Mit der Normierung (7.7.29) wird der Strom durch p^μ/m gegeben, ist also ein 4-Vektor, was die Lorentzinvarianz dieser Normierung illustriert.

Für die Normierung (7.7.28) folgt mit Hilfe der expliziten Form von γ^0 und (7.7.24)

$$\begin{aligned}
\overline{u}u &= u^\dagger\gamma^0 u \\
&= N_1^2[\eta^\dagger\eta - \frac{1}{(p^0 + m)^2}\,\eta^\dagger(\boldsymbol{\sigma}\cdot\boldsymbol{p})^2\eta] \\
&= N_1^2[1 - \frac{|\boldsymbol{p}|^2}{(p^0 + m)^2}] \\
\overline{u}u &= \frac{m}{p^0}
\end{aligned} \tag{7.7.33}$$

nach Einsetzen des entsprechenden Ausdrucks für N_1^2. Daher gilt

$$j^\mu = \frac{p^\mu}{p^0} \tag{7.7.34}$$

und nach Zeit- und Raum-Komponenten getrennt

$$\varrho = j^0 = 1 \quad \boldsymbol{j} = \frac{\boldsymbol{p}}{p^0} =: \boldsymbol{v} \tag{7.7.35}$$

Dies ist kein 4-Vektor sondern beschreibt eine auf Eins normierte Wahrscheinlichkeitsdichte, deren Wahrscheinlichkeitsstrom durch die relativistisch definierte Geschwindigkeit $\boldsymbol{v}$ gegeben ist.

7.7.2 Die Polarisationen eines relativistischen Teilchens

Mit Hilfe der entwickelten Formeln kann man erkennen, daß bei der Definition und Messung der Polarisation von schnell bewegten Dirac-Teilchen Probleme auftreten. Sie beruhen formal darauf, daß die kleinen Komponenten der Dirac-Spinoren nach (7.7.12) durch

$$\frac{1}{p^0 + m}\,(\boldsymbol{\sigma}\,\boldsymbol{p})\,\eta$$

gegeben werden und daher von der relativen Richtung von Spin und Impuls abhängen. Nur wenn η eine definierte Helizität besitzt, also „longitudinal" polarisiert ist, hat man die im vorigen Unterabschnitt beschriebenen einfachen Verhältnisse: Die großen und die kleinen Komponenten gehören zur gleichen Helizität. Daher ist das Teilchen auch für alle Beobachter longitudinal polarisiert, die sich parallel zu seinem Impuls $\boldsymbol{p}$ bewegen.[29] Dies ändert sich grundsätzlich für eine Ausrichtung der Spins senkrecht zum Impuls, für transversale Polarisationen.

Bewegte Elektronen können nicht transversal polarisiert sein.

Versuchen wir einen Zustand herzustellen, in dem sich das Teilchen in 3-Richtung bewegt und in 1-Richtung polarisiert ist. Dann müssen wir einen Spinor $w(p)$ konstruieren, der Eigenvektor zur Komponente Σ_1 des Spinoperators ist. Da er – natürlich – zu positiver Energie gehört, muß er sich als Linearkombination

$$w(p) = A\,u_{\lambda=+1}(p) + B\,u_{\lambda=-1}(p)$$

schreiben lassen. Für die oberen Komponenten ist dies leicht möglich. Der Eigenvektor von Σ_1 wird – wegen der speziellen Form der Matrix σ_1 – durch

$$\frac{1}{\sqrt{2}}(\eta_{\lambda=+1} + \eta_{\lambda=-1})$$

gegeben. Aber für die unteren Komponenten funktioniert dies nicht, weil wegen des Faktors λ in (7.7.26) statt der Summe eine Differenz auftritt; explizit

$$w(p) = \frac{1}{\sqrt{2}}(u_{\lambda=+1}(p) + u_{\lambda=-1}(p))$$

$$= \frac{N}{\sqrt{2}}\left(\begin{array}{c} \eta_{\lambda=+1} + \eta_{\lambda=-1} \\[2ex] \dfrac{|\boldsymbol{p}|}{p^0 + m}\,(\eta_{\lambda=+1} - \eta_{\lambda=-1}) \end{array}\right)$$

---

[29]Das Vorzeichen der Helizität springt allerdings um, wenn der Beobachter das Teilchen überholt, denn dann ändert sich das Vorzeichen des Impulses, auf den die Helizität nach (7.7.21) bezogen ist.

Mathematisch läßt sich natürlich ein Eigenvektor des hermiteschen Operators Σ_1 im 4-dimensionalen Dirac-Raum finden. Aber dafür sind Spinoren zu negativen Energien notwendig, die physikalisch nicht zugelassen sind.[30]

Nur im Ruhsystem kann man ein Teilchen in jeder Richtung polarisieren. Der Pauli-Spinor η beschreibe diesen Zustand. Nach einem Boost zum Impuls $\boldsymbol{p}$ wird der dann vorliegende Dirac-Spinor durch (7.7.24) gegeben, wo die oberen und unteren Komponenten verschiedene Spineigenschaften haben und kein scharfer Wert des Spins vorliegt. Man kann aber Erwartungswerte berechnen, insbesondere den von Σ_1, der einer transversalen Polarisation entspricht, wenn der Impuls wie bisher in 3-Richtung liegt. Es folgt

$$
\begin{aligned}
u^\dagger(\boldsymbol{p})\Sigma_1 u(\boldsymbol{p}) &= N^2 \left[\eta^\dagger\sigma_1\eta + \left(\frac{|\boldsymbol{p}|}{p^0+m}\right)^2 \eta^\dagger\sigma_3\sigma_1\sigma_3\eta\right] \\
&= N^2 \left[\eta^\dagger\sigma_1\eta - \left(\frac{|\boldsymbol{p}|}{p^0+m}\right)^2 \eta^\dagger\sigma_1\eta\right] \\
&= N^2\eta^\dagger\sigma_1\eta \left[1 - \left(\frac{|\boldsymbol{p}|}{p^0+m}\right)^2\right] \\
&= N^2\frac{2m}{p^0+m}\, \eta^\dagger\sigma_1\eta
\end{aligned}
$$

und unter Verwendung der expliziten Form des Normierungsfaktors (7.7.30) erhalten[31] wir

$$
u^\dagger(\boldsymbol{p})\Sigma_1 u(\boldsymbol{p}) = \frac{m}{p^0}\, \eta^\dagger\sigma_1\eta = \frac{1}{\gamma}\, \eta^\dagger\sigma_1\eta
\tag{7.7.36}
$$

Für $p^0 \to \infty$ verschwindet dieser Ausdruck unabhängig von der Größe des Erwartungswertes $\eta^\dagger\sigma_1\eta$. Dies kann man als Folge einer Lorentzkontraktion verstehen, vgl. Bild 7.2: Bei einem ruhenden Elektron kann man den Spinzustand mit $\sigma_3 = +1$ als Kreis in der 1-2-Ebene darstellen. Bewegt sich das Elektron jedoch in der 1-Richtung, tritt durch die Lorentzkontraktion eine Verformung des Kreises zur Ellipse ein, die man als Kippen des Spins aus der Transversale in die Richtung des Impulses $\boldsymbol{p}$ deuten kann. Im Grenzfall unendlichen Impulses ist das Elektron longitudinal polarisiert.

Der Spinor u(p,n)

Die folgenden Überlegungen werden insbesondere für Leser dargestellt, die sich für die Beschreibung polarisierter Dirac-Teilchen interessieren.

---

[30]In der Interpretation von Abschnitt 7.10 müßte man eine Linearkombination von Elektronen- und Positronen-Zuständen bilden.

[31]Bei Verwendung der kovarianten Normierung (7.7.29) erhält man das gleiche Ergebnis, da man in diesem Falle den Erwartungswert gemäß

$$u^\dagger(p)\Sigma_1 u(p)/u^\dagger(p)\, u(p)$$

berechnen muß.

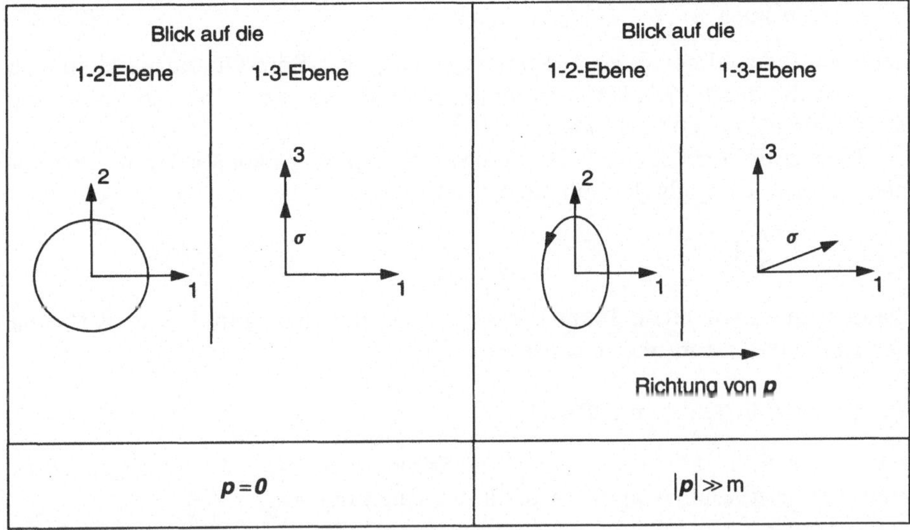

Abb. 7.2. Transversale Depolarisation durch hohe Impulse

Trotz dieser unerwarteten Spineigenschaften der Dirac-Spinoren gibt es theoretische und praktische Gründe – etwa für die Beschreibung von Experimenten – den Begriff „Polarisation" auch für Zustände einzuführen, für die der Spin in eine beliebige Richtung zeigt. Nach den gewonnenen Einsichten kann dies nur dadurch geschehen, daß man in das Ruhsystem des Teilchens geht, dort eine beliebige Richtung n wählt und es anschließend durch eine (drehungsfreie) Lorentz-Transformation zum Impuls p „boostet", wobei n und p nicht parallel zu sein brauchen.

Von dieser Überlegung ausgehend definiert man

Ein Spin 1/2 Teilchen ist in der Richtung n (vollständig) polarisiert, wenn es in seinem Ruhsystem in Bezug auf n den Spin $+\frac{1}{2}$ hat.

Wir werden diese Definition präzise in Formeln fassen und einen Dirac-Spinor $u(p, n)$ definieren, der von 4-Vektoren p und n abhängt und in jedem Lorentz-System ein Teilchen mit der geforderten Polarisation beschreibt. Dazu ist ein etwas aufwendiger Formalismus notwendig. Vorher wollen wir die „praktische Frage" klären, wie man denn bei hohen Energien mit polarisierten Teilchen umgehen kann, ihre Polarisation erzeugen und nachweisen kann, auch wenn diese den durch (7.7.36) gegebenen kleinen Wert hat.

Dazu muß man sich klar machen, wie man Polarisationen mißt. Gerade bei hohen Energien geschieht dies in der Regel durch Streuexperimente: Man schießt ein polarisiertes Teilchen, das durch $u(p, n)$ beschrieben sei, auf ein Target, aus dem es nach der Streuung in einem Zustand $u(p', n')$ heraus kommt. Die Wahrscheinlichkeits-Amplitude dafür wird durch das Skalarprodukt

$$u^\dagger(p', n')\, u(p, n) \tag{7.7.37}$$

gegeben. Obwohl der Erwartungswert (7.7.36) des Spin-Operators klein sein mag, ist die durch (7.7.37) bestimmte „relative Aussage" über die Änderung der Polarisation „normal" groß.

Jetzt zum Formalismus! Um den Spinor $u(p, n)$ zu konstruieren, bezeichnen wir den 4-Impuls des ruhenden Teilchens mit

$$p_R = \begin{pmatrix} m \\ \mathbf{0} \end{pmatrix}$$

Dann wählen wir einen Pauli-Spinor $\eta(\boldsymbol{n}_R)$, der den Spin 1/2 in Richtung des Einheits-Vektors $\boldsymbol{n}_R$ hat, für den also gilt

$$\frac{1}{2}\, \boldsymbol{\sigma} \cdot \boldsymbol{n}_R\, \eta(\boldsymbol{n}_R) = +\frac{1}{2}\, \eta(\boldsymbol{n}_R)$$

Mit seiner Hilfe bilden wir den Dirac-Spinor $u(p_R, \boldsymbol{n}_R)$. Er ist Eigenvektor zum relativistischen Spinoperator in der Richtung $\boldsymbol{n}_R$

$$\boldsymbol{\Sigma} \cdot \boldsymbol{n}_R\, u(p_R, \boldsymbol{n}_R) = +u(p_R, \boldsymbol{n}_R) \tag{7.7.38}$$

Diese Bedingung kann man in eine Form bringen, die sich auf ein beliebiges Lorentz-System verallgemeinern läßt. Dazu benutzen wir eine Formel, die die 4-dimensionalen Σ-Matrizen durch γ-Matrizen ausdrückt

$$\boldsymbol{\Sigma} = \gamma^5\, \gamma^0\, \boldsymbol{\gamma} = -\,\gamma^5\, \boldsymbol{\gamma}\, \gamma^0 \tag{7.7.39}$$

und die man am einfachsten mit Hilfe der Standard-Darstellung verifiziert.

$$\boldsymbol{\Sigma} = \begin{pmatrix} \boldsymbol{\sigma} & 0 \\ 0 & \boldsymbol{\sigma} \end{pmatrix} = \gamma_5 \begin{pmatrix} 0 & \boldsymbol{\sigma} \\ \boldsymbol{\sigma} & 0 \end{pmatrix} = \gamma_5\, \gamma^0 \begin{pmatrix} 0 & \boldsymbol{\sigma} \\ -\boldsymbol{\sigma} & 0 \end{pmatrix} = \gamma_5 \gamma^0 \boldsymbol{\gamma}$$

Um das Skalarprodukt $\boldsymbol{\Sigma} \cdot \boldsymbol{n}_R$ in eine 4-dimensionale Form zu bringen, bilden wir aus $\boldsymbol{n}_R$ den 4-Vektor

$$n_R := \begin{pmatrix} 0 \\ \boldsymbol{n}_R \end{pmatrix} \tag{7.7.40}$$

Mit seiner Hilfe läßt sich schreiben

$$\boldsymbol{\Sigma} \cdot \boldsymbol{n}_R = -\gamma^5\, \boldsymbol{\gamma}\, \boldsymbol{n}_R\, \gamma^0 = \gamma^5\, \gamma^\mu\, n_{R\,\mu}\, \gamma^0 = \gamma^5\, \not{n}_R\, \gamma^0 \tag{7.7.41}$$

Nur noch die Matrix γ^0 und der Subscript R weisen explizit darauf hin, daß wir im Ruhsystem sind. Wendet man diese Gleichung auf den Spinor $u(p_R, \boldsymbol{n}_R)$ an, so kann man noch

$$\gamma^0\, u(p_R, \boldsymbol{n}_R) = u(p_R, \boldsymbol{n}_R)$$

benutzen und findet schließlich

$$\boldsymbol{\Sigma} \cdot \boldsymbol{n}_R\, u(p_R, \boldsymbol{n}_R) = \gamma^5\, \not{n}_R\, u(p_R, \boldsymbol{n}_R) = +u(p_R, \boldsymbol{n}_R) \tag{7.7.42}$$

wobei wir im letzten Schritt (7.7.38) berücksichtigt haben. Die letzte Gleichheit erlaubt es, zu einem beliebigen Lorentz-System überzugehen, in dem wir auf beide Seite eine Lorentz-Transformation anwenden. Dabei geht p_R in p und n_R in n über und wir können die Polarisations-Bedingung in der kovarianten Form

$$\gamma^5 \not{n}\, u(p,n) = +\, u(p,n)) \tag{7.7.43}$$

schreiben. Damit wird eine einfache kovariante Definition eines Spinors gegeben, der in seinem Ruhsystem in der Richtung n polarisiert ist.

Vollständige Beschreibung eines freien Dirac-Spinors durch Projektions-Matrizen

Zusammen mit der Dirac-Gleichung bestimmt Bedingung (7.7.43) den Spinor $u(p,n)$ bis auf die oben diskutierte Normierungsbedingung eindeutig. Für konkrete Rechnungen ist es hilfreich, Projektions-Matrizen einzuführen, die diese beiden Bedingungen garantieren.

Die Matrix

$$\Lambda_+ := \frac{\not{p}+m}{2\,m} \tag{7.7.44}$$

projiziert auf die Lösungen der Dirac-Gleichung mit positiver Energie, denn es gilt

$$(\not{p}-m)\,(\not{p}+m) = p^2 - m^2 = 0$$

so daß jeder Ausdruck der Form

$$\Lambda_+\, U$$

wobei U ein beliebiger Spinor ist, der Dirac-Gleichung genügt. Analog gilt für die Matrix

$$P(n) := \frac{1}{2}(1 + \gamma^5\,\not{n}) \tag{7.7.45}$$

$$\gamma^5\,\not{n}\, P(n) = 0$$

so daß

$$P(n)\, U$$

einen Spinor erzeugt mit einer Polarisation in Richtung von n. Insgesamt gilt

$$P(n)\,\Lambda_+\, u(p,n) = \Lambda_+\, P(n)\, u(p,n) = u(p,n) \tag{7.7.46}$$

Daraus und durch direkte Rechnung folgen die üblichen algebraischen Eigenschaften von Projektions-Operatoren

$$(\Lambda_+)^2 = \Lambda_+ \text{ und } (P(n))^2 = P(n) \tag{7.7.47}$$

7.8 Die physikalischen Erfolge der Dirac-Theorie

Eine der wichtigsten physikalischen Konsequenzen der Dirac-Gleichung ist die Existenz eines mit dem Spin verbundenen magnetischen Moments, das den „richtigen" g-Faktor, nämlich $g_s = 2$ hat. Nach den Argumenten im Abschnitt 5.1.5 mag dies nicht mehr so überraschend sein. Historisch spielte diese Tatsache aber für die Akzeptanz der Dirac-Theorie eine bedeutende Rolle. Zur Begründung von $g_s = 2$ muß man eine naheliegende, aber längere Rechnung durchführen.

Man wiederholt den Weg, der uns im Abschnitt 7.3 zu den Bedingungen für die γ-Matrizen geführt und schreibt die Dirac-Gleichung mit einem elektromagnetischen Feld (7.5.12) zunächst in der Form

$$\left(i\,\gamma^\mu\, D_\mu - \frac{m\,c}{\hbar}\right)\psi = 0$$

Darauf wendet man den adjungierten Operator

$$-i\,\gamma^\mu\, D_\mu - \frac{m\,c}{\hbar}$$

an und findet

$$\left[\gamma^\mu\gamma^\nu\, D_\mu D_\nu + \left(\frac{m\,c}{\hbar}\right)^2\right] = 0 \tag{7.8.1}$$

Denn die in D_μ linearen Terme treten nach der Regel

$$(A + B)\,(A - B) = A^2 + [A, B] - B^2$$

nicht auf, weil der Kommutator von $A = \gamma^\mu\, D_\mu$ mit $m\,\mathbf{1}$ trivialerweise verschwindet. Anders als ohne Potentiale sind die kovarianten Ableitungen nicht vertauschbar

$$D_\mu D_\nu \neq D_\nu D_\mu$$

es gilt vielmehr[32]

$$[D_\mu, D_\nu] = i\frac{e}{\hbar\,c}\,F_{\mu\nu} \tag{7.8.2}$$

Beweis:

Das Produkt der Ableitungen

$$D_\mu = \partial_\mu + i\frac{e}{\hbar\,c}\,A_\mu$$

wird durch

---

[32]Für ein Magnetfeld haben wir diese Regel schon in (5.1.69) begründet. Jetzt gilt sie für ein allgemeines elektromagnetisches Feld. Diese Relation spielt in der differentialgeometrischen Analyse der Eichfeld-Theorien eine wichtige Rolle. Sie beschreibt die Krümmung in einem nichttrivialen Faserbündel.

$$D_\nu(D_\mu\,\psi) = \partial_\nu\partial_\mu\,\psi + i\,\frac{e}{\hbar c}\,[\partial_\nu(A_\mu\,\psi) + A_\nu\,\partial_\mu\,\psi] - \left(\frac{e}{\hbar c}\right)^2 A_\nu A_\mu\psi$$

$$= \left(\partial_\nu\partial_\mu\, - \left(\frac{e}{\hbar c}\right)^2 A_\nu A_\mu + i\,\frac{e}{\hbar c}[A_\mu\,\partial_\nu + A_\nu\,\partial_\mu + (\partial_\nu A_\mu)]\right)\psi$$

gegeben. Vertauscht man μ und ν und subtrahiert, so folgt die Behauptung

$$D_\mu\, D_\nu - D_\nu\, D_\mu = i\,\frac{e}{\hbar c}\,(\partial_\nu A_\mu - \partial_\mu A_\nu) = i\,\frac{e}{\hbar c}\,F_{\nu\mu} \quad \square$$

Um dieses Ergebnis in (7.8.1) zu verwenden, zerlegen wir das Produkt $\gamma_\nu\,\gamma_\mu$ nach Formel (7.6.22) und finden

$$\left(D_\mu\, D^\mu + \frac{1}{i}\sigma^{\mu\nu} D_\mu\, D_\nu + \left(\frac{mc}{\hbar}\right)^2\right)\psi \,=\, 0$$

Wegen der Antisymmetrie von $\sigma^{\mu\nu}$ kann man für den mittleren Term schreiben

$$\frac{1}{i}\sigma^{\mu\nu}\frac{1}{2}[D_\mu, D_\nu] = \frac{e}{2\hbar c}\sigma^{\mu\nu}\,F_{\mu\nu}$$

Die damit erhaltene Gleichung nimmt – nach Multiplikation mit $\dfrac{\hbar^2}{2m}$ – die folgende Form an

$$\left(\frac{\hbar^2}{2m}D_\mu\, D^\mu + \frac{e\hbar}{4mc}\sigma^{\mu\nu}F_{\mu\nu} + \frac{mc^2}{2}\right)\psi \,=\, 0 \qquad (7.8.3)$$

Mit $D_\mu\, D^\mu = \dfrac{1}{c^2}D_t^2 - \boldsymbol{D}^2$ kann man dafür auch schreiben

$$\left(-\frac{\hbar^2}{2m\,c^2}D_t^2 - \frac{mc^2}{2}\right)\psi = -\frac{\hbar^2}{2m}\boldsymbol{D}^2\psi + \frac{e\hbar}{4mc}\sigma^{\mu\nu}F_{\mu\nu}\,\psi =: H\,\psi \qquad (7.8.4)$$

Im letzten Schritt wurde ein Hamiltonoperator eingeführt, der nach Ausschreiben der kovarianten Ableitung lautet

$$H = \frac{1}{2\,m}\left(\boldsymbol{P} - \frac{e}{c}\boldsymbol{A}\right)^2 + \frac{1}{2}\widehat{\mu_B}\,\sigma^{\mu\nu}F_{\mu\nu} \qquad (7.8.5)$$

wobei die Größe $\widehat{\mu_B} = \dfrac{e\hbar}{2mc}$ verwendet wurde, die bis auf ein Vorzeichen mit dem Bohrschen Magneton übereinstimmt. Hier bringt die (unglückliche) negative Wahl für das Vorzeichen der Elektronenladung eine kleine Komplikation, die wir mit der Definition von $\widehat{\mu_B}$ auflösen wollen. Für das Bohrsche Magneton gilt wegen $e = -|e|$

$$\mu_B = -\widehat{\mu_B} \qquad (7.8.6)$$

7.8.1 g-Faktor des Elektrons

Der zweite Term des Hamiltonoperators beschreibt die Wechselwirkung des Spins mit dem elektromagnetischen Feld. Ausgeschrieben lautet er[33]

$$-\widehat{\mu_B}(i\,\boldsymbol{\alpha}\cdot\boldsymbol{E}+\boldsymbol{\Sigma}\cdot\boldsymbol{B}) \tag{7.8.7}$$

Wegen der unterschiedlichen Struktur von $\boldsymbol{\alpha}$ und $\boldsymbol{\Sigma}$ – vgl. (7.6.31) und (7.6.32) – wirken elektrische und magnetische Felder in verschiedener Weise auf den Spin. Während $\boldsymbol{B}$ schon nichtrelativistisch physikalische Kräfte ausübt, die wir schon von der Pauli-Gleichung (5.1.56) her kennen, zeigt sich $\boldsymbol{E}$ erst durch relativistische Effekte. Um dies deutlich zu machen, schreiben wir – analog zu (7.7.9) – den Dirac-Spinor in der Form

$$\psi(x)=\begin{pmatrix}\Psi(x)\\\Phi(x)\end{pmatrix} \tag{7.8.8}$$

Wenden wir den Wechselwirkungsoperator (7.8.7) darauf an!

$$-\widehat{\mu_B}\begin{pmatrix}\boldsymbol{\sigma}\cdot\boldsymbol{B}\Psi(x)+i\,\boldsymbol{\sigma}\cdot\boldsymbol{E}\Phi\\i\,\boldsymbol{\sigma}\cdot\boldsymbol{E}\Psi(x)+\boldsymbol{\sigma}\cdot\boldsymbol{B}\Phi\end{pmatrix} \tag{7.8.9}$$

Es genügt die obere Zeile dieses Ausdrucks zu analysieren. Im nichtrelativistischen Grenzfall kann Φ gegenüber Ψ vernachlässigt werden und wir werden zu

$$-\widehat{\mu_B}\,\boldsymbol{\sigma}\cdot\boldsymbol{B}\,\Psi=-2\,\widehat{\mu_B}\,\boldsymbol{S}\cdot\boldsymbol{B}\,\Psi \tag{7.8.10}$$

geführt. Dies bedeutet physikalisch:

> In der Dirac-Theorie tritt ein magnetisches Moment des Spins von der Größe $\mu=\widehat{\mu_B}\cdot\boldsymbol{\sigma}=2\,\widehat{\mu_B}\,\boldsymbol{S}$ auf. **Damit ist $g_s=2$ bewiesen.**

Die Dirac-Gleichung hat also eine wichtige Eigenschaft des Elektrons verstehen lassen. Aber es gibt physikalisch wichtige Teilchen, wie Protonen und Neutronen, deren g-Faktoren wesentlich von 2 verschieden sind. Heute führen wir diese Tatsache auf ihre Zusammensetzung aus Quarks zurück. Als Robert Frisch und Otto Stern 1933 mit einem schwierigen Experiment fanden, daß g_{Proton} zwei bis drei mal größer als 2 ist,[34] glaubte Pauli zunächst, daß die Dirac-Gleichung auf schwere Teilchen, wie das Proton, nicht anwendbar ist.

---

[33]Dabei benutzt man z.B.

$$\frac{1}{2}\widehat{\mu_B}\sigma^{\mu\nu}F_{\mu\nu}=\widehat{\mu_B}(\sigma^{0\,1}F_{0\,1}+\sigma^{0\,2}F_{0\,2}+\sigma^{0\,3}F_{0\,3}+\sigma^{1\,2}F_{1\,2}+\sigma^{1\,3}F_{1\,3}+\sigma^{2\,3}F_{2\,3})$$

und

$$\sigma^{0\,1}=i\,\alpha^1\quad\sigma^{1\,2}=\Sigma_3\quad etc$$
$$F^{0\,1}=E_1\;F^{1\,2}=-B_3\;etc$$

[34]Die heutigen Werte für die magnetischen Momente von Proton und Neutron sind

Tatsächlich kann man die Dirac-Gleichung so modifizieren, daß sie jeden beliebigen Wert für das magnetische Moment beschreibt. Dazu muß man die minimalen Vorschrift (7.5.8) durch eine „nicht-minimalen" Ankopplung ersetzen, wobei Lorentz-Invarianz und Eichinvarianz erhalten bleiben müssen. Dies ist aber grundsätzlich nicht schwer. Man muß nur einen zusätzlichen Spin-Term auf der rechten Seite von (7.5.13) anbringen:

$$[\gamma^\mu(i\partial_\mu - e\,A_\mu(x)) - m]\psi(x) = \mu'\sigma^{\mu\nu}\,F_{\mu\nu}\psi(x) \tag{7.8.11}$$

Hier kann μ' ein beliebiger Parameter sein, den man als **anomales magnetisches Moment** bezeichnet. Die linke Seite hat die gleiche Form wie der Spin-Term von (7.8.5), aber er tritt auf der Ebene der Dirac-Gleichung auf. Als direkte Verallgemeinerung des Spin-Terms in der Pauli-Gleichung (5.1.56) ist er auch als **Pauli-Term** bekannt. Damit scheint der Wert von g_s wieder völlig offen zu sein.

An dieser Stelle wird die Bedeutung der Minimalität im Prinzip der minimalen Kopplung explizit deutlich: Nach diesem Prinzip wird die elektromagnetische Wechselwirkung eines Teilchens durch genau einen Parameter, nämlich seine elektrische Ladung bestimmt, die in der kovarianten Ableitung (7.5.8) auftritt. Ohne das Prinzip können mehr Parameter auftreten, deren Werte theoretisch nicht verstanden sind. Daher gibt es eine starke Motivation an der Minimalität festzuhalten. In der Tat hat man heute zwingende Gründe für ihre Gültigkeit. Bei der Entwicklung der Quantenfeldtheorie hat sich nämlich gezeigt, daß der Pauli-Term (7.8.11) zu einer „nicht renormierbaren Theorie" führt, deren Divergenzen nicht handhabbar sind, und zu keiner konsistenten Theorie führt.

Danach können wir für jedes elementare Dirac-Teilchen von $g = 2$ ausgehen. Abweichungen davon werden durch besondere physikalische Mechanismen wie „Strahlungskorrekturen" oder eine zusammengesetzte, nicht-elementare Struktur des Teilchens bewirkt.

7.8.2 Die Spin-Bahn Kopplung

Wenden wir uns jetzt dem ersten, **elektrischen Term** in (7.8.7) zu. Um seine physikalische Bedeutung zu verstehen, müssen wir die „kleine Komponente" Φ berücksichtigen. In einer ausreichenden Näherung verwenden wir analog zu (7.7.12)

$$\Phi = \frac{-i\,\sigma\,\nabla}{E + m}\,\Psi \approx \frac{-i}{2\,m}\sigma\,\nabla\,\Psi \tag{7.8.12}$$

$2.79\,\mu_N$ bzw. $-1.91\,\mu_N$ für Proton bzw. Neutron

wobei $\mu_N = |e|\,\hbar/2\,M_N c$ das Kernmagneton ist. Die entsprechenden g-Faktoren sind: 5.59 bzw. −3.83. Der von Null verschiedene Wert des Neutronen g-Faktors widerspricht besonders deutlich der Dirac-Theorie, denn nach ihr müßte er wegen der fehlenden Ladung des Neutrons verschwinden.

Damit wird aus dem elektrischen Term von (7.8.9)

$$-i\,\widehat{\mu_B}\,\boldsymbol{\sigma}\cdot\boldsymbol{E}\,\Phi = \frac{\widehat{\mu_B}}{2m}\,(\boldsymbol{\sigma}\cdot\boldsymbol{E})\,(\boldsymbol{\sigma}\cdot\boldsymbol{\nabla})\,\Psi$$

$$= \frac{\widehat{\mu_B}}{2m}(\boldsymbol{E}\cdot\boldsymbol{\nabla}\Psi + i(\boldsymbol{\sigma}\cdot\boldsymbol{E}\times\boldsymbol{\nabla})\,\Psi) \tag{7.8.13}$$

Im zweiten Schritt muß man die Regel (5.1.30) für das Produkt von σ-Matrizen verwenden. Der letzte Term beschreibt eine **Spin-Bahn-Kopplung**, was explizit klar wird, wenn wir ein elektrisches Feld betrachten, das sich aus einem drehsymmetrischen Potential $\phi(r)$ ableitet

$$\boldsymbol{E} = -\frac{\boldsymbol{r}}{r}\,\phi'$$

Den 2.Term aus (7.8.13) kann man wie folgt umschreiben

$$\frac{\widehat{\mu_B}}{2\,m}i\,\boldsymbol{\sigma}\,(\boldsymbol{E}\times\boldsymbol{\nabla}) = \frac{\widehat{\mu_B}}{2\,m}\frac{1}{r}\phi'\boldsymbol{\sigma}(\boldsymbol{r}\times 1/i\,\boldsymbol{\nabla}) \tag{7.8.14}$$

$$= \frac{\widehat{\mu_B}}{2\,m}\frac{1}{r}\phi'\boldsymbol{\sigma}\cdot\boldsymbol{L} = 2\,\frac{\widehat{\mu_B}}{2\,m}\frac{1}{r}\phi'\boldsymbol{L}\cdot\boldsymbol{S}$$

Fügt man alle physikalischen Konstanten ein, so wird man auf folgenden Ausdruck für das Spin-Bahn Potential geführt

$$V_{LS} = \frac{1}{2}\left(\frac{\hbar}{m\,c}\right)^2\frac{1}{r}V'\boldsymbol{L}\cdot\boldsymbol{S} \tag{7.8.15}$$

wobei

$$V := e\phi \tag{7.8.16}$$

Dies ist der korrekte Ausdruck für die Spin-Bahn-Kopplung einschließlich des Thomas-Faktors $\frac{1}{2}$, den wir bereits im Abschnitt 5.1.4 angekündigt hatten.

Der erste spinunabhängige Term in (7.8.13) dagegen ist neu. Da er die Geschwindigkeit $\frac{|\boldsymbol{p}|}{m}$ quadratisch enthält, bedeutet er eine Korrektur der Ordnung $(\frac{v}{c})^2$. Solche Beiträge haben wir aber aufgrund der Näherung (7.8.12) nicht vollständig erfaßt. Es muß damit gerechnet werden, daß weitere spinunabhängige Korrekturen dieser Ordnung auftreten, aber wir müssen uns hier auf diesen Hinweis beschränken. Zur genauen Berechnung benötigt man eine systematische Näherungsmethode. Diese wird durch die Foldy-Wouthuysen-Transformation geliefert.[35]

Zusammenfassend kann man feststellen: Die physikalischen Erfolge der Dirac-Theorie werden durch den Gesamthamiltonoperator

$$\boxed{H = \frac{1}{2m}\left(\boldsymbol{P} - \frac{e}{c}\boldsymbol{A}\right)^2 + V - \boxed{2}\,\widehat{\mu_B}\boldsymbol{S}\boldsymbol{B} + \boxed{\frac{1}{2}}\left(\frac{\hbar}{m\,c}\right)^2\frac{1}{r}V'\boldsymbol{L}\boldsymbol{S}}$$

(mit $V = e\phi$) konzis beschrieben. $\tag{7.8.17}$

---

[35]Vgl. z.B. Bjorken/Drell, Relativistische Quantenmechanik, Bibliografisches Institut, Mannheim 1966, 4.Kapitel.

7.8.3 Hinweis auf den Kinematischen Ursprung des Thomas-Faktors

Nach den hier gegebenen Begründungen und denen im Abschnitt 5.1.4 – Gleichungen (5.1.60) etc. – könnte der Eindruck entstehen, die Spin-Bahn Kopplung sei – ihrem Ursprung nach – durch die elektromagnetische Wechselwirkung bedingt und der Thomas-Faktor sei „nur" eine, wenn auch große Korrektur. Tatsächlich jedoch hat V_{LS} einen doppelten Ursprung: ein Teil, nämlich der in (5.1.62) angegebene, beruht wirklich auf dem durch die Bewegung im E-Feld erzeugten Magnetfeld (5.1.60). Es kommt aber ein zweiter hinzu, der ein rein relativistisch-kinematischer Effekt ist. Wie Llewellyn Thomas 1926 feststellte, erfährt ein beschleunigtes Teilchen eine Präzision mit der Winkelgeschwindigkeit

$$\boldsymbol{\omega}_{\text{Thomas}} = (\gamma - 1)\frac{\boldsymbol{v} \times \boldsymbol{a}}{v^2} \approx \frac{1}{2\,c^2}\,\boldsymbol{v} \times \boldsymbol{a} \tag{7.8.18}$$

wobei der Vektor $\boldsymbol{a}$ die Beschleunigung bezeichnet und γ der übliche Faktor in der Lorentz-Transformation (7.1.13) ist. Diese Tatsache beruht auf einer wichtigen allgemeinen Eigenschaft der Lorentz-Transformationen: Das Produkt zweier Boosts

$$B(\boldsymbol{v}_1)\,B(\boldsymbol{v}_2)$$

bewirkt nicht nur einen Boost mit der Gesamtgeschwindigkeit $\boldsymbol{v}_{tot}$, sondern enthält gemäß (7.1.17) auch eine – nichttriviale – Drehung, die **Wigner-Rotation**. Deren Ursprung kann man sich ohne Rechnung durch eine Lorentz-Kontraktion – analog zum Bild 7.2 – verständlich machen. In unserem Zusammenhang führt die Wigner-Rotation zur Thomas-Präzision.[36] Durch (7.8.18) wird eine Spin-Bahn Wechselwirkung

$$V'_{LS} = -\hbar\,\boldsymbol{S} \cdot \boldsymbol{\omega}_{\text{Thomas}}$$

erzeugt. Wenn die Beschleunigung durch ein rotations-symmetrisches Potential $U(r)$ erzeugt wird, so daß nach dem Newtonschen Gesetz

$$m\,\boldsymbol{a} = -\boldsymbol{\nabla} U(r) = -\frac{\boldsymbol{r}}{r}\,U'(r)$$

gilt, so folgt

$$V'_{LS} = -\frac{1}{2}\left(\frac{\hbar}{m\,c}\right)^2 \frac{1}{r}\,U'(r)\,\boldsymbol{L} \cdot \boldsymbol{S} \tag{7.8.19}$$

Wendet man diesen Thomas-Term auf ein elektromagnetisches Feld an, setzt also $U = e\,\phi$ so wird der „rein elektromagnetischen" Term (5.1.62) um die Hälfte reduziert.

---

[36]Für einen leicht zugänglichen Beweis sei auf

J.D. Jackson, Classical Electrodynamics, Third Edition, p.548-552, John Wiley & Sons, New York, 1999 hingewiesen.

Ein solches Spin-Bahn-Potential tritt aber auch bei anderen Potentialen, z.B. in der Kernphysik auf, wo die starken Nukleon-Nukleon-Wechselwirkungen nicht auf dem elektromagnetischen Feld beruhen. Im Rahmen der Dirac-Theorie kann man diesen Term dadurch gewinnen, daß man in der Dirac-Gleichung z.B. ein skalares Potential berücksichtigt, also von der Gleichung

$$(\partial\!\!\!/ - U - m)\psi(x) = 0 \tag{7.8.20}$$

ausgeht. Wendet man das gleiche Verfahren wie nach (7.8.1) an, so wird man genau auf V'_{LS} geführt.

7.8.4 Dirac-Theorie des Wasserstoff-Atoms

Der Hamiltonoperator (7.8.17) ist nach seiner Begründung nur eine Näherung. Er wirkt ja auch nur auf Pauli-Spinoren. Die Dirac-Gleichung läßt sich aber so umformen, daß man einen exakten Hamiltonoperator erhält, der auf sämtliche 4 Komponenten des Dirac-Spinors wirkt. Zum Abschluß dieses Abschnitts führen wir die dafür notwendige kleine Rechnung durch. Sie beginnt mit dem Ausschreiben von $\partial\!\!\!/$

$$\gamma^\mu\,\partial_\mu = \gamma^0\,\partial_0 + \gamma^k\,\partial_k$$

wobei über die lateinischen Indizes – wie immer – von 1 bis 3 summiert wird. Damit erhält die Dirac-Gleichung mit elektromagnetischen Potentialen (7.5.13) die folgende Gestalt

$$i\gamma^0\partial_0\psi = (-i\gamma^k\partial_k + e\gamma^k A_k + m + e\gamma^0 A_0)\psi$$

oder nach Multiplikation von links mit γ^0:

$$i\partial_0\psi = H\psi \tag{7.8.21}$$

wobei

$$H := \boldsymbol{\alpha}(\boldsymbol{P} - e\boldsymbol{A}) + \beta m + e\Phi \tag{7.8.22}$$

der gesuchte Hamiltonoperator ist. Dabei wurde

$$\beta := \gamma^0 \tag{7.8.23}$$

eingeführt und $A^0 = \Phi$ gesetzt. Außerdem wurde – wie bisher –

$$\boldsymbol{P} = \frac{1}{i}\,\boldsymbol{\nabla} \quad , \quad \boldsymbol{\alpha} = \gamma^0\boldsymbol{\gamma} \tag{7.8.24}$$

benutzt. Mit $\hbar$ und c erhalten wir für (7.8.22)

$$\boxed{H = c\,\hbar\,\boldsymbol{\alpha}\left(\boldsymbol{P} - \frac{e}{c}\,\boldsymbol{A}\right) + \beta mc^2 + e\Phi} \tag{7.8.25}$$

Von diesem Hamiltonoperator werden wir bei den folgenden Überlegungen ausgiebigen Gebrauch machen.

Um über die eben dargestellten Erfolge hinaus die physikalische Aussage-kraft der Dirac-Gleichung zu erproben, liegt es nahe, die Gleichung auf das Wasserstoff-Problem anzuwenden, das für die nichtrelativistische Schrödin-gergleichung zu einem so großen Erfolg wurde. Dazu müssen wir ein Eigen-wertproblem für den Dirac-Hamilton Operator (7.8.25) also

$$H\,\psi_E = E\,\psi_E$$

lösen, wobei ψ_E ein Dirac-Spinor ist. Wir setzen voraus, daß alle in H auftretenden Felder zeitunabhängig sind. Damit können wir auch ψ_E als unabhängig von t voraussetzen. Wie bei der Behandlung der freien Dirac-Gleichung empfiehlt es sich ψ_E durch zwei Pauli-Spinoren auszudrücken

$$\psi_E(\boldsymbol{r}) = \begin{pmatrix} \psi^G(\boldsymbol{r}) \\ \psi^K(\boldsymbol{r}) \end{pmatrix} \tag{7.8.26}$$

so daß die Eigenwertgleichung die folgenden Form annimmt

$$(\boldsymbol{\alpha}\cdot(\boldsymbol{P}-e\,\boldsymbol{A})+e\,\Phi+m\,\beta)\begin{pmatrix} \psi^G \\ \psi^K \end{pmatrix} = E\begin{pmatrix} \psi^G \\ \psi^K \end{pmatrix} \tag{7.8.27}$$

In der Standard-Darstellung der γ-Matrizen führt sie zu einem System von partiellen Differentialgleichungen für die beiden Pauli-Spinoren

$$\boldsymbol{\sigma}\cdot(\boldsymbol{P}-e\,\boldsymbol{A})\,\psi^K+(e\,\Phi+m-E)\,\psi^G = 0 \tag{7.8.28}$$

$$\boldsymbol{\sigma}\cdot(\boldsymbol{P}-e\,\boldsymbol{A})\,\psi^G+(e\,\Phi-m-E)\,\psi^K = 0 \tag{7.8.29}$$

wobei sich sich die zweite Gleichung durch Vertauschen von ψ^G und ψ^K und einem Vorzeichenwechsel der Masse m aus der ersten ergibt. Diese Gleichun-gen gelten für einen beliebiges statisches elektromagnetisches Feld. Für die Spezialisierung auf das Wasserstoff-Problem arbeiten wir im Ruhsystem des Protons und wählen die übliche Eichung des Coulomb-Feldes

$$\boldsymbol{A} = 0, \quad \Phi = -\frac{Z\,e^2}{r}$$

Das so erhaltene System gekoppelter Differentialgleichungen kann analog zur Schrödingergleichung im Abschnitt 2.10 des ersten Bandes behandelt wer-den.[37] Man erhält wie dort exakte Lösungen, für die wir auf die Spezialli-teratur verweisen.[38] Hier müssen wir uns darauf beschränken, den Beginn solch einer Rechnung zu beschreiben, wobei wir vor allem die Analyse der Drehimpuls-Struktur für ψ^G und ψ^K vornehmen werden. Diese läßt sich für ein allgemeines drehsymmetrisches Potential $\Phi(r)$ durchführen.

---

[37]Dies wurde 1928 von C.G. Darwin und W. Gordon durchgeführt.

[38]Vor allem sei auf das Buch
Hans A. Bethe and Edwin E. Salpeter, Quantum Mechanics of One- and Two-Electron Atoms, Springer Verlag Berlin, Göttingen, Heidelberg 1957 hingewiesen.

Wegen der Drehinvarianz kommutiert der Gesamtdrehimpuls $\boldsymbol{J} = \boldsymbol{L} + \boldsymbol{S}$ mit dem Hamilton-Operator H. Daher existieren simultane Eigen-Spinoren von H, $\boldsymbol{J}^2$ und J_3, die wir mit

$$\psi_{E;j,m}(\boldsymbol{r})$$

bezeichnen. Für die Pauli-Spinor-Anteile $\psi^G_{\ldots}$ und $\psi^K_{\ldots}$ kann man darüber hinaus auch Bahndrehimpuls-Quantenzahlen l angeben, obwohl der Bahndrehimpuls $\boldsymbol{L}$ wegen der Spin-Bahn-Kopplung nicht mehr mit H vertauscht. Dies beruht auf der auch hier geltenden Spiegelinvarianz, die uns erlaubt, die Argumentation vom Abschnitt 5.2.5 zu übertragen. Allerdings tragen die oberen und unteren Komponenten verschiedene l-Werte, denn der Operator $\boldsymbol{\sigma} \cdot \boldsymbol{P}$ in (7.8.28) und (7.8.29) ist pseudoskalar und kehrt die Parität um. Trage etwa ψ^G den Bahndrehimpuls l und die Parität $(-1)^l$, so daß man

$$\psi^G_{E;l,j,m}(\boldsymbol{r})$$

schreiben kann. Da ψ^K die entgegengesetzte Parität trägt, muß seine Bahndrehimpuls-Quantenzahl $l' = l-1$ oder $l' = l+1$ sein. Andere Werte von l können mit dem Spin $1/2$ nicht den vorgegebenen j-Wert ergeben. Daher gilt

$$\psi^K_{E;l',j,m}(\boldsymbol{r})$$

Welcher Wert von l' auftritt, wird durch j und l bestimmt:

- Wenn $j = l + \frac{1}{2}$, also $l = j - \frac{1}{2}$ gilt, muß $l' = l + 1 = j + \frac{1}{2}$ sein,

- wenn $j = l - \frac{1}{2}$, also $l = j + \frac{1}{2}$ gilt, muß $l' = l - 1 = j - \frac{1}{2}$ sein.

Damit können die Energie-Eigenwerte durch eine Hauptquantenzahl n, die Quantenzahlen j und den Wert von l gekennzeichnet werden, den die obere Komponenten ψ^G trägt. Üblich ist die Notation

$$E(n\,^2L_j)$$

wobei der Exponent 2 auf „Dublett" hinweist und für L die Symbole S,P,D etc (entsprechend zu $l = 0, 1, 2$ etc) verwendet werden. Wir benutzen diese Notation um die niedrigsten Energiewerte anzugeben:

$$E(1\,^2S_{1/2}) = m\,c^2\sqrt{1 - (Z\,\alpha)^2} \tag{7.8.30}$$

$$= m\,c^2\left(1 - \frac{1}{2}\,Z^2\,\alpha^2 - \frac{1}{8}\,Z^4\,\alpha^4 + \ldots\right)$$

$$E(2\,^2S_{1/2}) = E(2\,^2P_{1/2}) = m\,c^2\sqrt{\frac{1 + \sqrt{1 - (Z\alpha)^2}}{2}} \tag{7.8.31}$$

$$= m\,c^2\left(1 - \frac{1}{8}\,Z^2\,\alpha^2 - \frac{5}{128}\,Z^4\,\alpha^4 + \ldots\right)$$

$$E(2\,^2P_{3/2}) = m\,c^2\sqrt{1 - (Z\,\alpha)^2/4} \tag{7.8.32}$$

$$= m\,c^2 \left(1 - \frac{1}{8}\,Z^2\,\alpha^2 - \frac{1}{128}\,Z^4\,\alpha^4 + \dots \right)$$

Dies sind Spezialfälle einer allgemeinen Formel, die man in der Fußnote findet.[39] Wichtige Eigenschaften dieser Ergebnisse sind:

- Die Energiewerte hängen nur von der Hauptquantenzahl n und dem Gesamtdrehimpuls j, nicht aber von l ab. Es gilt eine **relativistische l-Entartung**. Aus der Formel in der Fußnote kann man sie ablesen. und in der Abbildung 5.7 im Abschnitt 5.2.5 ist sie explizit zu sehen. Diese Tatsache gab den Anstoß zu einer Entwicklung der theoretischen Physik nach dem 2. Weltkrieg, die in ihrer grundsätzlichen Bedeutung nicht überschätzt werden kann.

  Mit der am Ende des Krieges verfügbaren Radar-Technik konnten W.E. Lamb und R.C. Retherford festellen, daß die n=2 Niveaus doch nicht entartet sind, sondern daß das $2^2S_{1/2}$-Niveau ein wenig höher als das $2^2P_{1/2}$-Niveau liegt. Dies gelang mit Hilfe von Mikrowellen, die Übergänge zwischen den beiden aufgespaltenen Niveaus bewirkten. Die Deutung dieser „Lamb-shift" lag in den Jahren 1946/1947 „in der Luft":[40] Sie beruht auf den „Fluktuationen" des quantisierten elektromagnetischen Feldes. Ihre Berechnung erforderte jedoch neuartige Ideen und Rechentechniken, die unter dem Stichwort „Renormierungs-Theorie" Anlaß zu einer systematischen Entwicklung der Quantenfeldtheorie gab. Sie ist heute Grundlage der Elementarteilchen-Physik und damit – in gewissem Sinne – Grundlage der gesamten Physik.
- Für kleine $Z\alpha$ erhält man in allen Fällen – aus den speziellen Formeln, ebenso wie aus dem allgemeinen Ausdruck der Fußnote – die Rydberg-Formel

$$E_n = m\,c^2 \left(1 - \frac{1}{2\,n^2}\,(Z\,\alpha)^2 \right)$$

Im Falle E_1 erkennt man aus (7.8.30) den Ursprung des Faktors 1/2 in der Rydberg-Formel: Er beruht auf der relativistischen Quadratwurzel in (7.8.30). In der 2. Zeile dieser Formel wurde auch die nächste Näherung angegeben. Auf den $(Z\alpha)^4$-Term wurde schon im Abschnitt 5.2.5 hingewiesen. Aus den Reihen-Entwicklungen der beiden anderen Niveaus kann man ablesen, daß sie deutlich höher als der Grundzustand liegen, aber selber nur wenig unterschiedlich sind, wie es für die Feinstruktur typisch ist.

---

[39]

$$E(n,j) = \frac{mc^2}{\sqrt{1 + \dfrac{Z^2\alpha^2}{\left(n-j-1/2+1/2\sqrt{4j^2+4j+1-4Z^2\alpha^2}\right)^2}}}$$

[40]Vgl. dazu A.Pais, Inward Bound, chapter 18(a)

- Für

$$Z\,\alpha = 1$$

verschwindet die Grundzustands-Energie und wird für $Z > 1/\alpha$ formal sogar komplex.

Mathematisch stellt die zuletzt genannte Tatsache kein Problem dar, denn alle Ergebnisse wurden unter Voraussetzung $E > 0$ abgeleitet. Negative Energien müssen neu behandelt werden. Man kann aber auch ohne Rechnung einsehen, daß es hier keine gebundenen Zustände geben kann. Dazu vergleicht man die Gleichungen (7.8.28) und (7.8.29) für $E = |E|$ und $E = -|E|$. Im zweiten Falle kann man sie in der Form

$$(\boldsymbol{\sigma} \cdot (-\boldsymbol{P} + e\,\boldsymbol{A}))\;\psi^K + (-e\,\Phi - m - |E|)\;\psi^G = 0$$
$$(\boldsymbol{\sigma} \cdot (-\boldsymbol{P} + e\,\boldsymbol{A}))\;\psi^G + (-e\,\Phi + m - |E|)\;\psi^K = 0$$

schreiben. Man erhält diese Gleichungen aus den ursprünglichen durch die Substitutionen

$$\psi^K \to \psi^G$$
$$\boldsymbol{P} \to -\boldsymbol{P} \tag{7.8.33}$$
$$e\Phi \to -e\Phi \text{ und } e\boldsymbol{A} \to -e\boldsymbol{A}$$

Daher beschreibt die Dirac-Gleichung für negative Energien ein Teilchen mit positiver Energie aber entgegengesetzter Ladung. Im Falle des Coulomb-Potentials hat man daher ein positiv geladenes Teilchen im Feld des positiv geladenen Protons. Daher treten abstoßende Kräfte auf und es können keine gebundenen Zustände existieren. Die Substitution (7.8.33) wird uns in einem allgemeineren Zusammenhang wieder begegnen.

Das Auftreten der kritischen Ladung

$$Z_{\text{crit}} := \frac{1}{\alpha} \approx 137 \tag{7.8.34}$$

kann man auch halb-klassisch verstehen. Dazu verwendet man die relativistische Energie im Coulomb-Potential in der Form

$$E(r) = \sqrt{p^2 + m^2} - \frac{Z\,e^2}{r} \approx c\,\hbar\left[\sqrt{\left(\frac{1}{r}\right)^2 + \left(\frac{m\,c}{\hbar}\right)^2} - \frac{Z\alpha}{r}\right] \tag{7.8.35}$$

wobei die Unschärfe-Relation in der qualitativen Form $p \approx \hbar/r$ und $\alpha = \dfrac{e^2}{\hbar\,c}$ verwendet wurde. Für kleine r erhält man daraus

$$E(r) \approx c\,\hbar\,(1 - Z\alpha)\,\frac{1}{r} = c\,\hbar\left(1 - \frac{Z}{Z_{\text{crit}}}\right)\frac{1}{r}$$

Für $Z < Z_{\text{crit}}$ kompensiert die kinetische Energie über die Unschärferelation die Attraktion des Coulomb-Potentials und verhindert wie im nichtrelativistischen Fall einen Kollaps des H-Atoms, vgl. Abschnitt 1.9 des ersten Bandes.

Für $Z > Z_{\text{crit}}$ könnte dagegen eine Katastrophe eintreten. Was wirklich geschehen kann, läßt sich erst diskutieren, wenn wir die negativen Energien besser verstanden haben. Hier illustrieren wir nur noch im Bild 7.3 den

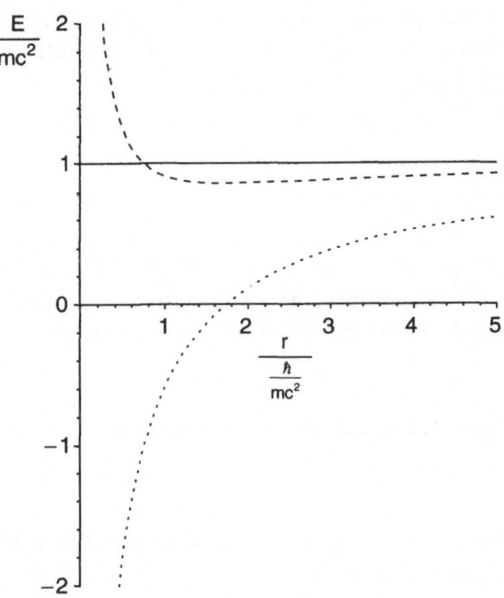

Abb. 7.3. Halbklassische relativistische Energie im Coulomb-Potential

Verlauf der Energie nach der genaueren Formel (7.8.35). Darin sieht man, wie im unterkritischen Bereich – gestrichelte Linie – tatsächlich ein stabiles Minimum auftritt, während für $Z > Z_{\text{crit}}$ das Teilchen nach $r = 0$ abstürzt – punktierte Linie.

Bekanntlich existieren keine Atomkerne mit $Z > Z_{\text{crit}}$; jedenfalls sind sie – zur Zeit – nicht entdeckt. Es sei aber darauf hingewiesen, daß sich bei Berücksichtigung der endlichen Ausdehnung des Atomkerns Z_{crit} verändert. Darüber hinaus kann man durch den Stoß schwerer hochenergetischer Ionen kurzzeitig ein System mit überkritischem Z erzeugen. Daher sind die Überlegungen zu Feldern, die bei einem großen Z auftreten, ein aktives Forschungsgebiet.

7.9 Spinerhaltung und Zitterbewegung

Nach den Erfolgen der Dirac-Theorie studieren wir ihre Merkwürdigkeiten. Auf sie trifft man schon, wenn man die Bewegung eines kräftefreien Teilchen in der Dirac-Theorie genauer untersucht. Ohne eine Wechselwirkung mit anderen Objekten sollte ein Teilchen seit Newton eine Trägheitsbewegung ausführen, wo seine Geschwindigkeit und sein Impuls sich zeitlich nicht ändern. In bezug auf den Drehimpuls, sowohl den Bahndrehimpuls wie den Spin, erwartet man das gleiche. In der Dirac-Theorie gilt diese Konstanz für den Impuls und die Energie auch. Die Lösungen der freien Dirac-Gleichung zeigen dies implizit. Man kann dies auch explizit leicht nachprüfen.

Dazu empfiehlt es sich, die zeitliche Veränderung von Operatoren im Heisenbergbild zu untersuchen (vgl. Seite 8 in der Einleitung zu diesem Band und Abschnitt 3.11 im ersten Band).

Gemäß (1.4.5) gilt für einen nicht explizit von t abhängigen Operator A ($\hbar = 1$):

$$\frac{d}{dt}A = i[H, A] \tag{7.9.1}$$

Da der Energieoperator H mit sich selbst vertauscht, ändert er sich trivialerweise nicht. Auch für den Impuls P kann man dies schließen, wenn man den expliziten Ausdruck für den freien Hamilton-Operator

$$H \quad = \boldsymbol{\alpha}\, \boldsymbol{P} + \beta m \tag{7.9.2}$$

verwendet. Offenbar vertauscht $\boldsymbol{P}$ mit H, so daß

$$\frac{d}{dt}\,\boldsymbol{P} = 0$$

gilt. Dies wird aber ganz anders, wenn wir die Zeitabhängigkeit der drei folgenden Operatoren betrachten

$$\boldsymbol{L} = \boldsymbol{r} \times \boldsymbol{P}, \quad \boldsymbol{S} = \frac{1}{2}\boldsymbol{\Sigma}, \text{ und } \boldsymbol{r}$$

Wir beginnen mit dem Bahndrehimpuls $\boldsymbol{L}$

$$\frac{d}{dt}\boldsymbol{L} = i[H, \boldsymbol{L}] \ = i\alpha_l[P_l, \boldsymbol{L}]$$

wobei über den „lateinischen" Index von $l = 1$ bis $l = 3$ summiert wird. Für $\boldsymbol{P}$ gilt, wie für jeden Vektor-Operator

$$[L_k, P_l] = i\,\varepsilon_{klm}P_m$$

daher folgt

$$\frac{d}{dt}\boldsymbol{L} = \boldsymbol{\alpha} \times \boldsymbol{P} \tag{7.9.3}$$

Die rechte Seite dieser Gleichung verschwindet i.allg. nicht. Daher ändert sich auch bei Abwesenheit von äußeren Kräften der Bahndrehimpuls mit der Zeit.

Dirac machte aus dieser schlechten Erfahrung etwas Positives: Für ihn war dies ein Argument dafür, daß seine Gleichung – sozusagen „von selbst" – einen weiteren Drehimpuls, eben den Spin, enthält. In der Tat ergibt sich aus

$$\frac{d}{dt}\boldsymbol{S} = \frac{1}{2}\frac{d}{dt}\boldsymbol{\Sigma} = \frac{i}{2}[(\boldsymbol{\alpha}\boldsymbol{P} + \beta m), \boldsymbol{\Sigma}] \ = \frac{i}{2}[\alpha_k, \boldsymbol{\Sigma}]\,P_k + \frac{i}{2}[\beta m, \boldsymbol{\Sigma}]$$

unter Verwendung der Beziehungen

$$[\alpha_k, \Sigma_l] = 2\,i\,\epsilon_{klm}\alpha_m$$
$$[\beta, \Sigma_l] = 0$$

die man über die Standarddarstellung der Matrizen erhält, für die zeitliche Änderung des Spins

$$\frac{d}{dt}\boldsymbol{S} = -\boldsymbol{\alpha} \times \boldsymbol{P} \qquad (7.9.4)$$

Bilden wir die Summe von (7.9.3) und (7.9.4), so finden wir, daß

$$\boldsymbol{J} := \boldsymbol{L} + \boldsymbol{S} \qquad (7.9.5)$$

zeitlich konstant ist

$$\frac{d}{dt}\boldsymbol{J} = \boldsymbol{0}$$

$\boldsymbol{J}$ wird deswegen als Gesamtdrehimpuls gedeutet, zusammengesetzt aus Bahndrehimpuls $\boldsymbol{L}$ und Spin $\boldsymbol{S}$.

Dieses Ergebnis ist aber nur im ersten Augenblick beruhigend. Denn weitergehende Überlegungen führen zu der Frage: Warum soll sich der Spin bei einer kräftefreien Bewegung ändern, welches ist der physikalische Grund dafür?

Bevor wir darauf eine Antwort zu geben versuchen, wollen wir das Problem noch verschärfen, indem wir die Geschwindigkeit eines Dirac-Elektrons berechnen:

$$\boldsymbol{v} = \frac{d}{dt}\boldsymbol{r} = i[H, \boldsymbol{r}] = i\alpha_k[P_k, \boldsymbol{r}]$$

Wegen der kanonischen Vertauschungsrelationen führt dies zu

$$\boldsymbol{v} = \boldsymbol{\alpha} \qquad (7.9.6)$$

Die Geschwindigkeit wird offensichtlich durch die hermitesche Matrix $\boldsymbol{\alpha}$ beschrieben, genauer gilt mit explizit eingeführter Lichtgeschwindigkeit c

$$\boldsymbol{v} = c\boldsymbol{\alpha} \qquad (7.9.7)$$

Diese Gleichung birgt drei Probleme in sich:

1. Die Geschwindigkeit ist nicht konstant, denn $\boldsymbol{\alpha}$ kommutiert nicht mit H.
2. Da die Komponenten von $\boldsymbol{\alpha}$ wegen

$$\alpha_k^2 = 1$$

nur die Eigenwerte +1 und -1 besitzen, darf man als Meßwert der Geschwindigkeitskomponenten nur +c oder -c erwarten:

$$v_k = \pm c \qquad (7.9.8)$$

3. Wegen

$$[\alpha_k, \alpha_l] \neq 0 \qquad \text{für} \quad k \neq l$$

können die verschiedene Komponenten von $\boldsymbol{v}$ nicht gleichzeitig gemessen werden.

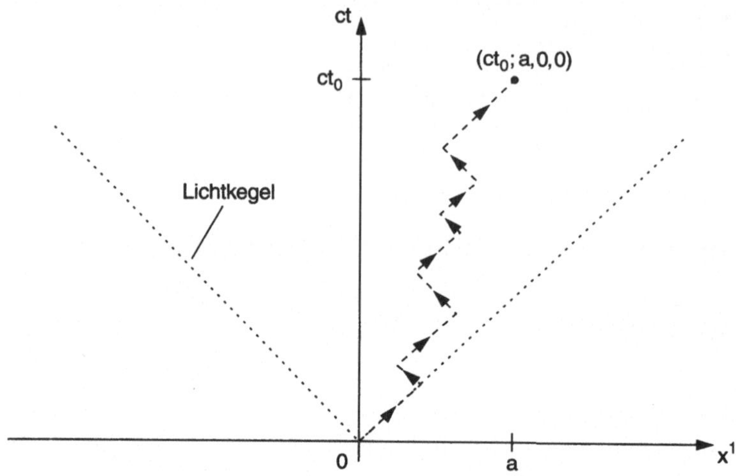

Abb. 7.4. Illustration der Zitterbewegung im Raum-Zeit-Diagramm

Schrödinger hat das Ergebnis (7.9.8) mit Hilfe einer **Zitterbewegung** gedeutet. Um vom Raum-Zeit-Punkt $(0; 0,0,0)$ zu $(ct_0; a,0,0)$ zu gelangen, muß das Elektron sich abwechselnd mit $+c$ und $-c$ bewegen, vgl. Bild 7.4. Danach müßte es also Zustände des Elektrons mit Lichtgeschwindigkeit geben. Vertraut sind uns dagegen Elektronenzustände mit fester Energie $p^0 > 0$ und Impuls p, die durch Eigenzustände des Hamiltonoperators beschrieben werden. Ihre Geschwindigkeit hat wegen der erwähnten Nichtvertauschbarkeit

$$[H, \boldsymbol{\alpha}] \neq \mathbf{0} \qquad (7.9.9)$$

keinen scharfen Wert. Wir können aber mit Hilfe von (7.7.24) den Erwartungswert von $\boldsymbol{\alpha}$ berechnen:

$$\langle \boldsymbol{v} \rangle = \langle \boldsymbol{\alpha} \rangle$$

$$= u^\dagger(\boldsymbol{p})\boldsymbol{\alpha}u(\boldsymbol{p}) = N^2\chi^\dagger \frac{\boldsymbol{\sigma}(\boldsymbol{\sigma p}) + (\boldsymbol{\sigma p})\boldsymbol{\sigma}}{p^0 + m}\eta = N^2\frac{2\boldsymbol{p}}{p^0 + m}\eta^\dagger\eta$$

wobei

$$\sigma_k(\boldsymbol{\sigma p}) + (\boldsymbol{\sigma p})\sigma_k = (\sigma_k\sigma_l + \sigma_l\sigma_k)\,p_l$$

$$= 2\,\delta_{kl}\,p_l = 2\,p_k$$

verwendet wurde. Mit $\eta^\dagger\eta = 1$ und (7.7.30) folgt

$$\langle \boldsymbol{v} \rangle = \frac{\boldsymbol{p}}{p^0} = v_{\text{klassisch}} \qquad (7.9.10)$$

Hinsichtlich der Erwartungswerte der Geschwindigkeit für Energie-Eigenzustände erhalten wir also die gewohnten physikalischen Ergebnisse.

Analog gilt dies für die unerwarteten Resultate (7.9.3) und (7.9.4), denn

$$\left\langle \frac{d\boldsymbol{L}}{dt} \right\rangle = u^\dagger(\boldsymbol{p})(\boldsymbol{\alpha} \times \boldsymbol{p})u(\boldsymbol{p}) = u^\dagger \boldsymbol{\alpha}\, u \times \boldsymbol{p} = \frac{\boldsymbol{p}}{p^0} \times \boldsymbol{p} = \boldsymbol{0}$$

also

$$\left\langle \frac{d\boldsymbol{L}}{dt} \right\rangle = \boldsymbol{0} = \left\langle \frac{d\boldsymbol{S}}{dt} \right\rangle \tag{7.9.11}$$

In den Energie-Eigenzuständen mittelt sich die Zitterbewegung heraus. Dies gilt jedoch nicht nur für Teilchen mit fester Energie. Die vorstehenden Rechnungen können vielmehr allgemein für ein beliebiges Wellenpaket mit positiven Energien[41]

$$\psi(x) = \frac{1}{(2\pi)^{\frac{3}{2}}} \sum_{\lambda=\pm 1} \int e^{-ipx} a_\lambda(\boldsymbol{p}) u_\lambda(\boldsymbol{p})\, d^3p \tag{7.9.12}$$

durchgeführt werden, wobei $a_\lambda(\boldsymbol{p})$ eine beliebige Wahrscheinlichkeits-Amplitude für ein Elektron mit positiver Energie bezeichnet. Es folgt

$$\langle \boldsymbol{\alpha} \rangle := \int \psi^\dagger(x)\boldsymbol{\alpha}\psi(x)\, d^3x \; = \sum_\lambda \int |a_\lambda(\boldsymbol{p})|^2 \frac{\boldsymbol{p}}{p^0}\, d^3p$$

und entsprechend

$$\left\langle \frac{d\boldsymbol{L}}{dt} \right\rangle := \int \psi^\dagger(x)\frac{d\boldsymbol{L}}{dt}\psi(x)\, d^3x = \boldsymbol{0} \text{ und } \left\langle \frac{d\boldsymbol{S}}{dt} \right\rangle = \boldsymbol{0}$$

Nimmt man jedoch in (7.9.12) die Beiträge von negativen Energien hinzu, so gilt dies nicht mehr. Die vorher allgemein gefundene Zeitabhängigkeit tritt wieder auf. Der eigentliche Grund für die festgestellten Probleme liegt also in der Existenz negativer Energien. Wenn es gelingt, solche Zustände „irgendwie" aus der Theorie zu entfernen, dürfen wir erwarten, daß auch die Zitterbewegung verschwindet.

7.10 Die negativen Energien und die Löchertheorie

Nach den Ergebnissen des letzten Abschnitts müssen wir die Lösungen mit negativer Energie genauer betrachten.

Zunächst schreiben wir die beiden Spinoren u^K und u^G einer Lösung des Gleichungssystems (7.7.10) und (7.7.11) für $p^0 = -\sqrt{\boldsymbol{p}^2 + m^2}$ in der Form

$$u^K = N\, \eta \; ; u^G = \frac{\boldsymbol{\sigma p}}{p^0 - m}\eta$$

mit $\eta^\dagger \eta = 1$, also

---

[41]Hier setzen wir $u_\lambda(\boldsymbol{p}) \equiv u_\lambda(p)$ um deutlich zu machen, daß über den 3-dimensionalen Impulsraum integriert wird. Natürlich muß die Energie für jeden Impuls als $p^0 = \sqrt{\boldsymbol{p}^2 + m^2}$ gewählt werden.

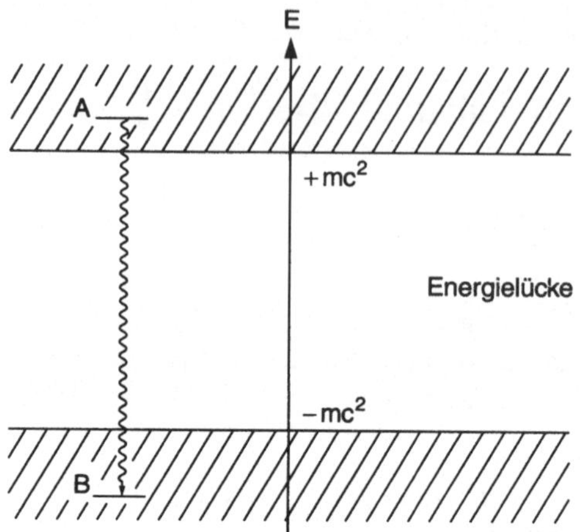

Abb. 7.5. Das Energiespektrum der freien Dirac-Gleichung

$$u = N \left(\begin{array}{c} \dfrac{\sigma p}{p^0 - m} \eta \\ \eta \end{array} \right) \qquad (\text{mit} \quad p^0 < 0) \tag{7.10.1}$$

Aus $u^\dagger u = 1$ folgt

$$N = \sqrt{\frac{|p^0| + m}{2|p^0|}} \tag{7.10.2}$$

Damit findet man mit Hilfe der für Gleichung (7.9.10) durchgeführten Rechnung das gleiche Resultat wie dort. Nur ist p^0 jetzt negativ:

$$\langle v \rangle = \langle \alpha \rangle = \frac{p}{p^0} = -\frac{p}{|p^0|} \tag{7.10.3}$$

Daher sind die Erwartungswerte von Geschwindigkeit und Impuls entgegengesetzt orientiert, was ein weiteres Indiz für Probleme mit den negativen Energien ist.

Die eigentliche Gefährlichkeit der negativen Energien läßt sich anhand von Bild 7.5 erkennen: Die nach der Dirac-Gleichung erlaubten Energiewerte $E \geq mc^2$ und $E \leq -mc^2$, gekennzeichnet durch die schraffierten Bereiche, werden durch eine Energielücke der Breite $2\,mc^2$ getrennt. In der klassischen Physik würde der untere Bereich keine Schwierigkeiten bereiten. Wenn ein Teilchen eine positive Energie hat, sich also im oberen Bereich befindet, bleibt es immer dort, denn klassisch „macht die Natur keine Sprünge", die Bahnen der Teilchen sind stetige Kurven.

Aber in der Quantentheorie gibt es sprunghafte Übergänge. So können durchaus Quantensprünge von einem Niveau A mit $p^0 > 0$ zu einem Niveau B mit $p^0 < 0$ für das beschriebene Elektron möglich sein, z.B. durch Emission eines Photons mit einer Energie $E_\gamma \geq 2mc^2$. Für den Ausgleich der Impulsbilanz könnte dabei etwa ein Atomkern sorgen. Auf diese Weise würde das

Elektron immer mehr Energie abstrahlen und seine Energie nach „minus Unendlich" gehen. Es gäbe keinen stabilen Grundzustand mit endlicher Energie. Materie nach unserem bisherigen Verständnis könnte nicht existieren.

Diese „abstrakte" Möglichkeit für Übergänge zu negativen Energien wurde noch im Jahre 1928, in dem Dirac die neue Gleichung publizierte, durch zwei konkrete Rechnungen illustriert.[42] Einerseits betrachtete Oskar Klein die Streuung einer Elektronen-Welle an einer Potential-Barriere, die höher als $m c^2$ ist, und zeigte, daß nach der Dirac-Gleichung mehr reflektiert als eingestrahlt wird. Man spricht vom **Klein'schen Paradoxon**, das einen Widerspruch zur Erhaltung der Wahrscheinlichkeit zu signalisieren scheint, während dieses Prinzip andererseits eines der Grundmotive für die Dirac-Gleichung war.[43]

Eine mit konkreterer Physik verbundene Beobachtung machten Klein und Yoshio Nishina als sie mit Hilfe der Dirac-Gleichung die Dynamik des Compton-Effektes[44]

$$\gamma_{\text{in}} + e_{\text{in}}^- \to \gamma_{\text{out}} + e_{\text{out}}^-$$

zu verstehen suchten. Die Kinematik dieses Prozesses hatte ja schon bei der Entdeckung des Photons eine große Rolle gespielt.[45] Nun ging es um die Wahrscheinlichkeit, mit der dieser Prozeß stattfindet. Zu ihrer Berechnung muß man die Störungstheorie in 2.Ordnung, wie sie im Abschnitt 4.2.2 dargestellt und im Bilde 4.13 illustriert ist, auf den Wechselwirkungs-Operator $H_{\text{WW}} = -e\,\boldsymbol{\alpha}\,\boldsymbol{A}$ aus Gleichung (7.8.22) anwenden. Dadurch wird die Compton-Streuung in zwei Schritten bewirkt:

$$\gamma_{\text{in}} + e_{\text{in}}^- \to e^\star(Z) \tag{7.10.4}$$

$$e^\star(Z) \to \gamma_{\text{fin}} + e_{\text{fin}}^- \tag{7.10.5}$$

Im ersten Schritt absorbiert das anfängliche Elektron e_{in}^- das einfallende Photon γ_{in} und geht in ein angeregtes Elektron $e^\star(Z)$ über, das sich in einem virtuellen Zustand Z befindet, für den der Energiesatz nicht zu gelten braucht. Anschließend zerfällt $e^\star(Z)$ durch Emission des auslaufenden Photons γ_{out} in das Elektron e_{out}^-. Nach den Regeln aus (4.2.29) muß man über sämtliche Zwischenzustände Z des Elektrons summieren. Was soll man aber mit den Zuständen negativer Energie tun?

---

[42]Bei den folgenden Zitaten und historischen Beispielen wurden erneut große Anleihen bei dem Buch von

A. Pais, Inward Bound, Oxford University Press 1986, Abschnitt 15(f) gemacht.

[43]Nach der gleich zu besprechenden Uminterpretation der Theorie mit Hilfe von Positronen, ist in der erhöhten Reflektionswahrscheinlichkeit die Erzeugung von Positron-Elektron Paaren enthalten. Es tritt also kein Widerspruch zur Kontinuitäts-Gleichung für den Wahrscheinlichkeits-Strom auf.

[44]Der Index in soll auf „einlaufend"=incoming hindeuten, der Index out auf „auslaufend"=outgoing.

[45]Vgl. Abschnitt 1.4 des ersten Bandes.

Man kann versuchen ein „Verbots-Schild" aufzustellen: Bei physikalischen Prozessen dürfen keine Übergänge zu negativen Energien auftreten! Damit könnte man die geschilderte Instabilität der Materie ad hoc verhindern. Diese Bedingung läßt sich in der Theorie des Compton-Effektes leicht realisieren: Summation nur über die Zustände Z mit positiver Energie. Man hat dabei jedoch ein falsches Ergebnis erhalten!

Eine solche Feststellung ist möglich, weil man aus allgemeinen Gründen weiß, daß sich bei sehr großen Wellenlängen der Photonen der **Thomson-Limit** ergeben sollte, wonach der Wirkungsquerschnitt für die Compton-Streuung durch den „klassischen Elektronen-Radius" gegeben wird

$$\sigma(E_\gamma \to 0) = \frac{4\pi}{3} \left(\frac{e^2}{m\,c^2} \right)^2$$

Dieses Ergebnis ist auch experimentell gesichert. Beim Anwenden des Verbots-Schildes fanden I. Waller und I.E. Tamm jedoch 1929, daß dies nicht der Fall ist. Erst wenn man negative Energien in der Summe über Z berücksichtigt, erhält man den Thomson-Wirkungsquerschnitt. Daher muß man mit den negativen Energien leben, aber wie?

Die führenden Quantentheoretiker waren 1928 voll größter Skepsis über die Quantenphysik. Heisenberg schrieb im Juli 1928 an W.Pauli:

> „Das traurigste Kapitel der modernen Physik ist und bleibt die Dirac Theorie." Sie hätte „Pascual Jordan trübsinnig gemacht."

Dabei stand man kurz vor einem der größten Triumphe der Physik des 20. Jahrhunderts! Denn Dirac fand den Ausweg aus der Misere mit einer kühnen Hypothese, die heute als **Diracsche Löchertheorie** bekannt ist.

Dirac erinnerte an das Pauli-Prinzip, wonach jeder Quantenzustand nur mit einem Elektron besetzt sein darf. Zu jedem Impuls p können daher nur vier Elektron-Zustände existieren, jeweils zwei mit gleichem Energie-Vorzeichen, das eine mit Spin $+\frac{1}{2}$, das andere mit Spin $-\frac{1}{2}$. Dirac denkt sich nun die negativen Energieniveaus vollständig aufgefüllt, wozu natürlich unendlich viele Elektronen notwendig sind. Dadurch entsteht eine Unterwelt („*Dirac-See*") mit den Eigenschaften

$$\begin{array}{ll} \text{Gesamtenergie} & -\infty \\ \text{Gesamtladung} & -\infty \\ \text{Gesamtimpuls} & 0 \\ \text{Gesamtdrehimpuls} & 0 \end{array} \qquad (7.10.6)$$

Gesamtimpuls und Gesamtdrehimpuls verschwinden, da im See zu jedem Elektron mit $+p$ und Spin $\pm\frac{1}{2}$ eines mit $-p$ und Spin $\mp\frac{1}{2}$ vorhanden ist. Was die beiden ersten singulären Eigenschaften betrifft, so sind sie physikalisch nicht beobachtbar:

- Die unendliche Energie ist nicht bemerkbar, weil nicht absolute Energiebeträge sondern nur Energiedifferenzen meßbar sind.
- Die unendliche Ladung ist gleichmäßig im Raum verteilt und führt zu keinen experimentell feststellbaren Feldern.

Einerseits zeigt sich demnach die Vorstellung vom Dirac-See als mit der physikalischen Wirklichkeit vereinbar, andererseits hat sie den Vorteil, die gefährlichen Übergänge zu negativen Energien zu verbieten, da alle Zustände mit $E < 0$ bereits besetzt sind. Allein dies hätte jedoch der Löchertheorie sicher nicht zum Durchbruch verholfen, jedoch: Man kann aus ihr die Existenz von **neuen Phänomenen** ableiten, die schließlich experimentell bestätigt wurden..

So sollte es möglich sein, durch ein energiereiches γ-Quant ein Elektron aus dem Dirac-See auf ein Niveau mit positiver Energie anzuheben. Dabei müßte zusätzlich ein Loch im See entstehen. Wenn das ursprünglich dort vorhandene Elektron die Eigenschaften

$$
\begin{aligned}
&\text{Impuls} \quad \boldsymbol{p} \\
&\text{Energie} \quad E = -\sqrt{\boldsymbol{p}^2 + m^2} \\
&\text{Ladung} \quad e = -|e| \\
&\text{Helizität} \quad \lambda
\end{aligned}
\tag{7.10.7}
$$

hatte, ergibt sich für das Loch (die unendlichen Anteile sind, wie erwähnt, nicht beobachtbar):

$$
\begin{aligned}
&\text{Impuls} \quad -\boldsymbol{p} \\
&\text{Energie} \quad \sqrt{\boldsymbol{p}^2 + m^2} \quad \text{wegen} \quad -\infty - E = -\infty - (-\sqrt{\boldsymbol{p}^2 + m^2}) \\
&\text{Ladung} \quad |e| \quad \text{wegen} \quad -\infty - e = -\infty - (-|e|) \\
&\text{Helizität} \quad -\lambda
\end{aligned}
\tag{7.10.8}
$$

Wir erhalten also einen Zustand mit positiver Energie und positiver Ladung. Weil sich die Impulsrichtung umgekehrt hat, wird auch das negative Vorzeichen in (7.10.3) kompensiert, Geschwindigkeit und Impuls sind wieder gleich orientiert. Das Loch stellt sich somit als **Antiteilchen** zum Elektron e mit der Masse m und einer positiven Ladung $+|e|$ heraus, als **Positron** e^+. Es sollte entsprechend den vorangegangenen Überlegungen durch ein hochenergetisches γ-Quant erzeugt werden können. Zur Erfüllung des Impulssatzes benötigte man dabei etwa einen Atomkern als Target und wird zu der Reaktion der Paarerzeugung

$$
\gamma + \text{Kern} \quad \rightarrow \quad e^- + e^+ + \text{Kern}
\tag{7.10.9}
$$

geführt, wobei im Endzustand der Kern einen Rückstoß aufgenommen hat. Umgekehrt läßt Diracs Theorie zu, daß ein vorhandenes Loch durch ein Elektron mit positiver Energie wieder aufgefüllt wird. Zur Impulserhaltung müssen dabei mindestens zwei γ-Quanten entstehen. Wir erhalten die Reaktion der Paarvernichtung

$$
e^+ + e^- \quad \rightarrow \quad \gamma + \gamma
\tag{7.10.10}
$$

In einem Lehrbuch kann man – mit heutigem Wissen – hinzufügen:

1932 wiesen Anderson und Blackett tatsächlich die Existenz von durch die Höhenstrahlung erzeugten Positronen experimentell nach.

Auch die Annihilation von Elektron und Positron gehört heute zum gesicherten Bestandteil der Physik.

Mit diesen Formulierungen ist jedoch der tatsächliche historische Weg nicht getroffen. Zunächst gab es ganz andere Vorschläge zur Deutung der Löcher. Man glaubte, die ganze Welt aus den drei damals bekannten Elementarteilchen: Elektron, Proton und Photon und ihren Wechselwirkungen verstehen zu müssen. Da die Löcher positiv geladen sind, konnten sie nur mit den Protonen identifiziert werden. Aber bald – wenn auch nicht sofort – wurde darauf hingewiesen, daß die Massen der Löcher gleich der der Elektronen sein müssen. Dirac suchte einen Ausweg in der nur „approximativen Geltung" der Dirac-Gleichung. Die elektromagnetische „Selbstenergie" könnte die Masse der Löcher verändern. Dem widersprach W. Pauli energisch. Wir zitieren aus dem auch heute noch empfehlenswerten Handbuchartikel „Die allgemeinen Prinzipien der Wellenmechanik" von W. Pauli:[46].

> „Ein Versuch, die Theorie in ihrer bisherigen Form zu retten, scheint..von vornherein aussichtslos..." „Der Identifizierung dieser „Löcher" mit den Protonen steht .. entgegen, daß erstens die Masse der Teilchen der der Elektronen exakt gleich sein müßte, und daß zweitens eine Zerstrahlung von Elektron und Proton (z.B. des H-Atoms) nach dieser Theorie sehr häufig vorkommen müßte. Neuerdings versuchte *Dirac* deshalb den bereits von *Oppenheimer* diskutierten Ausweg, die Löcher mit Anti-Elektronen, Teilchen der Ladung +e und der Elektronenmasse, zu identifizieren. Ebenso müßte es dann neben den Protonen noch Antiprotonen geben... Sodann müßten –um die Erhaltungssätze von Energie und Impuls zu befriedigen– (mindestens zwei) γ-Strahl-Protonen sich von selbst in ein Elektron und ein Antielektron umsetzen können. Wir glauben also nicht, daß dieser Ausweg ernstlich in Betracht gezogen werden kann."

Dann kam die Entdeckung Andersons und Blacketts! Aber ihr Motiv war nicht die Dirac-Theorie. Sie waren dabei, die Höhenstrahlung mit einer Nebel-Kammer zu untersuchen, die das damals höchste Magnetfeld von 25 kGauß besaß. Und sie fanden Spuren über die Anderson feststellte:

> „It seems necessary to call upon a positively charged particle having a mass comparable with that of an electron."

An anderer Stelle kommentierte er den Einfluß von Dirac's Ideen auf seine Arbeit:

> „Yes, I knew about the Dirac theory... But I was not familiar in detail with Dirac's work....[Its] highly esoteric character was apparently not in tune with most of the scientific thinking of the day... The discovery of the positron was wholly accidental."

---

[46]Handbuch der Physik, Bd. 24, Erster Teil, Quantentheorie 1. Herausgegeben von H.Geiger und K.Scheel, S. 245-246, Verlag von Julius Springer, Berlin 1933

Der Editor von Science News Letter, wo die ersten Bilder der neuen positiv
geladenen Spuren publiziert wurden, nannte das Teilchen 'positron', dem
Anderson nur zögernd zustimmte. Das **Positron** war damit in der Welt! In
der Neufassung von Pauli's Handbuch-Artikel aus dem Jahre 1958[47] heißt es
daher:

> *Dirac* hat diese Schwierigkeit erfolgreich beseitigt durch seine neue als
> „Löchertheorie" bezeichnete Interpretation seiner Gleichungen. ...[Es]
> verhalten sich die unbesetzten Zustände negativer Energie sowohl
> hinsichtlich des von ihnen erzeugten Feldes als auch hinsichtlich ihres
> Verhaltens in einem äußeren Feld wie Teilchen mit der Ladung +e
> und positiver Masse von exakt gleichem numerischen Wert wie die
> Elektronenmasse. Diese von der Theorie vorausgesagten Antielektro-
> nen oder Positronen wurden experimentell tatsächlich aufgefunden.
> Die Feldquantisierung erlaubt eine elegantere Formulierung der
> „Löchertheorie", in welcher die exakte Symmetrie der Quanten-
> Elektrodynamik in bezug auf das Vorzeichen der elektrischen Ladung
> (Ladungskonjugation) von vornherein zum Ausdruck gebracht ist.

Mit Dirac's Idee vom Antielektron wurde – wie Pauli in dem Zitat feststellte
– jedem Teilchen sein Antiteilchen zugeschrieben und damit die Grundlage
für die Spekulationen über die „Antiwelt" gelegt, die nicht nur in der Science
Fiction Literatur bis heute leben. Mehr als alle physikalischen Details über
die Eigenschaften des Dirac'schen Elektrons stellt daher die **Konzeption
des Antiteilchen** den wichtigsten Beitrag der Dirac-Theorie zu unserem
heutigen naturwissenschaftlichen Weltbild dar.

Für das theoretisch-physikalische Verständnis unserer Welt trug die Dirac-
Theorie eine weitere wichtige Einsicht bei:

> Durch Diracs Löchertheorie wurde aus ursprünglich einem(!) Elek-
> tron, das mit der Dirac-Gleichung beschrieben werden sollte, ein
> **System von unendlich vielen Teilchen**. Damit hat es die relati-
> vistische Quantentheorie immer mit Vielteilchensystemen zu tun, bei
> denen Erzeugungs- und Vernichtungsprozesse eine große Bedeutung
> besitzen. In diesen Prozessen manifestiert sich auch die Äquivalenz
> von Energie und Masse – $E = mc^2$ – in einer konkreten Weise.
> Insbesondere wurde das **Vakuum** aus einem vollständig „leeren" zu
> einem dynamischen physikalischen System, dessen Eigenschaften sich
> inzwischen als sehr kompliziert erwiesen haben.

Am Beispiel der oben skizzierten Theorie des Comptoneffektes sei das Auftreten von Mehrteilchenzuständen explizit erläutert. In dem Zwei-Stufen Prozeß,
der diesen Effekt erzeugt und in (7.10.4) und (7.10.5) beschrieben ist, können
keine Zwischenzustände $e^\star(Z)$ mit negativer Energie mehr auftreten, da alle

---

[47]Handbuch der Physik, Herausgegeben von S.Flügge, Band V, Teil 1, S.168,
Springer Verlag Berlin, Göttingen, Heidelberg 1958.

diese Zustände besetzt sind. Daher könnte man befürchten, daß sich wieder ein falsches Ergebnis ergibt. Aber wegen der Existenz von Positronen gibt es neuartige Zwischenzustände. Das einfallende Photon γ_{in} kann nämlich ein Positron-Elektron Paar erzeugen

$$\gamma_{\text{in}} \to e^+(Z) + e^-_{\text{out}}$$

wobei sich das Elektron schon im Endzustand e^-_{out} und das Positron in einem virtuellen Zustand Z mit beliebiger, aber positiver(!) Energie befindet. Dadurch ist man insgesamt in einen Zwischenzustand mit 3 Teilchen gelangt

$$\gamma_{\text{in}} + e^-_{\text{in}} \to e^-_{\text{in}} + e^+(Z) + e^-_{\text{out}}$$

Im zweiten Schritt kann das virtuelle Positron $e^+(Z)$ mit dem anfänglichen Elektron e^-_{in} zum Photon γ_{fin} des Endzustandes annihilieren

$$e^-_{\text{in}} + e^+(Z) + e^-_{\text{out}} \to \gamma_{\text{fin}} + e^-_{\text{out}}$$

Führt man die Rechnungen konkret durch, so findet man im Limes $E_\gamma \to 0$ wieder den richtigen Thomson-Limit.

7.10.1 Die Dirac-Spinoren als Feldoperatoren

Eine konsequente mathematische Behandlung des Dirac-Sees ist nur mit Hilfsmitteln möglich, die beliebig viele Teilchen und das Pauli-Prinzip übersichtlich zu beschreiben gestatten. Dies ist mit der sog. „zweiten Quantisierung" möglich, bei der die Dirac-Spinoren $\psi(x)$ selbst zu Operatoren werden und Vertauschungsrelationen erfüllen, ähnlich wie wir es für die Potentiale des Photonenfeldes kennengelernt haben (vgl. Abschnitt 2.9). Im Rahmen einer solchen Theorie können die in (7.10.6) und (7.10.8) auftretenden Unendlichkeiten in einwandfreier Weise beseitigt werden.

Wir erläutern hier die Idee einer solchen Theorie und beginnen mit der **Beschreibung der Löcher durch Dirac-Spinoren.**

Ein Loch mit der positiven (!) Energie p^0 und dem Impuls $\boldsymbol{p}$ entsteht dadurch, daß ein Elektron mit der negativen (!) Energie $-p^0$ und dem Impuls $-\boldsymbol{p}$ aus dem See entfernt wird. Daher liegt es nahe, ein Loch mit

$$v(p) := u(-p) \tag{7.10.11}$$

zu beschreiben. Statt (7.7.4)

$$(\not{p} - m)u(p) = 0$$

erhalten wir also hier

$$(\not{p} + m)v(p) = 0 \tag{7.10.12}$$

Die Lösung dieser Gleichung kann man aus (7.10.1) unter Verwendung von (7.10.11) ablesen zu

$$v(p) = \begin{pmatrix} \dfrac{\boldsymbol{\sigma p}}{p^0 + m}\eta \\ \eta \end{pmatrix} \tag{7.10.13}$$

Wollen wir auch die Raum-Zeit-Abhängigkeit des Spinors berücksichtigen, so müssen wir setzen

$$\psi_{\text{Loch}}(x) := \mathrm{e}^{\mathrm{i}px}v(p) \tag{7.10.14}$$

Denn nur mit diesem Exponentialfaktor ist die Dirac-Gleichung

$$(\mathrm{i}\partial\!\!\!/ - m)\psi_{\text{Loch}}(x) = 0 \tag{7.10.15}$$

mit der Nebenbedingung (7.10.12) erfüllt. Der Zeitfaktor in (7.10.14)

$$\mathrm{e}^{\mathrm{i}p^0 x_0} = \mathrm{e}^{\mathrm{i}Et} = \mathrm{e}^{-\mathrm{i}(-E)t} \tag{7.10.16}$$

zeigt jedoch, daß wir die negativen Energien noch nicht vollständig eliminiert haben. Dies gelingt konsequent nur, wenn man den Dirac-Spinor neu deutet, eben als „Feldoperator".

Die Grundidee ist: Man erweitert die Entwicklung (7.9.12) durch Hinzunehmen der Lösungen mit negativen Energien und erhält so[48]

$$\psi(x) = \frac{1}{(2\pi)^{\frac{3}{2}}} \sum_\lambda \int \left[\mathrm{e}^{-\mathrm{i}px}a_\lambda(\boldsymbol{p})u_\lambda(\boldsymbol{p}) + \mathrm{e}^{\mathrm{i}px}b_\lambda^*(\boldsymbol{p})v_\lambda(\boldsymbol{p}) \right] d^3p \tag{7.10.17}$$

Damit hat man zunächst eine – im Grunde triviale – Änderung der Bezeichnungen eingeführt. Neues kommt jedoch beim nächsten Schritt. Die Entwicklungs-Koeffizienten $a_\lambda(\boldsymbol{p})$ und $b_\lambda^*(\boldsymbol{p})$sind zunächst komplexe Zahlen. Man betrachtet sie jetzt als Operatoren, die in einem neuen Hilbertraum wirken. Genauer gibt man ihnen folgende Eigenschaften

$$a_\lambda(\boldsymbol{p}) \text{ sind Vernichtungsoperator eines Elektrons mit } \boldsymbol{p}, \lambda$$
$$b_\lambda^*(\boldsymbol{p}) \text{ sind Erzeugungsoperator } b_\lambda^\dagger(\boldsymbol{p}) \text{ eines Positrons mit } \boldsymbol{p}, \lambda$$
$$\text{und}$$
$$a_\lambda^*(\boldsymbol{p}) \text{ sind Erzeugungsoperator } a_\lambda^\dagger(\boldsymbol{p}) \text{ eines Elektrons}$$
$$b_\lambda(\boldsymbol{p}) \text{ sind Vernichtungsoperator eines Positrons}$$

Mit Hilfe der Vernichtungs-Operatoren kann das Vakuum $|0\rangle$ – als Zustand ohne Teilchen – definiert werden durch

$$a_\lambda(\boldsymbol{p})\,|0\rangle = 0, \text{ und } b_\lambda(\boldsymbol{p})\,|0\rangle = 0$$

Bei dieser Definition des Vakuums treten Unendlichkeiten explizit nicht auf. Auch werden sowohl die Ladungen wie die Energievorzeichen völlig korrekt

---

[48]Hier und im folgenden setzen wir

$$u_\lambda(\boldsymbol{p}) \equiv u_\lambda(p) \text{ und } v_\lambda(\boldsymbol{p}) \equiv v_\lambda(p)$$

um deutlich zu machen, daß über den 3-dimensionalen Impulsraum integriert wird. Natürlich muß die Energie für jeden Impuls als $p^0 = \sqrt{\boldsymbol{p}^2 + m^2}$ gewählt werden.

erfaßt. Man muß aber noch das Pauli-Prinzip berücksichtigen. Dies geschieht durch das Postulieren von **Anti-Vertauschungsrelationen**, die folgende Struktur haben

$$\{a_{\lambda'}(\boldsymbol{p}'), a_\lambda(\boldsymbol{p})\} := a_{\lambda'}(\boldsymbol{p}')\, a_\lambda(\boldsymbol{p}) + a_\lambda(\boldsymbol{p})\, a_{\lambda'}(\boldsymbol{p}') = 0 \qquad (7.10.18)$$

$$\{b_{\lambda'}(\boldsymbol{p}'), b_\lambda(\boldsymbol{p})\} := b_{\lambda'}(\boldsymbol{p}')\, b_\lambda(\boldsymbol{p}) + b_\lambda(\boldsymbol{p})\, b_{\lambda'}(\boldsymbol{p}') = 0 \qquad (7.10.19)$$

Durch hermitesches Konjugieren folgt, daß die gleichen Relationen für $a_\lambda^\dagger(\boldsymbol{p})$ und $b_\lambda^\dagger(\boldsymbol{p})$ gelten. Daraus ergibt sich für $p' = p$, daß die Quadrate der Erzeugungs-Operatoren verschwinden

$$(a_\lambda^\dagger(\boldsymbol{p}))^2 = 0 \text{ und } (b_\lambda^\dagger(\boldsymbol{p}))^2 = 0 \qquad (7.10.20)$$

Dies bedeutet aber: Beim Versuch, zwei Teilchen mit gleichem Impuls und gleicher Helizität zu erzeugen, erhält man das Resultat Null: Es gilt das Pauli-Prinzip!

Um die Eigenschaften der a, b, $a^\dagger$ und $b^\dagger$ Operatoren als Vernichtungs- bzw. Erzeugungs-Operatoren zu garantieren und um die Normierung der Zustände im Hilbertraum für $a_\lambda(\boldsymbol{p})$ und $a_\lambda^\dagger(\boldsymbol{p})$

$$\langle p', \lambda' | p, \lambda \rangle = \delta_{\lambda'\lambda}\, \delta^3(\boldsymbol{p} - \boldsymbol{p}')$$

zu gewährleisten, müssen auch „gemischte" Anti-Vertauschungsrelationen gelten:

$$\{a_{\lambda'}^\dagger(\boldsymbol{p}'), a_\lambda(\boldsymbol{p})\} = \delta_{\lambda'\lambda}\, \delta^3(\boldsymbol{p} - \boldsymbol{p}') \qquad (7.10.21)$$

und

$$\{b_{\lambda'}^\dagger(\boldsymbol{p}'), b_\lambda(\boldsymbol{p})\} = \delta_{\lambda'\lambda}\, \delta^3(\boldsymbol{p} - \boldsymbol{p}') \qquad (7.10.22)$$

Mit dieser Umdeutung der Entwicklungs-Koeffizienten von (7.10.17) werden auch die Dirac-Spinoren ψ selbst zu Operatoren, die in vielen Fällen antikommutieren. Insbesondere gilt

$$\{\psi(x), \psi(x')\} = 0 \qquad (7.10.23)$$

wenn der Differenz-Vektor $x' - x$ ein raumartiger Vektor ist, also die beiden Raum-Zeit-Punkte x und x' nur mit Überlicht-Geschwindigkeit miteinander verbunden werden können. Eine besondere Relevanz hat der Operator-Charakter von $\psi(x)$ für den Dirac-Strom $\bar{\psi}\gamma^\mu\,\psi$. Da er jetzt ein Operator ist, sind die Forderungen vom Abschnitt 7.3 nach der positiven Definitheit von $\psi^\dagger\psi$ obsolet. In der Tat wechselt der Strom wegen der Antikommutativität sein Vorzeichen, wenn man die Reihenfolge von ψ und $\bar{\psi}$ vertauscht.[49] Dies ist

---

[49]Genauer muß man den Strom in der antisymmetrisierten Form

$$j^\mu = \frac{1}{2}[\bar{\psi}, \gamma^\mu\,\psi]$$

schreiben.

aber auch physikalisch geboten, wenn man j^μ nicht als Wahrscheinlichkeits-Strom sondern als elektrischen Strom interpretiert. Genau dies geschieht, wenn man systematisch eine Feldtheorie für den Dirac-Spinor entwickelt.

Für die Wahrscheinlichkeits-Amplituden muß man jetzt Hilbertraum-Vektoren $|\chi\rangle$ einführen, auf die ψ, $a_\lambda(\boldsymbol{p})$, $b_\lambda(\boldsymbol{p})$ etc. als Operatoren wirken. Die Frage nach der positiven Definitheit stellt sich damit in neuer Weise. Sie wird in der systematischen Quantenfeldtheorie behandelt. Auf jeden Fall wird damit der verschlungene Weg der relativistischen Quantentheorie beendet, den wir am Ende des Abschnitts 7.2 skizziert hatten.

7.10.2 Teilchen-Antiteilchen-Konjugation

Den Zusammenhang von Teilchen und Antiteilchen wollen wir jetzt genauer beschreiben. Dazu soll jedem Elektronenzustand, der durch $\psi(x)$ dargestellt wird, ein Positronenzustand zugeordnet werden, der durch einen Spinor $\psi^c(x)$ beschrieben sei. Den Übergang

$$\psi(x) \quad \rightarrow \quad \psi^c(x) \tag{7.10.24}$$

nennt man **Teilchen-Antiteilchen-Konjugation** und bezeichnet die entsprechende Transformation im Hilbertraum der Teilchen mit dem Buchstaben $\mathcal{C}$.

Um $\psi^c(x)$ aus $\psi(x)$ zu konstruieren, gehen wir davon aus, daß $\psi^c(x)$ ein Teilchen mit der Ladung $-e = +|e|$ beschreiben muß. Während $\psi(x)$ die Gleichung

$$[\gamma^\mu(i\partial_\mu - eA_\mu) - m]\,\psi(x) = 0 \tag{7.10.25}$$

erfüllt, muß somit für $\psi^c(x)$ gelten

$$[\gamma^\mu(i\partial_\mu + eA_\mu) - m]\,\psi^c(x) = 0 \tag{7.10.26}$$

Diesen Vorzeichenwechsel können wir, ausgehend von (7.10.25), auf folgende Weise erreichen:
Wir gehen zu $\partial^\mu\overline{\psi}$ über, wofür nach (7.6.11) gilt

$$\overline{\psi}[\gamma^\mu(i\overleftarrow{\partial_\mu} + eA_\mu) + m] = 0$$

also, wenn man transponierte Spinoren und Matrizen einführt

$$[\gamma^{\mu^T}(i\partial_\mu + eA_\mu) + m]\overline{\psi}^T = 0 \tag{7.10.27}$$

Beim Vergleich mit (7.10.26) stellen wir fest, daß der Massenterm noch das Vorzeichen wechseln muß. Um dies zu bewerkstelligen, suchen wir nach einer Dirac-Matrix C mit der Eigenschaft

$$C\gamma^{\mu^T}C^{-1} = -\gamma^\mu \tag{7.10.28}$$

Eine solche Matrix existiert, da aus den Vertauschungsrelationen (7.3.14) – wegen ihrer Symmetrie – folgt

$$\left\{\gamma^{\mu^T}, \gamma^{\nu^T}\right\} = 2g^{\mu\nu}\mathbf{1} \tag{7.10.29}$$

Es läßt sich leicht auch nachprüfen, daß

$$C := (-i)\gamma^0\gamma^2 = (-i)\begin{pmatrix} 0 & \sigma_2 \\ \sigma_2 & 0 \end{pmatrix} \tag{7.10.30}$$

die gewünschte Eigenschaft besitzt. Daraus liest man die folgenden Eigenschaften ab:

$$C = -C^{-1} = -C^\dagger = \overline{C} = +C^T; C^2 = -1 \tag{7.10.31}$$

Dabei wurde die Definition aus (7.6.14) verwendet. Wir können (7.10.27) damit schreiben als

$$C^{-1}\left[C\gamma^{\mu^T}C^{-1}(i\partial_\mu + eA_\mu) + m\right]C\overline{\psi}^T = 0$$

und über (7.10.28) und nach Multiplikation von links mit $-C$ gelangen zu

$$[\gamma^\mu(i\partial_\mu + eA_\mu) - m]\,C\overline{\psi}^T = 0 \tag{7.10.32}$$

Somit erhalten wir den **Ladungs-konjugierten Spinor**

$$\boxed{\psi^c(x) = C\overline{\psi}^T(x) = -\gamma^0\,C\,\psi^*} \tag{7.10.33}$$

wobei wir im letzten Schritt $\overline{\psi}^T = (\psi^\dagger\gamma^0)^T = \gamma^{0T}(\psi^\dagger)^T = \gamma^{0T}\psi^*(x)$ und (7.10.28) verwendet haben.[50]

Betrachten wir zur Illustration den Spinor $\psi(x)$ aus (7.10.14)

$$\psi_{\text{Loch}} = e^{ipx}v(p)$$

der die Abwesenheit eines Elektrons negativer Energie, also die Anwesenheit eines Loches mit positiver Energie beschreibt, so ergibt sich

$$\psi_{\text{Positron}}(x) = (\psi_{\text{Loch}}(x))^c = e^{-ipx}v^c(p).$$

Der Zeitfaktor

$$e^{-ip^0x_0} = e^{-iEt}$$

entspricht tatsächlich einer positiven Energie E. Weiter erfüllt der Spinor $v^c(p)$ als Spezialfall von (7.10.26) die übliche freie Dirac-Gleichung

---

[50]Es sei daran erinnert, daß der komplex konjugierte Spinor ψ^* gegeben ist durch den Spaltenvektor

$$\psi^* := \begin{pmatrix} \psi_1^* \\ \psi_2^* \\ \psi_3^* \\ \psi_4^* \end{pmatrix}$$

$$(\not{p} - m)v^c(p) = 0 \qquad\qquad (7.10.34)$$

wobei $p^0 > 0$ ist. Daher muß $v^c(p)$ mit den Lösungen $u(p)$ – vgl. (7.7.24) – zusammenhängen. Um dies genau anzugeben, muß der Spin berücksichtigt werden. Nach (7.10.8) sollte sich die Helizität umkehren, also

$$v^c_\lambda(p) = u_{-\lambda}(p) \qquad\qquad (7.10.35)$$

gelten. Man kann die Richtigkeit dieser Beziehung durch direktes Rechnen nachweisen. Dazu gehen wir von (7.10.13) aus und spezialisieren den Pauli-Spinor η zu einem Helizitäts-Eigenzustand η_λ

$$v_\lambda(p) = N \begin{pmatrix} \dfrac{\boldsymbol{\sigma p}}{p^0 + m}\eta_\lambda \\[2mm] \eta_\lambda \end{pmatrix} \qquad\qquad (7.10.36)$$

Wendet man jetzt (7.10.33) und die Matrix C in ihrer expliziten Form (7.10.30) an, so folgt

$$v^c_\lambda(p) = N \begin{pmatrix} (-i)\sigma_2\eta_\lambda^* \\[2mm] \dfrac{(-i)\sigma_2(\boldsymbol{\sigma p})^*}{p^0 + m}\eta_\lambda^* \end{pmatrix} \qquad\qquad (7.10.37)$$

Obere und untere Pauli-Spinoren sind dabei vertauscht worden, wie es beim Übergang zu $u(p)$ sein muß. Wir müssen noch $\sigma_2\eta_\lambda^*$ etc. auswerten. Dabei wird der Grund für das Auftreten von η_λ^* in (7.10.30) deutlich: Wegen der Realitäts-Eigenschaften der Pauli-Matrizen gilt

$$(-i)\sigma_2\boldsymbol{\sigma}^*((-i)\sigma_2)^{-1} = -\boldsymbol{\sigma} \qquad\qquad (7.10.38)$$

Daher trägt $-i\,\sigma_2\,\eta_\lambda^*$ die Helizität $-\lambda$ und wir können insgesamt aus (7.10.37) schließen

$$v^c_\lambda(p) = N \begin{pmatrix} \eta_{-\lambda} \\[2mm] \dfrac{|\boldsymbol{p}|}{p^0 + m}\lambda\,\eta_{-\lambda} \end{pmatrix} = u_{-\lambda} \qquad\qquad (7.10.39)$$

Man beachte jedoch, daß diese Spinoren nur Teilchen ohne Wechselwirkung beschreiben. Damit enthält (7.10.35) die Aussage: Die Wellenfunktion eines freien Positrons ist mit der eines Elektrons von entgegengesetzter Helizität identisch. Im feldfreien Raum gibt es keinen Unterschied zwischen Elektron und Positron. Dies gilt allgemein:

Die Massen von Teilchen und Antiteilchen sind gleich, ihre Helizitäten entgegengesetzt.

Mit unseren Mitteln können wir nicht ausschließen, daß sich nach Einschalten einer Wechselwirkung die physikalischen Massen der Teilchen z.B. durch Beiträge der Feldenergie so verändern, daß die Gleichheit nicht mehr gilt. Tatsächlich konnte man im Rahmen der Quantenfeldtheorie aus sehr allgemeinen Voraussetzungen beweisen, daß für **lokale Wechselwirkungen** das **CPT-Theorem** gilt, nach dem solche Wechselwirkungen unter der Anwendung der 3 diskreten Symmetrie-Operationen: $\mathcal{C}$, räumliche und zeitliche Spiegelung $\mathcal{P}$ und $\mathcal{T}$ invariant sind:

$$\mathcal{CPT}\, H\, (\mathcal{CPT})^{-1} = H$$

Daraus ergibt sich allgemein die Gleichheit der Massen von Teilchen und Antiteilchen.

Eine weitere wichtige Eigenschaft der $\mathcal{C}$-Konjugation betrifft das **Verhalten von bilinearen Ausdrücken**, wie dem Dirac-Strom $\overline{\psi}\gamma^\mu\psi$. Dies kann man aus (7.10.33) und der dazu adjungierten Gleichung

$$\overline{\psi^c} = \psi^T C \tag{7.10.40}$$

ableiten, die sich durch folgende Rechenschritte ergibt:

$$\overline{\psi^c} = \overline{C\overline{\psi}^T} = \overline{\overline{\psi}^T}\,\overline{C} = \psi^T\overline{C} = \psi^T C$$

wobei die Regeln (7.6.15), (7.6.16) und im letzten Schritt (7.10.31) verwendet wurden. Wendet man (7.10.40) auf den Dirac-Strom an, so erhält man wegen (7.6.10)

$$j^{\mu c} = \overline{\psi^c}\gamma^\mu\psi^c = \psi^T C\gamma^\mu C\overline{\psi}^T = -\psi^T C^{-1}\gamma^\mu C\overline{\psi}^T = +\psi^T\gamma^{\mu T}\overline{\psi}^T \tag{7.10.41}$$

wobei wir auf das $+$-Zeichen, das sich durch einen zweifachen Vorzeichenwechsel ergibt, ausdrücklich hingewiesen haben, um auf ein Problem aufmerksam zu machen: Wenn die üblichen Regeln, wie für „normale" Zahlen gelten, so folgt

$$j^{\mu c} = \overline{\psi}\gamma^\mu\psi = j^\mu$$

Die $\mathcal{C}$-Konjugation ändert den Dirac-Strom nicht, insbesondere bleibt die Zeitkomponente

$$j^{0c} = j^0 = \psi^\dagger\psi$$

ungeändert. Dies ist für die ursprüngliche Deutung von j^0 als Wahrscheinlichkeitsdichte in Ordnung. In der Tat ist $\psi^\dagger\psi$ eine positiv definite Größe und war daher als Wahrscheinlichkeitsdichte akzeptiert worden. In der Löchertheorie soll j^0 aber die Ladungsdichte beschreiben und muß unter $\mathcal{C}$ sein Vorzeichen wechseln; allgemeiner muß gelten

$$j^{\mu c}_{\text{Löchertheorie}} = -j^\mu_{\text{Löchertheorie}} \tag{7.10.42}$$

Dies erreicht man erst, wenn man wie im Abschnitt 7.10.1 skizziert ψ als antikommutierenden Feldoperator betrachtet. Dann ändert sich beim Vertauschen von ψ^T und $\overline{\psi}^T$ im letzten Ausdruck von (7.10.41) das Vorzeichen und man erhält

$$\psi^T\gamma^{\mu T}\overline{\psi}^T = -\overline{\psi}\gamma^\mu\psi$$

wie in der Löchertheorie gewünscht.

Eine weitere Bedeutung der $\mathcal{C}$-Konjugation erkennt man, wenn man beachtet, daß ψ^c nach (7.10.33) eine komplexe Konjugation enthält. Diese Operation ist für das richtige Energievorzeichen des Positronen-Spinors verantwortlich. Darüber hinaus kann die $\mathcal{C}$-Operation als die relativistische Verallgemeinerung der $*$-Operation aufgefaßt werden. Denn wir werden im nächsten Abschnitt zeigen, daß der Zusammenhang (7.10.33) zwischen ψ und ψ^c sich bei einer Lorentz-Transformation nicht ändert. Dagegen hängt die $*$-Operation sehr wohl vom Lorentz-System ab.

Auch die Zerlegung

$$\psi = \frac{1}{2}(\psi + \psi^c) + i\,\frac{1}{2i}(\psi - \psi^c) \tag{7.10.43}$$

ist lorentzinvariant. Daher kann man durch

$$\Re\psi := \frac{1}{2}(\psi + \psi^c) \quad \text{bzw.} \quad \Im\psi := \frac{1}{2i}(\psi - \psi^c) \tag{7.10.44}$$

den Real- und Imaginär-Teil eines Dirac-Spinors definieren. Es läßt sich dann auch eine „Realitäts-Bedingung" für einen Spinor einführen: Durch

$$\psi = \psi^c \tag{7.10.45}$$

werden „reelle" oder **Majorana-Spinoren** definiert. Die zugehörigen Teilchen müssen mit Ihren Antiteilchen identisch sein. Daher kann es sich nur um elektrisch neutrale Teilchen handeln. Kandidaten für Majorana-Teilchen sind daher vor allen die Neutrinos. Die Realität des Spinors verhindert auch Erhaltungssätze für andere Quantenzahlen, wie die Leptonenzahl. Beobachtbare Konsequenzen ergäben sich z.B. beim „Doppelten Betazerfall", bei dem schwere Atomkerne zwei Elektronen emittieren und dabei ihre Ladung um $2\,|e|$ erhöhen.

7.11 Die relativistische Kovarianz der Dirac-Gleichung

Die relativistische Kovarianz der Dirac-Theorie war das Motiv und das Ziel sämtlicher Betrachtungen dieses Kapitels. Durch eine „suggestive Notation" – etwa durch $\gamma^\mu\,\partial_\mu$ – wurde die Gültigkeit dieser Kovarianz dem Leser nahegelegt. Tatsächlich fehlte jedoch der Beweis dafür; er soll jetzt nachgeholt werden.

Relativistische Kovarianz heißt: Für alle Beobachter, die sich relativ zu einander mit konstanter Geschwindigkeit bewegen, muß die Dirac-Gleichung die gleiche Form haben. Sie muß nicht etwa gegenüber Lorentz-Transformationen invariant sein. Vielmehr soll Folgendes gelten:

Wenn zwei Lorentz-Systeme durch

$$x'^\mu = \Lambda^\mu{}_\nu x^\nu \tag{7.11.1}$$

verbunden sind, muß aus der Geltung der Gleichung

$$\left[\gamma^\nu \left(i\frac{\partial}{\partial x^\nu} - eA_\nu(x)\right) - m\right] \psi(x) = 0 \qquad (7.11.2)$$

folgen, daß auch

$$\left[\gamma'^\mu \left(i\frac{\partial}{\partial x'^\mu} - eA'_\mu(x')\right) - m\right] \psi'(x') = 0 \qquad (7.11.3)$$

gilt.

Dabei brauchen weder die γ'^μ mit den γ^μ, noch ψ' mit ψ identisch sein, wie ja auch das Vektor-Potential in der Elektrodynamik gemäß

$$A'^\mu(x') = \Lambda^\mu{}_\nu \, A^\nu(x) \qquad (7.11.4)$$

beim Übergang zu einen anderen Lorentz-System transformiert wird. Daher muß man erwarten, daß die mehrkomponentigen Spinoren einer nichttrivialen Transformation

$$\psi(x) \longmapsto \psi'(x') = S\,\psi(x) \qquad (7.11.5)$$

unterworfen werden müssen, wobei S eine 4×4-Matrix ist, die noch bestimmt werden muß.

7.11.1 Allgemeiner Beweis

In diesem Unterabschnitt zeigen wir, welche Eigenschaften die Matrix S besitzen muß, damit die Lorentz-Kovarianz erreicht wird. Zunächst muß die Transformation auch in umgekehrter Richtung durchgeführt werden können. Daher muß S nicht-singulär sein, also S^{-1} existieren.

Andererseits ist es nicht nötig, neue γ-Matrizen einzuführen, denn wir können die Überlegungen der Abschnitte 7.3 und 7.4 auch im gestrichenen Koordinatensystem durchführen und kommen zu (7.11.3) mit

$$\gamma'^\mu = \gamma^\mu \qquad (7.11.6)$$

Wir müssen daher in (7.11.3) nur x' durch $\Lambda^\mu{}_\nu x^\nu$ ausdrücken und entsprechend die Differentiationen umrechnen. Dazu verwenden wir die Kettenregel[51]

$$\frac{\partial}{\partial x'^\mu} = \frac{\partial x^\nu}{\partial x'^\mu}\frac{\partial}{\partial x^\nu} = (\Lambda^{-1})^\nu{}_\mu \, \frac{\partial}{\partial x^\nu}$$

Die gleiche Transformationsregel gilt auch für die kovarianten Komponenten des Vektorpotentials[52]

---

[51]Um $\dfrac{\partial x^\nu}{\partial x'^\mu}$ zu berechnen, muß man (7.11.1) nach x^ν auflösen: $x^\nu = (\Lambda^{-1})^\nu{}_\mu \, x'^\mu$.

[52]Man muß in (7.11.4) die Indizes herauf- und herunterziehen und die Bedingung (7.1.10) verwenden, nach der $g\Lambda g = (\Lambda^T)^{-1} = (\Lambda^{-1})^T$ gilt oder in Komponenten $g_{\rho\mu}\Lambda^\mu{}_\nu g^{\nu\sigma} = (\Lambda^{-1})^\sigma{}_\rho$. Man erhält so

$$A'_\rho(x') = g_{\rho\mu} A^\mu(x') = g_{\rho\mu} \Lambda^\mu{}_\nu \, g^{\nu\sigma} A_\sigma(x) = (\Lambda^{-1})^\sigma{}_\rho \, A_\sigma(x)$$

$$A'_\mu(x') = (\Lambda^{-1})^\nu{}_\mu\, A_\nu(x)$$

Damit erhalten wir aus (7.11.3), (7.11.5) und (7.11.6)

$$\left[\gamma^\mu\,(\Lambda^{-1})^\nu{}_\mu\,\left(i\frac{\partial}{\partial x^\nu} - eA_\nu(x)\right) - m\right] S\,\psi(x) = 0 \tag{7.11.7}$$

Nach Multiplikation mit S^{-1} erhält man die ursprüngliche Dirac-Gleichung genau dann, wenn gilt

$$(\Lambda^{-1})^\nu{}_\mu\, S^{-1}\gamma^\mu\, S = \gamma^\nu$$

oder

$$\boxed{S^{-1}\gamma^\mu\, S = \Lambda^\mu{}_\nu\gamma^\nu} \tag{7.11.8}$$

Aus dieser Bedingung werden wir – bei gegebenem Λ – die Matrix S bestimmen. Allerdings ist sie nicht eindeutig, denn man kann S z.B. mit einer beliebigen Zahl a multiplizieren, ohne die Bedingung zu verletzen. Bei den explizit gewählten γ-Matrizen müssen noch die Hermitezitäts-Bedingungen (7.6.9) und (7.6.10) berücksichtigt werden. Aus ihnen folgt mit einer kleinen Rechnung[53]

$$S\,\overline{S}\,\gamma^\mu = \gamma^\mu\, S\,\overline{S}$$

Die Matrix $S\,\overline{S}$ muß also mit allen Matrizen der Dirac-Algebra vertauschen, was nach dem Schurschen Lemma nur für ein Vielfaches von $\mathbf{1}$ möglich ist. Der Einfachheit halber setzen wir die offene Konstante gleich 1. Daher gilt

$$\overline{S} = S^{-1} \tag{7.11.9}$$

und die Bedingung (7.11.8) kann in der Form

$$\overline{S}\gamma^\mu\, S = \Lambda^\mu{}_\nu\gamma^\nu \tag{7.11.10}$$

geschrieben werden. Bei gegebenem Λ ist dies eine Art quadratischer Gleichung für S und ihre Lösung kann – sehr qualitativ – durch

$$S \sim \sqrt{\Lambda}$$

symbolisiert werden. Für räumliche Drehungen um einen Winkel θ bedeutet dies z.B., daß S um den halben Winkel $\theta/2$ dreht.

Wir werden im nächsten Unterabschnitt Matrizen S explizit konstruieren, die die Bedingung (7.11.10) erfüllen und die wir mit $S(\Lambda)$ bezeichnen. Für den Dirac-Spinor im Lorentz-transformierten System gilt damit

---

[53]Durch Adjunktion von (7.11.8) ergibt sich nach den Regeln (7.6.15)

$$\overline{S}\,\overline{\gamma^\mu}\,\overline{S}^{-1} = \Lambda^\mu{}_\nu\overline{\gamma^\nu}$$

Da aber $\overline{\gamma^\mu} = \gamma^\mu$ ist, hat man

$$\overline{S}\,\overline{\gamma^\mu}\,\overline{S}^{-1} = S^{-1}\gamma^\mu\, S$$

woraus die Behauptung folgt.

$$\psi'(x') = S(\Lambda)\,\psi(x)$$

(7.11.11)

Durch diese Ergebnisse ist die Kovarianz der Dirac-Gleichung bewiesen und das Ziel dieses Abschnittes grundsätzlich erreicht.

Die Gleichungen (7.11.8) bzw. (7.11.10) enthalten auch Aussagen über Transformations-Eigenschaften der γ-Matrizen und ihrer Produkte selbst. Zwar sind sie nach (7.11.6) in jedem Lorentz-System gleich, aber physikalisch wichtig sind ihre Matrixelemente mit Dirac-Spinoren. Dafür stellt der Dirac-Strom das Paradigma dar

$$j^\mu(x) = \overline{\psi}(x)\,\gamma^\mu\,\psi(x)$$

Im gestrichenen Koordinatensystem muß er mit $\psi'(x')$ berechnet werden. Man erhält wegen[54] $\overline{S\,\psi} = \overline{\psi}\,\overline{S}$

$$j'^\mu(x') = \overline{\psi'}(x')\,\gamma^\mu\,\psi'(x') = \overline{\psi}(x)\,\overline{S}\,\gamma^\mu\,S\,\psi(x)$$

Hier kann man (7.11.10) verwenden und findet

$$j'^\mu(x') = \Lambda^\mu{}_\nu\,j^\nu(x)$$

Der Dirac-Strom ist –wie erwartet– bezüglich der Lorentz-Transformationen ein Vierer-Vektor.

Noch einfacher ist der Nachweis dafür, daß $\overline{\psi}\,\psi$ ein Lorentz-Skalar ist:

$$\overline{\psi'}\psi' = \overline{\psi}\,\overline{S}\,S,\psi = \overline{\psi}\psi$$

Dabei wurde im letzten Schritt (7.11.9) verwendet.

Analog zum Beweis des 4-Vektor Charakters von j^μ folgt, daß die Größen

$$\overline{\psi}\,\gamma^\mu\,\gamma^\nu\,\psi; \quad \overline{\psi}\,\gamma^\mu\,\gamma^\nu\,\gamma^\rho\psi \quad \text{und} \quad \overline{\psi}\,\gamma^\mu\,\gamma^\nu\,\gamma^\rho\,\gamma^\sigma\,\psi$$

(7.11.12)

Tensoren 2., 3. bzw. 4. Ordnung sind. Die Produkte von drei und vier γ-Matrizen haben jedoch wegen der Antivertauschungs-Relationen besondere Eigenschaften, die wir im Unterabschnitt 7.12.1 erläutern werden.

Es bleibt die Aufgabe einer expliziten Konstruktion von S.

7.11.2 Explizite Form der eigentlichen Lorentz-Transformationen für Spinoren

Durch die Matrizen $S(\Lambda)$ werden die Transformationen der Lorentzgruppe durch 4-dimensionale Matrizen dargestellt. Bei ihrer Konstruktion empfiehlt es sich, zwischen den eigentlichen Lorentz-Transformationen und den Spiegelungen zu unterscheiden. Erstere sind dadurch definiert, daß sie sich stetig aus der Identität erzeugen lassen. Dadurch hängen sie stetig von Parametern ab, wie wir es von den räumlichen Drehungen kennen. Das gleiche gilt für die

---

[54]Hier und im Folgenden werden immer wieder die Regeln (7.6.15) und (7.6.16) für die Adjunktion verwendet.

zugehörigen Matrizen $S(\Lambda)$. Spiegelungen können dagegen von einer einzelnen diskreten Matrix dargestellt werden.

Die eigentlichen Lorentz-Transformationen bilden eine Untergruppe, die mit $\mathcal{L}_+^\uparrow$ bezeichnet wird. Sie werden genauer dadurch gekennzeichnet, daß

$$\det(\Lambda) = 1 \quad \text{und} \quad \Lambda^0{}_0 \geq 1 \tag{7.11.13}$$

gilt.[55] Die speziellen Lorentz-Transformationen (7.1.10) gehören zu $\mathcal{L}_+^\uparrow$.

Wir beginnen mit der Analyse der eigentlichen Lorentz-Transformationen und ihrer Generatoren. Die Spiegelungen werden im Unterabschnitt 7.11.3 behandelt.

Um die Matrizen S zu konstruieren, wenden wir das gleiche Verfahren an, das wir beim Studium der Drehgruppe im Abschnitt 3.2.4 benutzt haben. Wegen der indefiniten Metrik müssen wir bei der Übertragung der Ausdrücke (3.2.29) bis (3.2.31) für die Generatoren behutsam vorgehen. Wir beginnen mit dem Boost in der 1-Richtung, der durch die Matrix (7.1.11) gegeben wird. Für kleine Rapiditäten χ nimmt sie die Form

$$\begin{pmatrix} 1 & -\chi & 0 & 0 \\ -\chi & 1 & 0 & 0 \\ 0 & 0 & 1 & 0 \\ 0 & 0 & 0 & 1 \end{pmatrix} \tag{7.11.14}$$

an. Diese Matrix sollte man mit der 3×3 – Matrix $\mathbf{1} - i\,D_3\,\theta$ von (3.2.29) vergleichen, die räumliche Drehungen um die 3 – Achse beschreibt, also mit

$$\mathbf{1} - iD_3\,\theta = \begin{pmatrix} 1 & -\theta & 0 \\ \theta & 1 & 0 \\ 0 & 0 & 1 \end{pmatrix}$$

Die unterschiedlichen Vorzeichen der beiden Matrizen haben ihren Ursprung in der verschiedenen Metrik von euklidischem und Minkowski-Raum. Man kann beide Matrizen leicht verallgemeinern zu einem Boost in eine beliebige Richtung bzw. eine Rotation um eine beliebige Drehachse. Dazu führen wir neben dem Drehvektor $\boldsymbol{\theta}$ den Boost-Vektor

$$\boldsymbol{\chi} \quad \text{mit} \quad \tanh(|\boldsymbol{\chi}|) = v/c \tag{7.11.15}$$

ein, der in die Richtung der Geschwindigkeit v zeigen soll. Damit lautet die Verallgemeinerung von $(7.11.14)$[56]

---

[55]Aus der Definitionsgleichung (7.1.10) folgt $det(\Lambda)^2 = 1$, so daß $det(\Lambda) = \pm 1$. Für eigentliche Lorentz-Transformationen bleibt nur das obere Vorzeichen. Andererseits findet man, wenn man die $^0{}_0$ Komponenten von (7.1.10) bildet

$$(\Lambda^0{}_0)^2 = 1 + \sum_{k=1}^{3} (\Lambda^0{}_k)^2$$

woraus die 2. Bedingung von (7.11.13) folgt.

[56]Wir erinnern daran, daß in diesem Kapitel die kartesischen Koordinaten eines räumlichen Vektors $\boldsymbol{\chi}$ mit oberen Indizes bezeichnen, also mit χ^k.

$$\begin{pmatrix} \begin{array}{c|ccc} 1 & -\chi^1 & -\chi^2 & -\chi^3 \\ \hline -\chi^1 & 1 & 0 & 0 \\ -\chi^2 & 0 & 1 & 0 \\ -\chi^3 & 0 & 0 & 1 \end{array} \end{pmatrix} \tag{7.11.16}$$

Dabei haben wir die erste Zeile und die erste Spalte, die die Transformation der Zeitkoordinate bestimmen, hervorgehoben. Eine allgemeine infinitesimale Drehung wird durch

$$\mathbf{1} - i\,\boldsymbol{\theta}\cdot\boldsymbol{D} = \begin{pmatrix} 1 & -\theta^3 & \theta^2 \\ \theta^3 & 1 & -\theta^1 \\ -\theta^2 & \theta^1 & 1 \end{pmatrix} \tag{7.11.17}$$

gegeben. Nach diesen Vorbereitungen können wir eine beliebige infinitesimale Lorentz-Transformation durch Zusammenfügen der Matrizen (7.11.16) und (7.11.17) aufschreiben. Sie hängt von 6 Parametern – dem Drehvektor $\boldsymbol{\theta}$ und dem Boostvektor $\boldsymbol{\chi}$ – ab und lautet

$$(\Lambda^\mu{}_\nu) = \begin{pmatrix} \begin{array}{c|ccc} 1 & -\chi^1 & -\chi^2 & -\chi^3 \\ \hline -\chi^1 & 1 & -\theta^3 & \theta^2 \\ -\chi^2 & \theta^3 & 1 & -\theta^1 \\ -\chi^2 & -\theta^2 & \theta^1 & 1 \end{array} \end{pmatrix} + \cdots \tag{7.11.18}$$

wobei die Punkte höhere Potenzen der θ^i und χ^i andeuten. Führen wir analog zu den Matrizen D_i **infinitesimale Generatoren der Lorentzgruppe** durch

$$\omega^\mu{}_\nu := \Lambda^\mu{}_\nu - \delta^\mu{}_\nu \tag{7.11.19}$$

ein, so gilt

$$(\omega^\mu{}_\nu) = \begin{pmatrix} \begin{array}{c|ccc} 0 & -\chi^1 & -\chi^2 & -\chi^3 \\ \hline -\chi^1 & 0 & -\theta^3 & \theta^2 \\ -\chi^2 & \theta^3 & 0 & -\theta^1 \\ -\chi^2 & -\theta^2 & \theta^1 & 0 \end{array} \end{pmatrix} \tag{7.11.20}$$

wobei wir per definitionem nur die linearen Terme in den Parametern aufgenommen haben. Das unsystematische Auftreten der Vorzeichen dieser Matrix läßt sich durch Herunterziehen des vorderen Index beseitigen. Da dabei die Vorzeichen sämtlicher räumlichen Komponenten gewechselt werden, erhält man

$$(\omega_{\mu\nu}) = \begin{pmatrix} \begin{array}{c|ccc} 0 & -\chi^1 & -\chi^2 & -\chi^3 \\ \hline \chi^1 & 0 & \theta^3 & -\theta^2 \\ \chi^2 & -\theta^3 & 0 & \theta^1 \\ \chi^2 & \theta^2 & -\theta^1 & 0 \end{array} \end{pmatrix} \tag{7.11.21}$$

Diese Matrix ist total antisymmetrisch und umgekehrt läßt sich jede antisymmetrische 4×4-Matrix in dieser Form schreiben. Damit haben wir das Resultat:

Für kleine Drehwinkel und Geschwindigkeiten lassen sich die Lorentz-Transformationen durch

$$\Lambda_{\mu\nu} = g_{\mu\nu} + \omega_{\mu\nu} + \cdots \qquad (7.11.22)$$

darstellen, wobei $\omega_{\mu\nu}$ eine (beliebige) antisymmetrische Matrix ist

$$\omega_{\mu\nu} = -\omega_{\nu\mu}$$

Dieses Ergebnis kann man direkt und schneller durch Einsetzen in die Bedingung $\Lambda^T g \Lambda = g$ erhalten. Wir haben den langsameren, aber konkreteren Weg gewählt, um die Bedeutung der in $\omega_{\mu\nu}$ enthaltenen Parameter explizit zu zeigen und auch die Vorzeichen-Problematik zu illustrieren.

Damit können wir uns der Bestimmung der Matrix $S(\Lambda)$ zuwenden. Wir gehen analog zur Konstruktion der unitären Darstellungen $U(\boldsymbol{\theta})$ im Abschnitt 3.3 vor und übertragen den Ansatz $U(\boldsymbol{\theta}) = 1 - i\boldsymbol{\theta}\boldsymbol{J}$ in eine vierdimensionale Form

$$S(\Lambda) = 1 - \frac{i}{4}\,\omega_{\mu\nu}\sigma^{\mu\nu} + \cdots \qquad (7.11.23)$$

wobei die $\sigma^{\mu\nu}$ ein Satz von 6 Dirac-Matrizen sind, die wegen Antisymmetrie der $\omega_{\mu\nu}$ bezüglich der Indizes auch antisymmetrisch gewählt werden können:

$$\sigma^{\mu\nu} = -\sigma^{\nu\mu}$$

Nach dieser langen Kette von Definitionen kommt der entscheidende Schritt: Wir setzen (7.11.23) in die Bedingungsgleichung (7.11.10) ein und vergleichen die in den $\omega_{\mu\nu}$ linearen Terme. Nach etwas Algebra erhält man

$$[\sigma^{\mu\nu}, \gamma^\rho] = -2\,i\,(g^{\mu\rho}\,\gamma^\nu - g^{\nu\rho}\,\gamma^\mu) \qquad (7.11.24)$$

Die Systematik der Indizes ist offensichtlich und erinnert an die Regel über den Kommutator $[AB, C]$. Vor allem ist diese Bedingung die genaue Verallgemeinerung der Regel für den Kommutator (3.3.21)

$$[J_k, V_l] = i\varepsilon_{klm}V_m$$

Um dies im Detail zu sehen, muß man nur den axialen Vektor $\boldsymbol{J}$ durch einen Tensor 2.Stufe

$$J_{rs} = \epsilon_{rsn}J_n$$

beschreiben, wie es seiner Natur als „Drehgröße" entspricht. Man erhält in Korrespondenz zu (7.11.24)

$$[J_{rs}, V_l] = i\,(\delta_{rl}V_s - \delta_{sl}V_r)$$

Der fehlende Faktor 2 beruht auf $\boldsymbol{S} = 1/2\,\boldsymbol{\sigma}$.

Es ist nicht schwer zu erraten, wie die Lösung $\sigma^{\mu\nu}$ von (7.11.24) aussehen muß: Sie muß ein Tensor 2. Stufe und antisymmetrisch sein, und sie kann nur aus den γ-Matrizen aufgebaut sein. Daher bleibt nur

$$\sigma^{\mu\nu} \sim \gamma^{\mu}\gamma^{\nu} - \gamma^{\nu}\gamma^{\mu}$$

übrig. In der Tat erfüllt der schon im Abschnitt 7.6 durch (7.6.25) eingeführte Tensor die Bedingung[57] (7.11.24). Es gilt also

$$\sigma^{\mu\nu} = \frac{i}{2}[\gamma^{\mu}, \gamma^{\nu}] \tag{7.11.25}$$

Damit sind die $\sigma^{\mu\nu}$ auch in Bezug auf ihre Generator-Eigenschaften Verallgemeinerungen der Pauli-Matrizen.[58]

Damit kennen wir auch $S(\Lambda)$ für infinitesimale Transformationen explizit. Durch Exponenzieren erhält man in der üblichen Weise – vgl. (3.2.47) – $S(\Lambda)$ auch für endliche Lorentz-Transformationen aus $\mathcal{L}_{+}^{\uparrow}$

$$S(\Lambda) = \exp\left(-\frac{i}{4}\,\omega_{\mu\nu}\sigma^{\mu\nu}\right) \tag{7.11.26}$$

Drückt man den Tensor $\omega_{\mu\nu}$ durch den Rapiditäts-Vektor χ und den Rotations-Vektor θ aus und verwendet die Matrizen Σ aus (7.6.32) und α aus (7.6.31), so findet man die explizite Abhängigkeit der Transformations-Matrix $S(\Lambda)$ von Geschwindigkeit und Drehung

$$S(\Lambda) = \exp\left(\frac{1}{2}\alpha\cdot\chi - \frac{i}{2}\Sigma\cdot\theta\right) \tag{7.11.27}$$

Diese Matrix ist für reine Drehungen – wie gewohnt – unitär, aber für reine Boosts hermitesch.

7.11.3 Die diskreten Symmetrie-Transformationen

Um die volle Lorentz-Gruppe im Dirac-Raum darzustellen, müssen wir noch die verschiedenen Spiegelungen betrachten. Auch für sie gilt die Bedingung (7.11.10). Wir beginnen mit der **räumlichen Spiegelung**[59] $\mathcal{P}$ am Punkte $r = 0$, also mit $r' = -r$. Die zugehörige Λ-Matrix lautet

---

[57]Der Nachweis der Kommutatorrelation (7.11.24) ist eine einfache Übung zum Umgang mit den γ-Matrizen. Man geht etwa vom Produkt $\gamma^{\mu}\gamma^{\nu}\gamma^{\rho}$ aus und tauscht γ^{ρ} nach links durch, wobei man die Antivertauschungsrelationen der γ's verwendet:

$$\gamma^{\mu}\gamma^{\nu}\gamma^{\rho} = -\gamma^{\mu}\gamma^{\rho}\gamma^{\nu} + 2\,\gamma^{\mu}g^{\nu\rho} = \gamma^{\rho}\gamma^{\mu}\gamma^{\nu} - 2\,\gamma^{\nu}g^{\mu\rho} + 2\,\gamma^{\mu}g^{\nu\rho}$$

woraus folgt

$$[\gamma^{\mu}\gamma^{\nu}, \gamma^{\rho}] = -2\,(\gamma^{\nu}g^{\mu\rho} - \gamma^{\mu}g^{\nu\rho})$$

Wenn man jetzt die Definition (7.11.25) verwendet, erhält man (7.11.24).

[58]Der Faktor 1/2 in der Definition wurde gewählt, um diese Entsprechung möglichst vollständig zu machen.

[59]Wir bezeichnen – einer weltweiten Vereinbarung folgend – die Dirac-Matrix für die räumliche Spiegelung mit dem Symbol P, das auf „Parität" hinweist, einer der wichtigsten Anwendungen der Spiegelung.

$$P = \begin{pmatrix} 1 & 0 & 0 & 0 \\ \hline 0 & -1 & 0 & 0 \\ 0 & 0 & -1 & 0 \\ 0 & 0 & 0 & -1 \end{pmatrix} \tag{7.11.28}$$

so daß für $S(P)$ gelten muß

$$\overline{S(P)}\gamma^0 S(P) = \gamma^0, \quad \overline{S(P)}\gamma^k S(P) = -\gamma^k$$

Wegen der Antivertauschungs-Relationen der γ's ist

$$S(P) = \eta_P \, \gamma^0 \tag{7.11.29}$$

eine Lösung dieser Bedingung, wobei η_P ein beliebiger komplexer Phasenfaktor ist, also $|\eta_P| = 1$ gilt. Damit ist die **Parität eines Dirac-Spinors** zunächst nicht festgelegt. Es liegt nahe zu fordern, daß man beim zweimaligen Anwenden der Spiegelung auf die Identität zurückkommt. Da aber bei Spinoren die Identität zweideutig ist, **1** und **-1**, wird man auf die vier Möglichkeiten $\eta_P = \pm 1$ und $\pm i$ geführt. Von physikalischem Belang sind aber vor allem relative Paritäten. Aus der expliziten Form von γ^0 in der Standard-Darstellung

$$S(P) = \eta_P \, \gamma^0 = \eta_P \begin{pmatrix} \mathbf{1} & \mathbf{0} \\ \mathbf{0} & -\mathbf{1} \end{pmatrix} \tag{7.11.30}$$

entnimmt man, daß unabhängig von η_P die relative Parität der oberen und unteren Komponenten negativ ist. Damit wird die Argumentation im Abschnitt 7.8.4 bestätigt.

Ferner kann man nachrechnen, daß γ_5 ein Pseudoskalar ist. Nach (7.11.26) und

$$\gamma_5 \, \sigma^{\mu\nu} = \sigma^{\mu\nu} \, \gamma_5 \tag{7.11.31}$$

ist γ_5 unter eigentlichen Lorentz-Transformationen invariant. Wegen $\gamma_5 \, \gamma^0 = -\gamma^0 \, \gamma_5$ gilt aber für Spiegelungen

$$\overline{S(P)} \, \gamma_5 \, S(P) = -\gamma_5$$

Entsprechend kann man zeigen, daß $\gamma_5 \, \gamma^\mu$ ein Pseudovektor ist. $\sigma^{\mu\nu}$ selbst ist ein Tensor 2. Stufe, der durch das Produkt $\Lambda \otimes \Lambda$ transformiert wird. $\gamma_5 \, \sigma^{\mu\nu}$ ist ein Pseudotensor mit der Transformationsmatrix

$$\det(\Lambda) \, \Lambda \otimes \Lambda$$

Für die zeitliche Spiegelung, die **Bewegungsumkehr** $\mathcal{T}$

$$T = \begin{pmatrix} -1 & 0 & 0 & 0 \\ \hline 0 & 1 & 0 & 0 \\ 0 & 0 & 1 & 0 \\ 0 & 0 & 0 & 1 \end{pmatrix} \tag{7.11.32}$$

findet man aus (7.11.10)

$$S(T) = \eta_T \, \gamma^1 \, \gamma^2 \, \gamma^3 \tag{7.11.33}$$

und für eine **Raum-Zeit-Spiegelung** $\mathcal{P}\,\mathcal{T}$, also für $x' = -x$, folgt

$$S(PT) = \eta_{PT}\,\gamma_5 \tag{7.11.34}$$

wobei die η's wieder Phasenfaktoren sind.

Schließlich betrachten wir als dritte diskrete Operation, neben $\mathcal{P}$ und $\mathcal{T}$, die **Teilchen-Antiteilchen Konjugation** $\mathcal{C}$, die wir bereits im Abschnitt 7.10.2 eingeführt haben, und zeigen, daß die Transformation

$$\psi \to \psi^c$$

bezüglich $\mathcal{L}_+^\uparrow$ invariant ist. Dazu gehen wir von $\psi' = S\,\psi$ aus und führen die $\mathcal{C}$-Konjugation aus

$$(\psi')^c = C\,\overline{\psi'}^T = C\,(\overline{S\,\psi})^T = C\,(\overline{\psi}\,\overline{S})^T = C\,\overline{S}^T\overline{\psi}^T = C\,\overline{S}^T C^{-1}\,\psi^c$$

Dabei haben wir im letzten Schritt das ursprüngliche ψ^c wieder eingesetzt. Hier tritt eine Transformation von S auf, die wir zum Anlaß nehmen, für jede Dirac-Matrix A die dazu gehörige $\mathcal{C}$-konjugierte Matrix zu definieren

$$A^c := C\,\overline{A}^T C^{-1} \tag{7.11.35}$$

Für die Spiegelung γ^0 gilt z.B.

$$\gamma^{0c} = C\,\overline{\gamma^0}^T C^{-1} = C\,\gamma^{0T} C^{-1} = -\gamma^0$$

Für die $\sigma^{\mu\nu}$ folgt aus

$$C\,(\overline{\gamma^\mu\gamma^\nu})^T C^{-1} = C\,(\gamma^\nu\gamma^\mu)^T\,C^{-1} =$$
$$C\,\gamma^{\mu T}\gamma^{\nu T} C^{-1} = C\,\gamma^{\mu T} C^{-1}\,C\gamma^{\nu T} C^{-1} = \gamma^\mu\gamma^\nu$$

die Invarianz

$$(i\sigma^{\mu\nu})^c = C\,(\overline{i\sigma^{\mu\nu}})^T C^{-1} = i\sigma^{\mu\nu}$$

woraus auch für $S(\Lambda)$ nach (7.11.26)

$$S(\Lambda)^c = S(\Lambda) \tag{7.11.36}$$

folgt. Für die eigentlichen Lorentz-Transformationen gilt also

$$(\psi')^c = S(\Lambda)\,\psi^c \tag{7.11.37}$$

Für die Spiegelungen tritt dagegen ein Vorzeichenwechsel auf.

Dies ist mit der schon in (7.10.8) physikalisch begründeten und in (7.10.37) explizit bewiesenen Tatsache verbunden, daß die Helizitäten von Teilchen und Antiteilchen entgegengesetzt sind. Man kann dies sehr schnell mit Hilfe von

$$(\gamma_5)^c = -\gamma_5 \tag{7.11.38}$$

beweisen. Denn daraus folgt für die $\mathcal{C}$-Konjugation des Projektions-Operators $P(n)$ nach (7.7.45)

$$P(n)^c = P(-n) \tag{7.11.39}$$

Darüber hinaus folgt aus (7.11.38) auch, daß die Chiralität, die im Unterabschnitt 7.12.2 behandelt wird, beim Übergang zu den Antiteilchen ihr Vorzeichen wechselt.

Nimmt man

$$(\gamma_\mu)^c = -\gamma_\mu \tag{7.11.40}$$

hinzu, so können wir auch die $\mathcal{C}$-Konjugation der Projektions-Matrix $\Lambda_+(p)$ angeben

$$\Lambda_-(p) := (\Lambda_+(p))^c = \frac{-\not{p} + m}{2\,m} \tag{7.11.41}$$

Diese Matrix projiziert auf die Spinoren $v(p)$ mit negativer Energie, vgl. (7.10.11).

7.12 Die Observablen der Dirac-Theorie

Die in diesem Buch behandelten Anwendungen der Dirac-Theorie haben sich auf das Verhalten von Elektronen im elektromagnetischen Feld konzentriert, das durch die Dirac-Gleichung (7.5.12) bestimmt ist. Dirac-Spinoren spielen jedoch in allen Bereichen der Physik eine wichtige Rolle, die es mit kleinen Abständen und hohen Energien zu tun haben. Darüber hinaus wird die gesamte Materie – im Unterschied zu den Feldern, die Wechselwirkungen vermitteln – durch Dirac-Spinoren beschrieben. Dies kann in diesem Buche nicht im Detail beschrieben werden. In diesem letzten Abschnitt sollen aber wichtige Grundbegriffe eingeführt werden, wie sie etwa in den Theorien der schwachen und starken Wechselwirkungen verwendet werden. Dabei werden wir auch zusätzliche allgemeine Einsichten in die relativistische Quantentheorie bekommen.

Wir beginnen mit einer systematischen Behandlung der beobachtbaren Größen in der Dirac-Theorie. Dafür kommen grundsätzlich sämtliche hermiteschen Operatoren infrage, die auf Dirac-Spinoren wirken. Außer den schon in der nichtrelativistischen auftretenden Operatoren sind dies Objekte, die man aus den γ-Matrizen konstruieren kann.

7.12.1 Die bilinearen Observablen

Für die Anwendungen der Dirac-Theorie spielen die Größen

$$\overline{\psi}\,O\,\psi\,, \tag{7.12.1}$$

wo O eine Kombination der γ-Matrizen und ihrer Produkte ist, eine führende Rolle. Diese in ψ und $\overline{\psi}$ bilinearen Ausdrücke stellen die grundlegenden Observablen für sämtliche relativistischen Feldtheorien dar. Sie werden generisch „Ströme" genannt, da das Paradigma für sie der Dirac-Strom $\overline{\psi}\,\gamma^\mu\,\psi$ ist. Im

Folgenden werden wir zeigen, daß es nur eine wohldefinierte endliche Anzahl von ihnen –nämlich 16– gibt, die linear unabhängig sind.

Tatsächlich haben wir fast alle von ihnen schon im Abschnitt 7.11.1 genannt. Dafür ist folgende wichtige Tatsache über die Clifford-Algebra der Dirac-Matrizen verantwortlich: Die Produkte von n γ-Matrizen

$$O_n = \gamma^{\mu_1}\,\gamma^{\mu_2}\ldots\gamma^{\mu_n} \tag{7.12.2}$$

sind nur für

$$n \leq 4 \tag{7.12.3}$$

linear unabhängig. Denn für $n > 4$ müssen in dem Produkt mindestens zwei der γ-Matrizen identisch sein, etwa γ^{n_i}. Man kann eine von ihnen durch Vertauschen mit den zwischen ihnen befindlichen Matrizen neben die andere bringen, wobei wegen (7.4.1) nur Vorzeichen-Wechsel auftreten und man ein Produkt der Form

$$\ldots\gamma^{n_i}\,\gamma^{n_i}\,\ldots$$

erhält, Das hier auftretende Quadrat kann nach (7.4.2) und (7.4.3) nur gleich **1** oder **−1** sein. Damit haben wir n um zwei Einheiten verkleinert. Auf $n-2$ kann die gleiche Argumentation verwendet werden, bis man $n = 4$ oder kleiner erreicht hat. Aber auch für ≤ 4 sind wegen der Antivertauschungs-Relationen nicht sämtliche Produkte linear unabhängig.

Wir gehen die Fälle $n = 0$ bis $n = 4$ durch.

- **n=0** $O_0 = \mathbf{1}$.
  Die Eins-Matrix führt zu $\overline{\psi}\,\psi$. Diese Größe haben wir schon im Abschnitt 7.11.1 behandelt. Sie ist die einzige Lorentz-Invariante unter den bilinearen Ausdrücken, d.h. sie ändert sich weder bei eigentlichen Lorentz-Transformationen noch bei Spiegelungen. Wir haben $\overline{\psi}\,\psi$ für die Lorentz-invariante Normierung der Spinoren in (7.7.29) verwendet. In der Feldtheorie spielt sie als Massenterm

$$m\,\overline{\psi}\,\psi \tag{7.12.4}$$

  eine grundlegende Rolle.
  Anzahl der unabhängigen Matrizen $= 1$

- **n=1** $O_1 = \gamma^{\mu}$.
  Dieser Fall enthält die 4 γ-Matrizen. Sie geben den 4-Vektor

$$j^{\mu} = \overline{\psi}\,\gamma^{\mu}\,\psi$$

  der sich auch bei räumlichen Spiegelungen wie ein „normaler" polarer Vektor verhält.

Anzahl der unabhängigen Matrizen $= 4$

- **n=2** $O_2 = \gamma^\mu \gamma^\nu$

Schon im Abschnitt 7.6 haben wir gesehen, daß nur der antisymmetrische Teil von der Eins-Matrix verschieden ist, so daß wir es in diesem Falle mit dem Spin-Tensor $\sigma^{\mu\nu}$ zu tun haben. Bei der Einführung des anomalen magnetischen Momentes in (7.8.11) spielte er eine Rolle.

$$\mu' \,\overline{\psi}\, \sigma^{\mu\nu} \psi$$

Dieser Ausdruck ist ein Tensor 2.Stufe.
Anzahl der unabhängigen Matrizen $= 6$

- **n=4**

Es empfiehlt sich diesen Fall vorzuziehen. In

$$O_4 = \gamma^\mu \gamma^\nu \gamma^\rho \gamma^\sigma$$

müssen die 4 γ-Matrizen verschieden sein. Damit bleibt nur die γ_5-Matrix übrig, die wir schon in (7.4.7) aus „technischen" Gründen eingeführt haben. Um ihr Transformationsverhalten zu bestimmen, schreiben wir die Matrix in der Form

$$\gamma_5 = i\frac{1}{4!}\varepsilon_{\mu\nu\rho\sigma}\gamma^\mu \gamma^\nu \gamma^\rho \gamma^\sigma \tag{7.12.5}$$

Für die transformierte Matrix $S^{-1}\gamma_5 S$ muß auf jede der 4 γ-Matrizen (7.11.8) angewendet werden. Wegen des ε Tensors führt dies zur Multiplikation von γ_5 mit der Determinante der Lorentz-Transformations Matrix Λ

$$S^{-1}\gamma_5 S = \det(\Lambda)\,\gamma_5 \tag{7.12.6}$$

Daraus entnimmt man: Unter eigentlichen Lorentz-Transformationen ändert sich γ_5 nicht; bei räumlichen Spiegelungen erhält sie ein Vorzeichen. Dies bedeutet

$$j_5 := \overline{\psi}\,\gamma_5\,\psi$$

ist ein Pseudoskalar.
Anzahl der unabhängigen Matrizen $= 1$

- **n=3** $O_3 = \gamma^\mu \gamma^\nu \gamma^\rho$

In diesem Produkt müssen drei verschiedene Indizes aus der Menge $\{0,1,2,3\}$ gewählt werden. Dafür gibt es $\binom{4}{3} = 4$ Möglichkeiten. Die entsprechenden 4 Matrizen werden durch die Produkte

$$\gamma_5\,\gamma^\mu$$

gegeben. Denn da in γ_5 sämtliche 4 Dirac-Matrizen auftreten, enthalten die Produkte genau 3 verschiedene γ-Matrizen. Für eine Lorentz-Transformation gilt

$$S^{-1} \gamma_5 \gamma^\mu S = \det(\Lambda) \, \Lambda^\mu{}_\nu \, \gamma_5 \gamma^\nu \tag{7.12.7}$$

Der zugehörige Strom

$$j_A^\mu = \overline{\psi} \gamma^\mu \gamma_5 \psi \tag{7.12.8}$$

ist ein Axialvektor-Strom und spielt neben j^μ in der Theorie der schwachen Wechselwirkungen eine wichtige Rolle,
Anzahl der unabhängigen Matrizen $= 4$

Insgesamt haben wir

$$1 + 4 + 6 + 4 + 1 = 16$$

unabhängige Matrizen γ_A erhalten. Jedes Element der Dirac-Algebra kann als Linearkombination

$$\sum_{A=1}^{16} c_A \gamma_A \tag{7.12.9}$$

dargestellt werden. Die Dirac-Algebra hat die Dimension $D = 16$. Diese Dimensionszahl tritt im **Burnsideschen Satz** auf, der die Anzahl der inäquivalenten Darstellungen einer Algebra einschränkt. Wenn n_i die Dimension der i-ten Darstellung bezeichnet, dann gilt

$$D = \sum_i n_i^2 \tag{7.12.10}$$

Für die Dirac-Algebra haben wir $D = 16$ und eine Darstellung mit $n_1 = 4$. Damit ist die Burnsidesche Summe erschöpft und es gibt keine weiteren Darstellungen ($n_2 = n_3 = \ldots = 0$).

7.12.2 Chiralität und die Darstellungen der eigentlichen Lorentz-Gruppe

Die Invarianz von γ_5 unter eigentlichen Lorentz-Transformationen – vgl. (7.12.6) – hat beträchtliche mathematische und physikalische Konsequenzen, deren Ursprung wir uns jetzt zuwenden.

Da γ_5 eine hermitesche 4×4-Matrix ist, hat sie 4 orthogonale Eigenvektoren und wegen $\gamma_5{}^2 = 1$ gehören sie zu den Eigenwerten ± 1. Mit expliziten Darstellungen, z.B. (7.4.17), lassen sie sich leicht konstruieren. Für die meisten Zwecke ist es jedoch besser die folgenden Spinoren einzuführen

$$\psi_R(x) := \frac{1}{2}(1 + \gamma_5)\, \psi(x) \text{ und } \psi_L(x) := \frac{1}{2}(1 - \gamma_5)\psi(x) \tag{7.12.11}$$

Wieder gilt wegen $\gamma_5^2 = 1$

$$\gamma_5\,\psi_R(x) = \psi_R(x) \text{ und } \gamma_5\,\psi_L(x) = -\psi_L(x) \tag{7.12.12}$$

Außerdem gilt natürlich

$$\psi_R(x) + \psi_L(x) = \psi(x) \tag{7.12.13}$$

Wie wir ausführlich erläutern werden, können diese Spinoren mit einem „Schrauben-Sinn" in Verbindung gebracht werden. Sie werden daher mit dem griechischen[60] Wort **chirale Spinoren** genannt. $\psi_R(x)$ ist „rechts-chiral" und $\psi_L(x)$ „links-chiral". Die Eigenwerte ± 1 heißen dementsprechend die **Chiralitäten** dieser Spinoren. Einen Hinweis auf den Schrauben-Sinn erhält man zunächst dadurch, daß sie bei Spiegelungen in einander transformiert werden

$$\psi_R(x) \leftrightarrow \psi_L(x) \tag{7.12.14}$$

Zum Beweis muß man nur darauf hinweisen, daß für die Projektions-Matrizen, die in den Definitionen (7.12.11) auftreten, bei Spiegelungen gilt

$$\overline{P}\,\frac{1}{2}(1 + \gamma_5)\,P = \frac{1}{2}(1 - \gamma_5)$$

Andererseits bleiben die Chiralitäten unter eigentlichen Lorentz-Transformationen ungeändert – eben wegen der Invarianz von γ_5. Insbesondere sind sie unter Drehungen invariant. Genau dies gilt für Schrauben ! Eine direkte physikalische Bedeutung erhält die Chiralität für Spin 1/2 Teilchen ohne Masse.[61] Denn in diesem Falle stimmen die Chiralitäten mit den Helizitäten überein.

Für $m = 0$ gilt: Chiralität γ_5 = Helizität $\boldsymbol{\Sigma} \cdot \boldsymbol{p}/|\boldsymbol{p}|$

Zum Beweis dieser Behauptung gehen wir von dem Zusammenhang zwischen γ_5 und der Spinmatrix $\boldsymbol{\Sigma}$ aus, den wir schon im Abschnitt 7.7.2 begründet haben:

$$\boldsymbol{\Sigma} = \gamma_5\,\gamma^0\,\boldsymbol{\gamma} = \gamma_5\,\boldsymbol{\alpha} \tag{7.12.15}$$

Diese Relation verwenden wir für die masselose Dirac-Gleichung für den freien Spinor $u_\lambda(p)$

$$\gamma^\mu p_\mu\, u_\lambda(p) = 0 \;\rightarrow\; \boldsymbol{\gamma} \cdot \boldsymbol{p}\, u_\lambda(p) = \gamma^0\,E\,u_\lambda(p)$$

Da für $m = 0$ die Energie E durch $|\boldsymbol{p}|$ gegeben wird, können wir weiter rechnen

---

[60]Im Unterschied zur „lateinischen" Helizität.

[61]Das Paradebeispiel waren bis zum Jahre 2001 die Neutrinos, die beim Beta-Zerfall der Neutronen entstehen. Auch jetzt können die experimentellen Werte der Massen der sog. „Elektron-Neutrinos"– ν_e – mit Null verträglich sein. Aber zwei der drei Neutrino-Arten ν_e, ν_μ und ν_τ müssen nach den Experimenten über die sog. Neutrino-Oszillationen von Null verschiedene, wenn auch vielleicht recht kleine Massen besitzen.

$$u_\lambda(p) = \gamma^0\,\gamma\cdot\frac{\boldsymbol{p}}{|\boldsymbol{p}|}\,u_\lambda(p)$$

Wendet man jetzt γ_5 an, so folgt nach (7.12.15)

$$\gamma_5\,u_\lambda(p) = \boldsymbol{\Sigma}\cdot\frac{\boldsymbol{p}}{|\boldsymbol{p}|}\,u_\lambda(p) = \lambda\,u_\lambda(p) \tag{7.12.16}$$

womit die Übereinstimmung von Chiralität und Helizität für masselose Dirac-Spinoren bewiesen ist.

Nach diesem Ergebnis liegt die Frage nahe: Wodurch bricht eine Masse $m \neq 0$ diesen Zusammenhang? Um dies zu beantworten, wenden wir auf ψ_R und ψ_L getrennt den Dirac-Operator $i\gamma^\mu\partial_\mu$ an. Setzen wir für ψ die freie Dirac-Gleichung – mit Masse $m \neq 0$ – voraus, so folgt nach (7.12.11)

$$i\gamma^\mu\partial_\mu\,\psi_R = m\,\psi_L \text{ und } i\gamma^\mu\partial_\mu\,\psi_L = m\,\psi_R \tag{7.12.17}$$

Die Masse koppelt also das raum-zeitliche Verhalten der chiralen Spinoren. Betrachten wir zur Illustration räumlich konstante Spinoren, für die zur Zeit $t = 0$ nur $\psi_R(t = 0) \neq 0$ ist, so findet man als Lösung der gekoppelten Gleichungen

$$\psi_R(t) = \psi_R(t = 0)\,\cos\left(\frac{m\,c^2}{\hbar}\,t\right)$$

$$\psi_L(t) = -i\,\gamma^0\,\psi_R(t = 0)\,\sin\left(\frac{m\,c^2}{\hbar}\,t\right)$$

Die beiden Chiralitäten oszillieren mit der Frequenz $\omega = mc^2/\hbar$.

Dennoch bleibt es richtig, daß bei eigentlichen Lorentz-Transformationen sich die Chiralitäten nicht ändern. ψ_R und ψ_L bilden getrennt zweidimensionale Darstellungen dieser Gruppe, die verschieden – wenn auch isomorph – sind. Denn wenn ψ_R mit der Matrix (7.11.27) transformiert wird, lautet die Matrix für ψ_L mit den gleichen Parametern χ und $\boldsymbol{\theta}$

$$\overline{P}\,S(\Lambda)\,P = \exp\left(-\frac{1}{2}\boldsymbol{\alpha}\cdot\boldsymbol{\chi} - \frac{i}{2}\boldsymbol{\Sigma}\cdot\boldsymbol{\theta}\right)$$

Dabei hat das Vorzeichen der Rapidität gewechselt. Man bezeichnet diese Darstellungen von $\mathcal{L}_+^\uparrow$ mit

$$\left(\frac{1}{2},0\right) \quad\text{und}\quad \left(0,\frac{1}{2}\right) \tag{7.12.18}$$

Der Unterschied, aber auch der Zusammenhang beider Darstellungen wird am deutlichsten in der chiralen Darstellung der γ-Matrizen (7.4.21), in der γ_5 eine Diagonalmatrix ist. Denn hier werden die chiralen Spinoren durch

$$\psi_R(x) = \begin{pmatrix}\Psi_R\\0\end{pmatrix} \text{ und }\quad \psi_L(x) = \begin{pmatrix}0\\\Psi_L\end{pmatrix} \tag{7.12.19}$$

gegeben, wobei die „großen" Ψ's Pauli-Spinoren sind. In dieser Darstellung lauten die Lorentz-Transformationen (7.11.26)

$$S(\Lambda)\,\Psi_R \;=\; \exp\left(\frac{1}{2}\boldsymbol{\sigma}\cdot(\boldsymbol{\chi}-i\,\boldsymbol{\theta})\right)\Psi_R \qquad\qquad (7.12.20)$$

und

$$S(\Lambda)\,\Psi_L \;=\; \exp\left(\frac{1}{2}\boldsymbol{\sigma}\cdot(-\boldsymbol{\chi}-i\,\boldsymbol{\theta})\right)\Psi_L \qquad\qquad (7.12.21)$$

Die zwei-dimensionalen Darstellungen von $\mathcal{L}_+^\uparrow$ werden also durch Matrizen mit der Determinate $= 1$ gegeben, die für von Null verschiedene Rapiditäten nicht mehr hermitesch sind. Die Gesamtheit dieser Matrizen bildet die Gruppe

SL(2, C):   die $\underline{\text{S}}$pezielle $\underline{\text{L}}$ineare Gruppe mit komplexen($\underline{\text{C}}$) Koeffizienten in $\underline{2}$ Dimensionen

Aufgrund ihrer Bedeutung für die Struktur der Lorentz-Gruppe wurden die chiralen Spinoren sehr früh von Hermann Weyl in die Diskussionen über eine relativistische Wellengleichung eingeführt. Sie sind daher auch als **Weyl-Spinoren** bekannt. Er wollte mit diesen zweidimensionalen Spinoren allein auskommen, im Gegensatz zu den Vierer-Spinoren Dirac's. Dabei ist es physikalisch wichtig, daß für $m = 0$ ψ_R und ψ_L nicht nur für kräftefreie Teilchen sondern auch bei Anwesenheit der elektromagnetischen Wechselwirkung[62] entkoppeln. Denn nach (7.5.13) erfüllen die chiralen Anteile für $m = 0$ getrennte Differentialgleichungen

$$\gamma^\mu\,(i\partial_\mu - e\,A_\mu(x))\,\psi_R(x) = 0$$
$$\text{und} \qquad\qquad (7.12.22)$$
$$\gamma^\mu\,(i\partial_\mu - e\,A_\mu(x))\,\psi_L(x) = 0$$

Wegen des Massenproblems und der fehlenden Spiegelinvarianz trat die Weyl-sche Idee aber zunächst in den Hintergrund. Dies änderte sich grundlegend als die **Verletzung der Spiegelinvarianz** beim Betazerfall entdeckt worden und auch das Neutrino ein wohletabliertes Teilchen mit möglicherweise verschwindender Masse geworden war. Die einfachste Erklärung für die beobachtete maximale Verletzung der Spiegelinvarianz war die Hypothese, daß das „Neutrino nur als Links-Schraube" existiert, daß also $\psi_{Neutrino} = \psi_L$ gilt.[63]

7.12.3 Die elektrischen und chiralen Ladungen

Wir beenden diesen Abschnitt mit dem Hinweis auf eine wichtige Folgerung aus den entkoppelten Gleichungen für ψ_R und ψ_L für verschwindende Masse. Da diese beiden Spinoren „nichts voneinander wissen", gilt auch der Erhaltungssatz des Dirac-Stromes $\overline{\psi}\gamma^\mu\psi$ getrennt für

---

[62]Allerdings gilt dies nur für die minimale Form dieser Wechselwirkung.

[63]Beachten Sie jedoch die Anmerkung auf Seite 409.

den „rechtshändigen" Strom $j_R^\mu := \overline{\psi_R}\gamma^\mu\psi_R$
und
den „linkshändigen" Strom $j_L^\mu := \overline{\psi_L}\gamma^\mu\psi_L$

In der Tat kann man den Beweis aus dem Abschnitt 7.6 direkt auf die beiden Gleichungen (7.12.22) anwenden und findet

$$\partial_\mu(\overline{\psi_R}\gamma^\mu\psi_R) = 0 \quad \text{und} \quad \partial_\mu(\overline{\psi_L}\gamma^\mu\psi_L) = 0 \tag{7.12.23}$$

Es ist nützlich, die chiralen Ströme mit Hilfe der Definition (7.12.11) auszuschreiben. Man erhält

$$
\begin{aligned}
j_R^\mu = \overline{\psi_R}\gamma^\mu\psi_R &= \overline{\frac{1}{2}(1+\gamma_5)\psi}\,\gamma^\mu\,\frac{1}{2}(1+\gamma_5)\psi \\
&= \left(\frac{1}{2}(1+\gamma_5)\psi\right)^\dagger \gamma^0\,\gamma^\mu\frac{1}{2}(1+\gamma_5)\psi \\
&= \psi^\dagger\,\frac{1}{2}(1+\gamma_5)\,\gamma^0\gamma^\mu\frac{1}{2}(1+\gamma_5)\psi \\
&= \psi^\dagger\,\gamma^0\frac{1}{2}(1-\gamma_5)\,\gamma^\mu\frac{1}{2}(1+\gamma_5)\psi \\
&= \overline{\psi}\,\gamma^\mu\left(\frac{1}{2}(1+\gamma_5)\right)^2\psi
\end{aligned}
$$

Dabei wurde die Definition (7.6.4) von $\overline{\psi}$ verwendet und ein zweifacher Vorzeichenwechsel beim Durchtauschen von γ^0 und γ^μ beachtet. Schließlich folgt aus der Idempotenz des Projektions-Operators

$$\left(\frac{1}{2}(1+\gamma_5)\right)^2 = \frac{1}{2}(1+\gamma_5)$$

die sich aus $\gamma_5^2 = \mathbf{1}$ ergibt, das Resultat

$$j_R^\mu = \overline{\psi}\gamma^\mu\frac{1}{2}(1+\gamma_5)\psi \tag{7.12.24}$$

Ebenso folgt

$$j_R^\mu = \overline{\psi}\gamma^\mu\frac{1}{2}(1-\gamma_5)\psi \tag{7.12.25}$$

Durch Addition erhält man den vollen Dirac-Strom zurück

$$j^\mu \equiv \overline{\psi}\gamma^\mu\psi = \overline{\psi_R}\gamma^\mu\psi_R + \overline{\psi_L}\gamma^\mu\psi_L \tag{7.12.26}$$

Bei der Subtraktion ergibt sich

$$\overline{\psi_R}\gamma^\mu\psi_R - \overline{\psi_L}\gamma^\mu\psi_L = \overline{\psi}\gamma^\mu\gamma_5\psi \tag{7.12.27}$$

Hier tritt der Axialvektor-Strom

$$j_A^\mu := \overline{\psi}\gamma^\mu\gamma_5\psi \tag{7.12.28}$$

auf, der ebenso wie j_R^μ und j_L^μ nur für $m = 0$ erhalten ist.

Um die physikalische Bedeutung besser zu verstehen, betrachten wir die Raumintegrale der Zeit-Komponenten der Ströme. Aus $\partial_\mu(\overline{\psi}\gamma^\mu\psi) = 0$ ergibt sich in bekannter Weise die Zeitunabhängigkeit von

$$Q := \int j^0(\boldsymbol{r}, t)\, d^3r \tag{7.12.29}$$

also

$$\frac{d}{dt} \int j^0(\boldsymbol{r}, t)\, d^3r = 0 \tag{7.12.30}$$

Außerdem läßt sich aus der Kontinuitätsgleichung beweisen, daß Q lorentzinvariant ist.[64] Diese Unabhängigkeit des Wertes von Q vom Bezugssystem stand im Hintergrund aller Überlegungen, die wir am Anfang dieses Kapitels in den Abschnitten 7.2 und 7.3 durchgeführt haben. Denn Q gibt nach der ursprünglichen Deutung von $\psi(x)$ die Gesamtwahrscheinlichkeit an, ein Teilchen irgendwo im Raum zu finden. In der neuen Deutung von $j^0(x)$ in der Löchertheorie – nämlich als elektrische Ladungsdichte – sind diese Eigenschaften ebenso wichtig: sie zeigen die **Erhaltung und Lorentzinvarianz der elektrischen Ladung**. Diese Tatsachen sind nach ihrer Begründung auch für $m \neq 0$ richtig.

Für $m = 0$ gilt darüber hinaus wegen der differentiellen Erhaltungssätze (7.12.23) die Zeitunabhängigkeit und Lorentzinvarianz auch für

$$Q_R := \int j_R^0(\boldsymbol{r}, t)\, d^3r \quad \text{und} \quad Q_L := \int j_L^0(\boldsymbol{r}, t)\, d^3r \tag{7.12.31}$$

Damit hat auch

$$Q_A := \int j_A^0(\boldsymbol{r}, t)\, d^3r \tag{7.12.32}$$

diese Eigenschaften. Die Erhaltung der **chiralen Ladungen** bedeutet: Für masselose Teilchen ändert sich ihr Schraubensinn, ihre „Händigkeit" nicht. Für freie Teilchen ist dies mit der Erhaltung der Helizität identisch. Bei sehr hohen Energien kann man oft die Massen der Teilchen vernachlässigen. Zum Beispiel gilt die Erhaltung der Helizität für die Bewegung von schnellen Elektronen in elektromagnetischen Feldern. Andererseits spielt die Erhaltung der **axialen Ladung** Q_A für die Quarks eine wichtige Rolle in der Dynamik der leichten Mesonen, insbesondere der π-Mesonen.

Anhang: Kontinuitätsgleichung und Lorentz-Invarianz

Wir werden in diesem Anhang beweisen, daß die Kontinuitätsgleichung

$$\partial_\mu j^\mu(x) = 0 \tag{7.12.33}$$

---

[64]Wir werden diese allgemein wichtige Tatsache im Anhang zu diesem Unterabschnitt beweisen.

garantiert, daß das Raumintegral von $j^0(x)$, genommen für eine feste Zeit, nicht vom Bewegungszustand eines Beobachters abhängt. Aus der lokalen Erhaltung (7.12.33) folgt:

$$\boxed{Q := \int_{t=0} j^0(\boldsymbol{r}, t=0)\, d^3r \quad \text{ist Lorentz-invariant.}} \qquad (7.12.34)$$

Zum Beweis gehen wir in zwei Schritten vor:

Zunächst zeigen wir, daß der Integrand von Q eine invariante Größe ist. Sein nicht-kovariantes „Aussehen" hat er, weil er in einem speziellen Lorentz-System ausgewertet ist. Denn das Raumdifferential d^3r ist die Zeit-Komponente eines 4-Vektors, der durch

$$d\sigma_\mu := \frac{1}{3!}\varepsilon_{\mu\nu\rho\sigma} dx^\nu\, dx^\rho dx^\sigma \qquad (7.12.35)$$

definiert wird. Um seine genaue Bedeutung zu verstehen, definieren wir einen dreidimensionalen Bereich $\mathcal{V}_3$ des Minkowski-Raumes durch die vier Funktionen

$$x^\mu(u, v, w)$$

wobei die Parameter u, v, w etwa in einem dreidimensionalen Quader liegen. Der präzise Sinn von (7.12.35) wird damit durch

$$d\sigma_\mu := \frac{1}{3!}\epsilon_{\mu\nu\rho\sigma} \frac{\partial x^\nu}{\partial u} \frac{\partial x^\rho}{\partial v} \frac{\partial x^\sigma}{\partial w} du\, dv\, dw \qquad (7.12.36)$$

gegeben. Der $\mathcal{V}_3$-Bereich, der in der Definition von Q auftritt, ist durch

$$x^0 = const \quad \text{also mit} \quad \frac{\partial x^0}{\partial u} = 0,\ \frac{\partial x^0}{\partial v} = 0,\ \frac{\partial x^0}{\partial w} = 0$$

gegeben. Daher ist nur die Zeit-Komponente $d\sigma^0$ von Null verschieden und stimmt mit d^3r überein:

$$d\sigma_0 = \frac{1}{3!}\epsilon_{0klm} \frac{\partial x^k}{\partial u} \frac{\partial x^l}{\partial v} \frac{\partial x^m}{\partial w} du\, dv\, dw = \frac{\partial \boldsymbol{r}}{\partial u} \cdot \left(\frac{\partial \boldsymbol{r}}{\partial v} \times \frac{\partial \boldsymbol{r}}{\partial w} \right) du\, dv\, dw =: d^3r$$

Der Integrand von Q ist damit ein Spezialfall von

$$j^\mu(x)\, d\sigma_\mu \qquad (7.12.37)$$

und die allgemeine Definition der Ladung Q lautet

$$\boxed{Q := \int_{\mathcal{V}_3} j^\mu(x)\, d\sigma_\mu} \qquad (7.12.38)$$

$\mathcal{V}_3$ bezeichnet dabei eine Verallgemeinerung des Zeitschnitts $t = 0$. Dieser 3-dimensionale Bereich braucht nicht eben zu sein, aber er muß *raumartig* sein, d.h. je zwei Punkte von $\mathcal{V}_3$ müssen durch einen raumartigen Vektor verbunden werden können. Durch $d\sigma_\mu$ wird in jedem Punkte von $\mathcal{V}_3$ eine Normale zu dieser dreidimensionalen Hyperfläche gegeben, die zeitartig ist

$$d\sigma^\mu \, d\sigma_\mu > 0$$

Die jetzt gefundene Definition von Q hängt vom Bereich $\mathcal{V}_3$ ab, der bei einer Lorentz-Transformation in einen anderen Bereich $\mathcal{V}'_3$ überführt wird.

In dem *zweiten Schritt* des Beweises für (7.12.34) müssen wir beweisen, daß Q tatsächlich nicht von $\mathcal{V}_3$ abhängt. Dazu verwenden wir die Kontinuitätsgleichung explizit, indem wir das folgende vierdimensionale Integral über den Bereich $\mathcal{V}_4$ der Raum-Zeit betrachten

$$\int_{\mathcal{V}_4} \partial_\mu \, j^\mu(x) \, d^4x = 0$$

das nach Voraussetzung für jedes $\mathcal{V}_4$ verschwinden muß.

Eine analoge – aus der dreidimensionalen Vektor-Analysis bekannte – Situation hat man für eine statische divergenz-freie Stromdichte $j(r)$. In diesem Falle kann das entsprechende dreidimensionale Integral mit Hilfe des Gaußschen Satzes umgeformt werden:

$$\int_{\mathcal{V}_3} div\,j(r) \, d^3r = \int_{\partial\mathcal{V}_3} j(r) \cdot df \tag{7.12.39}$$

wobei $\mathcal{F}_2 = \partial\mathcal{V}_3$ die zweidimensionale Oberfläche des dreidimensionalen Volumens ist. Aus der Divergenz-Freiheit $div\,j = 0$ folgt: Das Flächenintegral von j über eine geschlossene Oberfläche verschwindet.

Das analoge Resultat wollen wir für die 4-d Raum-Zeit formulieren, was mit Hilfe des in (7.12.38) definierten Integrals leicht möglich ist

$$\int_{\mathcal{V}_4} \partial_\mu \, j^\mu(x) \, d^4x = \int_{\partial\mathcal{V}_4} j^\mu(x) \, d\sigma_\mu \tag{7.12.40}$$

Auf der rechten Seite tritt die 3 dimensionale Oberfläche $\partial\mathcal{V}_4$ des 4 dimensionalen Bereiches $\mathcal{V}_4$ auf, wobei die Normalenvektoren jeweils nach außen gerichtet sind. Dies ist die **vierdimensionale Form des Gaußschen Satzes.**[65]

Wenden wir jetzt (7.12.38) auf einen divergenzfreien Strom an und auf einen Bereich $\mathcal{V}_4$, dessen Rand aus dem Lorentz-transformierten Bereich $\mathcal{V}'_3$, dem entgegengesetzt orientierten $\mathcal{V}_3$ und einem zeitartigen Bereich $\mathcal{S}_3^\infty$ besteht, der den Rand von $\mathcal{V}_4$ im Unendlichen abschließt:

$$\partial\mathcal{V}_4 = \mathcal{V}'_3 \cup (-\mathcal{V}_3) \cup \mathcal{S}_3^\infty$$

---

[65]Eine elegante Formulierung und einen einfachen Beweis des Theorems in beliebigen Dimensionen wird in der Theorie der Differential-Formen gegeben. Vgl. z.B. Spivak, M. Calculus on Manifolds, Benjamin INC. 1965.
Flanders, H. Differential Forms with Application to Physical Sciences, Academic Press New York 1993.

Damit folgt

$$\int\limits_{\mathcal{V}'_3} j^\mu(x)\, d\sigma_\mu - \int\limits_{\mathcal{V}_3} j^\mu(x)\, d\sigma_\mu + \int\limits_{\mathcal{S}_3^\infty} j^\mu(x)\, d\sigma_\mu = 0$$

Wir setzen – wie üblich – voraus, daß j^μ im Unendlichen so schnell verschwindet, daß das Integral über $\mathcal{S}_3^\infty$ keinen Beitrag gibt. Wegen der Lorentz-Invarianz des Integranden haben wir schließlich

$$\int\limits_{\mathcal{V}'_3} j^\mu(x')\, d\sigma'_\mu = \int\limits_{\mathcal{V}_3} j^\mu(x)\, d\sigma_\mu \tag{7.12.41}$$

Damit ist die Behauptung dieses Anhangs bewiesen.

Sachverzeichnis